工程地质分析与实践

兰艇雁　马存信　李红有　咸付生　编著
侯浩　安民　杨石眉　王卫东　陈世伟

中国水利水电出版社
www.waterpub.com.cn

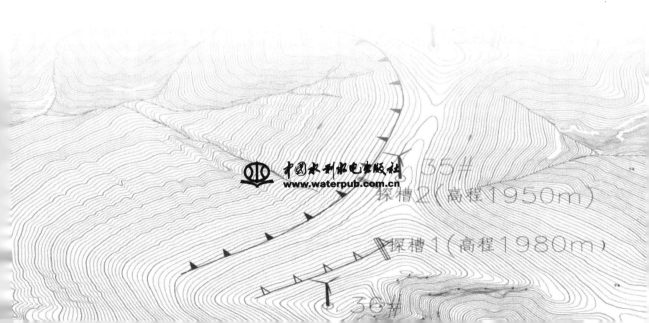

探槽2（高程1950m）

探槽1（高程1980m）

35#

36#

内 容 提 要

  本书叙述了组成工程地质条件的各项地质环境因素，分析了各地质环境因素对工程的影响，并列举了大量的工程地质问题分析案例。特别论述了地貌的形成和发展主要是地球内外营力共同作用的结果，不良地质作用大多在地表有所表现，强调了地貌研究及地表地质工作在分析工程地质问题时的重要性。

  本书对工程地质专业人员进入工作岗位有一定的指导作用；对有一定经验的工程技术人员有启示和提高作用；对工程规划选址、设计、工程施工管理人员增加地质专业基础知识、加强对不良地质问题的认识、提高工程地质问题的处理水平有一定的借鉴作用。

图书在版编目（C I P）数据

工程地质分析与实践 / 兰艇雁等编著. -- 北京：
中国水利水电出版社，2016.6
ISBN 978-7-5170-4419-2

Ⅰ. ①工… Ⅱ. ①兰… Ⅲ. ①工程地质 Ⅳ.
①P642

中国版本图书馆CIP数据核字(2016)第138926号

书　　名	**工程地质分析与实践**
作　　者	兰艇雁　马存信　李红有　等 编著
出版发行	中国水利水电出版社
	（北京市海淀区玉渊潭南路1号D座　100038）
	网址：www. waterpub. com. cn
	E-mail：sales@waterpub. com. cn
	电话：(010) 68367658（发行部）
经　　售	北京科水图书销售中心（零售）
	电话：(010) 88383994、63202643、68545874
	全国各地新华书店和相关出版物销售网点
排　　版	中国水利水电出版社微机排版中心
印　　刷	北京纪元彩艺印刷有限公司
规　　格	184mm×260mm　16开本　24印张　569千字
版　　次	2016年6月第1版　2016年6月第1次印刷
印　　数	0001—2000册
定　　价	**86.00元**

序

　　本书作者长期从事水文与工程地质勘察、咨询和研究工作，并对大量勘察成果和工程施工中揭露的工程地质问题进行了理论分析和对比研究，除山西省内的大型水利水电工程外，还参与了国内三峡工程、溪洛渡水电站、向家坝水电站、小湾水库等工程地质勘察成果与实际开挖的对比研究，参与了这些工程施工中遇到的疑难工程地质问题的专题研究和论证，积累了较为丰富的工程地质问题分析和缺陷处置的经验。

　　本书通过工程地质勘察的典型案例分析，论证了工程地质问题与地学理论的关系，提出了针对不同工程类型和不同地质环境条件，开展地层岩性、地形地貌、地质构造、水文地质和物理地质现象等工程地质条件分析的方法和思路。本书在各类工程勘察方案的合理布置、关键性工程地质问题的识别、对工程建设的影响程度分析以及提出经济上合理、技术上可行的工程处置措施等方面都进行了有益的探索。

　　在地质构造（内应力）与岩体表生改造（外营力）的共同作用下，所产生的表生构造往往会在地貌形态上表现出来，因此，可以根据表生构造在地貌上的表象来研究不良地质作用的类型。本书作者通过对大量施工中揭露的工程地质问题与所处的地貌环境的对比分析，揭示了工程地质问题与地形地貌（表生构造）之间的对应关系。本书在此方面进行了深入的探讨与研究，内容丰富、案例典型，无疑对前期工程建筑物选址和建筑方案选定具有积极的指导意义。

　　当然，本书在编撰过程中，对案例的归纳分析尚不够深入，工程地质定量分析数据偏少，还需今后进一步修正。

　　工程地质是一门实践性很强的科学。大型工程建筑的工程勘察与施工周期一般都较长，即使这样，也难免出现施工中揭露的一些工程地质问题与勘察成果大相径庭的状况，给工程建设带来麻烦。因此《工程地质分析与实践》

是工程地质领域内难得的文献，能够对广大勘察工作者从事工程地质勘察和研究工作给予启迪。

拜读之后，感受很深，受益匪浅，欣然作序！

太原理工大学水利学院院长 张永波

于 2015 年 9 月 26 日

前　言

　　人类社会的发展就是"踏着前人的脚步走，为后人留下足迹"的世代相续之系统工程。笔者正是在前人地学理论指导下，通过多方请教学习和深入研究，努力认识客观地质条件，经过工作中的实践与挫折，探索提出自己的认识论。其目的是与工程地质工作者相互交流、取长补短、提高发现和解决工程地质问题的能力，希望能够通过工程地质条件分析，抓住关键的工程地质问题，更好地利用和改造相关地质体，使工程建筑物安全稳定，充分发挥其功能。

　　笔者多年来一直从事水利、岩土及风电场工程地质工作，既有漏判工程地质问题的惭愧，又有成功预测高边坡大型塌方、挽救数十人生命的欣慰。本书力求理论与实践相结合，紧紧围绕工程地质条件的各地质要素，有针对性地编录了工程地质分析评价的基本原理，列举了大量典型实例，并融入了笔者的思考及分析。

　　目前，工程地质工作中存在着重实物勘探忽视地表地质工作的问题，强调地貌与地表地质工作、强调加强工程地质分析是本书的一个侧重点。地貌是地球内、外营力共同作用的产物，大部分不良地质作用在地貌上都有所表现，笔者结合工程地质勘察和工程施工中遇到的不良地质作用在地貌上的表现形式，引用了比较成熟的基本概念——清晰的地学理论，对地貌与不良地质作用的关系进行了比较系统的研究，得出了"风电场工程地质问题研究"的研究成果。对风电场建筑物的微观选址、工程地质勘察关键部位的把握有重要意义，对施工中出现的不良地质作用处理有一定指导作用，对其他工程的选址、勘察、设计、施工以及对地质灾害的预测预报亦有借鉴作用。

　　需要强调指出的是：地质勘察不是只要通过对地貌与不良地质作用的研究就能够把所有的工程地质问题进行揭露，而是期盼工程地质工作者能够加强对地貌与不良地质作用关系的认识，以地学理论为指导，通过地表地质工作进行综合分析，透过现象看本质，抓住影响工程建设的关键问题，使得勘察工作减少一些盲目性,增加一些主动性。

编写本书的目的有三方面:第一,将作者在工程地质工作实践中的一些心得体会拿出来,与工程地质工作者相互交流,取长补短,提高发现和解决工程地质问题的能力,通过分析工程地质条件,抓关键的工程地质问题,更好地利用和改造相关地质体,使工程建筑物安全稳定,充分发挥其功能;第二,针对目前工程地质工作中存在的重实物勘探轻地表地质工作及综合分析的现象,希望能够通过交流,提高对地貌及地表地质工作的重视程度。而且通过大量的工程地质调查,可获取丰富的工程地质信息,经综合的工程地质分析,进一步深刻认识工程建筑场区的工程地质条件和工程地质特性,结合工程建筑布置的特点,对场区进行工程地质评价,可起到事半功倍的效果,不仅可节省工程地质勘察工作量和费用,而且在场地适宜性评价、工程总体布置和工程决策具有重要指导意义,避免或少走弯路;第三,风电属新型能源,风电场的勘察有其自身的特点,风电场工程地质是本书的侧重点之一,书中的许多章节均融入了风电场工程地质工作的内容,希望对风电场工程地质工作者有所裨益。

本书既有对其他资料的引用归纳,也有自身工作经历的研究总结。主要研究构成工程地质条件的各地质环境因素对工程的影响及如何对工程构成影响;研究地应力方向与构造形迹发生的时空关系,分析地质构造对地形地貌的控制作用和引发的不良地质作用对各类建筑物包括风机地基稳定的影响;侧重于研究如何通过地貌研究及地表地质工作,分析评价存在的不良地质作用及工程地质问题,属应用研究范畴,第8章即是本书的研究成果之一。

全书共分7篇20章。为力求理论与实际相结合,书中列举了许多作者亲身参与或收集的工程案例,并附有大量直观照片及插图。

第1章为绪言,简述了工程地质的发展,根据作者的体会,指出了当前工程地质工作中存在的问题及本书的编著目的与内容。

第1篇包括第2章至第7章,共6章,分别介绍了工程地质条件的六个地质要素,即地形地貌、地层岩性、地质构造、水文地质、物理地质现象及天然建筑材料。不同勘察对象和不同勘察目的的勘察会有不同的侧重点和内容。风电场建筑物勘察的主要目是为保证建筑稳定提供可靠的地质资料,满足地基承载力、变形和抗滑稳定的要求。在风电场勘察的第一阶段,通过野外地质测绘,在对地表了解的基础上,可以对地下地质变化情况作出较准确的判断,比如断层、滑坡、泥石流、岩溶,甚至风化强度大的位置、崩塌的位置、卸荷宽度等都可以通过地表调查,初步确定不良地质作用的位置。

通过本篇学习，可以了解工程地质条件的组成要素及各要素的主要内容。为避免通篇文字说明的枯燥，插入了一些图片，便于读者理解。该篇为工程地质基础部分，可供刚入门的地质工作者学习参考。

第2篇至第7篇共12章，主要介绍工程地质条件中各地质要素（未包括天然建筑材料）的工程地质分析与实践。在行文中既总结了前人成果，又融入了作者的独立思考与研究。所选工程案例多是出现了工程地质问题的案例，许多案例的介绍较为详细，以便于总结经验与教训，在今后的工作中少走弯路。该部分内容可供同行交流借鉴、学习提高。对工程规划选址、设计、工程施工管理人员提高地质专业素质、加强对不良地质问题的认识、提高工程地质问题的处理水平有一定作用。

其中第8章是关于地形地貌在风电场勘察选址中的研究成果部分，论述了风电场常见的孤立的山包、植物突变的条带、陡峭山崖边缘、马鞍形地形及垭口部位、山前堆积体、山脊狭窄地段、斜坡地段、坡脚地段、山脊侧向冲沟地段、山脊末端和沟谷平行连接的岩桥地貌形式都有可能对应有不良地质作用。掌握这些一般地质规律和地貌特征，无疑对风电场的地质勘察、风电场场址的选定、微观选址、减少设计变更、提高工程进度、降低工程成本、保障风机运行安全都有重要的意义。地形地貌是地质构造、水、风化、地震等诸多内外营力综合作用的结果，这是我们能通过地貌及地表地质工作研究不良地质作用及工程地质问题的理论基础所在。

第7篇第20章主要论述风电场岩土工程勘察及应用。对于风电场的岩土工程勘察，主要考虑的是稳定，包括区域稳定、场地稳定及地基稳定。定量的岩土参数一般为承载力、压缩模量、压缩系数、内摩擦角、边坡坡度、地下水位和地震烈度等，勘察的主要目的就是通过分析验算稳定性，合理利用和改造地基，达到建筑物安全稳定的目的。该章内容可供风电场工程地质人员学习及使用，也可供建设及设计单位工程技术人员，对岩土工程勘察单位提供的承载力、变形指标、岩土的物理力学性质指标的物理意义和应用条件整体掌握，对主要设计数据正确性和合理性做出判断，充分利用和正确使用地质勘察资料，了解用不同方法和手段确定承载力的差异，在工程基础设计及现场验槽时，能够根据不同岩性、不同沉积特点、不同风化程度、不同密实程度等初步判断地基承载力、变形和抗滑稳定能否满足设计要求。

需要说明的是，工程地质条件的各地质要素间是相互联系的，工程地质条件是各地质要素的综合反映，工程地质评价中要全面分析组成工程地质条件的各地质要素。本书章节的编排方式并不是要割裂工程地质条件中的各地质要素，只是为了体现各地质要素在工程地质分析研究中的不同侧重点。

  本书在编写过程中，得到了武警水电部队教授级高级工程师许复礼，中国科学院地质研究所研究员、博士生导师尚彦军等工程地质专家的悉心指导，得到了山西省水利水电勘测设计研究院、龙源（北京）风电工程设计咨询有限公司等领导和同事的大力支持，在此特致以诚挚的谢意！

  由于笔者时间和积累有限，在引用附图和相关作者论述时未能全部标注，也有一些资料引自因特网，因无作者等信息，也未一一列出，谨向他们致以真诚的歉意及谢意！

  研究过程中的缺点和不妥之处，热忱欢迎读者提出批评指正。

作者

2015 年 3 月

目 录

第2篇　地 形 地 貌 篇

第3篇　地 层 岩 性 篇

第4篇　地 质 构 造 篇

第 7 篇 风 电 场 勘 察 篇

第1章 绪 言

1.1 工程地质的发展

工程地质分析及勘察是研究与工程建设有关地质问题的科学。其目的是为了查明各类工程场区的地质条件，对场区及其有关的各种地质问题进行综合评价，分析、预测在工程建筑作用下，地质条件可能出现的变化和作用，选择最优场地，并提出解决不良地质问题的工程措施，为保证工程的合理设计、顺利施工及正常使用提供可靠的科学依据。

我国工程地质的发展大致经历了三个阶段。

第一阶段，是 20 世纪 50—60 年代，主要学习苏联的工程地质勘察理论，特别是"大跃进"年代，上马了大量的水利工程建设项目。这一时期由于工程建设需要大干快上，工程建筑规划后立即上马，基本上是边设计、边勘察、边施工。工程服从于政治，好多大型工程的选址都是在苏联专家帮助下确定的，例如三门峡水库、汾河水库坝址；工程地质勘察的主要任务是对建筑结构的地质体质量评价，出现了大量由于地质问题引发的工程事故。国际上也出现了一些大型水利工程的垮坝事件，这才引起了工程地质勘察界的反思。世界各国几乎同时认识到，地质勘察的重点是预测预报工程引发地质灾害的可能性，随之工程地质工作进入了第二个阶段。

第二阶段，大约是 20 世纪 60 年代末到 80 年代初，接受了地质勘察不深入带来的教训，实施了地质选线、地质选址阶段，把工程地质工作放到工程建设的首位，工程地质勘察的主要任务是地质体稳定性评价。如 60 年代末，开展了以地质体稳定分析为主的地质灾害预测预报研究，逐渐提出了地基稳定、边坡稳定、地下洞室稳定、山体稳定、地壳稳定五大课题。也就是工程建筑处于不同的地质体上是否出现问题，实际上是工程地质预报，由于工程地质问题的不确定性，工程地质评价有些偏于保守，不一定符合实际，因此出现了设计保守的倾向。工程建设出现了浪费问题。

第三阶段，是 20 世纪 80 年代以后，随着工程建设规模的不断扩大，工程类型的不断扩展，完全没有工程地质问题的工程很少，或者几乎没有；工程主要是从规划上考虑经济效益，地质勘察分为几个阶段，不同阶段对应于设计有不同的勘察重点和内容，主要评价区域稳定和场址、坝址整体稳定性。对于工程地质问题要求查明并提出处理意见，随之出现了地质工程和岩土工程新的学科，出现了许多工程处理的新技术，注重于对不良地质体的改造、地质灾害防治、施工地质超前预报及地质构造、岩体结构的分析；地质力学、岩体力学、土体力学、边坡稳定、坝址稳定、洞室稳定等引用计算机有限元分析取得了长足的进步；勘察技术、测试技术、地质体改造技术有了很大发展。

1.2　工程地质工作存在的问题

1.2.1　注重实物勘探，忽视地表地质工作

由于地质工作勘察收费的标准主要是以实物工作量为依据，工作中有时会不重视人的主观能动性，而主要依赖实物勘探工作量发现工程地质问题。实际上这是不全面的，认识不到工程地质野外实践的重要性；认识不到通过地质地貌调查进行工程地质分析，能够发现不良地质作用，甚至能够揭示工程存在的一些主要工程地质问题；一些新的工程是在确定了建筑位置以后才进行地质勘察，例如，对风电场风机位的详细勘察就是根据风资源微观选址确定风机位置后进行的，对选定地质条件良好的场地有一定的约束性，甚至盲目性；即使勘察完成以后，对影响地基稳定的岩溶、活断层、风化带、潜在滑坡、卸荷带等不良地质作用都不可能全部发现，往往在基坑开挖以后才被揭露，不得不进行补充勘察、设计变更，对工程地质问题进行处理，这就不可避免地提高工程造价，延长工期，甚至不能保证建筑物的安全。

1.2.2　地质勘察与设计、施工脱节

国内外大小型工程都存在一个现实的问题，那就是工程中出现的重大事故，首先考虑的是地质原因。工程地质勘察也有一种倾向，就是一些地质参数选取比较保守。比如，有一些水利工程的抗剪指标并不一定符合实际，致使一些工程迟迟不能决策；在一些水库除险加固工程的坝体稳定计算中，按照地质勘察单位给定的抗剪指标计算为在Ⅶ度地震工况下不稳定，结果水库大坝经受了Ⅷ度地震考验却安然无恙。当然也有的天然古滑坡，经过大量的地质勘察，滑坡的边界条件也已经调查清楚，经过有限元分析计算，滑体是稳定的，为了增加滑坡的安全稳定系数，设计了一些简单的处理方案，但在施工加固过程中，施工程序不当，破坏了滑体坡脚，导致滑坡复活发生位移，不得不采取大规模的治理。

现实工程中，一方面因地质勘察结论保守造成了工程浪费，另一方面因不良地质问题导致的灾害性事故所占比例较大。造成这种现实的原因主要有三方面：第一是与工程地质勘察深度不够和质量不高有关，工程地质问题没有发现或者发现后对其成因、发展趋势、分布范围和危害程度认识不够；也有的是对勘察要求深度认识不足，勘察工作不够深入，有用的资料不充分，没用的资料堆积太多，设计不好用；第二是设计对勘察资料没有吃透，或者认识不足，设计方案、施工措施不符合地质条件；第三是施工单位低价中标，由于地质工作的不确定性，往往设计安全裕度较大。少数施工单位敢于低价中标的原因就是有些工程偷工减料但没有出事。比如，洞室施工大部分设计都有系统锚杆，而本身多数洞室自稳能力较强，为节约成本施工中不做系统锚杆或少做锚杆，为提高效率延迟二次支护的时间，而侥幸不发生事故；有时候，地质条件较好的隧洞，设计按照新奥法设计有仰拱，而实际施工中，由于监管不严而不做仰拱，洞室也能暂时稳定，但当出现洞室塌方问题时，又可以以不良地质原因进行设计变更。如果以此为经验，当地质条件确实需要系统支护和结构上需要仰拱而没有按设计要求施工时，地质体的暂时稳定将会给工程留下重大隐患。一些重大的工程事故就是这样造成的。

1.3 工程地质评价的差异

不同规模、不同类型、不同安全等级的工程，工程地质评价的重点和方法不同，不同类型工程既有同一性也有特殊性。例如，对于风电场这样规模较小的工程，对工程地质条件要求并不高，不能和大型水利工程相提并论，可主要通过对地营力形成的构造形迹以及在地质营力作用下后期形成的岩溶、风化带、活断层、卸荷带等不良地质现象在地面上的表现特征研究，达到风电场在微观选址时，就能避开这些地质条件不良的场地。勘察的目的就是要找好的场地、好的地基，根据风机高耸建筑物的特点，有针对性地做一般评价就可以了。而对于现代不断发展的巨大工程，如高边坡工程（坡高 300～1000m）、大型水利工程（坝高超过 300m）、工民建高层建筑（高度 300m 以上）、长地下洞室（有的地下工程总长度达到 300km）、大规模地下厂房（溪洛渡地下厂房埋深 300～500m，跨度达到 33m，边墙高度达 75m）、深埋洞室（秦岭隧道最大埋深达到 1500m）、大规模矿山综合采场（有些矿山综合采场达到 120～160m）等，工程地质条件很复杂，要想使建筑物做到安全稳定，就必须提高对不同建筑物的地基地质结构体出现工程地质问题可能性的分析和判断水平，掌握工程地质及岩体力学条件，提出相对应的处理措施。而不同类型的工程稳定性评价的重点既有同一性，也有特殊性（表 1.1）。

表 1.1　　　　　　　　　　　　　不同工程类型稳定性评价要点

工 程 类 型	稳 定 性 评 价 要 点
1. 水利水电工程	区域稳定；库岸稳定；坝基稳定；渗流稳定；坝肩稳定；地下洞室稳定
2. 道路建筑工程（铁路、公路、航运）	区域构造稳定；自然及人工边坡稳定；桥基稳定；地下洞室稳定；码头及船闸地基稳定；路基稳定（不可靠地段、危险地段、非常危险地段）
3. 矿山工程（煤炭、冶金）	区域构造稳定；场地稳定、露天矿边坡稳定、通风竖井、与提升竖井、地下采场及其巷道稳定
4. 工业与民用建筑工程	区域构造稳定；场地稳定；高耸建筑物地基稳定；山城边坡稳定；地下空间开发地基稳定
5. 海港及海上工程	区域构造稳定；场址稳定；地基稳定
6. 核电工程	区域构造稳定；场址稳定；给排水隧道稳定；核废料处理工程地基稳定
7. 国防工程	区域构造稳定；洞室稳定；各类掩体工程地基稳定
8. 风电工程	区域构造稳定场地稳定；地基稳定
9. 地质灾害防治工程	区域构造稳定；山崩、滑坡、泥石流危害、发展趋势及对工程和人身安全的影响

对于稳定性的评价，最主要是在地质勘察中，提出影响稳定的地质问题的原因，找出问题的关键，寻求解决问题的办法。在工程地质问题的处理上应该是具体问题具体分析，例如风电场之类建筑物完全可以根据地貌与不良地质作用的关系，避开难以处理的地质问题。而大部分工程做不到利用现有地质体进行工程建设，比如矿山工程，所以大部分工程都需要对工程地质问题进行处理。处理的关键是要把不良地质作用对建筑的影响因素进行改造。

第1篇 工程地质条件综述

第2章 地 形 地 貌

地形是指地表高低起伏状况、山坡陡缓程度、沟谷宽窄及形态特征等。地貌是地球表面各种形态的总称，它在一定程度上反映了地形形成的原因、过程和时代。平原区、丘陵区和山岳地区的地形起伏、土层厚薄和基岩出露情况、地下水埋藏特征及地表地质作用现象都具有不同的特征，这些因素都直接影响到建筑场地和路线的选择。

地形地貌包括：地形形态的等级；地貌单元的划分；地形起伏变化，山脉水系分布；高程和相对高差；地面切割情况，沟谷发育的密度、方向、形态深度及宽度；山坡形状、高度、陡度；山脊山顶的形态、宽度、平整程度等。

地形地貌对风电场建筑场地的选择意义十分重大。比如，进场公路是否可行；输出线路方案的如何选择；在地形复杂多变的山区，如何利用有利的地形条件使线路避免大量的挖方和填方，如何避开孤立的山包，选择平坦的施工场地，减少地震效应的影响。地形地貌条件直接影响着工程建筑技术是否可行、经济是否合理和施工是否方便，所以地形地貌条件是风电场勘察各阶段首要注意的问题。

地貌是由地球内、外力作用形成的地表起伏形态。通过地质构造形成的构造形迹以及在经外力后期改造后形成的岩溶、风化带、卸荷带等不良地质作用在地面表现的特征研究，即使是微弱的地形地貌变化，也应足够重视，因为微地貌也反映其内部不同的地质特征。风电场在微观选址时，就应避开这些存在不良地质作用的场址，对提高风机场址勘察的针对性、避免盲目性、减少不良地质作用在地基上发生的概率、减少设计变更和地基处理的难度、降低成本缩短工期、保证风机建筑物的安全都具有很重要的意义。

地貌特征多种多样，与工程较为密切的地貌形式简述如下。

2.1 岩溶（喀斯特）地貌

岩溶即喀斯特（Karst），是水对可溶性岩石（碳酸盐类岩石、硫酸盐类岩石、卤盐类岩石等）进行以化学溶蚀作用为主，流水的冲蚀、潜蚀和崩塌等机械作用为辅的地质作用，以及由这些作用所产生的现象的总称。由喀斯特作用所造成的地貌，称喀斯特地貌（岩溶地貌）。"喀斯特"（Karst）原是南斯拉夫西北部伊斯特拉半岛上的石灰岩高原的地名，那里有发育典型的岩溶地貌。

喀斯特地貌分布在世界各地的可溶性岩石地区。可溶性岩石有3类：①碳酸盐类岩石

（石灰岩、白云岩、泥灰岩等）；②硫酸盐类岩石（石膏、硬石膏和芒硝等）；③卤盐类岩石（钾、钠、镁盐岩石等），总面积达 $51 \times 10^6 \, km^2$。

岩溶占地球总面积的 10%。从热带到寒带、由大陆到海岛都有岩溶地貌发育。较著名的区域有中国广西、云南和贵州等省（自治区），及越南北部、南斯拉夫狄那里克阿尔卑斯山区、意大利和奥地利交界的阿尔卑斯山区、法国中央高原、俄罗斯乌拉尔山、澳大利亚南部、美国肯塔基州和印第安纳州、古巴及牙买加等地。中国岩溶地貌分布广、面积大，主要分布在碳酸盐岩出露地区，面积约 91 万～130 万 km^2。其中以广西、贵州和云南东部所占的面积最大，是世界上最大的喀斯特区之一。西藏和北方一些地区也有分布。岩溶地貌的有关内容在 6.3 节中还有介绍。

2.1.1　岩溶地貌类型

岩溶地貌可划分成许多不同的类型。按出露条件分为：裸露型喀斯特、覆盖型喀斯特、埋藏型喀斯特。按气候带分为：热带喀斯特、亚热带喀斯特、温带喀斯特、寒带喀斯特、干旱区喀斯特。按岩性分为：石灰岩喀斯特、白云岩喀斯特、石膏喀斯特、盐喀斯特。此外，还有按海拔高度、发育程度、水文特征、形成时期等多种划分法。由其他不同成因而产生形态上类似喀斯特的现象，统称为假喀斯特，包括碎屑喀斯特、黄土和黏土喀斯特、热融喀斯特和火山岩区的熔岩喀斯特等。它们不是由可溶性岩石所构成，在本质上不同于喀斯特。

2.1.2　地表岩溶形态

溶沟和石芽：地表水沿岩石表面流动，由溶蚀、侵蚀形成的许多凹槽称为溶沟。溶沟之间的突出部分叫石芽。

石林：这是一种高大的石芽，高达 20～30m，密布如林，故称石林。在热带多雨条件下，形成于纯度高、厚度大、层面水平的石灰岩区。

峰丛、峰林和孤峰：峰丛和峰林是石灰岩遭受强烈溶蚀而形成的山峰集合体。其中峰丛是底部基座相连的石峰。峰林是由峰丛进一步向深处溶蚀、演化而形成。孤峰是岩溶区孤立的石灰岩山峰，多分布在岩溶盆地中。

溶斗和溶蚀洼地：溶斗是岩溶区地表圆形或椭圆形的洼地。溶蚀洼地是由四周为低山、丘陵和峰林所包围的封闭洼地。若溶斗和溶蚀洼地底部的通道被堵塞，可积水成塘，大的可以形成岩溶湖。

落水洞、干谷和盲谷：落水洞是岩溶区地表水流向地下或地下溶洞的通道，它是岩溶垂直流水对裂隙不断溶蚀并随坍塌而形成。在河道中的落水洞，常使河水汇入地下，使河水断流形成干谷或盲谷。

2.1.3　地下岩溶形态

地下岩溶主要为溶洞。溶洞又称洞穴，它是地下水沿着可溶性岩石的层面、节理或断层进行溶蚀和侵蚀而形成的地下孔道。溶洞中的喀斯特形态主要有石钟乳、石笋、石柱、石幔、石灰华和泉华。

2.1.4　我国现代岩溶区域分带特征

中国岩溶地貌分布之广，类型之多，为世界罕见。在中国，作为喀斯特地貌发育的物质基础——碳酸盐类岩石（如石灰石、白云岩、石膏和盐岩等）分布广泛。据不完全统计，喀斯特总面积 200 万 km²，其中裸露的碳酸盐类岩石面积约 130 万 km²，约占全国总面积的 1/7；埋藏的碳酸盐岩石面积约 70 万 km²。碳酸盐岩石在全国各省区均有分布，但以桂、黔和滇东部地区分布最广。湘西、鄂西、川东、鲁、晋等地，碳酸盐岩石分布的面积也较广。

中国现代喀斯特是在燕山运动以后准平原的基础上发展起来的。老第三纪喀斯特时，华南地区为热带气候，峰林开始发育；华北地区则为亚热带气候，至今在晋中山地和太行山南段的一些分水岭地区还遗留有缓丘-洼地地貌。但当时长江南北却为荒漠地带，是喀斯特发育很弱的地区。新第三纪时，中国季风气候形成，奠定了现今喀斯特地带性的基础，华南地区保持了湿热气候，华中地区变得湿润，喀斯特发育转向强烈。尤其是第四纪以来，地壳迅速上升，喀斯特地貌随之迅速发育，类型复杂多样。随冰期与间冰期的交替，气候带变动频繁，在交替变动中有逐步南移的特点，华南地区热带峰林的北界达南岭、苗岭一线，在湖南道县为北纬 25°40′，在贵州为北纬 26°左右。这一界线较现今热带界线偏北约 3~4 个纬度，可见峰林的北界不是在现代气候条件下形成的。中国东部气温和雨量虽是向北渐变，但喀斯特地带性的差异却非常明显。这是因为受冰期与间冰期气候的影响，间冰期时中国的气温较高雨量较大，有利于喀斯特发育。而冰期时寒冷少雨，强烈地抑制了喀斯特的发育，但越往热带其影响越小。在热带峰林区域，保持了峰林得以断续发育的条件，而从华中地区向东北地区则影响越来越大，喀斯特作用的强度向北迅速降低，使类型发生明显的变化。广大的西北地区，从第三纪以来均处于干燥气候条件下，是喀斯特几乎不发育的地区。

中国东部喀斯特地貌呈纬度地带性分布，自南而北为热带喀斯特、亚热带喀斯特和温带喀斯特。中国西部由于受水分的限制或地形的影响，属干旱地区喀斯特（西北地区）和寒冻高原喀斯特（青藏高原）。

热带喀斯特以峰林-洼地为代表，分布于桂、粤西、滇东和黔南等地，地下洞穴众多，以溶蚀性拱形洞穴为主。地下河的支流较多，流域面积大，故称地下水系，平均流域面积为 160km²，最大的地下河流域面积喀斯特达 1000km²。地表发育了众多洼地，峰丛区域平均每平方公里达 2.5 个，洼地间距为 100~300m，正地形被分割破碎，呈现峰林-洼地地貌。峰林的坡度很陡，一般大于 45°。峰林又可分为孤峰、疏峰和峰丛等类型，奇峰异洞是热带喀斯特的典型特征。

中国热带海洋的珊瑚礁是最年轻的碳酸盐岩，大多形成于晚更新世和全新世。高出海面仅几米至十余米，发育了大的洞穴和天生桥、滨岸溶蚀崖及溶沟、石芽等，构成礁岛的珊瑚礁多溶孔景观。

亚热带喀斯特以缓丘-洼地为代表，分布于秦岭淮河一线以南。地下河较热带多而短小，平均流域面积小于 60km²。洼地较少，每平方公里仅为 1 个左右，且从南向北减少，相反，干谷的比例却迅速增加。正地形不典型，主要为馒头状丘陵，其坡度一般为 25°左右，洞穴数量较热带大为减少，以溶蚀裂隙性洞穴居多，溶蚀型拱状洞穴在亚热带喀斯特的南部较多。

温带喀斯特以喀斯特化山地干谷为代表，地下洞穴虽有发育，但一般都为裂隙性洞穴，其规模较小。喀斯特泉较为突出，一般都有较大的汇水面积和较大的流量，例如趵突泉和娘子关泉等。这一带中洼地极少,干谷众多。喀斯特正地形与普通山地类同,唯山顶有残存的古亚热带发育的缓丘-洼地和缓丘-干谷等地貌。强烈下切的河流形成峡谷,局部地区有类似峰林地貌,如拒马河两岸。

干旱地区喀斯特现象发育微弱,仅在少数灰岩裂隙中有轻微的溶蚀痕迹,有些裂隙被方解石充填,地下溶洞极少,已不能构成渗漏和地基不稳的因素。

寒冻高原喀斯特,青藏高原喀斯特在冰缘作用下,冻融风化强烈,喀斯特地貌颇具特色。常见的有冻融石丘、石墙等,其下部覆盖冰缘作用形成的岩屑坡,山坡上发育有很浅的岩洞,还可见到一些穿洞,偶见洼地。

2.1.5 岩溶地貌研究意义

喀斯特地区地表异常缺水和多洪灾,但地下水蕴藏丰富,径流系数在热带喀斯特区域为 $50\% \sim 80\%$,亚热带喀斯特区域为 $30\% \sim 40\%$,温带喀斯特区域为 $10\% \sim 20\%$。在华北一些喀斯特石灰岩分布地区,地下水在山前以泉的方式流出,如北京玉泉山的泉水、河南辉县的百泉、山西太原的晋祠泉、济南的趵突泉等。合理开发利用喀斯特泉,对工农业的发展有重要意义。

在南方多地下河,引喀斯特泉、堵地下河、钻井提水等方法可解决工农业用水。地下河纵剖面呈阶梯状,有丰富的水能资源,可以筑坝发电。如云南丘北六郎洞水电站,是中国第一座利用地下河的水电站。湖南、贵州也利用这种优越条件建造了多座 400kW 以上的地下水电站。喀斯特地区的地下洞穴,常造成水库渗漏,对坝体、交通线路和风电场建筑等构成不稳定的因素。研究和探测地下洞穴的分布,采取合理处理措施,是喀斯特地区工程建设成功的关键。

2.2 滩涂地貌

滩涂一般多指沿海滩涂。海洋行政主管部门将滩涂界定为平均高潮线以下低潮线以上的海域;国土资源管理部门将沿海滩涂界定为沿海大潮高潮位与低潮位之间的潮浸地带。两部门对滩涂的表述虽然有所不同,但可以看出滩涂既属于陆地,又是海域的组成部分。近年来滩涂上开发了大量的风电项目。

2.2.1 滩涂的分布

中国的滩涂主要分布在辽宁、山东、福建、广东、广西和海南的海滨地带,是海岸带的一个重要组成部分。我国海洋滩涂总面积 217.04 万 hm^2。

2.2.2 滩涂的基本分类

根据滩涂的物质组成,可分为岩滩、沙滩、泥滩三类;根据潮位、宽度及坡度,可分为高潮滩、中潮滩、低潮滩三类。由于岸的类型多样,水流的作用以及河流的含沙量等因素的影响,有的岸受海水冲刷,滩涂向陆地方向后退;有的岸堆积作用强,滩涂则向有海水方向伸展;有的岸比较稳定,滩涂的范围也较稳定。

2.3 构造地貌

构造地貌(Structural landform)是由地球内力作用直接造就和受地质体与地质构造控制的地貌。从宏观上看,所有大地貌单元,如大陆和海洋、山地和平原、高原和盆地,均为地壳变动直接造成。但完全不受外力作用影响的地貌很少，如现代火山锥和新断层崖是罕见的，绝大多数构造地貌都经受了外力作用的雕琢。故不论从构造解释地貌或从地貌分析构造，都必须考虑外力作用的影响。

2.3.1 构造地貌的等级

构造地貌分为3个等级：第一级是大陆和洋盆；第二级是山地和平原、高原和盆地；第三级是方山、单面山、背斜脊、断裂谷等小地貌单元。第一级和第二级属大地构造地貌，其基本轮廓直接由地球内力作用造就；第三级是地质构造地貌，或称狭义的构造地貌，除由现代构造运动直接形成的地貌（如断层崖、火山锥、构造穹窿和凹地）外，多数是地质体和构造的软弱部分受外营力雕琢的结果。如水平岩层地区的构造阶梯，倾斜岩层被侵蚀而成的单面山和猪脊背，褶曲构造区的背斜谷和向斜山，以及断层线崖、断块山地和断陷盆地等。不同大地构造单元的地貌形态有明显的差异。地台区以宽广平坦地面为主，如非洲高原、蒙古高原、塔里木盆地和华北平原。地台区的山地也是宽缓的褶皱山和断块山，如中国太行山和鲁南山地。由于刚性块体的拱曲张裂，地台区常出现地堑型陷落盆地，如东非裂谷、莱茵谷地和中国的汾渭谷地。地槽区最主要的表现为狭窄带状、弧形转折、延伸数百以至数千公里的线性褶皱山脉。

喜马拉雅山脉、阿尔卑斯山脉和安第斯山脉等都是年轻的地槽褶皱山脉。按板块构造学说，大陆和海洋的位置，从石炭纪以来，尤其是中生代以来，曾发生巨大变化。现代大陆是由统一的冈瓦纳古陆和劳亚古陆分裂而成的。地壳一面在新生，一面在消减。板块边界（海岭、转换断层、深海沟和地缝合线）是地震和火山活动、构造和地貌演化的主要场所。过去所说的地槽正是板块俯冲消减带——深海沟的位置。日本列岛—琉球—中国台湾—菲律宾—印度尼西亚岛弧—深海沟系正是典型的现代地槽。与板块运动相联系的新构造运动对现代地貌的形成起着重要作用。由于印度洋板块向欧亚板块俯冲，使青藏高原从第三纪末到第四纪初强烈隆起，在第四纪时期上升了3000～4000m，成为世界上最年轻的高原。

2.3.2 构造地貌学研究内容

构造地貌学是研究地质构造与地表形态关系的学科，是地貌学的重要分支。地质构造指的是地质时期构造运动所造成的各种构造形迹，如岩层褶曲而成的背斜、向斜，岩层错断而成的逆冲断层、正断层等及它们的复合体（图2.1），以及新第三纪以来的构造运动（即新构造运动）形成的并还在活动的各种构造。反映大地质构造的地貌如大陆、洋盆、山脉、大盆地、大平原等；反映小地质构造的地貌有背斜山脊、单面山、断层陡崖等。

地貌和地质构造的关系很早就受到人们的注意。在19世纪80年代，戴维斯指出：构造是地貌发育的三大因素之一。1923年彭克在《地貌分析》一书中指出：地貌的形成和演化要从动态构造的变化中去研究，使构造地貌学建立在科学的基础上。从此，地貌学从研究静态构造地貌扩展到研究动态构造地貌。20世纪50年代中期，韦格纳于1912年提出的大陆漂移说的复活，以及60年代海底扩张说和板块构造说的提出，极大地推动了全球性地貌的研究，使构造地貌学研究与地球动力学的研究结合起来，构造地貌学在理论和实践上都有了新发展。构造地貌学的研究对象是构造地貌，包括断层地貌、褶曲地貌、火山地貌、熔岩地貌及丹霞地貌等。

图 2.1 构造地貌的基本形式断裂褶皱

构造地貌学的主要内容有以下两个方面。

（1）构造地貌学研究明显反映静态构造的地貌，即静态构造地貌。地质时期形成的地质构造，其原始构造形态不可能完整地表现在地形上，因为后来的构造运动会使地形发生变化，以至倒转。外力的侵蚀作用使原始构造形态受到不同程度的破坏，因此，由古老构造形成的背斜山、向斜盆地、断层陡崖等原始静态构造地貌上会出现一些次生构造地貌。如背斜山顶部最易受侵蚀破坏，一旦顶部的刚硬岩层被蚀穿，裸露的下伏软弱岩层更容易被蚀低，于是在背斜山轴部形成一个顺背斜走向发育的谷地，称为背斜谷。背斜谷两侧即形成单面山。相反，顶面由硬岩组成的向斜在外力侵蚀中可能反而残留为高地，构成所谓倒转的向斜高地，称为向斜山，等等。

（2）构造地貌学研究明显反映动态构造的地貌，即动态构造地貌。现代构造地貌研究已不限于单纯地描述一个地区的地形和静态构造的关系，而是着重探讨不同地区和全球性新构造运动对地形的影响。新构造运动所形成的褶曲、断层等遗迹，称为新构造。新构造运动按其运动方向可分垂直运动和水平运动。地壳垂直方向运动使地形产生高低变化，表现为上升的山地、丘陵、高原或台地。下降的平原或盆地，也反映在水系的排列形式上，如地面大面积倾斜上升形成平行状水系，局部的隆起和凹陷依次形成放射状水系和向心状水系，沿穹状隆起的边缘形成环状水系。间歇性上升运动可能形成阶梯状的地貌，如山麓阶梯、河流阶地等。

2.3.3 构造地貌成因

大范围的地壳水平运动使地壳产生挤压或拉张。挤压区形成大陆边缘的岛弧、大陆上的褶皱山系和高原；拉张区形成大洋中脊、大陆上的大裂谷和断陷盆地等。最大规模的新构造运动表现在大陆的漂移与洋底的扩张上。对这种现象加以最新解释的是板块构造说，它认为地壳是由几个相对不连续的板块组成，在大洋中脊，由于有来自地幔垂直上升的物质流到洋底转为水平流，所以洋底是在扩张的，这种运动进一步推动地壳的几大板块作相互运动，引起板块边缘的俯冲、隆升、错断、火山活动以及板块内部的大褶皱和断裂现象。

现代精密的水准测量发现，陆地上有大曲度半径的舒缓褶曲隆升或沉降，这种运动亦称为造陆运动。起因有的是地球内力作用，如岩浆的上升或地应力挤压与剪切引起，有的是由于大陆冰盖消融卸荷作用引起。后者又称为大地均衡作用。

运用地貌学方法揭示较长时间的造陆运动是比较有效的。其中最常用的是进行阶地测量：多级阶地的出现反映地区的间歇性隆升；各级阶地连线的差异性隆升或拗陷反映造陆运动中各地段的差异运动；阶地纵剖面线突然出现不连续性，说明此处曾发生新的构造运动造成的断层现象。

2.3.4 构造地貌研究方法

构造地貌学还利用与地貌学密切相关的沉积学方法研究新构造运动。在新的褶皱隆起或断块上升区，新的沉积层因被抬升而有清楚的露头；在新的沉降区，新沉积层隐伏地面以下，且厚度很大。根据新地层的厚度和地质年龄，估算该沉降区的沉降幅度和速率是现行可靠的方法。

无论是研究静态构造地貌，还是研究动态构造地貌，都必须从地球内力去追溯它们的成因，但同时又应看到所有的构造地貌都不是纯内力作用的产物，还要研究外力侵蚀、岩性因素在构造地貌中所起的作用。漫长的地质历史中曾发生过多次大规模的构造运动，每次运动所造成的地质构造的格式和走向都不相同，今天形形色色的构造地貌就是多期构造叠置与组合的结果。因此追溯不同地区的地貌发育史时，要善于分析这些不同期的构造运动的结果对地貌发育的依次影响。

2.4 剥蚀地貌

剥蚀地貌是由剥蚀作用塑造形成的地貌。剥蚀作用就是将风化产物从它们生成的地方剥离开来的现象。剥蚀作用的动力是由地面流水、地下水、冰川、湖水、海水和风的运动所引起的。不同的动力产生不同的剥蚀作用，并形成不同的地貌类型。剥蚀作用不仅破坏地表面的岩石，而且改造了地表形态。原来的起伏山地，经长期风化作用后，可以变为波状起伏的丘陵，甚至被夷平为准平原。

2.5 黄土地貌

黄土是第四纪时期形成的土状堆积物，分布很广，从全球范围看，主要分布在中纬度干燥或半干燥的大陆性气候环境内。我国黄土集中分布在北纬34°～40°、东经102°～114°之间，即北起长城，南界秦岭，西从青海湖，东到太行山，面积约达30万 km^2 的范围内，地理上称为黄土高原。本区除了一些基岩裸露的山地外，黄土基本上构成连续的盖层，厚度可达100～200m，形成非常特殊的地貌。甘肃西部、青海西北部及新疆等地低山丘陵及一部分山地的山坡上，黄土呈片状分布，而在山麓、洪积—冲积平原和古河谷阶地上，也断续分布着经过搬运的黄土状土层。东北松辽平原、辽西冀北山地、华北平原和山东低山丘陵等地亦分布有黄土和黄土状土层。上述地区黄土一般呈零星分布，厚度也不大，加上自然条件等因素，黄土地貌发育受到很大限制，形态不典型。分布在黄土高原区的典型黄土地貌可分为两大类：谷间地貌和沟谷地貌。黄土地貌总的特征是地面非常破碎，表现在沟谷密度（单位面积的沟谷总长度）和地面分割度（沟谷面积占流域面积的百分数）两项数值很高，例如晋西个别地区沟谷密度为 $8km/km^2$，地面分割度达43.70%。地势起伏频率大也是黄土地貌的一个特征，地面频繁地出现200～300m的起伏。上述两个特征是我国其他地区所罕见的。

2.5.1 黄土峁

黄土峁，简称峁，是椭圆形或圆形的黄土丘陵。峁顶面积很小，呈明显的穿起，由中心向四周的斜度一般为 3°～10°。峁顶以下直到谷缘的峁坡，面积很大，坡度变化于 10°～35°之间，为凸形斜坡。峁的外形呈馒头状。两峁之间有地势明显凹下的窄深分水鞍部，当地群众称为"墕"。黄土峁分布有呈散列的，也有呈线状延伸的，后者称连续峁，它往往是黄土梁被横向沟谷分割发育成的。

2.5.2 黄土滑坡、黄土林、黄土桥

黄土谷坡物质在重力作用下的块体运动，是谷坡扩展的主要形式，其中，滑坡是常见的一种。黄土滑坡发生后，在谷坡上部遗留下圆弧形的黄土陡崖（滑坡壁）与坡脚的庞大滑坡体。黄土高原沟壑区和丘陵沟壑区分布着许多微地貌，常见的有黄土林、黄土桥等。

2.5.3 黄土坪

分布在黄土高原河流两侧的平坦阶地面或平台，称为黄土坪，简称坪。黄土坪是黄土梁峁区河流的阶地，沿谷坡成层分布，此外还有一些是由于现代侵蚀沟的发展，使黄土墹遭到切割而残留的局部条带状平坦地面。黄土地区的河流阶地，每一级平台的下方有明显的陡坡，平台面向河流轴部方向倾斜。

2.5.4 黄土陷穴

黄土陷穴是黄土区地表出露的一种圆形或椭圆形洼地，我国西北称为龙眼或灌眼，深度大的称为黄土井，分布很广。它是由地表水和地下水沿黄土垂直节理进行侵蚀，并把可溶性盐类带走，下部黄土层被水流蚀空，表层黄土发生坍陷和湿陷而形成的。黄土陷穴往往出现在水流容易汇集的谷间边缘地带，如谷坡坡折的上方、冲沟中跌水和沟头陡崖的上方，常呈串珠状分布。

2.5.5 黄土塬

黄土塬，简称塬，是黄土高原谷间地地貌的一种类型，具体是指四周为沟谷蚕蚀的黄土高原。由于长期沟谷蚕蚀，面积大、形态完整的塬，目前在黄土高原已不多见，分布较多的是经破坏而残留的支离破碎的塬，称为破碎塬。破碎塬由塬四周沟谷源侵蚀分割塬而形成，它基本上保留塬的主要特征：塬面平坦，塬边坡折明显。破碎塬面积明显比塬小。

2.5.6 黄土墹

黄土墹，简称墹或墹地，它是黄土覆盖古河谷，形成宽浅长条状的谷底平地与两侧谷坡相连，组合成宽浅的凹地，宽度一般数百米至几公里，长度可达几十公里。多出现在现代河流向源侵蚀尚未到达的河源区，平面图形常呈树枝状。

2.5.7 黄土梁

黄土梁简称梁，是长条形的黄土丘陵。黄土高原地貌组合可分为两大类型：一类是高原沟壑区；另一类是丘陵沟壑区。前者由黄土塬和沟谷组成，后者由梁、峁和沟谷组成。无论上述哪一个类型，梁是其中面积最大、分布最普遍的谷间地地貌。梁可分为平顶梁、斜梁、起伏梁。分布在高原沟壑区的主要是平顶梁（简称平梁），分布在丘陵沟壑区的以斜梁和起伏梁为主。

另外，黄土谷间地地貌是由黄土堆积而形成的，它一方面受黄土堆积前古地貌形态的影响；另一方面，在黄土堆积后的沟谷发育过程中，也相继出现各种谷间地地貌。由于上

述原因，谷间地地貌在地域分布上往往互相交错，在个体形态上也存在许多过渡形式，虽然各种形态的主要差别是客观存在的，但严格的界限目前还无法确定。

2.6　流水地貌

在河流相地区，进行大型水利建设工程建筑物存在地基稳定性、渗漏等问题；风电场、民用建筑物，人防工程主要存在地基稳定性、不均匀沉降、地下水影响等地质问题，这就有必要对河流地质地貌的形成、发展进行详细的研究，这样才能对这些地区的不良地质作用成因、地质地貌特征及对工程的影响做出较为准确的评价。进而尽量避开这些不良地质作用地段或采取有效措施进行地基处理。

2.6.1　河流侵蚀及堆积地貌

流水有三种作用，即侵蚀作用、搬运作用和堆积作用。这三种作用主要受流速、流量和含沙量的控制。一定的流速、流量，只能挟运一定数量的泥沙，因此，当流速、流量增加，或含沙量减少时，流水就产生侵蚀作用，并将侵蚀下来的物质运走；反之，就发生堆积。

流水的侵蚀表现为流水对坡面、沟谷和河谷的侵蚀。坡面侵蚀是坡面流水对地表进行面状的、均匀的冲刷。沟谷流水与河流的侵蚀是一种线状侵蚀，表现为下蚀（下切）、旁蚀（侧蚀）与溯源侵蚀（向源侵蚀）三种。下蚀是指流水及其挟带的砂砾等对谷底的侵蚀，其结果使谷底加深。旁蚀是指对谷地两侧的侵蚀，其结果使谷坡后退，谷地展宽。溯源侵蚀是指向源头的侵蚀，其结果使谷地伸长。下蚀、旁蚀与溯源侵蚀是相互联系、同时进行的。

流水对泥沙的搬运方式有两种：一种是流水使砂砾沿底面滑动、滚动或跃动，统称为推移。在水底被推动的砂砾粒径总是与起动流速的平方成正比，而砂砾的体积或重量又与其粒径的三次方成正比，因此，颗粒的重量与起动流速的六次方成正比。这就是山区河流、沟谷中能搬运巨大砾块的原因。另一种是细小泥沙在水中呈悬浮状态移运，称为悬移。但是，被流水搬运的同一粒径的物质，随着流水搬运能力的变化，其搬运方式可发生变化。当水流中的含沙量超过其搬运能力时，即有一定数量的泥沙堆积下来。河流上游大多地处山地和高原，落差大，水流急，河谷深切而狭窄。

地表流水是一种非常重要的外力作用。即使在干旱少雨的荒漠地区、寒冷的高山高纬度地区，它的作用也是不容忽视的。在陆地地貌的形成与发展过程中，地表流水是一个最普遍、最活跃的因素。地表流水主要来自大气降水，由于大气降水在地球上分布较普遍，所以流水作用形成的地貌在陆地表面几乎到处都有。大气降水受不同自然地理条件控制，各地降水的性质和强度差别很大，加上其他条件的影响，致使流水地貌形态十分复杂。

地表流水可分为暂时性流水和经常性流水。前者指降雨时或雨后（或融冰化雪时）很短时间内出现的流水，后者指终年保持一定水量的河流。两者不仅时间上有所差异，更重要的是水文状况不同，因此暂时性流水形成的地貌与河流地貌在形态上有明显的不同。根据流水在地表流动的方式可分为无槽流水和有槽流水两种。无槽流水指流水在地表流动时无固定明显的沟槽，如雨后斜坡上薄层片流和细小股流。有槽流水是指汇集在谷地中的流水，它包括暂时性流水的冲沟流水（洪流）和河流两种。由地表流水作用（包括侵蚀、堆积）所塑造的各种地貌，统称为流水地貌。流水侵蚀作用形成的地貌称为流水侵蚀地貌；流水堆积作用形成的地貌称流水堆积地貌。

片流在一般情况下并不形成明显的地貌，它只是把斜坡上的风化碎屑物质集中到低处，为其他外力作用提供可搬运的物质。洪流或冲沟流水侵蚀地貌主要是各种形式的冲沟，在半干旱和干旱的我国西北地区，这类地貌分布相当普遍，它的堆积地貌主要是分布在沟口的洪积锥（扇）和山麓倾斜平原。河流侵蚀地貌主要是各种类型的河谷，它的堆积地貌主要有河漫滩、河流三角洲等。

2.6.2　河谷

河谷是河流挟带着砂砾在地表侵蚀塑造的线形洼地，是一种形态组合。

2.6.2.1　河谷的剖面形态

1. 河谷横剖面

河谷由谷底、谷坡和谷缘（谷肩）形态组成。谷底包括河水占据的河床和洪水位能淹没的河漫滩，特大洪水淹没的部分是高河漫滩，常年洪水能淹没的谷底部分是低河漫滩。谷底变化很大，有的只有河床没有河漫滩，有的河床和河漫滩都很发育；谷坡是由河流侵蚀形成的岸坡，大部分发育河流阶地；谷缘是谷坡上的转折点，它是计算河谷宽度、深度的标志。

2. 河谷纵剖面

河流平水期占据谷底的低凹部分，从河源到河口河段的河床过水断面最低点的连线称为河床纵剖面。河床中水流的侵蚀、搬运和堆积作用有自动调节功能。气候变化、构造运动、侵蚀基准面升降和物质组成对河床纵剖面影响都比较大，其中构造作用对河床影响最大，当活动断层与河流相交使上游段上升，下游段下降，在构造运动方向转化的地段，河床纵剖面坡度要比正常坡度陡，由于水流速度加快，侵蚀加强河床下切并不断溯源侵蚀，河床中形成裂点，纵剖面呈波折形裂点以上的河床为上升段，沉积物厚度较小，河床相沉积以较大砂砾石为主；在下降河段，河床比降减少，水流速度减慢，堆积作用加强，河床相沉积物颗粒较小，而且厚度增大。当建筑物置于古河床裂点部位时，不均匀沉降的地质问题就比较突出。

河谷纵剖面有凹形、凸形、凸凹形，如长江纵剖面呈下凹多级阶状，四川宜宾以上、宜宾到湖北监利及以下形成三个一级阶域，反映了流经地区大地构造、新构造运动和区域地貌的明显差异。每个一级阶域，由于区域构造和新构造运动的影响而包含若干个次级阶梯。长江九江以下纵剖面位于海平面以下，与末次冰期海平面大幅度下降有关。

在一定范围内的一些河流裂点如果能连起来并延伸数千米甚至上百千米，称为河床变形带。平原区由于地表有松散沉积物覆盖，基底断层活动形成的裂点没有山地河流明显，如将不同河流的变形段相连而成带状分布，则是基底断层活动的表现。

断层活动在河床中形成裂点后，由于河床水流溯源侵蚀，裂点不断向上游迁移而远离断层，形成裂点的初始位置，因而时间久远的大裂点附近并没有相应的活动断裂。例如山西黄河壶口瀑布虽然是一个规模大的裂点，在裂点附近并没有相应的活动断裂，但在它下游 65km 处的禹门口有一大型韩城活动断裂与黄河相交，晚更新世时该断裂活动使龙门山地抬升,黄河在禹门口形成裂点并不断向上游迁移到达今天壶口瀑布的位置。

2.6.2.2　河谷的发育阶段

河谷的发展过程在基岩山地河谷的横剖面发展过程最为清楚,经历了 V 形河谷、河漫滩河谷和成形河谷三个阶段,每个阶段纵剖面都有相应的变化。

1. V 形河谷

V 形河谷是山区最常见的一种河谷,又称为峡谷。这类河谷具有 V 形河谷横剖面,谷地两壁险峻陡峭,谷底几乎全部被河流占据。谷地狭窄,深度大于宽度。其中谷坡陡直,深度远大于宽度的峡谷称为嶂谷。从河流发育阶段看,V 形谷属幼年河谷,它反映了河流处于幼年发育阶段,河流以加深河床的深向侵蚀为主,侧向侵蚀作用不明显。在构造运动上升区域,河谷谷坡由坚硬岩石组成的地段,当地面抬升速度与河流下切作用协调时,最易形成 V 形河谷。河流上游深向侵蚀作用十分显著,河谷横剖面也多呈"V"字形。

V 形河谷在河流形成早期(河谷上游、坚硬岩石或地壳上升期)以垂直侵蚀为主,河流深切基岩,形成河身直,河床坡度陡,急流险滩多,水流湍急,岸边崩塌发育,断面狭窄的 V 形河谷。V 形河谷在不同发育阶段有不同特征,分为为隘谷、障谷和峡谷。

(1)隘谷:谷坡陡峭或近于垂直,河谷的谷缘宽度与谷底几乎一致,河谷极窄,谷底全部为河床占据。

(2)障谷:隘谷进一步发展而成,两岸仍很陡峭,但谷底比隘谷宽,常有基岩或砾石裸露,谷底部分被水淹没。

(3)峡谷:是隘谷和障谷进一步发展而成,峡谷横剖面呈明显的"V"字形,有的呈谷中谷现象,陡峻的谷坡上有阶状陡坎。谷底出现岩滩和砂砾滩,但后者不稳定。峡谷谷坡上的阶状陡坎有两种成因:一种为地壳间歇性上升地区河流侧向侵蚀作用在基岩上形成的侵蚀阶地,其上可能有少量的冲积层,如三峡的五级阶地;另一种为受水岩层控制,软硬岩层遭受差异剥蚀作用形成构造剥蚀后台阶,其高度和分布比侵蚀阶地变化大,其主要有风化角砾而无冲积层。

2. 河漫滩河谷

河流长期侧向侵蚀作用的结果使谷底加宽,形成河漫滩河谷。河流在谷底仅占一部分面积,其余都是河漫滩。河谷谷底宽度与河流大小、发育的时间长短、地壳运动稳定与否等许多因素有关。形成河漫滩河谷后,河流在自己形成的谷底平坦地面上蜿蜒流动,完全不受谷壁的限制,这种河曲称为自由河曲。

河谷形成发展中期(或河流下游、沉降区和软弱岩区等)河流纵剖面通过溯源侵蚀、瀑布和退后等过程已经变得比较平缓,曲流的形式和演变成为河流作用重要的方式,河流进入侧方侵蚀为主要阶段。通过曲流反复侧向移动,削平旧的地貌,塑造出宽广的河漫滩,即河漫滩河谷在两条以上河流(或主支流)同时或交替侧蚀泛滥形成冲积平原区(尤其是沉降平原区),有时甚至分不出河流之间的分水地区。蛇曲、湖泊、低丘和岗地构成的主要地貌形式,地下则淹埋有不同时代的冲积-湖积层。

3. 成形河谷

在河漫滩形成以后,由于地壳上升,河流垂直侵蚀作用加强,河流下切,于是河流转化为不受洪水淹没影响的河流阶地，发育有河流阶地的河谷即为成形河谷。成形河谷中每一次侵蚀基准面下降都会引起河流溯源侵蚀，溯源侵蚀所达到的某一段河床纵向陡坎（坡折）也称作裂点，一系列裂点与一系列河流阶地对应。这种裂点不同于河床上的硬质岩体形成的岩坎，它不受岩性控制，在软硬岩层中都可以形成。它代表一次侵蚀旋回。

2.6.2.3 河流侵蚀基准面

河流侵蚀基准面是限制河流侵蚀下切作用的下限水体面，在侵蚀基准面以下河流不发生大规模的侵蚀下切作用。

海纳百川，海平面是控制入海河流的侵蚀基准面，又称终极侵蚀基准面。在一条河流上有若干个对其上游河段有一定控制作用的局部侵蚀基准面，如河床上的岩坎、大型河曲、主流面。侵蚀基准面变动，引起河流的侵蚀与堆积作用（冲淤关系）调整：侵蚀基准面下降，河流坡度变陡，流速加快，动能加大，使河流侵蚀加强，河谷加深，沿河两岸地下水位降低；侵蚀基准面上升，河流流速减慢，动能减少，堆积作用加强，侵蚀减弱，河床中的堆积物体积增大，覆盖层变厚，沿河及河谷两岸地下水位升高。

2.6.2.4 河谷类型

河谷按成因可分为侵蚀谷、构造谷和多成因谷三类。

1. 侵蚀谷

河流所切割成的河谷都属于侵蚀谷。在软硬岩层交替河段，软岩层河流侵蚀下切快，易拓宽，河床坡度缓，河道易弯曲；在坚硬岩层中河流下切较慢，河谷较狭窄，河道一般较直，河床坡度较陡。

2. 构造谷

由构造作用地壳错动形成的洼地（向斜、背斜、地堑、断层等）后由流水作用所形成的河谷或顺应构造软弱带（节理密集带、断层带、背斜轴部）所塑造的河谷，称为构造谷。其走向与地质构造走向一致。各种构造谷及其与地下水的关系和重力作

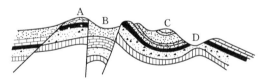

图 2.2 构造谷类型
A—断层单斜谷（河谷沿软弱岩层下移）；B—断层地堑谷；
C—向斜谷；D—背斜谷

用发育条件见图 2.2，有单斜谷、背斜谷、断层谷等。实际上构造谷是侵蚀谷的一种特殊形式或者侵蚀谷与构造谷在大型河流中交替出现。

3. 多成因谷

多成因谷是指受冰川（冰前期、冰后期）、岩溶（岩溶地表水、地下水活动形成的河谷）、火山（火山裂隙处发育的河谷）及风力作用形成的河谷。

2.6.2.5 河床

1. 河床类型

河床是河道中被流水占据的谷底部分。河床按形态和弯曲度分为顺直微弯型、弯曲型、分汊型和游荡型。

（1）顺直微弯型河床。河段顺直或略有弯曲，但主流流路依然弯曲，因此深槽、浅滩交错出现，两侧的边滩犬牙交错。

（2）弯曲型河床。也称蜿蜒性河道，具有迂回曲折的外形和蜿蜒蠕动的动态特性，在

世界上分布很广。典型的弯曲型河床平面形态为弯段和过渡段相间。弯段为深槽所在，过渡段为浅滩所在。

（3）分汊型河床。这种河床河身宽窄变化，窄处为单一河槽，宽段河槽中发育沙洲、心滩，水流被洲、滩分成两支或多支，汊河、沙洲发展与消亡不断更替，洲岸时分时合。随着主流线移动和冲刷，常伴有规模不等的塌岸，会造成重大灾害，汛期尤为严重。沙洲形成从心滩开始，一旦洲滩发展，便使过水断面缩小，流速增大，促使两岸或一岸冲刷后退。

（4）游荡型河床。河宽水浅，河道极不稳定。有时河床不断淤积形成地上悬河。平水期沙滩较多，水流离散，甚至主、汊河道难分。洪水期一片波涛，河床微地貌易于变化，甚至发生溢洪导致水灾；如果久旱则造成河流断流。其动态变化取决于上游来水来沙和河床边境条件。

以上各种河床类型可在一条河流中出现，形成宽窄不同、形态不同的河段。不同河段连接处（或过渡段）为节点，节点上下河床相对稳定，一旦节点破坏，会引起节点以下一个或多个河床冲淤平衡发生变化。河床类型研究对河流段或古河床地段建筑各类建筑物的地基成因分析有很大帮助，尤其对于风电场在河床相地貌单元采用桩基础型式的选择十分重要。因此，根据地貌特征判断引起河床演变规律是一件非常必要的工程地质分析工作。

2. 河床地貌

（1）河床侵蚀地貌。河床基岩经流水侵蚀形成的地貌，有岩槛、壶穴、深槽。其地貌特征如下。

1）岩槛：是横卧于河床上的坚硬岩石被侵蚀成的陡坎。岩槛在溯源侵蚀中一般往上游徐徐后退，又称"岩坎"或"岩阶"。槛高大于水深时形成瀑布，其下的冲蚀坑称为潭。岩槛被破坏后，残余基岩略高于床底构成险滩。高出河水位的基岩形成河中岛。岩槛往往是浅滩、跌水和瀑布的所在处，并构成上游河段的地方侵蚀基准面。岩槛的形成与构造和岩石性质有关。有活动断层的河段河床可以直接形成岩槛，穿插在基岩中的岩脉也可形成岩槛。后退速度在美国和加拿大间的尼亚加拉大瀑布为 130cm/年，山西黄河壶口瀑布为5cm/年。若河底基岩倾向下游且上游端坚硬岩石之下软弱岩石被蚀空时，岩槛因崩塌可微移下游一侧。

2）壶穴：河底漩涡流携带着砂砾旋转磨蚀河床基岩，久而久之在河床基岩中形成的圆坑，壶穴直径从一米到六七米，深一米至十几米，瀑布下冲处，坑深可达 20m 以上。在河流强冲刷地带（或时期）壶穴成群出现。

3）深槽：河床中除凹岸容易发育深槽外，有的地方发育深达几十米深的槽形坑，如大渡河铜街子深达 70m。一般认为入海河流冲槽的形成与末次冰期低海平面河流深切有关，此外与河床存在的软弱带（节理密集带、断层、风化岩石带及岩溶）受冲刷有关；也有人认为长江上游某些地段深槽与古冰川侵蚀有关。

深槽是一种普遍存在的河床地貌形态。弯曲型河道的弯顶上下端为深槽，两弯之间的过渡段为浅滩。顺直型河道的深槽出现于主流弯曲的弯顶处，两个深槽之间的过渡段为浅滩。深槽和浅滩的存在，使河底纵剖面表现出一系列的起伏。其空间分布服从一定的规律，相邻两深槽的平均间距大约相当于河宽的 5～7 倍。深槽-浅滩地形的演变具有多年及年内周期性变化。

（2）河床堆积地貌。河床堆积地貌有边滩、心滩、沙洲和河漫滩等。

边滩是河床中常见的堆积地貌，又称点坝或滨河床浅滩。边滩发育于河床凸岸，在曲流侧移过程中，横向环流的底流侵蚀凹岸的同时，将砂砾横向搬运到凸岸堆积而成。边滩在平水期，以枯水位岸线与河床分开，而洪水期被淹没并形成一道道天然沙堤，洪水位与平水位交替，加上河曲向上游蠕移，在凸岸形成一系列向上游张开、往下游收敛的弓形堤称迂回扇。这种现象在航空照片和卫星照片上显现得很清楚。

心滩与沙洲：心滩是河床中水流遇阻形成的水下不稳定砂质堆积体，平水期也不露出水面，洪水期可徐徐向下游移动。稳定下来并露出水面的心滩便转化为沙洲。

河流主流线（主动力轴线）摆动、洪水流量大小、沿岸岩性、地貌和人为活动（筑堤或河道中建筑物）对河床中的洲、滩和汊河形成发展有重要影响。河床不稳定，即洲、滩汊河受冲淤转换而变化快，反之，在人工堤坝约束内河床与周边条件逐渐适应而达到一种相对平衡则河床相对稳定，不致造成大的灾害，一旦平衡被破坏就容易发生灾害。

河漫滩：河漫滩按形态分为平坦河漫滩与凸形河漫滩；从物质成分组成可分为堆积河漫滩和石质河漫滩，后者只存在于山地河谷少数地段。

平坦河漫滩：河漫滩表面平坦或微向河床倾斜。其上游牛轭湖、沿河沙坝、湖泊和小河等微有起伏。这类河漫滩发育在推力较大的沿岸，是常见的形态。

凸形河漫滩：凸形河漫滩发育在平原区负载大、推力小的地上悬河地带，上游来沙特别多，河床不断淤高，两岸形成天然堤，一旦有较大洪流，洪水易于漫溢，甚至发生河堤溃决和河流改道。历史上多次改道的黄河下游，含沙量大时高达 1500kg/m³，使河床逐年淤高 7～8m，河床比堤外地面高数米，是黄河凸形河漫滩，成为华北平原与黄淮平原分水岭。

长江中游荆江河段，自宋朝筑堤以来至今约 800 年，因地壳下降河床淤高，洪水位相对上升了 11m（20 世纪 60 年代就上升了约 1.8m）。地上悬河除河床淤高外，地壳下降（如松辽、黄淮和江汉三大平原）和海平面上升对入海河流的顶托也都有影响，使之成为易发洪灾的环境脆弱地带。从河谷到河间洼地，岩性和地质结构复杂多样，地表水补给作用加强，河堤流沙和管涌并存，属于复杂的地质环境地段。

河漫滩形成分为雏形河漫滩、原始河漫滩、河漫滩三个阶段。

河漫滩形成早期，谷窄，洪水占据整个谷底，水层厚，流速高，只有少量沙粒在河床微凸处能堆积下来，形成雏形河漫滩，但不稳定易被后续洪水冲走。

随着曲流侧移，河谷不断扩宽，使洪水期水流厚度变薄，主河床与砂砾堆积体上流速发生差异，有更多的沙粒在凸岸堆积下来，成为稳定的堆积体，即原始河漫滩。

当曲流侧移，使河谷展宽若干倍早期河谷。洪水期主河槽内原始河漫滩砂砾堆积体上的水流厚度和流速差异很大，洪水仅把细粒悬移质带到展宽的砂砾体上沉积下来，形成下部为河床相砂砾、上部为河漫滩相细粒亚黏土冲积层二元结构时，形成河漫滩。

河漫滩上曲流（河曲）是在河流因堆积而发生主流线弯曲与水流总的向前运动和横向

环流叠置作用下发展的，沿岸岩性和崩塌也有一定影响。曲流变化是影响沿岸河道环境变化的重要因素。一旦河床弯道形成，主流对顶冲区的冲蚀和松散岩石的崩塌等环境作用对沿岸建筑物有较大影响，它会使凹岸因冲刷、崩塌、后退而更加弯曲，凸岸泥沙则不断堆积而越来越厚，形成对称或不对称的弯曲相连的河道，称为蛇曲或自由河曲。在曲流蠕移发展中，由于 S 形扩展，一个曲流环因凹岸撒凹和凸岸增长使其弯道弯曲度达到最大和曲率半径达到最小时，曲流颈（曲流环上下端）就会变得较窄，一到汛期较大洪水就会发生曲流颈部贯穿，使河道裁弯取直。上述曲流蠕移和河道裁弯取直现象是全新世以来河道主要变化特征之一，可以反复出现。这一过程有时很快，如我国长江下荆江河段近 200 年来发生河道自然裁弯取直十余起，尤其是下荆江河段石首附近六合院曲流在 1958—1971 年凹岸后退基础上，于 1972 年 7 月 19 日发生曲流颈部贯穿，还有尺八口和城陵矶曲流蠕移的 S 形扩展很明显；美国的密西西比河一般 100 年内河道自然裁弯取直 13~15 起。河道裁弯取直可缩短航距，但由于冲淤变化也可能发生河道堵塞现象。曲流的 S 形蠕移扩展与曲流颈贯穿对沿岸城镇及建筑物的选址有重要影响。

河道裁弯取直后遗留下的弓形废河道成为牛轭湖。新构造运动抬升影响下切的曲流，其新旧河道之间的丘陵高地称为离堆山。

2.6.2.6　河流阶地

1.基本概念

河流两侧阶梯状的地形称为河流阶地。阶地在河谷地貌中较普遍，每一级阶地由平坦的或微向河流倾斜的阶地面和陡峭的阶坡组成。一条经历长期发展过程的河流，两岸常出现多级阶地，由河流河漫滩向谷坡上方，依次命名为一级阶地、二级阶地、三级阶地等（图 2.3）。位置愈高的阶地形成的时间愈久，因而受破坏程度也愈大，反映在形态特征上也往往很不明显。阶地的形成，主要是因为河流在以侧向侵蚀为主扩展谷底的基础上，转为深向侵蚀为主加深河谷，前者形成河漫滩或谷底平原，后者将河床位置降低到河漫滩或谷底平原以下。因此阶地面实质上是古老或早期的河漫滩，而

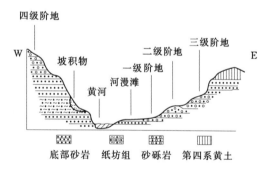

图 2.3　河流阶地剖面图

阶坡则是河流深向侵蚀作用所形成的谷坡。河流侵蚀作用改变的原因往往是地壳运动或者相当大范围气候的变化。

2.河流阶地形态要素与结构

河流阶地由阶面、阶坡（侵蚀陡坎）、前缘、后缘等要素组成。河流阶地高出河流平水位的高度，称阶地高度。在阶地系列中常有多级阶地。阶地规模小时，阶地高度以阶面河拔高程为准；阶地很宽时，应取近岸、中部和阶地后缘 3 个高度平均值代之。

河流阶地结构指阶地横向上冲积物与其他沉积物的关系。由于阶地形成过程中谷坡上的片流和重力作用同时进行，因此来自谷坡上的坡积物、重力堆积物（乃至老冲积物）在阶地后缘部分与冲积物犬牙交错（有时也覆盖于阶地面上）。这些沉积物不仅使得阶地后

缘增加高度，也会引起工程地质条件发生变化。

3. 河流阶地形态类型

河流阶地形态类型是根据阶面与阶坡组成物质、阶地基座高度和阶地冲积层时代与接触关系划分的，分为侵蚀阶地、堆积阶地和两者过渡的基座阶地 3 类 6 种形式（图 2.4）。

（1）侵蚀阶地。阶地的阶面和阶坡均由基岩组成，阶面上保存有不厚的冲积层或残余冲积砾石。侵蚀阶地发育在河流上游或新构造运动强烈上升地段［图 2.4（a）］。

（2）基座阶地。阶面和阶坡上部由冲积物组成，阶坡下部露出基座。基座可以是基岩，也可以是比冲积层老的松散堆积物，两者由侵蚀面分开。基座阶地发育在河流上游和新构造运动上升较强地段［图 2.4（b）］。

以上两种阶地是侵蚀基准面下降时，河流都深切到河床冲积层以下的基岩中，并使其露出水面以上。以下几种堆积阶地却没有这种特征。

（3）嵌入阶地。阶面和阶坡都由冲积物组成，不同时代冲积物为嵌入切割接触，低阶面高于高阶地基座面。嵌入阶地也发育在新构造上升区，但上升强度比前两种阶地上升弱［图 2.4（c）］。

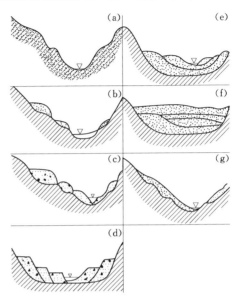

图 2.4　阶地类型示意图

（4）内叠阶地。阶面和阶坡都由冲积物组成，新老阶地冲积层呈切割关系，但各阶地基座近于同一水平，反映河流每次下切到基座高程为止。此种阶地也发育在以上升为主的地区［图 2.4（d）］。

（5）上叠阶地。阶地由不同时代的冲积物上叠组成，新阶地叠置于老阶地之上，且分布于老阶地内。这种阶地发育与新构造运动升降交替的过渡带，下降期沉积较厚冲积层，上升时河流未切穿老冲积层［图 2.4（e）］。

（6）掩埋阶地。前期河流阶地被后期河流冲积层掩埋［图 2.4（f）］。这种阶地与掩埋河谷的区别在于后者是在地壳连续沉降时，被后期冲积层掩埋的河谷。至于坡下阶地是指由于斜坡重力作用，使下滑重力堆积或坡积物掩埋的河流阶地［图 2.4（g）］。

在河谷横剖面上，不同时期阶地组成的河流阶地系列，很少有单一类型的阶地，大都是不同类型的组合。沿河床两侧，河流阶地可以对称或不对称分布，阶地的不对称分布（或河谷不对称）与下列因素有关：当时曲流往一方摆动、新构造运动有活动性断层存在、原始地面倾斜和经向河流的科里奥尼效应等使河流阶地沿岸比另一岸发育。一般来说，平原河谷大多是堆积阶地，而在山区多发育侵蚀阶地。

4. 河流阶地的研究

首先要排除和识别地滑、洪积扇和冲出锥阶地、构造剥蚀台阶和人工陡坎等非河流成因的阶地。沿河流阶地发育地段（如曲流地段）做若干个河谷—阶地横剖面图（阶地位相图）用以研究新构造运动。编制阶地位相图，首先要根据各横剖面上河床平水位高程选择比例尺，其垂直比例尺应大于水平比例尺，然后按比例把各阶地高程画在各横剖面所处的河谷纵剖面之上，最后把同一时代河流阶地拿直尺连接起来，即河流阶地位相图。图上可以反映新构造运动的隆升、差异运动和断裂活动等。用河流阶地位相图研究新构造运动是一种成熟有效的方法。若河流某段形成于地壳上升之前，在隆升过程中其流路不变而只下切，河漫滩或阶地发生背斜状变形，称为先行河谷地段，这是一种重要的局部新构造运动上升的地貌标志。若在地壳上升过程中河流下切不厚的松散覆盖层，下切到其下早已形成的褶皱中称后成谷（或叠置谷），无局部隆升意义。

（1）间歇性新构造运动地壳相对稳定阶段，河流以侧蚀为主，形成河漫滩和冲积层；地壳上升阶段则河流以深切为主，使河漫滩转化为河流阶地。穿越山地和平原（或盆地）的河流因山地与平原相对间歇性升降运动都会引起侵蚀基准面变动，导致河流阶地沿主流和支流同时发展，故间歇性新构造运动是河流阶地形成的主要原因。

（2）气候变化冰期与间冰期的交替，导致入海河流的侵蚀基准面（海平面）的升降，是入海河流阶地形成的原因。在山岳冰川地区，由于冰期强烈的物理风化作用，使大量的碎屑进入沉积物并滞留谷中；间冰期（或温润期）河流功能增大，切入沉积物，形成阶面上微凸的共性阶地，此类阶地多见于山地部分河谷地段，与新构造无关。

（3）其他原因曲流从上游往下游摆动、河流袭夺、地方性侵蚀基准面变化等都会形成局部阶地。

2.6.2.7　冲积物

河流沉积作用形成的堆积物称冲积物或冲积层。冲积物碎屑来自上游集水区、河底及河岸基岩、谷坡上的重力堆积物、坡积物、老冲积物和冰积物等。陆地上的大部分建筑物的细骨料都产于冲积物之中。同时，冲积物也是平原区地下主要含水层系和各类工程建筑的地基。

（1）冲积物的类型。主要有7种类型，分别是河床堆积物、河漫滩沉积物、牛轭湖沉积物、心滩（或沙洲）沉积物、天然堤堆积物、河间洼地沉积物、决口扇堆积物。其中河床堆积物、河漫滩沉积物和牛轭湖沉积物是冲积物主体，其他几类可视为这三者在一定条件下的变异。

1）河床堆积物：形成在流速高和流动变化大的河床范围内，平水期大部分在水下。据横向沉积环境的不同可分为蚀淤堆积物、滨主流线堆积物和滨河床浅滩堆积物。

蚀淤堆积物形成主流线高速深水区，细粒不断被冲走，以粗粒为主，重矿物多，呈透镜状位于砂砾层底部。

滨主流线堆积物形成于主流线与滨河床浅滩间过渡带。这里河床坡度较陡，流速较大，流动强度变化大，冲淤变化频繁，是一个不稳定的地带。堆积物以推移和跃移砂砾为主，砂砾和砂质透镜体交错组成不规则大型交错层理或斜层理，砂砾石呈定向叠瓦式排列，砂砾石一般磨圆度较好。

滨河床浅滩堆积物（边滩堆积物）形成在底流速度较低，水流较稳定地带，以跃移的沙质堆积为主，沙有时沿河床成片分布，在流水驱动下形成一系列往下游移动的脊线与底流方向垂直的小型水下沙丘，由于沙丘受到冲刷和叠置形成大型板状交错层或倾向下游方向的斜交层理。

2）河漫滩沉积物：洪水漫出河床在宽广的河漫滩（泛滥平原）沉积大量悬移细粒沉积物，即河漫滩沉积物。从近河谷到谷坡，河漫滩沉积物从粉细砂至亚黏土到黏土，厚度也随之变薄，可分为滨河床沙坝、河漫滩沿河和河漫滩内部三个沉积带。

滨河床沙坝带为洪水溢出河床后的沙坝形成带，沉积物主要为细粉砂，与滨河床浅滩上部细粒砂呈过渡关系，发育小型波状层理。

河漫滩沿河带位于滨河床沙坝之外，是洪水悬移质主要沉积带，以亚黏土与亚砂土互层为主，发育细小水平层理。

河漫滩内部带远离河床靠近坡麓，以黏土沉积为主，具水平细微层理或隐层理。由于沉积缓慢，成土作用明显，故夹有薄层腐殖土或有机沉积物。

以上各带在水平方向上呈过渡关系。由于每次洪泛范围不同，各带沉积时有垂向上相互叠置，具有不同形态的细微层理，随着曲流侧移不断进行，河床各类堆积物的不同岩相平移叠置，构成一个从下往上由粗粒大型斜层理往上逐渐转变为细粒、细小层理组成的地质结构。

3）牛轭湖沉积物：包括河漫滩上因曲流变化而废弃的河道和汊被堵塞发展而成的湖沼沉积物。这一类沉积物位于河床沉积物之上。较大规模的牛轭湖沉积物环境安宁（偶尔有泄洪干扰），植物、水藻和软体动物生长繁盛，由于有机物分解介质呈还原环境，牛轭湖沉积物一般为黑色—蓝灰色淤泥，具锈斑，有机质丰富，水平细层理发育，偶夹泄洪质透镜体，这类地层具较强的压缩性，压缩模量较低，常具有膨胀性，工程地质性状不良。

4）心滩（或沙洲）沉积物：心滩沉积物是河床处于汊河迁移多变环境中的河床沉积物。心滩、汊河多变，洪水冲刷频繁，水浅流急，沉积过程复杂、岩相纵横变化大。其总的特点是心滩沉积物头部核心部分相当于滨主流线沉积的砂砾或含砾砂，发育大型槽状交错层，往上过渡为滨浅滩沉积物，发育槽状层理；心滩尾部受洪水冲刷并往下游移动，发育有向下有倾斜的层理。

心滩沉积物顶部的河漫滩细粒沉积物不及沙洲沉积物发育。浅滩沉积物与心滩相似，常遭受冲刷难以保存下来。

5）天然堤堆积物：是洪水溢出河床流速锐减在河岸边形成的堤状堆积物，以粉细砂为主，夹薄层黏土，反映其形成的间歇性，发育小型，斜层理。横断面呈透镜状，外侧坡缓，与河漫滩亚黏土呈过渡关系，向河床一侧坡陡，向河床沉积过渡。

6）河间洼地沉积物：包括两河之间的平原区泄洪洼地沉积物。洪水溢出河床，在地上悬河河间洼地较低处积水形成半永久性或临时湖沼，沉积环境具有河漫滩沿河带与牛轭湖性质。沉积物以悬移质亚砂土和亚黏土为主，具有细微"纹泥状"水平层理。每次沉积的亚黏土和亚砂土的厚度薄则几毫米，厚则 $1 \sim 2 \text{cm}$，以亚黏土为主沉积时层理不发育。湖沼沉积物厚度几十厘米到数米不等，气候干燥时可发育盐渍土夹层。

7）决口扇堆积物：洪水冲破河堤（天然堤或人工堤）沿缺口突然向外分流，甚至改道，并迅速堆积成决口扇形的堆积物。扇形堆积物泄流方向与主流方向偏离显著，向平原低地倾斜，扇面发育网状细流。沉积物以含砾砂、细粒为主，有时发育急流交错层，上覆较厚的洪峰期后的悬移亚黏土层。

除以上冲积物外，冲积平原冲积物系统中还夹有小河、河漫滩上积水洼地等小规模沉积物。

关于冲积物的厚度，在堆积平原（或断陷区）常以冲积物厚度来估算地壳沉降量。但应注意，在没有地壳下降背景时，冲积物厚度值大约相当于洪水高程与深水区高程差值，称为正常厚度冲积层。若地壳强烈沉降，冲积物厚度很大，则应减去正常厚度后再用余值估算沉降量。一般地壳沉降产生的超厚度冲积物中，夹有代表地面环境沉积的牛轭湖沉积物、古土壤和风化层等标志沉积物。

（2）冲积物的组合。冲积物在不同气候带和地貌环境中有不同的组合特征。

主要的冲积物地貌组合归纳如下。

1）山地河流冲积层组合：山地和剥蚀丘陵区河流冲积物和河漫滩堆积为主。河床堆积物厚度较大，以砂砾为主；河漫滩沉积物堆积较薄，常有砂矿形成。

2）冲积平原（含大型沉降盆地）河流冲积层组合：以河床、河漫滩、河间洼地和牛轭湖沉积物为主，含天然堤和决口扇及小河与河漫滩湖沼沉积物。这里河漫滩亚黏土、黏土沉积厚，河床沉积粒度比山地河流细，以含砾砂或砂为主。沿河流纵向，从上游往下游，河床顶、底板高程降低，平均力度变小，悬移质含量增大；横向上从河床轴线往两侧河床沉积厚度变薄，平均粒径变小，粉砂与黏土含量增大。依据上述变化趋势，配合结构、构造和地貌研究，并以钻孔岩心提供的地层变化组为依据，用统计分析的方法就可以划分不同时代和深度古河道的工程地质特征。

3）辫状河沉积物：主要为心滩（或沙洲）沉积物与河漫滩沉积物组合，可见于平原或山地河流部分地段与冰川端网状河流地段。

另外，热带因化学风化作用和岩溶区溶解作用加强，冲积物河床厚度不大，砾石也较少。干旱区沟谷发洪水时水浅流急，不厚的冲积物中平行层理发育。

2.6.3　暂时性流水地貌

2.6.3.1　暂时性流水地貌类型

在暴雨或大量积雪消融时，所形成的瞬时洪流称暂时性水流。洪流一般历时短暂，流速大，紊动性强，流程短。洪流与河流相比具有更大推力，其搬运的颗粒大于河流，分选作用比河流差，地貌塑造堆积过程更具急进性，并常伴有灾害。暂时性流水形成的地貌类型分为侵蚀地貌及堆积地貌，见表 2.1。

表 2.1　暂时性流水地貌类型

分　类		基　本　特　征
侵蚀地貌	纹沟	由斜坡上片状水流汇聚成的细流对坡面侵蚀而造成，纹沟相互穿插，呈网状
	细沟	规模不大，宽度小于 0.5m，深度 0.1～0.4m，长度数米至数十米，坡度平缓，在平面上呈大致平行的线状，纵剖面与所在坡地表面的坡度一致
	切沟	宽度、深度可达 1.2m，有明显的谷缘，横剖面在上游呈"V"字形，下游呈"U"字形，纵剖面多呈阶梯状，有明显的跌水陡坎，纵坡已与所在坡面不一致
	冲沟	沟谷加深，向源侵蚀作用明显。沟头出现陡坎，同时，面旁蚀作用加强，使沟谷两侧发生崩塌，沟谷加宽、沟坡较陡
	坳沟	纵剖面上陡坎被展平，至上凹形曲线，向源侵蚀和下蚀作用逐渐减弱，仅侧向侵蚀使沟谷继续加宽，沟底平坦，甚至生长植物，又称干沟

分　类		基　本　特　征
堆积地貌	坡积裙	位于山坡坡麓的堆积物，组成物质决定于山坡上岩石的成分，以砂土夹碎石为主，分选性较差，磨圆度极差，略具层理，倾向谷地
	洪积扇	体积较大，表面弯曲不显著，曲率半径大，组成圆锥体的角度小，沉积物扇顶较粗，至扇缘变细，磨圆度及分选性大部分较好，孔隙大，透水强
	冲积锥	体积不太大，表面弯曲相当大，曲率半径小，组成圆锥体的角度大；沉积物顶部由角砾、砾石、砂等粗碎屑组成，分选性差，下部和边缘由砂壤土和壤土等组成。小冲积锥有时大小混杂无分选性。一般透水性较弱。地下水面高，有泉水出露
	山前洪积平原	山麓地带由于山区地壳不断上升，许多洪积扇、冲积锥逐渐发展扩大，彼此相连汇合而成

2.6.3.2　暂时性流水地貌及堆积物

1. 冲沟及冲积锥

冲沟又称侵蚀沟，是发育在坡地上的小型流水侵蚀沟谷，冲沟的形成与发展经历了纹沟、细沟、切沟、冲沟、坳谷阶段，它与片流冲刷同样是造成水土流失的主要因素。

冲积锥又称冲出锥，是暂时性水流在沟口形成的小型洪积物形态。其分布无地带及气候意义，其面积大小仅几平方米到几十平方米。冲出锥坡脚比洪积扇陡，可达 $18°$ 左右。沉积物顶部由角砾、砾石、砂等粗碎屑组成，分选性差，下部和边缘由砂壤土和壤土等组成。小冲积锥有时大小混杂，无分选性，一般透水性较弱。其岩相分异不及洪积扇明显。

洪积扇和冲积锥构成的洪积阶地，具有与河流阶地类似的意义。

2. 洪积物

暴雨和冰雪消融季节，含有大量沙石且高速运动的水流从山地流出山口，或流入主流谷地，由于河床纵剖面坡度急剧下降流速减慢，又无河道约束，便分散成多股槽流，通过泛滥，槽流连接成面状洪流，两者在上述地区共同堆积的扇形堆积物称洪积物。槽流主要分布在扇形堆积体轴部，发洪水时流急，碎屑按大小沿谷分异沉积，发育急流交错层理，称槽洪相沉积物。面状洪流水浅流缓，把细粒沙土从扇轴部往外运移成面状分异沉积，发育薄层层理，称漫洪相沉积物。槽洪砂砾与漫洪沙土组成粗细粒韵律层。在洪流作用下，扇体轴部不断淤高，漫洪洪积物分布面积扩展，厚度增大。

洪积物的穿时岩性扇形分项和扇面辐扇状（或辫状）沟道粗粒沉积格局，是洪积物与其他扇形堆积物区别的基本特征。

3. 洪积扇

洪积扇扇形岩相有扇顶相、扇形相、滞水相等。

扇顶相以巨砾、砾石等粗粒沉积物为主，夹有细粒沉积透镜体，巨砾间为后续水流细粒充填，发育急流交错层理。扇顶相主要由多次槽洪相粗粒沉积物组成。

扇形相以滩相土夹洪相砂砾组成。槽洪粗粒沉积物成条状由扇顶深入，剖面上呈各种透镜状（又称填谷粗砂粒沉积物），常与细粒沉积物组成不连续层状、多元结构。洪积砾石层面呈叠瓦状排列，从扇面各向谷口倾斜。沿洪积扇轴部主河道厚层砾石透镜体的粒度变化，可以获得水动力大小变化及有关气候环境变化信息。

滞水相又称边缘相，主要由洪相亚砂土、亚黏土组成，具有粉砂与亚黏土组成的"纹泥状"薄层理，透水性差，有时为薄层有机沉积物。

以上各岩性带在平面和剖面上都呈过渡关系。洪积物岩相离山口距离，取决于气候和新构造运动对洪流作用的影响，有时离山口近，有时远离山口深入平原（或盆地），厚度最大处在中部；在山前有活动断裂时，近断裂带最厚。

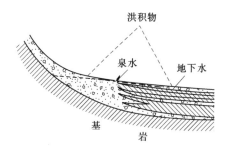

图 2.5　洪积物纵向剖面图

洪积扇是干旱和半干旱区洪流形成的主要堆积地貌。由洪积物组成的洪积扇面积从几平方千米到几十平方千米不等。洪积物的扇顶相、扇形相在地表最突出扇面倾角为 $5° \sim 10°$，滞水相地形平缓不易观察。洪积扇轴部常有干河床（其下有时有潜流），潜水面较深，往滞水相方向潜水面逐渐升高，在扇形相与滞水相交界带有时潜水溢出地表成泉、河或形成沼地或盐渍地（图 2.5）。

冲积扇与洪积扇的成因基本相同，区别在于扇面轴部有常年性河流并形成冲积物，后者轴部为间歇性和形成洪积物。在干旱区由于降水少、蒸发强烈，河流沿程水量不断蒸发和渗漏，使其搬运能力不断变小，在河流下游地表形成扇形堆积体，称为干三角洲堆积，是干旱平原（盆地）常见的地貌。

4. 洪积倾斜平原

洪积倾斜平原是山前若干洪积扇（或冲积扇）相连形成的中—大型组合形态，规模可达几十、几百甚至上千平方千米，也有人称作洪积裙状地形，是干旱半干旱地区重要的较好的生态环境。洪积平原纵向上向平原方向倾斜，横向上波状起伏，上凸为洪积扇轴部，下凹为扇间洼地。总的特点是洪积平原自上而下沉积物颗粒由粗到细；地下水由深到浅；水质由好到次。

2.7　海洋地貌

2.7.1　概述

海洋地貌是海水覆盖下的固体地球表面形态的总称。海底有高耸的海山，起伏的海丘，绵延的海岭，深邃的海沟，也有坦荡的深海平原。纵贯大洋中部的大洋中脊，绵延 8 万 km，宽数百至数千千米，总面积堪与全球陆地相比。大洋最深点 11034m，位于太平洋马里亚纳海沟，超过了陆上最高峰珠穆朗玛峰的海拔高度（8844.43m）。深海平原坡度小于 $1‰$，其平坦程度超过大陆平原。整个海底可分为大陆边缘、大洋盆地和大洋中脊三大基本地貌单元。

2.7.1.1　大陆边缘

大陆边缘为大陆与洋底两大台阶面之间的过渡地带，约占海洋总面积的 22%。通常分为大西洋型大陆边缘（又称被动大陆边缘）和太平洋型大陆边缘（又称活动大陆边缘）。前者由大陆架、大陆坡、大陆隆 3 个单元构成，地形宽缓，见于大西洋、印度洋、北冰洋和南大洋周缘地带。后者陆架狭窄，陆坡陡峭，大陆隆不发育，而被海沟取代，可分为两类：海沟-岛弧-边缘盆地系列和海沟直逼陆缘的安第斯型大陆边缘，主要分布于太平洋周缘地带，也见于印度洋东北缘等地。

2.7.1.2　大洋盆地

大洋盆地位于洋中脊与大陆边缘之间，一侧与中脊平缓的坡麓相接，另一侧与大陆隆或海沟相邻，占海洋总面积的 45%。大洋盆地被海岭等正向地形分割，构成若干外形略呈等轴状，水深约在 4000~5000m 的海底洼地，称海盆。宽度较大、两坡较缓的长条状海底洼地，叫海槽。海盆底部发育深海平原、深海丘陵等地形。长条状的海底高地称海岭或海脊；宽缓的海底高地称海隆，顶面平坦；四周边坡较陡的海底高地称海台。

2.7.1.3　大洋中脊

大洋中脊是地球上最长最宽的环球性大洋中的山系，占海洋总面积的 33%。大洋中脊分脊顶区和脊翼区。脊顶区由多列近于平行的岭脊和谷地相间组成，脊顶为新生洋壳，上覆沉积物极薄或缺失，地形十分崎岖。脊翼区随洋壳年龄增大和沉积层加厚，岭脊和谷地间的高差逐渐减小，有的谷地可被沉积物充填成台阶状，远离脊顶的翼部可出现较平滑的地形。

海底地貌与陆地地貌一样，是内营力和外营力作用的结果。海底地形通常是内力作用的直接产物，与海底扩张、板块构造活动息息相关。大洋中脊轴部是海底扩张中心。深洋底缺乏陆上那种挤压性的褶皱山系，海岭与海山的形成多与火山、断块作用有关。外营力在塑造海底地貌中也起一定的作用。较强盛的沉积作用可改造原先崎岖的火山、构造地形，形成深海平原。海底峡谷则是浊流侵蚀作用最壮观的表现，但除大陆边缘地区外，在塑造洋底地形过程中，侵蚀作用远不如陆上重要。波浪、潮汐和海流对海岸和浅海区地形有深刻的影响。

2.7.2　海洋环境地貌和沉积物

海洋环境有滨海、浅海、深海（洋盆）和半深海（图 2.6），从图 2.6 上可以看出，风电场一般建设在海岸带和浅海大陆棚地带，因此主要对该地带的成因沉积特征进行一些初步研究。

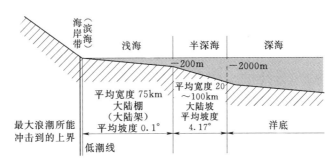

图 2.6　海洋环境地貌示意图

2.7.2.1　海岸地貌

海洋与陆地相互作用的地带称为海岸地带，通常又称海滨。海岸带是海洋动力活跃的地带，通常分布在平均海平面上下 10~20m，宽度数千米到数十千米。

现代海岸带分为海岸（后滨）、潮间带（前滨）及水下岸坡（外滨）3 部分。

海岸（后滨）是高潮线以上的狭窄的陆上地带，其陆上界限是破浪作用的上限，仅在风暴期间或大潮的高潮被海水淹没。海岸也叫潮上带。

潮间带（前滨）是高低潮海面之间的地带，高潮时被海水淹没，低潮时出露的海滩（滩涂），是随着潮水涨落而每日上下变化的地带。

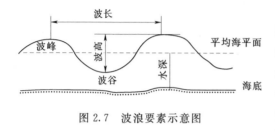

图 2.7　波浪要素示意图

水下岸坡（外滨）是指从低潮线一直到波浪有效作用于海底的下界（其深度大约等于 1/2 水深处）。波浪作用是形成海岸地貌最为活跃的营力之一。风对海面作用，使水质点做圆周运动，水体随之发生周期性起伏，形成波浪。波浪由波峰、波谷、波长、波高和振幅组成（图 2.7）。波浪的传播是波形沿着水平方向前进，水质点上下移动水平位移。

海岸线指海水与陆地的交界线。由于潮汐和风暴的影响，海岸线随海平面波动而变化。

平均海面又称水准面或零点，为多年观测潮水位的算术平均值，是地面测量高度和海洋中测量深度的基准面。我国规定，以 1956 年青岛验潮站观测的数据及黄海平均海面作为零点。

2.7.2.2　我国海岸类型

在海岸发育过程中，除波浪作用外，其他如潮汐、海流、海水面的变动、地壳运动、地质构造、岩石性质、原始地形、入海河流以及生物等因素都具有一定的影响。因此，海岸类型是十分错综复杂的，到目前为止，还没有一个统一的公认的海岸类型划分系统，不少分类常是依据个别因素来进行的。

过去有不少学者，从构造的角度将中国的海岸以杭州湾为界划分，杭州湾以北为下沉海岸，以南为上升海岸；从物质组成角度又将杭州湾以北划为砂泥质海岸，以南划为基岩质海岸。其实并不尽然，杭州湾以北的辽东半岛和山东半岛在构造上也有许多上升海岸的标志，在物质组成上则是以基岩质为主的海岸；同样，杭州湾以南的珠江和韩江三角洲一带的海岸基本上反映以下沉为主的砂泥质海岸的特征。所以，可以客观地说，中国的海岸从构造上明显地反映出上升和下沉相间的特点，从物质组成上则反映为山地基岩海岸和平原砂质海岸相互交替的格局。

为了避免繁琐的分类，这里试以成因为主，把中国的海岸概括为侵蚀为主的海岸、堆积为主的海岸、生物海岸和断层海岸四大类型。

1. 侵蚀为主的海岸

这种海岸主要分布于辽东半岛南端、山海关至葫芦岛一带、山东半岛、浙江和福建一带。这些海岸在形态上多属山地丘陵；在物质组成上，多以基岩为主；在外力作用上明显地反映出以海浪侵蚀作用为主的特征。

辽东半岛南端，岬湾曲折，港阔水深，海蚀地形极为雄伟。旅顺口外的峭壁，老虎滩岸的结晶岩断崖，黑石礁上一丛丛的岩柱，构成了奇特的石芽海滩；小平岛一带的沉溺陆地，成为点缀于海面上的小岛与岩礁；沿岸硅质灰岩岩壁中的海蚀洞穴遍布，有些洞顶穿通像天窗一样，成为浪花飞溅的通道。而这里的堆积地形规模不大，只有一些狭窄的砂砾海滩，小型的砾石沙嘴和连岛山海关东西两侧也分布有一些小型的侵蚀海岸，但由于长期接受附近入海河流泥沙的补给，渐渐使得海湾淤浅而成为平原，巨大的沙坝不仅围封了海湾，并且越过了岬角，使得岬角海蚀崖与海水隔开，因受不到海浪作用而成为崖坡缓倾、崖面长草的死海蚀崖。这里的港湾侵蚀地形，已发展为填平的砂质海岸。

山东半岛跟辽东半岛稍有不同，因附近有一些多沙性的中小型河流入海，花岗岩与火山岩的丘陵地区风化壳也较厚，所以这里虽然发育有较典型的以侵蚀为主的海蚀岬角，如险峻的山头，黑岩峥嵘的马山崖，南岸的峡谷状海湾，崂山头的峭壁悬崖和雄伟奇特的青岛石老人海滩等，但也有一定规模的沙嘴、沙坝和陆连岛等堆积地形存在。

浙江、福建海岸的特点是大小港湾相连，岛屿星罗棋布，岸线极为曲折。全国 5000多个岛屿中有 9/10 集中于浙江、福建、广东三省；而浙江沿岸的岛屿又为全国之冠，有1800 多个，几乎占全国岛屿总数的 2/5。浙江、福建两省还有一些大型而狭长的海湾，它们深入陆地，但没有河流淡水注入或河流很小，与纳潮量相比，下泄淡水量显得微不足道，湾内主要是潮流。这种以潮流活动为主的港湾海岸也称潮汐汊道，是海浪潮流长期侵蚀作用的产物。浙江的乐清湾、福建的湄州湾、平海湾以及广东的汕头湾等都属于这一类海湾。

以侵蚀为主的海岸湾多水深，具有较多的优良港口，大连港、秦皇岛港、青岛港等都是利用天然港湾建立起来的良港。

在侵蚀海岸常常可以看到过去的海底或海滨沙滩，现在却高出海面以上 20～30m，成为显著的台地，如山东的荣成市一带就有 20～40m 的台地。杭州附近也有这类台地；南面到福建的漳州、厦门一带，海拔 20m 左右的海滨台地是很多的；广东的雷州半岛从前大部分都是海底，现在则已高出于海平面 30m，成为广大的台地。这些地形特征都表明中国的这部分海岸具有上升的现象。

2. 堆积为主的海岸

这种海岸在中国长约 2000km，主要分布于渤海西岸、江苏沿海以及一些大河三角洲。

这类海岸的特点是海岸线比较平直，缺乏良港和岛屿，沿海海水很浅，有很多沙滩，如江苏沿海就有五条沙、大沙、黄子沙、勿南沙等沙滩，所以不利于海上交通。

堆积作用为主的海岸其浅海和海滨平原都是由细粒泥沙组成，坡度极小，海岸的冲淤较易变化。当海岸带有大量泥沙供给时，海岸线就迅速淤长；而河流泥沙供给中断时，因平原海岸质地软的淤泥粉砂受海水浸泡后极易破坏，又使海岸崩塌后退，所以岸线很不稳定。

堆积海岸的巨量泥沙主要是河流供给的。我国著名的多沙河流——黄河流经黄土高原，冲刷、搬运了大量黄土物质，在下游堆积形成了辽阔的华北平原，同时，每年有十几亿吨的黄土物质输入渤海。渤海西岸有了如此丰富的泥沙补给，使淤泥浅滩不停地淤高增宽。加之黄河曾多次改道，数次夺淮河河道注入黄海，所以，江苏沿海也堆积了很宽的淤泥浅滩，但自 1855 年黄河北归又注入渤海以后，苏北北部海岸泥沙供给减少，海岸开始受到冲刷，岸线不断后退。

中国的大河多是自西向东流入大海的，在入海处泥沙堆积成三角洲平原。河口三角洲也是一种堆积海岸，它是河流的沉积作用和海水动力的破坏作用相互斗争最激烈的地段。在流域供沙丰富的条件下，海水的作用只能把部分泥沙搬运出三角洲海滨的范围之外，大部分物质由于在淡、盐水交界带—盐水楔处特别容易产生絮凝作用，因此在三角洲前缘沉积，从而形成岸线向海突出的三角洲，例如黄河、滦河、韩江等三角洲就是这类三角洲的代表。

当河流入海水道改变，引起来沙不足或者完全切断了泥沙来源时，海水的破坏作用在三角洲海岸的形成过程中就成为矛盾的主要方面。波浪的破坏，水流的搬运，使海岸受蚀后退。如长江口在崇明岛与启东之间的北支水道，近几十年来大量淤积，使得流出河口的沙量显著降低，因而江苏启东嘴从三甲到寅阳一带的海岸受蚀后退。又如黄河1954年改走神仙沟后，原来过水的宋春荣沟到广北堡的一段海岸每年以$100\sim120m$的速度向后退却。此外，如果河流的输沙量小、径流量大，而两者又相差悬殊的话，再加上潮流和波浪的冲刷，便会形成喇叭口形的三角湾岸，这以钱塘江口最为典型。长江的径流量虽然比黄河大20倍，但输沙量却比黄河小得多，这就是为什么长江口形成三角湾岸，而黄河却形成三角洲岸的缘故。又由于长江输沙量从绝对程度上说仍比较大，所以长江口的三角湾不如钱塘江口的杭州湾那么典型。广东的珠江口成为三角湾，而韩江口却成为三角洲，也是同一道理。

据地质和地理学家的研究，在第四纪冰川时期，台湾岛和海南岛都曾与大陆相连，后来由于海水上升或地壳下沉，才被孤立成为海岛。此外，在中国的河流下游，都有被海水淹没而成为漏斗状被称为溺谷或三角港的广阔港湾。钱塘江下游的三角港面积尤广，宛如海湾，所以在地理学上被称为杭州湾。珠江入海地区的虎门、磨刀门和崖门，也都成为宽阔的三角港。长江下游也略具三角港的形状，只因港口有较大的崇明岛出露，所以三角港的形状不很明显。即使在杭州湾以北，山东半岛和辽东半岛的海岸同样是港湾曲折，岛屿罗列，充分表现出下沉海岸的特色，地形形态与浙江、福建的海岸没有什么差别。旅顺、大连和青岛的港湾与浙江的象山港或三门湾、福建的三都澳或厦门湾，地形几乎完全相似；就是辽宁葫芦岛一带的海岸，山岭与海相接，港湾深曲，也显现出下沉的基岩海岸地形的特征。辽东半岛和山东半岛沿海也有许多溺谷，如辽东半岛的大洋河和碧流河，山东半岛的乳山河等。这些都反映出中国海岸在近期其总趋势是下沉的。

3. 生物海岸

在热带和亚热带的沿海，生物作用有时对海岸起着重要的影响，特别是珊瑚礁海岸。在珊瑚生长的速度超过波浪破坏作用的地方，生物作用成为海岸轮廓线变化的主要矛盾方面。另外，生于潮间带的浓郁红树林，也是中国南方海岸的一个重要特色。

中国珊瑚礁的分布基本上在北回归线以南，大致从台湾海峡南部开始，一直分布到南海。作为我国珊瑚礁北界的澎湖列岛的64个岛屿中，差不多每个岛屿都有裙礁或堡礁发育。偶然侵袭的冷空气使气温降低到16℃以下，会使珊瑚受到强烈的摧残。这里的珊瑚礁平台一般狭窄，但也有宽度达1km以上的。

裙礁在海南岛分布较广，雷州半岛上从水尾到灯楼角也相连成片。经放射性碳测定，雷州半岛原生礁的形成年代为7120 ± 165年。雷州半岛的珊瑚礁平台宽约500m，文昌最宽可达2000m。平台表面崎岖不平，有许多巨大的珊瑚群体组成圆桌状突起，并有很多浪蚀沟槽和蜂窝状孔穴。沟槽和海岸垂直,深由几厘米到几十厘米,边缘处甚至可达 2~3m,从而使礁平台边缘呈锯齿状分布。

海南省大部分海岸的珊瑚礁属于侵蚀型,尤以岬角突出、海岸暴露的地方所受侵蚀最强。这种类型岸段的水下斜坡大于 15°,斜坡上有许多直径达 1~2m 的礁块,坡脚下分布着莹白的珊瑚碎屑和珊瑚沙,在强潮作用下,有些礁块被抛上礁平台,所以平台上散布着许多礁砾。侵蚀型珊瑚礁的广泛分布,是由于近代气候变化、气温有所下降所致。

此外,台湾的东、南海岸和附近的火烧岛、兰屿等地也有裙礁发育。广东和福建南部沿海有局部岸段也有珊瑚生成,但因有大量淡水和泥沙输出,不利于珊瑚礁的发育。

水域辽阔的南海中星布有 190 多个岛、屿、滩、礁,分为 4 个群岛(东沙、西沙、中沙、南沙)和黄岩岛。这些岛屿大多是环礁类型。

在南海盆地中出露海面的珊瑚岛上,碧海蓝天,白沙如玉,棕榈丛生,椰林入云,自古是中国劳动人民的捕鱼基地,岛上还盛产鸟粪层,尤以永兴岛蕴藏最丰。

红树林是热带、亚热带特有的盐生木本植物群丛,生长在潮间带的泥滩上,高潮时树冠漂荡在水面上,翁郁浓绿,葱茏宜人。它的分布从海南岛一直到福建的福鼎,因受热量和雨量的影响,组成树种自南往北渐趋单纯,植株高度减低,从乔木逐渐变为灌木群丛。中国的红树林比赤道附近的红树林品种简单得多。如马来西亚有 43 种;而海南岛东海岸文昌一带红树植物仅有 11 科 18 种,树高可达 12~13m;台湾和福建就只有 6 种;在泉州湾,树高最高的只有 2.2m。红树植物种属中,只有秋茄可分布到北纬 27°20′左右的沙埕港中,而白骨壤只分布到北纬 25°31′,桐花树可分布到北纬 25°17′。

红树以淤泥滩发育最好。在海南岛和雷州半岛,有些接受冲刷而来的玄武岩风化壳细物质的海湾和潟湖,是红树林最繁茂的场所。这是因为淤泥物质具有丰富的有机物,有利于种子的萌发,而海湾条件没有强浪的侵袭,有利于红树植物生长的缘故。

4. 断层海岸

在基岩海岸,地质构造控制海岸类型,主要是构造线(断层走向和褶皱轴走向线)与海岸线的交切而形成不同类型的海岸类型。当地质构造线与海岸线平行时形成纵海岸,其地貌特征是海岸线较平直,海滨现场形成断层崖;构造线与海岸线斜交时,形成横海岸,其地貌特征是海岸线弯曲,海岬和海湾相间分布,海岬处发育各种海蚀地貌,海湾处形成较宽的海滩和各种沙堤等堆积地貌,我国山东半岛荣成湾就属于这一海岸类型。

山东半岛荣成湾一带,坚硬岩石构成海岸带,是地壳构造运动使海岸带的地表岩层产生巨大断裂时形成的。沿大断裂面上升的地块,常常表现为悬崖峭壁,而滑落下去的地块,成为深渊峡谷,形成宽广的海滩和各种沙堤等堆积地貌。

中国的断层海岸,最为典型的是台湾省东部的海岸。在那里,沿着台湾山脉的东部发生巨大的断裂,悬崖高耸入云,崖壁陡峭光滑极难攀登,崖下是一条狭窄的白色沙滩,紧临着陡深的太平洋底。由于断层紧逼海岸,海浪侵蚀剧烈,因此形成一条峻峭如墙的海崖。沿着悬崖有一些河流直接倾泻入海,形成海岸瀑布。海崖从东南岸开始一直向北伸延,在花莲溪入海口以北到苏澳南边的一段,形势最为险峻。有些崖壁的高度达到千米以上,著名的苏澳—花莲公路在崖上盘旋而过,太平洋的浪涛日夜不息地在岸下冲击,显得十分壮观。苏澳北边是宜兰浊水溪的三角洲,它是台湾东部仅有的一片肥沃平原和谷仓。

南端的鹅銮鼻岬是中央山脉的尾闾，南隔巴士海峡和菲律宾的吕宋岛相望，岬上设有远东著名的灯塔，照耀数十里，是太平洋上夜航的重要指标。

中国的海岸无论南北，既有下沉的标志，也有上升的特征。但从整体来看，中国下沉海岸地形远比上升的现象显著。从堆积海岸的冲积物厚度来看，天津地区冲积物厚达861m以上，上海地区冲积物也有300m，这说明这里的海岸是明显下沉的，因为只有大陆不断下沉，才能使河流的冲积物堆积得那么厚。

海岸带构造运动形成上升海岸和下降海岸。上升海岸的各种海蚀和海积地貌将被抬高，海岸带水下斜坡被抬升后形成海滨阶地，海蚀崖和海蚀穴高出现代海面以上，砂质海滩的沿岸堤，从老到新以此降低，水下沙坝出露水面以上形成离岸堤或与陆地相连的陆连岛，潟湖也因海岸上升而干涸。下降海岸，海水沿沟谷或低地侵入陆地，尤其地形起伏的低山丘陵海岸，海岸线多弯曲，水下岸坡坡陡水深，波浪加强，在岬角处波能汇集，海蚀岸被冲蚀后退，海湾处波能辐散而发生堆积形成海滩，海岸线弯曲度逐渐减小而趋于平直。在下降的沙质海岸，沙堤受波浪冲刷而向陆地方向移动，并覆盖在潟湖沉积物之上，向海的一坡潟湖沉积常被冲蚀而出露，沙嘴也因海岸下降而改变位置，一方面向陆地方向位移，另一方面不断向前伸长。

2.7.3　海面升降及其地貌效应

海面升降是海水面受气候（长期的有冰期和间冰期的更替，短期有气温、气压、降水量的变化）、引潮力（涨、落潮的变化）、风（风引起的增水和减水、风暴潮）、海底火山喷发和地震、构造运动（陆块的升降运动和水平移动等）、海底扩张、泥沙沉积等因素影响，而引起的海水位上升和下降。其中最主要的是海水本身容量的增多和减少与海洋底部地壳的上升和下降所引起的海水面变化，海水量净增时引起海进，海水量净减时引起海退，海洋底部地壳上升时，则使海容积缩小引起海进，海洋底部地壳下降时，则引起海退。

2.7.3.1　海面升降原因

中国地质学家李四光将海进（或海退）与地球旋转速率的变化和造山运动相联系。他认为，在造山运动发生前，地球自转速率增加，赤道地区的海面随之增高，两极地区的海面则随而降低；在造山运动盛行期间或造山运动结束时，地球自转速率稍微减小，于是两极地区沉没而赤道地区海面降低。

1885 年，修斯论述海岸线升降或海进、海退的原因时，归纳为以下原因：

（1）属于宇宙原因。如地球自转速率增加，海洋面的形状比陆地形状变得更扁时，两极地区即从海水中隆起，而赤道地区就要被淹没。反之，陆地形状比海洋面变到更扁时，两极地区就要沉没，而赤道地区的陆地便要隆起。这种宇宙变形，只能发生局部影响。

（2）属于地质成因。这种影响可以遍及全球，如大量沉积物充填海底，造成海水外溢，可使海面上升；而陆地的大规模上升，可以使海面下降。

奥格反对修斯的意见，他认为海水的移动完全是各地方互为消长的，同一时代，一个地域被海水淹没，而另一个地域却变成陆地。

W. H. 施蒂勒（1925）和李四光（1928）倾向于修斯的意见。现代洋底扩张说，假定大洋中脊强烈上升扩张，引起海面上升，导致相邻地块区发生大规模海侵。

实际上，在整个地质时期，海平面总是不断起落波动的。更新世的大陆冰川作用导致海侵海退是已经确认的。但奥陶纪和白垩纪发生的地史中规模最大的海侵，并没有涉及冰川消长问题，当时大洋盆地的容量曾有很大的变化，是否由沉积性或大陆构造性的海面升降所引起，需作进一步的探讨和论证。

认为地史时期世界范围的海进和海退具有整体的时间节奏的学说，即脉动说，是 A. W. 葛利普 20 世纪 30 年代在研究古生代地层发育后提出的。他认为地史上一次巨大的海面升降运动，引起广泛的海侵和海退；这种运动具有长时间的节奏，即所谓脉动。一次脉动时长接近于半个地质纪。一次脉动总包含有许多较小的地区性的岸线进退运动，即所谓颤动。地史时期的陆上海一般很浅，由于海区陆源碎屑的充填及充填不均等原因，可能产生较小的地区性颤动，但这种颤动始终受世界性海面上升和下降运动的控制。

2.7.3.2　海平面上升的危害

1. 侵蚀海岸

假如海面上升到一定高度，世界各地将近 70% 的海岸带，特别是广大低平的三角洲平原将成泽国，海水可入侵二三十千米到五六十千米，甚至更远。位于其上的许多世界名城，例如纽约、伦敦、阿姆斯特丹、威尼斯、悉尼、东京、里约热内卢、天津、上海、广州等都将被淹没。

海平面上升的第二个恶果就是海水入侵，造成地下水位上升，使得沿海地区水质恶化，使生态环境和资源也遭到破坏。海平面上升后海水将循河流入侵到内陆，使河口段地表水及地下水变咸，影响城市乡村等居民饮水以及工业用水，加剧该地区的水资源压力。

海平面上升后海洋的动力作用会加强，使得海岸侵蚀加剧，特别是砂质海岸受害更大。国外有资料表明，我国 70% 的砂质海岸被侵蚀后退。有的海岸每年"后退"数米甚至数十米。原来很美的沙滩浴场变成了卵石滩。而一些沙质海岸，海平面上升导致海水对堤岸下沙子的侵蚀力度也越来越大，等到把海岸下层沙子掏空，整个海岸也就随之坍塌。海水继续不断地冲刷，海岸线也一点点往后退。

2. 海洋自然灾害发生的频率增高

海平面上升也会使得海洋自然灾害发生的频率增高，如台风、暴雨、风暴潮等。就风暴潮而言，当遇到天文大潮和季节性涨潮时，本已升高的海平面威力大幅增加，使得其影响所及的滨海区域潮水暴涨，原有的海塘等防潮工程的功能会减弱，海潮甚至冲毁海堤海塘、吞噬码头、工厂、城镇和村庄。

海平面变化对我国整个沿海地区的经济、社会发展以及公众的生产生活必将产生重大影响。过去由于海平面上升是个比较缓慢的过程，容易被忽视，但如今长期居住在沿海地区的群众越来越感受到海平面上升给他们带来的影响。

2.7.3.3　海面变化的地貌效应

海面变化的地貌效应主要有两个方面：一个是海面升降使宏观地貌格局发生改变；另一个是海面作为地貌侵蚀基准面，控制海岸带的地貌侵蚀和堆积作用而影响地貌发育。

1. 海面升降与地貌宏观格局

在大陆边缘浅海区，海面升降的宏观地貌格局变化最为明显。海面比现在低 100～150m，许多大陆架都出露在海面之上，海岸线向海洋方向迁移，大陆与岛屿之间或大陆与大陆之间的海峡出露在海面之上，相互连接形成"陆桥"。

国际上通称的"大陆桥"，是指连接两个海洋之间的陆上通道，是横贯大陆，以铁路为骨干，避开海上绕道运输的便捷运输大通道。主要功能是便于开展海陆联运，缩短运输里程。目前亚欧大陆间已经有两条被称为"大陆桥"的铁路。

第一亚欧大陆桥：整个大陆桥共经过俄罗斯、中国、哈萨克斯坦、白俄罗斯、波兰、德国、荷兰7个国家，全长13000km左右。

第二亚欧大陆桥：东起我国江苏省黄海之滨的连云港，向西穿越十多个省区，由新疆阿拉山口出中国国境，经过哈萨克斯坦、俄罗斯、白俄罗斯、波兰、德国，直抵荷兰北海边的鹿特丹港，全长10900km。

目前构想中的第三亚欧大陆桥，是以深圳港为代表的广东沿海港口群为起点，由昆明经缅甸、孟加拉国、印度、巴基斯坦、伊朗，从土耳其进入欧洲，最终抵达荷兰鹿特丹港，横贯21个国家（含非洲支线4个国家：叙利亚、黎巴嫩、以色列和埃及），全长约15157km，比目前经东南沿海通过马六甲海峡进入印度洋行程要短3000km左右。第三亚欧大陆桥通过东盟—湄公河流域开发合作机制（AMBDC机制）下的泛亚铁路西线，把亚洲南部和东南部连接起来，使整个亚洲从东到西、从南到北的广大地区第一次通过铁路网完整地联系起来，成为我国继北部、中部之后，由南部沟通东亚、东南亚、南亚、中亚、西亚以及欧洲、非洲的又一便捷和安全的陆路国际大通道。

阿拉斯加和西伯利亚之间的白令海峡是位于亚洲最东点的迭日涅夫角（169°43′W）和美洲最西点的威尔士王子角（168°05′W）之间的海峡，位于大约北纬65°40′，宽35～86km，深度在30～50m之间。这个海峡连接了楚科奇海（北冰洋的一部分）和白令海（太平洋的一部分）。它的名字来自丹麦探险家的维他斯·白令。白令海峡正中间有代奥米德群岛。

英国与欧洲大陆之间的多佛尔海峡为英伦海峡最狭窄的地方。多佛尔海峡位于英国、法国之间连接北海和英吉利海峡的海上通道。海峡大致为NE—SW走向。位于英国多佛尔港和法国加来以西的格里内角之间，一般宽30～40km，中段窄两端宽，最窄处28.8km。海峡大部分水深35～55m，最深点64m。海底多为砾石与砂，有少量淤泥。两岸均有白垩质峭壁，原是连成一体的白垩高原，后经两侧隆起，中间断陷，形如地堑，但仍陆连（陆桥）。第四期冰期末，冰川消融，海面上升，形成海峡，当低海面时期都形成陆桥。

东南亚的一些岛屿也与亚洲大陆相连，大陆架的出露形成大片陆地，使陆地上的许多大河向海洋方向延伸，当时的长江从现在河口向东南延伸约600km至钓鱼岛附近冲绳海槽，欧洲的易北河、莱茵河、泰晤士河和非洲的刚果河等在大陆架上也都延伸了百米以上。冰后期高海面时，大陆架上的河流又被海水淹没成为沉溺谷地。美国大西洋沿岸从长岛向东南外海延伸，有一条较大的沉溺谷地，它的顶端呈浅平半圆形，沿海底向下逐渐变深达100m，沉溺谷两侧的深度只有40m，溺谷的宽度一般为数千米，尾段扩大到25km，形成宽大的河口。

在高纬度地区，海面上升淹没一些冰川谷地成为峡湾，如挪威南部岸外大陆架上的斯卡格拉克海峡和加拿大的拉布拉多半岛沿海岸延伸约400km的海槽等。

在低纬度地区，低海面时，海洋中的珊瑚礁群体出露在海面以上形成珊瑚岛或岸礁，雨水对这些出露在海面以上的珊瑚礁进行侵蚀和溶蚀，礁体顶部破坏成不平的礁顶，随着雨水向礁体内部渗流，便在礁体中形成溶洞，当溶洞顶部崩塌后形成"天窗"，并向下深入到礁顶之下的古礁体中。

  2. 海面升降与海岸地貌的侵蚀与堆积

  海面下降使海滨线升高并超出海面，形成海滨接地，水下斜坡也随着海面下降而发生变化。当一个接近平衡状态的水下斜坡在海面下降时，水深变浅，波浪边形，中立带以上水下斜坡，向岸的进流速度大于退流速度，泥沙向岸搬运并堆积在沿岸位，使海滩增大，沿岸沙堤向海增长，高度逐渐降低，海岸线向海方向迁移；中立线以下水下斜坡，水深变小后，波浪作用形成的退流速度大于进流速度，泥沙沿斜坡向海方向搬运。在侵蚀为主的海岸带，海面下降使海蚀崖逐渐脱离波浪作用形成海滩。如岩滩的坡面较缓，海水较浅，便发生堆积作用；如岩滩较陡，岸外水深较大，侵蚀作用加强，形成新的侵蚀平台。

  海面上升海水淹没陆地，岸外水深加大，波浪作用加强，海滩受到强烈侵蚀，被冲蚀的泥沙一部分堆积在水下岸坡，另一部分越过沙堤，堆积在沙堤的后侧，使海滩和海岸线不断向陆方向移动。如泥沙覆盖在潟湖之上，使潟湖面积缩小，由于海滩和沙堤向海一侧被波浪冲蚀，在海滩和沙堤沉积物之下常出露潟湖沉积物。在堆积作用较强的海岸，沿岸覆盖层不断增高。当海滩侵蚀物质与岸坡下段堆积物相等，水下岸坡按原有坡形向陆方向移动。

  海岸带的入海河流都是以海面为侵蚀基准面，海面升降必然引起河流的入海口段的侵蚀与堆积过程的变化。当海面上升时，侵蚀基准面抬高，入海河流下游端被海水淹没，河流搬运能力减弱，河流沉积加厚，河谷中沉积较厚海相沉积物；当海面下降时，河流发生下切侵蚀并不断向上游扩展，切开海面上升时在河谷中的沉积物，形成阶地和裂点。

  我国山东半岛北部海岸带在全新世以来海面多次升降变化，使入海河流有三次堆积期与三次侵蚀期，堆积期与海面上升对应，侵蚀其余海面下降对应。

2.7.4　海滨阶地

2.7.4.1　海滨阶地地貌与成因

  海滨阶地是海面下降和海岸构造上升的产物，海面变化是相对大地水准面的构造运动所引起的区域性海面相对升降和第四纪冰川期间冰期旋回使全球海面绝对升降变化。海滨阶地按结构分为以沉积物堆积或珊瑚礁生长有关的堆积阶地和波浪作用形成的侵蚀阶地。海面下降在海洋和陆地交界处留下明显的地貌特征，最为普遍的就是海滨阶地。

  在古海岸带上则可分海蚀或海积的上升阶地和水下阶地。水下阶地面上残留着海相沉积物或留有波浪磨蚀作用的遗迹。海积阶地和水下阶地除易遭受各种营力的破坏外，水下阶地还易被后来的海洋沉积物所掩埋。由于波浪、潮差、新构造运动幅度的差异性，以及塑造过程中的差异，同一级阶地有可能分布在不同的高度上，故在研究时应给予综合分析。

  波浪冲击海岸会使岩石破碎和崩塌，形成海蚀崖。当海蚀崖下部与海面高度相等时，在波浪冲淘下形成海蚀穴。随着海蚀穴不断加深，海蚀崖越来越不稳定，发生崩塌而后退，海蚀平台增宽。波浪作用可以将崩塌物磨碎并沿着岸线方向或垂直海岸线方向搬运，在水深 1/3～1/2 波长处波浪作用停止。一般情况下，海蚀平台最大宽度可达数百米，坡度可达 0°~3°，较坚硬岩石的坡度可达 2°~6°，深度不超过基波线，多在 10~20m。当海面下降或陆地上升，海蚀平台便露出海面形成海滨阶地。

海滨阶地有两个特征：一是向海洋微微倾斜的海蚀平台，二是陡倾的海蚀崖面。这两个面的交角称为海滨线角，交线称为海滨线。海蚀穴的位置，代表海蚀平台形成时的海面高度。在研究海岸抬升高度时，确定海滨线和海穴的位置很重要。珊瑚生长的海洋可形成珊瑚组成的海滨阶地，珊瑚礁有原生礁和次生礁两类，原生礁是珊瑚死亡后在其骨骼上再生长珊瑚不断积累而成的；次生珊瑚礁是珊瑚礁体经波浪侵蚀搬运再沉积的礁体，次生礁体夹杂有贝壳碎片和海藻，也可能有砂砾。

2.7.4.2 海滨阶地的构造变形

海滨阶地受活动构造影响发生不同形式的变形，如阶地的拱曲变形、倾斜变形和错断变形等。

（1）海岸带一些活动褶皱构造在地貌上表现为凸起和凹陷，使海滨阶地发生拱曲变形，岸边线弯曲，隆起部位向海突出，形成小半岛，拗陷部分向陆凹进形成小海湾。台湾东海湾从花莲岛到台东港的海滨阶地受褶皱构造的影响，形成六处隆起，隆起轴与岸线近于垂直，隆起地段的海岸线向海突出，形成半岛，岸外海底地形也相应升高使得海水等深线向海伸出 10~30km，隆起之间被较低且向下挠曲的地段相隔。

拱曲的海滨阶地面是近期地壳褶皱形成的，很多地方现代升降变化和海滨阶地所表现的地貌特征十分相似，不同时代的各级海滨阶地的褶皱变形量不等，高阶地变形比低阶地变形更强烈一些，这是长期褶皱变形基础上发展的继承性构造活动，在海岸地带，许多地方都能见到这种现象。例如阿拉斯加 1964 年大地震形成 20 万 km² 范围的宽缓地壳挠曲，在基奈半岛和科迪亚克岛以东形成一条 NE 走向隆起区，基奈半岛和科迪亚克岛为拗陷区，上升区有 6 万 km²，平均上升 1~2m，向 NW 倾斜，在上升区西北约有 11 万 km² 的范围下降，最大下降量达 2m。这次大地震地表形变与早更新海滨阶地显示的长期变形一致。但有些地区，褶皱的海滨阶地变形特征并不与基岩构造一致，这是新生代的现代地壳褶皱。

大地震时，地表变形规模很大，地震造成的地表岩层破裂总长度达 800km，与阿留申海沟平行。地震疯狂地袭击而来时，安科雷季的地面和建筑物像波浪一样上下起伏。地震垂直错动的范围达 4452 万 km²。主要的隆起区在科迪亚克岛南部至威廉王子海峡一线，垂直错动的幅度抬升达 11.5m，下降达 2.3m。闹市区的地面突然崩裂，出现了两条深 3.66m，宽 15.25m 的大裂缝。正在野餐的一位男子和他的两个儿子被裂缝活活吞没。在安克雷奇以东有一块长 640km 的岩层裂为两半，阿拉斯加海岸地区隆起达 10m。远在夏威夷的地壳都发生了永久变形。在震中半径 320km 范围内的沿海区有许多裂缝。地震造成的地下水变动，影响到欧洲、非洲和菲律宾。

震中西南 153km 处的苏厄德港在小峡湾三角洲上，地震时，由于海岸下地基滑塌，使码头至陆内约 100m 的地带都产生了地裂缝，整个港区地面下陷约 1m。震后又遭海啸狂浪和火灾袭击，港埠设备全部被毁，民房倒塌 86 幢，遭破坏的房屋 260 幢。因为港区破坏，重建困难，震后不得不将原港区开辟为旅游区。

美国的加利福尼亚州沿海小镇克雷森特城遭受海啸 5 次袭击，第一次浪高 6m，最大一次浪高达 9m，几乎将这个城市全部摧毁。狂奔的海浪上岸后，冲倒建筑物近百幢，沉船十多艘，伤亡 200 余人，淹没码头、仓库和一座水泥厂。一些储油管激起了三层楼高的海浪，浪尖上是燃烧的油层，一名幸存者回忆说："我从未见过到这样奇怪的情景，巨大的海浪拍击着海岸，浪尖上满是燃烧的火焰。"

由于地震造成海岸线变动和大面积海底运动，这次地震还引发了大海啸。本地时间 1964 年 3 月 28 日，即大地震后 20～30min，美国阿拉斯加南部的瓦尔迪兹港湾发生大海啸，海啸每隔 11.5h 袭击一次海岸。最大海啸产生在半夜，又正值本地海潮之时，在瓦尔迪兹的入海口处，海啸波高达 30m 以上。到湾顶端其波峰倒卷时，巨浪高达 50m 以上。到达科迪亚克岛时为 20m 以上。阿拉斯加受灾最重，130 余人丧生，财产损失约 5.4 亿美元。海啸波及到美洲的太平洋沿岸、夏威夷和日本，直至南极，均有不同程度的损失。

地震时建筑物遭到破坏，但这种破坏不是由于震动而是由于地崩造成的。震中区安克雷奇地震时形成 4 个地崩断层。一般来说，位于地崩断层附近的建筑破坏不可制止，但由于安克雷奇是新建城市，大部分建筑物设计时都考虑了抗震要求，因此地震时尽管发生不同程度的损坏，却很少倒塌现象，因而伤亡较少。较高层的建筑物受到的损失最大，而较矮小的框架结构房屋却平安无事。这是因为远离震中的地方地震波的成分主要是长波，而高大建筑容易同长波发生共振导致破坏。

（2）海岸带断层活动常把海滨阶地错断而不连续，尤其是断层垂直活动在地貌上更为明显。由于断层活动时间和性质的不同，海滨阶地的错幅也发生不同变化。如果断层在所有阶地形成后才开始活动，则各级阶地错幅相等；如高阶地错幅大于低阶地错幅，说明断层长期活动，在最高阶地形成时开始活动，直到低阶地形成时仍未停止。

我国山东半岛北部沿岸有五级海滨阶地，最低一级阶地现在位于水下，地表的四级阶地牟平—即墨断层错断，其中四级阶地错距为 40～45m，时代是 12.4 万年，断层活动平均速率为 0.32～0.36mm/年；第三级阶地错距 26m，时代为 10.6 万年，平均速率为 0.24mm/年。断层以西出露的一级和二级海蚀阶地也都被错断，它们的时代分别是 4 万年和 8.1 万年，说明晚更新世以来牟平—即墨断层长期活动。

（3）海岸带的不同地点构造上升幅度不等，使海滨阶地发生倾斜。如果倾斜的不同时代的海滨阶地是平行的，说明倾斜上升发生在最低一级海滨阶地形成时或形成后，或是某一次大地震发生的倾斜变化。1802 年日本大地震时，海岸不等量抬升，形成一级海滨阶地并发生倾斜，位于这级阶地以上 2m 的海滨阶地也发生同步倾斜，这个阶地的 2m 高差是在 1802 年之前的 6000 年逐渐或突然等量上升所致。

当多级海滨阶地发生倾斜并在一端收敛，另一端撒开，表明倾斜上升运动在最高一级阶地变形的海滨阶地形成时就已经开始，直至倾斜变形的最低一级阶地形成时仍在发展，倾斜变形是在较长时间内逐渐形成的，而且在不同地段的阶地抬升幅度不同。

2.7.4.3　海滨阶地的构造活动状况分析

海岸多次上升，形成不同高度的多级海滨阶地，记录了地壳垂直上升的幅度和次数。根据海滨阶地沉积物的测年资料和地貌分析确定的阶地形成时代，可推算垂直上升平均速率和间隔时间。

海岸带地壳垂直上升幅度是海滨现今高度和海洋水体增减形成海面升降幅度的代数和。海面上升取正值，海面下降取负值。阶地垂直上升幅度除以海滨阶地年龄，就得到地壳构造上升平均速率。

上升的更新世海滨阶地序列中，通常只有一二级阶地可以断代，其他阶地年龄常用海岸带平均上升速率推算。美国加利福尼亚圣克鲁斯附近海滨共有 6 级侵蚀阶地，其中三级海滨阶地由古生物、氨基酸和地貌学方法做了年代确定，根据阶地高度推算平均上升速率为 0.35m/千年，由此外推出其他更高海滨阶地的年代。这种方法是假定地壳上升速率长期没有多大变化的条件下。实际上一些海岸带，上升速率是不同的，有些海岸长期的构造上升速率有明显的变化。

2.7.5 海相沉积物

2.7.5.1 海水的动力条件

海水的动力主要为波浪、潮汐和洋流三种形式，它们与海洋的沉积作用关系密切。

1. 波浪

海洋中的波浪主要是由风力产生的。波浪是海水主要运动方式之一。

在暴风浪时，波长数百米至数千米，波高可达 30～40m，其浪基面深达 200m 左右，是陆棚区搬运改造沉积物的主要营力。

2. 潮汐流

潮汐流是海水运动特有的方式，对陆棚区沉积物的搬运和沉积有重要意义。

潮汐是地球自转和日月引力引起的，太阳对地球也有引力，对地球的引潮力只有月球的 46.6%。

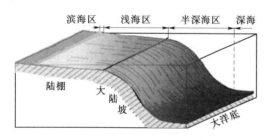

图 2.8 海底地形示意图

3. 洋流

洋流是大范围的海水环流，主要原因是温度和盐度差异造成的密度差异引起的海水运动，大部分洋流主要搬运细粒物质。

表层洋流受到大气环流信风和海水密度的影响，极地冷而咸的海水以海流的形式流向赤道。

深部洋流主要是由海水的盐度和温度的差异导致密度不同而引起的。

2.7.5.2 海底地形

海底地形可分为海岸环境、陆棚（大陆架）、大陆坡、大洋盆地四部分（图 2.8）。

1. 陆棚地貌特征及沉积物

陆棚（大陆架）是沉没的大陆边缘，从海滨带外缘缓缓地向海倾斜，一直延伸到坡度突然变大处与陆坡连接。陆棚区平均坡度小于 0.3°，一般平均只有 0°07′ 宽度各地不一，有几公里到上千公里，平均宽 75km 左右，属于浅海区，海水的深度，浅处 10～20m，深处达 200m 左右，是海洋沉积中最活跃的地区，也是风电场等建筑物可能建筑的区域。在陆棚上发育有很多海底阶地、海底丘陵洼地和盆地，如侵蚀成因的阶地、浅槽沟；堆积地貌有阶地、沙洲、礁、滩等。它们在强风暴、海流及生物的作用下，不断改变着。据统计，高差达 20m 以上的丘陵地形，在陆棚断面上占 60%，深度在 20m 以下的洼地占 35%。

陆棚沉积物可分为五类：碎屑沉积（有风、水和冰带来的）、火山沉积（火山口附近的火山碎屑）、生物沉积（主要是碳酸盐的介壳和介屑）、自生沉积（主要是磷灰石和海绿石等）和残留堆积（基岩原地风化和较老的沉积物）。

从粒度上看，陆棚沉积主要是粉砂质泥、泥质粉砂和部分粗砂及细砂。海绿石、鲕绿泥石和磷灰石是陆棚沉积中最重要的标志性自生矿物。它们的形成与海水的温度深度密切相关。海绿石为冷水矿物，主要形成在 10～1800m 的海水中，其中以 30～700m 最为丰富，鲕绿泥石是暖水矿物，主要形成于热水带地区，水深为 10～150m 的海水中。

陆棚沉积的剖面粒序变化规律为：海进时向上变细，海退时向上变粗。平面上颗粒按大小和比重分选，近岸处向海由粗粒变细。但是由于第四纪冰期与间冰期更替，引起海面的变化，陆棚时而裸露为陆地，发育陆地地貌和陆相沉积物，从而使陆棚的岩相、岩性、结构、构造复杂化。查明陆棚区的沉积物变化规律和分布特征，对阐明海面变动，恢复古地理环境和正确进行工程地质分析评价具有重要的意义。

2. 大陆坡地貌特征和沉积物

大陆坡区坡度多为 4°～7°，个别达 13°，宽 20～90km，平均深 1270m，大陆坡上有洼地、阶地和峡谷，陆坡底部称陆隆。陆棚、陆坡和陆隆合成大陆边缘，是大陆与海盆间的过渡区。

大陆坡的水深已超过 200m，波浪和阳光都影响不到，只有少量的陆源细粒物质进入半深海地带，其次是火山喷发物及生物碎屑等，分布最广的是软泥，少量砂、砾、介壳和生物沉积。

灰绿色软泥在大陆坡上广泛分布，成分以粉砂质黏土为主。红色软泥较少，主要分布在热带、亚热带河口前的浅海—半深海中，现代长江口及南美注入大西洋河流前面的海底都有分布。红色软泥中陆源物质的含量为 10%～25%，软泥质 30%～60%，碳酸盐 6%～60%，还常有石英颗粒。碳酸盐软泥河沙，分布于热带地区，常含有许多浮游生物。冰川沉积发育于南极地区，如在水深 315～3670m 处，有分选不好的角砾、砂和黏土沉积，生物较少。火山泥河沙主要分布在火山作用强烈的地区。海底峡谷中及其附近，常有滑塌及浊流沉积，浊流沉积是大陆坡最典型的沉积物之一。浊流主要是粉砂级以下粒级的物质，最粗可到中砾；浊积物愈厚，粒度愈粗。单个浊积层的厚度为几毫米至几米，整个浊积建造的厚度可以很大。浊积物的碎屑成分主要为石英、长石、绿泥石、云母生物碎屑等。有些浊积物富含浅海生物，有时可见植物碎片。浊积物下部具特征的粒序层，上部常具流水沙纹、平行纹层等。

3. 大洋底部地貌特征和沉积物

大洋盆地是远离大陆的深海区，含深水盆地、海岭、海山、洋中脊等地貌单元，海水深度一般 2000～5000m，它具有很大的海水深度变化范围，其主体为水深 4～5km 的深海盆地。它与半深海区界限温度恰与 4℃等温线一致，这也是生物群的分界线。大西洋的 4℃等温线在 2000m 的水深处，所以一般把大于 2000m 的深海区域称为深水区。

大洋底部受外营力干扰较少，海水比较平静，沉积比较连续，陆源物质带入甚少，而且颗粒一般都在 0.002mm 以下，这些微细的物质，几乎都成胶体性质，可以长期悬浮于水体中，只有在极安静的水体中才能沉入海底。

大洋盆地的主要地貌特征和沉积环境主要有以下几种。

(1) 深海平原。大洋底部面积广阔而平坦的区域，平均水深在 4500～5500m，其原始状态呈现为高差大约 300m 起伏（特别是太平洋）的丘陵地带，因细小物质的连续沉积，使其形成宽广平坦的地带，称为深海平原。在深海平原上还有一些高出洋底几十米至几百米的次生地形，如平缓起伏的海底丘陵，垅状的洋隆和孤立的海山等，均为火山成因。海山一般高出洋底 1000m 左右。

(2) 大洋中脊。又称海底山脉。规模巨大的海底山脉是洋底最显著的地貌特征，它遍及全球，纵贯大洋中部，延伸达 65000km，高出洋底 2000～4000m，宽度变化较大，平均约为 1000km。它将是地球上最长的山系由于海底山脉位于大西洋和印度洋中部，所以称大洋中脊。

大西洋中脊北起北冰洋，向南延绵与大西洋两岸轮廓一致，呈 S 形绕过非洲南段好望角，与印度洋倒 Y 形中的中脊相接，其东支向南进入南太平洋盆地，再转向北，与东太平洋隆相接，北端消失在美国的加利福尼亚湾。

海底山脉与大陆山脉在地形上的显著不同是：大洋中脊的近山顶部位出现一个明显的裂谷（轴部裂谷），其宽度平均近 20km，深达 1500～2000m，大洋中脊转化断层错开有时，中央裂谷位移达 600km。

(3) 海沟和岛弧。海沟又称海渊，是海洋最深的沟壑，这里的海水深度大于 6000m，世界上最深的马里亚纳海沟深达 11033m。海沟边坡较陡而狭长，其宽度为 40～120km，长 500～4500km。位于大洋盆地的边缘而不在中部。太平洋的海沟特别发育，它们常与一系列弧形岛屿（岛弧）相伴生，通常称为岛弧-海沟系岛弧，一般凸向海洋弧形排列，并在毗邻的一侧发育海沟。

弧后盆地是指岛弧与大陆之间或两个岛屿之间较小而深的海洋盆地，如日本弧岛与亚洲之间的日本海马里亚纳弧以西琉球弧以东的海盆。

(4) 大洋盆地沉积物的特征。前已述及，深海区有很深的海水阻隔，各种外力影响很小，多为悬浮质降落沉积。沉积速率很小，各大洋的沉积速率为太平洋 0.005～0.004mm/年，大西洋 0.0086mm/年，印度洋 0.005mm/年。目前所知深海区的海盆基岩（大部分为玄武岩等基性岩）上覆盖着平均厚 450m 的松软泥质物。

深海区沉积物主要是来自海水的表流、深水低速匀速流（它来自北极的密度较大的水流，因平行于等深线流动，故又称等深流）、风力、海底火山喷发、冰山及宇宙尘埃等。

第3章 地 层 岩 性

地层岩性是最基本的工程地质因素，包括成因、时代、岩性、产状、成岩作用特点、变质程度、风化特征、软弱夹层和接触带以及物理力学性质等。

3.1 地层

地层一般是指某一地质年代具有某种共同特征或属性的成层或不成层岩石和堆积物，主要包括沉积岩、火山岩和由沉积岩及火山岩变质而成的变质岩。

从岩性上讲，地层包括各种沉积岩、火山岩和变质岩；从时代上讲，地层有老有新，故地层既具有岩性或岩性组合的涵义，又具有地质时代的涵义。

在正常情况下，先形成的地层居下，后形成的地层居上。层与层之间的界面可以是明显的层面或沉积间断面，也可以是由于岩性、所含化石、矿物成分、化学成分、物理性质等的变化导致的不明显层面。

2014 年，中国地层委员会《中国地层表》编委会编制了《中国地层表》，主要内容见表 3.1。由表可以看出，中国大陆形成古老，中国地层复杂多变，南方、北方、青藏高原等地区差异较大，即使是同时代地层，其成因也不尽相同，有的表现为海相，有的则为陆相或海陆过渡相。

表 3.1　　中 国 地 层 表

<table>
<tr><th colspan="6">中国年代地层</th><th colspan="4">中国岩石地层</th><th rowspan="2">事件地层</th></tr>
<tr><th>宇</th><th>界</th><th>系</th><th>统</th><th>阶</th><th>地质年龄/×10⁶年</th><th colspan="2">中国北方</th><th>中国南方</th><th>青藏高原</th></tr>
<tr><td rowspan="9">显生宇PH</td><td rowspan="9">新生界Gz</td><td rowspan="9">第四系</td><td>全新统</td><td>待建阶</td><td>0.0117</td><td>黄土</td><td>大沟湾组</td><td rowspan="2">资阳组</td><td>绒布德冰碛层</td><td>披毛犀等哺乳动物灭绝；共和运动</td></tr>
<tr><td rowspan="8">更新统</td><td rowspan="2">萨拉乌苏阶</td><td rowspan="2">0.126</td><td rowspan="2">马兰黄土</td><td rowspan="2">萨拉乌苏组</td><td rowspan="2">绒布寺冰碛层</td><td rowspan="2"></td></tr>
<tr><td>下蜀组</td></tr>
<tr><td rowspan="3">周口店阶</td><td rowspan="3">0.781</td><td rowspan="5">离石黄土</td><td rowspan="3">周口店组</td><td rowspan="3">网纹红土</td><td>基龙寺冰碛层</td><td rowspan="3">北京猿人
气候转型事件，
陨石事件</td></tr>
<tr><td>加布拉组</td></tr>
<tr><td>聂聂雄拉冰碛层</td></tr>
<tr><td rowspan="3">泥河湾阶</td><td rowspan="3">2.588</td><td rowspan="3">泥河湾组</td><td rowspan="3">元马组（元谋组 2～3 段）</td><td>帕里组</td><td rowspan="3">昆黄运动
西部山谷冰川形成
元谋猿人
青藏运动</td></tr>
<tr><td>希夏邦马冰碛层</td></tr>
<tr><td>午城黄土</td><td>香孜组</td></tr>
</table>

中国年代地层						中国岩石地层			事件地层
宇	界	系	统	阶	地质年龄/×10⁶ 年	中国北方	中国南方	青藏高原	
显生宇 PH	新生界 Cz	新近系	上新统	麻则沟阶	3.6	麻则沟组	沙沟组	札达组	犬亚科出现
				高庄阶	5.3	高庄组			
			中新统	保德阶	7.25	保德组	石灰坝组	托林组	
								沃马组	墨西拿盐度事件
				灞河阶	11.6	灞河组	小河组	上油砂山组	鼠科出现 三趾马扩散 南极冰盖 重大扩张
				通古尔阶	15.0	通古尔组	小龙潭组		青藏高原显著隆升开始
				山旺阶		山旺组		车头沟组	
						下草湾组	翁哨组	谢家组	安琪马出现 象类出现
				谢家阶	23.03	索索泉组			
		古近系	渐新统	塔本布鲁克阶	28.39	巴什布拉克组 伊肯布拉格组	珠海组	? 康托组	啮齿类兔形类 大发展 货币虫类群衰亡
				乌兰布拉格阶	33.80	乌兰布拉格组	四棱组	丁青湖组	
			始新统	蔡家冲阶	38.87	卓尤勒干苏组 乌兰戈楚组	平湖组 蔡家冲组	牛堡组 遮普惹组	哺乳类现代类群 兴起 货币虫类群兴盛
				垣曲阶	42.67	乌拉根组 河堤组	那读组		
				伊尔丁曼哈阶		卡拉塔尔组 卢氏组	瓯江组 路美邑组下部		
				阿山头阶	48.48				
				岭茶阶	55.8±0.2	玉皇顶组	明月峰组 岭茶组		
			古新统	池江阶	61.7±0.2	齐姆根组 脑木根组	灵峰组 池江组	宗浦组	哺乳类古老类群 兴盛 崎壳虫类群兴盛
				上湖阶	65.5±0.3	阿尔塔什组 樊沟组	石门潭组 上湖组	基堵拉组	

宇	界	系	统	阶	地质年龄/×10⁶年	中国北方	中国南方		青藏高原	事件地层

| | | | | | | 中国年代地层 | | | 中国岩石地层 | | | 事件地层 |

中国年代地层：宇、界、系、统、阶、地质年龄/×10⁶年
中国岩石地层：中国北方、中国南方、青藏高原

宇	界	系	统	阶	地质年龄 $/\times10^6$ 年	中国北方	中国南方	青藏高原	事件地层
显生宇 PH	中生界 Mz	白垩系	上白垩统	绥化阶	79.1	明水组	桐乡组 / 衢县组	宗山组	群集绝灭
						四方台组	金华组		
				松花江阶	86.1	嫩江组	中戴组	岗巴村口组	湖泊缺氧2
						姚家组			
				农安阶	99.6	青山口组	横山组 / 朝川组	冷青热组	大洋缺氧2 湖泊缺氧1
						泉头组	横山组 / 馆头组		
			下白垩统	辽西阶	119	孙家湾组	寿昌组	察且拉组	
						阜新组			
						沙海组		岗巴东山组	
				热河阶	130	九佛堂组	黄尖组		大洋缺氧1
						义县组	劳村组		火山事件
				冀北阶	145	大北沟组		古群村错	
						张家口组			火山事件
		侏罗系	上侏罗统	未建阶		土城子组	蓬莱镇组	门卡墩组	燕山运动（Ⅲ）
							遂宁组		
			中侏罗统	玛纳斯阶		头屯河组	沙溪庙组	曲米勒组	燕山运动（Ⅱ）、（Ⅰ）
				石河子阶		西山窑组	沙溪庙组	聂聂雄拉组	升温事件
							新田沟组		
			下侏罗统	硫磺沟阶	180±4	三工河组	自流井组	普普嘎组	
				永丰阶	199.6	八道湾组		格米格组	火山事件

41

续表

中国年代地层					中国岩石地层			事件地层
宇	界	系	统	阶	地质年龄 /×10⁶ 年	中国北方	中国南方	青藏高原	事件地层

宇	界	系	统	阶	地质年龄/×10⁶年	中国北方	中国南方		青藏高原		事件地层
显生宇 PH	中生界 Mz	三叠系	上三叠统	佩枯错阶		瓦窑堡组	须家河组		格米格组		生物大灭绝
									德日荣组		
						永坪组			曲龙共巴组		
							小塘子组		达沙龙组		
				亚智梁阶		胡家村组	马鞍塘组		扎木热组		
			中三叠统	新铺阶		铜川组	天井山组		赖布西组		
				关刀阶	247.2	二马营组	雷口坡组				生物辐射 火山
			下三叠统	巢湖阶	251.1	和尚沟组	南陵湖组		康沙热组		生物灭绝
							和龙山组				
				印度阶	252.17	刘家沟组	殷坑组				火山　缺氧
	古生界 Pz	二叠系	乐平统	长兴阶	254.14	孙家沟组	长兴组	大隆组	木纪错组	色龙群	生物大灭绝
				吴家坪阶	260.4		吴家坪组	合山组/晒瓦组			东吴运动
			阳新统	冷坞阶		上石盒子组	义和乌苏组	茅口组	四大寨组	下拉组	前乐平世生物事件
				孤峰阶			哲斯组				
				祥播阶		下石盒子组	包特格组				
				罗甸阶		山西组		栖霞组			
			船山统	隆林阶				纳水组	昂杰组		海平面下降
				紫松阶	299	太原组	阿木山组（上部）	马平组	拉嘎组	基龙组	
								小浪风关组	永珠组		

续表

中国年代地层						中国岩石地层					事件地层
宇	界	系	统	阶	地质年龄/×10⁶年	中国北方		中国南方		青藏高原	
显生宇 PH	古生界 Pz	石炭系	上石炭统	逍遥阶		太原组	晋祠组			纳新组 亚里组(中上部)	海相及陆相中酸性火山喷发事件
				达拉阶		羊虎沟组	本溪组	达拉组			浅海相中酸-中基性火山喷发事件
				滑石板阶		靖远组	田师傅组	滑石板组			深海相碱性、浅海相及陆相中酸性火山喷发事件
				罗苏阶	318.1±1.3				上如牙组		
			上石炭统	德坞阶		榆树梁组	木子孟组	摆佐组			海底基性和中酸性火山喷发事件
				维宪阶		臭牛沟组		上司组	碰冲组		
								旧司组		查果罗玛组(上部)	
				杜内阶	359.58	前黑山组		祥摆组	打屋坝组		海相钙碱性及中基性火山喷发事件
								汤粑沟组	睦化组		
									王佑组		
		泥盆系	上泥盆统	邵东阶		洪古勒楞组	上大民山组	融县组	五指山组		生物集群绝灭事件
				阳朔阶							
				锡矿山阶						大寨门组	
				佘田桥阶	385.3	朱鲁木特组	大河里河组	谷闭组	榴江组	何元寨组	波曲群

中国年代地层						中国岩石地层			事件地层
宇	界	系	统	阶	地质年龄/×10⁶年	中国北方	中国南方	青藏高原	
显生宇 PH	古生界	泥盆系	中泥盆统	东岗岭阶		呼吉尔斯特组　根里河组	东岗岭组　罗富组	何元寨组　波曲群	海口运动
				应堂阶	397.5	依克乌苏组　德安组	长村组／古车组／古琶组　塘丁组	马鹿塘组／西边塘组　波曲群	
			下泥盆统	四排阶		芒克鲁组　霍龙门组	大乐组／官桥组／莫丁组　塘丁组	西边塘组	
				郁江阶			郁江组　益兰组	沙坝脚组	
				那高岭阶		金水组	那高岭组　丹林组／西屯组	沙坝脚组　王家村组　凉泉组	加里东运动（广西运动）
				莲花山阶	416.0	曼格尔组　罕达气组／泥鳅河组／二道沟组	莲花山组　丹林组／西屯组	王家村组／向阳寺组　凉泉组	
		志留系	普里多利统	未建阶	418.7	古兰河组	西屯组（部分）／西山村组／玉龙寺组／妙高组／关底组　防城群	中槽组　帕卓组	海平面上升事件
			拉德洛统	卢德福德阶		卧都河组		嘎祥组	
				戈斯特阶	422.9				

续表

中国年代地层						中国岩石地层			事件地层
宇	界	系	统	阶	地质年龄/×10⁶年	中国北方	中国南方	青藏高原	

宇	界	系	统	阶	地质年龄/×10⁶年	中国北方	中国南方	青藏高原	事件地层
显生宇 PH	古生界 Pz		文洛克统	侯默阶		八十里小河组	合浦组	上仁和桥组 ／ 可德组	
				申伍德阶（安康阶）	428.2				
			兰多弗里统	南塔梁阶		黄花沟组	迴星哨组 ／ 文头山组	强莎日组	扬子上升事件　海洋生物辐射事件
				马蹄湾阶			秀山组		海相红层广布事件
				埃隆阶（大中坝阶）			溶溪组 ／ 小河坝组	下仁和桥组	海洋生物辐射事件
				鲁丹阶（龙马溪阶）	443.8		连滩组 ／ 龙马溪组	石器坡组	黑色页岩广布事件
		奥陶系	上奥陶统	赫南特阶	445.6	石城子组 ／ 桃曲坡组	安吉组 ｜ 周家溪组；观音桥层 ｜ 五峰组 ｜ 文昌组	申扎组 ／ 红山头组	集群灭绝（两期）
				钱塘江阶		斜壕组	五峰组 ｜ 长坞组；临湘组	钢木桑组	缺氧事件
				艾家山阶		印干组 ／ 金栗山组 ／ 其浪组	宝塔组 ／ 磨刀溪组 ／ 天马山组·田岭口组·韩江组	柯尔多组 ／ 甲曲组	

中国年代地层						中国岩石地层								事件地层
宇	界	系	统	阶	地质年龄/×10⁶ 年	中国北方		中国南方				青藏高原		
显生宇PH	古生界Pz	奥陶系	上奥陶统	艾家山阶	458.4	坎岭组	金粟山组	庙坡组		胡乐组	陇溪组		甲曲组	生物辐射
			中奥陶统	达瑞威尔阶	467.3	萨尔干组	峰峰组	牯牛潭组				拉塞组	甲曲组	陨石撞击
						大湾沟组	马家沟组	大湾组		宁国组	七溪岭组			
				大坪阶	470.0	鹰山组	北庵庄组	大湾组					甲村组	生物辐射
			下奥陶统	益阳阶	477.7		亮甲山组	红花园组				扎扛组		
				新厂阶	485.4	蓬莱坝组	冶里组	分乡组				?		生物辐射
								南津关组	盘家咀组	白水溪组				
								西陵峡组						
		寒武系	芙蓉统	牛车河阶		突尔沙克塔格群	炒米店组	沈家湾组				保山组	肉切村群	索克虫类灭绝
								娄山关群						
				江山阶		莫合尔山群	崮山组					柳水组		
				排碧阶	497			花桥组				核桃坪组		G. reticulates 首现 德氏虫类灭绝
			第三统	古丈阶		莫合尔山群	张夏组							
				王村阶				甲劳组				公养河群		

中国年代地层						中国岩石地层			事件地层
宇	界	系	统	阶	地质年龄/×10⁶年	中国北方	中国南方	青藏高原	
显生宇 PH	古生界 Pz	寒武系	第三统	台江阶	507	莫合尔山群	馒头组 / 甲劳组 / 凯里组 / 敖溪组	公养河群	球接子类首现 O. indicus 首现 莱氏虫灭绝
			第二统	都匀阶		西大山组	朱砂洞组 / 清虚洞组 / 杷榔组		
							清虚洞组 / 杷榔组		
				南皋阶	521		李官组 / 变马冲组		三叶虫首现
						西山布拉克组	筇竹寺组 / 牛蹄塘组 / 牛蹄塘组		
			纽芬兰统	梅树村阶					古杯类首现
				晋宁阶	541.0		灯影组 / 留茶坡组 / 留茶坡组		小壳化石首现
元古宇	新元古界	震旦系	上震旦统	灯影峡阶	550	兴民村组		皱节山组	寒冷事件
								红铁沟组	
				吊崖坡阶	580	崔家屯组 / 马家屯组		黑土坡组	
			下震旦统	陈家园子阶	610	十三里台组 / 营城子组 / 甘井子组	陡山沱组	全吉群	
				九龙湾阶	635	南关岭组 / 长岭子组		红藻山组	
		南华系	上南华统		660	特瑞爱肯组 / 桥头组	南沱组	石英梁组	寒冷事件
			中南华统			黄洋沟组	大塘坡组	枯柏木组	寒冷事件
					725	阿勒通沟组	古城组		

47

中国年代地层					中国岩石地层			事件地层
宇	界	系	统	阶	地质年龄/×10⁶ 年 中国北方	中国南方	青藏高原	

宇	界	系	统	地质年龄/×10⁶年	中国北方	中国南方	青藏高原	事件地层
元古宇	新元古界	南华系	下南华统	780	照壁山组 贝义西组 / 桥头组	富禄组 / 长安组	全吉群 / 枯柏木组 麻黄沟组	寒冷事件
		青白口系		1000	帕尔岗塔格群 / 南芬组、钓鱼台组、庙山组、垛子山组、松树组	板溪群 冷家溪群 马槽园群	丘吉东沟群	晋宁运动 火山事件 岩浆事件
	中元古界	待建系		1400	下马岭组	昆阳群 美党组、大龙口组、富良棚组、黑山头组、黄草岭组	湟源群 东岔沟组 刘家台组	与汇聚有关热-构造岩浆事件 辉绿岩床群
		蓟县系		1600	铁岭组、洪水庄组、雾迷山组、杨庄组、高于庄组	东川群 青龙山组、黑山组、落雪组、因民组		
		长城系		1800	大红峪组、团山子组、串岭沟组、常州沟组、?	大红山群 坡头组、肥味河组、红山组、曼岗河组、老厂河组		与裂解有关的火山岩及A型花岗岩斜长岩-奥长环斑花岗岩组合
	古元古界	滹沱系			雕王山组、黑山背组、西河里组、天蓬垴组、北大兴组、槐荫村组		马卡鲁杂岩	与初始裂解有关的火山活动及基性岩浆群侵入 火山岩浆事件群

续表

中国年代地层					中国岩石地层			事件地层
宇	界	系	统	阶	地质年龄 /×10⁶年	中国北方	中国南方	青藏高原	

宇	界	系	统	阶	地质年龄/×10⁶年	中国北方	中国南方	青藏高原	事件地层
元古宇	古元古界	滹沱系			2300	大关洞组 建安村组 河边村组 纹山组 青石村组 大石岭组 南台组	水月寺群		火山岩浆事件群
		Ht?			2500	四集庄组			岩浆事件群
太古宇	新太古界				2800	五台岩群 泰山岩群	鱼洞子岩群		火山岩浆变质 事件群 火山岩浆事件群
	中太古界				3200	迁西岩群	东冲河杂岩		火山岩浆事件群 火山岩浆事件群
	古太古界				3600	陈台沟岩组			
	始太古界				4000	白家坟杂岩			
	冥古宇				4600				

注　1. 本表根据 2014 年全国地层委员会《中国地层表》编委会《中国地层表》制作，有简化。

　　2. ▨变质岩；▓海相地层；▤海陆过渡相地层；▢陆相地层；▥地层缺失。

3.2　岩性

岩性通常包括两种类型：一种是岩石，另一种是土。

岩石是天然产出的，由一种或多种矿物（包括火山玻璃、生物遗骸、胶体）组成的固态集合体。它是组成地壳及地幔的固态部分。岩石根据成因可分为沉积岩、岩浆岩、变质岩，见表 3.2。

土是尚未固结成岩的松、软堆积物，主要为第四纪时的产物。土与岩石的根本区别是土不具有刚性的联结，物理状态多变，力学强度低等。土主要由各类岩石经风化作用而成。土位于地壳的表层，是人类工程经济活动的主要地质环境。

从岩石学的角度看，土属于沉积岩，是未固结的沉积物。从工程地质学的角度看，土与岩石物理力学性质相差悬殊，对工程影响差异很大，是必须加以区分的。本节主要介绍岩石。

表 3.2　　　　　　　　　　　　　　　　　三大类岩石野外特征对比简表

沉 积 岩	岩 浆 岩	变 质 岩
1. 在野外呈层状产生，并经历分选作用。 2. 岩层表面可以出现波痕、交错层、泥裂等构造。 3. 岩层在横向上延续范围很大。 4. 沉积岩地质体的形态可能与河流、三角洲、沙洲、沙坝的范围相近。 5. 沉积岩的固结程度有差别，有些甚至是未固结的沉积物	1. 形成火山及各类熔岩流。 2. 形成岩脉、岩墙、岩株及岩基等形态并切割围岩。 3. 对围岩有热的影响致使其重结晶，发生相互反应及颜色改变。 4. 在与围岩接触处火成岩体边部有细粒的淬火边。 5. 除火山碎屑岩外，岩体中无化石出现。 6. 多数火成岩无定向构造，矿物颗粒成相互交织排列	1. 岩石中的砾石、化石或晶体受到了破坏。 2. 碎屑或晶体颗粒拉长，岩石具定向构造，但也有少数无定向构造的变质岩。 3. 多数分布于造山带、前寒武纪地盾中。 4. 可以分布于火成岩体与围岩的接触带。 5. 岩石的面理方向与区域构造线方向一致。 6. 大范围的变质岩分布区矿物的变质程度有逐渐改变的现象

3.2.1　沉积岩

3.2.1.1　概念

沉积岩，又称水成岩，是在地壳表层常温条件下，由风化产物、有机物质和某些火山作用产生的物质，经搬运、沉积和成岩等一系列地质作用而形成的层状岩石。

3.2.1.2　沉积岩的分布

沉积岩广泛分布于地表，占岩石圈表层陆地面积的 70%。在我国，沉积岩占陆地面积的 77.3%。沉积岩是构成地壳表层的主要岩石，但沉积岩占地壳总体积的比例很少，仅占 7.9%。

3.2.1.3　沉积岩的分类及常见岩类

沉积岩一般分类如图 3.1 所示，其分类依据是岩石的成因、成分、结构、构造等。由于它的多样性，一般是以沉积物的来源作为基本类型的划分准则，而以沉积作用方式、成分、结构、成岩作用强度等作为进一步划分的依据。各类沉积岩都有各自的成因特征，成分上差别也较大。所以，沉积岩的分类着重于各大类岩石的划分，如砂岩的分类、碳酸盐岩的分类等。

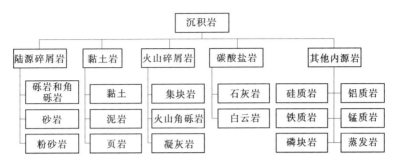

图 3.1 沉积岩的分类

根据国家标准《岩石分类和命名方案——沉积岩岩石分类和命名方案》（GB/T 17412.2—1998），沉积岩分类见表 3.3。

表 3.3 沉积岩基本类型（国标分类）

火山—沉积碎屑岩		陆源沉积岩		内源沉积岩		
沉积—火山碎屑岩	火山—沉积碎屑岩	陆源碎屑岩	泥质岩	蒸发岩	非蒸发岩	可燃有机岩
沉集块岩 沉火山角砾岩 沉凝灰岩	凝灰质巨角砾岩 凝灰质角砾岩 凝灰质砂岩 凝灰质粉砂岩 凝灰质泥岩 凝灰质页岩	粗碎屑岩 中碎屑岩 细碎屑岩	泥岩（黏土岩） 页岩（黏土页岩）	天然碱岩 石膏、硬石膏岩 钙芒硝岩 石盐岩 钾镁盐岩	石灰岩 白云岩 铝质岩 铁质岩 锰质岩 磷质岩 硅质岩	煤

注 石灰岩和白云岩有多种成因，可包括蒸发岩和非蒸发岩两种类型。

沉积岩根据沉积的自然地理环境的不同，还可分为海相、陆相及过渡相等。

工程中常见的沉积岩主要包括黏土岩（泥岩、页岩、黏土）、砂岩、碳酸盐岩（灰岩、白云岩等），这三类约占沉积岩总量的 95% 以上。

3.2.1.4 沉积岩的形成

沉积岩的形成是一个长期而复杂的地质作用过程，沉积岩的形成一般要经历三个阶段：沉积岩原始物质的形成阶段、沉积物的搬运与沉积作用阶段、沉积后作用阶段。

沉积岩原始物质或沉积物的来源有：陆源物质（母岩的风化产物）、生物源物质（生物残骸及有机质）、深源物质（火山碎屑物质和深部卤水等）、宇宙源物质（陨石、尘埃等）。其中，母岩的风化产物（陆源物质）是其最主要的来源。

搬运风化产物的主要营力是流水、风、冰川、重力以及生物等，其中最重要的是流水的搬运作用。物质搬运的方式决定于风化产物的性质。碎屑物质、黏土物质通常是以机械方式搬运，而溶解物质则以胶体溶液和真溶液方式进行搬运。

沉积作用是指被运动介质搬运的物质到达适宜的场所后，由于条件发生改变而发生沉淀、堆积的过程和作用。按沉积环境，它可分为大陆沉积与海洋沉积两类；按沉积作用方式，又可分为机械沉积、化学沉积和生物沉积三类。

沉积后作用是从沉积物到沉积岩，以及在沉积岩形成以后再到它遭受风化作用或变质作用即到其被破坏或发生质的变化以前，发生的一系列的变化或作用，是沉积岩的形成和演化的重要阶段，也称为广义的成岩作用。它包括狭义的成岩作用及后生作用两阶段。

狭义的成岩作用指沉积物转变为沉积岩所发生的一系列变化。

后生作用指沉积岩形成后在没有造山压力或岩浆热力的影响下，所遭受的全部的物理的及化学的变化（不包括变质作用与风化作用）。如由于温度的升高、上覆岩层压力的加大及地下水的活动，使岩石进行重结晶、产生新矿物和形成结核等。

后生作用阶段因温度、压力高，作用时间长，因之所形成的新生矿物晶体粗大；由于外来物质的加入，新生的自生矿物性质常与本层物质无关，其分布不受原生构造——层理的控制。它既可穿过层理，也可穿过层面。最常见的是交代、重结晶、次生加大等。所形成的自生矿物反映了后生期介质的 pH 值、特点，而且是比重大、分子体积较小的变种。

例如黏土在后生作用的过程中会发生以下的变化：黏土→固结黏土→泥岩→页岩。

广义的成岩作用方式有以下几种。

（1）压实：上覆沉积物不断加厚，负荷压力增加，松散沉积物变得致密，体积减小，水含量减小。化学压实伴有颗粒间、颗粒与水的反应、新生矿物形成。

（2）水化：矿物与水结合为含水矿物，如硬石膏（$CaSO_4$）转化为石膏（$CaSO_4 \cdot 2H_2O$）。沉积盆地的沉积大都在水介质中进行，最初一般发生水化，随着埋藏深度加大，沉积物固结增强，逐渐发生脱水。

（3）水解：矿物在水作用下发生分解。水起着盐基的作用，提供氢氧离子。大多数硅酸盐矿物可发生水解，这与水介质的 pH 值有关，矿物水解中可有金属阳离子的游离。

（4）氧化、还原：大陆、海环境的沉积物表层常发生氧化，停滞的闭流盆地沉积物常发生还原。同生阶段，沉积常处于氧化、弱氧化环境（海解、陆解阶段），在成岩、后生期变为还原、弱还原环境。

（5）离子交换、吸附：水中呈离解状态的 H^+、OH^- 与遭受变化的矿物中的离子发生交换。水电离产生的 H^+，能置换矿物中的碱金属离子。在成岩、后生阶段，黏土矿物、沸石类矿物等，可进行离子交换、吸附。容易被吸附的是 H^+、OH^-，然后是 Cu^{2+}、Al^{3+}、Zn^{2+}、Mg^{2+}、Ca^{2+}、K^+、Na^+、S^{2-}、Cl^-、SO_4^{2-}。当 H^+、OH^- 离子被吸附后，吸附剂带有自由电荷。如黏土矿物常与盐基离子结合带负电荷，因此能从海水、溶液中吸附许多稀有金属。某些矿物吸附一些离子、进行离子交换后，转变为另一矿物。

（6）胶体陈化：胶体脱水，过渡为偏胶体，最后形成稳定的自生矿物，如蛋白石—玉髓—石英的变化。重结晶是后生中常见现象，压力增大（或伴有温度升高）下，体积缩小、矿物变为分子体积较小的变种。

（7）交代：发生在已固化的沉积岩内，对已有矿物的一种化学替代，在化学上它是保持晶形不变情况下的沉淀转化作用，主要发生在后生期、表生成岩期。经交代后常造成某些矿物的假象。

（8）结核：是在矿物岩石特征（成分、结构等）上与周围沉积物（岩）不同的、规模不大的包体，它可以产生在成岩的各个阶段，通常是化学、生物化学的产物。

（9）自生矿物形成：成岩、后生期，形成与各期介质条件平衡的自生矿物。如成岩期的莓状黄铁矿、菱铁矿、白云石、鳞绿泥石；后生期的赤铁矿、板钛矿、次生沸石、次生碳酸盐、云母类、自生长石。

（10）胶结：个别颗粒彼此联结，可通过粒间矿物质的沉淀、碎屑颗粒的溶解、沉淀、反应等方式完成。常用于表述颗粒岩石（如砂岩）。

（11）固结、石化：松散的沉积物转变为坚硬岩石，黏土岩、各种生物化学岩。各种未固结的沉积物，转变为坚硬岩石。

3.2.1.5　沉积岩的结构、构造

沉积岩的结构表示碎屑和填隙物之间的关系。根据沉积岩的形成方式可将沉积岩的结构划分为 5 个主要类型，具体见表 3.4。

表 3.4　　　　　　　　　　　　　　　沉积岩结构分类表

主要类型	结构类型	特　征
碎屑结构	陆源碎屑结构	颗粒类型、粒度、分选性、磨圆度、形状、表面特征
		杂基
		胶结物
	粒屑结构	颗粒类型、粒度、分选性、磨圆度、形状、表面特征
		泥晶基质
		亮晶胶结物
泥质结构	泥状结构	
	泥晶结构	
生物结构	生物骨架结构	生物骨架
	生物化石	磨圆度
残余结构	交代残余结构	
	重结晶残余结构	
晶粒结构		粒度

沉积岩的构造是指沉积岩各组分在空间的分布、排列和充填方式。一般包括层理、层面构造和层内构造。根据沉积岩类型进行构造分类。

陆源碎屑岩的构造包括：①流动成因构造——层理构造，分为水平层理、平行层理、交错层理、波状层理、块状层理、韵律层理等；②同沉积构造，分为包卷构造、滑塌构造、砂球构造、碟状构造、帐篷构造等；③层面构造，分为顶面（波痕雨痕泥裂剥离线理等）、地面（槽模沟模等）。

火山-沉积碎屑岩的构造包括：①层理构造；②斑杂构造；③平行构造；④假流纹构造。

内源碎屑岩构造：有层理构造，还有一些特殊构造，如缝合线构造等。

3.2.2　岩浆岩

3.2.2.1　概念

岩浆岩又称火成岩，是指岩浆在内力地质作用下，由地下深处向上运动逐渐冷却、凝

固而形成的岩石。岩浆则是在地下深处形成的炽热、黏稠、富含挥发组分的以硅酸盐为主要成分的熔融体。岩浆上升过程中也会融化地壳内的现存岩石。

3.2.2.2　岩浆岩的分布

一般来说，岩浆岩易出现于板块交界地带的火山区。岩浆岩约占地壳总体积的64.7%，约占岩石圈表层大陆面积的20%，是组成地壳的主要岩类。在我国的侵入岩出露面积99.7万 km^2，占陆地面积的10.4%。中国岩浆活动可划分为前吕梁、吕梁、四堡、晋宁、震旦、加里东、华力西、印支、燕山、喜马拉雅等10个期。前吕梁、吕梁、加里东和华力西期在中国北部（昆仑—秦岭以北）最为强烈；四堡、晋宁期在中国南部较为强烈；印支和燕山期在中国东部最为发育；喜马拉雅期在滇藏地区尤为重要。

3.2.2.3　岩浆岩的分类及常见岩类

自然界中的岩浆岩种类繁多，现有的岩石名称有1000种左右。虽然各种岩浆岩之间存在着化学成分、矿物成分、结构、产状和成因等方面的差异，但是它们彼此之间又有着一定的过渡关系。

划分岩浆岩的类型主要考虑岩石的化学成分和产状两大因素。岩浆岩分类见表3.5。

表3.5　　　　　　　　　　　　　　　　　岩浆岩类型划分表

岩性类型		超基性岩类	基性岩类	中性岩类	酸性岩类	偏碱性岩	碱性岩
化学成分	SiO₂ 含量	<45%	45%~52%	52%~65%	>65%	偏碱性岩	碱性岩
	K₂O+Na₂O 含量	<9%				平均9%	平均14%
矿物成分	石英含量	无	无或少量	0~20%	>20%	无或很少	无
	长石	无或很少斜长石	斜长石	斜长石为主，可含钾长石	钾长石大于斜长石	钾长石为主	钾长石为主，似长石
	铁镁矿物	橄榄石，含量90%	辉石为主，橄榄石、角闪石少；含量20%~40%	角闪石为主，辉石、黑云次之；含量20%~40%	黑云母为主，辉石次之；含量10%	角闪石为主，辉石、黑云次之；含量20%±	碱性辉石、角闪石为主，富铁云母；含量20%±
喷出岩	全晶质、等粒结构、斑状结构，气孔、杏仁、流纹、块状构造	若橄岩苦橄玢岩	玄武岩	安山岩英安岩	流纹岩	粗面岩	响岩
侵入岩 浅成岩	全晶质、等粒结构、斑状结构，伟晶结构、细粒结构、块状结构	金伯利岩	辉绿岩辉绿玢岩	闪长玢岩石英闪长玢岩	花岗斑岩	正长斑岩	霞石正长斑岩
		伟晶岩、细晶岩、煌斑岩					
侵入岩 深成岩	全晶质粗—中粒结构，似斑状结构，块状、带状构造	纯橄榄岩橄榄岩辉石岩	辉长岩苏长岩	闪长岩	花岗岩	正长岩	霞石正长岩

岩石化学成分中，主要考虑酸度和碱度。岩的酸度是指岩石中含有 SiO_2 的重量百分数，通常 SiO_2 含量高时，酸度也高，SiO_2 含量低时，酸度也低。岩石酸度低时，说明它的基性程度比较高。

岩石的碱度即指岩石中碱的饱和程度。岩石的碱度与碱含量多少有一定关系，通常把

Na_2O+K_2O 的重量百分比，称为全碱含量。Na_2O+K_2O 含量越高，岩石的碱度越大。

根据岩石的化学成分，岩浆岩分为超基性岩、基性岩、中性岩、酸性岩、碱性岩。

根据产状，也就是根据岩浆岩侵入到地下还是喷出到地表的情况，岩浆岩又可以分为侵入岩和喷出岩。侵入岩根据形成深度的不同，又细分为深成岩和浅成岩。每个大类的侵入岩和喷出岩在化学成分上是一致的，也就是说岩浆成分是相似的，但是由于形成环境不同，造成它们的结构和构造有明显的差别。深成岩位于地下深处，岩浆冷凝速度慢，岩石多为全晶质、矿物结晶颗粒也比较大，常常形成大的斑晶；浅成岩靠近地表，常具细粒结构和斑状结构；而喷出岩由于冷凝速度快，矿物来不及结晶，常形成隐晶质和玻璃质的岩石。

此外，矿物成分也是岩浆岩分类的依据之一。在岩浆岩中常见的一些矿物，它们的成分和含量随岩石类型不同而发生有规律的变化。如石英、长石呈白色或肉色，被称为浅色矿物；橄榄石、辉石、角闪石和云母呈暗绿色、暗褐色，被称为暗色矿物。通常超基性岩中没有石英，长石也很少，主要由暗色矿物组成；而酸性岩中暗色矿物很少，主要由浅色矿物组成；基性岩和中性岩的矿物组成位于两者之间，浅色矿物和暗色矿物各占有一定的比例。

据国家标准《岩石分类和命名方案——火成岩岩石分类和命名方案》（GB/T 17412.1—1998），岩浆岩分为 12 大类，即黄长岩类（mehlitites）、碳酸岩类（carbonatites）、煌斑岩类（lamprophyeres）、金伯利岩类（kimberlites）、辉绿岩类（diabases）、细晶岩类（aplites）、伟晶岩类（pegmatites）、紫苏花岗岩类（charnockites）、深成岩类（plutonic rocks）、火山熔岩类（lava）、潜火山岩类（subvolcanic rocks）、火山碎屑岩类（pyroclastic rocks）。

现已经发现的岩浆岩（igneous rock），大部分是在地壳里的岩石。常见的岩浆岩有花岗岩、安山岩、玄武岩、苦橄岩等。

3.2.2.4　岩浆岩的形成

岩浆从开始产生直到固结为岩石，始终处在不断地变化过程中。对于岩浆岩成因具有直接意义的是岩浆侵入地壳，特别是侵入地壳浅部以后到凝固为岩石这一期间内岩浆在物质成分上发生的演化。该期间内岩浆演化的基本过程是通过分异作用和同化作用，由少数几种岩浆形成多种多样的岩浆岩，并在适宜条件下形成一定的矿床。

1. 岩浆分异作用

岩浆分异作用是指原来成分均一的母岩浆受温度、压力、氧逸度等物理化学条件的影响，形成不同成分的派生岩浆及岩浆岩的作用，是岩浆内部发生的一种演化，包括熔离作用和结晶分异作用。

（1）熔离作用：原来均一的岩浆，随着温度和压力的降低或者由于外来组分的加入，使其分为互不混溶的两种岩浆，即称为岩浆的熔离作用。有人把玄武岩熔化后做试验，在玄武岩熔体中加入 CaF_2，结果熔体也分为两个液层，上部为相当于流纹岩岩浆的酸性熔体层，下部为相当于橄榄岩的超基性熔体层。

（2）结晶分异作用：矿物的结晶温度有高有低，因此，矿物从岩浆中结晶析出的次序也有先有后。在岩浆冷凝过程中矿物按其结晶温度的高低先后，同岩浆发生分离的现象叫结晶分异作用。

结晶分异作用在玄武岩浆中研究较深，玄武岩浆的结晶分异作用模式一般称为鲍文反应原理，即随着岩浆温度的降低，橄榄石首先结晶，并由于其比重大而沉落于岩浆体底部形成橄榄岩；继而辉石-基性斜长石同时结晶并沉落于橄榄岩"层"之上形成辉长岩；角闪石-中性斜长石同时析出构成闪长岩；而岩浆中越来越富 SiO_2、K_2O、Na_2O 及挥发性组分，并慢慢地被已结晶出的矿物"层"挤到岩浆体的顶部，最后结晶出石英-钾长石-酸性斜长石组合，即花岗岩。因为在这一分异过程中，在矿物结晶出现后，因其比重不同受重力作用而分别沉落、堆积，故又称"重力结晶分异作用"。这种结晶分异观点，对于层状超基性-基性岩的成因解释基本上得到了承认，但用玄武岩浆的分异作用解释多数或全部岩浆岩的成因，尚有值得进一步研究的地方。

2. 同化混染作用

由于岩浆温度很高，并且有很强的化学活动能力，因此它可以熔化或溶解与之相接触的围岩或所捕房的围岩块，从而改变原来岩浆的成分。若岩浆把围岩彻底熔化或溶解，使之同岩浆完全均一，则称同化作用；若熔化或溶解不彻底，不同程度的保留有围岩的痕迹（如斑杂构造等），则称混染作用。因同化和混染往往并存，故又统称同化混染作用。

一般同化混染作用中，岩浆成分变化的规律是基性岩浆同化酸性的围岩时，岩浆向酸性变化（酸度增加）；反之，酸性岩浆同化基性围岩时，岩浆向基性方向变化（酸度降低）。

在岩浆演化过程中，分异作用和同化混染作用可能同时进行，也可能以某种作用为主导。

3.2.2.5　岩浆岩的结构构造

1. 岩浆岩的结构

根据岩石的结晶程度、矿物颗粒的粒度和肉眼可辨别的程度、矿物体彼此间的相互关系划分的岩浆岩结构见表3.6。

表3.6　　岩浆岩的结构类型

划分依据	结构类型	特征		代表岩性
岩石结晶程度	全晶质结构	岩石全部由矿物的晶体所组成的一种结构，多见深成岩		花岗岩、正长岩、闪长岩、辉长岩等深成岩
	半晶质结构	岩石中既有矿物晶体，又有玻璃物质		花岗斑岩、石英斑岩、正长斑岩、玢岩等浅成岩和喷出岩
	玻璃质结构	岩石全部由玻璃物质组成		黑曜岩、流纹岩等喷出岩
矿物颗粒的粒度和肉眼可辨别的程度	显晶质结构	矿物颗粒在肉眼下是可以分辨的	粗粒　颗粒直径>5mm	花岗岩、闪长岩、辉长岩等深成岩
			中粒　颗粒直径5~1mm	
			细粒　颗粒直径1~0.1mm	闪长玢岩、安山岩等浅成岩或喷出岩
			微粒　颗粒直径<0.1mm	
	隐晶质结构	矿物颗粒非常细小，肉眼下不可分辨，显微镜下可看出晶粒		流纹岩、玄武岩等喷出岩
	非晶质结构	不结晶的玻璃质，即在显微镜下也看不到晶粒		花岗斑岩、正长斑岩、流纹岩、安山岩等浅成岩或喷出岩

续表

划分依据	结构类型	特　征	代　表　岩　性
彼此间的相互关系	交出结构	即矿物颗粒彼此嵌布生长在一起，如文象结构、条纹结构、蠕虫结构、嵌晶结构、含长结构等	
	反应结构	是早期结晶的矿物与残留岩浆相反应而形成的一些结构，如：反应边结构、暗反边结构和溶蚀港湾结构，环带结构等	

2. 岩浆岩的构造

岩浆岩的主要构造及特点见表 3.7。

表 3.7　　　　　　　　　　　岩 浆 岩 的 构 造 类 型

构造名称	基 本 特 点
块状构造	矿物排列完全没有次序，而各方面均匀地充满空间，表现致密且无层次，如花岗岩、辉长岩等
斑杂构造	是由岩石的不同组成部分中结构上或成分上的差异造成的，因此，它们无论在颜色上和粒度上都不均一，呈现出斑驳陆离的外貌，这是由不均一的岩浆分异造成或是因同化混染作用而成
带状构造（堆积构造）	是由岩石各部分成分或粒度的差异造成，是斑杂构造的特殊变种，而不同的只是方向性，即是由不同成分或粒度相间带状分布而成，这种构造是由岩浆的脉动侵入和重力分异造成，常见层状辉长岩中
球状构造	是由一些矿物围绕某些中心呈同心层状分布而成的一种构造，如球状花岗岩、球状流纹岩、球状辉长岩等
晶洞构造和晶腺构造	在侵入岩中出现的孔洞称为晶洞构造，如果孔壁上生长着排列很好的晶体则称为晶腺构造
气孔和杏仁构造	气孔构造是岩浆喷溢地表时，其中所含挥发分逸散后留下的孔洞形成的。这些孔洞被后来的物质充填形成杏仁者称杏仁构造；常见喷出岩
流纹构造	由不同颜色条纹所反映出来的熔岩流的流动构造，常见流纹岩，英安岩和粗面岩中
枕状构造	是岩浆水下喷发的典型构造；枕状体常具玻璃质冷凝边，有的气孔呈同心层状或放射状分布，中部有空腔
流面流线构造	在岩浆岩中，如有片状、板状矿物和扁平的析离体，捕房体平行定向排列时，即构成流面或流层构造，若长柱状和针状矿物平行定向分布时即构成流线构造，这种构造多分布在岩体边部，表明曾有流动现象发生
原生片麻构造	有些矿物呈似定向分布，和片麻构造相似，但二者结构不同，形成这种构造是由于凝固的侵入体受到较强的机械力结果，而物质组合并未发生明显的位移，这种构造多见侵入体的边缘

3.2.3　变质岩

3.2.3.1　概念

变质岩是在高温高压和矿物质的混合作用下由一种岩石自然变质成的另一种岩石。质变可能是重结晶、纹理改变或颜色改变。

变质岩是在地球内力作用下，引起的岩石构造的变化和改造产生的新型岩石。这些力量包括温度、压力、应力的变化、化学成分。固态的岩石在地球内部的压力和温度作用下，发生物质成分的迁移和重结晶，形成新的矿物组合。如普通石灰石由于重结晶变成大理石。

3.2.3.2 变质岩的分布

变质岩在地壳内分布很广，大陆和洋底都有，在时间上从古代至现代均有产出，占岩石圈表层大陆面积的 10%，占地壳总体积的 27.4%。

在各种成因类型的变质岩中，区域变质岩分布最广，其他成因类型的变质岩分布有限。区域变质岩主要出露于各大陆的地盾和地块以及各时代的变质活动带（通常与造山带紧密伴生）。区域变质岩在地盾和地块上的出露面积很大，变质岩常为几万至几十万平方公里，有时可达百万平方公里以上。

前寒武纪地盾和地块通常组成各大陆的稳定核心，而古生代及以后的变质活动带，常常围绕前寒武纪地盾或地块，呈线型分布，如加拿大地盾东面的阿巴拉契亚造山带、波罗的地盾西北面的加里东造山带、俄罗斯地块南面的华力西造山带和阿尔卑斯造山带等。有些年轻的变质活动带往往沿大陆边缘或岛弧分布，这在太平洋东岸和日本岛屿表现明显，它们的分布表明大陆是通过变质活动带的向外推移而不断增长的。在另一些情况下，变质活动带也可斜切古老结晶基底而分布，它们代表大陆经解体而形成的陆内地槽，并将发展成新的台槽体系。

20 世纪 60 年代以来，还发现在大洋底部的沉积物和玄武质岩石之下，有变质的岩石广泛分布，它们是由洋底变质作用形成的。由此形成的各种接触变质岩石，仅局限于侵入体和火山岩体周围，分布面积有限，但分布的地区却十分广泛，在不同地质时期和构造单元内均有产出。

由碎裂变质作用形成的各种碎裂变质岩，分布更有限，它们严格受各种断裂构造的控制。

变质岩在中国的分布也很广。华北地块和塔里木地块主要由早前寒武纪的区域变质岩组成，并构成了中国大陆的古老核心。以后的变质活动带则围绕或斜切地块呈线型分布。

3.2.3.3 变质岩的分类及常见岩类

1. 变质岩的分类

根据变质岩的来源，变质岩分为两大类：一类是变质作用于岩浆岩形成的变质岩，称为正变质岩；另一类是作用于沉积岩形成的变质岩，称为副变质岩。

根据变质作用类型，可分为动力变质岩、接触变质岩、交代变质岩、区域变质岩、混合变质岩，具体见表 3.8。

表 3.8 变质岩分类简表

动力变质岩	接触变质岩	交代变质岩	区域变质岩	混合岩
碎裂××岩 碎裂岩 糜棱岩 千枚糜棱岩 糜棱千枚岩 糜棱片岩 玻状岩	石墨斑点板岩 红柱石角岩 堇青石角岩 硅线石片麻岩 堇青石片麻岩 大理岩 石英岩	矽卡岩 蛇纹岩 青盘岩 石英岩 云英岩 黄铁绢英岩	板 岩 千枚岩 片 岩 片麻岩 麻粒岩类 榴辉岩类 大理岩类 石英岩	混合岩化作用是介于变质作用和典型的岩浆作用之间的一种地质作用

根据变质程度（变质等级），可分为低级变质岩、中级变质岩、高级变质岩。变质程

度指变质过程中，原岩受到变质的程度。温度、压力愈大，原岩变质愈深。如沉积岩黏土质岩石在低级作用下形成板岩，在中级变质时形成云母片岩，在高级变质作用下形成片麻岩（图3.2）。

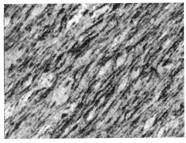

图3.2　中高级变质作用下的云母片岩与片麻岩

据国家标准《岩石分类和命名方案——变质岩岩石的分类和命名方案》（GB/T 17412.3—1998），变质岩分为20大类，即轻微变质岩类（slightlym etamorphic rocks）、板岩类（slates）、千枚岩类（phyllites）、片岩类（schists）、片麻岩类（gneisses）、变粒岩类（leptynites）、石英岩类（quartzites）、角闪岩类（amphibolites）、麻粒岩类（gran-ulites）、榴辉岩类（eclogites）、铁英岩类（magnetiteq uarzite）、磷灰石岩类（aPatito-lites）、大理岩类（marbles）、钙硅酸盐岩类（calc - silicate rocks）、碎裂岩类（ataclastic rocks）、糜棱岩类（mylonites）、角岩类（hornfels）、矽卡岩类（skarns）、气-液蚀变岩类（pneumato - hydrothermala lteredr ocks）、混合岩类（migmatites）。

2. 常见的变质岩

（1）板岩。具板状构造的变质岩，由黏土岩类、黏土质粉砂岩和中酸性凝灰岩变质而来，属于区域变质作用中的轻度变质的岩石。

（2）千枚岩。具有千枚状构造的变质岩，原岩类型与板岩相似，在其片理面上闪耀着强烈的丝绢光泽，并往往有变质斑晶出现。

（3）片岩。片理构造十分发育，原岩已全部重新结晶，由片状、柱状、粒状矿物组成，具鳞片、纤维、斑状变晶结构，常见的矿物有云母、绿泥石、滑石、角闪石、阳起石等。粒状矿物以石英为主，长石次之。片岩是区域变质岩系中最多的一类变质岩。片岩的种类颇多，其命名则根据所含的变质矿物和片状矿物的显著分量而定，例如云母片岩、滑石片岩、角闪石片岩等。另外，常用绿色片岩之名，系由中性和基性的火山岩、火山碎屑岩等变质而来。

（4）片麻岩。具片麻状或条带状构造的变质岩。原岩不一定全是岩浆岩类，有黏土岩、粉砂岩、砂岩和酸性或中性的岩浆岩；具粗粒的鳞片状变晶结构。其矿物成分主要由长石、石英和黑云母、角闪石组成；次要的矿物成分则视原岩的化学成分而定，如红柱石、蓝晶石、阳起石、堇青石等。片麻岩的进一步命名，根据矿物成分，如花岗片麻岩、黑云母片麻岩。片麻岩是区域变质作用中颇为常见的变质岩。

（5）角闪岩。主要由斜长石和角闪石组成的变质岩。其原岩是基性火成岩和富铁白云质泥岩；具粒状变晶结构，块状微显片理构造。

（6）麻粒岩。是一种颗粒较粗、变质程度较深的岩石，基本上由浅色的石英、斜长石、铁铝榴石、辉石等矿物组成，无云母、角闪石；具粒状变晶结构，块状或条带状构造。

（7）大理岩。碳酸盐岩石经重结晶作用变质而成，具粒状变晶结构。块状或条带状构造，由于它的原岩石灰岩含有少量的铁、镁、铝、硅等杂质，因而在不同条件下，形成不同特征的变质矿物，出现蛇纹石、绿帘石、符山石、橄榄石等，于是在洁白的质地上，衬托出幽雅柔和的色彩，构成天然的图案花纹，使人们想象出一幅又一幅诗情画意的图卷，文人墨客在它们的加工石面上取出许多富含韵味的景名，如潇湘夜雨、千峰夕照、平沙落雁等，因而大理石就成为高级的建筑石材，或成为高级家具的装饰性镶嵌材料。洁白的细粒状的大理石，俗称汉白玉，也是工艺雕刻或富丽堂皇的建筑材料。大理岩见于区域变质的岩系中，也有不少见于侵入体与石灰岩的接触变质带中。

（8）角岩。这是一类由泥质岩（以黏土矿物为主的页岩之类）在侵入体附近，由接触变质作用而产生的变质岩。颜色呈深暗或灰色，硬度比原岩显著增加，故多有将角岩制成砚或其他工艺品，如在苏州灵岩山、寒山寺等旅游区出售的砚石，即利用产于灵岩山花岗岩体附近的角岩所制。

（9）石英岩。几乎整个岩石均由石英组成，浅色、粒状；一般为块状构造，粒状变晶结构。它是由较纯的砂岩或硅质岩类经区域变质作用，重新结晶而形成。有时，有人将沉积岩中由较纯净的石英颗粒组成的岩石也称石英岩，与变质岩类的石英岩混淆不清，虽然就化学成分或矿物成分来看，两者很难分开，但变质岩类的结构要致密些，称石英岩；而沉积成因者，颗粒清晰，致密程度稍差，故为了区别起见，称之为石英砂岩。

（10）混合岩。由混合岩化作用形成的变质岩，其基本组成物质是由基体和脉体。所谓基体，是指混合岩形成过程中残留的变质岩，如片麻岩、片岩等，具变晶结构、块状构造，颜色较深；所谓脉体，是指混合岩形成过程中新生的脉状矿物（或脉岩），贯穿其中，通常由花岗质、细晶岩或石英脉等构成，颜色比较浅淡。混合岩具明显的条带状构造，并普遍可见交代现象，以此与区域变质作用形成的变质岩区别开来，但它是在区域变质的基础上发展起来的。混合岩由于混合岩化的程度不同，形成不同构造特点的混合岩，如网状混合岩、条带状混合岩、眼球状混合岩等。

3.2.3.4　变质岩的形成

变质岩是在变质作用过程中形成的，引起变质作用的因素主要为温度、压力及具化学活动性的流体等。变质过程也是一种重要的成矿过程，如中国鞍山的铁矿、锰钴铀共生矿、金铀共生矿、云母矿、石墨矿、石棉矿等都是变质作用形成的。

1. 引起变质作用的因素

（1）温度。温度往往是引起岩石变质的主导因素。它可以提供变质作用所需的能量，使岩石中矿物的原子、离子或分子具有较强的活动性，促使一系列的化学反应和结晶作用得以进行；同时温度增高还可使矿物的溶解度加大，使更多的矿物成分进入岩石空隙中的流体内，增强了流体的渗透性、扩散性及化学活动性，促进了变质作用的过程。变质作用的温度范围可由 $150\sim200℃$ 直到 $700\sim900℃$。

（2）压力。压力也是变质作用的重要因素，根据压力的性质可分为静压力和动压力。

静压力又称围压，是由上覆岩石的重量引起的压力。它具有均向性，并且随着深度增加而增大。其作用结果使岩石中矿物形成密度大、体积小的新矿物。如红柱石在压力增大时，转变为化学成分相同但分子体积较小的蓝晶石。

动压力是作用于地壳岩石的侧向挤压力，具有方向性，主要是构造力的作用造成。作用结果使岩石中片、柱状矿物定向排列。

（3）化学活动性流体。化学活动性流体是指在变质作用过程中，存在于岩石空隙中的一种具有很大的挥发性和活动性的流体。这种流体的组分以 H_2O 及 CO_2 为主，并包含有多种其他易挥发物质及其溶解的矿物成分。在地下温度、压力较高的条件下，这种流体常呈不稳定的气-液混合状态存在，因而具有较强的物理化学活动性，在变质过程中起着十分重要的作用。

化学活动性流体具有多种来源。包括岩石粒间孔隙及裂隙中以水为主的液体、结构水（含有矿物 H_2O、CO_2）、岩浆中逃逸的热气与热液、地壳深处的热液代入的各种元素。

需要指出的是，在变质作用过程中，温度、压力和化学活动性流体等各种因素是相互配合的，而在不同的地质条件下，主导因素不同，显出不同的变质特征。

2. 变质作用类型

常见的变质作用有接触变质作用、动力变质作用、区域变质作用、混合岩化作用，此外，还有高热变质作用、冲击变质作用、气液变质作用、燃烧变质作用、高温变质作用、热流变质作用、埋藏变质作用、洋底变质作用等。

（1）接触变质作用。这是由岩浆沿地壳的裂缝上升，停留在某个部位上，侵入到围岩之中，因为高温，发生热力变质作用，使围岩在化学成分基本不变的情况下，出现重结晶作用和化学交代作用。例如中性岩浆入侵到石灰岩地层中，使原来石灰岩中的碳酸钙熔融，发生重结晶作用，晶体变粗，颜色变白（或因其他矿物成分出现斑条），而形成大理岩。从石灰岩变为大理岩，化学成分没有变，而方解石的晶形发生变化，这就是接触变质作用最普通的例子，又如页岩变成角岩，也是接触变质造成的。它的分布范围具局部性，其附近一定有侵入体。

（2）动力变质作用。是指在地壳构造运动作用下，局部地带的岩石发生变质，在断层带上经常可见此种变质作用。此类受变质的岩石主要是在强大的、定向的压力之下而形成的，所以产生的变质岩石也就破碎不堪，以破碎的程度而言，就有破碎角砾岩、碎裂岩、糜棱岩等。好在这些岩石的原岩容易识别，故在岩石命名时就按原岩名称而定，如称为花岗破裂岩、破碎斑岩等。

（3）区域变质作用。分布面积很大，变质的因素多而且复杂，几乎所有的变质因素——温度、压力、化学活动性的流体等都参加了。凡寒武纪以前的古老地层出露的大面积变质岩及寒武纪以后"造山带"内所见到的变质岩分布区，均可归于区域变质作用类型。例如本章开头提到的泰山及五台山所见的变质岩，均为区域变质作用所产生。就岩性而言，包括板岩、千枚岩、片岩、大理岩与片麻岩等。

（4）混合岩化作用。这是在区域变质的基础上，地壳内部的热流继续升高，于是在局部地段，熔融浆发生渗透、交代或贯入于变质岩系之中，形成一种深度变质的混合岩，是为混合岩化作用。也就是说，在区域变质作用所产生的千枚岩、片岩等，由于熔融浆的渗透贯入而成混合岩。此外，尚有不大常见的气体化水热变质作用，复变质作用。最常见的变质作用还是接触变质和区域变质两大类，其次是混合岩化作用。

变质岩是组成地壳的主要岩石类型之一。在变质作用中，由于温度、压力和具有化学活动性流体的影响，在基本保持固态条件下，原岩的化学成分和结构构造发生不同程度的变化。变质岩的主要特征是这类岩石大多数具有结晶结构、定向构造（如片理、片麻理等）和由变质作用形成的特征变质矿物如蓝晶石、红柱石、矽线石、石榴石、硬绿泥石、绿帘石、蓝闪石等。

在自然界中，我们可以见到积雪在自身重压作用下，它的底层会转化成冰的现象。松软的雪和坚固的冰在成分上是一样的，但结构却是不同的。变质岩的形成过程和雪转化成冰的过程是相似的。具体说来就是地壳中已经形成的岩石因受温度、压力及化学活动性流体的影响，其原岩组分、矿物组合、结构、构造等发生转化即形成多种不同类型的变质岩，这种转变基本是在固态下完成的，这种变化就称之为变质作用。变质岩就是由变质作用所形成。

3.2.3.5 变质岩的化学特征及结构构造

1. 变质岩的化学特征

变质岩的化学特征与原岩的化学成分有密切关系，同时与变质作用的特点有关。在变质岩的形成过程中，如无交代作用，除 H_2O 和 CO_2 外，变质岩的化学成分基本取决于原岩的化学成分；如有交代作用，则既决定于原岩的化学成分，也决定于交代作用的类型和强度。变质岩的化学成分主要由 SiO_2、Al_2O_3、Fe_2O_3、FeO、MnO、CaO、MgO、K_2O、Na_2O、H_2O、CO_2 及 TiO_2、P_2O_5 等氧化物组成。由于形成变质岩的原岩不同、变质作用中各种性状的具化学活动性流体的影响不同，变质岩的化学成分变化范围往往较大。例如，在岩浆岩（超基性岩—酸性岩）形成的变质岩中，SiO_2 含量多为 $35\% \sim 78\%$；在（石英砂岩、硅质岩）形成的变质岩中，SiO_2 含量可大于 80%；而原岩为纯石灰岩时，则可降低至零。在变质作用中，绝对的等化学反应是没有的。在变质反应过程中，总是有某些组分的带出和带入，原岩组分总是要发生某些变化，有时则非常显著。在通常的变质反应中，经常发生矿物的脱水和吸水作用、碳酸盐化和脱碳酸盐化作用。这些过程，除与温度、压力有关外，还和变质作用过程中 H_2O 和 CO_2 的性状有关，其他化学组分，在不同的温度、压力以及外界组分的影响下，常表现出不同程度的活动性。例如，在接触交代变质作用过程中，在侵入体和围岩之间，通过双交代作用可形成。在区域变质作用过程中，岩石化学组分的稳定程度，有时可用化合物（硅酸盐、氧化物、硫化物等）的生成热来表示。一般说，生成热越高，这一化合物也越稳定。硫化物的生成热是较低的，氧化物和硅酸盐的生成热比硫化物高。因此，在区域变质作用过程中，当温度升高时，亲石元素（包括主要造岩元素 K、Na、Fe、Mg、Al、Si）保持其稳定；而亲铜元素则根据它们本身的特性，呈现出不同的活动性。这一情况也部分地解释了在区域变质作用过程中，岩石的主要造岩元素可以保持不变或稍有变化的原因。

2. 变质岩的结构特征

（1）变余结构。是由于变质结晶和重结晶作用不彻底而保留下来的原岩结构的残余。用前缀"变余"命名，如变余砂状结构、变余辉绿结构、变余岩屑结构等，根据变余结构，可查明原岩的成因类型。

（2）变晶结构。是岩石在变质结晶和重结晶作用过程中形成的结构，常用后缀"变晶"命名，如粒状变晶结构、鳞片变晶结构等。按矿物粒度的大小、相对大小，可分为粗粒（＞3mm）、中粒（1～3mm）、细粒（＜1mm）变晶结构和等粒、不等粒、斑状变晶结构等；按变质岩中矿物的结晶习性和形态，可分为粒状、鳞片状、纤状变晶结构等；按矿物的交生关系，可分为包含、筛状、穿插变晶结构等。少数以单一矿物成分为主的变质岩，常以某一结构为其特征（如以粒状矿物为主的岩石为粒状变晶结构、以片状矿物为主的岩石为鳞片变晶结构），在多数变质岩的矿物组成中，既有粒状矿物，又有片、柱状矿物。因此，变质岩的结构常采用复合描述和命名，如具斑状变晶的中粒鳞片状变晶结构等。变晶结构是变质岩的主要特征，是成因和分类研究的基础。

（3）交代结构。交代结构是由交代作用形成的结构，用前缀"交代"命名，如交代假象结构，表示原有矿物被化学成分不同的另一新矿物所置换，但仍保持原来矿物的晶形甚至解理等内部特点；交代残留结构，表示原有矿物被分割成零星孤立的残留体，包在新生矿物之中，呈岛屿状；交代条纹结构，表示钾长石受钠质交代，沿解理呈现不规则状钠长石小条等。交代结构对判别交代作用特征具有重要意义。

（4）碎裂结构。碎裂结构是岩石在定向应力作用下，发生碎裂、变形而形成的结构，如碎裂结构、碎斑结构、糜棱结构等。原岩的性质、应力的强度、作用的方式和持续的时间等因素，决定着碎裂结构的特点。

3. 变质岩的构造特征

变质岩构造按成因分为变余构造和变成构造。

（1）变余构造。指变质岩中保留的原岩构造，如变余层理构造、变余气孔构造等。

（2）变成构造。指变质结晶和重结晶作用形成的构造，如板状、千枚状、片状、片麻状、条带状、块状构造等。

第4章 地 质 构 造

4.1 概述

地质构造（简称构造）是地壳或岩石圈各个组成部分的形态及其相互结合方式和面貌特征的总称，是构造运动在岩层和岩体中遗留下来的各种构造形迹，如岩层褶曲、断层等。

构造运动是一种机械运动，涉及的范围包括地壳及上地幔上部（即岩石圈），可分为水平运动和垂直运动，水平方向的构造运动使岩块相互分离裂开或是相向聚汇，发生挤压、弯曲或剪切、错开；垂直方向的构造运动则使相邻块体作差异性上升或下降。

地质构造是研究岩石圈内地质体的形成、形态和变形构造作用的成因机制及相互影响、时空分布和演化规律。地质构造作用和地质构造运动常常是不良地质作用起始和触发的重要因素。

狭义的地质构造一般限于变形机制方面的研究。通常把地质构造分为大地构造与小构造。大地构造是对区域性宏观构造演化的研究，主要用于区域构造稳定性分析评价；小构造局限于对工程建设场址区构造形迹的研究，用于场址和建筑物地基稳定性分析评价。大小构造相辅相成，是研究变形机制的成因环境条件和对工程影响因素的综合概括。

地球表层的岩层或岩体在形成过程及形成以后，受到各种地质作用力的影响，较少保留成岩时的原始状态，大多数都发生了形变。形成各种复杂的空中组合形态，表现出各种地质构造，最常见的就是断裂和褶皱。

地质构造的规模，大的上千公里，需要通过地质和地球物理资料的综合分析和遥感资料的解译才能识别，如岩石圈板块构造；小的以毫米甚至微米计，需要借助于光学显微镜或电子显微镜才能观察到，如矿物晶粒变形、晶格的位错等。从覆盖全球的大陆和洋底，到一块岩石标本，都有自己的构造。岩层岩体本身物理化学性质和形成的环境不同，表现出不同的构造特点，地质学家把他们作为重要的研究对象来追溯，认识历史上发生的各种地质变动。

地球岩石圈，已经发生着或正在发生着全球规模的地质构造运动，为了研究地质构造运动的机制、能量的来源、形态和发展规律，如前所述，不同学者提出了各种学术观点。这些观点对地质基础理论的奠定做出了很大的贡献，最为著名的为板块构造学说，它刷新了以往的地质构造理论。

板块运动被认为是地壳表层发生位置移动、断裂、褶皱以及地震、岩浆活动和岩石变质作用的总原因，属于内动力地质作用，它改变着地壳的构造，同时为地貌的基本骨架形成奠定了基础。

地质控制论，是中国科学院地质研究所张文佑等，继承与发展李四光的地质力学思想，吸取了"地槽地台说""板块说"等的部分观点，在分析与综合中国及世界有关地质构造的大量地质、地球物理资料的基础上发展起来的基础理论。这一理论认为各类矿产资源的赋存都是受地质构造控制的，他提供了寻找矿产资源标志性地质特征，并成功地预测过我国储油盆地、铁矿分布。实际上这一理论也是工程地质的基本理论之一。

4.2　大地构造理论

地质构造是研究地壳岩石圈内地质结构体的形成、形态和变形作用的成因机制，以及相互的影响、时空分布和演化规律。地质构造作用常常是其他地质作用的起始和触发的重要因素，因此地质构造学说也是地质学的基本学说。

大地构造是指全球范围内，地壳运动的作用力以及它所导致地球构造形态。大地构造学是从整个地球研究构造的发生、发展和分布规律，它力图解释地壳运动的方向、性质、时空分布规律及动力来源问题。地球表层的岩石圈形成过程中或形成以后，受到大地构造力的作用，形成了复杂的空间组合形态，有的基本保持了成岩时代的原始状态，大部分发生了形变、断层、褶皱、构造节理等地质构造的形迹。

地球的岩石圈，已经经历了全球规模的地质构造运动，为了概括地质构造运动的形成机制、形态和发展特征，科学家们提出不同的学术观点，这里仅介绍部分较有影响的地学理论。

4.2.1　槽台学说

属于传统的大地构造学说。由于地壳在各个区域运动性质不同，反映在地壳中的构造变形、沉积作用、岩浆作用、变质作用亦有很大差异，可分为强烈活动地槽和相对稳定的地台两大地质构造单位，由于上述地质作用的不同，地貌差异较大。

4.2.1.1　地槽与地台

1. 地槽

地槽是地壳上巨大狭长的盆地状的沉积很厚的活动地带，长达数百公里至数千公里，宽度数十公里到数百公里。它具有两种性质，早期主要表现强烈坳陷，接受巨厚沉积物，厚度可达几千米至一二万米，并且常伴有火山活动，形成以基性甚至超基性的熔岩流和岩床等；晚期经造山运动褶皱成山并伴有强烈的岩浆活动和变质作用，形成以中酸性为主的庞大岩基，以及贯入岩体中的岩墙、岩脉等。地槽经过一系列的地质活动以后，变为相对稳定的褶皱山脉，称为槽皱带，地槽是褶皱的前身，而褶皱带是地槽发展的结果，褶皱带形成后不断上升，地貌上表现出巍峨的山势。

2. 地台

地台是地壳上相对稳定的地区，它的活动相对较微弱，平面上呈等轴不规则形状；具双层结构，下层称为基底，是褶皱带残留的基部，上层称为盖层（或沉积盖层）由稳定的碳酸盐岩、砂页岩组成，两者呈显著的角度不整合接触。地台发展也经历了前期下降，后期上升的过程，但与地槽相比，地台阶段地壳缓慢地升降，升降幅度小，无明显的水平挤压，以致构造变动岩浆活动和变质作用都较弱，因而沉积盖层上岩层水平或缓倾斜，厚度薄，岩相较稳定，没有遭受区域变质作用，基底露在地面，缺乏沉积层盖层叫地盾。

3. 过渡区

在地槽与地台之间，具过渡性质的地区，称为过渡区。过渡区的性质介于两者之间。

地槽和地台在漫长的地质历史中不是恒定不变的，而是互相制约，互相转化。如地槽区褶皱回返后逐渐失去活动性，最后转化为褶皱带，开始具有地台性质，而地台又有可能活动变换成地槽。因此，地台与地槽是地壳发展中不同的发展阶段而已。

4.2.1.2 地壳发展的阶段性

在漫长的地质时代，不同地区产生不同的地壳运动，从而产生不同的地质构造。研究表明，我国早古生代时，华北表现为地台区，而天山、祁连山一带则表现为地槽区，而到了晚古生代就转变为褶皱带了，地壳性质逐步稳定。这种地壳运动随着时间的推移，发生周期性的运动称为旋回，地槽与地台是某地区阶段性的表现，每一阶段在它开始时总是以下降运动为总趋势，后来以上升运动结束。大地构造在一个周期内经历这样一个发展阶段称为构造阶段（构造旋回），这个地质构造旋回需要几个纪甚至更长的地质年代。

根据现有资料，地壳发展以来可以划分为以下构造阶段（表4.1）。

表4.1 传统地质年代及构造运动分期表

界（代）	系（纪）		统（世）		构造运动	距今年龄/亿年
新生界（代）Cz	第四系（纪）Q		全新统（世）Q_4 或 Q_h		喜马拉雅期	0.02~0.03
			更新统（世）Q_p	上（晚）更新统（世）Q_3		
				中更新统（世）Q_2		
				下（早）更新统（世）Q_1		
	第三系（纪）R	上（晚）第三系（纪）N	上新统（世）N_2			0.12
			中新统（世）N_2			0.12~0.25
		下（早）第三系（纪）E	渐新统（世）E_3			0.25~0.40
			始新统（世）E_2			0.40~0.60
			古新统（世）E_1			0.60~0.80
中生界（代）Mz	白垩系（纪）K		上（晚）白垩统（世）K_2		燕山期	0.80~1.40
			下（早）白垩统（世）K_1			
	侏罗系（纪）J		上（晚）侏罗统（世）J_3			1.40~1.95
			中侏罗统（世）J_2			
			下（早）侏罗统（世）J_1			
	三叠系（纪）T		上（晚）三叠统（世）T_3		印支期	1.95~2.30
			中三叠统（世）T_2			
			下（早）三叠统（世）T_1			

续表

界（代）	系（纪）	统（世）	构造运动	距今年龄/亿年
古生界（代）Pz	上古生界（晚古生代）Pz₂	二叠系（纪）P	上（晚）二叠统（世）P_2		华力西期	2.30～2.80
			下（早）二叠统（世）P_1			
		石炭系（纪）C	上（晚）石炭统（世）C_3			2.80～3.50
			中石炭统（世）C_2			
			下（早）石炭统（世）C_1			
		泥盆系（纪）D	上（晚）泥盆统（世）D_3			3.50～4.10
			中泥盆统（世）D_2			
			下（早）泥盆统（世）D_1			
	下古生界（早古生代）Pz₁	志留系（纪）S	上（晚）志留统（世）S_3		加里东期	4.10～4.40
			中志留统（世）S_2			
			下（早）志留统（世）S_1			
		奥陶系（纪）O	上（晚）奥陶统（世）O_3			4.40～5.00
			中奥陶统（世）O_2			
			下（早）奥陶统（世）O_1			
		寒武系（纪）∈	上（晚）寒武统（世）$∈_3$			5.00～6.00
			中寒武统（世）$∈_2$			
			下（早）寒武统（世）$∈_1$			
元古界（代）Pt	上元古界（晚元古代）Pt₂	震旦系（纪）Z	上（晚）震旦统（世）Z_3 或 Z_h		蓟县	6.00～17.00
			中震旦统（世）Z_2			
			下（早）震旦统（世）Z_1 或 Z_a			
	下（早）元古界（代）Pt₁				吕梁	17.00～25.00
太古界（代）Ar					五台，泰山	25.00～35.00
远太古界（代）						＞35.00

（1）泰山、五台、吕梁运动：发生在元古界与太古界的造山运动。

（2）加里东构造阶段：地质时代属于早古生代，这一阶段地壳运动国际上称为加里东运动。

（3）海西（华力西）构造阶段：相当于晚古生代，国际上称这一阶段地壳运动为海西（华力西）运动。

（4）老阿尔卑斯构造阶段：相当于中生代，又可划分为印支和燕山构造阶段，前者相当于三叠纪，后者相当于侏罗纪—白垩纪，这时期地壳运动分别称为印支运动和燕山运动。

（5）新阿尔卑斯（喜马拉雅）构造阶段：相当于新生代，这时期地壳运动称为喜马拉雅运动。

槽台学说为研究大陆地壳运动规律和地壳构造发展做出了贡献，被地质学家们广泛接受，故称为传统的地质构造学说。

4.2.1.3 我国大地构造分区

由于研究目的不同，大地构造有不同的理论作为指导。在不同理论指导下，其大地构造分区是不同的。下面介绍以传统大地构造理论（槽台学说）进行的大地构造分区。大地构造分区控制了我国地貌形态，地貌特点与大地构造有密切关系。

根据地壳发展的阶段性，以活动地槽区最后转化为稳定褶皱带的时间，我国大地构造单元相应划分如下。

（1）华北地台（中朝地台）：包括秦岭—大别山以北，天山—阴山一线以及东延部分以南的整个华北、东北南部、渤海、北黄海及朝鲜北部，以深断裂与相邻单元分界。

（2）扬子地台：包括由云南东部至江苏的整个长江流域和南黄海。

（3）塔里木地台：北邻天山，南接昆仑山。

（4）海南地台：海南岛南端包括大部海南在内的广大地区。

（5）天山—兴安海西褶皱带：包括天上大兴安岭地区。

（6）祁连加里东褶皱带：包括祁连山地区。

（7）昆仑—秦岭海西褶皱带：北邻华北地台—塔里木地台，东南接扬子地台邻滇藏褶皱带。主要部分为海西褶皱带，但东南缘的南岭为印支褶皱带。

（8）滇藏老阿尔卑斯褶皱带：龙门山和金沙江—红河以西，昆仑山以南，雅鲁藏布江以北地区。北部为印支褶皱带，南部塘沽拉山和冈底斯山主要为燕山褶皱带。

（9）喜马拉雅褶皱带：位于雅鲁藏布江以南，地槽的全面褶皱发生在晚始新世，最南缘（喜马拉雅山主干）为印度地台的北部边缘。

（10）华南加里东褶皱带：位于扬子地台之南。

（11）台湾新阿尔卑斯褶皱带：位于台湾省。

4.2.2 板块构造学说

20世纪50年代在大陆漂移学说的基础上，建立了海底扩张理论，20世纪60年代末发展成为板块构造理论。

4.2.2.1 大陆漂移学说

大陆漂移观点起源于德国青年气象学家魏格纳，他从大西洋两岸线形状相似的地形地貌特征得到启示后提出了这一学说。

图4.1 大陆漂移的拼合
（据E.C布拉德等）
（黑色部分表示大陆架有重复）

其证据有以下4个方面。

1. 海岸相吻合

大西洋两岸的非洲和南美洲的海岸相吻合，如巴西的布兰可角与几内亚湾相对应，这种相似性，似乎预示着大西洋两岸曾经是连在一起的。1965年，有人运用计算机对大西洋两侧进行了拼合，发现海平面以下915等深线相应部位两者的吻合误差小于一个经度（图4.1）。

2. 古生物证据

非洲和南美洲发现有石炭纪—二叠纪时的陆生动物水龙兽化石，它们在印度、澳大利亚及南极洲发现的二叠纪和三叠纪的爬行动物群极其相似，这些古生物能够相互迁移，说明大西洋两岸的大陆曾经是连在一起的。

3. 地质构造带特征

大西洋两岸北美和北欧之间地质构造之间具有一致性，非洲与南美洲古生代和中、新生代造山带亦具有相似性。

4. 冰川及古气候特征

距今 3 亿年前晚古生代，在南美洲东缘、非洲中部和南部、澳大利亚南部及印度、南极洲曾发生过广泛的冰川作用，只有把上述地区的冰川连在一起，才能满意地解释冰川运动的方向。

4.2.2.2　海底扩张学说

20 世纪 50 年代，随着海底调查积累了丰富的海底地质和地貌资料，尤其是古地磁的发展，导致赫斯（H. H. Hess，1962）和迪茨（R. Dietz，1961）几乎同时提出海底扩张的观点。海底扩张作用是大洋岩石圈沿中脊裂开（图 4.2），地幔炽热的岩浆从这里涌出，冷却固结成新的大洋岩石圈，并把先期形成的岩石向两侧对称地推挤，导致大洋海底不断扩张。海底扩张说的证据是海底岩石的年龄分布，以年龄最新的大洋中脊为轴，向两侧对称分布，离中脊愈远愈老。磁异常条带大致平行中脊轴线延伸，正、反向异常带相间排列，并对称分布在洋中脊两侧。因此上述海钻成果令人信服地证实了海底扩张理论。

（a）冰岛辛格韦德裂谷　　　　　　　（b）大洋中脊

图 4.2　海底扩张作用使大洋岩石圈沿中脊裂开

4.2.2.3　板块构造学说

板块构造学说认为，在地球内力作用下发生海底扩张，使得大洋岩石圈在洋中脊处裂开，地球最上层是刚性较大的岩石圈，岩石圈漂浮在地幔的软流圈上运动，叫做板块运动。岩石圈裂开为大小不一的板块，各板块内部是相对稳定的，板块边缘则由于相邻板块间的相互作用而成为构造活动的强烈地带，是发生构造运动、地震、岩浆活动及变质作用的主要场所。

地幔下层物质受放射热膨胀变轻而上升，地幔上层温度相对低而密度大，物质下沉，两者构成对流。上升流的岩浆在裂谷带中涌出，固结成岩，一次又一次地从洋脊裂谷带涌出的地幔物质，又把已形成的洋壳向外推移扩张，形成新的洋壳，当大洋壳遇到大陆壳时，就俯冲带入地幔中。这样洋脊的对流上升形成新的洋壳，海沟的对流下降，老的洋壳消亡，新的洋壳产生，使洋壳不断运动更新，地幔物质对流驱动着板块运动。

板块边缘具有强烈的构造活动带，据此将全球范围岩石圈划分为南北美洲板块、太平洋板块、欧亚板块、非洲板块、印度洋板块、南极板块六大板块和一些小板块（图4.3）。

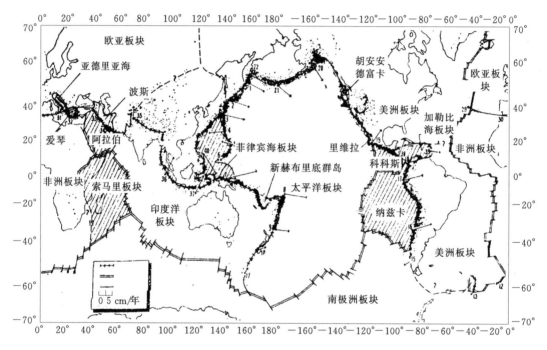

图 4.3　全球板块划分

（引自《工程地质分析原理》，地质出版社，2012）

板块构造学说是全球构造理论，它刷新了建立在大陆地质研究基础上形成的许多传统认识，它标志着地质学的革命性变革，它也尚需地质科学家进一步探索和完善。

板块运动被认为是地壳发生位置移动，出现断裂、褶皱以及地震、岩浆活动和岩石变质作用的总原因，这些地质作用总称为内力地质作用，也就是地质构造作用，内力地质作用改变着地壳的构造，同时为地貌形成打下了基础，地质构造作用控制着地壳中岩石的变形、矿产分布规律以及地貌的形成。

板块构造与地质作用的关系如下。

（1）板块构造与地震、岩浆作用的关系。全球的地震、岩浆作用主要发生在环太平洋、阿尔卑斯—喜马拉雅山一带及大洋中脊、大陆裂谷，其分布位置与现代板块边界非常吻合。全球地震的能量 95% 都是从板块边界地带释放出来的，其中大部分又集中在板块汇聚对边缘上。由此可见，板块边界处的相互作用是引起地震的一种基本成因。

板块活动特征还决定了岩浆活动的成分、来源及成因机制等特征。如洋中脊地区岩浆成分主要为基性和超基性，它的主要来源于地幔。俯冲带的岩浆活动以中、酸性岩浆为主。

（2）板块构造与变质作用的关系。分离型板块边界的洋脊轴部附近，由于岩浆不断上涌形成新的洋壳，使先形成的洋壳岩石遭受中—低级变质作用。汇聚型板块边界，由于强烈的板块俯冲或碰撞及由此引起的岩浆作用常引起广泛的区域变质作用。

（3）板块构造与造山运动的关系。地球上年轻的山脉都分布于板块汇聚的边缘上。环太平洋山系发育于太平洋周缘的汇聚型板块边界上，如南美的安第斯山脉。喜马拉雅山系展布于欧亚板块与印度板块的碰撞边界上。不仅如此，现代大陆内部的一些古老的巨型褶皱山系（如祁连山、天山等）也都是地质历史时期板块俯冲或碰撞作用的产物。

（4）板块构造与地表地质作用的关系。各种地表地质作用受地形、气候、植被、岩性及构造运动的影响，这些影响因素都与板块活动密切相关。汇聚型板块的俯冲和碰撞作用，造就了地球表面的高大山系，迫使地表地质作用以剥蚀作用为主。当山系高出雪线以上时，地表作用方式由原来的风化、地面流水等作用转变为以冰川地质作用为主。同时地形的巨变还会影响到周围地区的地表地质作用，如新生代后期喜马拉雅山的崛起，阻挡了印度洋向北吹的潮湿空气，使中亚地区变成荒漠，发育强烈的风力地质作用。分离型板块的扩张分离造就了地球上最主要的沉积盆地——海洋和大陆裂谷。

4.2.3 中国主要地质构造学说

中国地处环太平洋构造带和特提斯构造带的"丁"字接合处，具有中国特色的大地构造特征。"地质力学""波浪状镶嵌构造学说""多旋回构造""地洼说"和"断块构造说"是老一辈地质学家对中国大地构造特征的总结，被称为"中国五大地质构造学派"。

4.2.3.1 地质力学理论

地质力学是我国地质科学家李四光运用力学的观点研究地质构造和地壳运动规律的一门科学。野外经常见到的岩层褶皱、断层、节理等地质构造表现出的构造形迹，都有和它相伴而生的一群构造形迹。它们在形成和发展中的内在联系称作成生联系。具有成生联系的构造形迹群聚集成带叫构造带，如果这些构造带是属于同一时期经过一次运动，或者按同一方式经过几次构造运动称作一个构造体系。它是在一定动力作用下，发生的区域构造运动的结果，对于区域地形地貌起着控制作用。

地质力学首先从地形地貌上表现的构造形迹开始研究其力学性质，然后把这些不同大小、不同性质、不同产状、不同形态的构造形迹按力学特性研究其成生联系，进一步鉴定它们的构造体系。这些构造体系在地面上的表象就形成了我国地貌的基本架构。

纬向构造体系在大陆上常常表现为横亘东西的隆起山岭和与此对应的盆地或地槽。例如，我国的阴山-天山构造带，秦岭-昆仑构造带和南岭构造带等；经向构造体系，是南北方向的构造带，如我国川滇南北向构造带，贺兰山区走向南北的构造带；扭动构造体系，亦为区域构造体系，如我国东部的构造体系为北北东向为主的巨大的多字型构造体系（简称为"新华夏构造体系"），祁连山、吕梁山、贺兰山组成了祁吕贺兰山字型构造体系。

　　地质力学在研究地表各种类型的构造体系的同时，研究了构造形迹展布方向与地应力之间的关系，认为地壳运动是以水平运动为主，在强大地壳水平应力作用下，伴随着相当规模的垂直升降运动。而地壳水平运动的主要动力来源于地球自转及自转速度的变化，如地球自转产生的离心力形成南北向的压力，以致产生纬向构造体系。地球自转速度改变可能产生东西向应力，形成经向构造体系。这样就把地球表面的构造形迹、构造体系与地壳的运动方式、方向以及地壳运动的动力来源联系在一起，形成了地质力学。地质力学在找矿、勘探、工程地质、地震以及地热资源勘探等方面的应用非常广泛，特别是对我国石油事业的发展做出了卓越对贡献。

　　上述地质构造应力，大者控制地壳结构的形成、发展和演化过程，形成不同的板块和大地构造单元，小者形成褶皱、断裂和构造节理分割的岩体等。然而，地质体不论大小都是结构体。它们的形成、发展和变化，主要是构造应力作用的结果。同时，构造应力也是地应力形成的主要原因之一。

　　1. 巨型纬向构造体系

　　巨型纬向构造体系又称东西向构造体系，或称东西复杂构造带。在大陆壳上突出的表现为横亘东西的隆起山岭，往往出现在一定纬度上，它的规模很大，是具有全球意义的。

　　它主要是受南北向挤压力而产生的。它的主体是东西走向。

　　褶皱或压性断裂构造形成的同时，还有与它垂直的张性断裂和与它斜交的两组扭性断裂。这一系列东西向复杂的构造体系，不一定具有同样的发展过程，也不一定具有同样的综合形态，但却具有主要的共同特征，作为一个整体的复杂构造体系以及组成它的主要褶皱和断裂，大致都是东西走向的。在中纬度地区比较集中，它在大陆上断续延伸长达几千公里，在大洋底也有它存在的踪迹。它的发展历史很长，经历了反复多次的地壳运动，一般常伴随有东西走向的岩浆岩带分布。所以对各种矿产的分布有着重要的控制作用。

　　从中国大地构造轮廓来看，有三条明显呈东西向的山脉，形成三条横亘东西的巨型纬向构造体系。由北往南是：阴山-天山构造带、秦岭-昆仑构造带和南岭构造带。

　　2. 经向构造体系

　　经向构造体系是一些走向南北的强烈构造带，又称南北向构造体系。地质构造规模不等，性质也不尽相同。它主要由南北走向的褶皱和压性断裂以及伴生的张性、扭性断裂构成。在中国最为显著的南北向构造带出现在四川西部和云南中部，其中以大雪山—夏贡山为主体，称为川滇南北向构造带。该带在地理上称为横断山脉。自西向东并列有高黎贡山、怒山和大雪山，由一系列强烈褶皱和规模巨大的逆冲断层组成。在中国境内的其他地方，还有一些不太强烈的经向构造体系。在北方如贺兰山区南北走向的构造带与祁吕贺山字形脊柱相复合；在南方，四川东南至贵州中部，有川黔南北向褶皱群出现。此外，还有一些经向构造体系，有的是呈零星分布，有的与"山"字形构造的脊柱相复合。

　　3. 扭动构造体系

　　上述的巨型纬向构造体系和经向构造体系，反映了经向或纬向的水平挤压或引张作用，都是具有全球性的构造体系，也是地壳构造运动的两个基本方向。但是，由于地壳组成物质的不均一性，而使沿着纬向或经向的作用力发生变化，导致局部地壳发生扭动，便形成各种扭动形式的构造体系。

扭动构造体系的形式很多，根据作用力方式不同，可分为直线扭动和曲线扭动，前者一般称为扭动构造，如"多"字形、"山"字形构造；后者一般称为旋扭构造或旋卷构造，如帚状构造等。

根据地质力学的观点，前面所说的东西向或南北向水平应力，是由于在重力作用下，地球自转速度改变时所引起的离心力（一种是南北向的，一种是东西向的）产生的结果。

地质构造在漫长的地质年代里，地球自转速度是有变化的。由于地球自转速度的变化而产生的切应力，使地壳产生运动。切应力在赤道上为最大（因为地球转速最大），两极为最小（地球转速等于 0），因此在赤道附近出现巨型张裂、扭裂以及大的旋卷构造。

地球不是一个理想的刚体，当自转角速度变快时，它的扁度就要变大，地球表层——地壳物质就向赤道拥挤，中纬度地带受挤压最强，于是就出现大规模的纬向（横向）构造带。同时，在纬向切应力方面，当自转加速度变快时，就使地壳中的结合不牢固的部分物质，因跟不上转速加快的步伐而掉队，犹如车速急增时，乘客后仰一样。这就使部分地壳相对向西滑动，如美洲大陆相对于欧非大陆落后，便在它们之间出现了大西洋；美洲大陆西缘遇着太平洋底硅镁层的阻挡，形成南北向的巨大挤压带——纵向大山脉，伴生的"山"字形弧顶也向西凸出。

4.2.3.2　波浪状镶嵌构造学说

波浪状镶嵌构造学说，是张伯声教授创立的一种地壳构造和地壳地质构造运动理论学说。这一学说的思想萌芽于 1959 年。当时主要阐明的问题是，相邻二地块在不同地质历史时期都以它们之间的活动带为支点带，互作天平式摆动，并相应地引起支点带本身与之同时做激烈的波状运动。1963 年，在此基础上提出了整个地壳是由不同级别的激烈运动的活动带与不同级别的相对稳定的地壳块体相结合而形成的一级套一级的镶嵌构造。并把相邻二地块的天平式摆动在空间上扩大范围来统一考虑，引申出地块波浪的概念。自此以后，经过张伯声教授等不断地研究，逐步系统化、理论化，成为目前的地壳波浪状镶嵌构造说。波浪状镶嵌构造有别于 20 世纪 50 年代以来国外学者提起过的地壳的镶嵌构造学说，镶嵌构造学说认为地壳的某些部分像一层"巨大的角砾"，杂乱无章地镶嵌在一起，而波浪状镶嵌构造说则认为地壳的镶嵌是有规律的，其空间展布、运动变化都好像是几个系统的波浪的相互交织。

波浪状镶嵌构造说在理论兼收"脉动说"的合理部分，从地球自身的运动探讨了波浪镶嵌构造的形成机制，赋予"地球四面体理论"以新的含义。它指出，由于地球以收缩为主的脉动，使地表产生四个地壳波浪系统。它们各自不停的传播及相互交织，形成地壳的波浪状镶嵌构造网。地球由于脉动所派生的自转速度的变化，又加剧或减弱了一些方向的地壳波浪，并可在上述波浪镶嵌构造网上叠加一些其他构造形象。地壳的波浪状镶嵌构造，就是地球以收缩为主要趋势的脉动以及由此而导致的自转速度的变化所造成的综合效应。

该学说以地壳波浪运动的三种基本形式（蚕行式、蛇行式和蠕行式）来形象地说明地壳各大小块体的运动是以水平方向传递为主，但"漂而不远，移而不乱"。它有别于"板块构造说"所认为的地壳几大板块在地幔上作远距离漂移的看法。而且波浪状镶嵌构造是由于不同系统的级级相套的地壳波浪交织而成的宏观与微观统一的级级相套的地壳块体的镶嵌构造。

4.2.3.3 多旋回构造运动学说

"多旋回构造运动"学说，即地壳运动的多旋回理论，是黄汲清于1945年提出来的。该学说是在地槽发展单旋回观点上的进一步发展。所谓单旋回，是德国地质学家史蒂勒提出来的地槽褶皱带发展的模式。他认为，地槽发展初期以下沉为主，有大量蛇绿岩出现；以后地槽型沉积褶皱成山，与此同时有大量花岗岩侵入，随后有安山岩喷发和各种小侵入体；最后褶皱带遭受剥蚀，地槽转化为地台，并有玄武岩喷溢。这就是有名的地槽发展单旋回的基本观点。

该学说认为，板块运动说与多旋回构造运动说不但没有矛盾，而且可以互相补充，互相结合。在研究中国大地构造过程中，把这两种学说密切结合起来，是地质工作者研究的长期任务。

4.2.3.4 断块构造学说

断块构造学说，是中国科学院地质研究所张文佑教授等，继承与发展李四光教授的地质力学思想，吸取了"地槽地台说""板块说"等的合理部分，在分析与综合中国及世界地质构造大量地质、地球物理资料的基础上发展起来的。

断块说在研究方法上，强调运用地质力学与地质历史分析相结合的方法，对地球的构造形成与形变进行辨证分析，将构造旋回的划分与构造形成、形变过程联系起来。认为地壳的形变，一般是从褶皱到断裂；但一经产生断裂，它便对以后的变形起决定性作用，即第一期的断裂控制第二期的褶皱，第二期的褶皱改造第一期的形变，也就是基底控制盖层，盖层改造基底，所以断块学说，侧重于研究断裂的形成与发展。

该学说认为，地壳形变主要取决于力和介质两个因素的相互作用，二者都是不均一的，应力的集中与释放往往发生在介质的不均一处。由于受力方式、边界条件以及介质物理力学性质的不同，断裂常以不同型式组成X形、Y形等断裂体系，可表现为拉张、挤压、剪切、剪切—挤压，以及层间滑动等不同活动方式。按不同深度，断裂可划分为岩石圈断裂、地壳断裂、基底断裂和盖层断裂四级。同样，被各种断裂网格所切割成的断块，也相应地划分为四级。随着深度及温度压力的增加，褶皱与断裂具分层性，这种分层性与地球各圈层之间、"软""硬"层之间的层间滑动有关。构造层划分要考虑形成与形变两个方面，从形成到形变是构造发生和发展的一个旋回。每一个构造旋回的形成控制该旋回的形变，而前一构造旋回的形变又控制下一旋回的形成，所以基底断裂构造常可控制盖层的构造发育。在区域应力场的演化中，压、张、剪是同时存在的，一个地区挤压，相邻地区必然拉伸，反之亦然。同样一个时期挤压，必然在另一时期拉张，反之亦然。挤压区常以水平运动为主，拉张区常以垂直运动为主，水平和垂直是一个运动的两种方式，何者为主，依时间、地点、条件为转移。

由于断块学说吸取了有关大地构造学说的优点，使许多疑难问题从理论上得到科学的解释，因此受到国内外地质界的普遍重视，并已在石油、铁矿、地震地质、水文工程等项生产实践中收到一些实际效果。

4.2.3.5 地洼学说

地洼学说是中南矿冶大学教授、中国科学院长沙大地构造研究所所长陈国达院士所倡导的学说。该学说认为，自 1859 年以来，地质界传统的理论是大陆地壳大发展过程只有两个阶段：先出现活动区——地槽区，后来变为"稳定"区——地台区。1956 年，有人在总结中外地质资料的基础上提出，中生代中期以来地壳演化进入了新阶段，经受断裂作用和拱曲作用后所形成的狭长形或长圆形的凹地或凸起，其大地构造性质既非地台区，也与地槽区有别，而是一种新型活动区，是大陆地壳的第三构造单元。因它是地台区向活动区转化的产物，故取名为活化区；又因其最主要的特征是区内出现地洼盆地，故称地洼区。地洼学说认为，在地壳演化史上，不只活动区可以转化为"稳定"区，而"稳定"区也可转化为新的活动区。大陆地壳的发展过程，并非如地槽-地台说认为的那样，直线地仅由地槽阶段发展到地台阶段，而是多阶段、螺旋式的升进。通过活动区与"稳定"区之间的互相转化递叠，按照"否定之否定"法则向前发展，这叫"动、定转化递进律"。它的力源机制在于上地幔软流层的物质运动，叫散聚交替说，它与板块构造活动有关。

该学说认为，地洼阶段是一个重要成矿期，其特点是形成丰富的有色金属、稀有金属、分散元素及放射性元素等矿床。世界上 80％的钨、85％以上的钼、50％的锡、40％的铜产于中、新生代；金刚石以中生代为产出的高峰期。

地洼盆地中也产生石油、天然气、煤、油页岩、石膏、盐，以及沉积铜、铀、铁等矿。其矿床特点常以小面积内可以集中大储量著称。

该学说还认为，地洼区常可继承先成的构造单元的矿产，形成矿床叠加，其成矿作用又可将先成矿床改造富化，形成新的矿床或使先成地层中分散的成矿物质富集形成工业矿床。

因此，在地洼区内矿产综合多样，且常见大而富的多因复成矿床。由于地壳演化新阶段具有如此的成矿作用，因此引起国内外成矿学者的高度重视。有人把第三构造类型与板块构造并列为决定当代地质学发展的新学说。

4.3 褶皱、断层及节理

褶皱、断层及节理等是工程中最常见的构造形迹。

4.3.1 褶皱

4.3.1.1 概念

褶皱构造是岩层在构造运动的作用下变形而形成的一系列连续弯曲。岩层的连续完整性未遭到破坏，是岩石塑性变形的表现。它在层状岩层中表现的最为明显，是地壳上最常见的一种地质构造形式，规模差别很大，从几厘米至几百公里都可见到。

4.3.1.2 褶皱的基本类型

褶皱的基本类型分为背斜及向斜（图 4.4）。

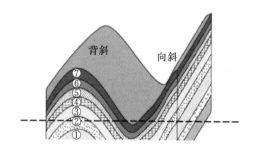

图 4.4　背斜及向斜
①～⑦代表地层由老到新

背斜外形上一般是岩层向上突出的弯曲。岩层自中心向外倾斜，核心部分是老岩层，两翼是新岩层。

向斜与背斜相对，其外形上一般是岩层向下突出的弯曲，岩层自两侧向中心倾斜，核心部分是新岩层，两翼是老岩层。

背斜与向斜的根本区别是两翼与中心地层的新老关系。不能仅凭形状判断背向斜。事实上，由于向斜核部受到挤压，物质坚硬不易被侵蚀，经长期侵蚀后反而可能成为山岭，相应的背斜却会因岩石拉张易被侵蚀而形成山谷。即所谓的"向斜山"与"背斜谷"。

4.3.1.3　褶皱的基本要素

褶皱的基本要素有核、翼等（图 4.5），简述如下。

（1）核：泛指褶皱弯曲的核心部位。

（2）翼：泛指褶皱核部两侧的岩层。

（3）转折端：泛指褶皱两翼岩层互相过度的弯曲部分。

（4）枢纽：褶皱的同一层面上的各最大弯曲点的连线叫枢纽；可以是直线，也可以是曲线或折线，可以是水平线，也可以是倾斜线；枢纽反映褶皱在延长方向产状变化的情况。

（5）轴面（枢纽面）：连接褶皱各层的枢纽构成的面称为褶皱轴面，可以是平面，也可以是曲面，一般用走向、倾向和倾角三要素来描述。

（6）轴迹：轴面与包括底面在内的任何平面的交线均为轴迹。

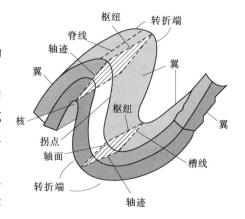

图 4.5　褶皱的基本要素示意图

（7）脊线与槽线：背斜中同一层面上弯曲的最高点的连线称为脊线；向斜中同一层面上弯曲的最低点的连线称为槽线。

（8）褶轴：指与枢纽平行的一条直线。该直线平行自身移动的轨迹形成一个与褶皱层面完全一致的面。

（9）倾伏角和侧伏角：都是测量构造线空间位置的要素。倾伏角是一条构造线在该线所在直立平面上与水平面之间的夹角；侧伏角是构造线在它所在平面上与该面平面交线之间的夹角。

4.3.1.4　褶皱的分类

褶皱的分类方式多种多样，一般按产状、形态和组合形态进行分类。

1. 按褶皱轴面产状分

直立褶皱：轴面近于直立，两翼倾向相反，倾角近于相等。

斜立褶皱：轴面倾斜，两翼倾向相反，倾角不相等。

倒转褶皱：轴面倾斜，两翼倾向相同，倾角可以相等，也可以不相同。

平卧褶皱：轴面近于水平，一翼地层正常，另一翼地层倒转。

翻卷褶皱：轴面弯曲的平卧褶皱。

2. 按枢纽产状分

水平褶皱：枢纽近于水平，两翼的走向基本平行。

倾伏褶皱：枢纽倾伏（倾伏角介于 $10°\sim80°$ 之间），两翼走向不平行。

倾竖褶皱：枢纽近于直立。

3. 按面上的组合类型分

复背斜和复向斜：系指褶皱两翼被一系列次一级的褶皱所复杂化的大背斜或大向斜。

隔挡式褶皱：是由一系列平行线状延伸的窄而紧闭的背斜和开阔平缓的向斜排列而成的一组褶皱，简单地说就是背斜窄，向斜宽。我国川东地区的构造样式为典型的隔挡式褶皱。

隔槽式褶皱：是由一系列平行线状延伸的紧闭向斜和开阔平缓背斜相间排列而成的一组褶皱。简单地说就是向斜窄，背斜宽。其背斜形状似箱子，又称箱状褶皱，是过渡型活动区的一种典型的褶皱类型。中国标准实例见于黔北、湘西一带。

4.3.2　断层

4.3.2.1　概念

断层是岩层或岩体顺破裂面发生明显位移的构造，断层在地壳中广泛发育，是地壳的最重要构造之一。

断层大小不等，大的断层可纵贯整个岩石圈，水平则可绵延几千公里。由于较大的断层通常都不只是一个简单清晰的断面，而是一组断面的集合，因此人们又提出了断层带（断层破碎带）的概念。在地质学文献中，规模巨大的断层带则通常叫做断裂带。

4.3.2.2　断层的基本要素

断层有断层面、断层线和断层盘三要素（图 4.6、图 4.7）。

断层面是指岩层受力后发生相对位移的破裂面，呈面状展布，具有一定的走向、倾向、倾角。断层面有的光滑，有的有擦痕，有的呈波状起伏较粗糙。

断层线是指断层面与地面的交线，可直可弯，甚至形成一条宽窄不等、成带状分布的破碎地带，称为断层破碎带。

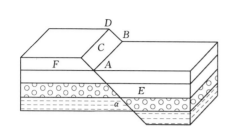

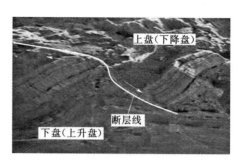

图 4.6 断层要素示意图一

AB—断层线；C—断层面；α—断层倾角；

E—上盘（断层盘）；F—下盘（断层盘）；

DB—总断距

图 4.7 断层要素示意图二

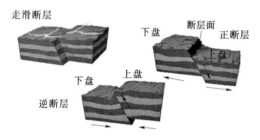

图 4.8 断层按两盘相对运动的关系分类示意图

断层盘是指断层面两侧的断块，位于断层面上方的称为上盘，下方的称为下盘，相对上升的一盘称为上升盘，相对下降的一盘称为下降盘。

4.3.2.3 断层的分类

1. 按断层两盘相对运动的关系分类（图4.8）

（1）正断层：上盘相对下降，下盘相对上升的断层，称为正断层。正断层的产状一般较陡，断层线比较平直，一般是由于重力作用或水平张力作用形成的，并在垂直于张应力方向上发育。

（2）逆断层：下盘相对下降，上盘相对上升的断层，称为逆断层。逆断层产状一般比较平缓，断层线常呈舒缓的波状曲线。逆断层一般是受水平的挤压应力作用，沿剪切破裂面形成的，常与褶皱相互伴生，逆断层的规模一般较大，多为区域性的巨型构造。

（3）平移断层（走滑断层）：两盘岩体沿断层面走向作水平相对运动的断层，称平移断层。平移断层断层面多近于直立，断层线较平直，延伸较远，断层破碎带较窄，在断层面上常有近于水平的擦痕。平移断层一般是在水平剪切应力的作用下形成的。

2. 按断层面产状与岩层产状的关系分类

走向断层：断层走向与岩层走向一致的断层。

倾向断层：断层走向与岩层倾向一致的断层。

斜向断层：断层走向与岩层走向斜交的断层。

3. 按断层面走向与褶皱轴向或区域线之间的关系分类

纵断层：断层走向与褶皱轴向或区域构造线方向平行的断层。

横断层：断层走向与褶皱轴向或区域构造线方向垂直的断层。

斜断层：断层走向与褶皱轴向或区域构造线方向斜交的断层。

4. 按断层力学性质分类

压性断层：由压应力作用形成，其走向垂直于主压应力方向，多呈逆断层形式，断面为舒缓波状，断裂带宽大，常有断层角砾岩。

张性断层：在张应力作用下形成，其走向垂直于张应力方向，常为正断层，断层面粗糙，多呈锯齿状。

扭性断层：在剪应力作用下形成，与主压应力方向交角小于 45°，常成对出现。断层面平直光滑，常有擦痕出现。

4.3.3　节理

4.3.3.1　概念

节理是两侧岩石没有明显位移的岩石中裂隙，是在地壳上部广泛发育的一种断裂构造。通常受风化作用后节理容易识别。

节理面是岩层受力变形、断裂而产生的破裂面，破裂面两侧的岩层实质上已产生位移，但不明显。若位移明显，则称为断层。断层、节理、劈理在相对位移方面的主要区别是：断层产生明显位移，节理产生少量位移，劈理产生微量位移。

4.3.3.2　节理的分类

节理的分类方法很多，简单介绍如下。

1. 按节理成因分类

原生节理：是指成岩过程中形成的节理。例如沉积岩中的泥裂，火花熔岩冷凝收缩形成的柱状节理，岩浆入侵过程中由于流动作用及冷凝收缩产生的各种原生节理等。

次生节理：是指岩石成岩后形成的节理，包括非构造节理（风化节理）和构造节理。

2. 按节理的力学性质分类

张节理：岩石受张应力形成的裂隙。其特点有如下：

（1）产状不太稳定，延伸不远。

（2）节理面粗糙不平，无擦痕。

（3）常绕过砾石和粗砂粒。

（4）节理面多开口，常被矿脉充填。

（5）多条张节理呈不规则树枝状或锯齿状、共轭雁列状及放射状、同心圆状。

（6）尾端变化极不规则。

剪节理：岩石受剪切应力形成的裂隙。其特点有如下：

（1）节理面产状较稳定，沿走向和倾向延伸较远。

（2）节理面较平直光滑，有时具有因剪切滑动而留下的擦痕。

（3）发育于砾岩和砂岩等岩石中的剪节理一般切穿砾石。

（4）典型的剪节理常呈共轭 X 形节理系。

（5）主剪裂面由羽状微裂面组成，羽状微裂面与主剪裂面的交角一般为 10°～15°，相当于岩石内摩擦角的一半，其锐角指示本盘错动方向。该特征常用于应力分析。

张节理与剪节理均属构造节理。

3. 按节理与岩层的产状要素的关系分类

走向节理：节理的走向与岩层的走向一致或大体一致。

　　倾向节理：节理的走向大致与岩层的走向垂直，即与岩层的倾向一致。

　　斜向节理：节理的走向与岩层的走向既非平行，亦非垂直，而是斜交。

　　顺层节理：节理面大致平行于岩层层面。

　　4. 按节理的走向与构造线的延伸方向关系分类

　　构造线主要指褶皱轴向、断层的走向或其他线形构造线。

　　纵节理：两者的关系大致平行。

　　横节理：二者大致垂直。

　　斜节理：二者大致斜交。

　　如果褶皱轴延伸稳定，不发生倾伏的话（水平褶皱），则走向节理相当于纵节理，倾向节理相当于横节理，斜向节理相当于斜节理。

4.4　新构造

4.4.1　概述

　　苏联地质学家 B. A. 奥布鲁切夫在《新构造的动力及造型》一文中提出："对发生在第三纪末和第四纪前半期的最年轻运动所造成的地壳构造称之为新构造。近半个世纪以来，对许多地区的研究揭示出了这些运动广泛分布，且在现代地貌形成中具有实质性意义，因此，有必要将其从阿尔卑斯构造旋回中独立划分出来。"他给予"新构造"一词以新的内容，认为："新构造为第三纪以来各种类型的地壳运动所造成的在现代地形形态上所显示的地壳构造。"随后苏联地质学家 H. H. 尼古拉耶夫（1959）认为："新构造运动是第三纪晚期至今的构造运动，并决定了地球表面现代地形的基本轮廓。"国际第四纪研究联合会全新世研究组，1982 年提出，新构造运动学是研究大地测量参考面的运动和变形及其机制、地质成因、应用意义和未来趋势的科学。由此可见，新构造运动时间定义并不统一。后来将一些地区年轻的地壳变形称作活动构造。活动性构造不仅使海岸升降、河流改道、地貌错移和变形，而且与火山地震活动也十分密切。活动构造研究虽然强调更短时期的构造运动，如晚更新世以来甚至千年以来的时段，但并不排斥更长的时段，如数百万年到数十万年有关构造过程的研究，因为活动构造是继承新构造而发展。可以说，活动构造与新构造形式基本相同。

　　其实新构造运动与老构造运动的运动并无本质的差别，所不同的是新构造运动在空间分布、强度、周期方面都有自己的特点，它运动的结果总是在地形地貌上或物理地质现象上，不同程度地表现出来。这样便于人们通过观测和测量研究地壳运动形成、发展过程的机理研究，并根据其运动规律预测新构造运动的发展趋势及未来变化。这无疑对于各类工程建设特别是大型工程区域稳定性评价和地震预测都具有十分重要的意义。

　　构造错断地貌变形在地表直接表现出来，其形态特征和和沉积结构分析是辨别断层活动的主要方法。地貌的水平和垂直错距反映断层活动的幅度，如不同年代的地貌错幅不等是断层多期活动的结果，通过测年方法可以取得被错断的地貌年龄，从而可以计算断层活动的平均速率和断层活动对间隔时间。这对于预测地震发生的时间、地点和强度具有重要意义；对各类工程的地基稳定性评价、地质灾害防治也有重要价值。

　　活动性构造是在晚新生代以来形成的，这一时期的构造活动按其运动方向分为垂直运动和水平运动。垂直运动使地形产生高低变化，表现为上升的山地、丘陵或高原，下降的平原或盆地；间歇性上升的运动形成阶梯状地貌，如山麓台地，河流阶地等。地壳水平运动使山谷和山脊发生水平错移。

大范围的水平运动是地壳发生挤压或拉张。从全球构造看，挤压区形成大陆边缘的弧岛、大陆上的褶皱山系和高原；拉张区成为大洋中脊、大裂谷和断陷盆地等。大洋中脊有来自地幔垂直上升的岩熔到洋底地壳下部转为水平流，在洋底产生扩张，这种运动进一步推动地壳板块相互运动，引起板块边缘的俯冲、隆升、错断和火山活动，在板块内部产生挤压而形成的大型褶皱和断裂。

活动性构造地貌受构造活动的多期叠加而变得更为复杂，例如一条断层多次活动，不仅使断层崖增高，在断层崖下段形成的崖坡比上段崖坡的角度大，断层崖的坡形成转折状的凸形坡，坡麓形成多层的崩积楔；如沟被断层多次活动错断，则表现为不同时代的沟谷地貌错幅不等，时代越老错幅越大。

在一个构造应力场中，除受主应力作用形成的一些破裂和变形外，还派生一些次生构造形成一些派生构造地貌。例如，在一个主应力场中可派生一些拉张应力区和挤压应力区，形成相应的断陷和隆起。

4.4.2　关于新构造运动时限

对新构造运动发生的时限大致有以下几种观点：

（1）第四纪时期发生的构造运动是新构造运动。

（2）从第三纪开始至现代的构造运动为新构造运动。

（3）新第三纪和第四纪前半期发生的构造运动是新构造运动。

（4）新构造运动不给予时间限制，只要是造成现代地形基本特点的构造运动都叫新构造运动。

目前大多数学者认为，新构造运动是新第三纪以来所发生的地壳运动，其中有人类记载以来的构造运动称为新构造运动（H. H. 尼古拉耶夫，1955）。由新构造运动所造成的地层、地貌和构造变形叫做新构造（即新的地质构造）。在工程地质领域常用的活动构造，强调的是现今仍在活动的构造，它的运动常能引发地震的发生。

4.4.3　垂直与水平运动

新构造运动类型的划分，目前尚无统一的标准。但是根据新构造运动应力来源及其地表效应，地质垂直运动和水平运动是新构造运动最基本的类型，其他运动（如褶皱运动、断裂运动、旋转运动、火山活动、地震活动等）是这两种基本运动的具体表现形式和作用结果。

4.4.3.1　垂直升降运动

地壳的垂直升降运动是新构造运动的最明显、最易于观察和研究的形式，如河谷地带的谷中谷现象、多级河流阶地、多级夷平面和多层溶洞等。大面积范围内，地壳的升降运动往往是不均匀的，常见情况有：中间抬升幅度大，边缘相应较小，称为大面积拱形抬升运动，如鄂尔多斯地块；某一侧抬升幅度比另一侧大，称为掀斜或翘起运动，如青藏高原；若存在有较大规模断裂，在隆起的过程中就会沿断裂发升差异升降运动，我国山西汾河盆地与太行山及吕梁山的垂直错断、整个华北平原与边山的落差就是这种差异性断块运动形成的。

4.4.3.2 水平运动

板块学说根据古地磁、海底钻探、海底热流及海底地质等科研成果分析，证实了地球岩石圈板块在做长距离的水平位移，其幅度以数百公里计。现代地壳运动测量结果也表明，地球表面的最大位移是水平运动，其速度以 cm/年计，而垂直运动以 mm/年计。

水平运动在地貌上和第四纪沉积物上的反应一般没有垂直运动明显，容易被忽视，实际上水平运动在新构造运动中表现是十分普遍的。喜马拉雅山的褶皱隆升，台湾中央山脉的褶皱抬升、柴达木盆地的东西向新褶皱，以及塔里木、准格尔等压陷盆地的形成以及我国经纬向山脉的隆起均为水平运动挤压作用的结果；我国东部广泛分布地堑系及断陷盆地，则是水平拉张（伸展）运动的产物。板块或地块之间不均匀或相对的水平运动，是大型走滑断层形成的主要原因，地球表面较大的断裂均属走滑性质，如美国的圣安德烈斯断层、日本的中央线构造、中国的郯庐大断裂和海原断裂等。我国现代 6.5 级以上地震的地震断层位移表明，水平位移量一般是垂直位移量的 2～5 倍。据 1984—1986 年测距和水准测量结果，红果子沟右旋错动 8.48mm，而垂直错距仅 0.75mm。

4.4.3.3 水平运动与垂直运动关系分析

水平运动与垂直运动是地壳运动的基本形式，两者既对立又统一，常常共存于一个地质环境之中，并且可以相互转化，相互影响和制约。如在板块的碰撞带附近，由于相同性质的板块发生水平碰撞，使地壳横向缩短、厚度增大、地表抬升，产生垂直升降运动，同时又可引起岩层横向扩展，派生出次生的张应力场，形成裂隙构造。

众所周知，印度板块以 5cm/年的速度向北水平推移，据 Achache 等（1984）的资料，自碰撞以来印度大陆已将西藏南部向北推进了 1500～2000km，印度板块插入欧亚板块后所压缩的面积达 850km^2（Tapponnier，1986）。这一巨大的空间缩短，在很大程度上是由于水平-垂直运动的相互转换而调整或吸收的。首先是两板块的碰撞，在喜马拉雅带中形成了许多逆冲断层和叠置的褶皱，使喜马拉雅山强烈抬升，这种水平运动向垂直运动的转换，大约吸收了 500km 的缩短量（丁国瑜，1989）。其次两板块的碰撞，还引起青藏高原的隆起和地壳增厚，自上更新世以来，青藏高原上升了约 2000～3000m 以上（马杏垣，1986）从而一部分水平挤量被垂直隆起所消耗，地壳增厚地表抬升，形成局部的东西向张拉作用，在喜马拉雅山带以北，西藏以南发育了一系列南北向的断陷盆地，从宽度计算的拉张速度大致为 1～2cm/年。

在俯冲的板块边界上，如环太平洋地区，当洋块与陆块相向水平运动发生碰撞后，洋块俯冲的过程中使得海沟下沉。由于板块运动而造成岩浆侵入和喷发。上冲和俯冲板块的重叠，引起地壳厚度增大，发生垂直上升运动。由于朝向海洋为自由边缘，组成地壳岩石发生侵蚀形成弧后扩张环境。我国东部盆地、山地、平原、丘陵等地貌形态就是在这种地质环境下生成的。

除了水平运动和垂直运动外，近年来，还发现了广泛存在的地块旋转运动，如日本的以相模湾为中心的旋转运动，我国鄂尔多斯地块的旋转等。旋转运动既可以引起水平运动，也可以导致垂直运动，表现为水平和垂直叠加的地质构造运动形式，这也是一种十分重要的地壳运动形式。

4.5 构造应力场

一定空间的地壳构造变形应力分布，称构造应力场。研究构造应力场的目的是揭示一定范围内地壳应力分布规律及其与区域构造和地貌发育的关系，进而阐明构造应力场的性质和推测可能出现的构造及地貌形式。

4.5.1 构造应力场类型

构造应力场按空间大小分为全球应力场、区域应力场和局部应力场。

全球应力场是研究全球性地壳应力活动规律和大陆成因的影响；区域应力场是研究较大区域构造体系及大地貌类型形成的应力状态；局部应力场是研究规模较小的构造变形单元和构造地貌形成的应力状态。

构造应力场按时间分为古构造应力场、新构造应力场和现代应力场。

古构造应力场是指燕山运动及其以前的构造应力场，这一时期构造应力作用所能表现的是在不同地点岩层或岩体中遗留下的永久变形和破坏形式，通过这些地质资料，可反映当时的构造应力状态。

新构造应力场是新生代以来，特别是第三纪至第四纪期间的构造应力场，新构造应力作用下不仅是新生代地层明显变形，而且地貌格局、成因演化起重要作用，形成各种类型的构造地貌。

现代构造应力场是近期构造活动形成的应力场，在岩层中不一定有构造形迹显示，也没有十分明显的都地貌表现，通常通过地应力、地形变、全球定位系统和地球物理等测量资料进行分析得到现代地壳应力的作用状态，但在一次大地震时，地表能显示构造破裂和地貌变形。

4.5.2 构造应力场的转换与继承

在同一地区，不同时期的构造应力作用的方式、方向、强度和边界条件可能不同，表现为不同时期形成的不同力学性质的构造线，即使新构造期形成的构造线沿老构造线分布，但表现为完全不同的力学性质，显示构造应力场的转换。例如山西临汾盆地西缘的罗云山活动断裂是一条多期活动的复杂构造带，中生代燕山运动期间，发生强烈的 SE—NW 向挤压，形成一系列 NE 向逆断层和逆掩断层；新生代应力场发生转换，形成一系列区域性 SE—NW 向张拉，沿燕山期老断层发育的 NE 向正断层。

在同一构造期，区域应力作用下，常派生一些次生的构造形成局部应力造成差异，不同规模应力场力学性质完全相反。例如在区域挤压应力场作用下，发育一些轴面或断面与主压应力方向近于垂直的褶皱和逆断层，但在褶皱轴部，则转化为张拉作用，形成一些与主压应力方向平行的局部拉张应力场，发育与轴向一致的断陷洼地。另一种情况是在主压应力作用下派生的次级拉张作用而形成局部拉张应力场，发育一些与主应力方向垂直的拉张小断裂与断陷洼地。

现代构造应力场与新构造应力场有很好的继承性。用仪器观测资料计算得到的现代应力场和用地质地貌方法反演的新构造应力场基本一致，应力作用方向以及块体运动方向和速率变化都十分相似。例如中国西部新生代以来，印度洋板块向北俯冲与欧亚板块碰撞，挤压块体向北或东北方向运动，运动速率由南向北递减，在南部喜马拉雅山褶皱带平均运动速率为 43.4mm/年，往北到西昆仑山褶皱带降到 18.1mm/年，祁连山褶皱带只有 8.3mm/年。全球定位系统观测的现代地壳运动方向亦为 NNE—NE 向，从南往北的平均移动速率由 30mm/年逐渐下降到 14mm/年，也是呈递减趋势。

第5章 水 文 地 质

5.1 概述

通常把与地下水有关的地质条件称为水文地质条件，把与地下水有关的问题称为水文地质问题。水文地质条件是工程中非常重要的地质条件，许多工程因水的参与而使地质条件变得复杂，大多数情况会恶化工程地质条件。

水文地质的理论基础是水文地质学。水文地质学是研究地下水的数量和质量随空间和时间变化的规律，以及合理利用地下水或防治其危害的学科。它研究在与岩石圈、水圈、大气圈、生物圈以及人类活动相互作用下地下水水量和水质的时空变化规律以及如何运用这些规律兴利除害。

地下水是指埋藏在地面以下，存在于岩石和土壤的孔隙中可以流动的水体。地面以下的水并不都是地下水。地面以下的土层可分为包气带和饱水带。包气带的土层中含有空气，没有被水充满，包气带中的水分称为土壤水。饱水带中土壤孔隙被水充满，含水量达到饱和，饱水带中的水即为地下水。常见的井水、泉水都是地下水。

地下水分布甚广，是一种宝贵的地下资源，它是工业、农牧业、国防和生活用水的重要水源。矿化水、高矿化水、热水，可用于医疗、热能利用和提取有用盐类等。但在采矿、地下建筑、隧道施工中，由于地下水大量涌出，常造成突然性灾害事故。有的地区有时由于地下水位上升，引起土壤盐碱化，造成对农业的危害。在松散岩层中过量开采地下水后，常引起地面沉降。有些含有特殊成分的地下水，可以导致地方病。所以在合理开采利用地下水时应注意防治其危害。

地下水按其存在的形式，可分为结合水、重力水、毛细水、气态水、固态水和矿物中的水等。

岩石的水理性质有容水性、含水性、给水性、持水性和透水性。

按地下水的赋存特征，根据其埋藏条件（含水层、隔水层与弱透水层）可分为包气带水（包括土壤水、上层滞水、毛细水及过路重力水）、潜水和承压水三个基本类型。每一类型按含水层的含水空隙特点，又可分为孔隙水、裂隙水和岩溶水。

按水质水温及其特点，可分为矿化水、高矿化水、热水等。

5.2 岩石中赋存的水分

5.2.1 岩石中的空隙

空隙是指岩石中没有被固体颗粒占据的空间。岩石中的空隙是地下水储存和运移的先决条件，空隙的多少、大小、形状、联通状况和分布规律，决定着地下水的埋藏、分布和运动。将岩石空隙作为地下水储存场所和运动通道研究时，可分为三类，即松散岩石中的孔隙、坚硬岩石中的裂隙和可溶岩石中的溶穴。

5.2.2　岩石中水的存在形式

岩石中存在着各种形式的水。存在于岩石空隙中的有结合水、重力水及毛细水，另外还有气态水和固态水。组成岩石的矿物中则有矿物结晶水。

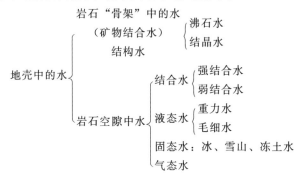

5.2.2.1　结合水

松散岩类的颗粒表面及坚硬岩石的裂隙壁面均带有电荷，水分子受静电作用在固体表面受到强大的吸力，排列较紧密，随着距离增大，吸力逐渐减弱，水分子排列渐为稀疏。受到固体表面的吸力大于其自身重力的那部分水便是结合水。结合水被束缚在固体表面，不能在重力作用下自由运动。

结合水也叫吸附水，通过结合水可以形成矿物颗粒之间的黏结力、内聚力，颗粒越小这种作用越大。砂土颗粒比较大，黏聚力很小；黏土颗粒很小，黏结力就比较突出。黏结力大小与岩体矿物成分和含水量关系密切，含水量越少，黏结力越大；含水量越大水分子吸引作用愈弱，黏聚力也就变小了。由于水分子愈靠近颗粒表面受到的分子吸引力愈大，所以当岩土湿度较低时，周围有水分子存在时，通过分子吸引力很快将水分子吸附到颗粒周围，形成结合水使颗粒周围水膜增厚这就是结合水运动的基本规律。由于这种原因黏性土往往容易引起收缩和膨胀。

结合水又可划分为吸着水（强结合水）和薄膜水（弱结合水）两种类型。

吸附在矿物颗粒周围形成极薄的水膜叫吸着水，其吸附力高达 1 万个大气压。也称强结合水。该水的密度比普通水大一倍左右，可以抵抗剪切，但不传递静水压力，在 $-78℃$ 的低温下也不结冰。在外界压力作用下吸着水不能移动，但在 $105℃$ 下保持恒温可将吸着水从矿物颗粒周围排除。黏土质仅含吸着水时呈固体状态。砂土有少量吸着水。

受分子吸引力作用，包围在吸着水周围的一层薄膜叫薄膜水，也称弱结合水。它的运动属于分子引力作用，不受重力作用影响，薄膜水在外界作用下可以变形，可以从水薄膜厚处向水薄膜薄处移动，但不能在重力作用下自由移动，其抗剪强度很小，在蒸发作用下薄膜水可由颗粒周围挥发掉，也可以被植物吸收。

5.2.2.2　重力水

距离固体表面更远的那部分水分子，重力影响大于固相表面的吸引力，因而能在自身重力作用下自由运动，这部分水就是重力水（图 5.1）。就是通常所说的地下水。它不受水分子吸引力影响，能传递静水压力，不抗剪。地下水的静水压力遵循巴斯加原理，即地下水一定位置深度 h 处的静水压力 p：

$$p = \gamma_w h$$

γ_w 为水的密度，通常取 1，说明岩土体中的地下水具有浮力作用。这个浮力也就是孔隙水压力。在它的作用下，土体内的颗粒之间接触面压力减少，土体颗粒间的实际接触压力 C_c

$$C_c = \gamma h - \gamma_w h$$

式中　γh——土的自重压力；

　　　$\gamma_w h$——地下水浮力或孔隙水压力，实际接触压力也称为有效压力，这个概念在土力学应用十分广泛。

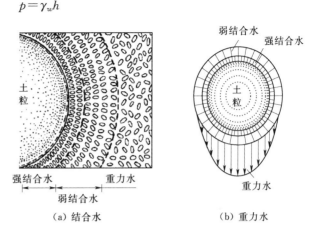

图 5.1　结合水与重力水

5.2.2.3　毛细水

松散岩类中细小孔隙通道可构成毛细管。在毛细力的作用下，地下水沿着细小孔隙上升到一定高度，这种既受重力又受毛细力作用的水，称为毛细水。毛细水广泛存在于地下水面以上的包气带中。当毛细管力大于重力时，毛细管水就上升，因此地下水面以上普遍存在一层毛细管水带，毛细管水能够垂直上下移动，能传递静水压力，为便于浸没调查工程地质分析，将常见土的毛细管上升高度水列于表 5.1。

表 5.1　　　　　　　　　　　　　常见土的毛细管水上升高度

土的名称	粗砂	中砂	细砂	粉土	粉质黏土	黏土
上升高度/cm	2～4	12～35	35～120	120～250	300～350	500～600

5.2.2.4　气态水、固态水和液态水

气态水在地球外围的大气层中，充满了大量的水汽，它们以云或雾的形式，飘浮在空中，这就是气态水。气态水的数量微乎其微，仅占地球总水量的十万分之一。

固态水：包括冰川和永久冻土两种存在形式。

液态水：分为海洋水和陆地水两大类，其中陆地水又分为河流水、湖泊水、沼泽水、土壤水、地下水。在地球表面水的各种存在形式中，液态水所占比重最大。

地球上的水，以气态、固态、液态 3 种形式存在于大气层、海洋、河流、湖泊、沼泽、土壤、冰川、永久冻土、地壳深处以及动植物体内。它们相互转化，共同组成一个包围地球的水圈，总水量有 14 亿 km^3。

岩石空隙中的这部分水含量很少。其中气态水存在于包气带中，可以随空气流动，即使空气不流动它也会从水汽压力大的地方向水汽压力小的地方移动。气态水在一定温度、压力下可与液态水相互转化，两两之间保持动态平衡。

岩石的温度低于 0℃时，空隙中的液态水转为固态。我国北方冬季常形成冻土。青藏高原冻土地区，有部分岩石中赋存的地下水多年保持固态。

5.2.2.5　矿物中的水

在很多矿物中，水是很重要的化学组成之一，并且它对矿物的许多性质有很重要的影

响。但是，水在矿物中的存在形式并不相同。按水在矿物中的存在形式和它在晶体结构中作用，可将水分为吸附水、结晶水、结构水三种基本类型。

5.2.2.6　岩石的水理性质

1. 容水性

容水性：岩石的孔隙具有容纳地下水的性质。

容水度：岩石完全饱水时所能容纳的最大的水体积与岩石总体积之比。$S_c = V_w/V$。一般说来，容水度在数值上与孔隙度（裂隙率、岩溶率）相当。

2. 含水性

含水量：表征某一时刻岩石孔隙中的实际水量多少的指标。该指标说明松散岩石实际保留水分的状况。分重量含水量及体积含水量。

重量含水量（w_g）：岩石孔隙中所含的水重量（G_w）与干燥岩土重量（G_s）的比值，即 $w_g = G_w/G_s$。

体积含水量（w_v）：岩土含水的体积（V_w）与包括空隙在内的岩土体积（V）的比值，即 $w_v = V_v/V$。

当水的密度为 $1g/cm^3$，岩石的干容重（单位体积干土的重量）为 γ_d 时，重量含水量与体积含水量的关系为：$w_v = w_g \times \gamma_d$。

3. 给水性

含水岩石在重力作用下能释放出水的性质。一般用给水度衡量。

给水度：在重力作用下岩石所能释放出水体积与岩石总体积的比值。$\mu = V_w/V$。

野外识别：地下水水位下降一个单位深度，从地下水水位延伸到地表面的单位水平面积岩石柱体，在重力作用下释出水的体积，称为给水度。

注意：野外地层的给水度为一变值，室内试验中给水度为定值。

给水度的影响因素：①岩性：主要是孔隙的大小与多少；②初始地下水埋藏深度；③地下水下降速率；④地下水下降幅度。给水度在理想数值上等于容水度减去持水度。

4. 持水性

饱水岩石在重力作用下失水，依赖静电引力和毛细力依然能保持水的性质。

持水度：地下水水位下降一个单位深度，单位水平面积岩石柱体中反抗重力而保持于岩石空隙中的水量，称作持水度（S_r）。

给水度、持水度与孔隙度的关系：$\mu + S_r = n$。

5. 透水性

透水性是指岩石允许水透过的能力叫做透水性。定量指标：渗透系数。

5.3　地下水的赋存特征

5.3.1　包气带和饱水带

地表面与潜水面之间的地带称包气带，或非饱和带。存在于包气带中的地下水称包气带水，它一般分为两种：一种是土壤层内的结合水和毛细水，又称土壤水；另一种是局部隔水层上的重力水，又称上层滞水。降水入渗要通过包气带，才到达潜水面，补给潜水。饱水带是在地下水面以下，土层或岩层的空隙全部被水充满的地带。含水层都位于饱水带中（图 5.2）。

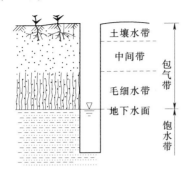

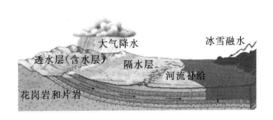

图 5.2　包气带、饱水带示意图　　　图 5.3　含水层、隔水层示意图

5.3.2　含水层、隔水层与弱透水层

岩石中含有各种状态的地下水，由于各类岩石的水力性质不同，可将各类岩石层划分为含水层、隔水层和弱透水层（图 5.3）。

含水层：指能够给出并透过相当数量重力水的岩层或土层。构成含水层的条件：一是岩石中要有空隙存在，并充满足够数量的重力水；二是这些重力水能够在岩石空隙中自由运动。

含水层一般分为承压含水层、潜水含水层。

承压含水层是指充满于上下两个隔水层之间的地下水，其承受压力大于大气压力。

潜水含水层是指地表以下，第一个稳定隔水层以上具有自由水面的地下水。

在承压含水层强抽水形成的漏斗区域，或地形切割严重的区域，有时承压水水头下降至承压含水层的隔水顶板之下，这部分承压水就变成了无压水，通常将这样的含水层称为无压-承压含水层。

隔水层：指不能给出并透过水的岩层、土层，如黏土、致密的岩层等。

含水层和隔水层是相对概念，有些岩层也给出与透过一定数量的水，介于含水层与隔水层之间，于是有人提出了弱透水层（弱含水层）的概念。

弱透水层（弱含水层）：所谓弱透水层是指那些渗透性相当差的岩层，在一般的供排水中它们所能提供的水量微不足道，似乎可以看作隔水层；但是，在发生越流时，由于驱动水流的水力梯度大且发生渗透的过水断面很大（等于弱透水层分布范围），因此，相邻含水层通过弱透水层交换的水量相当大，这时把它称作隔水层就不合适了。松散沉积物中的黏性土，坚硬基岩中裂隙稀少而狭小的岩层（如砂质页岩、泥质粉砂岩等）都可以归入弱透水层之列。

严格地说，自然界中并不存在绝对不发生渗透的岩层，只不过某些岩层（如缺少裂隙的致密结晶岩）的渗透性特别低罢了。从这个角度说，岩层是否透水（即地下水在其中是否发生具有实际意义的运移）还取决于时间尺度。当我们所研究的某些水文地质过程涉及的时间尺度相当长时，任何岩层都可视为可渗透的。

5.4　地下水的分类

5.4.1　按埋藏条件分类

按埋藏条件，地下水分为包气带水、潜水及承压水。

5.4.1.1 包气带水

包气带水处于地表面以下潜水位以上的包气带岩土层中，包括土壤水、沼泽水、上层滞水以及基岩风化壳（黏土裂隙）中季节性存在的水。包气带水的主要特征是受气候控制，季节性明显，变化大，雨季水量多，旱季水量少，甚至干涸。包气带水对农业有很大意义，对建筑工程有一定影响（图 5.4）。

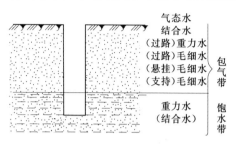

图 5.4　包气带水

5.4.1.2 潜水

埋藏在地表以下第一层较稳定的隔水层以上具有自由面的重力水叫潜水。潜水的自由表面，承受大气压力，受气候条件影响，季节性变化明显，春、夏季多雨，水位上升，冬季少雨，水位下降，水温随季节而有规律的变化，水质易受污染。

潜水主要分布在地表各种岩、土里，多数存在于第四纪松散沉积层中，坚硬的沉积岩、岩浆岩和变质岩的裂隙及洞穴中也有潜水分布。潜水面随时间而变化，其形状则随地形的不同而异，可用类似于地形图的方法表示潜水面的形状，即潜水等水位线图。此外，潜水面的形状也和含水层的透水性及隔水层底板形状有关。在潜水流动的方向上，含水层的透水性增强；含水层厚度较大的地方，潜水面就变得平缓，隔水底板隆起处，潜水厚度减小。潜水面接近地表，可形成泉。当地表河流的河床与潜水含水层有水力联系时，河水可以补给潜水，潜水也可以补给河流。潜水的流量、水位、水温、化学成分等经常有规律的变化，这种变化叫潜水的动态。潜水的动态有日变化、月变化、年变化及多年变化。潜水动态变化的影响因素有自然因素及人为因素两方面。自然因素有气象、水文、地质、生物等。人为因素主要有兴修水利，修建水库，大面积灌溉和疏干等。这些因素都会改变潜水的动态，我们掌握潜水动态变化规律就能合理地利用地下水，防止地下水可能造成的对建筑工程的危害。

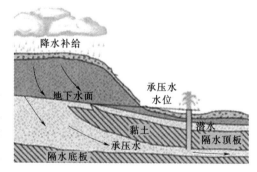

图 5.5　大气降水是潜水主要补给源

潜水的补给来源主要有：大气降水、地表水、深层地下水及凝结水。大气降水是补给潜水的主要来源（图 5.5）。降水补给潜水的数量多少，取决于降水的特点及程度、包气带上层的透水性及地表的覆盖情况等。一般来说，时间短的暴雨，对补给地下水不利，而连绵细雨能大量的补给潜水。在干旱地区，大气降雨很少，潜水的补给只靠大气凝结水。地表水也是地下水的重要补给来源，当地表水水位高于潜水水位时，地表水就补给地下水。在一般情况下，河流的中上游基本上是地下水补给河流，下流是河水补给地下水。潜水的动态变化往往受地表水动态变化的影响。如果深层地下水位较潜水位高，深层地下水会通过构造破碎带或导水断层补给潜水，也可越流补给潜水，总之，潜水的补给来源是多种多样的，某个地区的潜水可以有一种或几种来源补给。

潜水的排泄，可直接流入地表水体。一般在河谷的中上游，河流下切较深，使潜水直接流入河流。在干旱地区潜水也靠蒸发排泄。在地形有利的情况下，潜水则以泉的形式出露地表。

5.4.1.3　承压水

地表以下充满两个稳定隔水层之间的重力水称为承压水或自流水（图 5.5）。由于地下水限制在两个隔水层之间，因而承压水具有一定压力，特别是含水层透水性愈好，压力愈大，人工开凿后能自流到地表。因为有隔水顶板存在，承压水不受气候的影响，动态较稳定，不易受污染。承压水的形成与所在地区的地质构造及沉积条件有密切关系。只要有适宜的地质构造条件，地下水都可形成承压水。适宜形成承压水的地质构造大致有两种：一种为向斜构造或盆地，称为自流盆地；另一种为单斜构造亦称为自流斜地。

但是，自然界中的自流盆地及自流斜地的含水层，埋藏条件是很复杂的，往往在同一个区域内的自流盆地或自流斜地，可埋藏多个含水层，它们有不同的稳水位与不同的水力联系，这主要取决于地形和地质构造二者之间的关系。当地形和构造一致时，即为正地形，下部含水层压力高，若有裂隙穿透上下含水层，下部含水层的水通过裂隙补给上部含水层。反地形，情况相反，含水层通过一定的渠道补给下部的含水层，这是因为下部含水层的补给与排泄区常位于较低的位置。

承压含水层直接出露在地面，属潜水，补给靠大气降水。若承压含水层的补给区出露在表面水附近时，补给来源是地面水体；如果承压含水层和潜水含水层有水力联系，潜水便成为补给源。承压水的径流主要决定于补给区和排泄区的高差与两者的距离及含水层的透水性。一般说来，补给区和排泄区距离短、含水层的透水性良好，水位差大，承压水的径流条件就好，如果水位相差不大，距离较远，径流条件差，承压水循环交替就缓慢。承压水的排泄方式是多种多样的。当承压含水层被河流切割，这时承压水以泉的形式排出；当断层切割承压含水层时，一种情况是沿着断层破碎带以泉的形式排泄；另一种情况断层将几个含水层同时切割，使各含水层有了水力联系，压力高的承压水便补给其他含水层。

5.4.2　按含水层的空隙性质分类

按含水层的空隙性质（含水介质），地下水可分为孔隙水、裂隙水、岩溶水。

5.4.2.1　裂隙水

埋藏在基岩裂隙中的地下水叫裂隙水。这种水运动复杂，水量变化较大，这与裂隙发育及成因有密切关系。裂隙水按基岩裂隙成因分类有以下 3 种。

（1）风化裂隙水。分布在风化裂隙中的地下水多数为层状裂隙水，由于风化裂隙彼此相连通，因此在一定范围内形成的地下水也是相互连通的水体，水平方向透水性均匀，垂直方向随深度而减弱，多属潜水，有时也存在上层滞水。如果风化壳上部的覆盖层透水性很差时，其下部的裂隙带有一定的承压性，风化裂隙水主要受大气降水的补给，有明显季节性循环交替性，常以泉的形式排泄于河流中。

（2）成岩裂隙水。具有成岩裂隙的岩层出露地表时，常赋存成岩裂隙潜水。岩浆岩中成岩裂隙水较为发育。玄武岩经常发育柱状节理及层面节理。裂隙均匀密集，张开性好，贯穿连通，常形成储水丰富、导水畅通的潜水含水层。成岩裂隙水多呈层状，在一定范围内相互连通。具有成岩裂隙的岩体为后期地层覆盖时，也可构成承压含水层，在一定条件下可以具有很大的承压性。

（3）构造裂隙水。由于地壳的构造运动，岩石受挤压、剪切等应力作用下形成的构造裂隙，其发育程度既取决于岩石本身的性质，也取决于边界条件及构造应力分布等因素。构造裂隙发育很不均匀，因而构造裂隙水分布和运动相当复杂。当构造应力分布比较均匀且强度足够时，则在岩体中形成比较密集均匀且相互连通的张开性构造裂隙，赋存层状构造裂隙水。当构造应力分布相当不均匀时，岩体中张开性构造裂隙分布不连续，互不沟通，则赋存脉状构造裂隙水。具有同一岩性的岩层，由于构造应力的差异，一些地方可能赋存层状裂隙水，另一些地方则可能赋存脉状裂隙水。反之，当构造应力大体相同时，由于岩性变化，裂隙发育不同；张开裂隙密集的部位赋存层状裂隙水，其余部位则为脉状裂隙水。层状构造裂隙水可以是潜水，也可以是承压水。柔性与脆性岩层互层时，前者构成具有闭合裂隙的隔水层，后者成为发育张开裂隙的含水层。柔性岩层覆盖下的脆性岩层中便赋存承压水。脉状裂隙水，多赋存于张开裂隙中。由于裂隙分布不连续，所形成的裂隙各有自己独立的系统、补给源及排泄条件，水位不一致。有一定压力，分布不均，水量小，水位、水量变化大。但是，不论是层状裂隙水还是脉状裂隙水，其渗透性常常显示各向异性。这是因为，不同方向的构造应力性质不同，某些方向上裂隙张开性好，另一些方向上的裂隙张开性差，甚至是闭合的。

综上所述，裂隙水的存在、类型、运动、富集等受裂隙发育程度、性质及成因控制，所以我们只有很好地研究裂隙发生、发展的变化规律，才能更好地掌握裂隙水的规律性。

5.4.2.2　岩溶水

赋存和运移于可溶岩的溶隙溶洞（洞穴、管道、暗河）中的地下水叫岩溶水。我国岩溶的分布比较广，特别在南方地区。因此，岩溶水分布很普遍，水量丰富，对供水极为有利，但对矿床开采、地下工程和建筑工程等都会带来一些危害，因此研究岩溶水对国民经济有很大意义。根据岩溶水的埋藏条件可分为以下 3 种类型。

（1）岩溶上层滞水。在厚层灰岩的包气带中，常有局部非可溶的岩层存在，起着隔水作用，在其上部形成岩溶上层滞水。

（2）岩溶潜水。在大面积出露的厚层灰岩地区广泛分布着岩溶潜水。岩溶潜水的动态变化很大，水位变化幅度可达数十米。水量变化的最大值与最小值之差，可达几百倍。这主要是受补给和径流条件影响，降雨季节水量很大，其他季节水量很小，甚至干枯。

（3）岩溶承压水。岩溶地层被覆盖或岩溶层与砂页岩互层分布时，在一定的构造条件下，就能形成岩溶承压水。岩溶承压水的补给主要取决于承压含水层的出露情况。岩溶水的排泄多数靠导水断层，经常形成大泉或群泉，也可补给其他地下水，岩溶承压水动态较稳定。

岩溶水的分布主要受岩溶发育规律控制。岩溶作用既包括化学溶解和沉淀作用，也包括机械破坏作用和机械沉积作用。因此，岩溶水在其运动过程中不断地改造着自身的赋存环境。岩溶发育有的地方均匀，有的地方不均匀。若岩溶发育均匀，又无黏土填充，各溶洞之间的岩溶水有水力联系，则有一致的水位。若岩溶发育不均匀，又有黏土等物质充填，各洞之间可能没有水力联系，因而有可能使岩溶水在某些地带集中形成暗河，而另外一些地带可能无水。在较厚层的灰岩地区，岩溶水的分布及富水性和岩溶地貌很有关系。在分水岭地区，常发育着一些岩溶漏斗、落水洞等，构成了特殊地形"峰林地貌"。它常是岩溶水的补给区。这里岩溶水径流条件好，埋藏深度大，很少出露地表低洼的岩溶地形。在岩溶水汇集地带，常形成地下暗河，并有泉群出现，其上经常堆积一些松散的沉积物。

实践证明，在岩溶地区进行地下工程和地面建筑工程，必须弄清岩溶的发育与分布规律，因为岩溶的发育会使建筑工程场区的工程地质条件大为恶化。

5.4.2.3 孔隙水

孔隙水主要赋存在松散沉积物颗粒间孔隙中的地下水，在堆积平原和山间盆地内的第四纪地层中分布广泛，是工农业和生活用水的重要供水水源。

孔隙水的分布、补给、径流和排泄决定于沉积物的类型、地质构造和地貌等。不同成因的沉积物中，存在着不同的孔隙水。在山前地带形成的洪积扇内，近山处的卵砾石层中有巨厚的孔隙潜水含水层；到了平原或盆地内部，由于砂砾层与黏土层交互成层，形成承压孔隙水含水层。在平原河流的中游、下游地区的河床相的砂砾层中，存在着宽度和厚度不大的带状孔隙水含水层。在湖泊成因的岸边缘相的粗粒沉积物中，多形成厚而稳定的层状孔隙水含水层。在冰川消融水搬运分选而形成的冰水沉积物中，有透水性较好的孔隙水含水层。深层孔隙承压水往往远离补给区。离补给区越远，补给条件越差，补给量有限，故深层孔隙承压水的开采应有所节制。

5.4.3 泉

泉是地下水天然露头。主要是地下水或含水层通道露出地表形成的。因此，泉是地下水的主要排泄方式之一。

泉可表征地下水水位，也可表征地下水排出地表水量，水文地质调查十分重视泉的研究。

泉的实际用途很大，不仅可做供水水源，当水量丰富，动态稳定，含有碘、硫等物质时，还可做医疗之用。同时研究泉对了解地质构造及地下水都有很大意义。

泉的类型按补给源可分为以下三类。

包气带泉：主要是上层滞水补给，水量小，季节变化大，动态不稳定。

潜水泉：又称下降泉，主要靠潜水补给，动态较稳定，有季节性变化规律，按出露条件可分为侵蚀泉、接触泉、溢出泉等。当河谷、冲沟向下切割含水层，地下水涌出地表便成泉，这主要和侵蚀作用有关，故叫侵蚀泉。有时因地形切割含水层隔水底板时，地下水被迫从两层接触处出露成泉，故称接触泉。当岩石透水性变弱或由于隔水底板隆起，使地下水流动受阻，地下水便溢出地面成泉，这就是溢出泉。

自流水泉：又叫上升泉，主要靠承压水补给，动态稳定，年变化不大，主要分布在自流盆地及自流斜地的排泄区和构造断裂带上。当承压含水层被断层切割，而且断层是张开的，地下水便沿着断层上升，在地形低洼处便出露成泉，故称断层泉。因为沿着断层上升的泉，常常成群分布，也叫泉带。

泉的出露多在山麓、河谷、冲沟等地形低洼的地方，而平原地区出露较少，有时有些泉出露后，直接流入河水或湖水中，但水流清澈，这就是泉出露的标志。在干旱季节，周围草木枯黄，但泉的附近却绿草如茵。

5.5 地下水的运动规律

流体有层流和紊流两种流动状态。层流是各流体微团彼此平行地分层流动，互不干扰与混杂。紊流是各流体微团间强烈地混合与掺杂、不仅有沿着主流方向的运动，而且还有垂直于主流方向的运动。地下水运动分为层流和紊流。地下水在土中或微小裂隙中以不大的速度连续渗透时为层流运动；在岩石的裂隙或空洞内流动，会产生紊流。

根据渗流运动的要素与时间的关系，可将渗流分为稳定流和非稳定流。稳定流是指水在渗流场内运动过程中各个运动要素（水位、流速、流向等）不随时间改变的水流运动。非稳定流是指水在渗流场内运动过程中各个运动要素（水位、流速、流向等）随时间变化的水流运动。

地下水总是由高向低发生渗透流动，在同一断面上，两个点的高度不同时，流动速度的大小受两个点的水头差 h，渗流途径 L 和岩土的渗透系数 K 所控制。最基本的渗透定律就是达西定律。

达西定律是反映水在岩土孔隙中渗流规律的实验定律。由法国水力学家达西在 1852—1855 年通过大量实验得出。其表达式为

$$Q = KFh/L$$

式中 Q——单位时间渗流量；

$\quad\quad K$——渗透系数；

$\quad\quad F$——过水断面；

$\quad\quad h$——总水头损失；

$\quad\quad L$——渗流路径长度；

$\quad\quad h/L$——水力坡度（用 I 表示）。

关系式表明，水在单位时间内通过多孔介质的渗流量与渗流路径长度成反比，与过水断面面积和总水头损失成正比。从水力学已知，通过某一断面的流量 Q 等于流速 v 与过水断面 F 的乘积，即 $Q = Fv$。或，据此，达西定律也可以用另一种形式表达：

$$v = KI$$

式中 v——渗流速度。

上式表明，渗流速度与水力坡度一次方成正比。说明水力坡度与渗流速度呈线性关系，故又称线性渗流定律。达西定律适用于孔隙地下水的渗透规律，而不适宜于基岩裂隙水的渗透规律。

达西定律是由砂质土体实验得到的，后来推广应用于其他土体，如黏土和具有细裂隙的岩石等。进一步的研究表明，在某些条件下，渗透并不一定符合达西定律，因此，在实际工作中我们还要注意达西定律的适用范围。

第6章 物理地质现象

6.1 概述

物理地质现象指的是对建筑物有影响的自然地质作用及地质现象，包括岩石风化、冲沟、滑坡、崩塌、岩溶、泥石流、潜蚀、冻融、地震、风沙、地面沉降、海岸湖岸水库的岸边再造等。它主要由自然地质作用引起，也与人类工程活动有关。

地壳表层常处于内动力作用和外动力作用的共同影响之下，有时会对建筑物造成巨大威胁，所造成的破坏往往是大规模的，甚至是区域性的。例如大的地震会造成无数建筑物的破坏，形成很大的灾难；一次大的滑坡常常整个场址移动，房屋、道路甚至整个村庄被掩埋。其他如泥石流、冲沟、岩溶、卸荷崩塌和风化等都可能对建筑物造成麻烦。在这些不良地质作用面前，只靠工程建筑物本身的坚固，其安全仍然是没有保障的。必须进行地质调查后避开它、改造它或采取必要的措施防治它。要解决这些问题就必须对物理地质现象本身发生和发展规律加以认识，弄清楚产生原因、形成的条件和发生的机制。

以下仅介绍风化及岩溶，滑坡、崩塌、泥石流、地震等在后面章节中介绍。

6.2 风化

6.2.1 概念

风化即风化作用，是指地表或接近地表的坚硬岩石、矿物与大气、水及生物接触过程中产生物理、化学变化而在原地形成松散堆积物的全过程。

岩石经过风化作用后，残留在原地的堆积物叫做残积物。被风化的岩石圈称为风化壳。

岩石地表接受风化，破碎、分解再经搬运、沉积、最后又固结成岩，这个过程可看做地质大循环，风化作用是地质大循环的一个重要的环节。因此，可把风化作用看做外营力作用的先导，它为剥蚀作用创造了极为有利的条件，在各种地貌和沉积物的形成和发展上起着重要作用。

6.2.2 风化作用的类型

岩石风化作用按作用因素和作用性质的不同，分为物理风化、化学风化和生物风化三大类，在发生过程中常是联合进行、相互助长的。

6.2.2.1 物理风化

物理风化是指地表岩石因温度变化和水的冻融以及盐类的结晶而产生的机械崩解过程。产生物理风化作用的原因主要是温差反复变化所引起的热力风化，岩石裂隙和空隙中水的冻融变化出现的冰劈作用，以及由岩石孔隙中盐类的结晶而造成的崩解。

（1）热力风化。地球表面受太阳辐射有昼夜和季节的变化，因而气温与地表温度均有相应的变化。岩石是不良的导热体，所以受阳光的影响的岩石昼夜温度变化仅限于浅表的地层，而由温度变化引起岩石的热胀冷缩，这一过程频繁交替遂使岩石表层产生裂缝以致呈片状剥落。

另外，昼夜温差的变化还将使岩石中具有不同膨胀系数矿物之间连接力丧失，使它们彼此分离成为砂粒。对于结晶颗粒较大的岩石，如花岗岩，在温差大的地区，容易产生破碎。

（2）冻融风化。寒冷地带，岩石的孔隙或裂隙中的水在冻结成冰时，体积膨胀 $1/11$，对孔隙周围产生的压力可达 $960kg/cm^2$，对围限它的岩石裂隙壁施加很大的压力，使岩石裂隙加宽加深。当冰融化时，水沿扩大了的裂隙更深入地渗入岩石的内部，并再次冻结成冰，这样冻融交替进行，不断使裂隙加深扩大，岩石崩裂成为岩屑。这种作用也称冰劈作用。

（3）矿物的水分与结晶膨胀作用。当岩石裂隙中水溶解大量盐类矿物时，一旦水分蒸发，浓度逐渐达到饱和，盐类便再结晶，使体积增大，对围限它的裂隙壁产生膨胀压力，也可以使岩石崩裂。此外，岩石中的有些矿物，如蒙脱石吸水后膨胀显著，也能促使岩石破裂。

6.2.2.2 化学风化

化学风化是地壳表面岩石在水及水溶液的作用下发生化学分解的作用。主要有溶解、水化、水解、氧化和碳酸化等几种。

（1）溶解作用：是指组成岩石的矿物在水中的溶解度。如各种碳酸盐岩可以溶解于含有 CO_2 的水中。矿物的溶解度与温度、压力、pH 值等外界条件有关。一些矿物的溶解度大小顺序为食盐＞石膏＞方解石＞橄榄石＞辉石＞角闪石＞滑石＞蛇纹石＞正长石＞黑云母＞白云母＞石英，岩石中易溶矿物含量越多，越易风化。

（2）水化作用：是指水直接参加到矿物中去，使某些矿物变成含水矿物，如硬石膏变为石膏等；矿物经水化作用后，硬度降低，密度减少，体积增大，溶解度增加。同时，由于自身体积的膨胀，对围岩产生较大的压力，促进物理风化的进行。

（3）氧化作用：是指岩石在空气和水中游离氧的作用下，使其中低价元素转变为高价元素、低价化合物转变为高价化合物，如黄铁矿中的低价铁变为含高价铁的褐铁矿等。

（4）水解作用：是指矿物与离解的水相遇引起分解的作用。如花岗岩中的正长石在湿热气候条件下，形成 KOH 溶液及 SiO_2 胶体，随水流失，另外形成不溶于水的高岭石，高岭石进一步分解变为铝矾土。

（5）碳化作用：溶解水中的 CO_2 成为 H_2CO_3，当水溶液中含碳酸时，对碳酸盐的溶解力较纯水增加几十倍，其反应如下：

$$CaCO_3（方解石）+CO_2+H_2O \longrightarrow Ca(HCO_3)_2（重碳酸钙）$$

重碳酸钙的溶解度很高，能随水流失，当其蒸发干燥时，可脱水放出 CO_2，再变为碳酸钙沉淀，这种反应在碳酸盐岩地区非常普遍。岩溶地貌主要就是化学风化的产物。

6.2.2.3 生物风化

生物风化是指受生物生长及活动影响而产生的风化作用，是生物活动对岩石的破坏作用，一方面引起岩石的机械破坏，如树根生长对于岩石的压力可达 $10kg/m^2$，这能使根深入岩石裂缝，劈开岩石；另一方面植物根分泌出的有机酸，也可以使岩石分解破坏。此外，植物死亡分解可以形成腐殖酸，这种酸分解岩石的能力也很强。生物风化作用的意义不仅在于引起岩石的机械和化学破坏，还在于它形成了一种既有矿物质又有有机质的物质——土壤。

生物风化对乐山大佛的侵害多种多样。例如细菌真菌和地衣等微生物，通常以群落等形式覆盖在佛体岩石的表面，由于它们能分泌使岩石风化的腐蚀剂，所以加速了大佛的风化。地衣和蕨类还能分泌各种酸性物质，对岩石的风化作用也有明显影响。草类、攀援性植物等高等植物的根系穿透能力很强，它们的种子发芽、幼苗定居和生长过程对岩石的破坏作用也很强，而且对佛体的光照条件、透气、透水性能都产生了影响。

6.2.3　影响风化作用的因素

岩石在地表暴露，就会遭受不同程度的风化。影响风化作用的主要因素有气候、地形地貌、植被、岩性、地质构造等。

6.2.3.1　气候和植被

气候因素包括温度、降雨量和湿度，它们是控制风化作用的重要因素。温度一方面通过控制化学反应速度来控制化学风化作用的进行，另一方面又直接影响物理风化作用，如温差风化、冰劈作用。降雨量和湿度则是通过介质的温度变化、水溶液成分的变化、植被的生长来影响物理、化学和生物的风化作用。在地表的不同气候带，气候条件相差很大。

在两极及高寒地区，气温低，植被稀少，地表水以固态的形式存在为主，所以在该地区以物理风化作用为主，尤以冰劈作用盛行为特征，而化学风化作用和生物风化作用很弱。

在干旱的沙漠地带，植被稀少，气温日、月变化大，降雨量少，空气干燥，所以化学风化作用和生物风化作用非常之弱，而以物理风化作用为主，如温差风化、盐类的结晶和潮解作用是这些地区风化作用的主要形式。在低纬度的炎热潮湿气候区，雨量充沛，植被茂盛，温度高，空气潮湿，所以化学反应的速度较快，故化学风化作用和生物风化作用显著，风化作用的深度往往达数米。如果这些地区气候在较长时间内保持稳定，岩石的分解作用便能向纵深方向发展，形成巨厚的风化产物。这种气候条件也是形成风化矿产——铝土矿最有利的条件。

植被对风化作用的影响表现在两个方面。

一方面直接影响生物风化作用，植被茂盛生物风化作用强烈，而植被稀少的地方生物风化作用就弱；另一方面又间接地影响物理风化作用和化学风化作用过程。岩石表面长满植物，减少了岩石与空气的直接接触，降低了岩石表面的温差变化，削弱了物理风化作用。但植被的茂盛却带来了更多的有机酸和腐殖质，使周围环境中水溶液更具有腐蚀能力，从而又加速了化学风化作用的进程。实际上植被对风化作用的影响与气候条件是分不开的，气候潮湿炎热，植被茂盛；而干旱、寒冷，植被稀少。

气候和植被对土壤的影响最为显著，不同的气候带都有其典型的土壤类型，当气候条件发生改变时，土壤类型也随之发生改变，因此有人把土壤称为"气候的函数"。如在寒冷潮湿的苔原气候带常形成冰沼土，在热带和温带的荒漠地区形成荒漠土，在温带落叶阔叶林地区形成棕壤和褐土。

6.2.3.2　地形地貌

地形条件包括三个方面：一是地势的高度，二是地势起伏，三是山坡的方向。

地势的高度影响气候的局部变化，中低纬度的高山区具有明显的气候垂直分带，山脚气候炎热，而山顶气候寒冷，植被特征也不一样，因而影响风化作用的类型和速度。在我国云南的大部分地区这种现象很明显。

地势的陡缓影响到地下水位、植被发育及风化产物的保存，因而也影响风化作用的进行。地势较陡的地区，地下水位低、植被较少，风化产物不易保存，使基岩不断裸露，从而加速了风化作用的进行。

阳坡、阴坡的风化作用类型和强度也不一样。阳坡日照时间长，湿度较高，植被较多，所以风化作用较强烈。如喜马拉雅山南坡面临印度洋，气候炎热、潮湿，化学和生物风化作用很强烈，而北坡干、冷，风化作用较强。

6.2.3.3　岩性及构造

1. 岩性影响

岩石特征对风化作用的影响包括岩石的成分、结构、构造和裂隙。岩石成分不同的矿物具有不同的抗风化能力，那么由不同矿物组成的岩石其抗风化能力也就不同。如由橄榄石、辉石、长石等组成的岩浆岩容易风化，而由石英砂颗组成的沉积岩抗风化能力就很强。因此，抗风化能力较弱的矿物组成的岩石被风化后而形成凹坑，而抗风化能力强的组分相对凸出，在岩石表面就出现凹凸不平的现象，这称差异风化作用。岩石的结构、构造组成岩石的矿物粒径、分布特征、胶结程度及层理对风化作用的速度和强度都有明显的影响。在其他条件相同的情况下，由细粒、等粒矿物组成及胶结好的岩石抗风化能力较强，风化速度较慢。常见的岩石风化特征介绍如下。

（1）变质岩。变质岩在植被覆盖差、物理风化为主的情况下，易发生崩解，例如常见的变质花岗岩。这与它的结构与组成矿物有关。由于变质花岗岩矿物组成一般由较难风化的石英与较易风化的长石、角闪石、云母等矿物组合在一起，风化后的性状变化并不显著，抗风化差异崩解成以石英为主的松散的砂粒和以长石为主的黏粒。花岗岩常有数组节理穿插，将岩体切割成块，在气候炎热潮湿的地区，化学风化作用占主导地位，常有球状风化现象，所以常可见圆滑的山脊夹有"石蛋"地形。在北方化学风化作用减弱，在节理裂隙发育地区，沿构造节理风化剥蚀作用加强，容易形成险峻的山峰。如我国黄山的地貌形态。变质花岗岩全风化厚度较大，受构造影响，垂直方向上有的地方达上百米，给工程建设带来不利影响。

片岩风化过程中，易形成片状脱落，可形成较厚的风化层。片岩侵蚀作用后，在山坡上或山岭地表突起一排排由片岩岩层形成的梳状形山脊。这种风化作用与构造结合形成的地貌形态对类似风机建筑物的稳定性影响较大。

石英岩坚硬致密，抗风化能力最强，地貌上常形成突起的较高的山峰，风化以及机械破坏为主，沿着构造节理形成陡峭的山坡。容易形成崩塌物，风化现象一般很不明显，厚度较薄。

（2）岩浆岩。玄武岩一般颜色较深，易于吸热，隐晶质结构，气孔状构造，垂直节理较为发育，岩体表层风化厚度一般较薄。由于受节理裂隙控制，风化厚度在水平和垂直方向上变化很大。往往使建筑物形成不均匀沉降。即使是在风化不剧烈的玄武岩地区，由于垂直节理的控制，会形成悬崖陡壁，河流发育地段会出现高陡边坡。在构造节理发育形成的河谷也会有几十米厚的强风化带。往往对水利工程坝基渗透稳定带来不利影响。

（3）沉积岩。灰岩的矿物主要成分是碳酸钙，黏土杂质含量很少，在湿润气候条件下，风化作用以溶解为主。化学风化残积物为红色黏土，有时充填在溶蚀作用形成的石芽之中，有时充填在溶洞中。我国西南地区岩溶发育地区，红黏土发育十分普遍，主要就是灰岩全风化的产物。北方干旱地区，由于降水量少，化学风化较微弱，风化残留物很少，经常是基岩裸露发育红黏土不普遍，大部分基岩表层是强风化带。地形比较陡峭。石灰岩在溶蚀作用下，形成不同形式的岩溶现象，有溶蚀风化作用形成的石笋，也有地下水溶蚀作用形成的地下溶洞等。灰岩区主要的工程地质问题，一般是岩溶带来的渗透和稳定问题及红黏土发育带来的不均匀沉降问题。

石英是砂岩的主要矿物成分之一，砂岩抗风化力的强弱主要取决于砂岩中石英含量的多少。砂岩的风化物与原岩性质比较相近，含砂量较高，一般都松散，散易于透水。砂岩的风化速度与胶结物的成分有很大关系，泥质和碳酸钙胶结的砂岩，风化速度快，风化厚度大，并且比较松散。由硅质和铁质胶结的砂岩，抗风化力强，风化层较薄，常有岩块夹杂其中。由于构造的影响，风化剥蚀沿着断层等构造发育的破碎带及构造节理风化剥蚀作用强烈，容易形成沟壑纵横的地貌景观。

页岩往往在沉积岩中产出较多，多夹在砂岩、泥岩和灰岩中，形成相对软弱夹层，页岩富含黏土矿物，固结程度差，厚度薄，强度低，吸水和脱水后胀缩差异性较大，容易发生物理风化，页岩与其他硬质岩体互层时，泥页岩更容易破碎和遭受侵蚀，所以在河流切割的剥蚀山区往往形成陡缓相间的地貌形态。在地营力作用下形成单斜构造。由于软弱夹层的存在，是影响建筑物抗滑稳定主要因素。特别是在构造和风化作用影响下，如果地下水加入，强度就会显著降低，甚至会出现泥化夹层。许多建筑物的抗滑稳定分析首要考虑的就是这种软弱夹层的物理力学性质指标，如果有切割面、临空面存在，那么，岩体就有沿着软弱结构面下滑的可能。

2. 构造影响

在地质构造作用下，岩石会发生一系列构造效应。如断层构造带，会使岩体构造裂隙发育，岩石的裂隙发育使岩石与水溶液、空气的接触面积增大，增强水溶液的流通性，从而促进风化作用的进行。如果一些岩石的矿物分布均匀，如砂岩、花岗岩、玄武岩等，并发育有多组近于互相垂直的节理裂隙，把岩石切成许多大小不等的立方形岩块，在岩块的棱和角处自由表面积大，易受温度、水溶液、气体等因素的作用而风化破坏掉，经一段时间风化后，岩块的棱、角消失，在岩石的表面形成大大小小的球体或椭球体，这种现象称球形风化作用。特别是构造引起的断裂、挤压破碎带等构造比较强烈的地段，风化作用显著加强，在外营力作用下，侵蚀作用加强，形成各种沟谷、洼地。

6.2.4 风化壳及风化阶段

6.2.4.1 风化壳

岩石经过风化以后，残留在地表的松散堆积物叫残积物。残积物的物质组成与下伏基岩有密切关系，残留在原地的岩石和矿物碎颗粒多带棱角，无分选性，无层理或略带原始的层状特征，从上到下风化程度逐渐降低，与母岩呈过渡关系。

　　在地壳表层不同深度由于风化作用的因素、方式和强度不同，致使在垂直剖面上形成不同成分多层结构的残积物。残积物可以经过搬运，成为其他类型的堆积物，这些就地堆积和经过搬运的风化物质所构成的地壳疏松表层叫做风化壳。风化壳的厚度各地不一，我国南方的残积风化壳厚度达百米以上，甚至达千米以上。而北方一般较浅，但在古老变粒岩区风化厚度在构造线部位往往也有上百米厚度。

　　由于岩石的风化是由表及里逐渐减弱的，在风化壳的垂直剖面上可大致分为四个层次。

　　第一层：全风化层，多细小矿物质，腐殖质含量多。

　　第二层：强风化层，矿物分解较差，腐殖质减少。

　　第三层：中等风化，也称半风化或弱风化，岩石外貌上尚可辨别，但已经开始风化，进一步可分为上部、中部和下部。

　　第四层：微风化及未经风化的新鲜岩石。

　　在实践当中，由于岩性不同、构造强度不同等影响因素的差异，岩体风化程度在垂直和水平方向上变化和差异很大。

　　通常风化壳包括古土壤层在内，当风化壳形成后，被后来的堆积层所覆盖，或者被抬升到某一地形高度，但未完全侵蚀，这些在地质时期形成的土壤称为古土壤，一般 Q_2 黄土中常见到古土壤发育的剖面（图 6.1）。

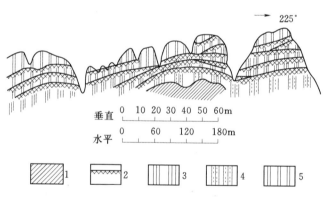

图 6.1　陕西铜川漆水河附近黄土中的古土壤层系图
1—基岩；2—埋藏土；3—离石黄土下部；4—午城黄土；5—离石黄土上部

　　古土壤形成于黄土区气候相对暖湿，氧化作用强，黄土沉积大量减少，植物生长较茂盛时期。土壤形成于地表，埋藏土壤的起伏变化反映了古地形变化。所以风化壳不完全是现代环境下的风化产物。

6.2.4.2　风化阶段

　　决定风化壳类型和性质的主要因素是气候。在不同气候条件下，风化作用的方式和强度不同，因此，按照风化壳所处的气候条件和风化作用的强度，以及元素在风化壳中的迁移状况，将风化作用分为以下四个阶段。

　　（1）机械破碎为主的碎屑阶段。这一阶段是岩石风化的最初阶段，物理风化占优势，化学风化作用不明显，只有最易淋失的氯化硫发生移动，风化壳中主要是粗大碎屑。在年轻的山区与常年积雪的高山及两极地区，广泛分布着这一风化阶段的风化壳。

（2）钙淀积或饱和硅铝阶段。在这个阶段，所有的氯化硫已从风化壳中淋失，钙、镁、钠、钾等大部分仍保留在风化壳中，并且有一些钙在风化过程中游离出来，成为碳酸钙淀积在岩石碎屑的孔隙中。该风化阶段的风化壳呈碱性或中性反应，所含的矿物以蒙脱石和水云母为主，我国内蒙古，东北等地的黑钙土及栗钙土可作为代表。在气候干旱的草原或荒漠地区，风化过程也常停留在这一阶段，风化壳的黏土矿物以水化度低的水云母为主，其次是蒙脱石，我国新疆、内蒙古等地的灰钙土、漠钙土地区可作为代表。

（3）酸性硅铝阶段。这一风化阶段，风化作用强烈，风化壳遭到强烈的淋溶作用，钙、镁、钠、钾等元素都受到淋失，同时硅酸盐与铝酸盐分离出来的硅酸也部分淋失。风化壳呈酸性反应，颜色以棕或红棕为主。存在于这一风化壳中的黏土矿物以高岭石和埃洛石为主。这一阶段的风化壳可以我国秦岭、大巴山之间谷地及江淮丘陵的黄棕壤为代表。

（4）铝的阶段。该阶段是风化作用的最后阶段，风化壳受到相当彻底的分解与淋溶，黏土矿物也被破坏。淋蚀的不仅是盐基，而且也有硅酸盐中的全部硅酸，残留的只是铁与铝的氧化物，风化壳呈红色。我国华南沿海的砖红壤地区是这一阶段的代表。

上述四个风化阶段是一个完整的风化过程，但在一定的气候区的岩石风化过程，可能长期停留在某一个阶段，不一定进行到底。风化作用的阶段受母岩岩性、气候、构造、地形等因素控制。

6.3　岩溶

在石灰岩大面积出露的地区，常常是山水奇特，风光秀丽，这种奇特的山川会使人们心旷神怡、流连忘返，是旅游和度假的圣地。这种奇丽的山川地貌是由特殊地质作用——岩溶作用形成的。

岩溶也叫喀斯特，是在碳酸盐类为主的可溶性岩石分布区，由于水（特别是地下水）在其中对岩石以溶蚀为主的作用下，所形成的各种地质现象。最主要的特点是缺乏完整的地表水系，即使一些主要河道仍保留为地表河，也缺乏发育完整的支流体系，而是通过各种地下管道或裂隙与附近的封闭洼地发生水文联系。所以，地下溶蚀裂隙或管道非常发育也是它的主要特征。南斯拉斯的喀斯特高原是这种现象的典型地区，因此国际上就用喀斯特这个地名来代表上述所有想的综合。我国则按其成因称作岩溶。

在碳酸盐岩区进行工程建筑会由于岩溶发育对工程建筑带来不利影响。例如水利工程容易形成渗漏和坝基渗透稳定问题；风电场由于地表岩溶发育，会对风机建筑地基产生不均匀沉降、压缩变形不能满足设计要求，地下岩溶在一定条件下，会使地表发生塌陷使建筑物失稳等。

6.3.1　岩溶发育的基本条件

可溶性岩石、有溶蚀能力的水、岩石的透水性、循环交替的水是岩溶发育的四个基本条件。

6.3.1.1　岩石的可溶性

碳酸盐一般以钙、镁为主要成分，通常由方解石和白云石组成，且方解石多于白云石的情况最为常见。由于二者可以任意比例产出，故按二者含量不同可以有纯灰岩到纯白云岩的一系列岩石。如混入不同成分的不可溶泥质，就会形成由纯灰岩或白云岩过渡到泥灰岩、泥云岩等一系列岩石。如果含有一定数量的二氧化硅，则形成硅质灰岩或硅质白云岩。在纯碳酸盐岩中，随着白云石成分的增多其溶蚀速度降低。研究表明纯灰岩的溶解速度是纯白云岩的两倍。如果硅质含量高会使溶蚀度明显降低。这可以从野外调查所见到的溶蚀现象得到证实。根据试验在白云石含量（D_c）为 $0\sim30\%$ 时，难溶物质对溶解度差异的影响不显著，而在 D_c 大于 30% 时的岩石中，难溶物质使溶解度显著降低。

可溶性岩石主要取决于岩石的成分和结构，可溶性岩石按岩石的化学成分可以分为碳酸盐类岩石、硫酸盐类岩石和卤盐类岩石三类。这三类岩石的溶解度是卤岩＞硫酸盐＞碳酸盐。不过由于卤盐类和硫酸盐类岩石分布不广，岩体较小，而碳酸盐类岩石分布广，岩体大。所以，发育的碳酸盐类岩石上的岩溶较其他岩类岩石要普遍的多。

影响碳酸盐类岩石的可溶性因素主要是方解石与白云石的含量比例，以及黏土和其他难溶杂质的含量。岩石含方解石愈多、含白云石和杂质愈少，则愈易溶蚀。碳酸盐类岩石的可溶性顺序为：石灰岩＞白云质灰岩＞白云岩＞硅质灰岩＞泥质灰岩（图6.2）。质纯层厚的灰岩，喀斯特发育强烈、形态齐全、规模较大。

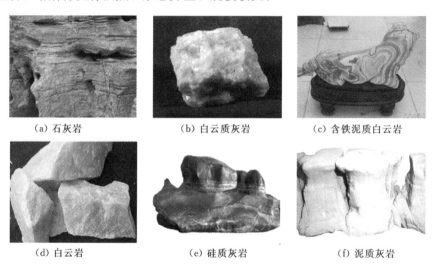

(a) 石灰岩　　　　　　　(b) 白云质灰岩　　　　　　(c) 含铁泥质白云岩

(d) 白云岩　　　　　　　(e) 硅质灰岩　　　　　　　(f) 泥质灰岩

图 6.2　碳酸盐类岩石的可溶性顺序

6.3.1.2　具有溶蚀性的水

研究表明，溶有二氧化碳的水对于碳酸盐的侵蚀性具有不同的特点，这些特点在岩溶的发育中具有很重要的意义。特别是不同成分的水混合后，侵蚀性有所加强。正是因为有混合溶蚀效应，所以凡是有利于不同成分水混合的地带，岩溶发育程度较强。这样的一些地带包括垂直渗入水与灰岩中地下水相会合的地下水面附近地带；地下水面以下能使不同成分的水向它汇流的强渗流带，如大的溶蚀裂隙或溶蚀管道，不同方向溶蚀裂隙交汇带；以及灰岩中地下水排出口地表水和地下水的混合带等。由于混合溶蚀效应所造成的局部地带溶蚀超前，其他岩带相对滞后，是造成岩溶发育不均一的主要原因之一。

渗入循环于碳酸盐岩石中的水，其中溶解的 CO_2 主要来自土壤空隙中的空气，随着向深部渗入长期与灰岩接触过程中的不断溶蚀，溶解 CO_2 就不断消耗，最终达到化学平衡。深饱水带所以能形成溶蚀裂隙和溶洞，是由于混合溶蚀效应和静水压力促使 CO_2 气泡溶解造成的次生溶蚀效应。而深部饱水带溶蚀裂隙或溶洞的产生，为不同成分的水的汇聚和混合创造了条件，其结果又进一步加强了岩溶发育的不均匀性。

6.3.1.3　岩石的透水性

岩石的透水性取决于岩石的裂隙发育程度和空隙度。纯灰岩裂隙张开，延伸长而深，透水性好，容易发育长大的溶洞。泥质灰岩，节理虽然发育，但裂隙紧闭，而且泥质灰岩经风化溶蚀后残留很多黏土，常会阻塞裂隙，所以透水性较差。通常，厚层可溶岩的隔水层较少，裂隙比较开阔透水性较好；在灰岩区常有灰岩与泥质灰岩互层现象，导致岩溶发育的变化较大（图 6.3）。

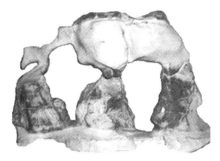

图 6.3　泥灰岩与灰岩溶蚀差异

褶皱或断裂也是影响岩石透水性的重要因素。一般情况下，在背斜的轴部张节理较发育，地表水下渗并向两翼沿层面或裂隙向两翼运动，岩溶常常较发育，其形态以漏斗或竖井等垂直形态为主。

向斜轴部一般裂隙闭合，但汇集了背斜下渗的水流，使得向斜部位更易积水，并多发育地下河，地下河洞顶容易坍塌，在地面会出现岩溶漏斗或塌陷，所以向斜部位垂直和水平的溶洞都可能发育。因此褶皱区的岩溶又沿着轴向呈条带状分布的特征。

断层破碎带是地下水的良好通道，是岩溶显著发育的地带，在碳酸盐岩区断层带往往是岩溶漏斗、竖井、落水洞、暗河可能发育的部位。一般情况下，正断层处岩溶较发育，逆断层处相对较差。

此外，可溶性岩石本身也影响岩石的透水性。随着岩溶的不断发展，空洞和管道也会越来越大，越来越密集，彼此之间的联系也越来越好，因而岩石的透水性能越强岩溶的发育条件就更好，而工程地质条件就更差。

6.3.1.4　水循环条件

前已述及，碳酸盐岩中的岩溶发生，必须有水在岩石中的裂隙和空隙中流动，或者使两者不断地相互接触和相互作用，而且不断循环更替，排出饱和的补入不饱和的。静止的水，不利于补充 CO_2，也不利于水与岩石充分接触，不能对岩石充分溶蚀，只有在水不断地循环流动，CO_2 不断补充的前提下，才能使溶蚀作用不断地进行。

1. 地下水的流动形式

降水量、水位差和透水性是影响地下水流动的主要因素。在降水量和水位差大，岩石透水性较好的地区，溶蚀作用进行的比较强烈。相反，在降水稀少的干旱地区以及地下水循环系统水力梯度较小的平原地区，溶蚀作用就比较弱。在寒冷地区，由于以固体降水为主并发育有冻土，阻碍了地下水的流动。

在不同形式的岩溶水中，水的流动差异性较大，一般情况下，岩溶水流动方式有下列几种。

（1）隙流：渗流于岩石孔隙及细小裂隙内的地下水流叫做隙流。其特点是水流细小，不集中，流动较缓慢。

（2）管流：汇集在岩溶孔洞中和较大的裂隙内的集中地下水流叫管流。管流流水大而集中，流速快，局部有承压现象。

（3）脉流：管流如果进一步发展，大小管道相通，互相保持一定的水力联系，便形成了树枝状的地下水流，称为脉流。

（4）网流：脉状水流进一步发展，并互相连通，扩大了地下水流域，增加了可溶性岩体内的管道密度，在较大范围内，有统一的地下水自由水面，称为网流。

岩溶发育过程中，以上四种形式在不同阶段各有所表现，并且是渐进性发展的。在新构造运动较强烈的山区，岩溶发育常处在初级阶段，地下水流也主要表现为隙流和管流，岩体内的联通情况较差，岩溶发育的不均衡。在地壳长期稳定地区，岩溶发育进入了中晚期时，管道系统充分发育，形成脉流，并进一步相互连接形成网流，形成统一的自由地下水面。

2. 地下水的垂直分带性

根据已有的研究成果，厚层碳酸盐谷地排水型水循环交替条件在垂直方向上有四个循环带，即垂直渗入带，垂直水平交替带，受当地水文网排水影响的水平循环带和不受当地水文网影响的深循环带，各带岩溶发育特征也不同。垂直循环带主要发育漏斗、竖井、垂直溶蚀裂隙等垂直形态。

（1）垂直渗透带（垂直渗入带）。又称包气带，位于地表以下，最高岩溶水之上。为大气降水向地下垂直渗流地带，水流以垂直运动为主。当遇到局部隔水层时，形成局部上层滞水，当上层滞水在谷坡上出露时，形成"悬挂泉"垂直循环带的厚度取决于当地排水基准面的位置。在地壳上升剧烈区，河谷下切深度大，此带厚度也大。如鄂西山区的垂直循环带厚度达数百米以上，而广西的岩溶平原区仅数十米。

（2）季节变化带（垂直水平交替带）。为受季节性降水影响，最高地下水位与最低地下水位变化之间的部位，旱季时是包气带的一部分，而雨季时又是饱水带的一部分。水流垂直运动与水平运动交替出现。其厚度在滨河岸地带受河流高、低水位控制。在分水岭地带，受岩溶化程度影响，如岩溶化程度较强，季节变化带厚度就小，反之则厚度就大。

（3）全饱和带（水平循环带）。地下水最低水位以下的饱水带，是受主要排水河道所控制的饱水层。此带的上限是枯水期的潜水面，其下限要比河水面或河床底部低很多。根据水流方向的不同，分为两个亚带：上部为水平循环压带，地下水向河谷方向呈水平流动，多发育有溶洞、暗河等水平通道；下部为虹吸管式，沿裂隙向河谷减压区缓慢排泄。本带内水流循环强度和岩溶发育强度随深度增加而减弱，逐渐过渡为深循环带。

（4）深循环带。此带地下水的流动方向，不受附近水文网排水作用的直接影响。地下水在一定的水头压力下向远处区域性基准面缓慢流动，水流通过主要是细小溶隙和溶孔，岩溶作用较弱。由于该地下水补给的泉一般比较稳定，对降雨的反应一般时间较长（图6.4）。

上述各带中，地下水的运动方式和强度决定了岩溶地貌的形态、位置、规模。其中，岩溶作用最强烈的部位是地下水面附近，因此季节性变化带、水平循环带在岩溶发育中起着重要的作用，巨大的溶洞总是生成在该带中。

6.3.2　影响岩溶发育的因素

在可溶性岩体中有一定的空隙或裂隙系统，为水的循环提供通道。碳酸盐岩一般是由层面裂隙和构造裂隙的，如果有断裂就会形成更良好的通道。白云岩内由于白云岩化作用还有较高的空隙度。

有适宜的地貌和地质结构条件，为水向碳酸盐岩渗入提供补给条件，并为水排出碳酸盐岩体提供通道。具备了这

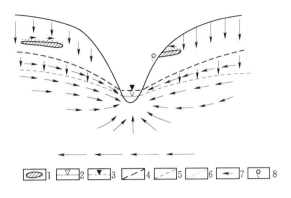

图 6.4　岩溶水垂直分带示意图
1—隔水层；2—平水位；3—洪水位；4—最高岩溶水位；
5—最低岩溶水位；6—上层滞水；7—水流方向；8—泉

两个条件碳酸盐岩体中就有了水在其中循环的基本条件，但循环途径的长短、水力梯度的大小、补给排泄的通畅程度，又随地貌和地质结构的不同组合情况而有很大的变化，使得水在其中交替程度各有不同，因此，凡属循环通畅、交替强烈者，溶蚀作用就强烈，岩体内的循环通道就会较快地发展成通畅的溶蚀通道；凡属循环不通畅、交替缓慢者，溶蚀作用就微弱，岩体内的循环管道就很难发育为通畅管道。循环交替条件决定了岩溶发育的总趋势及岩溶发育的强烈程度。此外，循环通道的特性，诸如孔隙断层裂隙系统的位置、方向、密度及畅通交叉情况，还决定着各种地下岩溶形态的位置、大小及延伸方向以及混合岩溶效应的产生条件等。所以，可以认为，水的循环条件是控制岩溶发育的最基本的条件。多数岩溶发育的其他因素，都是通过影响岩溶水的循环交替条件，来实现其对岩溶发育影响的。例如地表覆盖层的厚度、渗透性，影响补给量的补给是分散补给还是集中补给；降水及其年分配，影响补给量及渗入补给的季节变化等。此外，还应注意到，在地质历史过程中，由于其他内外地质应力的作用与改造，水在可以溶岩中的循环交替条件又是不断变化的。

影响岩溶水交替条件的自然因素很多，如气候（主要是降水和蒸发），地形地貌（地形坡度和高差、水文网的密度、切割深度和位置等），地质结构（可溶性岩层的产状、出露条件及覆盖层特性及岩体中断裂发育情况及方向等），地质构造以及地表植被条件。但其中地貌和地质结构是水循环交替条件的基本骨架，两者之间以不同情况相组合，会形成补给排泄条件通畅程度和径流长短各不相同的各种类型的水循环交替条件。

6.3.2.1　气候因素

气候对岩溶的影响主要表现在降水量和气温的变化，气候对植物生长的影响上。岩溶作用主要是通过水对可溶性岩石的溶蚀性作用实现的，而温度的提高可以加速化学反应速率（温度每增加 $10°$，化学反应速率约增加 1 倍）。在温湿气候区植被生长茂盛，植物根系的活动和微生物对有机物质的分解，可以释放出大量的 CO_2 和生成大量的有机酸，增强了水的溶蚀能力。因此，在位于亚热带的南部广西，由于高温多雨，植被生长茂盛，岩溶发育就强烈，大型的岩溶洼地、坡立谷、孤峰、峰林和洞穴系统的岩溶地貌特征比较普遍。而在中高纬度的干旱和半干旱地区，岩溶地貌发育较弱。

6.3.2.2　构造影响

大地构造和地质构造因素控制地貌形态和岩层的产状，决定于地下水循环和运动特征，影响岩溶的发育。在地台区，岩性稳定，岩层厚度变化不大，碳酸盐岩类大面积出露，有利于岩溶的发育，常形成大面积的岩溶地貌。而地槽区，岩性的均一性受到影响，不利于喀斯特广泛的发育。我国的岩溶主要发育于华南与华北地台区。

在断裂发育地区，断层是地下水的良好通道，所以沿断裂带的岩溶特别发育，常是控制岩溶形成格局的主要因素。一般说来区域性断裂带，宽度和深度都很大，延伸较远，有利于岩溶发育。在中小型的断裂构造中，正断层属于张性断层，岩体较破碎，断层裂隙较宽大，断层中多有断层角砾岩，透水性强，地下水循环作用较强，有利于岩溶发育。逆断层属于压向断层，在强烈的挤压过程中，破碎带内生成的碎裂岩，生成的碎裂岩一般胶结较好，岩溶发育相对于张性断层较差。

在褶皱背斜、向斜轴部，张裂隙特别发育，有利于地下水的渗流，岩溶发育程度较其他部位更高，容易形成一系列沿轴向分布的岩溶地貌形态，表现出石林和溶蚀洼地等地表岩溶形态。在两侧岩层急剧转弯的地段，岩溶作用强烈，常形成狭长的坡立谷和开阔的溶蚀洼地或溶洞。在向斜构造地区，地下水容易沿着层面汇集于轴部，并沿轴向运移，岩溶作用强烈时，可形成暗河。

6.3.2.3　地质结构的影响

不同的地质结构，对地下水的运动影响较大，同时也控制了岩溶发育的空间分布特征，根据地层的不同组合，碳酸盐岩地层可粗略地分为，由比较单一的各类碳酸盐岩层所组成的比较均匀地层；由碳酸盐岩层与非碳酸盐层组成的互层状地层；由以非碳酸盐类为主，间夹有碳酸盐类岩层的层状地层。在均匀状地层分布地区，岩溶分布成片并发育良好；在互层状地层分布地区，岩溶呈带状分布；而间层状地层分布地区，缺少垂直循环带及相应的各种岩溶地貌，往往以岩体孔穴化零星分布。

在巨厚层及厚层碳酸盐类岩层中，结晶颗粒较大，不溶性黏土等杂质含量较少，因此溶解度较大。如果张开的节理裂隙发育，岩溶化程度就较强烈。而薄层碳酸盐类地层则相反。

岩层产状主要是通过控制地下水的流态，对岩溶的发育程度及方向构成影响。地下水流如果近于水平渗透，水平岩层中的岩溶多水平发展，容易形成水平方向的溶洞；而直立地层岩溶容易发育很深；在倾斜地层中，由于水的运动扩展面大、渗流速度快，有利于岩溶的发育。

6.3.3　岩溶地貌

在岩溶地区，有形态十分复杂的岩溶地貌，按其出露分布情况，分为地表岩溶和地下岩溶两类。

6.3.3.1　地表岩溶地貌

在地表岩溶作用过程中，可形成一系列独特的地貌，主要地貌形态介绍如下。

1. 石芽与溶沟

地表水与可溶性岩石沿节理裂隙进行溶蚀与侵蚀，形成纵横交错的凹槽称为溶沟，凹槽之间残存的突起称为石芽。溶沟与石芽之间的相对高差一般不超过3m。石芽有裸露的、半裸露的和埋藏的。一般在山坡上自上而下由裸露→半埋藏→埋藏（图6.5）。

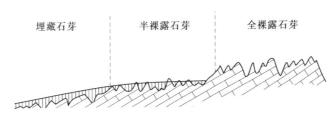

图 6.5 斜坡上石芽剖面示意图

溶沟和石芽一般是地表岩溶化初期阶段的产物，也见于其他岩溶状态表面。地表达片石芽丛生称溶蚀原野。

2. 石林与岩溶漏斗

石林是由密集林立的椎柱状、锥状、塔状岩体组成的地貌景观。其间多为溶蚀裂隙，裂隙窄而直，坡壁上有平行的溶沟，以云南石林最为典型。

石林相对高度 20m 左右，最高可达 40m，其成因是地壳上升过程中，大气降水通过土壤淋滤后，含有侵蚀 CO_2 的水沿巨厚层纯灰岩表面的节理裂隙缓慢溶蚀产生的。也是由石芽进一步发展而形成的。

岩溶漏斗是呈碟状或倒锥状的封闭洼地，直径一般在几米到百米，深几米到十几米，常成群出现，是岩溶地区的特征性形态之一。成因分为两类：一类是地表水沿节理裂隙溶蚀而成的溶蚀漏斗，其长轴方向与区域优势节理发育方向大致一致，底部往往被溶蚀残余物充填，有的底部有落水洞，另一类是溶洞顶板塌陷而成的陷落漏斗。石林与岩溶漏斗成因相近。

3. 峰林、峰丛与溶蚀洼地

峰林是分布的山体基部分离的石灰岩山峰群。峰林相对高差 100～200m，坡度很陡一般在 45°以上。峰林的分布常与地质构造有关。我国广西的桂林、阳朔，贵州安顺、独山、邱北，湖南张家界等地均发育有典型的峰林地貌有的似圆锥状，有的近于圆柱状。

峰丛是一种山峰基部相连的峰林，峰与峰之间常形成马鞍状地形，相对高差一般为200～300m。它与峰林的主要区别是峰丛基部相连高度比例大于上部分开的部分，而峰林则相反。峰丛之间常发育有溶蚀洼地、漏斗、落水洞以及溶槽等不良地质作用。峰丛主要分布在我国广西西部、西北部和云贵高原的边缘部分。

溶蚀洼地是与峰林、峰丛同期形成的一种负地貌类型。平面形态为圆形或椭圆形，长轴多沿构造线发育。溶蚀洼地与漏斗的主要区别在于，前者规模较大，底部较平坦，在其内可发育溶蚀漏斗，并覆盖有溶蚀残积物，并有植物生长；后者为不规则的圆形，底部面积小。溶蚀洼地与溶蚀漏斗常以底部长度 100m 为两者之间的分界，长度大于 100m 的叫溶蚀洼地，溶蚀洼地可以由漏斗扩大而成，洼地又可以进一步扩大合并形成新的洼地形态组合。溶蚀洼地底部除有落水洞外，还常有小溪小河。溶蚀洼地常与峰丛共生，构成峰丛-洼地组合形态，在我国的广西西北部和云贵高原边缘的斜坡地带较为多见。

4. 孤峰与岩溶平原

孤峰是一种孤立的灰岩山峰。相对高差数十米到上百米不等，以广西桂江、柳江两岸与宾阳和黎塘一带为代表。孤峰进一步遭受溶蚀、侵蚀，其相对高度较小，仅有十数米至数十米时，被称为石丘。

岩溶平原（坡立谷）是指比溶蚀洼地更为宽广平坦的岩溶地形。其宽度一般为数百米至数公里，长度要数公里到数十公里。底部平坦，覆盖着溶蚀残丘的红土，有些地方还覆盖着冲积层，局部有岩溶孤峰和石丘。我国广西的黎塘、贵县等地区的岩溶平原最为典型。孤峰和岩溶平原是岩溶作用晚期阶段的产物。

5. 盲谷、断头河与干谷

在岩溶发育的晚期，由于落水洞和地下岩溶的发育，有些岩溶区的地表河流逐渐转入地下，常出现一段有水，一段无水的现象。有时河段流入落水洞，过渡为无水河段。地面河由此潜入地下，在一定的条件下又流出地表。在岩溶地区，有的河流突然终止于石灰岩壁，有时会从另一侧岩壁流出。盲谷的定义是：地表河流通过河床落水洞转入地下，形成为没有地表出口的河谷；而由岩壁下流出或地下水补给地上河流，或称为断头河。地表河流因转入地下，所遗留的高于地下水的河道叫干谷。断续的地表河、盲谷、湖沼和干谷组成岩溶地区特有的水系。

6. 落水洞与竖井

落水洞是消泄地表水近于垂直或倾斜的洞穴，常作为联通地表水与地下河的通道，是流水沿着垂直裂隙侵蚀、伴有塌陷而形成的。是地表水流入地下的进口。表面形态与漏斗相似，是地表及地下岩溶地貌的过渡类型。它形成于地下水垂直循环极为流畅的地区，即在潜水面以上，落水洞的形成，在开始阶段，是以沿垂直裂隙溶蚀为主。当孔洞扩大以后，下大雨时，地表大量流水集中落水洞，冲到地下河。洪水携带着大量的泥沙石砾，往下倾泻，对洞壁四周进行磨蚀，使落水洞迅速扩大。有时岩体崩塌，也可使落水洞扩大。因此落水洞是流水沿垂直裂隙进行溶蚀、冲蚀并伴随部分崩塌作用的产物，其深度可达100m 以上。落水洞也不是一直向下贯通的，当地表水下透一段路程之后，落水洞就会顺着岩层的倾斜方向，或者节理的倾斜情况而发育。在水平地层发育的落水洞，象阶梯那样逐级下降。在节理众多的地层中，又会形成曲折回环的形态。落水洞主要可分为裂隙状的，筒状的，锥状的及袋状的。它们既可直接表现于地表，也可套置于岩溶漏斗的底部。落水洞进一步发展，形成的竖向深井称之为竖井，竖井也可以由洞穴顶板塌陷而成。有时竖井可以看到暗河的水面。

在地壳相对稳定的厚层石灰岩区，上述各种岩溶地貌的形成有一定的联系和演化规律，这种规律对于识别岩溶区不良地质作用的类型、特点及规律有极其重要的意义。比如地表最初形成的岩溶是溶沟石芽，这类不良地质作用就比较简单，对于风电场风机地基的处理一般做好褥垫就可以了。当石芽、溶沟溶槽逐渐发展成峰丛而后被分割成峰林，溶蚀洼地逐步扩大为溶蚀谷地；随着溶蚀作用的进一步发展和重力崩塌的发生，峰林不断被溶蚀降低，最后成为矗立岩溶平原上的孤丘。因此在岩溶作用较强地区，从分水岭到平原常可见岩溶地貌有规律的分布。

6.3.3.2　地下岩溶

地下岩溶地貌包括溶洞和地下河等。

1. 溶洞

溶洞是岩溶作用形成的地下洞穴的统称。它是地下水沿可溶性岩体的各种构造面（层面、节理面或断裂面）特别是沿着各种构造面互相交叉的地方，逐渐溶蚀、崩塌和侵蚀而开拓出来的洞穴。形成的初期，岩溶作用以溶蚀作用为主，随着空洞的扩大，地下水的运动加快，侵蚀和崩塌也随之加强，洞室迅速扩大，从而形成高大的地下溶洞。

溶洞大小不一，形态多种多样，有时彼此有通道相连，或有多层发育，按其成因可分为包气带、饱水带和深部承压带洞等。包气带洞形成的过程是：从裂隙、落水洞和竖井下渗的水，在包气带内沿着各种构造裂隙不断向下流动和溶蚀，同时扩大空间，从而形成大小不一，形态多样的洞穴。饱水带洞是在地下水面附近发育的溶洞，此类溶洞系统具迷宫式特点和较平的洞底，受间歇性新构造上升运动影响，则有多层溶洞发育，上下彼此有溶隙相通。深部承压洞分布较局限，并受裂隙节理层理等构造控制为特征。

2. 地下河、伏流与地下湖

地下河又称暗河，具有河流主要特性的位于岩溶区的地下有水通道。它是由地下溶洞、地下湖、溶隙和连接它们的廊道系统组成。由于溶洞和溶隙的形状和高度不同，因此，地下河各段形态变化大，纵剖面坡度较陡，水流落差也大，暗河也有一定地下水汇水范围，两暗河间的地下水文地质分水岭与地表分水岭有时不一致，暗河也会发生袭夺现象。地下河的水文动态受当地大气降水影响。

伏流为地表河流经过地下的潜伏段，与地下河的主要区别在于伏流有明显的进出口，进水水量为出水量的主要来源，而地下河无明显的进口。有些伏流的规模很大，如长江支流清江，在湖北利川地下伏流长达 10 余公里。国外，著名的希拉斯提姆法布斯河伏流长达 30km 以上。伏流常形成于地壳上升、河流下切、河水纵向坡度较大的地方。在深切峡谷两岸及深切河谷的上游部分伏流经常发生。

地下湖是指天然洞穴中具有开阔自由水面比较平静的地下水体。它往往和地下河相连通，或在地下洞的基础上，局部扩大而成，起着储存和调节地下水的作用，如云南的六郎洞和广西的安拉通洞。

6.3.4 岩溶发育的阶段性

6.3.4.1 岩溶发育阶段

岩溶是一种缓慢的地质作用，水的循环交替造成溶蚀不断进展，这样演化过程中必然有阶段性。岩溶地貌和其他成因的地貌一样，由其发生、发展和消亡的过程，即从幼（青）年期、壮年期发展到老年期，从而完成一个岩溶旋回。我们所讨论的是阶段性发育岩溶特征对工程的影响程度。

第一阶段（幼年期）在原始的可溶性岩体面上，地表下水沿裂隙、空隙流动，使岩溶开始发育，其表现形式主要是石芽、溶沟，地表水系变化不大。

第二阶段（早壮年期）是可溶性岩体将地下水引向最近出口的最好透水层，节理扩大为网格状溶洞，洞穴会沿着岩层发育，特别会沿着相对隔水层发育，本阶段垂直岩溶作用进一步加强，水平溶洞也迅速发展。漏斗、落水洞、溶蚀洼地、干谷、盲谷广泛发育，地下岩溶洞室彼此贯通。这时大部分的地表水通过落水洞而转入地下。

第三阶段（晚壮年期）地下岩溶洞穴进一步发展、扩大，洞穴顶板不断塌陷，地下河又转为地上河，大量的溶蚀洼地和溶蚀谷地出现。

第四阶段（老年期）地表水系广泛发育，岩溶平原与孤峰、残丘组成地貌景观（图6.6）。

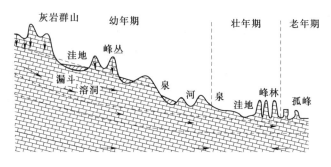

图 6.6 岩溶发育阶段示意图

以上阶段划分是假定排水作用的水文网不变的条件下，岩溶发育的一般规律，实际上岩溶旋回受间歇性新构造运动的影响，或因地壳沉降使水文网发生变化，这种变化对于岩溶发育影响较大，主要是岩溶发育的空间位置甚至方向都会有所变化，如果新的沉积很厚，阻碍了水的渗入与排泄，岩溶就会停止发展。下面就地壳升降，河流震荡、新支流形成对岩溶发育的影响进行概略说明。

6.3.4.2 河谷下切情况下的岩溶发育史

在岩溶地块隆起时期，河流下切、侧蚀，在水面附近尚未形成溶洞时，地下水面已经下降，强烈溶蚀已经下移，其结果必然是在垂直方向上比较分散，发育的强度比较一致且比较微弱，没有发育程度显著不同的地段，岩溶以各种垂直岩溶形态为主，都处于裂隙溶蚀扩大的阶段。

在岩溶地块稳定时期，岩溶发育以水平为主。地壳稳定时期愈长，相应的溶洞与地下通道的规模愈大，伴随的溶洞顶板塌陷也愈多，就越易出现大型的溶蚀洼地、溶蚀谷地、最后发育成溶蚀平原。如果该区可溶性岩层很厚，地壳再一次抬升，则可开始第二次岩溶旋回。早期岩溶平原及其残留岩溶形态被抬升形成岩溶夷平面（或岩溶准平原）。

如果河流间断性下切，即相对稳定期与下切期相间，则相对稳定期于河水位高程之上发育溶洞，而在下切时则发育有较小的溶槽溶沟。至下一稳定期又于新的河水位高程之上发育溶洞。其结果是形成大致与阶地高程相对应的多层溶洞。

比较上述两种不同阶段发育的岩溶，显然前一情况下，进行风机建筑物以及各类工程时，由于岩溶发生的不良地质作用，在处理时就相对简单得多。

对岩溶发育史的研究，往往与地文期联系起来，按地文期划分岩溶发育的时期。对较古老的地文期，应联系各期古水文网的分布研究岩溶分布规律；而对近期的地文期，应根据不同的下切期与堆积期研究岩溶的成层分布规律，如我国南方的各岩溶发育期，均存在着多期岩溶夷平面（表6.1）。

在对区域岩溶调查时，河流阶地的调查对岩溶发育规律的研究很有帮助，往往在同一区域内，河流阶地与地下溶洞同步发育，河流阶地系可与多层溶洞做时代的对比（表6.2）。

表6.1　　　　　　　　　　　　　　　我国南方岩溶期划分表

岩溶期 地区	第一岩溶期		第二岩溶期		第三岩溶期	
	白垩纪～第三纪初		第三纪末～第四纪初		第四纪以来	
	期名	岩溶特征	期名	岩溶特征	期名	岩溶特征
云南	高原期	海拔2400m以上的山峰和夷平面，构成分水岭地形，在路南有掩埋石林，局部地方有溶丘、洼地及水平溶洞	石林期	1800～2400m的夷平面上有石林、洼地、溶洞局部有古峰林。断陷盆地中有新第三纪堆积	峡谷期	深切河谷，如南盘江和红河（深切达500～1000m）两侧有溶洞发育
贵州	大娄山期	海拔2000m以上的残余夷平面上保留有厚层残积层覆盖的岩溶丘陵，低洼处堆积茅台砾岩，亦发育洼地及落水洞等	山盆期	1000～1500m夷平面，构成珠江与长江之分水岭，发育大型溶蚀洼地、坡立谷、峰林及溶洞	乌江期	形成乌江深切的峡谷（达数百米）、河谷地带岩溶发育（有时达河床以下几十米深）有四级阶地及溶洞、地表及地下河流均发生袭夺现象
广西	高山期	夷平面已失去古地形特征，形成山峰顶面，在广西西部1600～1700m，广西中部为500～700m	峰林期	为峰林发育时期，峰林、洼地及岩溶平原，峰顶顶面高程广西西部为1000～1200m，广西中部及广西东部250～300m	红河水期	切割不深，为相对稳定时期，岩溶继承发展于中更新世型，但仍发育有落水洞、溶洞及暗河
湖北	鄂西期	分布于分水岭地带，海拔1500～1800m，古地貌上古溶丘约百余米高，古河谷沿构造发育，谷底有洼地及漏斗叠加地形地貌	山原期	600～1000m高程为以洼地为主的丘陵洼地形，丘陵高约50m左右，夷平面向长江河谷倾斜，漏斗落水洞极为发育	三峡期	发育于长江两岸，地表坡度陡，落水洞发育较深，两岸溶洞较发育

表6.2　　　　　　　　　　　　　桂林地区阶地与溶洞高程对比

阶　地			溶　洞		
级	海拔高程/m	河拔高程/m	级	海拔高程/m	河拔高程/m
Ⅰ	144～145	3～5	1	141～148	0～5
Ⅱ	147～153	5～8	2	148～156	5～7
Ⅲ	154～165	10～15	3	155～164	8～13
Ⅳ	165～185	20～40	4	165～168	16～20
			5	170～177	25～32

通过对岩溶洞穴纵横断面的形态研究，往往可以判定岩溶形成的环境（包气带或饱水带）和岩溶形成的时期。

6.3.4.3　河谷发育史与岩溶发育史

一般来说，排水区附近的岩溶发育强烈，在发育切割较深的灰岩河谷岩壁上，往往能清楚地看到岩溶发育迹象，也能反映区域岩溶发育的高程及旋回。水文网的变化，必然引起岩溶带的位置及岩溶带的方向发生变化。

6.3.4.4　溶蚀基准面和古岩溶

一般来说，溶蚀作用的下限称作溶蚀基准面，在厚层均一的石灰岩地区，大规模溶蚀作用与地质时期、当地大型水体面（主要河流水面、大湖水面等）位置大致相当或略低于河湖水面，与河流阶地相当。综合不同岩溶洞穴的发育和分布特点，不同河流发育阶段，不同地质时期溶蚀基准面不同，各岩层的可溶性及其分布大致可以分成二类。

第一类是有隔水底板的情况：分布于现今河谷的谷坡之上或山腰部位，这是因为不同海拔高程相对隔水层的存在，在岩溶水的垂直循环带（包气带）中形成的上层滞水水平流动的结果，并不是地壳稳定阶段造成的，比如坚硬的白云岩或厚层石灰岩，在构造作用下节理裂隙发育，溶洞就容易形成。如果其下部存在相对隔水层（泥页岩），地下水就会转为水平流动，并在可溶性岩层与相对隔水层之间的界面附近形成近于水平的溶洞。厚层无裂隙贯通的相对隔水层顶面就是当地的溶蚀基准面。

第二类是构造发育的情况：主要分布于现今河谷附近的坡脚地带，形成于包气带和季节变化带中，该类溶洞的发育与可溶性岩层中构造裂隙关系更为密切，这些溶洞可以低于现代河床 10～80m 发育。若地下水沿构造断裂带下渗，则可以形成岩溶竖井直到断裂或裂隙封闭为止。有的会沿构造线发育水平溶洞。

地质历史上，每一次大陆剥蚀时期，只要石灰岩揭露于地表，使得水在其中循环，就成为一次岩溶化时期。不整合面以下被较新沉积所掩盖的岩溶称古岩溶。凡是灰岩上覆岩层呈不整合接触的部位都应注意古岩溶存在的可能性，并研究其充填情况。

第7章 天然建筑材料

天然建筑材料是工程地质条件的一项重要内容，对有些类型的工程，如水利水电工程，天然建筑材料还可能成为工程建设或坝型选择的制约因素。对于一般风电场来说，天然建筑材料需要量一般不甚大，不会成为制约工程建设的主要因素，但对大型风电场，天然建筑材料仍是考虑的重要因素。

7.1 天然建筑材料种类及用途

天然建筑材料一般分为石料、砂砾料（碎石料）、土料三大类。

石料一般可直接用于砌筑，也可破碎后用作混凝土骨料或其他用途的碎石料。石料可用作浆砌石坝、挡土墙、地下建筑衬砌、建筑物基础等。

石料可分为片石、块石、条石、料石等。

片石指的是符合工程要求的岩石，经开采选择所得的形状不规则的、边长一般不小于15cm的石块。

块石指的是符合工程要求的岩石，经开采并加工而成的形状大致方正的石块。

条石指长度1m左右，宽度在500mm左右，厚度在100～200mm的，有两个平行面的块石，长度基本为宽度的2倍左右。

料石指的是按规定要求经凿琢加工而成的形状规则的石块。按表面加工的平整程度分为：毛料石、粗料石、半细料石和细料石。毛料石、粗料石主要应用于建筑物的基础、勒脚、墙体部位，半细料石和细料石主要用作镶面的材料。

砂砾料一般用作混凝土骨料，也用作道渣、反滤料及地基填料、坝壳填筑料。

土料主要用来修筑土坝、土堤，也用来作防渗土料及固壁土料。

碎（砾）石类土料如符合质量要求，也可用来筑坝、筑堤。

7.2 天然建筑材料料场选择原则

天然建筑材料料场选择的原则是在考虑环境保护、经济合理、保证质量的前提下，宜由近至远，先集中后分散，并注意各种料源的比较；应不影响建筑物布置及安全，避免或减少与工程施工相干扰；不占或少占耕地、林地，确需占用时宜保留还田土层；应充分利用工程开挖料。

7.3 天然建筑材料勘察阶段及精度要求

天然建筑材料勘察一般分为规划阶段、可行性研究阶段、初步设计阶段及招标和施工图设计阶段。勘察级别分为普查、初查、详查三个级别。根据工程需要，可适当合并或简化。

规划阶段：进行普查，初步了解材料类别、质量、估算储量。

可行性研究阶段：进行初查。勘察储量与实际储量误差，应不超过 40%，勘察储量不得少于设计需要量的 3 倍。

初步设计阶段：进行详查。勘察储量与实际储量误差，应不超过 15%，勘察储量不得少于设计需要量的 2 倍。

招标和施工图设计阶段：进行复查。当因设计施工方案变更需要新辟料源和扩大料源时应按详查级别进行勘察。

7.4　天然建筑材料质量要求

不同类型的建筑工程对天然建筑材料质量有不同的要求，以下列出水利水电工程天然建筑材料的质量要求，风电场等可进行参考。文中质量要求来自《水利水电工程天然建筑材料勘察规程》（SL 251—2000）。

7.4.1　块石料质量要求

块石料质量要求见表 7.1。加工人工骨料要求岩石单轴饱和抗压强度大于 40MPa。

表 7.1　　　　　　　　　　　块 石 料 质 量 指 标

序号	项　目	指　标	备　注
1	饱和抗压强度	应按地域、设计要求与使用目的确定	埋石及砌石的硫酸盐及硫化物含量，同混凝土骨料要求
2	软化系数		
3	冻融损失率	<1%	
4	干密度	>2.4t/m³	

7.4.2　砂砾料质量要求

7.4.2.1　混凝土细骨料

混凝土细骨料需满足表 7.2、表 7.3 及图 7.1 的要求。

表 7.2　　　　　　　　　　　混凝土细骨料质量指标

序号	项　目	指　标	备　注
1	表观密度	>2.55g/cm³	
2	堆积密度	>1.50g/cm³	
3	孔隙率	<40%	
4	云母含量	<2%	
5	含泥量（黏、粉粒）	<3%	不允许存在黏土块、黏土薄膜，若有则应做专门试验论证
6	碱活性骨料含量		有碱活性滑料时，应做专门试验论证
7	硫酸盐及硫化物含量（换算成 SO₃）	<1%	
8	有机质含量	浅于标准色	人工砂不允许存在

续表

序号	项目		指标	备注
9	轻物质含量		≤1%	
10	细度	细度模数	2.5～3.5 为宜	
		平均粒径	0.36～0.50mm 为宜	
11	人工砂中石粉含量		6%～12% 为宜	常态混凝土

表 7.3　混凝土细骨料颗粒级配范围

筛孔直径 /mm	细　砂	中　砂	粗　砂
	累计筛余/%		
5	0	0～8	8～15
2.5	3～10	10～25	25～40
1.25	5～30	30～50	50～70
0.63	30～50	50～67	67～83
0.315	55～70	70～83	83～95
0.158	85～90	90～94	94～97
平均粒径/mm	0.31～0.36	0.36～0.43	0.43～0.66
细度模数	1.78～2.50	2.50～3.19	3.19～3.85

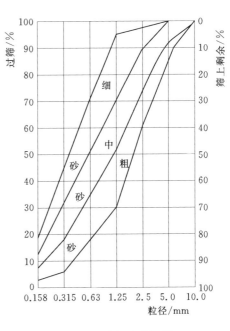

图 7.1　砂级配曲线图

7.4.2.2　混凝土粗骨料

混凝土粗骨料应符合表 7.4 的规定。

表 7.4　混凝土粗骨料质量指标

序号	项目	指标	备注
1	表观密度	>2.6g/cm³	
2	堆积密度	>1.6g/cm³	
3	孔隙率	<45%	
4	吸水率	<2.5% 抗寒性混凝土<1.5%	对砾石力学性能的要求,应符合《水工钢筋混凝土结构设计规范》(SL 191—2008)规定
5	冻融损失率	<10%	
6	针片状颗粒含量	<15%	
7	软弱颗粒含量	<5%	
8	含泥量	<1%	不允许存在黏土团块、黏土薄膜,有则应做专门试验论证
9	碱活性骨料含量		有碱活性骨料时,应做专门试验论证

序号	项　目	指　标	备　注
10	硫酸盐及硫化物含量 （换算成 SO_3）	＜0.5％	
11	有机质含量	浅于标准色	
12	粒度模数	宜采用 6.25～8.3	
13	轻物质含量	不允许存在	

7.4.2.3　反滤层料

反滤层料质量应符合表 7.5 的规定。

表 7.5　　　　　　　　　　　　反 滤 层 料 质 量 指 标

序号	项　目	指　标
1	级配	应尽量均匀，要求这一粒组的颗粒，不会钻入另一粒组的孔隙中去，为避免堵塞，所用材料中小于 0.1mm 的颗粒在数量上不应超过 5％
2	不均匀系数	≤8
3	颗粒形状	应无片状、针状颗粒，坚固抗冻
4	含泥量（黏粉粒）	＜3％
5	渗透系数	＞5.8×10^{-3}cm/s
6	对于塑性指数大于 20 的黏土地基第一层粒度 D_{50} 的要求：当不均匀系数 Cu≤2 时，D_{50}≤5mm；当不均匀系数 2≤Cu≤5 时，D_{50}≤5～8mm	

7.4.2.4　土石坝坝壳填筑砂砾料

土石坝坝壳填筑砂砾料质量应符合表 7.6 的规定。

表 7.6　　　　　　　　　　土石坝坝壳填筑砂砾料质量指标

序号	项　目	指　标	备　注
1	砾石含量	5mm 至相当 3/4 填筑层厚度 的颗粒在 20％～80％范围内	干燥区的渗透系数可小些，含泥量可适当增加；强震区砾石含量下限应予提高；砂砾料中的砂料应尽可能采用粗砂
2	紧密密度	＞2g/cm³	
3	含泥量（黏、粉粒）	≤8％	
4	内摩擦角	＞30°	
5	渗透系数	碾压后＞1×10^{-3}cm/s	应大于防渗体的 50 倍

7.4.3　土料质量要求

7.4.3.1　土石坝土料

土石坝土料质量应符合表 7.7 的规定。

7.4.3.2　碎（砾）石类土料

碎（砾）石类土料质量应符合表 7.8 的规定。

表 7.7   土石坝土料质量指标

序号	项　目	均质坝土料	防渗体土料
1	黏粒含量	10%～30%为宜	15%～40%为宜
2	塑性指数	7～17	10～20
3	渗透系数	碾压后 $<1\times10^{-4}$ cm/s	碾压后$<1\times10^{-5}$ cm/s， 并应小于坝壳透水料的50倍
4	有机质含量 （按重量计）	$<5\%$	$<2\%$
5	水溶盐含量	$<3\%$	
6	天然含水率	与最优含水量或塑限接近者为优	
7	pH 值	>7	
8	紧密密度	宜大于天然密度	
9	SiO_2/Al_2O_3	>2	

表 7.8   碎（砾）石类土料质量指标

序号	项　目	指　标	
		防渗体土料	均质坝土料
1	P_5 含量（>5mm）	宜$<60\%$	
2	黏粒含量	占小于 5mm 的 15%～40%	
3	最大颗粒粒径	<15cm 或不超过碾压铺垫层厚 2/3	
4	塑性指数	10～20	
5	渗透系数	碾压后$<1\times10^{-5}$ cm/s， 并应小于坝壳透水料的50倍	碾压后 $<1\times10^{-4}$ cm/s
6	有机质含量（以重量计）	$<2\%$	$<5\%$
7	水溶盐含量	$<3\%$	
8	天然含水率	与最优含水量或塑限接近者为优	

7.4.3.3　槽孔固壁土料

槽孔固壁土料主要为了防止槽壁及孔壁坍塌，其质量指标要求见表 7.9。

表 7.9   槽孔固壁土料质量指标

序　号	项　目		指　标
1	颗粒组成	>0.075mm	$<5\%$
		<0.005mm	$>50\%$
		<0.002mm	$>40\%$
2	塑性指数		>20
3	SiO_2/Al_2O_3		3～4
4	pH 值		>7
5	活动性指数		<1
6	有机质含量		$<1\%$

第2篇 地形地貌篇

第8章 地形地貌分析与实践

8.1 概述

地貌是由地球内、外作用力形成的地表起伏形态，而地质构造是岩层经地壳运动产生的升降、倾斜、弯曲、错动、断开及破碎等变形形态的统称。地形地貌是工程地质条件的要素之一，是地层岩性、构造、水文地质、物理地质条件在地表的综合反映，故研究地形地貌是工程地质的重要工作之一。

所有的构造形迹，都是地球内力作用在地貌上的表现，工程地质是研究与工程活动有关的地质环境及其评价、预测和保护的科学。前述地学理论是工程地质学的理论基础，工程地质勘察又是工程地质学的实践，从地貌上表现的每一个地质现象观察开始，直到发现工程地质问题，做出工程地质结论，整个工程地质分析过程，都离不开地表现象的分析。否则，就不可能透过现象看本质，做出正确的工程地质评价。

无论是地质力学还是板块学说，又或者是槽台学说，都反映了地球的内力作用在地球表面上形成的基本地貌格架，再在各种外营力的共同作用下，形成了各种各样成因的地貌单元。诸如：构造剥蚀形成的高、中、低山地以及丘陵地貌，山麓斜坡堆积形成的洪积扇、河流堆积、湖泊平原、沼泽地、岩溶（卡斯特）地貌等都能反映一定的工程地质特征。作为人们研究对象的地质体，大者是地球壳层结构，小者是需求的有限部分。地质体不论其大小都是结构体。它们的形成都有其初生、发展（演化）所呈现及隐伏存在的变化过程。这种形成的主要因素简化为力与介质。就牛顿定律而论，这种地质结构体的形成，归根结底是力对物体（介质）做功消能的产物。

从全球乃至区域地壳都是镶嵌块体结构。这种多种形态的结构块体，受其构造力的作用都处在不同程度的运动（含变化）消能过程中。动力驱使块体相互作用，利用结构面错动消能，块体的应力积累、传递与转化推挤，使块体产生位移、形变以至质变。

从工程地质角度来说，地貌上能够观察到的主要是硬质岩体和松散岩土，以及从松散到坚硬的过渡状态。

根据硬质岩体及软弱层在地面上表现出的特征，就能初步判断分析不同方向、不同大小的作用力。根据地貌上表现出的地质体的接口（结构面、结合面）就应该能够分析在一定工程应力条件下，结构面会表现出的不同性状，以分析结构体对工程的影响。还可研究区域地壳发展历史，分析结构体、结构面各期受力状态及发展过程和演化过程。

根据松散岩土分布区地貌及微地貌特征，有时也可判断其形成原因及特点，在工程选址时可避免不利地段。地貌研究对在松散岩土分布区寻找水源等也很有意义。

不同性质的结构面对岩体的抗剪强度影响是不同的：扭性结构面形成时，很容易沿微剪切裂隙破坏，因此强度较小；而张性结构面形成时，一般微裂隙很少，故强度很高。压性结构面的糜棱岩要比扭性结构面的强度更低，且具片状结构，各向异性，因此结构面本身或其伴生的构造岩的抗剪强度一般是张性大于扭性、扭性大于压性。

通过地形地貌调查及地质分析可判断不同性质的断裂，不同性质的断裂其水理性质及岩体的受力影响差异是很大的。一般来说，张性断裂富水，扭性断裂次之，压性断裂更次之。压性断裂的上盘是主动盘（滑移盘），由于构造裂隙发育，裂隙本身易富水；压性断裂大多阻水；由于张扭性断裂带的富水性特征，在这些断层发育带，通过地表调查，就能够预测地下隧洞受地下水的影响程度。

由于张性压性断裂在形成过程中，上盘产生的岩体压力大，主动盘（上盘）裂隙比较发育，岩体十分破碎，所以在选择风机位置时，如果其他条件相同时，应选择下盘，因为下盘岩体一般比较完整，遭受的岩体压力比较小。

断层复合部位是岩体比较破碎的地方，但构造形迹一般情况下都被覆盖层覆盖，所以在地貌上按沟谷的发育方向进行对构造的判别，也是非常有效的，因为常有十沟九断和逢沟必断的说法，根据几年来风电场基坑开挖后揭露的构造形迹进行配套分析，工程区构造形迹的走向往往和沟谷发育方向大致吻合。

对于构造作用在地貌上松散岩体介质体的表现，可以由表及里，分析它的生成环境，掌握结构组成，了解其性质、性能，为其所用（含治理与改造）。

对于工程建筑而言，是充分利用有利地质条件，回避或改造不利地质条件。而对于风电场的分散建筑物来说，就是要把影响建筑物稳定的不良地质作用的成因搞清楚，找出不良地质作用在地貌上表现的一般规律，利用有利的地质条件，避开不良地质作用可能发生的地方。不能避开的地方应做好处理措施，不把隐患留在建筑物的地基中。

8.2　风电场工程地质问题的地貌特征

和其他建筑物一样，对于风电场的所有建筑物，包括风机、升压站、道路以及出线线路的地基都要求达到稳定。由于不良地质作用的存在，一方面会出现地基变形、抗滑稳定、承载力不满足要求的问题；另一方面建筑物周边一定范围内存在崩塌、滑坡、泥石流等不良地质作用会对建筑物的施工和安全运行造成威胁。

大量的实践和研究表明，影响建筑物地基稳定或对建筑造成影响的崩塌、滑坡、泥石流、岩溶、湿陷性土、软土、膨胀土、活动断裂、风化带等不良地质作用，在地质地貌上都有明显的特征和一定的规律。例如孤立的山包、植物突变的条带、陡峭山崖边缘、马鞍形地形及垭口部位、山前堆积体、山脊狭窄地段、斜坡地段、坡脚地段、山脊侧向冲沟地段、山脊末端和沟谷平行连接的岩桥、河流阶地、滩涂微地貌、这些地貌形式都有可能是不良地质作用的反映。掌握这些一般规律和地貌特征，无疑对风电场的地质勘察、风电场场址的选定、风机位的微观选址以及地基类型的选定都有着重要的现实意义。

8.2.1　孤立的山包

孤立的山包，相对高差大于 100m，山体陡峭，风机基础坐落在四面临空没有约束的地基上，如果岩体产状不利于风机的稳定，一般情况下应该避开。

比如北京延庆风电场在微观选址阶段，场地多见孤立的山包，相对高差近 200m，山体陡峭（边坡大于 45°），修建上山公路成本较大；且山顶风机场地狭窄，要达到理想的场坪，需开挖深度大于 20m，所以通过经济比较予以放弃。

研究表明，孤峰或山丘，气流经过孤峰时，受到山峰的阻挡，气流向孤峰两侧绕流，气流加速，形成绕流效应。据国外有关观测资料，在孤峰与主风向相切的两侧的上半部是风速最大的位置，其次是孤峰的顶部。

如何使山丘和孤峰的风资源得到有效的利用，而且地质地貌条件又能保证风机的稳定性，这就应该满足下列两个条件。

（1）相对高差不大，坡度相对较小（小于 45°），场内公路能够修筑到风机附近。

（2）山体整体稳定，下部没有造成崩塌的悬空面，岩体没有影响整体稳定的结构面。当山体岩层倾角近于水平时，虽然构造垂直节理比较发育，容易造成边坡坍塌，但随着场地平整山体下挖，山体整体稳定性较好，适宜风机建设；当岩层倾向山体外侧，且岩层倾角小于外侧山体坡面倾角时，存在抗滑稳定的问题，如果岩层之间存在软弱夹层、泥化夹层的孤立山包应尽量予以避开，若由于风资源良好，又没法避开，地质勘察单位应进行抗滑稳定性评价并提出处理建议；当岩层倾角大于山体外侧坡面倾角时，则地基是稳定的。值得注意的是，这种稳定的山体必须排除山脚或山腰存在悬空面，否则是不稳定的，应该采取相应的加固措施。

8.2.2　马鞍形和垭口地形

侧向侵蚀形成的沟壑或山间低洼地叫垭口，这种地形覆盖层较厚，岩体风化带较厚，地层不均匀，岩体一般较破碎。如果两侧岩层产状、岩性差异较大，低洼地带大多是由于构造作用导致岩体破碎，风化剥蚀严重形成的，该处地层变化很大，风化较严重，岩体破碎，不宜选作建筑物地基，有条件时应予避开。

研究表明，当气流经过迎风向山脊的垭口时，垭口两侧的气流受山脊的阻挡，气流向垭口运动，增加了垭口气流量，从而使风速增加。

这种地貌特征所对应的不良地质作用，一般是不均匀沉降问题和变形不能满足设计要求问题，抗滑稳定问题可能性较小。如果没有避开的条件，应尽量把机位定在有岩石或土夹石位置，尽量避开一半岩石一半土的地基。

8.2.3　错台、裂缝及植被异常地貌

错台、裂缝及植被异常地貌常常反映了地质构造的影响。

8.2.3.1　活动性断层影响

在同一地区、同一地层中，排除了地形等因素干扰，有断层通过的地带地表覆盖层常见植被突变。

密实岩土层没有植被地区，却出现一条植被茂盛条带，说明土层被扰动，含水、透水性能得到了改善并能储水，有可能是断层通过的旁证。

在某一森林密布植被良好地区，却形成无植被生长条带，说明砂、卵砾石层中呈无基

质结构状态，结构松散透水性强不能保水，也有可能是因断裂活动直接扰动了砂、卵砾石层，地下水将细粒物质携带流失，卵砾石架空所至，它亦是断裂活动的证据。

这些有可能是活动断层通过的地段，对于风机建筑物稳定不利，应尽量予以回避。

8.2.3.2 斜坡蠕滑体影响

当地表出现非人为因素形成的错台或裂缝，植物呈条带状缺失，错台以下必然有蠕动的岩体，会对工程造成非常不利的影响。

案例：山西康家会风电场蠕滑体。

下面以山西康家会风电场蠕滑体地表植物异常和台阶状地貌特征予以说明。

风电场区为基岩低中山，因地质构造发育，地貌上 34 号和 36 号风机位分别位于两个相对独立的山包，海拔高程分别是 1971m 和 2005m，35 号风机位位于两者之间的低洼部位（鞍部），高程 1965m。3 个风机位于圈椅状地形顶部，山底高程为 1500m，相对高差约 500m 左右。34 号风机位与 35 号风机位距离 253m，35 号风机位距 36 号风机位 256m。山坡坡度约 30°～40°。蠕滑体位于 36 号与 35 号机位之间的斜坡上，潜在滑坡体位于 35 号机位以西的坡面上（图 8.1）。

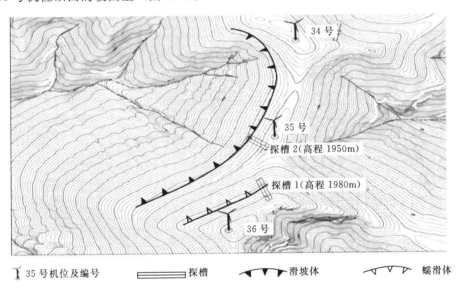

图 8.1 风机与不稳定边坡位置关系示意图

在现场踏勘中，发现 34 号、35 号、36 号机位西侧海拔高程 1965～1974m 出现台阶状的地质现象，延续长度 300～600m，错台高差一般 0.2～0.5m，地表植物与碎裂状岩体呈带状分布的特征。错台在土质部位呈阶梯状，在基岩裸露部位呈缓坡状，地表并未发现裂缝。

经开挖证实，与地表台阶对应的下部，有宽 3～5m 的拉开裂缝，裂缝中充填黄色、黑色砾石土。土约占 60%，碎石约占 40%，碎石呈菱角状，大小不一，充填厚度为 6m。

裂缝前部地表植被异常，下部岩体为蠕滑体，厚度为 6m，蠕滑堆积体主要由块石、含碎石粉土、碎石土组成。其中碎石成分为强风化的灰岩，棱角状，粒径 3～15cm，含量约占 30%～40%；泥质成分为亚砂土，含沙量较高，搓捻砂感较强；块石粒径 20～30cm

与碎石混杂在一起，呈骨架结构骨架间隙被泥质、碎石物质充填。整体上结构非常松散，岩体剪切破坏面与坡面一致呈定向排列。

我们不妨对这种斜坡上的植被异常和错台成因做一概略分析。

（1）这种不同高程长数百米的陡坎，是岩体蠕动、滑移和浅层滑坡剪切破坏后形成的裂缝，然后又被碎石土充填后形成的，局部水流冲刷形成斜坡，在岩体中，仍保留岩体错断滑移特征。

（2）植物呈条带状的原因是：蠕动体沿滑面向临空方向产生缓慢的蠕变滑移，滑移面的错列点附近，因拉应力集中形成与地面近于垂直的张开裂隙，这些裂隙中少有或无粉砂及泥土充填，或虽充填碎石但呈无基质的结构状态，结构松散透水性过强，导致不能保水，无植被生长，同样浅层滑坡是由于裂缝数量和裂缝深度在滑体上不断增加，岩体呈松散架空结构，加速地表水的渗透。地表不能保水，植物不能生长，坡体不同部位存在不同滑动速率，从而导致地表植被呈条带状分布。

（3）这些地表迹象正是预示着蠕变的坡体经过几万年甚至几十万年的缓慢变形，由量变到质变已经进入累进性破坏阶段，一旦潜在剪切面被剪断贯通，在暴雨或地震等诱发条件下，有沿着剪切裂面向下滑动可能，并牵动下部岩体沿着构造节理进一步张开；已经形成的浅层滑坡体正处于缓慢运动状态，一旦有暴雨或连续降雨或在地震诱发下，滑坡将复活，沿滑动面将产生二次滑移。

（4）无论是蠕变体还是浅层滑坡体，其成因与地形地貌、地质构造、岩体风化、边坡卸荷和大气降水、地下水等地质环境有关。特别是由于这类变形体或滑体有一系列与滑面直接相通的拉裂缝，对降水十分敏感。不仅滑移面的抗剪强度因遇水而降低，而且由于裂隙瞬间充水渗透压力增加，进而促进变形发展。在经过长期累积变形后，能量积累到能够下滑的状态滑移开始时，在地表总要表现出一定的蛛丝马迹，地表植物条带状消失和不同高程出现连续的错台现象就是边坡失稳的证据。这对于风电场的规划、设计、施工运营管理都具有重要的指导作用。对于地质灾害的发现和预防亦有重要意义。当然风电场的任何建筑物置于此类地质体上运行风险是很大的。

8.2.3.3　植被差异反映覆盖层厚度

一般情况下野生草本植物在山顶上生长，在水量充沛条件下，基岩埋深很浅，一般不超过1m，而野生木本植物生长茂盛的地方，大部分覆盖层较厚，一般大于2m，两种植物分界的地方往往是浅层覆盖层与厚层覆盖层的交界处。

8.2.4　陡峭山崖边缘

岩体卸荷是由于斜坡岩体向临空面方向回弹膨胀，使其边缘部位产生一系列表生结构面。在工程实践中，常把边坡岩体中由变形而松弛，并含有变形有关的表生结构面的那部分岩体，称为卸荷带，它的发育深度与组成斜坡地层岩性、地质结构、岩体原始天然应力状态以及边坡的形态有关。

8.2.4.1　强卸荷带和弱卸荷带

（1）强卸荷带：一般坚硬岩体强卸荷带宽度为5～10m，卸荷带岩体风化较严重，具明显松弛特征，一般沿陡壁平行展布，可见宽度大于2cm的集中卸荷带，局部产生错落，大部分张开宽度0.5～2cm，裂隙内充填岩屑并夹泥质成分，岩体呈块状、次块状，局部呈镶嵌碎裂状。

（2）弱卸荷带：弱卸荷带宽度一般可达 20～40m，岩体较松弛，卸荷带内节理微张，张开宽度为 1.5～20cm，裂隙内一般无充填，有时会充填岩屑和次生泥膜。

8.2.4.2　对稳定影响较大的是水平裂隙和垂直裂隙组合的结构面

（1）水平卸荷裂隙。水平卸荷裂隙在陡壁上发育极其普遍。块状岩体中，由于水平卸荷裂隙的存在，而表现出类似沉积岩的层理特征，这种卸荷裂隙一般短小，呈近水平状，向坡内延伸多为 10m 左右，少数大于 10m。坡面附近裂隙张开 5～10cm，向内逐步紧闭而尖灭。

（2）垂直卸荷裂隙。垂直卸荷裂隙是平行陡崖走向的陡倾角卸荷裂隙，对边坡稳定影响较大的主要为垂直卸荷裂隙。成因上垂直卸荷裂隙往往是沿边坡构造结构面张拉形成的，这种裂隙与水平卸荷裂隙组合切割的岩块稳定性主要受水平裂隙和缓倾角构造结构面控制。若裂隙面倾向外倒，且具有较软弱夹层则极易形成崩塌破坏，形成塌方，因此在微观选址时，应观察水平卸荷带的产状，分析其稳定性，一般来说，在岩石高陡边坡地区工程选点的位置最好离开强卸荷带。对于松软岩土的高陡边坡应避开大于该类岩土自然边坡推定的位置。

8.2.5　崩塌和崩落堆积物

岩体中被陡倾的张性结构面分割的岩体，处于边坡地带，受重力作用，根部折断而倾倒，突然脱离母体翻滚而下，这个过程称为崩塌和塌落。这些崩塌体堆积于坡脚，形成岩堆。规模相差悬殊，有的是小的块石坠落，有的是大规模的塌方甚至是山崩。这类破坏常发生在岩质陡坡（一般坡脚大于 60°）的前缘，由于崩塌时间较长，常常被土和植被覆盖而一般不容易识别，辨认的方法是有二级台地，岩体产状不规则，与母岩产状不同。如果把塌落体误认为基岩，把建筑物基础放在上面是不稳定的。因此在微观选址中就应避开。

对于松散的高陡边坡，当它的坡度大于它本身的理论稳定坡度时，由于较多边界条件的不确定性，往往能保持较长时间的稳定，这种高陡边坡，在一定的工况下会发生大规模的塌方。如果在工程布置时忽略这类边坡的稳定性。会造成难以挽回的损失。

例如溪洛渡辅助道路的刹水坝巨型塌方，就是因为忽略了它的稳定性对下面建筑物的影响，使得 40 万 m^3 的塌方体把将要建成的刹水坝大桥毁于一旦，如果在塌方体上部距边坡 50m 范围内有任何建筑物都会垮塌。

事实上巨型塌方体的两侧边坡已经说明，这类岩土组合的边坡，自然状态下它的稳定边坡就是天然状态下的坡度。如果超过自然边坡所形成的坡度，它的稳定状态就会受到破坏。这类山体距边坡的安全距离就是按自然稳定边坡坡度和山体垂直高度所推算的位置。

8.2.6　滑坡体地段

滑坡是自然界常见的一种物理地质现象，不仅对工程影响较大，有时会引发大的地质灾害，所以风电场选址就应该避开滑坡和潜在发生滑坡的地段。滑坡是沿着贯穿剪切破坏面或带，以一定的加速度下滑的过程，形成的坡体叫滑体，与母岩相隔离的剪切面是滑动面，滑动面以下的未动的坡体叫滑床。对工程影响较大的有古滑坡的复活和潜在滑坡。

滑坡体在地貌上，多呈台阶状，后缘往往会是圈椅形的洼地，或称双沟同源。与崩塌相比，滑坡通常是较深层的破坏，滑动面可深入坡体内部，甚至可以深入到坡脚以下。

　　如果把风机基础放到古滑坡体上或潜在的滑坡体上,其稳定性是不可靠的。因此在微观选址中,对于滑坡或潜在滑坡的地段应予避开。然而滑坡的类型、地貌特征在野外种类太多,大部分不太典型。最主要的是地貌上处于山前呈圆弧状的地貌形态,并且滑坡后缘常常有低洼地带,一般情况下,滑坡体上的岩体杂乱无章,表面上土体可见阶梯状陡坎,露头的岩体没有规律的产状,常有挤压特征。偶然也可以见到滑坡底界软弱夹层和擦痕。

　　例如浙江苍南鹤顶山风电场补建的 9 号风机位地貌上处于缓倾斜坡上,从卫星图片上看,地貌特征符合滑坡堆积物特征。8 号风机位前部近于滑坡双沟同源后缘位置,9 号风机位前方直到下方弧形道路属于滑坡前缘,路下方应为滑坡舌,9 号风机位于滑坡体的中下部。基坑开挖揭露的地层结构为大小不等块石与坡积物,风化残积物混合体。

　　基坑开挖后,可见槽壁土质较为松散,偶见基岩块石,土层杂乱无章,初步判定地质成因为坡残积物与崩积物混合体。基坑内既有黄色黏性土,又有黑色腐殖土,还有浅红色风化岩体,地基十分不均匀。

　　考虑到风机地基持力层范围内地层变化较大,地基可能产生不均匀沉降。

　　补充地质勘查资料表明,覆盖层厚度(含砾粉质黏土)和坡残积物厚度仅 1.1~1.4m,以下为凝灰岩,为良好的持力层(图 8.2)。

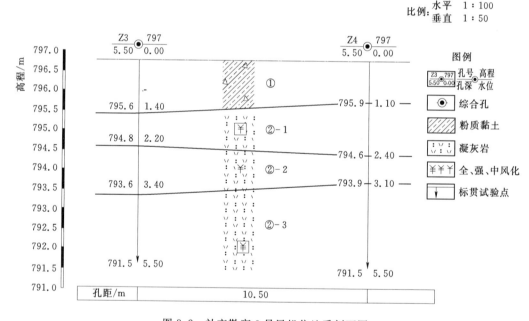

图 8.2　补充勘察 9 号风机位地质剖面图

　　建基面所出露的地基岩性与地勘资料出入较大。虽然地基持力层局部能够满足承载力要求,但初步认为整体不能满足变形和稳定要求(土的变形模量 5MPa,承载力特征值 140kPa,内摩擦角 14.5°)。并要求在现有的建基面上用挖机继续分别下挖两个探坑,坑深为 3m 和 5m。由于遇到孤石难以下挖,探坑并未挖穿过塌滑体。

　　开挖 1.5m 的基坑表明,堆积体为坡残积物与岩体崩塌物的混合体。岩性均匀性很差,既有大于 6m 的孤石,也有 0.5~2m 的岩块,且结构松散,还有架空结构。否定了地勘资料 1.4m 以下是凝灰岩的结论。地质工程师解释误判的原因是钻探遇到大孤石所致。

经过在下挖 1.5m 的建基面上再下挖的 3～5m 的两个探坑证实：在持力层范围内，有黏性土、腐殖土、架空结构，亦有挤压蠕动迹象。地质结构特征符合滑坡的特征。但即使是滑坡，必须同时具备临空面、滑动面（滑坡界面）、与切割面（8 号风机位前低洼处）。该风机在滑坡部位上已经运行了 15 年，并且有观察资料证明，没有发生水平位移的迹象，况且滑坡在特定工况下（大地震或大暴雨）才有进一步发生位移的可能性。该区地震烈度为Ⅵ度，发生强烈地震的可能性不大，故初步判定滑坡体目前整体是稳定的。但从开挖的建基面以及探坑证实 9 号风机位为不均匀地基。

对于该类不均匀地基不认真处理都有可能成为影响风机基础稳定的地质缺陷，对将来风机安全运行造成隐患。

9 号风机是在强台风工况下发生严重损毁，机组不能运行而进行补建的工程，不能排除由于滑坡体上的地基在强台风作用下，由于地基不均匀变形使得叶片和塔筒发生损毁。

由上述案例说明，滑坡体对于工程建设场址和地基的稳定性影响和危害很大的不良地质作用之一。

它的特点是宏观认识容易，但滑坡性质、滑坡类型、滑坡的整体稳定性评价较难。而对于风电场建筑物来说，只要在野外地貌上能够确定的滑坡堆积物，就尽量予以避开。

8.2.7　斜坡和坡脚

在斜坡地段，应力一定条件下，岩体蠕动变形在缓慢进行，风化层较厚，坡积物也较厚，有时二者难以辨别，研究表明蠕变首先从斜坡开始，影响范围达到了十分惊人的地步，一些高山地区（我国西南山区，国外阿尔比斯山、喀尔巴阡山、阿拉斯加山等）都发现有深达数百米、长达数公里的巨型蠕变体。风电场的选址应尽量避开这些变形敏感的斜坡位置，因为斜底部被破坏，或自然边坡遭到破坏，变形就会加速。地貌上常常表现为错台或裂缝。

值得注意的是，在工程实践中，往往会把斜坡上的坡积层当作风化残积层，有的认为是碎石土，这种碎石土直接作为风机建筑物的地基风险是较大的。表面上看这种碎石土变形和承载力都能够满足建筑物的要求，但由于斜坡上的坡积物，一般情况下与基岩之间有一个倾斜接触的界面，建筑物地基放在碎石土上，由于碎石土渗透系数较大，大气降水会通过碎石土深入其接触面上，建筑物就会有抗滑稳定的风险。

例如某风电场风机建筑物由于台风作用风机损坏不能运行，在恢复重建时，发现原建的地基有不均匀沉降问题，风机的损毁与地基的不均匀变形有着直接的联系。

该号风机场地地貌上处于向南、向东倾斜的山体交汇处的山脚平台上，远离山体段地表地层岩性为灰黑色坡、残积物，局部为全风化岩基岩，其下部有鲜黄色黏土，东侧及东南侧为较松散的坡积土，承载力特征值小于 140kPa。北侧及西北侧为全风化岩体，承载力特征值大于 200kPa，显然二者承载力特征值相差悬殊，为不均匀地基。

另外，由于东侧、南侧地貌上处于斜坡地貌，存在临空面，坡残积层和崩塌物与岩体全风化基岩面的界面的角度和抗剪参数以及坡积土的压缩模量是评价该地基抗滑稳定性和不均匀变形最重要的参数。试验资料表明，粉质黏土的压缩模量为 5.08MPa，内摩擦角为 14.5°，黏聚力为 8.0kPa。

根据上述指标及勘察报告给定的地质剖面图（图 8.3），坡积土与基岩凝灰岩的倾斜坡度达 58°，由 NW 向 SE 倾斜（顺坡方向），经初步计算，不均匀地基沉降差异大于 20cm，是厂家给定沉降值（2cm）的 10 倍以上，按 50m 的轮毂高度计算，风机叶片部分倾斜值可达到 1m，显然对风机的安全运行造成较大影响。根据抗剪指标及坡积土与风化岩体的倾斜角度初步分析计算，斜坡处于极限平衡状态。如果地基不采取有效措施，容量有所增大的风机基础放在该不均匀且存在抗滑稳定问题的地基上，风机安全运行是没有保障的。

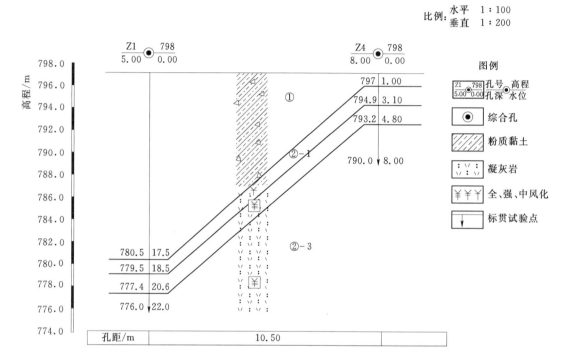

图 8.3　某斜坡坡脚地质剖面图

由于受道路等客观条件的局限，地基只能向 NW 方向移位 4m，垂直向下开挖 1m。经过适当处理，地基处于全风化基岩岩体上。

上述案例表明，斜坡以及斜坡跛脚地貌，不良地质作用往往会使地基发生不均匀沉降和抗滑稳定问题，因此，一般应尽量避开这类地基，否则应做相应地基处理。

8.2.8　山脊狭窄地段

这种呈屋脊状的剥蚀地形，对于风机的布置主要是场地不够，按 1:1 边坡下挖，风机基础每下挖 1m，即需拓宽 2m，满足基础地基要求最少需下挖 8m，且形成这种地形的地层岩性大部分是风化强烈的花岗变粒岩，两侧岩体全风化厚度比较大，与中部的硬质岩体承载力相差悬殊，容易形成不均匀变形。对于这种狭窄地形，有条件时尽量避开。如果没有条件避开，处理起来成本较大。

山西静乐风电场 11 号机位就遇到了该类问题。

11 号基坑地貌上处于狭窄的山脊上，山脊近南北方向展布，两侧地形坡度约为 35°，不能满足风机位基础宽度及设备吊装的要求，从地面下挖 7m 以后，场地西侧为较完整的泥质白云质灰岩，右侧逐步由蠕动的岩体过渡为崩塌的岩块及坡积物。基坑一半是基岩（西侧），一半是崩塌体和坡积物。

如果风机基础放在蠕动变形的崩塌体上，存在抗滑稳定问题。所以该风机位再次下挖 5m 后，东侧少部分地基内仍然在坡积层上，经处理后满足要求。

8.2.9　山脊侧向冲沟地段

场区岩体风化受地形、地貌、岩性和地质构造控制，在山顶及岩性较软弱的部位风化强度较大，节理裂隙发育的部位风化深度较大，表现在水平方向和垂直方向上风化程度差异较大。

由于经历了多次大的构造运动，每次新的构造运动，都对以前的构造格局进行改造或叠加，塑造出新的构造格局，从而展布出新的构造应力场，山川地貌随之改变，河流随之变迁，产生新的地质、地貌景观。在主构造应力作用下，必然产生规模较大延伸较长的对风化深度和河流下切深度起控制作用的主干构造带（图 8.4）。

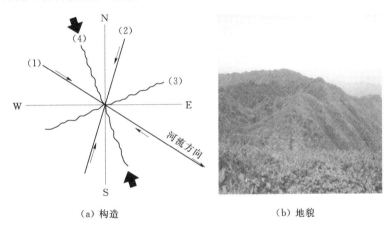

（a）构造　　　　　　　　　　　（b）地貌

图 8.4　构造与地貌关系示意图

（1）、（2）—剪节理；（3）、（4）—张节理；➡—主应力方向

由于构造运动多与岩石的矿物内部粒子排列具有一致性，它改变了岩体的内部结构并影响到岩石和矿物的内部，加快了岩体的变质作用，使得岩石和矿物组成和组构发生明显的变化而形成变质岩的过渡，故新生构造较残余构造对岩体的风化影响更大。

新生构造变为主干构造裂隙带和非主干构造裂隙带。非主干构造裂隙带，地下水循环条件较差，氧化作用深度比两侧完整岩体稍大，但其差异很小，因其规模小，故风化作用多在岩体表面，归属于岩体风化壳范围之内；而主干构造裂隙带，不仅规模大，亦是应力集中带，构造裂隙密集，岩体十分破碎，透水性很强，地下水循环条件好，氧化深度比两侧岩体大得多，常形成带状风化，其带状风化深度与两侧完整岩体风化深度差异可达数十米甚至百米以上。主干构造和非主干构造的岩石有着截然不同的风化程度，岩石的力学强度相差甚大。

主干构造裂隙带和非主干构造裂隙带岩体风化程度悬殊，在微地貌上反映比较明显，尤其在沟谷两侧的斜坡地带，在暂时性水流冲蚀作用下，形成小冲沟与山脊相间的地貌特征，主干构造发育部位形成冲沟，冲沟的发育程度受控于主干构造宽窄。非主干构造带形成山脊，在被开挖揭露的场地中可以看出，非主干构造带所处的山脊部位岩体较为完整，风化厚度和强度较低，而主干构造所处的冲沟岩石构造裂隙发育，岩体破碎，风化剧烈，其带状风化为冲沟的形成创造了条件。正是这种风化差异性使得建筑物地基往往会出现不均匀沉降。

例如云南陆良某风机就布置在侧向冲沟上，由于构造作用形成断层和节理，在断层主构造线部位即断层破碎带风化带厚度可能达几十米，而两侧完整岩体强风化厚度较薄，一般都是沿构造节理发生风化深度一般 3～5m，全、强风化裂隙中都充填红色黏土，建基面所开挖的岩体为中等风化，岩体整体较完整，局部构造发育部位风化较为强烈。

8.2.10　山脊末端

山脊的末端，三面临空，并且有三个斜坡面，在这些地方布置风机位，容易受构造影响，形成塌方、错落、地基不均匀以及抗滑稳定等不良地质作用，对风机基础的稳定性造成影响。

例如山西神池继阳山风电场 92 号基坑，地貌上处于山脊末端，山体坡面倾向西、南及北。开挖揭露有一宽约 3～4m 的张性断层破碎带，充填黏土条带，断层东侧是产状近于水平的厚层灰岩，岩体较为完整，黏土条带西侧是薄片状灰岩，其倾向西及西南，倾角 20°～30° 左右。岩体较为破碎，并有三条走向近于东西向，宽 20～30cm 张性节理，充填黏土条带，平面上可见近于南北向展布的约 10cm 错距的小错台。经初步分析，该地基承载力和变形模量均能满足承载要求，关键是可能存在抗滑稳定问题。东侧岩层产状近于水平，西侧岩层倾向近于西，倾角 30° 左右，岩层中夹泥质条带，是经东西向构造应力作用下形成的地质构造形迹，泥质条带是断层构造线。大气降水渗透过程中不断对构造线风化溶蚀形成宽约 2～3m，深度大于 10m 的溶槽，后期又充填黏土。由于深槽侧壁的临空面发生卸荷回弹，泥槽西侧岩体形成近于南北走向的小错台，同时，在构造应力作用下，形成了近于东西向的构造节理；构造节理风化作用加强，使节理加宽后充填黏土。

可以看出，该风机基坑主要有两方面的工程地质问题。

（1）因为东西向和南北向的泥槽构成了切割面，加上该机位在地貌上处于山脊末端的三面临空面，构造运动过程中，岩层之间会发生层间错动，接触面之间的摩擦系数根据经验值约 0.4，若岩层中间存在泥质灰岩的软弱夹层，遇水饱和后抗滑系数会降至 0.20 左右，那么风电机组在运行过程中，地基会发生抗滑失稳的安全隐患。

（2）由于该机位处于山脊末端，三面临空，开挖的建基上面已可见张性裂缝，这些裂缝为岩体卸荷作用形成，属于卸荷裂隙，必然影响地基稳定。

为了论证上述根据基坑揭露的地质现象的分析判断，排除安全隐患，勘察单位补充施工勘察，主要查明下列问题：①黏土分布的成因、范围、（长、宽、深）对工程的影响；②地质现象成因及对工程的影响；③西侧薄层状灰岩中是否存在软弱夹层，若有，提出物理力学参数；④结合地质剖面图、地形条件、物理力学参数等进行稳定性评价，提出地基处理建议。

勘察单位经施工勘察进一步论证后，认为该位置确实存在抗滑稳定问题，建议作移位处理。设计单位将 92 号机位进行移位处理，从而避免了工程安全隐患。

由于山脊末段地貌往往是在地质构造控制作用下形成的，在工程实践中，山脊末段出现不均匀地基的概率很高，因此在微观选址中，应尽量予以避开。

8.2.11　岩溶地貌

我国碳酸盐岩分布面积约达 125 万 km^2，特别是西南地区如四川东部、四川南部、云南东部、贵州和广西的大部分是碳酸盐岩发育的主要区域。

然而在碳酸盐岩区进行工程建筑，由于岩溶发育对工程建筑带来诸多不利影响。例如水利工程容易形成库坝渗漏和坝基渗透稳定问题；风电场由于地表岩溶发育，会对风机建筑地基产生不均匀沉降或产生较大的压缩变形等问题；甚至地下岩溶会使地表发生塌陷，直接危害建筑物的安全。

岩溶地区进行风电场风机建设常见的岩溶不良地质作用主要发生在地表，且北方与南方岩溶发育在地质地貌上表现差异较大。下面分别说明。

8.2.11.1　北方岩溶

以秦岭淮河为界，我国南方与北方的岩溶发育存在着一系列的差别。

北方岩溶一般不发育，很少见到石芽与溶沟地貌。在碳酸盐岩区常见到的是在断层线上或沿构造节理发育的溶槽或溶沟。

例如山西神池继阳山风电场个别风机地基就是沿着喜山期张性断层带或构造节理发育的，且规模较大，不良地质作用较强。

1. 沿断层发育岩溶

这种岩溶主要特点是，与构造破碎带、风化、构造节理组合，对地基稳定影响较大，4 号风机基坑开挖表明，该地区沿构造线容易形成较大规模的溶洞，溶洞一般沿断层走向发育，溶蚀宽度不一，一般为 1～3m，由于溶蚀作用加强，断层带两侧岩体下部往往会出现悬空现象，致使岩壁的岩体沿着构造节理发生再生改造，形成侧向岩体拉裂。这类溶槽两侧岩体破碎，下部悬空，表面上岩体能够满足荷载、变形及抗滑要求，但由于岩体破碎、风化严重、岩溶两侧岩体易发生向溶洞方向拉开的卸荷节理，并伴有崩塌，加上断层发育很深，溶蚀又沿断层破碎带向下延伸，下部又有悬空，在风机动荷载作用下，地基有出现突然垮塌下沉的可能。容易造成风机倾倒或不能运行的事故。在下部岩溶发育深度、宽度、侧向溶蚀发育程度查勘不明的情况下，不适宜盲目采取桥跨式处理方案，而下挖回填措施，因工程量大、费用很高，不宜采用。建议调整基础位。

18 号风机基坑揭露的溶槽，宽度 3～4m，长度贯穿整个基坑，经补充勘察，基坑处溶蚀深度大于 20m，是平移断层被后期溶蚀的结果。由于卸荷回弹作用，两侧岩壁有拉开的卸荷节理，宽达 10cm 之多，溶槽内充填黄色、红色黏土，夹少量断层角砾岩。局部有河流相砂卵砾石。这类地基，容易出现不均匀沉降，若处理不当，风机基础会发生不均匀变形，影响风机正常运行，所以对于这类在断层基础上发育的岩溶，必须补充详细勘察，搞清楚发育深度，下部宽度，有无横向沿派生构造发育的溶洞，以及分析清楚对风机基础的影响后，针对性的采取处理措施。一般情况下，如果周围没有条件移位时，在两侧岩体较完整的前提下，先用毛石混凝土回填溶槽，沿溶槽两侧岩体取适当宽度，下挖适当深度，配两层钢筋，浇筑混凝土盖板，采取桥跨式通过。

2. 沿构造节理发育岩溶

22 号风机基坑揭露的溶槽显然是沿着构造节理溶蚀而成的，宽度 0.5～2m，两侧岩体较为完整。溶槽内充填黏土较为密实，对地基稳定影响不大，如果所处位置在基坑中部，如果宽度小于 0.5m，可不做处理，如果宽度大于 0.5m，小于 2m 可以采取置换一定厚度的混凝土方法处理。如果溶槽发育在基坑边缘部位，且走向不利于基础稳定，则在置换混凝土同时，应对溶槽与基岩接触部位，适当刻槽呈斜坡状，布置适当钢筋予以补强。

8.2.11.2　南方岩溶

南方岩溶发育，岩溶现象比较典型，地表可以有峰丛、峰林、溶蚀洼地、溶斗、落水洞、竖井等。溶沟及石芽发育较为普遍，石芽之间的相对高差一般不超过 3m。石芽有裸露型、半裸露型和埋藏型，一般在山坡处从坡顶至坡角由裸露型逐渐变为埋藏型（图8.5）。

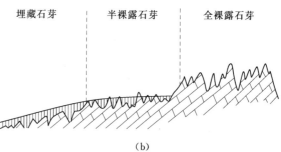

（a）　　　　　　　　　　　　　　　　（b）

图 8.5　溶芽地貌发育特征

一般灰岩化学风化的产物是红黏土，所以云贵川等地红黏土覆盖的地区，下部都有溶芽发育。地貌上比较高的地方，溶芽裸露，适宜风电场风机位的布置，缓坡上的溶芽一般埋藏 1～2m；而坡脚或溶蚀洼地的岩溶埋深很深。有时达几十米。

例如江苏盱眙某风电场一个风机机位在基坑开挖后，发现了一条约 2m 宽、贯穿基坑的溶槽，为典型的不良地质作用，应考虑其对风机地基稳定的影响。经勘察单位和设计单位认真查勘后发现，上部岩层出现断层擦痕和有断层角砾岩的特征，分析判断该溶槽是在断裂构造基础上，岩溶强烈发育而成的，溶槽深度虽深，但两侧岩体较为完整，断层为非活动性断层，构造已经稳定，溶槽也不具有继续发育的水文条件，采取合适的地基处理措施后，不会对风机基础的稳定性产生影响。经讨论后，采取的措施为，溶槽下部用素混凝土做防渗堵塞处理，上部两侧岩石做刻槽处理，然后设置钢筋混凝土底板进行跨越处理。

另外，南方岩溶的一个显著特点，就是岩溶地区大部分是红土覆盖的碳酸盐岩区，建筑物基坑开挖后，往往可见溶沟、溶槽等岩溶现象，如果是在断层附近，岩溶、风化等不良地质作用会更加强烈。例如云南陆良 15 号风机在施工中由于遇到断裂构造的影响，经过两次机位移位都没有避开断层影响带。通过第三次机位移动，虽然避开了断层破碎带的影响，但在基坑下挖 3m 以后，建基面上基坑沿构造线发育十条溶槽或溶沟，其中 NE 向三条，NW 向四条，SN 向三条，溶槽沿构造节理发育长，长度 5～10m，宽度 20～30cm，充填次生红色黏土。建基面上亦可见直径 1.5m 左右的圆形溶洞。

岩溶的形成和发育是一个复杂的、特殊的地质现象。

岩溶地基的工程地质分区是以场地的稳定条件作为分区基本原则，具体分为幼年期、早壮年期、晚壮年期三个阶段。

第一阶段（幼年期）：在原始的可溶性岩体面上，地下水沿裂隙、孔隙流动使岩溶开始发育，其表现形式主要是石芽、溶沟，地表水系变化不大。场地的稳定性好。

第二阶段（早壮年期）：是可溶性岩体将地下水引向最近出口的最好透水层，节理扩大为网格状溶洞，洞穴会沿着岩层发育，特别会沿着相对隔水层发育，本阶段垂直岩溶作用进一步加强，水平溶洞也迅速发展。漏斗、落水洞、溶蚀洼地、干谷、盲谷广泛发育，地下岩溶洞室彼此贯通。这时大部分的地表水通过落水洞而转入地下。场地的稳定性一般。

第三阶段（晚壮年期）：地下岩溶洞穴进一步发展、扩大，洞穴顶板不断塌陷，地下河又转为地上河，大量的溶蚀洼地和溶蚀谷地出现。场地很不稳定，建筑物应避让。

由于风电场建筑物大部分布置于山顶，在岩溶区大多属于第一阶段地质年代的岩溶现象，所以这种不良地质作用相对不甚强烈，也容易处理。但无论是南方或是北方岩溶受断裂构造的影响还是比较明显的，所以，加强岩溶区地质地貌调查，查明场址区地质构造和构造应力是十分重要的。

8.2.12　活断层地貌

活动构造是在晚新生代以来形成的，这一时期的构造活动按其运动方向分为垂直运动和水平运动。垂直运动使地形产生高低变化，表现为上升的山地、丘陵或高原，下降的平原或盆地；间歇性上升的运动形成阶梯状地貌，如山麓台地，河流阶地等。地壳水平运动使山谷和山脊发生水平错移。

大范围的水平运动是地壳发生挤压或拉张。从全球构造看，挤压区形成大陆边缘的孤岛、大陆上的褶皱山系和高原；拉张区成为大洋中脊、大裂谷和断陷盆地等。大洋中脊有来自地幔垂直上升的岩熔到洋底地壳下部转为水平流，在洋底产生扩张，这种运动进一步推动地壳板块相互运动，引起板块边缘的俯冲、隆升、错断和火山活动，在板块内部产生挤压而形成大型褶皱和断裂。

活动构造地貌受构造活动的多期叠加而变得更为复杂，例如一条断层多次活动，不仅使断层崖增高，在断层崖下段形成的崖坡比上段崖坡的角度大，断层崖的坡形成转折状的凸形坡，坡麓形成多层的崩积楔；如沟被断层多次活动错断，则表现为不同时代的沟谷地貌错幅不等，时代愈老错幅愈大。

在一个构造应力场中，除受主应力作用形成的一些破裂和变形外，还派生一些次生构造形成一些派生构造地貌。例如在一个主应力场中可派生一些拉张应力区和挤压应力区，相应的形成断陷和隆起。

根据《岩土工程勘察规范》（GB 50021—2009），断裂地震工程分类应符合下列规定。

（1）全新世活动断裂，为在全新世地质时期（1 万年）内有过地震活动或近期正在活动，在今后 100 年内可能继续活动的断裂。

（2）全新世活动断裂中、近期（近 500 年来）发生过地震震级 $M \geqslant 5$ 级的断裂，或在今后 100 年内，可能发生 $M \geqslant 5$ 级的断裂，可定为发震断裂。

（3）非全新世活动断裂：1 万年以前活动过，1 万年以来没有过活动的断裂。

风机建筑物安全等级一般为二级，一旦建筑物失稳也不会像大型水利工程或核电站会发生较大不良影响，也不会带来次生危害，因此对于风电场这类工期短、见效快、运行周期不长（20 年）的建筑物，勘察实践中，一般不对断层的活动性进行专门定量鉴定，而是用地质地貌法予以定性认定，在地形地貌没有明显活动断层证据的情况下，可以根据区域构造地质背景予以确认。

8.2.12.1　活断层定性判断

云南陆良风电场在 15 号风机基坑开挖中，发现一条贯穿基坑南北方向的宽 3m 的泥质条带。

该机位处于溶蚀山地的一个约 300m² 的圆形岩石山包上，包顶高程 2000m 左右，相对高差 15m，地面坡度 15°～20°，为正坡地形。包顶在风机布置的范围内，微地貌特征略显低洼。

基坑出露中生代泥盆系碳酸盐岩地层，在基坑内见近南北走向的泥槽，其东西两侧为厚层及巨厚层含碳质，黑灰、青灰色灰岩，由于两侧岩层层位基本相同，勘察单位并没有认定是断层构造，只因泥槽宽度大，作为风机地基容易出现不均匀沉降问题，机位向西移位 30m，结果在新开挖的基坑内东侧同样出现一条近于南北走向的泥质条带，泥质条带两侧岩体受东西向构造应力作用，形成走向南北向的褶曲轴部，两侧岩体分别向南东和北西向倾斜。

根据泥槽分布特征，初步认为系走滑型平行移动断层，结合区域构造背景可做进一步判定，并分析其是否是具活动性。

场址区属于我国西南地区，这里活动断裂特别发育，板块活动对该区活动断层和地震的分布起着一定的控制作用，川滇菱形地块向东南方向移动，就是印度板块向欧亚板块强烈碰撞挤压和太平洋板块对该区的推力共同作用的结果。这个地块是由鲜水河断裂、安宁河断裂、则木河断裂、小江断裂以及元江断裂围成的（图 8.6），它的移动引起断裂活动，其活动的性质多为水平或垂直的方向，有些是二者皆有的相对滑动。菱形地块的东侧为逆时针方向错动，西侧表现为顺时针方向错动。这些断裂活动都很强烈，升降差异幅度较大，挤压剪切活动也比较强烈，说明地应力易于集中。它们的走向并不是一条直线，常呈不同方向的弯曲。安宁河断裂北端与鲜水河断裂相接处的转弯段，断裂水平运动由快到慢，在断层以西的部位产生挤压作用，使得更新世的地层逆冲变形，在石棉至拖乌一带隆起，使曾向南流的大渡河在石棉附近转向东流，在大渡河与安宁河之间的菩萨岗形成风口式宽谷。在安宁河南段与则木河断裂相接处的转弯段，断层水平运动由慢转快，在断裂转弯部位产生张拉作用，形成断陷盆地和一些东西向的小型张拉谷，成为我国西南地区地震强烈发生地带。

该区活动性断裂特别发育，而且延伸较长，与印度板块强大的水平挤压密切相关。其作用方向有 NS 向、NE 向和 NW 向三组。东部以 NE 向为主，中部以 NS 向为主，西部以 NW 向为主。而其活动大多数表现为水平活动的特点，并表现出对老断层的明显继承性，白垩纪晚期的四川运动就是一次强烈的水平挤压活动。例如鲜水河断裂带具有左旋错动性质，龙门山断裂具有右旋错动性质，代表了东西向区域构造应力场的两组剪切方向。

这些构造断层形成后，在后期地壳抬升运动中，经外营力改造后（主要是河流下切）形成了沿断层构造带发育的沟谷或河流。这些沟谷与断裂走向往往一致，它们常与地震的分布有着密切的关系，容易有强烈地震发生。

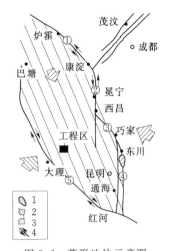

从区域构造形迹可以看出，该区活动性断层与 15 号风机基坑断层走向相近，断层性质相同，断层都是近南北发育，说明 15 号风机位所揭露的平移断层是区域内低序次的派生断层，它与区域活动性断层是同一方式的动力作用期间所产生的构造形迹。所以推定是活动性断层。因此按规范要求，遇到活动性断层应该避开适当距离。

这一案例告诉我们，有活动构造地质背景和地貌特征、地质特征、地震特征可以推定为活动断层。活断层构造与地貌形态有密切关联，大到我国的一些山地、高原、平原和盆地等构造地貌类型的排列组合受地质构造控制，尤其是山脉的延伸与构造线的走向几乎一致，中到我国西南地区也就是风电场的区域构造范围，构造线与山脉的走向近于一致，小到本建筑物的场地，由断裂构造控制的丘陵剥蚀地貌。这种地貌是在断层相互切割后外应力作用的

图 8.6　菱形地块示意图
①—鲜水河断裂；②—安宁河断裂；
③—则木河断裂；④—小江断裂；
⑤—元江断裂；1—菱形地块；
2—大区域应力场方向；
3—菱形地块移动方向；
4—断裂错动方向

结果。也不排除在丘顶部低洼部位存在活动断层的可能。因此在风电场机位微观选址时，即使是丘陵剥蚀地貌的丘顶部位也应避开在微地貌上相对低洼的部位。

8.2.12.2　平行山谷之间相接部位

活动性断裂往往沿着平行的沟谷发育，例如云南马塘风电场地质构造强烈发育，地貌严格受构造控制，根据沟谷发育的特征，属于斜列断层，首尾相接处的派生构造地貌。沟谷是由一系列不连续的次级断层组成，呈斜列状分布。两沟谷相夹的隆起山脊首尾部分相当于次级断层错列部分为岩桥（图 8.7）。

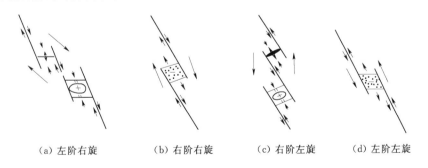

（a）左阶右旋　　　（b）右阶右旋　　　（c）右阶左旋　　　（d）左阶左旋

图 8.7　脆性剪切破裂带内次级破裂的斜列方式和岩桥区变形类型

岩桥部分的应力状态和变形特征，取决于由断裂构造塑造的相邻两沟谷的排列形式和两侧岩体的运动方向。如 7 号、10 号、13 号、21 号风机位左阶斜列断层并左旋的运动，岩桥上的风机位处于挤压状态，形成隆起高地，并发育一些次级断层，形成垭口或马鞍状地形。如沟谷呈右阶斜列为右旋运动时，岩桥区处于拉张状态，形成正断层，地貌上处于

类似于 11 号基坑的洼地或小盆地［相当于图 8.7 (d)］。这就是这些风机位基坑开挖后，岩体破碎的主要原因。

　　7 号风机位地貌上处于较平坦的山脊上，由于受构造挤压作用严重，岩体中，灰岩节理发育充分并充填红色黏土，边缘部分完全为红色黏土，岩体与红黏土层之间承载力差异非常大，为典型的不均匀地基现象，易造成风机基础的不均匀沉降。

　　10 号风机位地貌上处于两沟夹一山的长条隆起地带的西侧末端，岩层受构造应力挤压形成单斜褶皱，层间错动与岩层面一致，构造应力作用强烈，为断层破碎带，散体状结构。岩性变化大，软硬相间。岩性为泥质砂岩与泥炭质页岩互层，承载力及变形模量差异较大，为不均匀地基。

　　11 号风机位地貌上处于三个隆起地带交汇的垭口部位，或者叫山间洼地，是不同时代断裂构造的交汇部位。构造变动十分剧烈，岩性变化大，主要是构造错动时高温高压作用下形成的砖红色碎石土，与断层泥、断层角砾岩组成的碎石土。结构为散体状，由于地貌上处于洼地，岩土有风化坡残积次生堆积物迹象。岩性变化大，建基面上岩土不均匀，强度变化较大，为不均匀地基。

　　13 号风机位基坑，地貌上处于山脊末端，岩性复杂，构造变动剧烈，风化作用强烈。整体强度较低，需进行地基换填处理。

　　21 号风机位地貌上处于两沟夹一山脊的末端，为断层破碎带，基坑内有数条滑动带，由断层泥组成，挖机下挖数米，仍为塑性黏土。断壁上有明显的错动擦痕，基坑中节理、劈理密集而无序。整个基坑内风化剧烈，呈块夹泥的松散状态，近似于松散介质，黏土与碎石土组合，其压缩变形、承载力、抗剪强度差异都很大，如果有地下水作用，会引起泥化、崩解和不均匀变形等现象。

图 8.8　山东郯城活动断裂地表特征

8.2.12.3　区域性活动断层

　　对于国家已经确定了的区域性大裂，例如我国东部跨越我国南北 2400km 的郯庐活动性大断裂（图 8.8），风电场无论是微观选址或在基坑开挖发现断层，都应按规范的要求，避开断层 100～200m 的距离。

8.2.13　特殊性岩土

8.2.13.1　黄土

　　1. 黄土分布

　　在中国北方，黄土高原东起太行山，西至乌鞘岭，南连秦岭，北抵长城，主要包括山西、陕西、甘肃、青海、宁夏、河南等省（自治区）部分地区，面积约 63 万 km^2，为世界最大的黄土堆积区。

　　2. 黄土一般特征

　　（1）沟谷众多。中国黄土高原多数地区的沟谷密度在 3～5km/km^2，沟谷下切深度一般为 50～100m。

（2）侵蚀严重。黄土地貌的侵蚀外营力有水力、风力、重力和人为作用。它们作用于黄土地面的方式有面状侵蚀、沟蚀、潜蚀（或称地下侵蚀）、泥流、块体运动和挖掘、运移土体等。

其中潜蚀作用造成的陷穴、盲沟、土柱、碟形洼地等。黄土的抗蚀力极低，因而黄土坡面的侵蚀速率为 1～5cm/年，溯源侵蚀一般为 1～5m/年，个别沟头达到 30～40m/年，甚至一次暴雨冲刷成一条数百米长度的侵蚀沟。

（3）具湿陷性。上部淡黄色黄土（Q_3）大部分有自重湿陷性，下部浅红色黄土（Q_2）一般没有自重湿陷性。

3. 黄土对风电工程的影响

由于黄土地貌侵蚀严重，又具湿陷性，所以风机建筑物（风机基础、线路塔基、升压站基础）一般都应远离溯源侵蚀部位、易滑动部位和易于引起侧向侵蚀的部位，对于风机桩基础一般要穿过淡黄色强烈湿陷土层，深入到下部浅红色非湿陷黄土层中；对于线路塔基基础，在荷载不高于湿陷性黄土湿陷起始压力下，一般不进行处理，湿陷等级较高时，可以采取基础底部适当换填或上部做好排水的方法处理；对于升压站，一般采用消除部分湿陷量的处理方式。

8.2.13.2　软土

1. 沉积环境及其地貌特征

从沉积环境分析，软土主要沉积环境有滨海相、泻湖相、溺谷及三角洲相。在沟谷的开阔地段、山间洼地、支沟与主流交汇地段、冲沟与河流汇合地段河流两侧山洼地段、河流弯曲地段、河漫滩地段等处往往有软土分布。

在山区河流中游、上游地段，一般沉积粗粒相物质，但应特别注意河流两侧支沟、冲沟的影响。当上述支沟或冲沟地段有形成软土物质的来源时，这些地段往往有软土间夹在卵砾石中。

在泉水出露的地方，特别是潜水溢出处，水草发育，土体长期浸泡呈饱和状态，这些地段往往有软土分布；在潜水较浅的黄土及亚黏土地区，也有软土分布。

一些古河道、古沼泽、古渠道等分布地段，也往往有软土分布。

从地表特征分析，有些地段地势低洼，排泄条件不良，地表容易积水，往往出现湿地、沼泽等积水地形，喜水植物发育，上述地段往往有软土分布。人工水库下游地段往往有软土分布。

2. 软土工程特性

软土的主要特征是：天然含水量高（接近或大于液限），孔隙比大（一般大于 1）压缩性高，强度低，渗透系数小。

因此软土具有如下工程性质：触变性、流变性、高压缩性、低强度、低透水性、不均匀性等。

3. 软土对风电场建筑物影响

风电场建筑物应尽量避开上述地貌部位，不能避开应关注下列问题：①当建筑物离池塘、河岸、海岸等边坡较近时，易发生软土侧向塑性基础滑移的危险；②当地基土受力范围内有基岩或硬土层，且接触面倾斜时，接触面以上地基土沿此倾斜面产生滑移或不均匀变形的可能性；③承载力、压缩变形一般不满足要求。

4. 地基处理

（1）范围不大厚度较薄时，一般采用基础加深或换填处理。

（2）当宽度不大时，一般采取梁跨越处理。

（3）当范围较广、厚度较大时，采用桩基础。

8.2.14　海上风电

海底地貌与陆地地貌一样，是内营力和外营力作用的结果。海底地形通常是内力作用的直接产物，与海底扩张、板块构造活动息息相关。大洋中脊轴部是海底扩张中心。海岭与海山的形成多与火山、断块作用有关。外营力在塑造海底地貌中也起一定作用。较强盛的沉积作用可改造原先崎岖的火山、构造地形，形成深海平原。波浪、潮汐和海流对海岸和浅海区地形有深刻的影响（图 8.9）。

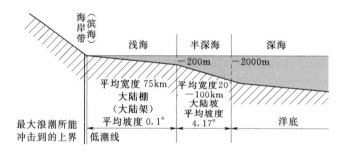

图 8.9　海洋环境地貌示意图

8.2.14.1　风电场所处地貌及沉积物

目前风电场建设的区域处在陆棚（大陆架），是沉没的大陆边缘，从海滨带外缘缓缓地向深海倾斜，一直延伸到坡度突然变大处与陆坡连接。陆棚区平均坡度小于 0.3°，一般平均只有 0°07′，宽度各地不一，有几公里到上千公里，平均宽 75km 左右，属于浅海区，海水的深度约为 10～20m，最大水深 200m 左右，是海洋沉积中最活跃的地区。在陆棚上发育有很多海底阶地、海底丘陵洼地和盆地，如侵蚀成因的阶地、浅槽沟；堆积地貌有阶地、沙洲、礁、滩等。它们在强风暴、海流及生物的作用下，不断改变着。据统计，高差达 20m 以上的丘陵地形，在陆棚断面上占 60%，深度在 20m 以下的洼地占 35%。

陆棚沉积物可分为五类：碎屑沉积（有风、水和冰带来的）、火山沉积（火山口附近的火山碎屑）、生物沉积（主要是碳酸盐的介壳和介屑）、自生沉积（主要是磷灰石和海绿石等）和残留堆积（基岩原地风化和较老的沉积物）。

从粒度上看，陆棚沉积主要是粉砂质泥、泥质粉砂和部分粗砂和细砂。

8.2.14.2　风机建筑物位置的确定

沧海桑田，海陆交替是自然界发展的规律，同陆地上一样，海底地形形成受地质构造控制，既有起伏较大的山区，也有垭口洼地，阶地，地形地貌很复杂，所不同的是陆地上根据地貌特征，多数就可以直接避开断层、滑坡、垭口、山脊相间等不良地质作用强烈的地段，风机位直接放在稳定或比较稳定的山体上。地质外营力主要剥蚀为主，而海底地形复杂外营力作用主要以海浪侵蚀搬运沉积为主。起伏较大的地形由于沉积和搬运作用表面则相对平缓，内应力塑造的原始地形的丘陵与洼地工程地质条件相差甚远。

海底原始地形较高的位置岩体覆盖层较薄、岩体相对比较完整，风化厚度相对较薄，风机基础的工程量较小且便于施工。

而海底比较低洼的部位往往是地质构造挤压比较严重的部位，甚至沟谷是沿着断裂发育的，这些比较低洼的部位工程地质条件一般很差，构造发育的部位岩体风化厚度有时达百米以上，覆盖层厚度也很大，也容易遇到类似崩塌滑坡等不良地质作用。

海上风电建筑物位置的确定，应在地质勘察的基础上结合抗震危险地段、不利地段、一般地段和有利地段进行海底工程地质分区，然后结合风资源状况选定海上建筑物位置，这样可以最大限度地避开海底不良地质发育地段。在选定建筑物的基础上，做出详细勘察并进行基础类型划分。在搞清地质条件的前提下，进行风机等建筑物基础施工。

8.2.14.3　海洋工程地质工作

海洋工程地质主要研究与海洋开发和海洋工程建设有关的地质条件。主要有工程场区地质条件的调查和评价，工程建成后地质条件变化的预测，最佳工程场所的选择和提出克服不良地质条件的工程措施，为工程规划设计、施工提供必需的科学依据。

在海岸带进行风力发电、潮汐发电等工程建设时，主要考虑工程基底状况和地貌形态。由于岩性和构造的差异，波浪、潮流作用强度的不同，又形成不同的海岸类型和地貌形态。浅海地带大多为厚度不一、互相交错的滨海砂砾、卵石和黏土、淤泥等现代沉积物，少数地段是古老的裸露基岩和浅藏基岩。由于地质历史年代和沉积条件不同，沉积层性质常有较大差别。一般处于松软状态，作为地基需采取处理措施。

近海大陆架是目前海上风电场选址的重点地区。海底常由几个阶地组成，坡度平缓，平均坡度约为 $0°07'$。近海海域基岩埋藏一般较深，沉积物主要是颗粒较细的砂、黏土、淤泥等，以及钙质、硅质沉积物，常形成分布较广、厚度较大、层理规则的砂层和黏性土层叠交。砂土层粒径细小、均匀、松散，黏性土层的固结状况因地而异。岩层受海流与波浪影响，局部地区高低相差较大，起伏不平，也有抗滑稳定问题。尤其是黏性土层，其底坡坡度虽很小，但土质稀软，就可能发生缓慢滑动。海底谷地中多为含水量高和孔隙大的沉积物所充填，在工程场地选择时应尽量避开。

海底沉积物的工程特性是海洋工程地质的主要研究内容。它对建筑物的稳定和变形有直接影响，是工程成败的关键之一。风电基础主要注意地基的不均匀沉降，也需要关注地基稳定性。海底沉积物的来源与沉积环境不同于陆地，其工程性质比陆地复杂，沉积层强度和压缩性的变幅很大。工程的结构型式与海底沉积物的工程性质密切相关。沉积物的抗剪强度、变形性质以及有关的物理、力学性质，是选择建筑物位置、基础持力层和建筑物结构选型的必要资料。持力层以上覆盖层的工程性质对基础布置的合理性及其实施的可行性也很重要。

海上建筑物与陆地不同，要承受风浪、潮流的强烈作用，某些海区还有地震、海啸、台风、海冰、泥沙运移等因素影响建筑物的稳定。所以，在环境荷载作用下海底表层土和海底持力层及其覆盖土层的物理、力学性质（包括砂性土的液化性质）也是应予研究的内容。

　　海洋工程地质的调查研究主要通过现场勘探、现场试验以及取样后进行室内试验、综合分析等。现场勘探可获得海底岩土层地质条件的可靠资料，用于选择安全、经济和施工方便的最佳基础设计方案。现场勘探一般分初勘和详勘两个阶段。初勘阶段获得大范围的海水深度、海底地形、地层剖面以及深层基岩构造和岩性等资料。选定工程地点后，在较小范围内进行一系列钻孔、静力触探等现场试验和取原状土样等详勘工作，具体核定其工程地质剖面和各土层的物理、力学指标。取沉积层结构的原状土样时，在钻孔内使用薄壁式取样管，对砂土层可考虑采用冰冻法。

　　海洋地质采样一般采用重力采样器、重力活塞采样器和振动活塞采样器等，但对土层结构扰动较大，取样深度范围较小。鉴于高质量取样很困难，往往要进行现场试验，最普遍的是静力、动力触探试验和旁压仪测试；以及用于测量软黏土的滞水强度的十字板试验，作为钻孔取样试验资料的比较。取样后有些物理、力学性质的指标应都在船上测定，样品还要妥善密封包装运回陆上试验室，进行满足工程要求的其他特殊试验。

　　海洋是地球上的水体，也是最大的沉积盆地，地球表面大约 2/3 为大洋水体覆盖，海水的平均深度可达 3797m，我国沿岸有 1.8 万 km 的海岸线，沿岸有 5000 个岛屿也有 1.4 万 km 的海岸线，共有海岸线 32 万 km，仅沿海岸线浅海地段发开风力资源，利用清洁能源解决能源危机，潜力也是十分巨大的。对沿岸及海洋地貌与新构造运动、沉积物特征等工程地质条件进行研究对保证海上风机基础的稳定具有十分重要的意义。

第3篇 地层岩性篇

第9章 岩石地层工程地质分析与实践

三大类岩石的成因不同，工程地质特性也有一定差别，工程地质工作的主要任务之一就是查清岩石的工程性质，分析对工程的影响，以便采取相应的工程措施。

9.1 岩石的工程性质及指标

岩石的工程性质指与工程有关的岩石特性。包括岩石的物理性质、力学性质及水理性质等。工程性质指标是反映岩石的物理性质、力学性质及水理性质等的定量指标。我们在此仅介绍指标的物理意义及工程意义，对公式、换算等不做介绍。

9.1.1 岩石的物理性质及指标

岩石的物理性质是岩石的基本工程性质，岩石的物理性质主要包括岩石的重力性质及空隙性质（结构性质）。

9.1.1.1 重力性质及指标

（1）密度，指岩石单位体积（含孔隙体积的）质量。

（2）相对密度，也叫比重，是指岩石在某一特定温度、压力下的密度同纯水在标准大气压下的最大密度（温度 3.98℃时的密度为 999.972kg/m³）的比值。

（3）重度，单位体积岩石所受的重力称为重度，又称为重力密度。

一般来说，岩石密度（或比重、重度）大，说明岩石结构致密、孔隙小，岩石的强度和稳定性较高，对工程建设一般有利。尤其是用相同条件下的同一种岩石的重力性质指标进行比较，得到的结论更加可靠。主要岩石及矿石的密度见表 9.1。

表 9.1　　　　　　　　　　　　主要岩石和矿石密度表

名　称	密度范围/(g/cm³)	名　称	密度范围/(g/cm³)
纯橄榄岩	2.5～3.3	玢岩	2.6～3.9
橄榄岩	2.6～3.6	花岗岩	2.4～3.1
玄武岩	2.6～3.3	石英岩	2.6～2.9
辉长岩	2.7～3.4	流纹岩	2.3～2.9
安山岩	2.5～3.8	片麻岩	2.4～2.9
辉绿岩	2.9～3.3	云母岩	2.5～3.0

续表

名　称	密度范围/(g/cm³)	名　称	密度范围/(g/cm³)
千枚岩	2.7～2.8	黄铁矿	4.9～5.2
蛇纹岩	2.6～3.2	黄铜矿	4.1～4.3
大理岩	2.6～2.9	钛铁矿	4.5～5.0
白云岩	2.4～2.9	磁黄铁矿	4.3～4.8
页岩	2.5～3.3	表土	1.1～2.0
石灰岩	2.6～3.6	黏土	1.5～2.2
砂岩	2.6～3.3	铝矾土	2.4～2.5
闪长岩	2.7～3.4	干砂	1.4～1.7
重晶石	2.5～3.8	白垩	1.8～2.6
氟石	2.9～3.3	硬石膏	2.7～3.0
锰矿	3.4～6.0	石膏	2.2～2.4
钨酸钙矿	5.9～6.2	煤	3.4～6.0
铬铁矿	3.2～4.4	褐煤	5.9～6.2
赤铁矿	5.1～5.2	钾盐	3.2～4.4
磁铁矿	4.8～5.2	岩盐	5.1～5.2
		刚玉	4.8～5.2

9.1.1.2 空（孔）隙性质及指标

岩石的空隙性反映的是岩石中各种孔隙（包括裂隙）的发育程度，一般用空（孔）隙度（率）表示。岩石中的空（孔）隙有的与大气连通（开口），有的被封闭在固体物质之中与大气隔绝，且开口也有大小之分。

1. 空（孔）隙度

空（孔）隙度一般是指岩石内空隙总体积与岩石总体积之比，也称总空（孔）隙度。根据岩石空（孔）隙性不同，空（孔）隙度可分为总空（孔）隙度、大开型空（孔）隙度、小开型空（孔）隙度、总开型空（孔）隙度、封闭型空（孔）隙度。

2. 空（孔）隙比

空（孔）隙比是指岩石试件中各种裂隙、孔隙的体积总和与岩石中矿物颗粒体积之比。

岩石的空（孔）隙性反映岩石中各种空（孔）隙的发育程度，空（孔）隙度大小取决于岩石的结构和构造，同时受外力因素的影响。未受风化或构造作用的侵入岩和某些变质岩，空（孔）隙度较小，而砾岩、砂岩等一些沉积岩类岩石常具有较大的空（孔）隙度。

一般来说，岩石的空（孔）隙度增大，使岩石的整体性削弱，使岩石的密度、强度降低，使塑性及透水性增大，风化速度加快，并导致力学强度降低，会恶化岩石的工程性质。

9.1.2 岩石的水理性质及指标

岩石的水理性质包括吸水性、透水性、软化性、抗冻性、可溶性、膨胀性、崩解性。

9.1.2.1　岩石的吸水性

吸水性指岩石在浸水过程中具有的吸水性能。主要指标有吸水率、饱水率、饱水系数。

1. 吸水率

在常压下，将岩石浸入水中充分吸水，被岩石吸收的水分的重力与干燥岩石的重力之比的百分数即表示吸水率。

常压下水一般只能进入岩石的大开口空隙中，故该指标主要反映大开口空隙的情况。

2. 饱水率

在高压（15MPa）或真空条件下，岩石吸收的水分的重力与干燥岩石的重力之比的百分数为饱水率。

在高压（15MPa）或真空条件下，水一般能进入岩石的全部开口空隙中，故该指标主要反映所有开口空隙的情况。

3. 饱水系数

岩石吸水率与饱水率的比值为饱水系数。

饱水系数反映了岩石的大开型空隙与小开型空隙的相对含量。饱水系数越大，说明大开型空隙相对较多，而小开型空隙相对较少。一般岩石的饱水系数为 0.5～0.8。

岩石饱水系数还间接反映了岩石的耐冻性：饱水系数越大，岩石耐冻性越差。一般认为饱水系数小于 0.8 时，岩石具有足够的抗冻能力。

9.1.2.2　岩石的透水性

透水性指岩石容许水透过的能力。一般用渗透系数来表示。

1. 渗透系数

渗透系数数值上等于单位水力梯度下的单位流量，是水文地质学中一个非常重要的参数，一般由室内或野外试验所测得。

岩石渗透系数的影响因素主要有空隙的大小、形状、分布及温度等。

一般情况下硬质岩石的渗透系数大，说明岩石中孔隙或裂隙较多、孔隙或裂隙的连通性较好，岩石风化速度加快，会导致力学强度降低，岩石的工程性质恶化。

需要注意的是，我们不能看到渗透系数小，就认为岩石的工程性质好，需要综合判断。如泥页岩一般渗透系数较小（可能因黏土的弥合作用而使空隙张开度小），但其工程性质较差。当然，对同样的泥页岩来说，若渗透系数大，说明其工程性质更差。

2. 透水率

透水率是钻孔压水试验过程中，每分钟每米试段在 1MPa 压力下注入的水量（升）。其单位为吕荣（Lu）。

透水率既反映岩石（体）的透水性，也反映岩石（体）的可灌性，是常用的灌浆标准指标。

据《水利水电工程地质勘察规范》（GB 50487—2008），岩土渗透性分级见表 9.2。

9.1.2.3　岩石的软化性

软化性指岩石浸水后强度和稳定性降低的性质。用软化系数来表示。

岩石的软化系数，即岩石饱水状态的抗压强度与岩石风干后抗压强度之比，用小数表示。软化系数越小，表示岩石在水作用下的强度和稳定性越差，工程性质较差。

表 9.2　　　　　　　　　　　岩土渗透性分级表

渗透性等级	渗透系数 $K/(cm/s)$	透水率 q/Lu
极微透水	$K<10^{-6}$	$q<0.1$
微透水	$10^{-6}\leqslant K<10^{-5}$	$0.1\leqslant q<1$
弱透水	$10^{-5}\leqslant K<10^{-4}$	$1\leqslant q<10$
中等透水	$10^{-4}\leqslant K<10^{-2}$	$10\leqslant q<100$
强透水	$10^{-2}\leqslant K<1$	$q\geqslant100$
极强透水	$K\geqslant1$	

据《岩土工程勘察规范》（GB 50021—2009），当软化系数小于等于 0.75 时，定名为软化岩石。

9.1.2.4　岩石的抗冻性

抗冻性指岩石抵抗冻融破坏的性能。主要用岩石的抗冻系数等表示。

（1）抗冻系数。抗冻系数指岩石冻融后的强度损失率，数值上等于岩石冻融前后的抗压强度的差值与冻融前抗压强度的比值。抗冻系数值越小，表示岩石越抗冻。

（2）冻融系数。冻融系数为冻融后的饱和单轴抗压强度与冻融前的饱和单轴抗压强度之比。冻融系数越大，表示岩石越抗冻。

（3）冻融质量损失率。冻融质量损失率为冻融后质量损失率，数值上等于冻融前后岩石质量差值与冻融前岩石质量的比值。冻融质量损失率越小，表示岩石越抗冻。岩石饱水系数可间接反映岩石的抗冻性。

岩石的抗冻性越强，其工程性质越好，在北方等寒冷地区尤为突出。

9.1.2.5　岩石的可溶性

可溶性指岩石被水溶解的性能。常用溶解度或溶解速度表示。岩石的溶解性主要与岩石的化学成分有关。可溶性岩石有三类：碳酸盐类岩石（石灰岩、质灰岩、泥质灰岩）、硫酸盐类岩石（石膏、芒硝）、卤盐类岩石（石盐和钾盐）。

1. 溶解度

溶解度指在一定温度下，岩石在 100g 溶剂中（一般指水）达到饱和状态时所溶解的溶质的质量。

可溶性岩石溶解度大小排序为：卤盐＞硫酸盐＞碳酸盐。

碳酸盐类岩石分布很广，且岩体规模大，一般来说，碳酸盐类岩石溶解度，从大至小依次为：石灰岩＞白云岩＞硅质灰岩＞泥灰岩。在各种碳酸盐类岩石互层情况下，岩溶发育取决于优势易溶岩石的含量。

2. 溶解速度

溶解速度是指岩石在某一溶剂中（一般指水）单位时间内溶解溶质的量。

一般来说，岩石溶解度大或溶解速度快，说明岩石水稳性差，其工程性质较差。

9.1.2.6　岩石的膨胀性

膨胀性指岩石吸水后体积增大引起岩石结构破坏的性能。主要指标有自由膨胀率、膨胀力、蒙脱石含量、干燥饱和吸水率等。前两个为直接指标，后两个为间接指标。膨胀性在本书第 10 章中有较详细叙述。

（1）自由膨胀率。烘干岩土在水中增加的体积与原体积的比。根据《膨胀土地区建筑技术规范》，当自由膨胀率为 40％～65％时属弱膨胀，为 65％～90％时属中膨胀，大于 90％时属强膨胀。

（2）膨胀力。原状岩样在体积不变时，由于浸水膨胀产生的最大内应力。

（3）蒙脱石含量。岩石中蒙脱石矿物的含量。研究发现，蒙脱石矿物的含量越高，岩石膨胀性越强。

（4）干燥饱和吸水率。曲永新等人认为，岩块干燥饱和吸水率大于 25％为膨胀岩，25％～50％时属弱膨胀，50％～90％时属中膨胀，90％～130％属强膨胀，大于 130％时属剧膨胀。

岩石的膨胀性会大大恶化工程性质，许多工程破坏就是由岩石膨胀引起的。

9.1.2.7　岩石的崩解性

崩解性指岩石被水浸泡，内部结构遭到完全破坏呈碎块状崩开散落的性能。一般用耐崩解性指数表示。

耐崩解性指数为试件崩解后残留的质量与试验前试验质量之比。岩石耐崩解性指数反映了岩样在承受干操和湿润两个标准循环之后，岩样对软化和崩解作用所表现出的抵抗能力。耐崩解性指数越大，岩石耐崩解性越强。

许多岩石，特别是黏土矿物含量高的岩石，在短期潮湿与风干反复作用下易产生崩解剥落现象。岩石的崩解性是不良的工程地质性质。

9.1.3　岩石的力学性质及指标

岩石的力学性质指岩石受载时的变形和强度特征，是工程地质研究中的重要指标，工程的地基稳定性与岩石的力学性质直接相关。包括强度性质、变形性质及流变性质。

9.1.3.1　岩石强度

岩石在外载荷作用下抵抗破坏的能力称为岩石强度。它反映了岩石的极限承载能力。强度特性分为抗压强度、抗拉强度、抗剪强度等。岩石的强度越高，其工程性质一般越好。但有时对施工来说存在例外，如采用 TBM 进行隧洞施工时，如围岩强度太高，则刀盘磨损大，不易进尺，有时不得不更换施工方法，造成工程巨大浪费。

1. 抗压强度

一般指单轴抗压强度。为岩石在单向压力下抵抗压碎破坏的能力。在数值上等于岩石单向受压达到破坏时的极限应力。抗压强度的大小与岩石的结构和构造有关，同时受到矿物成分和岩石生成条件的影响。

根据岩石受压时的状态，又分为干燥抗压强度、饱和抗压强度、冻结后抗压强度等，是工程上最常用的力学指标之一。其中，饱和抗压强度常用作工程标准。岩石按强度分类见表 9.3。

2. 抗拉强度

岩石在单向拉伸时抵抗断裂破坏的能力。在数值上等于岩石拉断破坏的最大张应力。

表 9.3　　　　　　　　　　　　　　　岩石按强度分类表

岩质类型		饱和单轴抗压强度/MPa	代 表 性 岩 石
硬质岩	坚硬岩	＞60	花岗岩、花岗片麻岩、闪长岩、玄武岩、石灰岩、石英砂岩、大理岩、硅质砾岩等
	中硬岩	30～60	
软质岩	较软岩	15～30	泥质砂岩、钙质页岩、千枚岩、片岩、黏土岩、泥质页岩、泥灰岩等
	软岩	5～15	
	极软岩	≤5	

3. 抗剪强度

岩石在抵抗剪切破坏的能力。在数值上等于岩石受剪时的极限剪应力。又可分以下 3 类。

（1）抗剪断强度：在垂直压力作用下的岩石剪切强度。

（2）抗摩擦强度（抗剪强度）：沿着已有的破裂面发生剪切时的强度。

（3）抗切强度：压应力等于零时的剪切强度。

一般来说，岩石的抗压强度最高、抗剪强度次之、抗拉强度最小。岩石越坚硬，其值相差越大。一般抗剪强度为抗压强度的 $10\%\sim40\%$，抗拉强度为抗压强度的 $2\%\sim16\%$。

9.1.3.2　岩石变形

岩石变形指岩石在外力或其他物理因素（如温度、湿度）作用下发生形状或体积的变化。工程岩体往往因为变形过大，导致失稳。因此岩石变形特性是岩石力学研究的重要内容之一，研究的重点是岩石的应力—应变—时间关系。

一般认为，在外力除去以后，岩石恢复到受力前的体积和形状的变形叫岩石的弹性变形，不能恢复的叫塑性变形（又称永久变形或残余变形）。岩石的总变形应视为弹性变形和塑性变形之和。试验表明，大多数岩石在加载过程中，应力—应变呈非线性关系，在卸载（即使是荷重很小的卸载）过程中，也会出现不可逆的塑性变形。

岩石变形影响因素除有时间效应外，湿度、温度等对岩石的变形也有影响。湿度的影响一方面表现在随含水量的增加，强度降低、变形加大，更重要的是某些含亲水性矿物的岩石遇水后会产生膨胀变形和膨胀压力，给工程带来危害。温度的影响主要表现在高温条件下，岩石可产生很大的塑性变形。此外，应力施加速率、载荷性质（如动载荷或静载荷）等也对岩石的变形有影响。

1. 应力、应变

应力是单位面积上所承受的附加内力。

岩石在受到外力作用下会产生一定的变形，变形的程度称应变。应变在力学中定义为一微小材料元素承受应力时所产生的变形强度（或简称为单位长度变形量）。

2. 弹性模量及变形模量

弹性模量是应力与弹性应变的比值，弹性模量越大，变形越小，说明岩石抵抗变形的能力越强。

变形模量是应力与总应变的比值。总应变包括弹性应变及塑性应变。变形模量越大，总变形越小，说明岩石抵抗变形的能力越强。

从概念上就可看出，弹性模量一般大于变形模量。

3. 泊松比

泊松比指单轴压缩下岩石横向应变与纵向应变的比值。岩石的泊松比一般为 0.2～0.4。泊松比越大，一般岩石工程性质越差。

9.1.3.3　岩石流变

岩石流变主要包括蠕变和松弛。在应力不变时岩石的变形随时间不断增长的现象称为蠕变。在应变不变时岩石中的应力随时间减少的现象称为松弛。

岩石流变主要体现了时间效应，一些边坡失稳、隧洞围岩变形破坏等都与流变有关。实践证明，一些建筑物失稳，并非因强度不够，而是因为岩石未达到破坏之前就产生了蠕变，过大的变形导致建筑物失稳。因此，有时工作中仅考虑岩石强度是不够的，还需考虑岩石流变性质。

岩石蠕变特性主要与岩石成份和结构有关，多数坚硬岩石，如花岗岩等蠕变量微小，可忽略不计，但对黏土岩、泥灰岩、泥化岩石等软岩，蠕变量往往较大，必须引起重视。在风电场建设中也需充分重视此问题。

9.1.4　影响岩石工程地质性质的因素

影响岩石工程地质性质的因素主要有矿物成分、结构、构造等，水、风化、温度、受力状态、加载速度等也有较大影响。

9.1.4.1　矿物成分

岩石是由矿物组成的，岩石的矿物成分对岩石的物理力学性质产生直接的影响。这是因为岩石是多晶体的组合物，矿物晶体内部质点的间距小，吸引力远较晶粒间的吸引力强。例如，石英岩的抗压强度比大理岩的要高得多，这是因为石英的强度比方解石的强度高的缘故，由此可见，尽管岩类相同，结构和构造也相同，如果矿物成分不同，岩石的物理力学性质会有明显的差别。

另外，含有黏土矿物的岩石，遇水时会膨胀软化，强度会显著降低。

对岩石的工程地质性质进行分析和评价时，更应该注意那些可能降低岩石强度的因素。例如，片麻岩中的黑云母含量高，灰岩、砂岩中黏土类矿物的含量过高会直接降低岩石的强度和稳定性。

9.1.4.2　结构

岩石颗粒的结合方式、大小、形状会影响岩石的工程性质。

一般情况下，由于晶粒间质点的平均距离要比晶体内部质点的平均距离大得多，彼此吸引的牢固程度低，因此颗粒间的连接决定岩石的抵抗作用力。如结晶联结的岩石就比胶结联结的岩石强度高。最明显的例子就是变质岩的强度多大于沉积岩。因变质岩多结晶联结而沉积岩多胶结联结。

岩石中的胶结联结中，胶结物成分对岩石强度影响较大，一般以硅质胶结物强度最高，其次是铁质、钙质胶结物，而泥质胶结物强度最低。

岩石颗粒大小也会影响岩石性质，在等粒结构中，一般细粒岩石强度较高。如粗粒花岗岩的抗压强度一般为 120～140MPa，而细粒花岗岩则可达 200～250MPa。

9.1.4.3　构造

构造对岩石物理力学性质的影响，主要是由矿物成分在岩石中分布的不均匀性和岩石结构的不连续性所决定的。

某些岩石具有的片状构造、板状构造、千枚状构造、片麻状构造以及流纹构造等，岩石的这些构造，使矿物成分在岩石中的分布极不均匀。一些强度低、易风化的矿物，多沿一定方向富集，或呈条带状分布，或形成局部聚集体，从而使岩石的物理力学性质在局部发生很大变化。

宏观上，块状结构多具各向同性特征，而层状岩石多具各向异性特征。

9.2　岩体与岩石

在工程地质中，把工程作用范围内具有一定的岩石成分、结构特征及赋存于某种地质环境中的地质体称为岩体。它是由岩石块体和结构面网络组成的地质体。

在岩石场地进行工程地质工作中，我们关注岩石的物理力学性质，更关注岩体的物理力学性质。

岩体与岩石主要不同处有以下 6 点。

（1）岩石物理力学性质主要由岩块室内试验求得，岩块已完全脱离了原有的地质环境。而岩体赋存于一定地质环境之中，地应力、地温、地下水等因素对其物理力学性质有很大影响，其物理力学指标多由现场试验确定，且许多现场试验也存在局限性，不一定能全面反映岩体性质。

（2）岩体在自然状态下经历了漫长的地质作用过程，其中存在着各种地质构造和弱面，如不整合、褶皱、断层、节理、裂隙等。而岩石中要少很多。

（3）一定数量的岩石组成岩体，且岩体无特定的自然边界，只能根据解决问题的需要来圈定范围。

（4）岩体的重要特点是岩体在内部联结力较弱的层理、片理和节理、断层等切割下，具有明显的不连续性，使岩体结构的力学效应减弱和消失，使岩体强度一般远低于岩石强度，岩体变形一般远大于岩石本身，岩体的渗透性一般远大于岩石的渗透性。

（5）岩体中常有的结构面定向排列，使岩体具有宏观的各向异性。表现为强度、变形、渗透性的各向异性。而岩石各向异性差别一般不如岩体显著。

（6）岩体变形主要是由结构面的位移引起的，尤其是大的结构面。

9.3　三大岩类工程地质性质

岩石是地质作用的产物，因此，各类岩石的工程地质性质，首先取决于岩石的成因类型，包括岩石产状、矿物组成、结构、构造等；其次是各种地质作用对岩石的影响。下面按照岩石的成因类型，分别评述各类岩石的工程地质特性。

9.3.1　沉积岩

沉积岩应着重注意两个重要特点：一是各类沉积岩都具有成层分布规律，具有层理构造，且层的厚度各不相同，存在着各向异性特征。因此，沉积岩的产状及其与工程建筑物位置的相互关系对建筑物的稳定性影响很大。二是化学矿物大量存在，并含有机质及生物化石，它们对岩石性质有较大影响。

各种类型沉积岩的工程地质性质存在着较大的差异，分述如下。

9.3.1.1　碎屑岩

碎屑岩包括砾岩、砂岩、粉砂岩，其工程特征主要取决于胶结物成分、胶结类型和碎屑颗粒成分。如硅质胶结的岩石，强度高、孔隙率小、透水性低，工程地质性质一般较好；钙质、石膏质和泥质胶结的岩石，强度低，抗水性弱，在水的作用下，可溶解或软化，工程地质性质较差。如硅质胶结的石英砂岩，强度比其他砂岩要高；而钙质、石膏质和泥质胶结的砂砾岩，尤其粉砂岩，强度极低，抗风化能力弱，遇水容易溶解或软化。我国南方各省的红色岩层，多为钙质、泥质胶结的砂砾岩、粉砂岩和黏土岩互层，工程性质较差。

此外，基底式胶结的岩石，比较坚固，且强度高，透水性较弱；接触式胶结的岩石则强度较低，透水性较强；而孔隙式胶结的岩石，其强度和透水性介于两者之间。

多数沉凝灰岩及凝灰质砂岩结构疏松，强度低，极易风化成蒙脱石等黏土矿物，遇水后易吸水膨胀、软化，在建筑特别是水工建筑上应特别予以注意。

9.3.1.2　黏土岩

黏土岩是工程性质最差的岩石之一。黏土岩抗压强度和抗剪强度低，受力后变形量大；其抗水性差、亲水性强，浸水后易软化、泥化、崩解，若含蒙脱石成分，还具有较大的膨胀性。当黏土岩有较多节理、裂隙时，遇水后工程性质更差，常会突然恶化。在常见的三类黏土矿物中，富含蒙脱石的黏土岩工程性质最差，含高岭石的相对较好，而含伊利石的介于二者之间。

黏土岩对建筑物地基和建筑场地边坡的稳定都极为不利，但其透水性一般小，可作为隔水层和防渗层。对风电场而言，黏土岩的影响基本上为不利影响。

9.3.1.3　化学岩及生物化学岩

化学岩和生物化学岩抗水性弱，常具有不同形态的可溶性。碳酸盐类岩石（石灰岩、白云岩）一般具一定强度，工程性质良好，一般能满足工程设计要求。且还是较好的建筑材料。但存在于其中的各种不同形态的岩溶，往往成为集中渗漏的通道，碳酸盐区隧洞工程等开挖工程中常出现涌突水，建筑物或衬砌常承受较高的渗透压力。

易溶的石膏、岩盐等化学岩，往往以夹层形式存在于其他沉积岩中，质软，浸水易溶解，常常导致地基和边坡的失稳。

9.3.2　岩浆岩

岩浆岩的特征主要取决于形成环境和岩浆岩的成分。特别是形成环境，它控制着岩浆岩的结构、构造及矿物之间的联结能力，也决定了岩石的工程地质性质。

岩浆岩的主要特征有：①大部分为块状的结晶岩石，部分为玻璃质的岩石；②在不同的深度冷凝成岩；③有他特殊的矿物和构造：霞石、白榴石等矿物及气孔-杏仁构造等，只有岩浆岩才有；④与周围岩界限清楚；⑤没有生物遗迹。

一般来说，岩浆岩具有较高的力学强度，可作为各种建筑物良好的地基。但不同类型岩石的工程地质性质有所差异。

9.3.2.1　侵入岩

侵入岩是岩浆在地下缓慢冷凝结晶生成的，具结晶联结，矿物结晶良好，颗粒之间连接牢固，多呈块状构造。因此，侵入岩孔隙度低、抗水性强、力学强度及弹性模量高，具有较好的工程性质。其次，岩体大、整体稳定性好，是良好的建筑物地基，也是常用的建筑材料。从矿物成分上看，石英、长石、角闪石及辉石的含量越多，岩石强度越高，云母含量增加使岩石强度降低。从结构上看，晶粒均匀细小的小的岩石强度高，粗粒结构及斑状结构岩石强度相对较低。但应注意这类岩石由多种矿物结晶组成，晶粒粗大，抗风化能力较差，特别含 Fe、Mg 质较多的基性岩，更易风化破碎，故应注意研究风化对工程影响。

浅成岩和脉岩常呈斑状结构，也有呈伟晶、细晶和隐晶质结构，所以这一类岩石的力学强度各不相同。一般情况下中、细晶质和隐晶质结构的岩石透水性小，力学强度较高，抗风化性能较深成岩强。但斑状结构岩石的透水性和力学强度变化较大。

侵入岩的期次对工程性质也有较大影响，早期的侵入岩由于经历的构造变动较多，往往较后期的侵入岩风化程度高，工程性质差。如常见辉绿岩脉较新鲜而两侧早期岩体风化程度较高。且岩脉两侧与原岩接触带上多形成薄弱带，构成水渗漏通道或涌水集中带。

9.3.2.2　喷出岩

喷出岩由于结构构造多种多样，产状不规则，厚度变化大，岩性很不均一，所以其强度和透水性相差悬殊。如致密状玄武岩的容重、密度都较大，力学强度高，抗风化能力较强，是良好的地基和建筑材料。但玄武岩常具有气孔构造和原生柱状节理，因此，使岩石强度降低、透水性增大。第四纪多期性喷发的玄武岩，常覆盖在松散堆积物或软弱岩石上，这就需要考虑该层玄武岩体本身能否稳定，下伏岩（土）层是否会产生沉降，接触带是否漏水等。玄武岩柱状节理发育，可形成陡坡，常产生崩塌现象。流纹岩的"斑晶"较细，"基质"多为玻璃质，常具流纹构造，岩性各向异性，强度变化也较大。因此，在具体评述岩浆岩的工程性质时，还必须充分考虑它的节理发育程度及风化程度。

9.3.3　变质岩

变质岩一般情况下由于原岩矿物成分在高温高压下进行了重结晶，岩石的力学强度较变质前相对增高。但是，如果在变质过程中形成某些变质矿物，如滑石、绿泥石、绢云母等，则其力学强度会相对降低，抗风化能力变差。

变质岩的主要特征有：①在地壳一定深度形成，发生于一定的温度和压力范围，温度 $200\sim1000℃$，压力 $0.02\sim1.5GPa$，风化带以下；②在固态条件下转变而成；③具有特定的变质矿物，蓝晶石、夕线石等；④具有特定的结构和构造，如变形结构、定向构造等。

9.3.3.1　动力变质岩

动力变质作用形成的变质岩，其岩石性质取决于碎屑矿物的成分、粒径大小和压密胶结程度。但通常胶结得不好，孔隙、裂隙发育，强度变低，抗水性差。常形成渗水通道和滑动面。

9.3.3.2　接触变质岩

接触变质岩因经过重结晶，岩石的力学强度较变质前相对增高。但变质程度各处不一，距侵入体越近，越易变质，在很小的范围内变质程度就相差悬殊，岩性很不均一。接触变质的岩石，常因受地壳构造运动的影响而裂隙发育，加上有小岩脉穿插，岩性显得复杂多样，其工程地质性质变化较大。

9.3.3.3 区域变质岩

区域变质岩分布范围广、厚度大，变质程度和岩性较均一。

具块状构造的变质岩，如石英岩、大理岩等，它们多是结晶连接、矿物成分稳定或比较稳定的单矿物岩石。强度高，抗风化能力强，有良好的工程性质。但大理岩溶于水，需注意岩溶发育对工程的影响。

多数变质岩石中矿物呈现定向排列，具片理构造，使岩石具有各向异性特征。随着片理的发育，滑石、绿泥石、云母等含量的增加，使岩石强度显著降低。一般说来，千枚岩、滑石片岩、绿泥石片岩、石墨片岩等岩石强度低，抗水性很差，特别是沿这些岩石的片理或节理面，抗剪、抗拉强度很低，遇水容易滑动，沿片理、节理容易剥落。片麻岩片理构造不太发育，当石英、正长石含量较多时，工程性质比较好。但是，由于片麻岩多为年代久远的岩石，要注意其受构造运动影响而破碎和风化程度。

9.4 不同岩类主要工程地质问题评价

9.4.1 碎屑岩地区的地基抗滑稳定问题

在砂岩、页岩、泥岩互层或泥页岩夹层较多的地区，特别是沉积时代较新的地区，容易出现泥化夹层，带来地基抗滑稳定问题。

案例：某水库工程坝基试开挖中发现泥化夹层引起的坝基抗滑稳定问题。

1. 基本情况

某水库工程大坝坝型为重力坝，坝址区地层主要为三叠系下统刘家沟组（$T_1 l$）地层，岩性主要为细砂岩、粉砂岩夹砾岩及泥岩。

坝址区岩层呈单斜构造，岩层倾角 $7°\sim8°$，由左岸向右岸、由上游向下游倾斜。坝址左右岸分别发育一条断层。岩体中主要发育两组节理裂隙，倾角 $70°\sim88°$，裂隙面多平直光滑，延伸较长，裂隙宽一般 $0.1\sim0.3cm$，局部 $1.0\sim2.5cm$，裂隙间距一般 $0.5\sim2.0m$，泥或钙质充填、半充填，部分裂隙闭合。

地下水类型为碎屑岩类裂隙水，含水层为砂岩，泥岩、泥质砂岩为相对隔水层。坝址区地下水位大部分低于河水位，各钻孔地下水位差别较大，钻孔地下水位与孔深有关，同一钻孔不同深度有不同水位，具明显的层间水特征。

细砂岩天然密度为 $2.61\sim2.65g/cm^3$，单轴饱和抗压强度 $66.8\sim125.6MPa$，饱和变形模量 $6000\sim23400MPa$，饱和抗剪断凝聚力 $3.21\sim15.60MPa$，内摩擦角 $30.7°\sim44.4°$。

泥岩、砂质泥岩天然密度为 $2.41\sim2.64g/cm^3$，单轴饱和抗压强度 $1.6\sim46.9MPa$，软化系数 $0.13\sim0.4$，饱和变形模量 $800\sim2900MPa$，饱和抗剪断凝聚力 $0.36\sim1.07MPa$，内摩擦角 $30.1°\sim36.0°$。

根据泥岩矿物成分测试，伊蒙混层（主要为蒙脱石）含量为 $4\%\sim14\%$，平均含量为 9%，伊利石含量为 $13\%\sim45\%$，平均含量为 32%，以蒙脱石含量为控制指标，按有关标准（非正式）泥岩属于无膨胀性或微膨胀性岩石。据泥岩化学成分测试，坝址区泥岩化

学成分以 SiO_2、Al_2O_3、Fe_2O_3 为主，其平均含量分别为 59.94%、15.12%、6.30%。

在首次勘察时，钻孔中未发现泥化夹层。但在试开挖阶段，坝基中发现了泥化夹层。当即进行了补充勘察，改进钻探工艺，辅以钻孔电视，发现坝下 50m 范围内至少存在三层范围较大的泥化夹层。泥化夹层厚度一般几厘米至十几厘米，其中两层较连续，从河床坝基延向两岸；一层连续性不强，呈透镜状分布。

据现场及室内试验：泥化夹层含水率平均值为 17.1%，干密度平均值 1.78g/cm³，孔隙比平均值 0.559，液限平均值 31.9%，塑限平均值 18.0%。

泥化夹层颗粒组成：砾粒含量 0~33.1%，平均 4.9%，砂粒含量 5.7%~61.8%，平均 18.0%，粉粒含量 3.8%~70.5%，平均 53.9%，黏粒含量 1.3%~36.7%，平均 23.2%，曲率系数为 0.3~2.5，平均值 1.2，不均匀系数为 1.3~35.0，平均值 18.1。根据《混凝土重力坝设计规范》(DL 5108—1999)，泥化夹层大部分归类为泥含粉粒碎屑型，局部为黏泥型、碎屑碎块型或碎屑夹泥型。

根据现场直剪试验，泥化夹层饱和抗剪断凝聚力 c' 平均值为 32.8kPa，摩擦系数 f' 平均值 0.28；多点摩擦饱和抗剪凝聚力 c 平均值 25.6kPa，摩擦系数 f 平均值 0.21。

泥化夹层伊蒙混层（主要为蒙脱石）含量为 4%~11%，平均含量为 7%，伊利石含量为 13%~45%，平均含量为 24%，以蒙脱石含量为控制指标，按有关标准（非正式），属于无膨胀性或微膨胀性岩石。

坝下泥化夹层向下游缓倾，可构成坝基潜在滑面。据瞬变电法地面物探测试及地表调查，坝下游约 100m 范围内岩体中无大的节理裂隙密集带或断层，无大的压缩临空条件，因此，沿层面单层滑动的可能性不大。但应防止产生大的冲坑，造成人为的下游临空条件。

坝基可能的滑动方式为双滑面方式。由于坝基天然裂隙面均为陡倾角裂隙面，未发现连续的缓倾角裂隙，因此沿第二滑面（翘起端）滑动时需剪断岩体。

按照规范要求，对水库正常蓄水后各种工况、各设计坝段、不同的可能滑动层位分别进行了稳定验算，根据稳定验算结果，分坝段采取了浅部泥化夹层挖除、深部泥化夹层加固、坝下游堆载等加固措施，运行以来尚未发现不稳定迹象。

2. 分析及讨论

(1) 在砂页泥岩地区进行工程勘察时，要特别注意寻找有无软弱夹层。要对钻探工艺进行严格要求，否则很容易漏掉泥化夹层。本案例首次勘察中有多个钻孔，但均未发现泥化夹层，而通过开挖及后期勘察验证，泥化夹层是客观存在的，且不止一层。勘察时应尽量采用钻孔电视等手段，但需注意要保证钻孔中水清，否则普通钻孔电视效果不佳。

(2) 稳定分析时，要分析可能的滑动方式，本案例坝下游侧若存在断层带或大的节理裂隙密集带或其他临空条件时，要分析顺层滑动的可能性。顺层滑动是全部沿已泥化层面滑动，其稳定性更差。本案例中双滑面方式的第一滑面为泥化层面，第二滑面（翘起端）主要沿节理面，还需剪断岩体，其总体稳定性较顺层滑动方式要好。

(3) 在砂页泥岩地区进行工程建设时，应分析建筑物下泥页岩层泥化的可能性，若存在泥化可能，则稳定分析时宜同时考虑泥化及未泥化状态，以便采取相应的防治措施。

9.4.2　碎屑岩地区的边坡稳定问题

在砂岩、页岩、泥岩互层或泥页岩夹层较多的地区，顺向边坡的稳定往往是突出的工程地质问题，产生的滑坡较多。

案例：文峪河水库左岸滑坡。

1. 基本情况

滑坡体位于山西省文峪河水库左岸"塌了山"山脊末端，溢洪道引渠左侧，北侧为崖底背斜轴附近的大冲沟，形成一个三面临空的三角面山体。滑体靠近库岸一侧为陡壁，坡度大于 45°，陡壁高度 20～32m；滑坡体前缘为引渠，引渠底高程 832m，在引渠开挖过程形成陡坎，高 10～14m，滑体后缘在冲沟沟沿上相对高差 60～100m。山体由引渠到冲沟宽 230m，整个山体出露基岩为二迭系上统石千峰组第一至第八岩组（P_2sh-1～P_2sh-8）、局部被冲洪积、坡积碎石混合土和人工堆积碎石覆盖。山体基岩呈单斜构造，产状 N85°E～N10°W/SE 或 SW∠14°～19°。滑坡体原岩主要为第七岩组，岩性为紫红色泥质粉砂岩、砂岩夹泥页岩及砾岩透镜体。

滑坡体包括 H1 及 H2 滑坡，二者均属顺层牵引式滑坡，H2 是古滑坡，H1 是 H2 活化形成的新滑坡，滑坡体是新滑坡与古滑坡的复合体。

古滑坡近东西向展布，轴向近南北，滑坡体轴长 130m，宽 260m，厚度约 15m，面积 20000m²。滑动面是 P_2sh-7 岩组底部紫红色泥页岩层，厚 0.2～0.6m。滑床为 P_2sh-6 岩组灰白色中厚层中细粒长石石英砂岩。滑动面产状 S75°～87°E/SW∠14°～17°。

新滑坡是古滑坡的继承和延续，并有所发展和扩大，1964 年 3 月下旬初滑，滑距 1m 左右，之后以 2cm/d 的速度蠕滑，同年 9 月 7 日，遇暴雨发生骤滑，最大滑距约 10m，滑坡发生后进行了局部卸荷处理，改造后的滑坡体呈阶梯状。其滑动面、滑床及滑动方向与古滑坡基本一致，只是破裂后缘及滑坡面积有所扩大，东部破裂缘则有所收缩。滑坡轴长 167m，滑坡体宽 80～220m，面积 26000m²，厚度 0.5～24.8m，平均 13m，体积 338000m³。滑动面前缘滑坡舌呈弧形翘起，出露高程 818.6～836m，滑面后缘高程 857～870m。

新滑坡体大部分与古滑坡体重合，而古滑坡体破裂缘处于新滑坡中，新滑坡的破裂缘也穿插到古滑坡体中。古滑坡宽度较大，在新滑坡破裂缘东部山梁上残留古滑坡体宽 30～40m，长 50 余米。

由于经过多次滑动，滑坡体中裂隙发育，加之新旧滑坡破裂缘的穿插，使得滑体结构松散，滑坡体岩性主要是扰动后的 P_2sh-7 岩层，且各处扰动程度不均匀。滑坡体顶部普遍覆盖有一层碎石混合土或混合土碎石层，从地表岩石露头观察：滑坡体上部岩层受滑动挤压破坏，岩层普遍不连续，扰动程度较大；溢洪道引渠左侧滑坡前缘的陡壁高 10～14m，为松散块石堆积，扰动程度大；库岸边的滑体已被削坡部分清除，832m 高程以下岩层裂隙发育，岩层较连续，滑坡破裂缘不明显，地表看扰动程度不甚大；滑动带及滑面上紫红色泥页岩，其岩层具揉搓现象，厚度不均匀，呈透镜体状和香肠状产出，岩层表面光滑，具油脂光泽，镜面现象十分明显。滑坡周界张裂面明显，张裂结构面倾斜角度 45°～62°，形成陡坎，坎高 0.5～3m。

据 1964 年滑坡后调查，滑坡以后滑体后缘拉张裂缝明显，裂缝宽 0.3～0.8m，一般

0.3～0.4m，后多被填埋。在后缘还形成宽约 10m 的封闭洼地，现已被掩盖。滑坡体前缘滑坡舌靠库岸部位扇状裂隙和鼓胀裂隙发育，两种裂隙相互垂直，裂缝宽度不及后缘拉张裂缝宽度大。

2. 滑坡成因分析

滑坡的形成是地质环境、水、地震和人为等因素综合作用的结果，是岩体内在的地质因素所决定的，区内滑坡成因主要与以下因素有关。

（1）泥页岩层的存在是产生滑坡的内在因素。区内滑坡多数沿泥页岩层面滑动，为顺层牵引式滑坡。这是泥页岩内黏土矿物成分物理化学特性及岩石结构构造所决定的。泥页岩主要由高岭石、伊利石、白云母等黏土矿物和少量钙质、铁质及碎屑物质组成，亲水性极强，当水文地质条件发生变化，岩石浸水时，Ca、K、Na 以离子状态溶蚀，黏土矿物呈鳞片状、针状晶形重新组合，使原岩结构改变，黏聚力降低，摩擦力减小，易产生软化和泥化，构成滑动面。

（2）滑坡周界受节理裂隙控制是该区滑坡的基本特征。区内裂隙发育，将岩层切割使块体失去完整性，裂隙面构成切割面，区内节理裂隙多为张裂隙，多数无充填，具导水作用。地表水沿裂缝渗入，易在泥页岩层面形成水分聚集，促使泥页岩软化或泥化。显然节理裂隙不但对岩体完整性起着控制作用，也起到导水通道作用，加速了滑坡的产生。

（3）地表水与地下水是诱发滑坡最活跃的因素。水作用不但导致滑动面上泥页岩物理力学性质改变，降低抗剪强度，增加滑坡体重度，增加下滑力，而且水所产生的浮力还可减少抗滑力。同时水对坡角的冲刷淘蚀，易削弱山体岩层的支撑力。在滑体排水不畅时，裂隙充水所产生的静水压力有时很大，将大大加速滑坡的滑动。如 1964 年 9 月 7 日左岸滑坡体就是在暴雨气候条件下裂隙充水，滑坡体由原先 2cm/d 左右的滑速，突然骤滑，又向前滑动约 10m，滑动的主要原因是水作用的结果。

（4）地形地貌条件也是滑坡的必要因素之一，地形坡度与岩层产状制约着滑坡产生。滑坡的产生必须具备临空面，故区内滑坡一般岩层倾向与地形坡向基本一致，坡度大于岩层倾角。20 世纪 60 年代区内滑坡调查表明，滑坡多发生于岩层倾角大于 10°、地形坡度大于 25°且坡向与岩层倾向接近一致的地段。

（5）地震和人为因素是诱发滑坡的重要因素。本区地震烈度为Ⅶ度，处于交城大断裂带附近，地震频繁，每隔两三年便有有感地震发生，1988 年在水库下游 1km 处还发生过 4.2 级地震。地震时产生的能量很大，对岩体的稳定相当不利。

人为因素主要是指不科学的工程施工、开挖、采石放炮等，它可改变岩体原有的平衡状态，诱发滑坡。如左岸滑坡初滑时就是在泄洪道引渠开挖过程中采石场放炮震动引起的。

3. 滑坡现状稳定性评价及处理

根据滑坡的具体情况，鉴于主滑面为单一倾斜面，滑坡前缘翘起形成阻滑体之特点，采用折线形滑面计算模型，抗剪强度参数采用泥岩经粉碎后用土工试验方法所得的类重塑土强度参数，同时考虑反算结果。

稳定计算表明，滑坡在水库正常运行情况下（库水在正常蓄水位以下范围内正常变动的状态），整体处于稳定状态；在水库处于校核洪水位无其他不利因素影响时也处于稳定状态。当水库正常运行时遇Ⅶ度设防地震或存在较高水头的裂隙静水压力时，则处于不稳定状态。

另外，由于滑坡体结构松散，滑体前缘存在扰动程度较大的岩层所组成的陡坎，故滑体产生局部滑塌的可能性很大。

滑坡在地震、降水、库水位骤降等不利因素影响下有再次滑动的可能，左岸滑坡一旦滑动，将阻塞溢洪道进口，也可能破坏溢道进口建筑物，影响溢洪道行洪，甚至进一步威胁到大坝安全。而采用控制库水位，使水库长期在低水位下运行等被动措施防止滑坡复活，将大大影响水库功能的发挥。为此需对滑坡体进行整治。最终采用抗滑桩、排水、局部卸载、滑体位移观测等措施进行了治理。

在抗滑桩施工过程中，笔者下到一桩坑内见到了滑面上的泥化层，局部厚约 30cm，可塑状，仅含有少量的碎石，其余均为粉黏粒。

9.4.3　灰岩地区的水库渗漏问题

在灰岩地区的修建水库等蓄水工程时，由于岩溶发育，在两岸地下水位低于水库蓄水位时，渗漏是主要的工程地质问题。特别是在悬河地段更是如此。

案例：山西晋东南地区灰岩区水库的渗漏问题。

山西晋东南地区碳酸盐岩分布面积较大，在 20 世纪 60—70 年代，在灰岩地区修建了一批水库，其中库坝区为奥陶系中统地层的多座水库存在库坝区渗漏问题，具体见表 9.4。表中所示是建库初期的情况，近年来由于水库淤积阻渗，除险加固等因素，其中一些水库蓄水能力已增大。

表 9.4　　　　　　　　　　　　　**山西省晋东南地区岩溶水库渗漏情况表**

水库名称	所在位置及河流	库容/万 m³	地　质　概　况	渗　漏　情　况
任庄水库	晋城市丹河中游	8340	地下水位埋深 200m 以上，库底及右岸为奥陶系中统顶部灰岩	库底及右岸渗漏严重，水库不能蓄水，据 1960 年 9 月至 1961 年 5 月、1961 年 9 月至 1962 年 5 月、1962 年 9 月至 1963 年 5 月观测，库水位为 757.5～763.4m 时，漏失量为 880 万～1240 万 m³，占相应库容的 92.5%～93.6%
陶清河水库	曹家沟陶清河	2752	地下水位深 6～14m，至东横岭断层深达 152m，库区出露 60m 厚的奥陶系中统角砾状泥灰岩、泥灰岩夹灰岩，库、坝区位于长治与东横岭断层之间	主要为东横岭断层渗漏及库岸周边岩溶渗漏，1962 年来水 3277 万 m³（水位 973.8m），至 1963 年 4 月渗漏 1029m³，每天渗漏 3.81 万 m³，1963 年 5 月库水位为 963.1m 时，每天渗漏 2.2 万 m³
董封水库	阳城县获泽河上游	2090	地下水位深 20m 以上，库区出露奥陶系中统厚层灰岩、泥质灰岩、泥灰岩互层	主要为岩溶及构造渗漏，1973 年 6 月至 1974 年 5 月全年来水 1590 万 m³，漏失量为 1235 万 m³，占来水量的 77.6%
庄头水库	庄头石子河上游	1675	地下水位深达 200m，库区主要出露 10～30m 厚的奥陶系中统青灰色薄至中厚层灰岩夹泥灰岩、角砾状灰岩	主要为库尾及库底渗漏，库尾漏失严重，难以入库存蓄；据 1980 年观测，当库水位为 1072.35m 时，库容 276 万 m³，库底年漏失量为 150 万 m³

水库名称	所在位置及河流	库容/万 m³	地 质 概 况	渗 漏 情 况
西堡水库	壶关县浊漳河	3364	地下水位深 200m，库区位于奥陶系中统灰岩中下部，有断层横穿库区	主要为垂直渗漏，无蓄水能力
杜家河水库	壶关县石子河	1067	地下水位深 200m，库区位于奥陶系中统灰岩中部，库底为灰岩，两侧为灰岩与泥灰岩，库区内有溶隙密集带	库底为垂直渗漏，两侧为沿岩溶层侧向渗漏，无蓄水能力
石子河水库	长治郊区石子河	1860	地下水深 100m，库区位于奥陶系中统灰岩中部，库底有溶隙密集带	主要为垂直渗漏，无蓄水能力
申庄水库	陵川县丹河支流	1400	地下水位深几十米，库区左右两岸为奥陶系中统灰岩及角砾状泥灰岩	库底已淤 540m³，两侧有侧向渗漏，蓄部分水量
上郊水库	陵川县丹河支流	1200	地下水深几十米，库区左岸为奥陶系中统灰岩	库左侧有溶隙渗漏，蓄部分水量

9.4.4　碳酸盐岩地区的岩溶塌陷问题

岩溶塌陷是指在岩溶地区，下部可溶岩层中的溶洞或上覆土层中的土洞，因自身洞体扩大或在自然与人为因素影响下，顶板失稳产生塌落或沉陷的统称。

岩溶地面塌陷是地面变形破坏的主要类型。激发塌陷活动的直接诱因除降雨、洪水、干旱、地震等自然因素外，往往与抽水、排水、蓄水和其他工程活动等人为因素密切相关，而后者往往规模大、突发性强、危害也就大。

据不完全统计，中国 23 个省（自治区、直辖市）发生岩溶塌陷 1400 多例，塌坑总数超过 4 万个，给国民经济建设和人民生命财产带来严重威胁。2003 年 8 月 4 日，广东阳春市岩溶塌陷造成 6 栋民房倒塌、2 人伤亡、80 多户 400 多人受灾；2000 年 4 月 6 日武汉洪山区岩溶塌陷造成 4 幢民房倒塌，150 多户 900 多人受灾；20 世纪 80 年代，山东泰安岩溶塌陷造成京沪铁路一度中断、长期减速慢行；贵昆铁路因岩溶塌陷发生列车颠覆事件。

案例：湖南省益阳市岳家桥镇岩溶塌陷。

2012 年 1—2 月，湖南省益阳市岳家桥镇发生 693 处岩溶塌陷，经湖南省国土资源厅调查，当地特有的岩溶水文地质条件是灾害发生的重要原因，而人为活动大量抽排地下水造成水位明显降低则是诱发灾害的直接原因。据了解，截至 2012 年 3 月初，该地质灾害在全镇受灾区 9 个村范围内，共造成 193 户房屋开裂下沉。农田塌陷 572 处，1.7 万亩农田不能正常耕作。河道内塌陷 150 处，毁损水库、山塘、河坝、渠道等其他水利设施 35 处。另外损毁电力设施 7 处、通信设施 2 处，乡村公路损毁 42 处。受灾总人数共计 5670户 1.8 万人。

9.4.5　变质岩区风化问题

在变质岩区，风化问题往往成为主要的工程地质问题。由于变质岩区存在岩性、构造及地形地貌的差异，其风化程度往往差别较大。一般含云母较多者风化程度较强，构造破碎带及影响带内风化程度较强，地形缓处较地形陡处风化程度强。另外，在硬质变质岩区，也存在一些构造软弱夹层，对边坡稳定不利。

案例 1：某变质岩区水库坝址区风化差异及大坝选型问题。

某变质岩区水库坝址位于呈 S 形展布的河道上，坝线位于 S 形河谷的中部相对顺直段内，两坝肩均处于河流凸岸。两岸坝顶高程以下基本呈"V"形，左岸坡度较缓，约为 30°～40°，右岸为一陡坎，坡度约 51°～60°，河谷底宽约 25m。

左岸主要为白色混合花岗岩、浅粒岩夹片麻岩。左岸下部、河床基岩及右岸坡为肉红色混合花岗岩、浅粒岩夹二长片麻岩。岩体中夹有角闪质岩脉、石英岩脉、伟晶岩脉等。

据钻孔及平洞揭示，左岸强风化带厚度 6～15m，平洞地震法测试纵波速度 912～2789m/s，弱风化铅直厚度约 22m（真厚度约 18m），节理裂隙密集带内强风化厚度可能大于 20m。根据现场变形试验，左岸弱风化带岩体变形模量（天然状态）建议值 4100MPa，弹形模量（天然状态）建议值 6600MPa，泊松比建议值 0.3。

右岸下部陡坡段强风化带厚度 2～4m，在山顶较缓坡段，强风化厚度较大。岩体由山脚至山顶风化厚度有逐渐增厚的趋势。据右岸平洞地震法测试，强风化带纵波速度小于 2000m/s，弱风化带纵波速度一般小于 4000m/s。根据现场变形试验，右岸弱风化带岩体变形模量（天然状态）建议值 5700MPa，弹形模量（天然状态）建议值 9100MPa 考虑，泊松比建议值 0.2。

坝基强风化层厚度 2～3m，弱风化层厚度在 6～15m 左右，透水性微弱。

本工程河谷狭窄，呈 V 形，河谷底宽仅 25m，原设计拟采用薄拱坝。在地质勘察后发现左岸节理裂隙较发育，存在大裂隙及节理密集带，强风化厚度较大，坝肩内存在不利结构组合体，经稳定验算在渗透压力及地震影响下部分组合处于不稳定状态。而右岸及坝基风化程度弱，风化层较薄。为充分利用坝基的有利条件，减少左坝肩稳定性风险，地质建议采用混凝土重力坝或混凝土重力拱坝坝型。实际施工时采用了重力拱坝坝型，并进行了必要的工程处理。

案例 2：某变质岩区隧道进口洞脸边坡稳定问题。

某变质岩区交通隧道进口洞脸边坡岩性以混合花岗岩为主，多处于强风化带内，节理裂隙发育，节理面有绿泥石化现象。开挖边坡 1∶0.5～1∶0.75，高 30～40m，并进行了挂网喷锚处理。但在隧道尚未进洞时，边坡就出现了裂缝及垮塌，经分析，处理难度较大，最后进行了洞口位置调整。

分析及讨论：①在变质岩区强风化带内，即使岩块强度较高，也应重视边坡稳定问题。因为变质岩区节理裂隙面上的岩石蚀变一般较严重，大大降低了抗滑能力，在雨雪、冻融等因素影响下易产生滑塌。②应尽量避免高的人工开挖边坡，隧洞宜早进洞，有时即使增加一段明洞也是值得的。本案例洞口位置调整后边坡开挖很少，并加强了洞口支护，未再发生边坡失稳现象。

9.4.6　岩浆岩区球状风化问题

岩石的球状风化是物理风化最常见的一种风化现象。在块状岩浆岩地区，风化作用常沿着几组交叉节理从岩块的边缘向内部发展，形成圆球形或椭球形的岩块，这种风化现象称为球状风化。球状风化是岩浆岩地段比较突出的一个不良地质现象。

据叶起行论文内容，球状风化花岗岩边坡可能发生坡面冲刷、落石、滚石、崩塌和滑坡等多种坡体运动形式。

花岗岩球状风化体的存在，勘察过程中不易发现，往往容易误导工程设计及施工，导致施工困难（如断桩、增加施工成本）、上部结构失稳（如不均匀沉降）等问题。甚至会被勘察误判为基岩，从而对花岗岩球状风化区建筑物或构筑物基础工程构成潜在威胁，也增加基础工程施工难度。

（1）基础形式采用预应力管桩时，施工中可能压桩已达到设计要求，但桩尖仅进入孤石，未进入持力层，此时若错判终压，将留下严重安全隐患。若继续增大压力，则易导致断桩，增加施工成本。

（2）基础形式采用冲（钻）孔灌注桩时，因球状风化体的存在，钻孔桩施工存在钻进速度慢，易偏孔、卡钻，钻头损耗大，嵌岩桩终孔条件难判定的情况。

（3）基础形式采用浅基础时，因球状风化体压缩性低，易产生基础不均匀沉降，使建筑物产生裂缝等，严重时导致建筑物无法使用。

第10章　特殊性土工程地质分析与实践

不同的地质环境产生不同的特殊性土，类型不同特殊性土对工程的不良作用是不同的。分析不同土类的地貌特征、沉积环境、成因、分布特征、工程性质以及对工程的不利影响，无疑对建筑物的选址和不良地质作用的处理有重要的意义。根据我国现行工程地质手册内容，特殊土体根据其特性分为软土、红黏土、湿陷性黄土、膨胀土、分散性土、填土、盐渍岩土、冻土。这里所要描述的特殊性土主要是软土、红黏土、黄土、膨胀土。

10.1　软土

软土是指含水量大、压缩性高、承载力低和抗剪强度低的呈软～流塑状态的黏性土。一般软土可分为软黏性土（天然含水量大于液限）、淤泥质土（$1.0 < $ 孔隙比 $e < 1.5$）、淤泥（$e > 1.5$）、有机土和泥炭等（有机土：土的灼烧量大于 5%；泥炭灼烧量大于 60%）。软土的成因主要是在静水或缓慢流水环境中沉积的以细粒为主的第四纪沉积物。

10.1.1　软土的分布特征

从沉积环境分析，软土主要沉积环境有滨海相、泻湖相、溺谷及三角洲相。在沟谷的开阔地段、山间洼地、支沟与主流交汇地段、冲沟与河流汇合地段河流两侧山洼地段、河流弯曲地段、河漫滩地段等处往往有软土分布。

在山区河流中游、上游地段，一般沉积粗粒相物质，但应特别注意河流两侧支沟、冲沟的影响。当上述支沟或冲沟地段有形成软土物质的来源时，这些地段往往有软土间夹在卵砾石中。

在泉水出露的地方，特别是潜水溢出处，水草发育，土体长期浸泡呈饱和状态，这些地段往往有软土分布；在潜水较浅的黄土及亚黏土地区，也有软土分布。

一些古河道、古沼泽、古渠道等分布地段，也往往有软土分布。

从地表特征分析，有些地段地势低洼，排泄条件不良，地表容易积水，往往出现湿地、沼泽等积水地形，喜水植物发育，上述地段往往有软土分布。人工水库下游地段往往有软土分布。

10.1.2　软土的工程特性

软土的主要特征是：天然含水量高（接近或大于液限）、孔隙比大（一般大于1）、压缩性高、强度低、渗透系数小。

因此软土具有如下工程性质。

10.1.2.1　触变性

软土具有触变特征：当原状软土受到振动后，破坏了结构连接，土的强度会大幅降低，或很快使土变成稀释状态。触变性大小常用灵敏度 S_t 来表示。软土的灵敏度一般为 $3 \sim 4$，个别可达 $8 \sim 9$。因此，软土地基受振动荷载后，易产生侧向滑动、沉降及基底两侧挤出现象。

10.1.2.2　流变性

软土除排水固结引起变形外，在剪应力作用下，土体还会发生长期和缓慢的剪切变形。这对建筑物地基的沉降有较大的影响，对斜坡、堤岸、码头地基稳定性不利。

10.1.2.3　高压缩性

软土属于高压缩性土，压缩系数大，这类土的大部分变形发生在垂直压力 100kPa 左右。反映在建筑物变形方面表现为沉降变形量大。

10.1.2.4　低强度

由于软土具有上述特征，地基强度很低。其不排水抗剪强度一般都在 20kPa 以下。

10.1.2.5　低透水性

软土透水性能弱，一般渗透系数在 $1 \times (10^{-8} \sim 10^{-6})$ cm/s 之间，对地基排水固结不利，同时，在加载初期，地基中常出现较高的孔隙水压力，影响地基的强度。反映在建筑物沉降方面表现为沉降延续的时间很长。

10.1.2.6　不均匀性

由于沉积环境的变化，黏土层中常局部夹有厚薄不等的粉土，使水平和垂直分布上有所差异，作为建筑物地基易产生沉降差异。

10.1.3　软土的地基评价

10.1.3.1　稳定性评价

在建筑场地内，如遇到下列情况之一时，应评价地基的稳定性。

（1）当建筑物离池塘、河岸海岸等边坡较近时，应分析评价软土侧向塑性基础滑移的危险。

（2）当地基土受力范围内有基岩或硬土层，且接触面倾斜时，应分析判定接触面以上地基土沿此倾斜面产生滑移或不均匀变形的可能性。

（3）对含有浅层沼气带的地层，应分析判定沼气的溢出对地基稳定性的变形和影响。

（4）根据对场地地下水的变化幅度、水力梯度或承压水头等水文地质条件分析，判定其对软土地基稳定性和变形的影响。

（5）当建筑物场地位于强地震区时，还应分析场地和地基的地震效应。如对饱和砂土或粉土地基进行地震液化判别等，并对场地稳定性和震陷的可能性做出评定。在考虑上覆液化土层厚度时，应将软土的厚度扣除。

10.1.3.2　地貌条件及持力层选择

（1）当地下有暗浜、暗塘等不利因素存在时，建筑物布置应尽量避开这些位置，如无法避开时必须进行处理。

（2）根据场地土层特点，分析评价软土的均匀性，选择适宜的持力层。当地表有硬壳层时，一般应充分利用。

（3）当地基主要受力层范围内，有薄层砂层或软土与砂土互层时，应根据其排水、固结条件，分析判定其对地基变形的影响，以充分挖掘地基潜力。

10.1.4　软土的地基处理

软土地区的地基处理，应根据软土地区的特点、场地具体条件，结合建筑物的结构类型对地基的要求，有针对性地提出处理建议。

10.1.4.1　对暗浜、暗塘、墓穴、古河道的处理

（1）范围不大时，一般采用基础加深或换填处理。

（2）当宽度不大时，一般采取梁跨越处理。

（3）当范围较大时，一般采用短桩处理。短桩类型有砂桩、碎石桩、旋喷桩和预制桩。

10.1.4.2　对表层或浅层不均匀地基的处理

（1）对不均匀地基常采用机械碾压法或夯实法。

（2）对软层常用垫层法。

10.1.4.3　对厚层软土的处理

（1）采用堆载预压法或砂井、袋装砂井、塑料排水板与堆载预压相结合的方法。

（2）对荷载大、沉降限制严格的建筑物，宜采用桩基，以达到有效减少沉降量和差异沉降的目的。

10.2　红黏土

10.2.1　红黏土概念及形成条件

10.2.1.1　红黏土的概念

碳酸盐岩区出露的岩区，灰岩、白云岩等岩石经红土化作用形成的棕红和黄褐色等的高塑性黏土。其液限一般大于 50%，上硬下软，具明显的收缩性，表层裂隙发育。也称原生红黏土。

原生红黏土经再搬运、沉积后仍保留其基本特征，且液限大于 45% 的红黏土称为次生红黏土。

10.2.1.2　形成条件

（1）气候条件。气候变化大，年降水量大于蒸发量。因而气候潮湿，有利于岩石的机械风化和化学风化，风化的结果就是变成红黏土。

（2）岩性条件。主要是碳酸盐岩类岩石，当岩层比较破碎，易于风化时，更易形成红黏土。

10.2.2　红黏土分布的地貌特征

红黏土主要为残积、坡积类型，其分布多在山区和丘陵地带。这种受地形地貌控制的土，为一种区域性的特殊性土。在我国主要分布在贵州、云南、广东和广西等地区，其次在安徽、湖北北部、湖北西部和湖南西部也有分布。一般分布在山坡、山麓、盆地和洼地中。其厚度的变化与原始地形和下伏基岩密切相关，分布在盆地和洼地时，其厚度变化大体是边缘较薄，向中间逐渐变厚；分布在基岩面或风化面时，则取决于基岩起伏和风化层深度。当下伏基岩的溶沟、溶槽、石芽较发育时，上覆红黏土的变化极大，常有近在咫尺厚度相差竟有 10m 之多。

就地区而论，贵州的红黏土厚度一般在 3～6m，超过 10m 者较少，云南地区一般在 7～10m，个别地段可超过 20m；湖南西部、湖北西部、广西等地一般在 10m 左右。

10.2.3　红黏土的工程地质特征

10.2.3.1　红黏土的物理力学特点

红黏土有两大特点：一是天然含水量、孔隙比、饱和度以及塑性界限（液限、塑限）很高，但却具有较高的力学强度和较低的压缩性；二是各种物性指标变化幅度很大。红黏土中小于 0.005mm 的黏粒含量为 60%～80%，其中小于 0.002mm 的胶粒含量 40%～70%，使红黏土具有高分散性。

10.2.3.2　红黏土的矿物成分

红黏土的矿物成分主要为高岭石、伊利石和绿泥石。黏土矿物具有稳定的结晶格架，细粒组结成稳定的团粒结构，土体近于两相体，且土中水又多为结合水，这三者是构成红黏土具有良好力学性能的基本因素。

10.2.3.3　红黏土厚度变化与上硬下软的特征

（1）厚度变化与所处地貌、基岩的岩性、风化程度和岩溶发育程度有关。在其他条件相近的条件下，碳酸盐类的岩体岩性决定着岩溶发展的程度差异。石灰岩、白云岩易于岩溶化，岩体表面起伏剧烈，导致上覆红黏土土层厚度变化很大，泥灰岩、泥质灰岩的岩溶化较弱，故表面较平整，上覆红黏土的厚度变化较小。

（2）由硬变软现象：地层由地表向下由硬变软，相应的土的强度逐渐降低，压缩性逐渐增大。在工程实践中，红黏土的软硬程度多以含水比来划分，一般来说黏土的含水比、天然含水量、孔隙比随埋藏深度的增加而递增。

据统计，上部坚硬、硬塑状态的红黏土占红黏土层的 75% 以上，厚度一般都大于5m，可塑状态的土占 10%～20%，多分布在接近基岩处；软塑流塑状态的土小于 10%，位于基岩凹部溶槽内。

10.2.3.4　红黏土的裂隙性与胀缩性

（1）红黏土的裂隙性。在坚硬和硬塑状态的红黏土层由于胀缩作用形成了大量裂隙。裂隙发育深度一般为 3～4m，已见最深者达 6m。裂隙面光滑，有的带擦痕，有的被铁锰质浸染。裂隙的发生发展很快，在干旱气候条件下，新挖坡面数日内就会被收缩裂隙切割得支离破碎，使地面水易侵入，土的抗剪强度降低，常造成边坡变形和失稳。

（2）红黏土的胀缩性。红黏土在一些地区表现出了明显的胀缩性，如贵州的贵阳、遵义、铜仁；广西的桂林、柳州、来宾、贵县等。这些地区由于红黏土的胀缩变形，致使一些单层（少数为 2～3 层）民用建筑物和少数热工建筑物出现开裂破坏，其中以广西地区较为严重，贵州地区较轻，有些地区的胀缩性很轻微，可不作为膨胀土对待。红黏土的胀缩性以缩为主。即在天然状态下，膨胀量很小，不过经收缩后的土试样浸水时，可产生较大的膨胀量。

10.2.3.5　红黏土的水文地质特征

红黏土的透水性微弱，其中的地下水多为裂隙水和上层滞水，它的补给来源主要是大气降水、基岩岩溶裂隙水和地表水体，水量一般均很小。在地势低洼地段的土层裂隙中或软塑、流塑状态土层中可含水，水量不大，且不具统一水位。红黏土层中的地下水质为重碳酸钙型水，对混凝土一般不具腐蚀性。

10.2.4　红黏土的岩土工程地质评价

10.2.4.1　基础埋置深度的确定

利用红黏土较硬土层作地基持力层：充分利用红黏土上硬下软的湿度状态垂向分布特点，基础尽量浅埋。对于三级建筑物，当满足持力层承载力时，即可认为已满足下卧层承载力的要求。

10.2.4.2　地基均匀性的评价

红黏土的厚度沿着下卧基岩面起伏而变化，致使红黏土的厚度变化很大，常会引起地基不均匀沉降。对这类不均匀地基的处理，主要是扩大基础和调整基础埋深。使基底下可压缩性土尽量均一。对外露的石牙，用可压缩材料做褥垫处理；对土层厚度、状态不均的地段，用低压缩材料做置换处理。

10.2.4.3　地基承载力的评价

红黏土的承载力一般可按含水比和液塑比确定（表 10.1）。当考虑红黏土地基承载力设计修正时，应区别土的成因、土性（液限比 I_r 等）、土体结构特征，并考虑湿度状态动态影响等（表 10.2）。当基础浅埋，外侧地面倾斜或有临空面或承受较大水平荷载时，应考虑土体结构及裂隙存在对承载力的影响。

表 10.1　红黏土承载力 f_0(kPa) 表（引自《建筑地基基础设计规范》）

土的名称	第二指标液塑比 $I_r = w_L/w_P$	第一指标含水比 $\alpha = w/w_L$					
		0.5	0.6	0.7	0.8	0.9	1.0
红黏土	≥1.7	380	270	210	180	150	140
	≤2.3	280	200	160	130	110	100
次生红黏土		250	190	150	130	110	100

表 10.2　残积黏性土的承载力 $[\sigma_0]$（引自《公路桥涵地基与基础设计规范》）

E_s/MPa	4	6	8	10	12	14	16	18	20
$[\sigma_0]$/kPa	190	220	250	270	290	310	320	330	340

10.2.4.4　裂隙和胀缩性评价

红黏土的网状裂隙及土层的胀缩性，对边坡及地基均有不利影响。评价时，应决定是否按膨胀土地基考虑。若为膨胀土时，对三级建筑物建议的基础埋深应大于当地大气影响急剧层深度。对高温设备基础，应考虑基底不均匀收缩变形的影响。开挖明渠应考虑土体干湿循环以及有石牙出露的地段，由于土的收缩形成通道，导致地表水下渗形成地面变形的可能性，并避免把建筑物设置在地裂密集带和深长地裂地段。

10.2.4.5　土洞的影响

土洞是在可溶岩上覆土层中的空洞。其形成需有易被潜蚀的土层，其下有排泄、储存潜蚀物的岩溶通道。当地下水位在岩土交界面附近作频繁升降时，常产生水对土层的潜蚀而形成土洞。土洞对建筑物地基的稳定性极为不利。

10.2.5　红黏土的地基处理

10.2.5.1　土岩组合地基的定义

建筑地基的主要受力层范围内，如遇下列情况之一者，即属于土岩组合地基：①下卧基岩表面坡度较大的地基；②石芽密布并有出露的地基；③大孤石或个别石牙出露的地基。

10.2.5.2 地基处理的原则和方法

（1）对于石芽密布并有出露的地基，当石芽间距小于 2m，其间为硬塑或坚硬状红黏土时，对于房层 6 层和 6 层以下的砌体承重结构，3 层以下的框架结构或具有 15t 和 15t 以下的吊车排架结构，其基底压力小于 200kPa 时，可不做地基处理。如不满足上述要求时，可利用经验证明稳定性可靠的石牙作支墩式基础，也可在石芽出露部位做褥垫。当石芽间有较厚的软弱土层时，可用碎石、土夹石进行置换。对于风机地基可挖出软弱层，根据经验可用毛石混凝土换填。

（2）对于大孤石和个别石芽出露的地基，当土层的承载力特征值大于 150kPa、房屋为单层排架结构或一层、二层砌体结构时，宜在基础与岩石接触的部位采用褥垫处理。对风机基础，首先应调整基础位置，以避开该地基，否则应根据基础对地基的变性要求采用综合处理措施。

（3）褥垫可采用炉渣、中砂、粗砂、土夹石等材料，其厚度宜取 300～500mm。夯填度应根据试验确定。当无资料时，可参考下列数值进行设计：中砂、粗砂为 0.87±0.05；土夹石（其中碎石含量为 20％～30％）为 0.70±0.05。其中夯填度为褥垫夯实后的厚度与虚铺厚度的比值。

（4）当建筑物对地基要求较高或地质条件比较复杂时，应调整建筑物的平面位置，也可采取桩或梁、拱跨越等处理措施。

（5）地基压缩性相差较大的部位，宜结合建筑物平面形状、荷载条件设置沉降缝。沉降缝宽度宜取 30～50mm，在特殊情况下可适当加宽。

（6）在石芽密布地段，当石芽间距小于 0.5m 时，其间为硬塑或坚硬状态的黏土时，当地基承载力变形和稳定性满足要求时，可不进行处理，如不满足要求时可用碎石或土夹石进行置换。基础位于微风化硬质岩石表面时，对于宽度小于 1m 的竖向溶蚀裂隙和落水洞近旁地段，可不考虑对地基稳定性的影响；对于下卧基岩表面坡度较大的地基，由于其压缩变形相差较大，应调整基础位置，尽量避开此类地基。

10.3 湿陷性黄土

10.3.1 黄土的成因、时代和分布

10.3.1.1 黄土的一般特征

我国黄土一般有以下几个特征，当缺少一项或几项时称为黄土状土。

（1）颜色以黄色、褐黄色为主，有时呈灰黄色。

（2）颗粒成分以粉粒（粒径 0.05～0.005mm）为主，含量一般在 60％以上，粒径大于 0.25mm 的甚为少见。

（3）有肉眼可见的大孔隙，孔隙比一般在 1.0mm 左右。

（4）富含碳酸盐，垂直节理发育。

10.3.1.2 黄土的地层划分和野外性状

我国黄土的堆积时代包括整个第四纪。黄土地层划分按其时代、成因和湿陷性（表

10.3）进行，其野外特征性状主要以黄土名称、颜色、特征及包含物、古土壤、地貌特征及挖掘难易程度进行划分（表 10.4）。

表 10.3　　　　　　　　黄土地层划分（引自《工程地质手册》第四版）

年　　代		黄　土　名　称		成　　因		湿　陷　性
全新世 Q₄	近期 Q₄²	新黄土	新近黄土	次生黄土	以水成为主	强湿陷性
	早期 Q₄¹		黄土状土			一般具湿陷性
晚更新世 Q₃			马兰黄土	原生黄土	以风成为主	
中更新世 Q₂		老黄土	离石黄土			上部部分具湿陷性
早更新世 Q₁			午城黄土			不具湿陷性

注　1. 测定黄土湿陷性的试验压力为 200～300kPa。
　　　2. 深层离石黄土（Q₂）在大压力（超过 300kPa）作用下有时呈现湿陷性。

表 10.4　　　　　　　　黄土的野外特征（引自《工程地质手册》第四版）

黄土名称	颜　色	特　　征	古土壤	地貌特征	挖掘情况
新近堆积黄土（Q₄²）	浅褐至深褐色，至黄褐色	土质松散不均，偶含少量钙质结核	无	河漫滩低级阶地，黄土塬、峁的坡脚，洪积扇或山前坡积地带等	锹挖很容易，进度较快
黄土状土（Q₄¹）	褐黄至黄褐色	具有大孔、虫孔和植物根孔，含少量小的和小砾石	底部有深褐色黑垆土	河流阶地的上部	锹挖容易，但进度稍慢
马兰黄土（Q₃）	浅黄、灰黄、褐黄或黄褐色	土质均匀、大孔发育，具垂直节理，有虫孔及植物根孔，零星分布钙质结核	底部有一层古土壤与 Q₂ 黄土分界	河流高阶地和黄土塬、梁、峁的上部，以及黄土高原与河谷平原的过渡地带	锹挖容易
离石黄土（Q₂）	深黄、棕黄或黄褐色	土质较密实，有少量大孔，古土壤层下部钙质结核含量增多，粒径可达 5～20cm，常形成钙质结合层	夹有多层古土壤层，称红三条或红五条甚至更多	河流阶地和黄土塬、梁、峁的中部，分布于 Q₃ 黄土下部，多为黄土塬梁峁地形的主体	锹、镐挖掘困难
午城黄土（Q₁）	淡红或棕红色	土质密实无大孔，柱状节理发育，钙质结核较 Q₂ 黄土较少	古土壤层不多	第四纪早期沉积，底部与第三纪红黏土或砂砾层接触	锹、镐挖掘困难

10.3.1.3　我国湿陷性黄土的分布和工程地质分区

（1）黄土分布的气候特征。我国黄土主要分布在北纬 33°～47°。在此区域内一般气候干燥，降雨量少，蒸发量大，干旱、半干旱气候类型。黄土分布地区在年平均降雨量为 250～600mm。年平均降雨量小于 250mm 的地区，黄土很少出现，主要是沙漠和戈壁。年平均降雨量大于 750mm 地区，也基本上没有黄土。

（2）我国湿陷性黄土工程地质分区。我国湿陷性黄土工程地质分区见表 10.5。

表 10.5 **我国湿陷性黄土工程地质分区**（引自《工程地质手册》第四版）

分区	亚区	地貌	黄土厚度/m	湿陷性黄土厚度/m	地下水埋藏深度/m	工程地质特征
陇西地区（Ⅰ）		低阶地	4～25	3～16	4～18	自重湿陷性黄土分布很广，湿陷性黄土厚度通常大于10m，地基湿陷等级多为Ⅲ～Ⅳ级，湿陷性敏感
		高阶地	15～100	8～35	20～80	
陇东-陕北-晋西地区（Ⅱ）		低阶地	3～30	4～11	4～14	自重湿陷性黄土分布广泛，湿陷性黄土厚度通常大于10m，地基湿陷等级多为Ⅲ～Ⅳ级，湿陷性较敏感
		高阶地	50～150	10～15	40～60	
关中地区（Ⅲ）		低阶地	5～20	4～10	6～18	低阶地属自重湿陷性黄土，高阶地黄土塬多属湿陷性黄土，其厚度：在渭北高原一般大于10m，在渭河流域两岸多为4～10m，秦岭北麓地带有的小于4m，地基湿陷等级多为Ⅱ～Ⅲ级，自重湿陷性黄土一般埋藏较深，湿陷发生较迟缓
		高阶地	50～100	6～23	14～40	
山西地区（Ⅳ）	汾河Ⅳ₁	低阶地	8～15	2～10	4～8	低阶地属非自重湿陷性黄土，高阶地（包括山麓堆积）多属自重湿陷性黄土。厚度一般5～10m，地基湿陷等级一般为Ⅱ～Ⅲ级
		高阶地	30～100	5～20	50～60	
	晋东南Ⅳ₂		30～53	2～12	4～7	新近堆积（Q_4^2）黄土分布较为普遍，土的结构松散，压缩性高
河南地区（Ⅴ）			6～25	4～8	5～25	一般为非自重湿陷性黄土，湿陷性黄土厚度一般为5m，土的结构密实压缩性较低。该区浅部新近黄土压缩性较高
冀鲁地区（Ⅵ）	河北区Ⅵ₁		3～3	2～6	5～12	一般为非自重湿陷性黄土，湿陷性黄土厚度一般为5m，土的结构较密实压缩性较低。该区浅部新近黄土压缩性较高
	山东区Ⅵ₂		3～20	2～6	5～8	
北部边缘地区（Ⅶ）	宁陕区Ⅶ₁		5～30	1～10	5～25	为非自重湿陷性黄土，湿陷性黄土厚度一般小于5m，压缩性低。地基湿陷等级为Ⅰ～Ⅱ级。湿陷黄土较薄，土中含沙量较多，湿陷性黄土不连续
	河西走廊区Ⅶ₂		5～10	2～5	5～10	
	内蒙中部至辽西区Ⅶ₃	低阶地	5～15	5～11	5～10	靠近山西、陕西的黄土地区地基湿陷等级一般为Ⅰ级，厚度一般为5～10m。低阶地结构较松散。高阶地较密实。压缩性较低
		高阶地	10～20	8～15	12	
	Ⅶ₄		5～35	1.2～16	5～30	多属自重湿陷性黄土，湿陷土层厚度一般为5～10m。地基湿陷等级为Ⅱ～Ⅲ级，压缩性较高，局部地段含水量较大，部分地区黄土含砂量大
新疆地区（Ⅷ）			3～30	2～10	1～20	一般为非自重湿陷性黄土，地基湿陷等级为Ⅰ～Ⅱ级。湿陷黄土一般厚度小于8m，厚度和湿陷性变化大

10.3.2　黄土的基本性质

10.3.2.1　湿陷性黄土的物理性质

（1）颗粒组成。我国一些主要湿陷性黄土地区黄土的主要颗粒组成见表 10.6。

表 10.6　　　　　　湿陷性黄土的颗粒组成（引自《工程地质手册》第四版）　　　　　%

地　区	砂粒（>0.05）	粉粒（0.05～0.005）	黏粒（<0.005）
陇西	20～29	58～72	8～14
陕北	16～2	59～74	12～22
关中	11～25	52～64	19～24
山西	17～25	55～65	18～20
豫西	11～18	53～66	19～26
总体	11～29	52～74	8～26

（2）孔隙比。变化为 0.85～1.24，大多数为 1.0～1.1。孔隙比是影响黄土湿陷性的主要因素之一。西安地区的黄土孔隙比 $e<0.9$，兰州地区 $e<0.86$，一般不具湿陷性或湿陷性很微弱。

（3）天然含水量。黄土的天然含水量与湿陷性关系密切。三门峡地区当黄土 $w>23\%$、西安地区当黄土 $w>24\%$、兰州地区黄土 $w>25\%$ 时，一般不具湿陷性。

（4）饱和度。饱和度愈小，黄土的湿陷系数愈大。西安地区当 $S_r>70\%$ 时，只有 3% 左右具轻微湿陷性。当 $S_r>75\%$ 时，黄土不具湿陷性。

（5）液限。液限是决定黄土湿陷性的又一重要指标。当 $w_L>30\%$ 时，黄土的湿陷性一般较弱。

10.3.2.2　湿陷性黄土的力学性质

1. 黄土的结构性与欠压密性

（1）结构性。湿陷性黄土在一定条件下具有保持土的原始单元结构形式下不被破坏的能力，这是由于黄土在沉积过程中的物理化学因素促使颗粒相互接触处产生固化连接键，这种固化连接键构成土骨架具有一定的结构强度，使得湿陷性黄土的应力应变关系和强度特性表现出其他土明显不同的特点。湿陷性黄土在其结构强度未被破坏或软化的范围内，表现出压缩性低、强度高的特性。但当结构一旦遭受破坏时，其力学性质将呈现屈服、软化、湿陷等性状。

（2）欠压密性。湿陷性黄土由于特殊的地质环境条件，沉积过程一般比较缓慢，在此漫长过程中上覆压力增长速度始终要比颗粒间固化键强度的增长要缓慢得多，使得黄土颗粒间保持着比较疏松的高孔隙度组构而未在上覆荷重作用下被固结压密，处在欠压密状态。

在低含水量情况下，黄土的结构性可表现的视先期固结压力，使得超固结比 OCR 值常大于 1，一般可能达到 2～3，这种现象完全不同于表征土层应力历史和压密状态的超固结。湿陷性黄土实质上是欠压密性土，而由于土的结构性所表现出来的超固结称为视超固结。

2. 黄土的压缩性与抗剪强度

(1) 压缩性。湿陷性黄土的压缩系数一般为 $0.1 \sim 1.0 MPa^{-1}$。

湿陷性黄土的压缩模量一般为 $2.0 \sim 20MPa$，在结构强度被破坏之后，压缩模量一般随作用压力增大而增大。

由于黄土结构的复杂性和影响压缩变形的因素很多，所以黄土的压缩性与其物理性质（如孔隙比等）之间没有很明显的对应关系。

(2) 抗剪强度。黄土的抗剪强度与土的颗粒组成、矿物成分、黏粒和可溶岩含量有关外，主要取决于土的含水量和密实程度（用干密度或孔隙比表示）。

1) 含水量的影响。当黄土的含水量低于塑限时，水含量对强度的影响较大，试验表明，对于塑限为 $18.2\% \sim 20.7\%$ 的黄土，当含水量由 7.8% 增加到 18.2% 时，内摩擦角和黏聚力都降低了约 1/4；当含水量超过塑限时，抗剪强度降低幅度相对较小；而超过饱和含水量后，抗剪强度变化不大。

2) 干密度的影响。当土的含水量相同时，土的干密度越大，则抗剪强度就越高。

3. 黄土的物理力学性质指标

不同地质年代黄土的物理力学性质见表 10.7。

表 10.7　　不同地质年代黄土的物理力学性质（引自《工程地质手册》第四版）

地质年代	物　理　性　质		力　学　性　质			
	干密度	孔隙比	压缩性	渗透性	抗剪强度	湿陷性
Q_4	小	大	高	强	低	强
Q_3	较小	较大	较高	较强	较低	较强
Q_2	较大	较小	较低	较弱	较高	弱
Q_1	大	小	低	弱	高	无

我国湿陷性黄土在地域分布上具有以下总体规律：由西北向东南，黄土的密度、含水量和强度是由小变大，而渗透性、压缩性和湿陷性是由大变小，颗粒组成由粗到细，黏粒含量由少变多，易溶盐由多变少。

10.3.3　黄土的湿陷性评价

10.3.3.1　基本概念

(1) 黄土的湿陷变形。黄土的湿陷变形是指湿陷性黄土，在一定压力下，下沉稳定后，受水浸湿所产生的附加下沉。它的大小除了与土本身的密度和结构性有关外，主要取决于土的起始含水量和浸水饱和后的作用压力。

(2) 初始含水量 w_0。湿陷性黄土在进行湿陷性试验时浸水增湿前的含水量。初始含水量较低的湿陷性黄土，其湿陷变形相对较大。

(3) 湿陷系数 δ_s。湿陷系数是指单位厚度的环刀试样，在一定压力下，下沉稳定后，试样浸水饱和所产生的附加下沉。湿陷系数是判定黄土湿陷性的定量指标，由室内压缩试验测定。以小数表示。湿陷系数 δ_s 值用下式计算：

$$\delta_s = (h_p - h'_p)/h_0$$

式中　　h_p——保持天然湿度和结构的试样，加至一定压力时，下沉稳定的高度，mm；

h'_p——上述加压稳定后的试样，在浸水（饱和）作用下，附加下沉稳定后的高度，mm；

h_0——试样的原始高度，mm。

（4）测定湿陷系数的试验压力 P_{sh}，单位 kPa。《湿陷性黄土地区建筑规范》（GB 50025—2004）规定，测定湿陷系数的试验压力，应自基础底面（如基础底面标高不确定时，自地面以下 1.5m）算起；基底以下 10m 以内的土层采用 200kPa，10m 以下至非湿陷性土层顶面，应采用上覆土的饱和自重压力（当大于 300kPa 时，仍采用 300kPa）；当基底压力大于 300kPa 时，宜应采用实际压力；对压缩性较高的新近堆积黄土，基底以下 5m 以内的土层宜用 100～150kPa 的压力，5～10m 和 10m 以下至非湿陷性黄土层顶面，应分别采用 200kPa 和上覆土饱和自重压力。

（5）湿陷起始压力 P_{sh}，单位 kPa。湿陷起始压力 P_{sh} 是指湿陷性黄土浸水饱和，开始出现湿陷时的压力。也就是湿陷系数达到 0.015 时的压力。湿陷起始压力随着土的初始含水量增大而增大。

当湿陷压力小于湿陷起始压力时，相应的湿陷系数达不到 0.015，在非自重湿陷性黄土场地上，当地基内的各土层的湿陷起始压力大于其附加压力与上覆土的饱和自重压力之和时，各类建筑可按非湿陷性黄土地基设计。

（6）湿陷终止压力 P_{sf}，单位 kPa。湿陷性黄土的湿陷系数等于或大于 0.015 的最大湿陷压力。

湿陷终止压力随着土的初始含水量的增大而减少，当湿陷压力大于湿陷终止压力时，相应的湿陷系数将减小至 0.015 以下。

10.3.3.2 黄土的湿陷性评价

1. 湿陷性的判定

当湿陷系数 δ_s 值小于 0.015 时，应定为非湿陷性黄土；当湿陷系数 δ_s 值等于或大于 0.015 时，应定为湿陷性黄土。

以湿陷系数是否大于或等于 0.015 作为黄土湿陷性的界限值，是根据我国黄土地区的工程实践经验确定的。

2. 湿陷程度

湿陷性黄土湿陷程度，可根据湿陷系数的大小分为下列三种：当 $0.015 \leqslant \delta_s \leqslant 0.03$ 时，湿陷性轻微；当 $0.03 \leqslant \delta_s \leqslant 0.07$ 时，湿陷性中等；当 $\delta_s > 0.07$ 时，湿陷性强烈。

3. 自重湿陷量的计算值

湿陷性黄土场地自重湿陷量的计算值 Δ_{zs}，单位 mm，应按下列公式计算：

$$\Delta_{zs} = \sum_{i=1}^{n} \beta \delta_{si} h_i$$

式中　δ_{si}——第 i 层土的自重湿陷系数；

h_i——第 i 层土的厚度，mm；

β——因地区土质而异的修正系数，在缺乏实测资料时，可按下列规定取值：①陇西地区取 1.50；②陇东、陕北、晋西地区取 1.20；③关中地区取 0.90；④其他地区取 0.50。

自重湿陷量的计算值 Δ_{zs}，应自天然地面（当挖方、填方的厚度和面积较大时，应自设计地面）算起，至其下非湿陷性黄土层的顶面止。其中自重湿陷系数 δ_{zs} 小于 0.015 的土层不累计。

4. 湿陷量的计算值

湿陷性黄土地基受水浸湿饱和，其湿陷量的计算值 Δ_s 应符合下列规定。

（1）计算公式。湿陷量的计算值 Δ_s 应按下式计算：

$$\Delta_s = \sum_{i=1}^{n} \beta \delta_{si} h_i$$

式中　δ_{si}——第 i 层土的湿陷系数；

h_i——第 i 层土的厚度，mm；

β——考虑基底下地基土的受水浸湿可能性和侧向挤出等因素的修正系数，在缺乏实测资料时，可按下列规定取值：①基底下 0～5m 深度内，取 $\beta=1.50$；②基底下 5～10m 深度内，取 $\beta=1$；③基底下 10m 以下至非湿陷性黄土层顶面，在自重湿陷性黄土场地，可取工程所在地区的 β_0 值。

（2）计算深度。湿陷量的计算值 Δ_s 的计算深度，应自基础底面（如基底标高不确定时，自地面下 1.5m）算起；在非自重湿陷性黄土场地，累计至基底下 10m（或地基压缩层）深度止；在自重湿陷性黄土场地，累计至非湿陷性土层顶面止。其中湿陷系数 δ_s（10m 以下为 δ_{zs}）小于 0.015 的土层不累计。

5. 湿陷性黄土场地的湿陷类型的判定

当自重湿陷量的实测值或计算值小于或等于 70mm 时，定为非自重湿陷性场地；当自重湿陷量的实测值或计算值大于 70mm 时，应定为自重湿陷性场地；当自重湿陷量的实测值与计算值出现矛盾时，应按自重湿陷量的实测值判定。

6. 湿陷性黄土地基的湿陷等级

湿陷性黄土地基的湿陷等级，是根据湿陷量的计算值和自重湿陷量的计算值等因素，按表 10.8 确定。

表 10.8　　　湿陷性黄土地基的湿陷等级（引自 GB 50025—2004）

湿陷类型	非自重湿陷性场地	自重湿陷性场地	
Δ_{zs}/mm Δ_s/mm	$\Delta_{zs} \leqslant 70$	$70 < \Delta_{zs} \leqslant 350$	$\Delta_{zs} > 350$
$\Delta_s \leqslant 300$	Ⅰ（轻微）	Ⅱ（中等）	—
$300 < \Delta_s \leqslant 700$	Ⅱ（中等）	Ⅱ[①]（中等） 或Ⅲ（严重）	Ⅲ（严重）
$\Delta_s > 700$		Ⅲ（严重）	Ⅳ（很严重）

① 当湿陷量的计算值 $\Delta_s > 600$mm，自重湿陷量 >300mm 时，可判为Ⅲ级，其他情况可判为Ⅱ级。

7. 湿陷起始压力值的确定

湿陷起始压力值（P_{sh}），可按下列方法确定。

（1）当现场载荷试验结果确定时，应在 P—S_s（压力与浸水下沉量）曲线上，取其转折点所对应的压力作用为湿陷起始压力值，当曲线上的折点不明显时，可取浸水下沉量

（S_s）与承压板直径（d）或宽度（b）之比值等于 0.017 所对应的压力作为湿陷起始压力值。

（2）当按室内试验结果确定时，在 $P—\delta_s$ 曲线上宜取 $\delta_s = 0.015$ 所对应的压力作为湿陷起始压力值。

10.3.4　黄土地基的承载力

10.3.4.1　影响黄土地基承载力的主要因素

影响黄土承载力因素主要为黄土的堆积年代、含水量（或饱和度）、密度（孔隙比或干密度）、粒度（黏粒含量、液限和塑性指数等）和碳酸盐的含量等，其中主要因素对黄土地基承载力影响的一般规律见表 10.9。

表 10.9　　　　　　　　　　影响黄土地基承载力的一般规律

因　　　素	对承载力的影响
堆积年代越早	越高
含水量（或饱和度）增加	降低
孔隙比增大（或干密度减小）	降低
液限（或黏粒含量、塑性指数）增大	增高

10.3.4.2　黄土地基承载力的确定方法

1. 确定承载力的基本原则

（1）黄土地基承载力特征值，应保证地基稳定的条件下，使建筑物的沉降量不超过允许值。

（2）黄土地基承载力特征值，可根据静载荷试验或其他原位测试、公式计算，并结合实践经验综合确定。

2. 据黄土物理力学指标的经验方法

《湿陷性黄土地区建筑规范》（GBJ 25—90）曾列出黄土地基承载力基本值可根据土的液限 w_L、孔隙比 e 和含水量 w 的平均值获得建议值按表 10.10 确定。

表 10.10　　　　　　Q_3、Q_4^1 湿陷性黄土承载力基本值 f_0　　　　　单位：kPa

w_L/e	$w/\%$				
	$\leqslant 13$	16	19	22	25
22	180	170	150	130	110
25	190	180	160	140	120
28	210	190	170	150	130
31	230	210	190	170	150
34	250	230	210	190	170
37	—	250	230	210	190

注　对天然含水量小于塑限含水量的土，可按塑限含水量确定承载力。

10.3.5　黄土地基的变形性质

湿陷性黄土的变形包括压缩变形和湿陷变形。

湿陷性黄土在荷载作用下产生压缩变形，其大小取决于荷载的大小和土的压缩性。在天然湿度和天然结构情况下，一般近似线性变形。湿陷性黄土在外荷载不变的条件下，由于浸水使土的结构连续被破坏（或软化）产生湿陷变形，其大小取决于浸水的作用压力和土的湿陷性，属于一种特殊的塑性变形。

湿陷性黄土在增湿时（含水量增大），其湿陷性降低，压缩性增高。当达到饱和后，在荷载作用下土的湿陷性退化而全部转化为压缩性。

10.3.6 湿陷性黄土地基处理原则

10.3.6.1 原则

（1）防止或减少建筑物地基浸水湿陷的设计措施，可分为地基处理措施、防水措施和结构措施三种。

（2）应采取以地基处理为主的综合治理方法，防水措施和结构措施一般用于地基不处理或用于消除地基部分湿陷量的建筑，以弥补地基处理的不足。

10.3.6.2 处理措施

（1）消除地基全部湿陷量，或采用桩基础穿透全部湿陷性土层，或将基础设置在非湿陷性土层上，常用于甲类建筑。

（2）消除地基部分湿陷量，采用复合地基，换土地基、强夯等，主要用于乙、丙类建筑。

（3）丁类建筑地基可不作处理。

10.3.6.3 防水措施

（1）基本防水措施。在建筑物布置、场地排水、地面排水、屋内排水、地面防水、散水、排水沟，管道敷设、管道材料和接口管方面，应采取措施防止雨水或生产、生活用水渗漏。

（2）检漏防水措施。在基础防水措施的基础上，对防护范围内的地下管道，应增设检漏管沟和检漏井。

（3）严格防水措施。在检漏防水措施的基础上，应提高防水地面、排水沟、检漏管沟和检漏井等设施的材料标准，如增设可靠的防水层，采用钢筋混凝土排水沟等。

10.3.6.4 结构措施

减少或调整建筑物的不均匀沉降，或是结构适应地基变形。

10.3.6.5 建筑物沉降观测

在施工和使用期间，对甲类建筑和乙类建筑中的重要建筑应进行沉降观测，并应在设计文件中注明沉降观测点的位置和观测要求。

观测点设置后，应立即观测一次。对多、高层建筑，每完工一层观测一次，竣工时再观测一次，以后每年至少观测一次，直至沉降稳定为止。

10.4 膨胀岩土

10.4.1 膨胀岩土的判别及类型

10.4.1.1 膨胀岩土的定义

膨胀土是土中黏粒成分主要由亲水矿物组成，同时具有显著的吸水膨胀和失水收缩两种变形特性的黏性土。它的主要特征如下。

（1）粒度组成中黏粒（粒径小于 0.002mm）含量大于 30％。

（2）黏土矿物成分中，伊利石、蒙脱石等亲水矿物占主导地位。

（3）土的湿度增高时，体积膨胀并形成膨胀压力；土体干燥失水时，体积收缩并形成收缩裂缝。

（4）膨胀、收缩变形可随环境变化往复发生，导致土的强度衰减。

（5）液限大于 40％ 的高塑性土。

具有上述（2）、（3）、（4）特征的黏土岩类称为膨胀岩。

膨胀土的定义是根据多年来对膨胀土固有的特性研究及在工程中的意义得出的。它包括三方面的内容：①控制膨胀土胀缩势能大小的物质成分主要是土中伊利石、蒙脱石的含量、离子交换量，以及粒径小于 0.002mm 黏粒含量。这些物质成分本身具有亲水性，是膨胀土具有较大变形的物质基础。②除了亲水性外，物质本身的结构构造是很重要的，从电镜试验证明，膨胀土的微观结构属于面-面叠聚体，它双团粒结构有更大的吸水膨胀和失水收缩的能力。③任何黏性土都具有膨胀收缩性，问题在于这种特性对于建筑物的影响程度。只有收缩性足以危害建筑物安全使用，需要特殊处理时，才能按膨胀土地基设计、施工和维护。规范是根据未经处理量超过这个标准即应按标准所属各条进行设计、施工和维护。

规范规定膨胀土同时具有膨胀和收缩两种特性，即吸水膨胀和失水收缩，再吸水胀和在失水再收缩的胀缩变形可逆性。

10.4.1.2　膨胀土的工程地质特征

1. 野外特征

（1）地貌特征。多分布在二级及二级以上的阶地和山前丘陵地区，个别分布在一级阶地上，呈垄岗-丘陵和浅而宽的沟谷，地形坡度平缓，一般坡度小于 12°，无明显的自然陡坎。在流水作用下的水沟、水渠、常易崩塌、滑动而淤塞。

（2）结构特征。膨胀土多呈坚硬～硬塑状态，结构致密。呈菱形土块者常具有膨胀性，菱形土块越小，膨胀性越强。土内分布有裂隙，斜角剪切裂隙越发育膨胀性越严重。膨胀土多为细腻的胶体颗粒组成，断口光滑，土内常包含钙质结核和铁锰结核，呈零星分布，有时也富集成层。

（3）地表特征。分布在沟谷头部、库岸和路堑边坡上的膨胀土常易出现浅层滑坡，新开挖的路堑边坡，旱季常出现剥落，雨季常出现表面滑塌。膨胀土分布地区还有一个特点，即在旱季常出现地裂缝，长可达数十米至近百米，深数米，雨季闭合。

（4）地下水特征。膨胀土多为上层滞水或裂隙水，无统一水位，随着季节水位变化，常引起地基的不均匀膨胀变形。

2. 膨胀土变形的主要因素

（1）膨胀土的矿物成分主要是次生黏土矿物-蒙脱石（微晶高岭土）和伊利石（水云母），具有较高的亲水性，当失水时土体即收缩，甚至出现干裂，遇水即膨胀隆起。

（2）膨胀土的化学成分则以 SiO_2、Al_2O_3 和 Fe_2O_3 为主，黏土粒的硅铝分子比 $SiO_2/(Al_2O_3+Fe_2O_3)$ 比值越小，膨胀量就越小，反之则大。

（3）黏土矿物中，水分不仅与晶胞离子相结合，而且还与颗粒表面上的交换阳离子相结合，这些离子随其结合的水分进入土中，使土发生膨胀，因此离子交换量越大，土的胀缩性就越大。

（4）黏粒含量愈高，比表面积大，吸水能力愈强，胀缩变形就大。

（5）土的密度大，孔隙比就小，反之孔隙比就大，前者浸水膨胀强烈，失水收缩小，后者浸水膨胀小，失水收缩大。

（6）膨胀土含水量的变化，易产生胀缩变形，当初始含水量与胀后含水量愈接近，土的膨胀就小，收缩的可能性和收缩值就大；如两者差值愈大，土膨胀可能性及膨胀值就大，收缩就愈小。

（7）膨胀土的微观结构与其膨胀性关系密切，一般膨胀土的微观结构属于面-面叠聚体，膨胀体微观结构单元体中叠聚体越多其膨胀就越大。

10.4.1.3　膨胀土的工程地质分类

（1）膨胀土的成因类型。根据资料分析，国内外膨胀土的成因多数属于残、坡积型，其生成原因：一是由基性火成岩或中碱性火成岩风化而成，二是与不同时代的黏土岩、泥岩、页岩的风化密切相关。洪积、冲积或其他成因的膨胀土也有，但物质来源主要与上述条件密切相关，掌握这一规律对野外现场初步判别膨胀土具有实际意义。国外著名膨胀土的成因见表 10.11。

表 10.11　　　　　　　国外著名膨胀土类型（引自《工程地质手册》第四版）

国　　家	当　地　名　称	成　　因	母　岩　性　质
印度	黑棉土	残积	玄武岩
加纳	阿克拉黏土	残积、坡积	页岩
委内瑞拉		残积	页岩
加拿大	喔大华黏土	残积	海相沉积
美国		残积	页岩、黏土岩

（2）膨胀岩的分类。膨胀岩可参照表 10.12 分为典型膨胀性软岩和一般的膨胀性软岩。

表 10.12　　　　　　　膨胀岩的分类（引自《工程地质手册》第四版）

指　　标	典型的膨胀性软岩	一般的膨胀性软岩	指　　标	典型的膨胀性软岩	一般的膨胀性软岩
蒙脱石含量/%	≥50	≥10	体膨胀量/%	≥3	≥2
抗压强度/MPa	≤5	>5 且≤30	自由膨胀率/%	≥30	≥25
软化系数	≤0.5	<0.6	围岩强度比	≤1	≤2
膨胀压力/MPa	≥0.15	≥0.10	小于 2μ 的黏土含量/%	>30	>15

10.4.1.4　膨胀岩土的判别

膨胀岩土的判别，目前尚无统一的指标，国内不同的研究者对膨胀岩土的判别标准和方法也不同，大多采用综合判别法。

1. 膨胀土的判别

我国《岩土工程勘察规范》（GB 50021—2001）规定具有下列特征的土可初步判为膨胀性土。

（1）多分布在二级或二级以上阶地、山前丘陵和盆地边缘。

（2）地形平缓、无明显自然陡坎。

（3）常见浅层滑坡、地裂，新开挖的路堑、边坡、基槽易于坍塌。

（4）裂隙发育，方向不规则，常有光滑面和擦痕，裂隙中常充填灰白、灰绿色黏土。

（5）干时坚硬，遇水软化，自然条件下呈坚硬或硬塑状态。

（6）自由膨胀率一般大于40%。

（7）未经处理的建筑物成群破坏、地层较多层严重，刚性结构较柔性结构严重。

（8）建筑开裂多发生在旱季，裂缝宽度随季节变化。

2. 膨胀岩的判别

（1）多见于黏土岩、页岩、泥质砂岩；伊利石含量大于20%。

（2）具有前述"膨胀土的判别"中（2）～（5）项的特征。

10.4.2 膨胀土地基上建筑物的变形

10.4.2.1 膨胀引起建筑物变形的条件

使膨胀土产生胀缩，造成建筑物变形的条件见表10.13。

表 10.13 胀缩使建筑物变形的条件

条　件	易使建筑物变形的条件	不易使建筑物变形的条件
建筑物本身条件	单层平方 基础埋置较浅 建筑群较分散 刚度较弱的部位	多层房屋，荷载较大 基础较深 建筑群比较集中 刚度较好的部位
气候条件	日照通风条件好 温差幅度大 气候特变年份	日照通风条件差 温差幅度小 气候正常年份
地基条件	挖方 地层分布不均匀 地下水位低	填方 地层分布均匀 地下水位高
地形地物条件	附近有树木 草地耕地浇水 高爽地带 陡坎斜坡	附近有水塘、水田 低洼地段 平坦地形
生产设施条件	干湿设施差别大 高温车间 湿润车间	

10.4.2.2 建筑物变形特征

膨胀土受季节气候影响产生胀缩变形，使建筑物上下反复升降，造成开裂破坏。一般情况下建筑物变形有下列特征：

（1）筑物建成后三五年，甚至一二十年才开裂，也有少数未竣工就开裂。房屋开裂往往是地区性成群出现，特别是气候强烈变化后（如长期干旱等）更是如此。开裂以低层民用建筑较为严重。裂缝随季节变化而变化（因土层含水量随季节而变化），旱时张开，雨季闭合。

（2）在相似地质条件下，同一地区的建筑物，其变形幅度是随基底压力和基础埋深的增加而减少。同一建筑物外墙的升降幅度大于内墙，而且角端最为敏感。

（3）建筑物裂缝具有特殊性，如：

1）角端斜向裂缝；常表现为山墙上的对称或不对称的倒八字形裂缝，上宽下窄，伴随一定的水平位移和转动。

2）纵墙水平裂缝：一般在窗台下和勒脚下出现较多，同时伴有墙体外倾、外鼓、基础外转和外墙脱开，以及横墙出现倒八字裂缝或竖向裂缝。

3）竖向裂缝：一般出现在墙的中部，上宽下窄。

4）独立的砖柱水平断裂，并伴有水平位移和转动。

5）地坪隆起，多处现纵长裂缝，有时出现网络状裂缝。

6）当地裂通过房层时，在地裂处墙上产生竖向或斜向裂缝。

另外，膨胀土很不稳定，易产生浅层滑坡，引起房屋和构筑物开裂破坏，设计施工时应先治坡后治基，防止滑坡发生。

（4）加速建筑物变形的某些特殊条件：

1）特殊气候（例如大旱和久旱后频雨）下的建筑变形幅度大于常年气候下的变形幅度，而且常造成建筑物的破坏。

2）临近坡肩和处于冲沟尾部的建筑物，由于差异变形大，由于产生开裂和损坏。

3）当建筑内外有局部水源补给时，往往增大胀缩差异变形。

4）炎热或干旱地区（如云南、广西一些地区）建筑物周围的阔叶树（特别是常年不落叶的桉树），对建筑物胀缩变形影响很大，尤其是旱季能造成较大的不利影响。

5）丘岗地带地质条件十分复杂加上膨胀土体中裂隙十分发育，除胀缩变形外，在临空面地段还有可能出现局部剪切变形，表现为轻型房屋的长期下沉、错落以及产生浅层滑移等现象。

10.4.3　膨胀土的地基评价

10.4.3.1　膨胀土场地的分类

按场地的地形地貌条件，可将膨胀土建筑场地分为两类。

（1）平坦场地：地形坡度小于5°；地形坡度大于5°且小于14°，且距坡肩水平距离大于10m的坡顶地带。

（2）坡地场地：地形坡度大于5°或地形坡度小于5°，但同一建筑物范围内局部地形高差大于1m。

10.4.3.2　膨胀潜势

膨胀土的膨胀潜势按其自由膨胀率可分为三类（表10.14）。

表 10.14		膨 胀 土 的 膨 胀 潜 势	
自由膨胀率/%	膨 胀 潜 势	自由膨胀率/%	膨 胀 潜 势
$40 \leqslant \delta_{ef} < 65$	弱	$\delta_{ef} \geqslant 90$	强
$65 \leqslant \delta_{ef} < 90$	中		

10.4.3.3　膨胀土的胀缩等级

根据地基的膨胀、收缩变形对底层砖混房层的影响程度，地基土的膨胀等级可按分级变形量分为三级（表 10.15）。

表 10.15		膨 胀 土 的 地 基 膨 胀 等 级	
分级变形量/mm	级　　别	分级变形量/mm	级　　别
$15 \leqslant S_c < 35$	Ⅰ	$S_c \geqslant 70$	Ⅲ
$35 \leqslant S_c < 70$	Ⅱ		

10.4.4　膨胀岩土地区工程措施

10.4.4.1　场址的选择

场址的选择应选具有排水通畅、坡度小于 14°能采用分级底挡土墙治理、膨胀土较弱的地段；避开地形复杂、地裂、冲沟、浅层滑坡可能发育、地下水位变化剧烈的地段。

10.4.4.2　总平面设计

总平面设计时宜使同一建筑物地基土的分级变形差不大于 35mm，竖向设计保持自然地形，避免大挖大填；应考虑场地内排水系统的管道渗水或排泄不畅对建筑物升降变形的影响。

10.4.4.3　坡地建筑

在坡地上建筑时要验算坡体的稳定性，考虑坡体的水平移动和坡体内土的含水量变化对建筑物的影响。

对不稳定或可能产生滑动的斜坡必须采取可靠的防治滑坡的措施，如设置支挡结构、排除地面和地下水、设置护坡等措施。

10.4.4.4　基础埋置深度

膨胀土地基上的建筑物的埋置深度不应小于 1m。当以基础埋深为主要防治措施时，基础埋深应取大气急剧层深度或通过变形验算确定。

10.4.4.5　地基处理

膨胀土的地基处理可采用换土、砂石垫层、土性改良等方法，亦可采用桩基或墩基。

第4篇　地质构造篇

第11章　地质构造工程地质分析与实践

11.1　大地构造与区域构造稳定性评价

在工程选址，尤其是大型工程选址时，首先要考虑区域构造稳定性问题。

11.1.1　区域构造稳定性概念、分级及主要研究内容

区域构造稳定性是指建设场地所在的一定范围、一定时段内，内动力地质作用可能对工程建筑物产生的影响程度。

区域构造稳定性分级见表11.1。

表 11.1　　　　　　　　　　　区域构造稳定性分级表

因　　素	分　　级		
	稳定性好	稳定性较差	稳定性差
地震烈度	≤6	7～8	≥9
相应的地震动峰值加速度	≤0.089g	0.090～0.353g	≥0.354g
现代活动断层	工程场区内无现代活动断层	工程场区内有长度小于10km的活断层，但不是 $M \geq 5$ 级地震的发震构造	工程场区内有长度大于10km的活断层，且有5级以上地震的发震构造
地震活动	近场区无 $M \geq 5$ 级地震活动	近场区有 $5 \leq M < 7$ 级中强地震或不多于一次的 $M \geq 7$ 级强烈地震	近场区有多次 $M \geq 7$ 级的强烈地震活动
重磁异常	无区域性重磁异常	区域性重磁异常不明显	有明显的区域性重磁异常

区域构造稳定性分析研究工作的重点是：①研究区内大地构造特征；②研究区域所受构造应力场的历史；③研究新生代以来，继承性活动的区域性大断裂的空间分布规律和活动特征；④研究表征地壳活动程度的地震指标；⑤探讨地震效应和地震动力学问题，评价场地地震危险性。

11.1.2　区域构造稳定性评价工作

在第4章中，我们已经介绍了主要的大地构造理论。在进行区域稳定性评价时往往都会提到构造体系这一抽象概念，每一构造体系在地貌上表现出的形态特征主要是地球内力作用的结果。影响区域稳定性的主要因素是断裂活动及地震；地质力学是研究断裂活动和

地震的重要方法。

　　断裂活动性及地震的分布受构造体系控制。不同构造体系及其构造体系的不同部位断裂活动的性质是不同的。活动断裂是属于构造体系的一部分或是新构造运动表现形式之一。通过构造体系的研究，分析和查明活动断裂的存在和延伸方向，找出与活动断裂有成生联系的断裂，为划分地震影响范围及其强烈程度提供依据。

　　通过活动断裂在地貌上的表现形式，可鉴定断裂或活动断裂的力学性质。不同力学性质的断裂，发震的可能性和强烈程度是不同的，压性或压扭性的断裂发震的可能性大，强度高；张性或张扭性的断裂发震的可能性较小，强度低。但对于水库诱发地震而言，由于张性断裂利于库水下渗，其诱发地震的可能性更大。

　　特别是活动断裂的端点、转折点、弯曲突出部位、活动断裂与其他断裂交叉或其他构造体系复合部位，以及入字型构造中主、次断裂交汇处，地应力易于集中，发生地震的可能性最大。

　　显然地震与地质构造的关系是密不可分的，物体的破坏是力做功消能的结果。地震就是地壳块体相对运动消能一种显现方式。正因为地壳是块体嵌合而成的，块体的边界也是介质体的界面。不同块体物质组成不同，其界面自然是应力集中带，也是能量释放带。故地貌上表现清晰的环太平洋大洋板块与大陆板块的碰撞带（岩石圈断裂带），就成了环太平洋地震带，也是地球上最强烈地震带。日本三陆冲大地震（8.9 级）与智利大地震（9.5 级），分别发生在太平洋的西海岸和东海岸。当然，在大洋和大陆内也多有强震发生，但都受构造背景和大断裂构造所控制，并且在地貌上的表现，如印度次大陆板块与欧亚板块碰撞的两个突刺，东面的阿萨姆突刺有 8.5 级地震，西侧的新都库茨突刺也常有强震发生。处于地貌地洼部位大洋中也常有断裂活动地震和火山地震。

　　块内地震，如邢台、营口、唐山等大地震，宏观地貌都处由控制性断裂作用（地壳断裂、岩石圈断裂）形成华北与松辽地堑地带之上。宁夏海源大地震（8.5 级）亦是如此。世界上其他地震亦复如此。其震中又多是大断裂交汇点上，具有明显的地貌特征，具有储能条件地质体的地貌特征与消卸荷地质体的地貌特征有着明显的空间分布区别。

　　而断裂活动又和地应力的强弱及现今构造应力场的特征分不开的。同时断裂活动及地应力本身对工程建筑的稳定性有着直接影响。因此进行区域稳定性分析和评价中，首先是根据地貌条件分析活动性构造发生的位置，判断近期地应力的方向，研究地应力的大小，进而讨论断层活动性和引发地震的可能性。根据地震基本烈度确定区域稳定性。

　　强烈的地震瞬间使很大范围的城市和乡村沦为废墟，是一种破坏性很强的自然灾害，地震还可能引起大范围的砂土液化，引起巨大的崩塌和滑坡，所以是稳定性分析中一个极其重要的因素，规划各类工程活动都必须考虑到地震这样一个环境因素，而在任何地区设计和施工各类建筑物，都必须根据场地可能遭受多强的地震采取相应的防震措施。

　　对于大型工程的地壳稳定性评价，最理想的是由大地构造专家，和地震研究部门的专家共同根据区域地质构造和地震方面的知识判定潜在地震危险地带，较准确的预报区域内发生地震的位置和时间，判断对工程的影响程度。为区域规划和选场地提供必要的区域稳定性评价。

　　我国长江三峡水利工程、雅砻江二滩水电站、辽南核电站、大亚湾核电站等工程的建设积累了工程建设区域稳定性评价的经验，在地质构造和地貌研究的基础上，建立了区域稳定性评价的理论和方法，有人提出了安全岛理论，有人提出了"地壳稳定分级综合指标评价"理论并出版了《地壳稳定研究原理及方法》，这些成就表明了我国区域稳定性评价进入了一个新的阶段。

断层的活动性是地壳稳定性的核心问题。我国活动性断层的测年手段有了新的发展，活动性断层相对于不同类型、不同等级的工程有了不同的年龄界限并列入不同行业的稳定性评价规范之中。

对于一般小型工程，如大部分的风电场，区域构造稳定性评价一般仅搜集区域构造及地震资料，评价其稳定性，根据《中国地震动参数区划图》（GB 18306—2001）确定地震动参数。不需进行专门的地震安全性评价。对于设计来说，在区域稳定性方面主要关注的内容就是地震动参数及场址适宜性。

关于是否需进行专门的地震安全性评价，《工程场地地震安全性评价技术规范》（GB 17741—2005）中有明确规定。

11.2　中国新构造运动特征与分区

在一般的工程勘察实践中，在没有相应资料的支持，往往对区域稳定性的分析，觉得无法下手，所以有必要在了解新构造运动特征前提下，结合前述地貌法、地质构造法，对勘察区的区域稳定性做出判断。也有必要了解我国新构造运动的特征与分区，以及我国主要活断层的宏观位置以及它们与地震之间的关系。

11.2.1　中国新构造运动特征

11.2.1.1　中国构造运动的间歇性

自新第三纪以来，中国的新构造运动存在着明显的间歇性特点，极强烈的活动时期与相对宁静时期交替出现。主要表现在以下几个方面。

（1）地貌发育的阶段性。由于新构造运动的强烈与相对平静的震荡性交替，从而形成了一系列的多旋回地貌，如多层夷平面、多层洪积阶地、多级河流阶地、多层溶洞等。

（2）第四纪沉积间断与韵律性（旋回性）。沉积物的韵律性主要表现在粒度和成因类型的有规律的更替两个方面。沉积物粒度由下而上粗—细变化，粗粒沉积反映新构造上升引起地形的切割和起伏增大，细粒沉积则与继之而来的地壳形对宁静阶段地形夷平阶段一致。我国许多盆地第四纪沉积物具有复式韵律沉积的特点，反映了相邻山地的多次上升历史，是研究山地地貌发展的重要沉积物。

（3）断层的间歇性活动。大量活断层呈现活动→平静→再活动的历史，是最新断裂活动的普遍规律。断层活动常伴有地震。如我国郯庐大断裂的沂沭段，全新世以来有过三次剧烈活动时期，分别为 3.5kaBP、7.4kaBP、11kaBP 平均重复间隔为 3000 年。贺兰山东麓山前断裂，全新世以来发生过 4 次快速错断事件，分别发生于 211aBP、（2630±90）aBP、（6330±80）aBP、（8420±170）aBP，其平均重复间隔为 2706 年。

（4）地震活动的韵律性。本世纪以来，世界地震台网和我国地震台网对于我国 $M \geqslant 4$ 级地震可以达到全区测定，强震活动有明显的活跃阶段和瓶颈阶段交替。表明其具有群集的性质。例如在 1901—2001 年，有三个明显的在五年以上的时间段落中没有 7 级以上的大地震（1908 年 8 月至 1913 年 12 月；1955 年 4 月至 1963 年 4 月；1976 年 8 月至 1985 年 8 月），即这三个无震时间段分别约为整个过程事件间隔时间标准偏差 σ 的 3.8、6.0 和 6.8 倍，其平静的表现在统计上是显著的（图 11.1）。

我国历史地震和世界上其他地区在本世纪地震活动都呈明显的韵律性。一般将 200 年左右的地震活跃时期称为地震活跃期，把 10～20 年地震活跃时段称为地震活跃幕。

1897—1980 年，我国曾经出现过四个地震活跃幕，即 1897—1912 年、1920—1937 年、1946—1957 年和 1960—1980 年。有人认为，1985 年新疆乌恰 7.4 级地震，可能意味着大陆已进入第 5 个地震活跃幕。

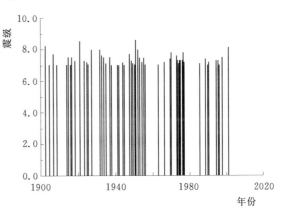

图 11.1　大陆（1901—2001 年）浅源地震（$M>7.0$）时间分布图

（5）火山活动的多期性。与地震活动一样，火山活动也具有明显的期次划分。中国东部新生代火山活动自始新世以来，可划分为三期。

第一期为早第三纪的火山活动，活动年代为 71.5～28.5 百万年，主要为玄武岩沿断裂带的裂隙式喷溢。

第二期为晚第三纪，是中国东部火山活动的高潮期，以陆相裂隙式喷溢的宁静式流动为主。主要矿物为碱性玄武岩类，伴有拉斑玄武岩类，该期火山活动年龄为 23.8～2.6 百万年。

第三期为第四纪火山活动，其强度和范围远不及前两期，可以说是新生代火山活动的尾声阶段。喷发类型为中心式喷发，多数表现为火山锥地貌，如五大连池火山群、镜泊湖火山群、长白山火山群、山西大同火山群、山东蓬莱火山群等。该火山活动的年代为 1.48 百年万 BP。

11.2.1.2　中国新构造运动的继承性与新生性

（1）新构造运动的继承性。新构造运动的继承性是指新构造运动继承了老构造运动的方向和性质等特点。中国新构造运动的继承性主要由以下几个方面。

1）构造格局的继承中生代燕山运动形成的大地构造格架，控制了中国现代地貌的总体格局。新构造运动的总体格局明显地继承中生代构造格架。因此研究一个地区老构造基础，是研究新构造运动重要前提。

2）运动方向的继承从垂直运动来看，中生代构造运动的上升区，新构造运动时期继续上升，如青藏高原；中生代的下降地区新构造运动时期继续下降，如华北平原。

3）构造类型的继承在我国西部，较稳定的地块在新构造期仍然为差异运动较微弱地区，而地槽山地则表现为强烈的差异运动。对我国现代地形起控制作用的断裂，大部分是老断裂在新构造运动时期的重新活动。

（2）新构造运动的新生性。

新构造运动的新生性是指新构造运动对老构造运动改造或形成新的构造。中国新构造运动的新生性主要表现如下。

1）我国东部应力场的改变，第三纪以来我国东部处于太平洋西侧弧后扩张的地球动力学环境中，位于内陆中国东部，中生代燕山运动的挤压构造应力场被引张应力场所取代。在这些地区广泛发育伸展构造，这就是这种引张应力场的产物。

2）某些一度稳定的山区，如天山、祁连山等，在新构造运动时期又强烈活动。

3）若干下降地区在新第三纪以后转为隆起。如柴达木盆地的发育从印支期后开始大致经历了侏罗纪—始新世的山前坳陷阶段，渐新世—中新世的大型坳陷盆地阶段，到上新世第四纪的缓慢抬升和褶皱阶段。

4）一些新生断陷盆地的形成。新构造运动时期，我国东西部有一系列新的断陷盆地，如华北区经过晚白垩世—早第三纪初的隆起剥蚀后，华北亚板块发生了强烈的裂陷。在翘起的贺兰山、阴山、秦岭山系与整体上隆的鄂尔多斯地块之间，形成了银川、河套与渭河地堑系。往东介于紫荆关—武陵山断裂带和郯庐断裂带之间发育了包括华北盆地和渤海在内的地堑系。我国西部地堑系是第四纪形成的，如西藏第四纪 NS 向地堑系，阿尔金山地堑系，祁连山带地堑系等。

11.2.1.3　中国东西部新构造运动的差异

新构造运动时期，中国东西部处于不同地质构造环境。西部受印度板块和欧亚板块的碰撞，处在强烈的挤应力环境，开始了一个大陆岩石圈内的俯冲、地壳缩短加厚的过程。东部处于亚洲大陆与太平洋板块俯冲带的后部，处于走滑—引张力的作用下。因此，东西部构造运动有许多方面存在差异。

（1）升降幅度的差异。西部在强大的板块应力挤压作用下，地壳加厚并迅速隆升，自中新世、上新世以来喜马拉雅上升幅度一般在 4000m 以上，藏北地区一般为 3000～4000m，在整体隆升的基础上，还形成了大规模的裂陷，在大型裂陷盆地的边缘，如塔里木盆地南北两侧，准噶尔盆地南缘隆起和下沉的相对高差达 1000～12000m。东部为滨太平洋弧后差异升降区，以大兴安林—太行山雪峰山东麓一线为界，以西为上升区，以东为下降区，上升最强烈的华北西部，最大幅度 1000～2000m；东北上升幅度为 700m。沉降的幅度各地不一，东北为 200m，华北为 300～500m。最大的下沉区为鄂尔多斯隆起周围的深断陷，如汾渭断陷、银川断陷、河套断陷等，渭河盆地的第四系最大厚度 2000m，银川盆地也在 1600m 以上。

（2）活动断裂构造样式与活动速率不同。中国西部活动断裂总的是逆冲-推覆和走滑断裂相互联系与制约，前者近东西向，后者为 NE 和 NW 向同时发育次级的近 SN 向正断层和走滑正断层。而中国东部则以 NNE—NE 向走滑断层和 NWW—NW 向走滑断层的组合为特征。断层两盘相对位移速率西部为 6mm/年以上，东部为 5mm/年以下。水平与垂直运动速率之比，东部一般水平运动是垂直运功的 2～3 倍，西部一般为 6～7 倍。

（3）构造盆地类型差异。中国东部海域及内陆由于处于弧后环境，新生代构造盆地均属裂陷伸展的构造类型。中国西部，则由于印度板块与欧亚板块的推挤，受逆冲断裂控制的压陷盆地发育，如塔里木、准格尔等大型压陷盆地。另外，由于 SN 向推挤使岩石圈物质横向流展，派生出次生引张应力场，在特定的地区形成 SN 向裂陷伸展构造，如西藏块体南部的近 SN 向的地堑系和当雄-羊八井等 SN 向地堑系就比较典型。沿一系列大型走滑断层，还发育了各种类型的拉分盆地、楔状盆地，如阿尔金断裂带的矩形、楔形盆地，昆仑山与阿尔金山之间的苦牙克裂谷，以及滇西北由于 NE 向的小金河和金汀河走滑断裂活动，造成两条 NW—NNW 向的拉分地堑等。

（4）岩浆岩类的差异。中国东部新生代主要是基性火山岩类建造，且钙碱性玄武岩系列，拉斑玄武岩系列和碱性玄武岩系列都存在，基本上是地幔部分熔融的产物。在碱性玄武岩类中，含有幔源橄榄岩类的捕虏体，其活动方式，以喷溢为主，侵入活动很弱。相反，中国西部以超基性—基性、中酸性和酸性侵入岩类为主，火山活动次之。在火山岩类中，除基性玄武岩类以外，中性火山岩类也占有一定地位。西部的侵入岩中，含有较高的挥发组分和水分，酸性较强。这些特点说明，西部地区的酸性侵入岩主要是地壳重溶的产物。

（5）地震活动差异。中国西部地震活动频度高，震级也高，震中分布密度也高，复发周期短，强度分布不均匀，8 级以上地震多发生在地壳厚度变化大的梯度带附近。东部地震主要分布在华北和东南沿海一带，特点是强度大，复发周期长，与西部区相比相差一个量级。

在震源深度方面，西部震源深度绝大部分为 10～50km，优势分布在 10～30km，由南向北深度由深变浅，如青藏高原南部为 15～70km，中部为 10～40km，北部为 10～30km。东部地区震源深度一般为 5～30km。

（6）形变特征不同。大量的形变测量资料表明，中国的新构造形变特征也存在着一个以南北构造带为界的东西部差异。在西部垂直升降等值线轴的方向大体为 NW 走向，在东部这种升降长轴以 NE 向为主。

11.2.2　中国新构造运动分区

根据新构造运动的发展、运动强度、运动方式和区域构造、深部构造和地震活动状况等特征，有人将我国划分成 2 个构造域、6 个构造区和 20 个构造亚区。

11.2.2.1　喜马拉雅新构造域（Ⅰ）

喜马拉雅新构造域（Ⅰ）位于中国南北构造带（大致在银川—昆明一线）以西。处于印度板块与亚洲大陆板块碰撞区。新构造运动时期地壳发生了明显的加厚、缩短与抬升，形成了以逆冲断层、压陷盆地、大型走滑断层和挤压构造带的构造形式，大致以帕米尔—昆仑山—祁连山为界，又可分为新疆新构造区（Ⅰ$_1$）和青藏新构造区（Ⅰ$_2$）。

（1）新疆新构造区（Ⅰ$_1$）。地壳厚度 44～56km，在整体抬升的基础上，发育了主要以 NE、NW 向两组断裂控制的压陷性断块盆地，如塔里木盆地、准噶尔盆地伊犁和吐鲁番盆地，控制盆地的断裂多具逆冲和走滑断裂性质。与压陷盆地相邻的是强烈的断块山（天山、祁连山等）隆起和下降幅度相差 1000～1200m。该构造区自北而南又可分为：阿尔泰亚区（Ⅰ$_1^1$）、准格尔亚区（Ⅰ$_1^2$）、天山亚区（Ⅰ$_1^3$）、塔里木亚区（Ⅰ$_1^4$）及阿拉善亚区（Ⅰ$_1^5$）。

（2）青藏高原新构造区（Ⅰ$_2$）。地壳厚度 52～72km。中上新世以来，整体上升，上升幅度 2000～3000m，局部有差异性断块沉降。新生代晚期岩浆活动甚为活跃，断裂十分发育，多是具有走滑型的亚型弧形断裂。在柴达木盆地的更新世地层中，还发育了一系列

NW 向褶皱。此外近于 NS 向推挤使岩石圈物质横向流展，派生出横向张应力场，在藏南形成一系列 SN 向的张性构造盆地。此区进一步划分为：祁连-青海亚区（I_2^1）、藏北亚区（I_2^2）、藏南亚区（I_2^3）及川滇亚区（I_2^4）。

11.2.2.2　滨太平洋新构造域（Ⅱ）

滨太平洋新构造域位于南北构造带以东的大陆地区。根据沉积盆地的分布和构造活动性，可分为：内蒙-东北新构造区（Ⅱ₁）、华北新构造区（Ⅱ₂）、华南新构造区（Ⅱ₃）和东南沿海及南海海域新构造区（Ⅱ₄）。

（1）内蒙-东北新构造区（Ⅱ₁）。本区新构造的最大特点是火山活动强烈，如著名的五大连池、长白山等。地震活动相对较弱，20 世纪有少量 6 级地震和一次 7.3 级海城地震。但震源较深，吉林地区是我国唯一的深震活动区，发育有松嫩盆地。上新世以来，山地最大降深幅度约 700m，盆地最大沉降幅度不足 200m。区内地壳厚度较稳定，约 34km。本区进一步细分为内蒙-大兴安岭亚区（$Ⅱ_1^1$）、松嫩盆地亚区（$Ⅱ_1^2$）、三江盆地-长白山亚区（$Ⅱ_1^3$）。

（2）华北新构造区（Ⅱ₂）。本区是中国东部新构造活动最强烈的地区。发育有汾渭、河套、银川等断陷盆地，新构造时期沉积厚度一般为 300～500m，最大达 2000m（如渭河盆地）。地震活动频繁，强度大（至今已经有 $M \geqslant 8$ 级地震 6 次，7～7.9 级 11 次，6～6.6 级地震 43 次）。在大同沧州、海兴、无棣等地见有火山活动。以大青山-燕山一线作为其北界，南界为秦岭大别山。本区可进一步分出大青山-燕山（$Ⅱ_2^1$）、鄂尔多斯（$Ⅱ_2^2$）、黄淮海-下辽河盆地（$Ⅱ_2^3$）、辽东-黄海-胶东（$Ⅱ_2^4$）等亚区。

（3）华南新构造区（Ⅲ₃）。本区新构造特点以整体缓慢上升，晚第三纪以来大多数盆地已结束沉积，仅有江汉-洞庭盆地、南阳盆地及沿海港湾沉积盆地仍有沉积。最大抬升幅度可达 1000m，一般为几百米，最大沉降幅度不过 200m。除东南沿海外，北区很少发生 $M \geqslant 5$ 级的地震，为少震、弱震区。广东和海南岛等地见有火山活动。本区又可分为两湖-川贵（$Ⅲ_3^1$）及华南-华东（$Ⅲ_3^2$）两个亚区。

（4）东南沿海及南海海域新构造区（Ⅳ₄）。本区属欧亚板块的边缘海，中国大陆架部分。新生代以来构造活动强烈，广泛发育一系列与岛弧平行的线状褶皱及逆断层。如在台湾岛上可见左旋逆走滑断层，形成强烈的挤压带。台湾岛是本区最主要的抬升区，自晚第三纪（蓬莱造山运动）以来，中央山脉的内部隆起幅度超过 2500m；20 世纪以来大于 6 级地震达 30 次。大致以台湾岛南端右旋走滑断层为界，分为台湾-东海新构造亚区（$Ⅳ_4^1$）和南海新构造亚区（$Ⅳ_4^2$）。本区大部分新构造形迹位于海底，许多新构造活动细节尚不清楚，有待进一步研究。

11.3　活动断层研究

活动断层的发育程度，预示着一个地区的地壳稳定性。对工程建筑物的安全来说，活动断层是各类工程研究的重点，特别是重要的工程建筑物，例如大型水利工程、大型核电站等都要进行较为深入的研究。即使是一般的工程建筑物也应避开活动断层。

11.3.1　新构造运动的研究方法

由于新构造运动本身的特点，决定了研究方法的多样性和综合性，除了构造地质学使用的地质学方法外，地貌学方法、考古学方法及仪器测量法等都是新构造运动研究的常用方法。随着科学技术的不断发展，一些新的方法和手段正在不断地吸收到新构造的研究中来，使新构造运动的研究方法不断得到充实和丰富。

新构造运动研究方法虽然种类繁多，但大体上可分为两大类：一为定性法，包括地质法、地貌法、历史考古法等，这是研究新构造运动最基本的方法；二为定量法，主要指用仪器测量的方法，如大地测量地震学方法等。

在新构造运动研究中，各种方法所应用的侧重点不同。其中地质法、地貌法应用最为广泛，它不仅能够解决上新世（N）、更新世（Q_1、Q_2、Q_3）、及全新世（Q_4）的构造运动问题，在活动构造（如地震活火山等）研究也不可缺少；历史考古法主要用于解决全新世尤其是有文字记载到开始有仪器记录时段的构造运动问题（1000 年），也涉及一部分的更新世；仪器测量只能解决目前正在活动的构造运动问题（100 年）。

在海域地区由于岩石圈被厚层海水覆盖，以构造形成的火山地形为主，首先应采取地球物理的方法，以探明水下洋壳表面形态及岩石圈的各种地球物理性质，再用地质法和地貌法分析新构造运动。

新构造运动研究是一个复杂的课题，仅靠个别方法获得的资料往往是不全面的，所作的结论很可能具有片面性，因此在工作中应注意各种方法的综合分析（表 11.2）。

表 11.2　　　　　　　　　新构造研究常用方法及研究内容表

方法	研　究　内　容	研　究　目　的	
地质构造法	构造变形分析 N—Q 地形变形变位。岩浆活动分析 N 以来火山活动带、火山口带状分布沉积物分析，沉积厚度、成因类型与岩相等研究等	地震危险性区划、与区域稳定性评价中长期地震灾害预报背景与区域稳定性评价	研究新构造时期地壳运动的类型、强度、活动特点及发展和变化规律。查明新构造的空间展布及类型
地貌法	河流地形研究：水系格式和河道变迁研究；河流阶地研究（纵、横剖面）先成河谷地段。洪积扇研究：洪积扇单体形态异常；组合形态变形改位。岩溶地貌研究：层状溶洞研究、岩溶期和岩溶地貌组合研究。夷平面研究：高度与时代；变形变位。海岸地形研究：海成阶地、海蚀凹槽的分布与高度。构造地貌研究：断层崖、断块山、断陷盆地		
考古法	古文物研究：古文化遗址分布的古今对比；古建筑破坏原因与变形变位。古文字记载：历史地震、群发性古坍塌、古滑坡		研究历史时期新构造运动的特征
地球物理探测	地震、重力勘探：深部构造、隐伏活断层；精密重磁测量重力场与磁场强度的异常变化。大地电磁：电阻异常带，磁场强度的异常变化。地热：地热流异常带、温泉的线状排列。水声探测及探地雷达：隐伏断层分布、地下水与断裂活动的关系		查明隐伏断层性质，用于工程稳定性评价和区域活动断层追溯；新构造运动的深部过程研究
地球化学测量	a 径迹测量：土层相对密度分布。γ 射线测量：γ 射线强度变化。断层气体测量：土层或泉水中的 Rn、He、Ar、N_2、CO_2、H_2 等气体浓度		揭示隐伏的活断层。地震前兆观测

方法	研究内容		研究目的
形变测量	卫星大地测量：甚长基线干涉测量；多普勒三角测量；全球定位系统。 大地水准测量：区域形变测量；跨断层水准测量		新构造运动现金活动特点、求取运动速率、幅度
地震学	地震观测：震中分布、震源深度分布与构造的关系；震源机制、震源断面分析；震源应力场分析，强震等震线与地质构造研究。 古地震研究		研究活断层的活动特点，分析断层的破裂过程，研究新构造与地震发生的关系

在新构造运动研究中，活动断层是主要的研究内容。

11.3.2　活动断层的概念

活动断层无疑属于新构造运动的表现形式之一，由于对工程有更直接的影响，不同类型、不同规模的工程对活动性断层的理解和研究深度有较大的差异。

活动断层一词是 1908 年由劳森提出的。关于它的定义，中外学者都有不同的看法。

活动断层是指那些现在正在经受着运动或在地质和历史时期曾有移动，以及在未来有复活倾向运动的断层。

从地震角度提出，如果地震记录表明某断层发生地震，此断层就是活动断层。

美国原子能委员会 1973 年把"能动断层"这一术语规定为：①在 3 万年和 5 万年内有过一次或多次活动的断层；②它们与能动的断层有联系；③沿该断裂带仪器记录到小震活动和多次的地震历史事件，或该断层发生过蠕动。

1975 年国际原子能机构在引用美国原子能委员会规定时，又增加了两条规定：①在晚第四纪有过活动；②该断层有地面破裂的证据。

此外，有的研究者又为活动断层增加了大地测量标准，地球物理和工程标准等。

根据多数学者的意见，活动断层可以理解为近代地质时期（第四纪）和历史时期有过活动（位移或古地震），现代正活动或将来有可能活动的断层。在活动性断层的各种标准中，地质标志是前提。把地质标志的具体内容规定为：包括新鲜的或年轻的断层陡坎，河流或冲积扇的水平错断，纵 4 向洼地（非侵蚀结果）或下沉池塘的线性排列，以及现代沉积的形变或位移。历史和现代地震活动也是判断活动断层的重要因素。

我国 20 世纪 80 年代以前地震界提出，活动断裂年龄界限为晚第三纪或第四纪中、晚更新世。1985 年左右工程地质界提出活动断层年龄界限，有的为全新世（1.1 万年），有的为 5 万～1 万年两种。

现工程界采用的标准并不统一。如《水利水电工程地质勘察规范》（GB 50487—2008）规定：①错动晚更新世（Q_3）以来地层的断层为活断层；②断裂带中构造岩或被错动的脉体，经绝对年龄测定，最新一次错动年代距今 10 万年以内的断层为活断层。

而《岩土工程勘察规范》（GB 50021—2009）规定：①全新活动断裂：全新地质时期（1 万年）有过地震活动或近期正在活动，在今后 100 年内可继续活动的断裂；全新活动断裂中，近期（近 500 年来）发生过地震震级大于等于 5 级的断裂，或在今后 100 年内可能发生震级大于等于 5 级的断裂，可定为发震断裂；②非全新活动断裂：1 万年以前活动过，1 万年以来没有活动过的断裂。

《火力发电场岩土工程勘测技术规程》（DLT 5074—2006）的规定则与《岩土工程勘察规范》（GB 50021—2009）相同。

11.3.3　活动断层的分类

关于活动断层的分类，断层（垂直或水平位移）活动速率（每年或每千年位移）、断层的构造地质和地貌标志的显示程度、近 5000～50000 年重复活动的次数、活动速率是分类的重要条件。

1972 年国际原子能委员会将活动断层分为四类：A 类——高运动速率，每 1000 年大于 1m；B 类——地形上显示清晰的断层证据；C 类——地形上显示不清晰的断层证据；D 类——在定量评价上没有断层速率或数量证据基础。

11.3.4　活动断层与地震

大量事实表明，地下断层活动引起地震，而地震作用又可产生地表断层，及地震断层。绝大多数的浅源地震与活动断层密切相关。根据我国大陆地区地震地质研究，两者之间具有如下特点。

（1）绝大多数强震的震中坐落在活动的大断裂上或其附近。

（2）许多破坏性地震（一般大于 6.5 级或 7 级）形成的地震断层与当地的主要断裂一致，甚至大体重合。如 1973 年炉霍 7.9 级地震形成的地震断层带长 90km，宽 20～150m，总体走向 N55°W，地震的表现为左旋扭动，与鲜水河断裂的展布活动方式有很大的一致性。从一些未形成明显地震断层的地震震源力学分析来看，震源错动面的产状大部分和地表大断裂带的产状一致。

（3）曾经发生过多次强烈地震的大断裂，大都为切过震源位置的深大断裂。

（4）我国绝大多数强烈地震的极震区和等震线的延长方向与当地大断裂的走向一致。

由此看来，地震与断层活动关系密切，但也不是所有的断层活动都伴有地震发生，这取决于断层的运动方式。野外观察和实验研究表明，断层活动方式主要有两种：①相对稳定的活动即蠕动，如土耳其的安纳托利亚断层，以 2cm/年的速度蠕动；我国 1974—1976 年，在江苏、山东、安徽、河南等省先后出现的蠕动形成大面积的"地裂"现象。这种类型的断裂活动，一般不伴有破坏性地震。②断层两盘互相黏结，使活动受阻，当应力累积到等于或大于摩擦力时，断层两盘便发生突然的错动，这种黏滑形式的运动，是地震发生断层运动机制。这两种断层的活动方式，在不同的活动断层或同一活动断层的不同部位或同一断层的不同时间内，以一种活动方式为主，也可能以两种方式周期性交替。在大地震到来之前，在发震断裂带常常会出现蠕动现象，而实际的发震部位则是蠕动段之间的闭锁段。沿断裂带的温泉活动有助于释放地壳热能，在一定程度上可缓减大地震发生。

由于上述地震与活动断层之间的对应关系，大量的地震资料（如震中分布、震源深度、地震机制等）已经用来分析现代地壳运动的状况及识别正在活动和正在发生着的断裂系统。根据地震震中网络型分布，指出现代地壳破裂具有网格性特点，强震部位多沿地应力场易于释放的网络线尤其是网络交点处。

川滇菱形地块向东南方向移动，就是印度板块向欧亚板块强烈碰撞挤压和太平洋板块对该区的推力共同作用的结果。这个地块是由鲜水河断裂、安宁河断裂、则木河断裂、小江断裂以及元江断裂围成的，它的移动必然引起断裂活动，其活动的性质为水平和垂直的方向，也有的是二者皆有的相对滑动。菱形地块的东侧为逆时针方向错动，西侧表现为顺时针方向错动。这些断裂活动都很强烈，升降差异幅度较大，挤压剪切活动也比较强烈说明地应力易于集中，成为我国西南地区地震强烈发生地带。

沿这些断裂带，强震震中的分布情况说明，活动断裂带的转折部位，和其他方向的活动断裂交汇部位活动性尤为强烈，正是历史上发生强烈地震的部位。例如西昌地区位于安宁河断裂和则木河断裂交汇和转折部位曾发生过 7.5 级大地震；侏炻-炉霍地震区在甘孜-侏炻东西向构造拐向北西向鲜水河断裂拐点附近，这里曾发生过 6.2 级、7.2 级、6.8 级、7.9 级强烈地震；云南巧家地区位于则木河断裂和小江断裂带的转折部位，也是和一条纬向构造隆起带交汇处，地震也较频发。转折角度的大小对地应力集中部位和程度也有明显的影响，转折角度大时，应力集中在转折部位的外侧，角度小的内侧也有集中。永胜地震区位于永胜-宾川断裂带的北端，差异性升降强烈。

我国地震分布比较普遍，主要的地震区都与活动构造带或构造体系密切相关，根据统计有记载以来，我国 7 级以上地震共 90 余次，其中 80% 均位于规模巨大的区域性活动断裂带范围。如 1975 年发生的海城地震（7.3 级）位于新华夏系营口-海城断裂带；1920 年海原地震（8.5 级）与古浪-海原断裂有关；1970 年云南海通地震（7.7 级）也是受曲江断裂带的控制；2008 年汶川地震（8.0 级）位于 NE 向和 SN 向断裂带的交汇处等。

我国地震的分布还受特殊的构造条件控制，例如构造体系的复合区，活动断裂斜接、反接地区。如（1920 年）海源地震就是处于祁吕贺兰山字型构造及陇西旋卷构造和新华夏构造体系的复合区。

11.3.5　中国主要活动断裂

我国活动断裂极为发育。西部及西南主要是在印度洋板块由西南向北东方向推挤，在欧亚板块的阻抗夹持下，形成一系列以逆冲、逆掩为主的近 EW 向断裂和 NWW—NW 向、NEE—NE 向逆走滑型巨大活断裂带，同时发育了 NS 向的正断层或走滑正断层；西部断层位移速率为 6mm/年以上。在云南及四川西部地区，东部以 NE 向为主，中部以 SN 向为主，西部以 NW 向为主。这些活动性断裂与主压应力的方向呈 45°交角。而其活动大多数表现为水平活动的特点，并表现出对老断层的明显继承性，白垩纪晚期的四川运动就是一次强烈的水平挤压活动。例如鲜水河断裂带具有左旋错动性质，龙门山断裂具有右旋错动性质，代表了东西向区域构造应力场的两组剪切方向。

东部则以 NNE—NE 向走滑正断层和 NWW—NW 走滑断层的组合为特征；东部断层位移速率为 5mm/年以下。以新华夏 NNE。断裂带为主。

东南沿海大陆边缘活动断裂，自台湾往福建、广东方向由 NNE 走向逐渐转为 NE—NEE 走向，地震的震级沿这一方向有降低的趋势。断裂以左旋走滑正断裂为主，而与其共轭的 NW 向断裂多为正断层或正走滑断层，但规模较小延伸不远。东南沿海区的活动断裂多为新华夏的 NNE 向断裂带。

华北地区的断裂与该区的断块构造密切相关，经过长期的发展演变，华北断块区的新时代断裂和断陷盆地进一步将该区切割成大小不同的许多断块。活动断裂的方向主要有 NNE、NE、NW、和 EW 向四组，其活动时代均为第四纪乃至近代。这些断裂规模延伸较短，一般 100～300km，而且多为由许多延伸较短的断裂以不同形式组成的断裂带。例如汾渭断陷盆地带成右行斜列排列。太行山东缘断裂带也是由许多 NE 和 NNE 的断裂组成的。

华北断块区较强地震震源多在 10～30km 深处，它们与深部 NEE—NWW 向断裂关系至为密切，唐山地震发生在河北块陷与燕山块隆交接带上活动强烈的 NE 向沧县-唐山断裂与五条向唐山、丰南辐聚的 NW 向断裂交汇部位。

西北地区的活动性断裂也多成带状分布，延伸一般较长特别是祁吕山字形构造和康藏歹字型断裂往往延伸上千公里。其方向为 NWW 向或近 EW 向。

11.3.6　活动断层野外特征

11.3.6.1　地层及物理地质现象

新构造运动最明显最直观的表现是新地层（新第三系—第四系）的变形和变位。新构造运动造成的地层变形，往往是低角度（几度至十几度）的倾斜变形或宽缓的拱形变形。较强烈的褶皱变形仅出现在大型压扭性活动断层旁侧，或有地震液化作用造成的局部揉皱。新断裂构造大都为脆性破裂。发育于新第三纪基岩中的新构造断裂断层带规模小，一般宽几厘米到几米，断层泥发育，构造沿松散并以角砾岩为主。实际工作中识别基岩中断层的活动性是比较困难的。

人类的历史只有几千年，对自然界认识是逐渐加深的，新构造运动历史百万年，所以人类研究新构活动性，不得不借助于新地层，最为直观的是第四纪以来的沉积层、冲积层及堆积层。

和老断层一样，表现了断层两侧地层岩性和产状的截然不同，尤其是第四纪地层突然出现中断时就足以说明断层是活动的。如果在野外发现将中更新统以后的地层切断，其附近的岩层挠曲，两侧产状不同，就可以确定是活动性断层。应该指出的是不要把滑坡的滑动面误认为断层。

由于上述新地层物质组成不同，结构形态亦不相同，成生条件与环境不同，密度自然不相同。不论是半成岩或未成岩，都有一定的孔隙度。经过扰动的，结构遭受破坏孔隙度增大，密度变小。在野外识别时，要细心注意观察，断层通过地段的新地层的原生结构状态有无异常，并排除外动力作用的干扰。

因为新地层不一定有明显的层理，所以要注意它的密度变化，如砾石层有无在断裂带通过段，出现少有的砂土充填的差异；粉砂层及土层的孔隙度是否有反映，密实度变差，与相邻原状土比较强度偏低等。

在大断层通过区段出现砾石、卵石被错断是活动断层的表现。例某坝坝基开挖中，就出现河床卵砾石被断层挤压破碎和剪断。该坝址砂岩走滑断层十分发育，附近都有已经确认的活动性大断裂。由于前期勘察工程地质问题没有充分揭露，对工程地质条件没有充分分析，开挖与勘察结果有较大差异。所以工程地质问题处理的费用大大提高。

由于强烈活动的大断裂作用和影响，岩石结构破碎，伴随强震发生，带有山岩崩塌倒石堆出现，这些倒石堆中自然有草木随同被掩埋，大断裂锁固点是积能和发震消能场所，强震在某一地区具有周期性，所以倒石堆也可以出现周期性叠置，若经过自然和人为揭示，可能出现多层含炭化物种，取之，用 C^{14} 测定出各层位的年龄，获得此处强震活动的周期。国家地震局兰州地震大队测得的海源大地震周期，大约 2000 年，就是通过倒石堆叠置层（4 层）^{14}C 年龄测定得到的研究成果。

泥石流、滑坡和崩塌物集中发育也是活动断层判定的依据，沿活动断裂带常有陡壁高边坡，上升区河流深切形成 V 形深切沟谷等，沿断层带岩石比较破碎，滑坡和崩塌易于发育，崩塌下来的物质和断层碎屑物就成为泥石流的物质来源，如果地形条件适宜泥石流就特别活跃，例如沿太行山东缘、四川西昌沿安宁河两岸、云南东川等活动断层发育的地方，泥石流也是很发育，由泥石流所造成的洪积扇组成巨大的裙状地形。

11.3.6.2　地下水标志

（1）温泉、热气泉沿断裂带分布。许多活动断裂带沿线常有温泉出露，表现沿断裂带带状分布的特点。如四川西部沿甘孜-理塘断裂带有绒坝岔、甘孜以及马拉沱温泉，水温分别为 34℃、44℃和 77℃，泉水从洪积扇中流出。

区域地温特征和区域地质活动时期密切相关，活动性愈强、活动时期愈新的地质单元，其地温越高。

（2）水位、水量、水质差异性。受断裂控制、其两侧地下水的水位、水质、水量出现明显差异性。这种水文地质标志，不仅在山区有所体现，在黄土高原地区也有出现，从而寻找被覆盖的活断层。

在构造应力场的变化和断裂活动的影响下，断裂带的某些部位的应力不断加强，引起岩体不同程度的变形，使地下水的压力增高造成局部地下水位增高和下降的异常现象。由于活断层一般比较深大，有的通向地壳深处，在活动过程中将一些深部的化学物质带上来，造成水化学成分的异常。

11.3.6.3　地表水特征

（1）跨断层的水系出现跌水或急滩。四川省江油穿越龙门山前断裂带的通口河、将军石坝址（原规划水电站）库内的香水渡（F_1）响石坝（F_2）通口（F_3）。通口河沿构造发育，横切花果山迭瓦构造、驷马山背斜和风崖子向斜。河水每跨一个断层都出现上盘河床基岩出露（断层均为中倾角逆冲压扭性），下盘砂石堆积并出现急滩，显现出龙门山系受 NW 向构造力作用下迭冲断裂现今活动的特征。

（2）河流弯折。水系如同一般树枝状汇集，然而在大断裂控制下发育的河流，其两侧支流汇入干流的河口段，随着断层的错动出现反常不协调的倒勾形，而另一侧支流入口段出现拖引现象（汇入角明显变小），显示出断层水平扭错的力学机制。

具平移性质的活断层，横穿河流时，能使河流突然弯折，当一系列河流均作同一方向的弯折时，就可以确定活断层的性质和位置。例如四川鲜水河断裂带，在炉霍附近该断裂位于鲜水河右岸。由上游的瓦洛至下游的长达 20km 的一段右岸有九条平行向 NE 流入鲜水河的一级支流，它们在鲜水河主干断裂通过处，一致发生突然向 NW 方向转折的现象。由此分析该断裂为左旋平移的活动性断裂。

11.3.6.4　阶地不对称

同一阶地的结构是相同的，在正常情况下两岸的高程是相同的，由上游到下游逐渐降低。但遇到活动断层时，同级阶地的两侧高程会发生突然变化，有的相差数十米，通过对阶地高程的变化分析，有助于对活动断层的识别，如果河谷是顺活断层发育的，则两岸同级阶对高程出现差异，有数级阶地时高度都有差别，如果断层和河流正交或斜交，则上下游同级阶地突然发生高差的现象。由于阶地形成时代较新，所以是鉴定活动断层的有效方法。

11.3.6.5　夷平面错位

断块升降运动造成夷平面错位，同一夷平面，由于断裂一侧隆升，另一侧相对下降，高程就发生大的差异，有的几百米，有的上千米，主要取决于断距的大小。例如四川松潘漳腊夷平面的错位，使岷江东岸雪宝顶附近海拔 4000m 的青海夷平面微向西倾，到岷江河谷降到海拔 3000m，由于 NNE 向的岷江断裂错位，岷江西岸又突然上升到海拔 4000m，位差达 1000m。云南东川的小江迭瓦状断裂，呈南北向展布，使小江河谷东侧形成海拔 3100m、2500m 和 1780m 的梯级状夷平面。

11.3.6.6　植被状态

此处讲的无植被大冲沟，与沙漠、戈壁、干谷无植被是两个含义，决不能混同而论。在此是指植被茂盛地区（黄土地区除外），沿断裂带出现狭长塌方槽沟，其成因是断层破碎带物质松散破碎，断裂经常活动，又遭受地表水冲刷，破碎岩带垮塌而成的槽沟。

安宁河断裂带上的（位于西昌泸沽铁厂沟）糜棱岩带，宽达 100m 无植被的大冲沟，二滩水电站水库区的树河断裂带上冉坪子大冲沟，大渡河上瀑布沟水电站库内黑马乡沟西侧三斗坪断裂大冲沟等。这种地貌地形特点是受断裂破碎带控制（地表径流很小），塌成 V 形槽沟，谷坡极限稳定，构成谷坡物质都是细碎屑结构或糜棱岩结构状态的构造岩带。

借助植物生长环境与状态，分析、判断断裂带现今是否有活动性。如果在相同一地区，同一新地层中，排除了地形等因素干扰，有断层通过的地带的覆盖层中，发生植被突变；如密实土层中植被茂盛，说明土层被扰动含水、透水性能得到了改善。若植被好的砂、卵砾石层中少有或无有粉砂及泥土充填，卵砾石呈无基质的结构状态，结构松散透水性过强，而导致其不能保水，无植被生长，这也是因断裂活动直接扰动了砂、卵砾石层，地下水将细粒物质携带流失，卵砾石架空所至，可见它亦是断裂活动的证据。

11.3.6.7　山前堆积物异常

巨大洪积扇、冲积椎、碎石椎槽，崩塌堆积的失稳坡段等对应山体。这些地貌形态是新构造运动相对强烈的地壳上升区固有的地貌标志。首先是岩石破碎，由于地壳活动强烈，有感地震频繁发生，破碎的岩体没再胶结，外因是水系深切，使山势陡峻常出现崩落、崩塌，大量碎石冲出，堆积成巨大洪积扇。如前所述祁连山北麓巨大洪积扇群。在四川龙门山区岷江河谷汶川县以上河段，两岸山口冲出椎和耸立群峰下的沟槽中填充的碎石椎，数不胜数。

11.3.6.8 断陷平原

如松辽平原、华北平原、江汉平原，无一不是受边界活动断裂控制而下陷，接受不同厚度的河、湖相沉积而成。两种地貌单元直线相接的部位，多为活断层活动，活断层一侧为隆起区，另一侧为沉陷区山区，与平原的高差很大，盆地或平原沉积了巨厚的第四纪堆积物，例如祁吕贺兰山字型构造的脊柱部位，由走向南北的贺兰山和东侧的银川新生代坳陷之间发育南北向规模巨大的活动断裂，太行山东大断裂带与汾渭断陷盆地地貌上都表现了隆起和沉积的巨大差异，说明了活动性断裂的存在。

11.3.6.9 槽谷

槽谷成因有内因生和外因生。在此系指与断裂密切相关的槽谷。大断裂带受新构造运动的作用，因岩层破碎而未能胶结，再遭受剥蚀形成的槽谷或断陷地堑型谷。

例如我国河西走廊压性断冲地堑型槽谷，洪积扇错列叠置及经切割显示祁连山断升，并使槽谷底板左旋扭动。

11.3.6.10 构造盆地

此处是指新构造运动控制下的构造盆地。如塔里木、准噶尔、柴达木等大型盆地，其特点是，盆地边缘新地层断升褶倾，盆地中堆积厚度较大。这些盆地都是受大陆断块控制，盆地边缘均是刚性较强的岩浆岩带和挤压紧密的断褶带。在现今近 NNE 构造应力场作用下，受老构造格架制约，出现的棱形压性断陷盆地。因为活动性断裂有明显的继承性即沿老断裂带活动，往往老断层处于活动性强的现代地应力场中，是断裂的交接部位。当然不是完全追踪老断裂，有的发育了新的活动部位，表现出一定的新生特点。

在中国西部巴摩喀喇昆仑山北麓黄河上的龙羊峡坝址上游的共和盆地和拉西瓦电站下游的贵德盆地，都是在近 SN 向构造应力场作用下受断裂分割后，复活的近 EW 向断裂。有时，沿活动性断裂形成平直的沟谷或沉陷谷地，切穿一系列山脊形成风口或马鞍形垭口。

11.3.7 活动断层的识别依据

一次构造运动，必有一期构造应力场，断裂带是应力能的消减带，无论断裂产状如何，必然在构造应力场下受力。只要活动就应产生应变，出现固有的变动方式，其周围和上覆新地层随之受力而变动，并出现规律性变形和破坏，甚至有完整的配套体系构造面，这就是我们用来判断真、假新构造的主要依据。

对此，又引发出一个新的课题：即新构造应力场方向变化和它的演化历史问题。如果尚未掌握这个构造演化历史和应力场方向的话，死套结构也还是根基不牢，故研究其变形真假之时，要宏观掌握研究区新构造运动应力场的演变历史，用所得成果与相应的应力场对应分析，判别其真伪。

我们要注意区分不同成因褶皱的特点，区分哪些是活动断裂造成的，哪些是其他原因形成的。如老断层复活形成的活褶皱、滑坡褶皱、冰川褶皱等。

　　新构造运动和老构造运动，都是构造力对地质体做功的过程，只是时代不同而已。断裂带复活错动，必然影响到相应的地层，产生挤压或牵引。如活褶皱一种可能原因是老的断裂重新复活引起升降，使上部覆盖层产生不同规模的褶皱构造（另一种原因是由水平岩层受到挤压或由基底的差异性升降而形成）。它们多数是平缓的褶皱。在山前或山间盆地边缘的松散堆积层中，经常见有这种构造。如我国六盘山以西的一些内陆盆地中，第三纪、第四纪地层常形成这种褶皱构造。它们在地形上形成一系列平行排列的短轴背斜或挠曲。

　　另外一种特殊褶皱类型，它不是定向持续受力产物，而是非定向短时震荡液化变形现象，即粉砂质淤泥受到简谐震动液化波动旋转弯曲。我们不能把它看作新构造影响。

　　滑坡褶皱特征是轴向大体垂直坡向，分布在滑坡体的前沿区而无地质构造背景，是发生滑坡时推挤柔性沉积层形成的褶皱。

　　冰川褶皱轴面斜歪倾向迎冰方向，褶皱层浅，当新地层保留厚度较小时，被冰川推碾蠕动前进受阻，自然产生爬越弯曲，褶曲的弯度受阻抗体和相对间距密切相关，变形层与阻抗体越远弯度越小。

11.4　断裂构造的地貌特征

　　断层是构造的常见形式，它是由两盘块体沿着断层面垂向、倾斜或平行滑动，断层上盘下降成为正断层，反之则为逆断层；断层两盘仅发生水平运动为平移断层或走滑断层。事实上自然界很少有完全的倾滑或走滑，大多数情况下是具有倾滑和走滑两个方向运动的性质。不同断层类型有不同的地貌特征。研究断裂构造的地貌特征主要为提高断层的野外识别能力。

11.4.1　正断层地貌

　　正断层的最大压应力垂直地面，偏应力方向水平，上盘相对下降，下盘相对上升。同震变形测量表明，正断层活动时，上盘下降要比下盘上升大得多，正断层在地表常形成下陷的地堑、半地堑和抬升的地垒。地堑形成盆地，接受堆积，地垒形成山地，受流水侵蚀。许多山地一侧发育正断层，形成高大断层崖，另一侧和缓没有正断层发育；或者在山地的两侧发育走向一致但倾向不同的正断层，沿正断层上升的山地成为断块山地。

11.4.1.1　断层崖及断层三角面

　　断层崖是新生代以来大规模正断层活动形成的地貌，高度从几十米到数百米不等，由基岩构成。断层崖受到地面流水侵蚀时，先在垂直于断层面发育一些冲沟，沟谷陡峻，形成 V 形，V 形继续下切，将断层面分割成许多梯形面以后，流水进一步侵蚀下切，V 形谷不断扩大，沟坡后退，由于相邻的 V 形谷进一步扩展，梯形就演化成了三角面。断层三角面沿断层走向呈直线分布，在三角面前常有洪积扇裙状地形。

　　断层崖和三角面构造地形，只有在坚硬的岩石上发育比较明显，如块状岩浆岩、砂岩、石灰岩或深变质岩等。它们的抗风化能力和抗侵蚀能力比较强，发生断层后，能较完整地保留。相反，柔软的岩石，如泥灰岩、页岩、未固结的沉积物，它们的抗风化和抗侵蚀能力较弱，断层面也显示不出断层崖或三角面地形。

　　较新的断层上发育的断层构造比较明显，因为它们还没有受到外力作用强烈破坏的缘故。相反古老的断层，在地形上则不明显，断层三角面大部分已经消失。

11.4.1.2　地垒和地堑

　　地垒是两组断层之间的岩块上升，两侧岩块下降的正断层组合（图 11.2）。地堑是两组断层之间的岩块下降，两侧岩块上升的正断层组合（图 11.3）。在地形上常形成狭长的凹陷地带，控制后来的沉积盆地发育。自然界仅有断层组成的地垒和地堑很少，多数情况是由若干条断层组成，即由阶梯状正断层组成地垒和地堑。

图 11.2　地垒示意图　　　　　　图 11.3　地堑示意图

　　它们都是断层组合形成的地形，地垒形成山脊，地堑形成谷地，地垒和地堑常相间出现，二者组成宽阔的断层带，较典型的地垒有山东的泰山、沂蒙山、江西庐山（图 11.4）；山西的汾河、陕西渭河都属于巨大的地堑（图 11.5），构造形成了著名的汾渭盆地，这些地堑的断裂活动仍在进行，并有巨厚的沉积堆积物。

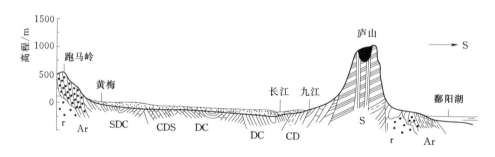

图 11.4　江西庐山北部构造示意图

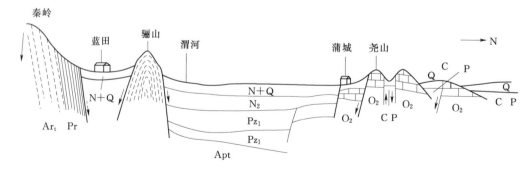

图 11.5　陕西临潼附近渭河地堑示意剖面图

11.4.1.3　断块山

由水平或倾斜岩层断裂上升所形成的山地，叫断块山。断块山一般地貌上都十分陡峻，并且和平原界线十分明显，在山的四周，有不同方向的断层线发育成断层崖和断层三角面，断块中也有复杂的褶曲构造，这些褶曲构造往往被断层所破坏，显示了以断层作用为主控制的地形。断块山有时成群分布，大多数大的山脉经常是由许多断块山组成。最典型的是阿尔泰山。

11.4.1.4　断层谷

断层带是岩石受力后产生的破碎带，无疑容易遭受风化和流水侵蚀，形成负地形，这种沿断层发育的沟谷叫断层谷。断层形成的沟谷非常普遍，故有"逢沟必断"或"十沟九断"的说法。地表水是形成断层谷的主要原因，断层谷控制地表水系，河流突然转弯大都与断层发育有关。

11.4.2　逆断层地貌

逆断层是在最大水平挤压力作用下的地表破裂，上盘相对上升，下盘相对下降的断层，岩层水平距离缩短而增厚。逆断层以任何角度切割水平面，当与地面低角度相交时，受地形影响，可以高度弯曲。同震变形测量表明，在断层逆冲时，上盘抬升比下盘下降要大得多，变形影响的范围受断距、断层几何形态和变形岩石性质的影响。1952 年南加利福尼亚肯恩县地震（$M=7.7$）总垂直断距 100cm，变形影响的范围从破裂面向两侧扩展各 40km，变形量从破裂面向两侧逐渐变小。

汇聚型板块边界常形成强烈地震，上冲和俯冲的边界不规则，地震变形范围的面积很大，1964 年发生的阿拉斯加地震（$M=8.3$）是 20 世纪北美最大的地震。沿着俯冲界面的逆冲活动引起地面变形，宽度超过 350km，长度大约有 800km。断层上盘 200km 范围内发生强烈的抬升，最大达 8～10m，再往北 150km 断层上盘范围内，发生 2.5m 的下沉。造成这种情况可能是因地壳荷载而发生弯曲，或者是在地震间隔时间，部分俯冲面锁闭，锁闭的两侧地壳板块保持相向运动时，形成类似褶皱变形使部分上冲地壳向上或向下弯曲，这些应变在地震时通过下降和上升而大部分恢复。

地震时，地表常形成逆断层陡坎。由于逆断层的性质不同和组成逆断层的岩性差异，逆断层陡坎也会有不同的形式。在坚固岩层和断层倾角较大的地区，逆断层陡坎近于直立或内倾；当逆断层倾角较小，上冲盘的部分块体处于悬空状而发生崩塌，形成崩塌陡坎，陡坎倾向和断层倾向相反，坡麓多形成崩塌楔；如果逆断层未出露地表，当逆断层上盘上冲时，地表松散层发生褶皱弯曲而形成褶曲陡坎。

11.4.3　走滑断层地貌

走滑断层地貌可分为两种类型：一种是由断层水平运动将地貌错移形成的各种断层地貌，另一种是由于断层两侧活动块体水平运动产生的局部挤压或张拉形成的派生构造地貌。

11.4.3.1　断层水平运动错断地貌

断层水平活动切割地貌时，地貌将被错断变形或改变地貌发育方向而形成各种错断地貌。如河流因断层错移而改道，山脊错移形成眉脊冲积扇水平错移偏转，沟谷发生错移发生弯曲或错断阻塞而积水成断赛塘，被错断的沟谷下游形成断头河等。

11.4.3.2　断层水平运动派生构造地貌

断层水平运动时断层两盘块体产生不同应力状态并形成相应的地貌，称为派生构造地貌。断层水平运动状态受断层两侧块体运动的方向、断层走向和排列形式以及断层附近的介质等条件影响，在断层不同部位产生挤压或拉张，因而形成隆起和坳陷等派生地貌。

（1）斜列断层首尾相接处的派生构造地貌。一些规模较大的剪切带，它们由一些不连续的次级断层组成，平面上呈斜列分布，次级断层首尾之间的错列相接区域成为岩桥。岩桥部位的应力状态和变形特征取决于相邻两条次级断层的排列形式和断层两侧块体的运动方向。断层排列分为左阶斜列和右阶斜列，断层两侧块体运动方向分为左旋和右旋。当左阶斜列断层为右旋运动或右阶斜列断层为左旋运动时，岩桥处于挤压状态，形成隆起高地并发育一些次级断层垂直或斜交的逆断层（图 8.7）；如断层呈右阶斜列为右旋运动或左阶斜列呈左旋运动时，岩桥处于拉张状态，形成正断层并断陷成洼地或小盆地（图 8.7）。

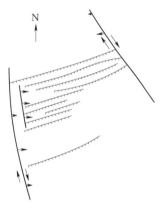

岩桥区隆起高地的形态与规模除受断层运动强度和排列形式影响外，还与两断层的重叠量与隔离量有关。如平行排列两断层的间距较小，则易形成长条形高地；两断层重叠量与隔离量近似，则形成边界长度近似的孤立小丘。

岩桥区断陷洼地多为矩形、棱形和菱形，洼地由一系列正断层形成的阶梯状断陷。

1931 年 8 月 11 日新疆富蕴地震（$M=8$）地表破裂中的 NE 向右阶斜列的右旋断层，形成高达几十厘米至一米的断层陡坎（图 11.6）较大的拉分断陷区长达 1500m，最大滑动幅度超过 60m。

图 11.6　新疆富蕴地震断裂带中阶梯状陡坎

（2）断层走向转弯处的派生构造地貌。一条规模较大的断层，它的走向并不是一条直线，常呈不同方向的转弯。当断层两盘相对运动时，不同方向转弯段的断层水平运动应力状态也不相同，因而形成不同的构造地貌特征。例如一条断层先向右转，然后再向左转，当断层右旋运动时，则在转弯段形成拉张而形成断陷洼地，断层左旋运动则形成挤压隆起。

如果断层一盘运动，在断层走向转弯段，由于运动速度改变而产生挤压或拉张，也可形成隆起的高地和断陷的洼地。我国西南鲜水河-小江断裂带是一条 NNW 向活动断裂带，西北段是 NW 向的鲜水河断裂，中段是南北向的安宁河断裂，东南段是 NNW 向的则木河断裂。这条断裂曾孕育了一系列地震活动，第四纪期间，断裂带以西的川滇地块向东南方向移动，使断裂产生左旋运动，由于断裂的走向与块体运动方向的交角发生变化，不同走向断裂水平运动速率发生改变，如鲜水河断裂运动平均速率为 5.5mm/年，安宁和平均速率为 2mm/年，则木河断裂则为 15mm/年。因而在断裂带的转弯处产生速度差，安宁河断裂北端与鲜水河断裂相接处的转弯段，断裂水平运动由快变慢，在断裂以西部位产生挤压作用，使更新世的昔格达组地层逆冲变形，在石棉至拖乌一带隆起，使曾向南流的大渡河在石棉附近转向东流，在大渡河与安宁河之间的菩萨岗形成风口式宽谷，其中堆积磨圆度很好的花岗岩和石灰岩卵砾石。安宁河断裂南段与则木河断裂相接处的转弯段，断层水平运动速度由慢到快，在断层转弯处产生拉张作用，形成断陷盆地和一些东西向的小型张拉谷。鲜水河断裂属于典型的发震断裂，与之相接的 NE 向龙门山断裂带同样是孕震断裂带，在 2008 年 5 月 12 日地应力释放发生了汶川 8 级地震。

（3）断层端点两侧的派生构造地貌。断层水平运动时，断层端点附近由于介质和边界条件影响而受阻，在断层块体前方端点附近区域受挤压而隆起，断层块体运动后方的端点附近受拉张而坳陷，形成与走滑断层垂向或斜向的张拉正断层，发育一些小型地堑。因而在断层两侧对角处形成一对隆起区和一对坳陷区。隆起区表现为台地或丘陵，坳陷区表现为洼地或平原。例如贺兰山西麓山前平原发育一条 NNE 向右旋断层，穿过断层的一些沟谷受断层活动的影响右偏转或错断形成断头河。在断层东盘北端受拉张作用形成山前小平原，沉积厚达 $100 \sim 200m$ 的第四系地层，南端受挤压而隆起，形成第四级砂砾石组成的山前台地，强烈切割的冲沟达数十米；断层西盘，北端挤压为一丘陵，相对高度约数十米，出露上新世半胶结砂砾岩，微微向上拱曲成一舒缓背斜台地，南端拉张坳陷，形成第四纪沉积物充填的坳陷盆地，沉降中心的第四纪地层厚达 $220m$，形成一个小平原。

（4）断层分支部位的派生构造地貌。剪切断裂带中常发育许多次级分支断层，它们与主干断裂斜交，围成一个楔形地块。在一个右旋断裂体系中，楔形地块前方收敛，块体受挤压形成高地。

（5）地震形成派生构造地貌。在大的地震发生时，往往形成一些张拉裂缝和挤压隆起。张拉裂缝在地表呈雁行斜列分布，裂缝走向与地应力方向平行，张裂缝呈锯齿状相间分布。

11.5　岩体结构工程地质分析

地质结构是地质建造和改造的结果，它是能够反映地质构造作用的强度的特征之一，它是岩体结构、土体结构和地质环境的宏观基础，岩体结构和土体结构是建立岩土力学模型和工程地质分析的基础依据。

风电场的主要建筑物是风机、升压站、出线线路及其进出场公路。作为这些建筑物的岩体是否稳定主要取决于承载力是否满足要求、变形是否超过规范的要求，是否有抗滑稳定问题。而这些影响稳定的因素大多数与岩体的结构与地貌组合有关。故有必要对岩体的结构特征作深入的研究。

11.5.1　基本概念

岩体结构指岩体内结构面和结构体的排列组合形式。所谓结构面，是指岩体中具有一定方向、力学强度相对较低、两向延伸（或具有一定厚度）的地质界面，例如岩层层面、软弱夹层、各种成因的断裂裂隙等。由于这种界面中断了岩体的连续性，故又称为不连续面，结构面在空间的分布和组合可将岩体切割成不同性状的结构体。

岩体的结构特征是在漫长的地质发展进程中形成的。它以特定的建造（如沉积岩建造、岩浆岩建造和变质岩建造）为其物质基础。建造确定了原生结构特征，而岩体所经历的不同时期的构造作用改造以及表生作用（如卸荷、风化、地下水作用等，主要表现在靠近地表的岩体中）改造，使岩体结构趋于复杂化。岩体的结构正是建造和改造两者综合作用的产物。

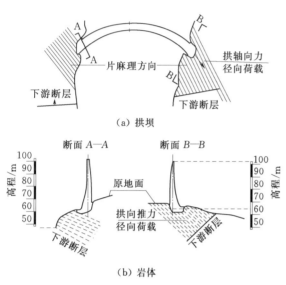

图 11.7　马尔帕塞薄拱坝与岩体结构示意图

"岩体"在工程地质中广泛出现，并成为一个重要的研究课题，已经有了近 70 年的历史，在此以前，评价稳定性主要是用岩石的力学性质，对于岩石中的软弱面在岩体中的稳定性认识不足。在近百年大坝的失事表明，因软弱面引起坝体失稳造成的事故占 45％以上。在 20 世纪 50—60 年代世界上发生两起重大岩体失稳事件，一个是法国坝高 66m 的马尔帕塞薄拱坝，因左坝头沿片麻岩中的绢云母页岩发生滑动，导致 1959 年（蓄水 5 年）失事（图 11.7）。这是世界上第一次拱坝建筑破坏事件。

拱坝由法国著名的柯贝公司设计，坝高 66m，坝顶高程 102.55m，坝顶长 222.7m，中心角 121°，坝顶厚度 1.5m，底厚 6.78m。1952 年开工，1954 年建成，初期蓄水缓慢，历时四年尚未蓄满，水位长期在 80～90m 高程之间。1959 年 12 月 2 日水位升至 100m 高程，当晚坝体突然溃决。拱坝混凝土的施工质量是好的，然而坝基地质及其处理存在很多问题：河床内只有两个钻孔，孔深分别是 10.4m、25m；建基面没有挖到良好基岩，仅进入弱风化层约 1m；部分坝基的变形模量仅 1.0GPa 左右；坝址岩体内含有软弱黏土夹层和细微裂缝，其承载力只有 2.5～3.0MPa，而拱坝所作用的应力高达 4.0～6.0MPa；由于试灌的吸浆量小，决定不作完整的防渗帷幕；坝体底部的位移很大，出事前曾测到 16mm 的径向位移。当时世界已建拱坝 600 座，其是唯一一座瞬间溃决的拱坝。

在此以前，人们认为拱坝非常安全："然而不管他的外貌如何，他的单薄体型，他的优美曲线和它承受的应力很高，事实是：拱坝是所有建筑物中最安全的一种，是一种从来没有垮掉过的结构物。"

马尔帕塞坝失事后，拱坝设计者更为审慎地对待坝基的地质勘探和地基处理，把体型也趋于扁平化，使拱坝的合力方向向山里偏转，以利于坝肩的稳定（注：柯因设计的 90m 高的马立奇拱坝切除了底宽 7m 的上游坝踵混凝土，是第一座既有水平曲率又有垂直曲率的双曲拱坝）。

另一次是发生在意大利的瓦以昂水库，这个当时世界上最高的薄形拱坝（267m）建成蓄水后，于 1963 年大坝附近约 2 亿 m³ 岩体迅速下滑、充满水库，造成严重事故，全部工程报废（图 11.8）。其主要原因归结为：①水库边坡山体滑坡是由于边坡受到长时间的库水浸泡造成的；②工程施工初期对工程地质研究的忽视是造成事故的主要原因；③缺少水库边坡位移监测系统、没能及时发出预警是滑坡事件遇难者数目巨大的主要原因；④具有向库内凸起的表面形状的混凝土拱坝能有效地抵抗滑坡土石方作用于库水而产生的涌浪作用；⑤当滑坡土方量特别巨大时，即使大坝不被破坏也不能避免灾难性的后果。因此特别需要针对涌浪的防灾措施。

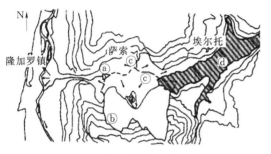
（a）瓦伊昂水库滑坡区平面图

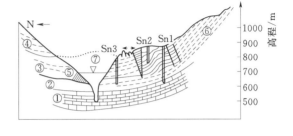
（b）瓦伊昂水库滑坡滑动前地质剖面图

图 11.8　瓦伊昂水库平面及地质剖面图
（罗西和塞曼扎，1965）
ⓐ—大坝；ⓑ—滑坡源区；ⓒ—涌浪和气浪波及区；ⓓ—湖；滑坡下界
①—灰岩；②—含黏土夹层的薄层灰岩（侏罗系）；③—含燧石灰岩（白垩系）；④—泥灰质灰岩；
⑤—老滑坡；⑥—滑移面；⑦—滑动后地面线；Sn1、Sn2、Sn3—钻孔编号

　　这两起事故在工程地质和岩石力学界引起极大震动，此后对岩体结构特征、岩体的力学属性、岩体的变形破坏机制与过程的研究越来越受到重视。这两起事件是建筑物失稳的典型案例。

　　岩体的天然应力状态十分复杂，不仅与经历的构造应力场有关，而且与其结构的特征及所处地貌部位有关。对于工程地质把岩体的结构特征作为主要研究对象，有下列几方面的意义。①岩体中的结构面是岩体力学强度相对薄弱的部位，使岩体力学性能不连续、不均匀性和各向异性。因而，岩体的结构特征在很大程度上反映了岩体的介质特征和力学属性。只有掌握岩体的结构特征，才能阐明岩体在不同荷载下的岩体内部应力分布和分异状况。②岩体的结构特征对岩体在一定荷载条件下的变形破坏方式和强度特征起着重要的控制作用。岩体中的软弱结构面，常常成为控制岩体稳定性的控制面。结构面的空间组合方式与地貌特征结合是分析岩体抗滑稳定的主要因素。③靠近地表的岩体，其结构特征很大程度上确定了外营力对岩体的改造进程。这是由于结构面往往是风化、地下水等各种外营力较活跃的部位，也是这些营力改造作用能够深入岩体内部的主要通道。尤其是那些构造剧烈部位是岩体中外营力作用的活跃带，它将成为岩体中强度变化最剧烈的部位，在岩体演变进程中，往往发展为重要的控制面。

　　此外，对岩体结构特征的研究还可以推广为宏观地质体，应用于宏观区域稳定性评价

之中。宏观地质体中的莫霍面、构造层的分界面、区域性的大断层相当于地质体中的巨型结构面。莫霍面的分布深度起伏特征决定了地壳厚度及其变化状况，区域性大断层的特定组合可将地壳划分为不同的构造体系（地质力学观点）或不同形状的板块和板内构造体系（板块学说）。同样一些巨型结构面对于宏观地质的演变起着重要的控制作用。例如对地震震中分布规律研究表明，莫霍面深度剧烈变异带，也就是地壳等厚线密集带恰好是地震强震分布带，而地震震中又是沿着近期有过活动的区域性大断层分布。例如喜马拉雅山南麓地震带、西藏横断山地震带、川滇地震带、甘川地震带都是沿着莫霍面起伏变化大的部位发生的。

总之，对岩体结构的研究，是分析评价区域稳定性和岩体稳定性的重要依据。从工程地质分析的实际出发，最为关注的是各类结构面的分布规律、发育密度、表面特征、连续特征及其它们的空间组合方式等。

11.5.2 岩体结构面的主要类型与特征

按照成因分类可分为原生结构面、构造结构面和表生结构面三大类（表 11.3）岩体中成岩阶段形成的结构面叫原生结构面。按成因又可以分成沉积岩结构面、火成岩结构面和变质岩结构面三大类。

表 11.3　　　　　　　　　　　岩体结构面成因类型及其特征

成因类型	地质类型	主要特征			工程地质评价
		产状	分布	性质	
原生构造结构面	沉积结构面	沉积过程形成的层理、层面、软弱夹层、不整合面、局部侵蚀冲刷面等　成岩和后生过程中形成的成岩裂隙面和古风化面等	一般与岩层产状近于一致，成岩裂隙凌乱不规则	海相及湖湘岩层中，此类结构面分布稳定，陆相的河流相岩层中及海陆交互相（三角洲）岩层中分布比较复杂，呈交错状、透镜状	层面软弱夹层等结构面较为平整，不整合面和局部侵蚀冲刷面，古风化面由碎屑、泥质物质构成，且不平整	国内外较大的坝基滑动及滑坡很多由此类结构面造成，如瓦伊昂水库的巨型滑坡、奥斯汀、圣弗兰西斯、提格拉坝的破坏
	火成结构面	侵入体与围岩的接触面　岩脉，岩溶接触面侵入岩的流线流面原生冷凝节理	岩脉受构造结构面控制	接触面延伸较远，比较稳定，原生节理一般短小密集	接触面具熔合及平破裂两种特征，原生节理面一般为张裂隙，较粗糙不平	一般不造成大规模的岩体破坏。但有时与构造断裂配合，也可形成岩体的滑移，如佛莱拱坝坝肩安山岩的局部滑移，大渡河的玄武岩中的天公包大滑坡　片岩、千枚岩、等边坡常见塌方，片岩夹层可成为重要的滑移控制面
	变质结构面	区域变质的片理片麻理，板劈理，片岩软弱夹层等	产状与岩层或构造线方向一致	片理片麻理分布极密；板劈理较前者长大，片岩软弱夹层延伸较远	结构面往往是板状光滑的，片理在岩体深部往往闭合成隐蔽结构面，片岩软弱夹层含片状矿物，如云母、绿泥石、石墨、滑石等，呈鳞片状	

成因类型	地质类型	主要特征			工程地质评价
		产　状	分　布	性　质	
构造结构面	节理（X 节理，张节理），断层（张性断层或正断层，压性断层或逆断层，扭性断层或平移断层）层间错动面，羽状裂隙，破劈理	产状与构造线呈一定关系，层间错动面与岩层一致	张性断裂较短小；扭性断裂延伸较远；压性断裂规模较大，但有时被正断裂切割成不连续状	张性断裂不平整，常有次生充填，扭性断裂较平整，具羽状裂隙，压性断裂具多种构造岩，呈带状分布，往往含断层泥、糜棱岩	对岩体稳定影响很大，在上述很多岩体破坏过程中，大部分有构造结构面的配合作用，此外常造成边坡和地下洞室的塌方、冒顶
表生结构面	卸荷裂隙风化裂隙风化夹层泥化夹层次生夹泥	受地形及原有结构面控制	分布往往呈不连续状或透镜体状，延续性差，且主要在地表卸荷风化带内发育	一般为泥质充填	在天然和人工边坡上造成危害，对坝基、坝肩及浅埋隧道亦有重要影响

11.5.2.1　原生结构面

岩体中成岩过程中形成的结构面叫原生结构面。原生结构面通常比较密合，原始抗剪强度不一定很低，并有一定的结合力，但因构造和表生改造而恶化。原生的软弱夹层往往是岩体中最薄弱的部位，也是后期改造中最易恶化的部位，对岩体稳定起着极其重要的作用。

11.5.2.2　构造结构面

构造结构面是岩体受构造应力作用产生的破裂面，包括劈理、节理、断层及层间错动带。在同一期构造应力作用下，不同性质的断裂在空间组合上有一定规律；而不同时期构造应力场所产生的断裂之间又具有一定的历史结合规律。分析这些规律是工程地质分析中的一个重要方面。

11.5.2.3　表生结构面

靠近地表的岩体由于应力状态变化产生的卸荷作用，或遭受各种外营力作用而形成的结构面称为表生结构面，如风化裂隙、卸荷裂隙、风化夹层、泥化夹层以及次生夹泥等。

卸荷裂隙是在地表遭受剥蚀、侵蚀和人工开挖过程中，由于卸荷引起临空面附近回弹变形、应力重新分布所造成的破裂面。卸荷过程中可以产生新的裂隙，它多半平行于临空面且为张裂隙。更多的情况是对原有结构面的改造，使其张开或错动，岩体因此而松弛。

受古剥蚀面控制的卸荷裂隙具有区域分布的特征，与古剥蚀面平行。花岗岩等火成岩体中常见的产状平缓的席状裂隙即属此类，它是一种张性破裂面，裂面粗糙不平，相互错列，在强风化带中由于隐裂隙显露而变得更加密集。这种裂隙不限于火成岩中，在刚性较强的沉积岩中也很发育。

受现代地貌控制的卸荷裂隙在河谷地带最为发育。通常在谷底以下可发育一组与基岩表面近于平行的裂隙，其特征与席状裂隙近似，一般开口良好，甚至造成空洞，有的被次生夹泥充填，有的进一步被流水冲蚀扩大，形成河谷下的强透水带。谷坡一带形成侧向临空，卸荷裂隙进一步发生。

泥化夹层及表生夹泥主要是在地下水作用下形成的。泥化夹层是某些黏土质软弱夹层（如泥岩、页岩、板岩、泥质灰岩等）与地下水相接触部位，在地下水的作用下，使原岩膨胀软化成软塑或流塑状软泥而成。这种泥化作用在作为隔水层的软弱夹层的顶部更为发育，上覆坚硬岩石往往因裂隙发育而成为地下水的良好通道，为泥化夹层的形成提供了有利条件。特别是遭受过层间错动的岩层经扰动的软岩就更容易泥化。泥化夹层的分布总是与岩体中的卸荷带相联系，因为只有这些部位才具有软弱岩膨胀的空隙，因而在河谷地带，泥化夹层平面分布通常局限在河床和近岸地带。

泥化夹层特殊低劣的抗剪性能和良好的连续性，对岩体稳定影响很大，我国红层分布区这类夹层尤为发育。

表生夹泥为地下水所带细粒物质在张开的结构面中充填而成，所以它的分布与卸荷带有关。

应该强调指出，一般工程建设所涉岩体，原生和构造结构面都可能不同程度遭受表生作用改造，并且这种改造使结构面恶化，所以分析评价岩体稳定性时，必须十分注意对表生结构面的研究。更重要的是，这类结构面的发育特征是岩体近期演变的直接证据，因而它是判定岩体稳定性现状和其发展趋势的重要依据。

11.5.3　岩体结构分类

11.5.3.1　岩体分类的目的和原则

岩体稳定性工程地质分析中，需要针对工程地质条件的优劣，对不同的岩体分别进行论证和评价，以达到合理利用和有效整治的目的，因而按一定准则对岩体进行分类。

已有的分类方案很多，按其用途可分为两种类型。一种是综合性分类，以概括岩体的某些基本特征为目的；另一种是结合具体工程实践专门性分类（如地下洞室围岩分类和边坡岩体分类等），侧重于探讨工程设计参数与岩体类型之间的关系，直接用于设计与评价。

已有分类方案的分类原则大致可概括为三种体系。

（1）以岩石材料力学性质指标为基础的分类，这种分类由于没有考虑岩体的结构特征，因而直接用于岩体的稳定性评价是难于满足要求的。但它可以反映岩体的可钻性、可爆性或开挖的难易程度，对于施工方案的制定是很有参考价值的。

（2）以岩体稳定性为基础的分类，专门性分类多采用这种体系。分类中分别考虑了不同工程目的稳定性评价中的一些基本问题，例如围岩分类中考虑了开挖后围岩的自撑能力、山压的大小以及可能塌落的范围等，并把这种问题的半定量评价与描述岩体的特征与某些定量参数有机地结合起来。

这种分类是对岩体稳定性进行定性或半定量（类比）评价的重要依据，因而受到普遍重视，并在不断探索和完善之中。

（3）以岩体的结构类型为基础的分类，20 世纪 60 年代以来岩体结构特征对其变形破坏的控制作用受到普遍重视，相继出现了结构面特征及其空间组合方式、发育密度等为依据的分类方案。

11.5.3.2　几种岩体分类

岩体结构基本类型见表 11.4。

表 11.4　　　　　　　　　　岩 体 结 构 基 本 类 型

序号	岩体产状	岩体建造	岩体改造	岩体特征	岩 体 结 构
1	水平岩层	沉积岩	极轻微构造运动	黏土岩、砂岩、砾岩、灰岩	岩体较完整，层间错动不发育，有层状断续结构及碎裂结构
2	缓倾岩层	沉积岩	轻微构造运动	灰岩、砂页岩、砾岩、有时伴有轻微区域变质的板岩	层状碎裂结构、局部块裂结构，断层较少，层间错动不发育
3	陡倾岩层	沉积岩变质岩	强烈构造运动地层倾角 40°～60°	中、深变质的千枚岩、片岩、石英砂岩、片麻岩、大理岩	层状碎裂结构、板裂结构和块裂结构为主，常见散体结构。断层和层间错动及其发育
4	陡立状岩层	沉积岩变质岩	强烈构造运动地层倾角 60°～90°	千枚岩、片岩、石英砂岩、片麻岩、大理岩	层状碎裂结构、板裂结构和块裂结构为主，常见散体结构。断层和层间错动及其发育
5	褶曲岩体	各种建造	褶皱轴部	各种岩体	层状碎裂结构、板裂结构和块裂结构为主，常见散体结构。断层和层间错动及其发育
6	块状岩体	岩浆岩碳酸盐岩	轻微构造运动	新鲜岩浆岩和碳酸盐岩	原生节理发育，构造节理较少
7	碎裂块状岩体	岩浆岩碳酸盐岩	经受强烈的构造运动	中深变质	层状碎裂结构、板裂结构和块裂结构为主，常见散体结构。断层和层间错动及其发育

根据《岩土工程勘察规范》（GB 50021—2009）附录 A。岩石坚硬程度可按表 11.5 定性划分。岩体完整程度可按表 11.6 定性划分。岩石风化程度可按表 11.7 划分。

表 11.5　　　　　　　　　　岩石坚硬程度等级的定性分类

坚硬程度等级		定 性 鉴 定	代 表 性 岩 石
硬质岩	坚硬岩	锤击声清脆，有回弹，震手，难击碎，基本无吸水反应	微风化～未风化的花岗岩、闪长岩辉绿岩、玄武岩、安山岩、片麻岩、石英岩、石英砂岩、硅质砾岩、硅质石灰岩等
	较硬岩	锤击声较清脆，有轻微回弹，稍震手，较难击碎，有轻微吸水反应	1. 微风化的坚硬岩 2. 未风化～微风化的大理岩、板岩、石灰岩、白云岩、钙质砂岩
软质岩	较软岩	锤击声不清脆，无回弹，轻易击碎，浸水后指甲可刻出印痕	1. 中等风化～强风化的坚硬岩和较坚硬岩； 2. 微风化～未风化的凝灰岩、千枚岩、泥灰岩、砂质泥岩等
	软岩	锤击声哑，无回弹，有凹痕，易击碎，浸水后可掰开	1. 强风化的硬质岩硬岩； 2. 中等风化～强风化的较软岩； 3. 未风化～微风化的页岩、泥岩泥质砂岩等
极软岩		锤击声哑，无回弹，有较深凹痕，手可捏碎，浸水后可捏成团	1. 全风化的各种岩石； 2. 各种半成岩

表 11.6　　　　　　　　　　　　　　　岩体完整程度的定性划分

完整程度	结构面发育程度		主要结构面的结合程度	主要结构面类型	相应结构类型
	组数	平均间距/m			
完整	1～2	>1.0	结合好或结合一般	裂隙、层面	整体状或巨厚层状结构
较完整	1～2	>1.0	结合差	裂隙、层面	块状或厚层状结构
	2～3	1～0.4	结合好或结合一般		块状结构
较破碎	2～3	1～0.4	结合差	裂隙、层面、小断层	裂隙块状或中厚层结构
	≥3	0.4～0.2	结合好		镶嵌碎裂结构
			结合一般		中、薄层状结构
破碎		0.4～0.2	结合差		裂隙块状结构
			结合一般或结合差		裂隙状结构
极破碎	无序		结合很差		散体状结构

注　平均间距为主要结构面（1组、2组）间距的平均值。

表 11.7　　　　　　　　　　　　　　　岩石按风化程度分类

风化程度	野 外 特 征	风化程度参数指标	
		波速比 K_v	风化系数 k_f
未风化	岩石新鲜偶见风化痕迹	0.9～1.0	0.9～1.0
微风化	结构基本未变，仅节理有渲染或略有变色，有少量风化裂隙	0.8～0.9	0.8～0.9
中等风化	结构部分破坏，沿节理面有次生矿物，风化裂隙发育，岩体被切割成岩块。用镐难挖，岩心钻方可钻进	0.6～0.8	0.4～0.8
强风化	结构大部分破坏，矿物成分显著变化，风化裂隙很发育，岩体破碎，用镐可挖干钻不易钻进	0.4～0.6	<0.4
全风化	结构基本破坏，但尚可辨认，有残余结构强度可用镐挖，干钻可钻进	0.2～0.4	—
残积土	组织结构全部破坏，已风化成土状，锹镐易挖掘，干钻易钻进，具可塑性	<0.2	—

注　1. 波速比 K_v 为风化岩与新鲜岩石压缩波速之比。

　　2. 风化系数 k_f 为风化岩石与新鲜岩石饱和单轴抗压强度之比。

　　3. 岩石风化强度，除按表列野外特征和定量指标划分外，也可根据当地经验划分。

　　4. 花岗岩类岩石，可采用标准贯入试验划分，$N≥50$ 为强风化；$50>N≥30$ 为全风化；$N<30$ 为残积土。

　　5. 泥岩和半成岩可不进行风化程度划分。

11.5.3.3　岩体结构类型的划分依据及分类

　　前已述及，岩体结构是建造和改造两方面的产物，因此划分岩体结构类型都是从这两方面考虑。

　　（1）按建造特征将岩体划分为整体状结构、块状结构、层状结构、碎裂状和散体状结构等类型（见表 11.8）。

表 11.8　　　　　　　　　　岩体按结构类型划分

岩体结构类型	岩体地质类型	结构体形状	结构面发育情况	岩土工程特征	可能发生的岩土工程问题
整体状	巨块状岩浆岩和变质岩，巨厚层沉积岩	巨块状	以层面和原生、构造节理为主，多呈闭合型，间距大于 1.5m，一般为 1～2 组，无危险结构	岩体稳定，可视为均质弹性各向同性体	局部滑动或坍塌，深埋硐室的岩爆
块状	厚层状沉积岩，块状岩浆岩和变质岩	块状柱状	有少量贯穿性节理裂隙，结构面间距 0.7～1.5m。一般有 2～3 组，有少量分离体	结构面互相牵制，岩体基本稳定，接近弹性各向同性体	
层状结构	多韵律薄层、中厚层状沉积岩、副变质岩	层状板状	有层理、片理、节理常见层间错动	变形和强度受层面控制，可视为各向异性弹塑性体，稳定性较差	可沿结构面滑塌，软层可产生塑性变形
碎裂状结构	构造影响严重的破碎岩层	碎块状	断层、节理、片理、层理发育，结构面间距 0.25～0.5m，一般 3 组以上，有许多分离体	整体强度很低，并受软弱结构面控制，呈弹性体，稳定性差	易发生规模较大的失稳，地下水加剧失稳
散体状	断层破碎带，强风化及全风化带	碎屑状	构造和风化裂隙密集，结构面错综复杂，多充填黏性土，形成无数无序小块和碎屑	完整性遭极大破坏，稳定性极差，接近松散体介质	易发生规模较大的失稳，地下水加剧失稳

整体结构类型代表岩性均匀、无软弱面的岩体，含有的原生结构面具有较强的结合力，间距大于 150cm，厚层或巨厚层碳酸盐岩、碎屑岩等沉积岩，大型花岗岩、闪长岩等火成岩侵入体，原生节理不太发育的流纹岩、安山岩、玄武岩、凝灰角砾岩等火山岩体及某些大理岩、石英岩、片麻岩、蛇纹岩混合变质岩体，均可属这种类型。

块状结构代表岩性较均一，含有 2～3 组较发育的软弱结构面的岩体，结构面间距约 70～150cm。成岩裂隙较发育的厚层砂岩或泥岩、槽状冲刷面发育的河流相砂岩体等沉积岩，原生节理发育的火山岩体等，可属此类。

层状结构代表含有一组连续性好、剪切性能显著偏低的软弱面的岩体，一般岩性不均一。按软弱面的发育密度又可分为层状（软弱面间距 50～330cm）、薄层状（间距小于30cm）。按岩性不均匀程度又可划分出一种软硬相间的互层状结构。属这类结构的岩体有中至薄层状或厚层状的碳酸盐、碎屑岩等沉积岩，具有明显喷发旋回或间断的流纹岩、玄武岩、火山集块岩、凝灰质砂、页岩等火山岩，石英片岩、角闪石片岩、千枚岩等变质岩，以及含有古风化夹层的岩体等。

散体结构相当于松散介质，如未胶结的碎石土，砂、卵、砾石土和松散的黏土类土可属此类。

（2）按改造的程度可划分为完整的、块裂化或板裂化、碎裂化、散体化等四个等级。

轻度-中度构造改造，可使块状岩体初步块裂化或板裂化，使层状岩体的层状特性由于发育层间错动而加强。随着改造的逐步加强，岩体被进一步块裂化，当其中某一断裂特征特别发育时，可使岩体板裂化。强烈的改造，特别是在断裂密集带或火成岩侵入体附近，岩体可被碎裂化或散体化。同样表生作用也可随作用增强而使岩体块裂、板裂、碎裂和散体化。因此，按改造的程度将岩体划分为完整、块状、层状、碎裂状和散体状等结构类型。

11.5.3.4　结构类型岩体的主要特征

（1）整体块状结构。完整状形态的介质，多为强度较高的岩性构成。在受力时相对均匀，构造应力施加超过它的弹性极限，屈服变形量相对较小（超深埋体除外），产生脆性破坏，由于介质体各项同性，受力均匀，破坏的断裂面（同级）间距大体等距（如：中国云南石林）。

整体状岩体近似均一的连续介质体，应力-应变能与均匀完整岩石相近似。受力过程弹性变形过程明显，脆性破坏过程中，破裂面沿微裂隙发展。可储存极高的弹性变形能，一旦得以迅速释放，可引起突发性破坏。地下水对这类岩体的影响微弱。

（2）块状、层状结构。块状厚层状岩层与块状岩体相似，但受层面（软弱结构面）影响，出现大体与层厚相当的等距切割，构成近于正方六面体形态，其原因是破碎后的物体形态，也要寻求有利于抗力性而致。这种结构属于不连续介质体、或不均匀不连续介质体。变形破坏明显受软弱面控制。在受力变形过程中，当结构面被压密后，可出现较短暂的弹性变形阶段；层状岩体受力变形过程中以岩层的弯曲和软弱层塑性流动为其主要特征。地下水作用能使软弱面（或带）的力学强度和软弱面上的法向有效应力值降低，以促进岩体的变形破坏。

（3）碎裂状、散体状结构。碎裂状、散体状岩体可视为似连续介质体，后者属于松散介质，受力变形以随机分布密集的结构面压缩和滑移为主，破坏方式主要表现在塑性破坏，若有地下孔隙水压力的突然增高，可能导致岩体整体崩溃。

11.5.4　岩体结构构造改造的地质力学分析

工程地质分析中，对岩体的结构构造特征研究，最主要的是两个方面：一是根据构造断裂组合规律去分析评价对区域构造稳定性或岩体稳定性有重大影响的构造结构特征；二是通过追溯应力场的演变史来阐述具有复杂经历的构造断裂的工程地质性质。

在构造活动较强烈的地区，构造改造是岩体结构形成的控制性因素之一。岩体结构的构造改造，实际上就是在构造应力场的作用下，岩体内构造结构面，体系的形成和发展过程。因此，对岩体结构构造改造的研究，重点是分析特定的地区构造应力场的演变及其相关结构面的构造配套。这方面，地质力学方法是主要的分析手段。其应用可以归纳以下方法和步骤。

11.5.4.1　确定构造层

所谓的构造层是在一次大的构造运动过程中所包卷的地层及其形成的构造行迹的总和。因此，一个大的构造层通常可以通过研究区的角度不整合界面来区分和识别。一个大的构造层代表了一次区域性乃至全球性的构造运动。如印支期构造层是印支运动的产物，发生于三叠纪末期，卷入三叠系及更早的地层；燕山期构造层是燕山运动的产物，发生于侏罗纪末期，卷入其以前的地层等。通常情况下，对某一地区或某一工程所涉及的一定范围内的地层而言，并不是每一幕构造运动都有影响或涉及，因此，可能存在多个，或只存在一个构造层。

11.5.4.2　在构造层内确定构造体系

所谓构造体系，是指在同一构造应力场下，具有成生联系的构造形迹的组合。确定构造形迹的关键是找压性结构面，包括褶皱的轴面、层面、压性断层等，因此，在某一期构造应力场作用下，只能形成某一特定方向的压性结构面，找准了压性结构面，就确定了构造应力场的方向，也就意味着确定了某个构造体系的主要成分。通常情况下，在一个构造层内，可能存在多起的构造应力场的作用，因此可能存在多个方向的压性结构面，也就意味着可能有多个构造体系。

11.5.4.3　确定各期构造应力场作用的先后的关系

通过压性结构面的分析，可以确定同一构造层内有几期构造应力场的作用，有几个构造体系及他们的主要成分（压性面）。但是，这些应力场的先后作用关系以及每个构造体系的其他构造成分（如剪裂面等）则还难以确定。解决这些问题的关键是构造配套。所谓构造配套，就是根据结构面的交切组合关系，对结构面的构造体系归属划分。通过这样的划分过程，确定构造体系形成的先后关系，从而确定构造应力场作用的先后顺序。

11.5.4.4　典型走滑断层断裂共生组合分析

对典型的走滑断层，按地质力学的观点，其断裂共生组合的基本模式可概括为把低序次断裂变形视为是主断层错动时派生的分主应力的产物。典型的走滑断裂系统主要发育在相对稳定的地块中，也可见于板块转换断层接触带。它是最大最小主应力近于水平应力环境下的产物，大多数属于脆性剪切破裂。

11.5.4.5　典型地区多期构造的地质力学分析

根据以上的基本原理，可以对一个地区区域应力场的演变及伴随的结构面改造过程进行系统的成因机制分析。

多次构造应力场作用下造成的岩体结构特征，既与各次应力场的三向应力状态、作用强度和延续时间有关也与各次构造应力场之间的相互交接关系有关，加之不同部位岩性差异影响，实际情况往往相当复杂。

根据两次最大主应力（水平）的夹角（α），大致可以分为重合（$\alpha=0°$）、正交（$\alpha=90°$）、斜交（$\alpha=45°$）和小角度斜交（$0°<\alpha<45°$）等几种情况。以下通过一些实例对于上述不同交接情况的岩体结构的工程地质特征做一简要评述。

（1）重合（$\alpha=0°$）。相当于地质力学中构造体系中的"重接"，各结构面的力学性质仅随褶皱的发展而发生序次转化，例如当岩体陡立时，原有的早期平面 X 裂隙转为张性，甚至发展为正断层，后期改造还可使已经胶结的破碎带重新破裂。

（2）正交（$\alpha=90°$）。以新疆大山口水库地质情况为例，调查证实该区主要经受南北向和东西向两次构造应力的改造也即是东西向和南北向构造体系复合区。区内早期形成的近东西走向的逆断层，在后期近东西应力场的作用下，被改造成破碎带较宽的张性破碎带，或发展为正断层。由于它规模大，透水性强而又易于风化，形成该区影响稳定的重要控制面（或带）。早期应力场中形成的平面 X 断裂面在后期应力场中发生反方向错动，连续性增强，抗剪性能降低。但早期形成的南北向正断层后期被压紧，性能有所改善。

（3）斜交（$\alpha=45°$）。以柘溪坝址区地质情况为例，该区为东西向构造体系与 NE 向构造体系复合区，在南北向应力场作用下，前震旦纪的砂岩、石英岩及板岩等遭受强烈的挤压，岩层走向 NE 80°～85°，倾角 60°～70°，在后期 NW—SE 向应力场作用下，除产生一组新的 NE 向叠瓦状断层外，还使原有的南北向张性断裂和东西向压性断裂转为扭性。调查证明，被后期改造的张性断裂往往具有较宽的破碎带，且抗剪性能差成为影响稳定的重要控制带。

以某露天矿为例，两组最大主应力夹角 α 约 20°，通常自成体系，相互干扰影响较小。但早期形成的共轭裂隙中与后期主应力夹角较小的那一组断裂可被沿用，使之发生反向错动，从而使裂面连续性增强，抗剪性能降低，另一组可能转为压性使其接触紧密。此外，早期的张性断裂有可能改造为扭性，成为抗剪性能较低的弱结构面。

在构造分析时，通过追溯区域构造应力场的演变史，追溯区域构造格架的活动史进而阐明在现行构造应力场作用下，不同断裂可能以什么方式活动，判明区域构造应力集中部位等，这对于趋于稳定性分析评价具有十分重要的意义。

11.6　地质构造分析案例

11.6.1　构造对工程影响概述

地质构造是地壳运动过程和运动结果的表现形式，宏观来说是地壳的形成、发展和演变过程。从微观来说是指构造形态类型褶皱断裂等。地质构造的形态或地质作用的结果形成了各种不同的地质结构模式包括岩体结构和对工程发生作用的地质环境。

地质构造作用形成了特定的岩体变性特征，这种构造作用和形成的各种构造形迹的不同组合对各类工程建筑的控制主要有三个方面。

（1）对区域稳定性的影响：①构造对地壳稳定的影响；②活动性断裂引发地震的可能性及其地震烈度；③工程所处大地构造位置。

（2）对场址区稳定影响：①断层、构造节理、岩层倾角、构造软弱夹层与临空面组合控制场址稳定性；②活动性断裂通过场地，与其他断裂组合控制场地的稳定性；③构造作用使岩体破碎和风化作用加强。

（3）对建筑物的稳定影响：①地下洞室稳定性；②边坡稳定性；③地基稳定性。

地质构造对地质环境的影响很大，构造发育的区域，地质环境往往很差，这种地区，地震活动较频繁，地壳隆起和沉降较为显著，隆起区滑坡、泥石流和崩塌较为发育，在沉降区洪涝灾害易于发生。表现了现代地壳活动区的地质构造作用特征，对于这类地区的地质构造，工程地质评价最主要的是断层的活动性、地应力方向和大小应该搞清楚。

活动断裂是地壳稳定性评价的重要因素之一，它一方面构成孕震断层，控制着建设区的地震烈度，另一方面活断层直接使建筑工程发生破坏。因此工程地质评价中必须把活动性断裂查清楚，防止留下后患。

实际上经历地质构造作用形成的地貌特征具有明显的特点，例如我国大部分山脉都曾经受过强烈的地质构造作用，表现在岩体的褶皱和断裂以及地应力将岩体挤压的十分破碎，由于应力作用使地质体发生较大规模的共轭构造节理。在遭受风化剥蚀作用后容易形成馒头状地貌。在野外常常可以看到构造应力作用下，岩层倾角呈陡倾或近于直立的状态，显然在形成这些构造形迹的过程中，主地应力的方向与当时压应力的方向是一致的。这对于工程地质的分析十分重要的。例如山西汾河二库和引黄工程万家寨水利枢纽，地貌上都处于缓倾的背斜翼部，由于在形成缓倾背斜构造形迹过程中，主地应力的方向与背斜轴部垂直，而平行于岩层倾向。在遭受地质构造挤压作用的同时，岩层之间发生错动过程中形成挤压破碎带，这些相对软弱夹层在工程地质稳定性评价中都成为坝址抗滑稳定中的主要地质问题。

地质构造不仅改造着地质结构，而且最大主应力场的方向与最强的一期构造主应力方向一致，场址区压应力的方向往往是最大地应力的方向。地下水、石油和瓦斯埋藏条件都受地质构造的控制：地下水多在断层破碎带及向斜轴部储存；石油多储存在背斜轴部；瓦斯往往伴随岩爆被高地应力条件所封闭，有瓦斯地段没有地下水；岩体破碎段瓦斯封闭不好、地应力得到有效释放，不易有瓦斯赋存。

有关地质构造的工作主要是对分析评价工程地质有关系的断层、褶皱、构造节理等进行地质测绘和调查。地质构造形成的结构面，包括断层面、层间错动面、节理面、劈理面等这些结构面是地质构造研究的主要对象，这些岩体中的结构面往往是进行工程稳定性分析的重要条件，特别是层理面，其连续性强，延伸远，如果有软弱夹层、岩体具有滑动面、切割面、临空面的存在，对场区稳定性及建筑物稳定具有控制作用。

不整合和假整合面是原生沉积结构面，其分布较广，常具有区域性意义。被这类结构面所分割开来的不同部分，在物质成分和结构上一般不同，有时差异很大。此外，火成岩中的收缩节理、流层、流线、蚀变带、熔岩层面；变质作用形成的片理面、板理面、剥理面；以及风化裂隙、卸荷裂隙形成的结构面，虽不是构造结构面，但往往对岩体稳定性也起着控制作用。

11.6.2　活动断裂分析

风电场工程建筑物安全等级一般为二级，一旦建筑物失稳也不会像大型水利工程或核电站会发生较大不良影响，也不会带来大的次生危害，因此对于风电场这类工期短、见效快、运行周期不长（20 年）的建筑物，勘察实践中，一般不对断层的活动性进行专门定量鉴定，而是用地质地貌法予以定性认定，在地形地貌没有明显活动断层证据的情况下，可以根据区域构造地质背景予以定性判定。

案例：云南陆良风电场。

在 15 号风机开挖中，发现一条贯穿基坑南北方向的宽 3m 的泥质条带。

该机位处于溶蚀山地的一个约 $300m^2$ 的圆形岩石山包上，包顶高程 2000m 左右，相对高差 15m，地面坡度 15°～20°，为正坡地形。包顶在风机布置的范围内，微地貌特征略显低洼。

基坑出露地层为中生界泥盆系碳酸盐岩地层，泥槽东西两侧为厚层及巨厚层含碳质黑灰、青灰色灰岩，由于两侧岩层层位基本相同，勘察单位并没有认定是断层构造。只是泥槽宽度大，容易出现不均匀沉降问题。考虑到泥质条带对风机稳定的影响，机位向西移位 30m，结果在新开挖的基坑内东侧同样出现一条近于南北走向的泥质条带，泥质条带两侧岩体受东西向构造应力作用，形成走向南北向的褶曲轴部，两侧岩体分别向南东和北西向倾斜。

根据现场开挖揭露的基坑出现的构造特征如下。

断层角砾岩和断层擦痕在断层壁上清晰可见，断层角砾岩胶结良好，呈浅红色，较松散；岩壁上有明显的断层擦痕，并有厚 2m 的黄色断层泥。

两次开挖的泥质条带之间由于高温高压作用，岩层呈砖红色，岩性为泥灰岩、泥岩和泥质页岩互层，在水平面上呈舒缓波状，断层带岩体十分破碎。断层带对应的地表存在较明显的洼地。

为了探明泥质条带的结构特征，经挖机进一步下挖 6m，两侧岩体由上而下完整性越来越差，断层近于垂直，根据断层擦痕方向判定，断层性质为走滑型平移断层。而且断层泥质条带很深。断层带宽度约 30m。

根据以上特征，确认为走滑型平行移动的断层，是否是活动性断层，尚需结合区域构造背景进行分析。

场址区属于我国西南地区，这里活动断裂特别发育，板块活动对该区活动断层和地震的分布起着一定的控制作用，川滇菱形地块向东南方向移动，就是印度板块向欧亚板块强烈碰撞挤压和太平洋板块对该区的推力共同作用的结果。这个地块是由鲜水河断裂、安宁河断裂、则木河断裂、小江断裂以及元江断裂围成的，它的移动引起断裂活动，其活动的性质多为水平和垂直的方向，也有的是二者皆有的相对滑动，菱形地块的东侧为逆时针方向错动，西侧表现为顺时针方向错动。这些断裂活动都很强烈，升降差异幅度较大，挤压剪切活动也比较强烈说明地应力易于集中。它们的走向并不是一条直线，常呈不同方向的弯曲。安宁河断裂北端与鲜水河断裂相接处的转弯段，断裂水平运动由快到慢，在断层以西的部位产生挤压作用，使得更新世的地层逆冲变形，在石棉至拖乌一带隆起，使曾向南流的大渡河在石棉附近转向东流，在大渡河与安宁河之间的菩萨岗形成风口式宽谷。在安宁河南段与则木河断裂相接处的转弯段，断层水平运动由慢转快，在断裂转弯部位产生张拉作用，形成断陷盆地和一些东西向的小型张拉谷。成为我国西南地区地震强烈发生地带。

该区活动性断裂特别发育，而且延伸较长，与印度板块强大的水平挤压密切相关。其作用方向有 NS 向、NE 向和 NW 向三组。东部以 NE 向为主，中部以 NS 向为主，西部以 NW 向为主。而其活动大多数表现为水平活动的特点，并表现出对老断层的明显继承性，白垩纪晚期的四川运动就是一次强烈的水平挤压活动。例如鲜水河断裂带具有左旋错动性质，龙门山断裂具有右旋错动性质，代表了东西向区域构造应力场的两组剪切方向。这些构造断层形成后，在后期地壳抬升运动中，经外营力改造后（主要是河流下切）形成了沿断层构造带发育的沟谷或河流（图 11.9）。这些沟谷与断裂走向往往一致，它们常与地震的分布有着密切的关系，容易有强烈地震发生。

从区域构造形迹可以看出，该区活动性断层与 15 号风机基坑断层走向相近，断层性质相同，断层都是近南北发育，说明 15 号风机位所揭露的平移断层是区域内低序次的派生断层，它与区域活动性断层是同一方式的动力作用期间所产生的构造形迹。所以该断层属活动性断层的概率较大。按规范要求，遇到活动性断层应该避开适当距离。

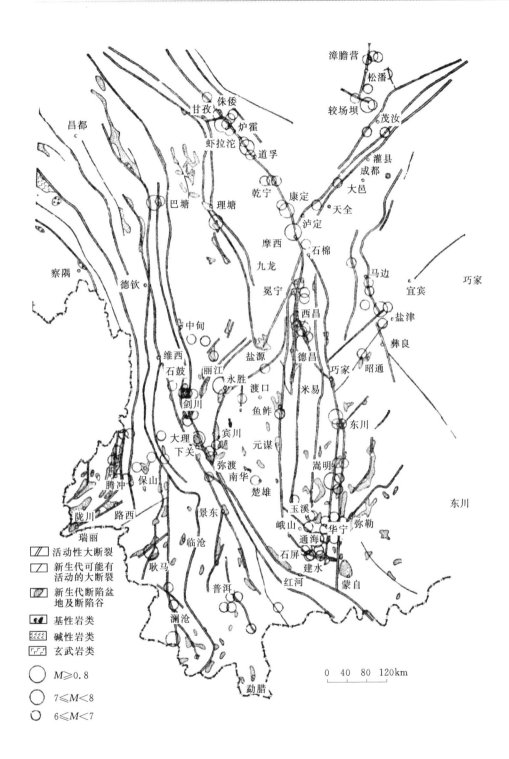

漳膽营
松潘
较场坝
茂汝
甘孜　侏倭
炉霍
虾拉沱
道孚
灌县
成都
乾宁　康定
大邑
天全
泸定
摩西
石棉
九龙
马边
宜宾
巧家
冕宁
西昌
盐津
彝良
盐源
德昌
巧家
昭通
丽江
永胜
米易
渡口
鱼鲊
东川
剑川
宾川
元谋
嵩明
大理
下关
弥渡
南华
腾冲　保山
楚雄
东川
陇川　路西
景东
玉溪
峨山
华宁　弥勒
瑞丽
通海
石屏
建水
蒙自
临沧
耿马
普洱
红河
澜沧
勐腊

昌都
察隅
德钦
中甸
维西
石鼓

活动性大断裂
新生代可能有活动的大断裂
新生代断陷盆地及断陷谷
基性岩类
碱性岩类
玄武岩类

$M \geqslant 0.8$

$7 \leqslant M < 8$

$6 \leqslant M < 7$

0　40　80　120km

图 11.9　川滇一带活动性断层及地震震中分布

这一案例告诉我们，活断层构造类型大到我国的一些山地、高原、平原和盆地等构造地貌类型的排列组合受地质构造控制，尤其是山脉的延伸与构造线的走向几乎一致，中到我国西南地区也就是风电场的区域构造范围，构造线与山脉的走向近于一致，小到本建筑物的场地，由断裂构造控制的丘陵剥蚀地貌。这种地貌是在断层相互切割后外营力作用的结果。也不排除在丘顶部低洼部位存在活动断层的可能。因此在风电场机位微观选址时，即使是丘陵剥蚀地貌的丘顶部位也应避开在微地貌上相对低洼的部位。

11.6.3 地质构造对地基稳定的影响

案例1：山西神池继阳山风电场。

1. 地质背景

区域内地层有太古界吕梁群；震旦亚界长城系；古生界寒武系、石炭系和二叠系；中生界三叠系；新生界上第三系和第四系地层，与工程关系较为密切的是古生界奥陶系灰岩。

区域构造处于山西陆台西部北中段，属于祁吕贺兰山字型构造东翼前弧中段，NE向褶皱带在区域内较为发育，褶皱带是由一系列走向 N30°～50°E 的褶皱以及平行这些褶皱的断裂组成，风电场场址属于宁静向斜的北东翼。

山西陆台主要构造格架是中生代燕山期形成的，曾经历了 SE—NW 向挤压和逆时针剪切力偶作用，先后形成了 NW—SN 和 NE 向复式背、向斜及压扭性断裂构造带，并使得山西陆台整体上处于抬升运动状态。

在中生代隆起的构造背景基础上，喜山运动改变了中生代构造运动的方向，以顺时针方向剪切力偶作用为主，使得隆起区轴部产生了一系列由张性断裂控制的类似神池八角、长征等山间新生代断陷盆地。这些张性断裂继承了燕山期规模较大的压性断裂和仰冲断裂带，同时伴随有新的断裂产生。继阳山风电场的构造形迹就是在此区域构造背景下形成的。

2. 场址区地质

为了搞清风电场址区各种构造形迹的时空关系，试根据区域构造控制下的场址区构造形迹进行系统分析。

（1）场址区构造形迹。整个场址区都是最早在 EW 向主应力作用下，形成 X 构造节理，在此基础上，由于空间位置不同而形成不同力学性质的构造剪切面。

69 号和 63 号基坑由于受区域右旋剪切力偶作用，产生 NE—SW 方向的等效挤压，NW—SE 向等效张构造主应力作用，形成近 SN 向和 EW 向组合 X 构造节理。在基坑揭露的构造挤压带，岩体总体倾向 N，局部倾向 N20°E，构造线上的岩体倾向 S75°W，倾角 30°。构造带宽度，SN 向的构造节理宽 0.5～2m，EW 向构造带，东侧宽约 2m，构造带内有倾向不规则的岩体；西侧构造带节理宽 30～40cm。63 号岩体 SN、ES 向张节理切割更为明显，使得岩体支离破碎。

59 号风机位为构造强烈挤压形成的断层带，断层宽 10m，走向 NE60°～70°E，组成物质为黄、红色黏土夹角砾，南侧岩体岩层倾向东，倾角 30°，同方向地形坡度约 40°左右，地形坡度大于岩层倾角，岩层中存在软弱夹层，北侧岩层岩体完整，产状平滑，属于先压扭后张拉性质。

67 号风机位基坑开挖后揭露，岩壁上有风化的断层角砾出露，SE 方向有约 5m 宽的完整基岩出露，倾向 S70°E，倾角 10°左右，NW 侧有角砾土，宽度 12m，贯穿整个基坑，带内岩层倾向 S70°W，倾角 22°。岩体与碎石土强度悬殊，经初步分析，角砾夹土是张性断裂的充填物。

（2）构造成因分析。本区地质构造形迹表现在南北向、北东向、北西向的断层和褶皱较发育，其形成过程是经过多期构造运动形成的，简析如下。

在印支-燕山早期从区域传递到场区的构造力方向是 EW 向，使奥陶系灰岩在未形成褶皱前出现早期平面"X"剪切断面，即 NW、NE 垂直节理。同时产生 SN、EW 向剪切面。

此四组剪切面为本区奥陶系灰岩控制性构造面。继阳山风电场区以近 SN、EW 向结构面发育尤甚。燕山运动强烈时期形成 ES 向的褶皱曲伴随 SN 向断裂形成，同时派生出 NW 向的应力场形成 NE 向的褶曲。

对前述四组构造结构面在新的应力场作用下，力学性质的叠加。发生不同性质的构造结构面。燕山运动后期——喜山期伴随山西台地掘起，本区再次出现 NW—SE 向构造应力场。前述各组构造面再次出现应力叠加，形成碎裂结构的构造形迹。

通过对继阳山场址区 100 多个基坑开挖所揭示的构造形迹产状量测和对各种地质现象的详细观察后进行综合分析，得出了场址区构造应力场方向、构造应力场期次、构造产状和性质的一般规律。

在印支-燕山早期从外传递到本区的构造力方向是 EW 向，使寒武系灰岩在未形成褶皱前出现早期平面 X 剪切断面和 NW、NE 垂直节理，同时产生寒武系二序次 SN、EW 向剪切面，此四组剪切面为本区控制性构造面。并以 NE、NW 向为优势结构面。燕山运动强烈时期形成 SN 向的褶皱曲伴随 NE、NW 向断裂形成，同时派生出 NE 向的应力场形成 NW 向的褶曲。受华北地块山西高地台块应力反弹出现 NW 向应力场形成 NE 向的褶曲。对前述四组构造结构面在新的应力场作用下发生力学性质的叠加发生不同性质的构造结构面。燕山运动后期—喜山期伴随山西断陷盆地的形成，本区再次出现 NW—SE 向构造应力场。前述各组构造面再次出现应力叠加，形成目前的构造形迹。的构造形迹就在此构造背景下形成的（图 11.10 和图 11.11）。

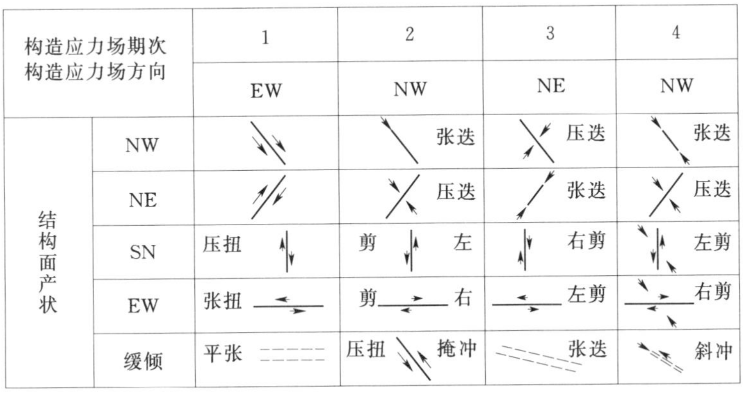

构造应力场期次 构造应力场方向		1 EW	2 NW	3 NE	4 NW
结构面产状	NW		张迭	压迭	张迭
	NE		压迭	张迭	压迭
	SN	压扭	剪 左	右剪	左剪
	EW	张扭	剪 右	左剪	右剪
	缓倾	平张	压扭 掩冲	张迭	斜冲

图 11.10 继阳山风电场构造性质及形迹示意图

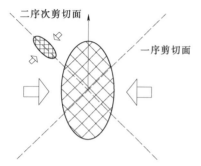

图 11.11　应力与应变示意图

3. 构造对建筑物地基影响分析

由于构造的影响，地貌上处于山脊末端的风机位与不良地质作用的关系主要是：断裂构造及其构造张节理黏土充填形成的不均匀地基，以及倾斜岩层间的软弱夹层与特殊地形组合，在动荷载条件下地基的抗滑稳定问题。

（1）不均匀变形问题。如 67 号风机位基坑开挖后，建基面上断层带充填的黄色、红色黏土宽度达 12m，59 号基坑建基面黏土条带宽 10m，显而易见，黏土的变形模量、承载力特征值等参数与基岩悬殊，因此容易发生地基的不均匀变形，地勘单位主张地基整体下挖 1m，换填毛石混凝土，但其泥质条带类型、成因、深度、分布范围、发展趋势和危害尚需补充勘察。况且处理需要增加 15 万元投资，因此采取了移位。

地貌上处于山间洼地的碳酸盐岩，与不良地质作用的关系主要是：由于构造作用产生的构造张节理，在风化和溶蚀共同作用下形成深槽，槽内充填的黄红色黏土，变形模量较低，如 J60 号基坑，J77 号基坑。对于这类地质现象，如宽度小于 0.5m，可不予处理；对于宽度大于 0.5m 的基槽，应开挖宽度的 1.5 倍深度，刻梯形槽置换毛石混凝土。或者采取桥跨式处理。应根据具体情况进行受力分析后，提出适当的处理措施。

（2）抗滑稳定问题。92 号基坑地貌上处于一山脊末端，山体坡面倾向西及南北。开挖揭露有一南北向展布的宽约 3～4m 的黏土条带，其东侧是产状近于水平的厚层灰岩，岩体较为完整，黏土条带西侧是薄片状灰岩，其倾向 W 及 SW，倾角 20°～30°。岩体较为破碎，并有三条走向近于东西向的 20～30cm 的黏土条带与南北向泥质条带贯通，薄片状灰岩平面上可见近于南北向展布的约 10cm 错距的小错台。

经初步分析，该岩层泥质条带东侧岩层产状近于水平，西侧岩层倾向近于 W，倾角 30°左右，是经东西向构造应力作用下形成的地质构造形迹，泥质条带是断层构造线，大气降水渗透过程中不断对构造线风化溶蚀形成宽约 2～3m，深度大于 10m 的溶槽。由于深槽侧壁的临空面发生卸荷回弹，形成泥槽西侧岩体走向近于南北的小错台，与此同时，在构造应力作用下，形成了近于东西向的构造节理，沿构造节理风化作用加强，使节理加宽后充填黏土。这样，该风电机组主要有两方面的工程地质问题。

1）因为东西向和南北向的泥槽构成了切割面，地貌上处于山脊末端三面临空构成了临空面，构造运动过程中，岩层之间会发生层间错动，接触面之间的摩擦系数根据经验值约 0.4，如果有泥质灰岩组成软弱夹层遇水饱和后抗滑系数约 0.20，那么风电机组在运行过程中，有抗滑稳定问题。

2）由于处于山脊末端，三面临空，开挖的地基上面有拉开的裂缝，这些裂缝由岩体卸荷作用形成，则卸荷裂隙必然影响稳定。其次是地基不均匀沉降问题。

类似前述地貌上处于山脊末端的 59 号风机位，为构造强烈挤压形成的断层带，断层宽 10m，走向 N60°～70°E，组成物质为黄、红色黏土夹角砾，南侧岩体岩层倾向 E，倾角 30°，同方向地形坡度约 40°左右，地形坡度大于岩层倾角，岩层中存在软弱夹层，具备滑动面、临空面和切割面岩体滑动三要素，基础置于其上有滑动失稳之虞。

如果不想移动机位，补充勘察至少应搞清楚黏土槽分布的成因、范围（长、宽、深）、对工程的影响；黏土槽两侧岩层产状不一致的原因；分析断层性质；对倾斜岩层中的软弱夹层，还应取样进行抗滑稳定性计算；对拉开裂隙及所有地质现象都应有正确的解释并做出稳定性评价。而这些勘察工作尚待时日。《根据风电机组地基基础设计规定》（FD 003—2007）的 10.2.4，对于下卧基岩表面坡度较大的地基，由于压缩变形相差较大，宜调整基础位置，尽量避开此类地基。以及 10.1.3 地基应尽量避开对其直接或间接危害的断层。因此，对于断层形成的对建筑物稳定构成威胁的不良地质作用，移动机位是最合理的选择。

对于 J81 号、J83 号基坑揭露的构造挤压破碎带，虽然岩体十分破碎，产状陡立，但不存在抗滑稳定、不均匀沉降问题，且变形和承载力能够满足要求，是比较理想的天然地基。

（3）卸荷崩塌。J75 号机位在微地貌上处于继阳山主峰的二级台地，基坑开挖到设计高程后，基底岩体产状杂乱无章，与黏土条带相间呈条带状出露，下部岩体之间有较大空隙，具架空结构，由于地形也处于山脊末端，属于断层陡坎卸崩塌物。属于不均匀或不稳定地基。

由于岩体上有错动擦痕，经后期进一步开挖，发现了断层泥、断层角砾岩、判断是由于断层构造影响，岩体错落崩塌时产生的地貌形态。该风机位采取了移位措施。

4. 讨论

区域地质构造控制着场址区的地形地貌和构造形迹，场址区的构造形迹也反映了区域构造特征。由于区域内经历了燕山期 NW—SE 向挤压应力作用的同时伴随逆时针方向旋转的剪应力，形成一系列走向 N30°～55°E 的复式背斜、向斜和压扭性断裂以及压性结构面。喜山运动以来，区域主压应力方向与前期相反，方向为 NE—SW，并伴随着区域内顺时针旋转的剪应力。在复合区域应力场的作用下，场区内出现不对称的倾伏背斜、向斜，局部表现出不协调的现象，燕山期形成的压性结构面，被后期喜山期构造改造成了张性或张扭性结构面。反映到场区表现出在 X 结构面的基础上，压性结构面较严重地形成挤压破碎带，张性结构面形成张节理或张性平移或斜移断层，断层带和张节理内充填断层泥及断层角砾岩，形成不均匀地基或不稳定地基。

继阳山风电场项目共有风电机组基础 100 个，经验槽，认为工程地质条件较好，不需要进行地基处理的有 53 个，占 53％；需要进行地基处理的 40 个，占 40％；建议移位的 4 个（J92、J59、J67、J75）占 4％，其中，受构造作用挤压破碎较明显的有（J74、J81、J83）占 3％，但不需要处理。四个需要移动机位的地貌特征都处于两沟夹一梁，且是梁的末端，地貌上反映了断裂的交汇部位。这是在微观选址时应该关注的地貌现象之一。另外，其他需要进行地基处理所对应地貌特征有岩溶发育的山顶部位、陡坎下方崩塌物的部位、山脊垭口及马鞍形地貌部位。

案例 2：云南陆良马塘风机位不均匀沉降与地貌关系。

该风电场地貌形态是一系列的山脊与山谷在平面上呈斜列分布，构造运动十分强烈，部分风机基坑开挖后可见褶皱或破裂，岩体十分破碎。特别是几个沟谷交汇部位、两沟夹一山脊部位及山脊末端部位，不良地质作用更为明显。

1. 不均匀沉降的风机基坑

7 号风机机位地貌上处于较平坦的两沟夹一脊的山脊上，风机一侧靠近沟谷，由于受构造挤压作用严重，灰岩层节理发育并充填红色黏土。部分完全为红色黏土，主要不良地质作用是岩层与红黏土层之间地基的不均匀沉降。

处理方案：充填红黏土侧向扩挖到基岩，以小于 60°坡度下挖 2m，回填毛石混凝土到建基面。

10 号风机机位地貌上处于两沟夹一隆起的长条状隆起地带的末端。岩性为泥质砂岩与泥炭质页岩互层，软硬相间，岩性变化大，在构造应力作用下沿层面错动，岩体呈散体状结构，承载力及变形强度差异较大。故判定为不均匀地基。

处理方案：根据岩层倾向与地貌特征分析，构造应力由西向东，与岩体倾向基本一致，西部处于山脊末端，因此东侧岩体较完整，向东侧扩挖移位后为较均匀地基。可以直接作为建基面。

11 号风机机位地貌上处于三个隆起地带交汇的垭口部位，或者叫山间洼地，是不同时代断裂构造的交汇部位。构造变动十分剧烈，为较典型的断层带，岩性变化大，主要是构造错动时高温高压作用下形成的砖红色碎石土与断层泥、断层角砾岩组成的碎石土，结构松散，由于地貌上处于洼地，岩土有风化坡残积次生堆积物迹象。岩性变化大，建基面上岩土不均匀，强度变化较大。不良地质作用主要是压缩变形强度的差异以及承载力特征值的差别。确定为不均匀地基。

地貌上处于山脊末端，岩性复杂，构造变动剧烈，风化作用强烈。整体强度低，承载力和变形不能满足设计要求。

处理方案：11 号及 13 号基坑均采取扩大基础面积，降低单位面积上荷载的方法。设计建基面上下挖 1m，换填直径 19m C15 毛石混凝土。

1 号、21 号风机机位地貌上处于两沟夹一山脊的末端，为断层破碎带，基坑内有数条滑动带，由断层泥组成，挖机下挖数米，仍为塑性黏土。断层面上有明显的错动擦痕，基坑中节理、劈理密集，整个基岩体坑处于全风化或强风化带，呈块夹泥的松散状态，其压缩变形、承载力、抗剪强度差异都很大，如果有地下水作用，会引起泥化、崩解和不均匀变形等现象。

处理方案：在建基面的黏土部位下挖 2.5m，基底坡度小于 60°，特别是边缘部位外深坑侧要向外扩挖，使其回填混凝土与岩体面呈角度接触。夯实后回填 C15 毛石混凝土找平。

2. 分析讨论

马塘风电场地质构造强烈发育，地形严格受构造控制，根据沟谷发育的特征，属于斜列断层首尾相接处的派生构造地貌。沟谷由一系列不连续的次级断层组成，呈斜列状分布。两沟谷相夹的隆起山脊首尾部分相当于次级断层错列部分为岩桥。分为四种形式。

岩桥部分的应力状态和变形特征，取决于由断裂构造塑造的相邻两沟谷的排列形式和两侧岩体的运动方向。如 7 号、10 号、13 号、21 号风机位相当于左阶斜列断层并右旋的运动，岩桥上的风机位处于挤压状态，形成隆起高地，并发育一些次级断层，形成垭口或马鞍状地形。如沟谷呈右阶斜列为右旋运动时，岩桥区处于拉张状态，形成正断层，地貌上处于类似于 11 号基坑的洼地或小盆地。这就是这些风机位基坑开挖后，岩体破碎的主要原因。

这一案例告诉我们，处在山脊平行断续连接的地貌特征下，其成因大多是由于构造挤压旋转作用形成的。其岩桥部位的岩体都十分破碎，特别是处于山脊末端的部位，出现滑动和地基不均匀问题的概率较高。因此在这种特征出现时，应尽量避免在两沟平行的岩桥部位布置风机。

案例 3：江苏盱眙 26 号风机机位地貌与不良地质作用。

江苏盱眙风电场在施工验槽中出现了宽约 2m 贯穿基坑的溶槽，显然不能满足风机基础变形的要求，同时该风场没有移动机位的条件。根据上部岩层出现断层擦痕和有断层角砾岩的特征，确认该溶槽是在断裂构造基础上发育的溶槽，其深度较大。采取毛石混凝土回填后，上部刻槽以桥跨形式进行地基了处理。

这一不良地质作用的成因显然是由于构造作用形成的，在地应力作用下，出现挤压隆起，岩层之间发生错动，形成逆断层。逆断层层面倾向 SW，倾角 26°。地应力由 SW 向 NE 方向推进，上盘相对上升，下盘相对下降，在断裂运动时，在隆起部位形成拉张裂缝，裂缝贯穿上下盘，与逆断层走向近于斜交。这条裂缝又为地下水运动创造了良好的通道，在与地下水长期作用的过程中，裂缝加深加宽，形成对地基有影响的构造溶槽。

表现在地貌上的特征，就是由于断层水平运动时，断层端点附近由于介质和边界条件影响而受阻，在断层前方端点附近区域是挤压而隆起，形成与逆断层垂向或斜交的正断层。这样隆起区地貌上就会出现丘陵或台地。张拉部位再进一步发展就会形成小型地堑。这就告诉我们，在微观选址时，对于挤压隆起的地带，又在微地貌上表现出以一定方向洼陷应予以足够重视。

上述张开岩溶裂缝，是形成不良地质作用的主要因素，使建筑物发生不均匀变形，而且由于构造挤压过程中，岩层之间发生了层间错动，容易形成较为稳定的泥化夹层，泥化夹层及表生泥主要是地下水作用下形成的，灰岩在风化后，极易形成红色黏土，这些红色黏土在地下水的作用下，充填于岩石层面之间，上覆坚硬的岩石往往因裂隙发育成为地下水良好的通道，为接触面之间泥化夹层的均匀分布创造了有利条件。研究与实践证明，遭受过层间错动的接触面有黏土与地下水参与，则更易于泥化。结合地貌特征和岩层产状，这类地质现象可作为判定岩体稳定性现状和预测在风机建筑物运行后，稳定发展趋势极为重要的依据。

11.6.4　地质构造对洞室稳定的影响

案例：溪洛渡水电站。

溪洛渡水电站在洞室开挖过程中多次出现围岩失稳，尾水洞轴线与最大主应力近于垂直的洞段，洞顶多处出现空鼓现象，洞壁岩体常发生岩爆现象，形成鱼鳞状岩体剥离，这是构造与地应力作用的结果。

溪洛渡水电站坝址区位于雷波-永善构造盆地中的永盛向斜之西翼，系一总体倾向南东的似层状玄武岩组成的单斜构造，缓倾向下游左岸。顺流方向上，地层产状呈"陡—缓—陡"的平缓褶曲，坝址位于峡谷中部的产状平缓段。两岸走向变化较大，左岸 N20°～

$40°W/NW∠4°～7°$。

溪洛渡坝址左岸地下厂房目前地应力最大主应力轴线与金沙江河谷近于平行，以NW—NWW 向为主，与岸坡呈 $10°～30°$ 夹角。三向应力 $\sigma_1=14.79～21.06$MPa，平均值为 17.94 MPa；$\sigma_2=10.05～15.85$MPa，平均值为 13.10MPa；$\sigma_3=4.05～7.59$MPa，平均值为 5.73MPa。经分析应力场仍以近水平的构造应力为主。应力场的方向为 NW—NWW 向。

对溪洛渡电站工程影响的构造主要有：马边盐津隐伏断裂，该断裂为切割莫霍面的NW 向活动性断裂带，在新生代早中期有过多次活动；凉山断裂束呈等距分布，峨边金阳断裂距坝址西 20km，为一条切割不深的浅层断裂。

坝址两岸的地下厂房，位于连峰断裂，峨边-金阳断裂和马边-盐津隐伏断裂三条断裂所控制的范围内，虽然相对稳定，但足以形成两岸岩体的层间错动和层内错动带。

顺层开裂错动面，发生在喷发旋回形成的层面之间，总体产状与岩流近于一致，呈舒缓波状起伏。错动面上部较破碎，厚度 5～10cm，局部 20～30cm，破碎带岩体呈碎裂状，组成物质为 0.5～3cm 玄武岩角砾，含少量岩屑间夹错动黄色软弱夹泥。

层内错动带，属于缓倾角，走向变化大，主要发育 4 组：①N30°～70°E/SE∠10°～25°；②N10°～50°W/NE∠10°～25°；③N50°～90°E/NW∠10°～25°；④N30°～70°W/SW∠10°～25°。

层内错动带节理发育间距一般约 5m，错动带长度以 20～50m 为主，错动带之间多有透镜体状分布并且擦痕明显，深层错动带宽 2～5cm，上部可达 10～20cm，浅表部由于风化卸荷的影响，一般宽 5～20cm，局部可见 30cm，结构特征为岩块岩屑型；含屑角砾型和裂隙岩块型。

玄武岩原生裂隙较发育，延伸长度 2～3m，个别 4～5m，主要发育 6 组：①EW/S(N)∠75°～85°；②N40°～60°E/SW（NE）∠70°～80°；③N20°～30°W/SW（NE）∠65°～85°；④N0～80°E/SE（NW）∠65°～85°；⑤N20°～40°E/SE（NW）∠65°～85°；⑥N15°～35°W/NE（SW）∠5°～20°。发育特征如下。

（1）第①、第②组节理最为发育，占陡倾角裂隙总数的 22%，次发育的依次为第③、第④组。

（2）在同一部位陡倾角裂隙，只出现 1～2 组，很少有 3 组同时出现。

（3）在上述总体规律前提下，各岩流层陡倾角裂隙都分布在层的顶部，其中第②发育的在 6 层，第③组发育在 7 层、8 层、10 层、12 层。

（4）裂隙短小、未贯穿过整个岩流层，一般延伸深度 2～3m，个别可达 4～5m，总体将岩体切割成六方柱状。

（5）各组裂隙为刚性结构面，除卸荷带裂隙松弛和部分张开外，节理面一般闭合，裂面较平直粗糙。

（6）局部节理在原生节理基础上，经构造形成较长的节理。

在各岩组的表层发生的上述节理，成因为成岩节理，即岩流形成以后，表层急剧冷却形成，南方气温较高，因此所形成的节理短小密闭并密集成带。

在构造应力作用下形成缓倾向斜和一系列断层层间、层内错动带，这些构造结构面与原生结构面组合是溪洛渡洞室在开挖中岩体发生垮塌的主要原因。特别是尾水洞与最大主应力近于垂直的洞段，洞顶多处出现空鼓现象，支护非常困难，洞壁岩体常发生岩爆现象，形成鱼鳞状岩体剥离。

通过对地应力、区域构造、构造节理和原生柱状节理状态的调查分析，就可以根据这些结构面以及与各洞线的方向组合，利用赤平投影的方法分析评价各洞段在正常开挖施工过程中的稳定性，结合施工中掌子面出露的岩体构造线进行地质预测预报。

第12章　地应力分析与实践

12.1　岩体应力状态及成因类型

地应力是指地壳岩体中在天然状态所具有的内力，或叫岩体初始应力，它是在漫长的地质历史中逐步形成的，主要是重力场和构造应力场综合作用的结果。有的地方是在岩浆活动及岩体的物理化学变化等作用下形成的。地应力按其成因可以分成自重应力、构造应力以及变异和残余应力等类型。地壳表层岩体的天然应力状态是这几种应力组合而成的。不同地区由于地质条件和地质历史不同，这几种应力组合的特征也是不同的，应根据实际情况进行分析。

地应力是工程岩体存在的基本环境条件之一，无论工程岩体处于那个部位或位于地下哪个深度，地应力是始终存在的，而且在不同部位，三向应力状态各异。它对工程岩体（地质体）的变形和破坏起重要的控制作用。因此，它是区域稳定性评价和岩体工程设计的重要因素或参量。

12.1.1　自重应力

在重力场作用下生成的应力称自重应力。在地表近于水平的情况下，重力场在岩体内的某一任意点上造成相当于上覆岩层重量的垂直正应力 σ_V。

$$\sigma_V = \gamma h$$

式中　γ——岩石的容重；

　　　h——该点的埋深。它相当于该点三项应力中最大主应力。

当然由于泊松效应（侧向膨胀）造成水平正应力 σ_h，它相当于该点三应力的最小主应力，如果岩体强度较低，有较大的蠕变性能，在地表以下较深部位，在上覆岩层较大荷载的长期作用下，岩体发生塑流，该处的岩体天然应力状态接近于静水应力状态。

12.1.2　构造应力

地壳运动在岩体内部造成的应力为构造应力，又可分为活动的和剩余的两类。活动的构造应力即狭义的地应力，是地壳内现代正在积累的，能够导致岩层变形破裂的应力。这种应力与区域稳定性及岩体稳定性均有密切关系，剩余的应力是指古构造运动残余下来的应力。这种应力是否存在有不同的认识。有人根据应力松弛观点，认为在一次构造运动数万年后，该期构造应力就会全部松弛而没有剩余了，现在岩体中的应力只能与现代地壳运动有关。但这种观点具有片面性，G.赫盖特在苏必略地区进行应力测量和构造分析之后认为，在加拿大地盾区，第二次构造运动发生于 10 亿～20 亿年前，它的岩体内部形成的构造应力至今仍能以保存下来。在一些情况下，剩余的构造应力比活动的构造应力对现有应力的方向影响更大。

12.1.3　变异及残余应力

变异应力：岩体的物理、化学变化及岩浆的侵入等，与岩体内天然应力形成的关系比较密切。例如，岩浆的侵入一方面可对围岩在垂直于接触面的方向上造成很大的压应力，另一方面又可使侵入岩体本身产生静水式应力状态。而喷出岩的迅速冷凝常使其自身沿某一方向产生收缩节理，而使其中应力分布具有明显的各项异性的特征等。这类应力都是由岩体的物理状态、化学性质或赋存条件的变化引起的。例如玄武岩中的六方柱状节理就比较典型，不过这些应力通常只有局部意义，叫做变异应力。

残余应力：承载岩体遭受卸荷或部分卸荷时，岩体中某些组分的膨胀回弹趋势受到其他组分的约束，于是就在岩体结构内形成残余的拉应力、压应力相互平衡的应力系统叫残余应力。该应力对岩体稳定性评价有重要意义。

12.2　地应力分布

瑞士地质学家海姆于 1905—1912 年提出了"静水式应力式"分布观点，它以岩体具有蠕变的性能为依据，认为地壳岩体内任一点的应力都是各项相等的，均等于上覆岩层的自重，即

$$\sigma x = \sigma y = \sigma v = \sigma h$$

也有实测资料表明，这一假说仅适应于岩石软弱的地质环境。例如中欧地区遭受构造变形的石炭纪沉积岩层中以及横越阿尔卑斯山的一些深层隧道中的岩体的应力状态与这一理论是相符的。事实上，对于大多数坚硬浅层岩体，σ 大多数水平或接近水平的，而且水平向应力值比垂直相应力值大很多倍，形成以水平压应力为主的应力场。这个应力场有如下特征。

（1）在地表处两水平主应力之和 $\sigma h_1 + \sigma h_2$ 可达 $16 \sim 18.83 \text{MPa}$。

（2）两水平主应力之和随深度而线性增大，大体符合以下简化公式：

$$\sigma h_1 + \sigma h_2 = 18.83 + 0.1h(\text{MPa})$$

水平应力之所以具有随深度而线性增大的规律，哈斯特认为，在垂直剖面的特定水平面上，比垂直主应力大几倍的水平压应力均达到该深度岩体所承受的最大值；上覆岩层重量造成的垂直主应力随深度而线性增大，故岩体所能承受的水平主应力也因之而线性增大，上部或侧边荷载因为某种原因减少，都会导致岩体稳定平衡的破坏，形成近于水平的张裂面。

（3）岩体中的水平应力具有高度的方向性，即两个水平主应力 σh_1 和 σh_2 的大小不等，两者的比值为 $0.3 \sim 0.75$，这意味着在地壳的垂直剖面内有较大的水平剪应力作用，最大水平剪应力 $\tau_{\max}$ 作用面的方向等分 σh_1 和 σh_2 主应力轴，其大小为 $\tau_{\max} = 1/2(\sigma h_1 - \sigma h_2)$。

继哈斯特之后，又有苏联、加拿大、澳大利亚、美国等许多地区，都发现岩体内的水平应力大于垂直应力的情况，许多学者分别给出了平均水平应力与深度之间的关系式。

根据这一规律，目前在进行地应力测量结果回归处理时，总是把地应力作为线性分布来考虑（图 12.1）。地应力随深度线性变化认为是一般法则，实际上是不确切的。

例如我国在二滩、三峡和小湾水电站实测地应力资料分析，发现地应力在剖面上都有

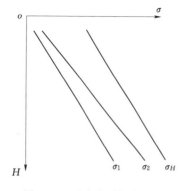

图 12.1　地应力随深度变化
布林-哈盖模型

集中现象。二滩水电站地应力测试结果表明，地应力在剖面上可以划分为三个带：地表浅层为应力卸荷带，中间有一个应力集中带（图 12.2），山体内为应力稳定带。应力集中带不仅水平方向上有，垂直方向上也有，在坡脚处测得一个孔，孔深小于 30m 地应力很小，向下地应力逐步增大。大概深度到 60m，地应力最大，为 59MPa，地应力稳定区为 25MPa 左右，坡上应力集中带 35MPa 左右，而该处地貌处于峡谷地带，河谷坡脚地应力高达 59MPa，再往深部又变小了，所以在河谷地段、边山地段应力在水平方向和垂直方向并不是随着深度呈线性变化的。

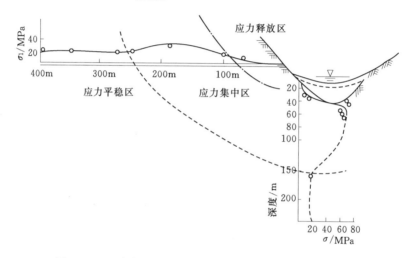

图 12.2　二滩水电站地应力特征（李光煜和白世伟，1983）

　　已经有大量实测资料确实表明，世界上多数地区地壳岩体内的天然应力状态是以水平应力为主，这就足以证明构造因素在地壳（特别是深部）的天然应力状态形成中起着主导的作用，但是决不能因此忽视其他因素的作用和否认其他应力状态的存在。应该强调的是在研究岩体应力问题时，必须充分注意地壳表层岩体应力状态的复杂性和多样性以及地貌形态地应力变化的影响，例如溪洛渡、向家坝、小湾和二滩等多数水电站地下厂房都属于相对的应力集中带，地应力随深度变化规律适宜于三带模型。

　　地应力在剖面上除了应力集中现象外，还有一种地应力大小变化与岩体强度密切相关，表现在地应力变化有时大有时小，例如葛洲坝二江电厂基坑内三个钻孔所测地应力的变化证明了这一点（图 12.3）。

　　许复礼教授曾经讲过：地质结构体的形成，归根结底是地应力对岩体（介质）做功消能的产物，坚硬岩体表现出能量积累或储存的特征，破碎松散的岩体是地应力消能或作功的产物。

　　陶振宇教授也论述过地应力大小与岩石强度有关，与历史地质构造应力作用相关，强烈的构造残余应力使得强度较高的岩体内部储存较高的水平应力。较弱的构造作用地应力

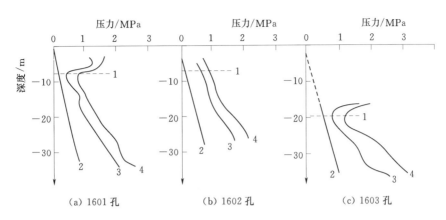

图 12.3　葛洲坝岩体初始应力随深度分布（李光煜、白世伟，1978）

水平岩体的弹性模量有关，这些论点和实测资料都证实了地应力随深度线性变化是有条件的。

上述论述表明，地应力随深度呈线性变化的关系是靠不住的，地应力分布规律是有条件的。

（1）地应力随深度分布与地应力场形成的过程，特别是构造作用力与所处的地貌环境和剥蚀作用有关，在空间上具有分带的规律性。

（2）剥蚀作用形成地貌沟谷与边山接近地面有一个卸荷应力带，穿过卸荷带有一个应力集中带，穿过应力集中带才是正常的应力带，卸荷应力带厚度变化较大，有的地方达百米以上，有的地方仅有一二十米。即所谓的三带地应力模型。

（3）地应力分布与岩体的力学强度有关，坚硬岩体地应力高，软弱岩体地应力低。

（4）地应力随深度增大，由于岩性及其地貌影响并不是线性增大，而是应力系数的分布则可能是线性的。

地壳岩体的天然应力状态与人类工程活动关系极大，它不仅是决定区域稳定性和岩体稳定性的重要因素，而且往往对建筑物的设计和施工造成直接影响。越来越多的证据表明，在高地应力区内，地下工程施工期间所进行的岩体开挖工作，往往能在岩体内引起一系列与卸荷回弹和应力释放相联系的变形破坏现象，不仅其后果会恶化地基或岩体的工程地质条件，有时作用的本身也会对建筑物造成直接的危害。

12.3　地应力对工程影响

案例 1：剥蚀地貌应力集中。

山西汾河二库坝基开挖后，发现灰岩岩体中发育多组张扭性结构面，使坝基岩体质量降低，为此参考勘察时地质资料、坝基施工开挖编录的地质资料等分析认为，这些具张扭性特征的结构面，是区域性剥蚀和河流深切所产生由垂向卸荷引起的河谷底部岩体应力集中所形成的浅生构造。通过现场测试、室内岩石试验等对坝基岩体中张扭性结构面的研究证实，这些张扭性结构面使坝基岩体结构松弛、强度降低、渗透性增强等，严重影响了坝基岩体质量，对坝基岩体稳定产生不利影响。通过采取合理的工程处理措施，保证了坝基稳定。

案例 2：隧洞底部隆起。

向家坝骨料输送隧道运行以后，底板向上鼓起，岩石破裂，并不断发展，分析与垂直于洞线的地应力有关，底板采取了型钢加混凝土的支护方式才得以解决。

案例 3：基坑开裂拱起。

加拿大安大略省露天矿坑是在水平的灰岩中开挖的，基坑面积 $305 \sim 610 m^2$，开挖深度到 15m 时，坑底突然在几秒钟内裂开，裂隙迅速延伸，裂隙两侧 15m 范围内的岩层向上拱起，高度达 2.4m，据研究，爆裂、隆起轴垂直于区域最大主应力方向。

案例 4：基坑底部爆裂错断。

美国南达科他州俄亥坝基坑是在白垩纪页岩中开挖的，最大挖深 61m，1952 年 4 月开始，1955 年 3 月完成，观察表明，直到 1954 年 12 月，基坑总回弹量达 20cm，其中 90% 是开挖期间发生的，基坑底部已有裂隙并未分发生位移，但于 1955 年 1 月，裂隙错开，上盘上升，错距 34cm。

案例 5：地应力对洞室影响。

这方面的实例也比较多，最典型的是我国溪洛渡电站左岸地下厂房，地层为二叠系玄武岩，开挖过程中的上游边墙错动。在主厂房施工过程中，同时开挖的母线洞里发现，距离主厂房 $10 \sim 50m$ 有三四条平行于主厂房下游边墙的 $20 \sim 30cm$ 的裂缝。

小湾水库地下厂房地层为黑云母花岗片麻岩，地应力较高，开挖时上部岩体曾发生过变形 7cm 的变形，这些变形，是地应力和洞室开挖岩体卸荷作用有关。

鲁布格电站位于贵州黄泥河上。地下厂房地层由石灰岩组成，地应力较高，实测结果最大主应力为 14MPa，地下厂房围岩内存在着一系列平行下游边墙的裂缝。这是一种高地应力地下厂房洞壁围岩板裂化现象，降低了边墙的强度。

边墙或边坡的岩体倾倒，在高应力区，当地表开挖顺薄层陡倾岩层的走向进行时，与卸荷回弹应力释放相联系的岩体变形与破坏的形式主要是岩层倾倒。

岩体应力与各建筑物的关系更是极为密切，实际上它是决定建筑物稳定的主要因素。在高应力区，伴随下挖所产生的岩体变形和破坏也有不同类型，例如我国溪洛渡洞室群开挖中，就发生过下列病害。

（1）拱顶裂缝掉块。裂缝多垂直于拱圈，成不规则的锯齿状，顺岩层纵向延伸，显示拱圈外侧受张拉裂，内侧受压，有时还在拱顶形成 X 剪切面，出现错动台坎。不少拱顶开裂地段经过补强换拱，仍继续发生裂缝。拱顶岩层空鼓，支护难度较大。开挖过程中常伴有岩体开裂的响声。

（2）边墙内鼓张裂。在垂直于地下主应力方向的尾水洞内多数发生过墙身突出，且在距墙角 $1/3 \sim 1/2$ 高处产生近水平的纵向张裂缝。在隧洞岔口段，这类病害表现得尤为严重。边墙的开裂倒塌率占该段总长度的 40%，并伴有岩爆现象。个别地段发生坍塌。

（3）底鼓中心线偏移。受地应力及其构造应力影响，在溪洛渡洞室内层错动带非常发育，几乎所有洞室的底板都发生不同程度的岩体错开，在开挖爆破中沿错开面发生阶梯状地质超挖。沿垂直于地应力方向开挖的排水廊道和灌浆廊道，几乎都发生了底鼓，底鼓量达 $30 \sim 40cm$，有的地方经测量上鼓速度达 1mm/d，在发生底鼓的部位，由于底鼓发展的不均匀，往往使中心线发生偏移。

（4）出线竖井缩径。溪洛渡电站开挖的出线竖井直径约 17m，开挖深度 500m，开挖到下部 200m 遇到铝土页岩软弱夹层时，洞径发生了明显的缩径。位移量达 30～50cm。

在高应力地区，地下洞室的稳定性取决于洞轴线方向与区域最大主应力方向间的角度关系，溪洛渡三大洞室注意了与区域主应力近于平行布置，因此，开挖时，即使地质构造发育，岩体比较破碎，洞室都能保持稳定，与之相反的母线洞、尾水洞、还有些联系洞稳定性就很差，往往发生顶拱空鼓，支护难度大、边墙坍塌现象严重，施工安全事故大多在这里发生。

在剥蚀山区地应力可分厂三个带，即卸荷带、应力集中带和应力稳定带，这三个带岩体质量差别很大，与工程关系最为密切的是卸荷带和应力集中带，卸荷带是应力释放的窗口，岩体成松散状态。

案例 6：处于应力释放带的工程。

岩体内地应力以构造应力为主。岩石强度、岩体结构、断裂构造、地貌、温度等条件对岩体内的地应力分布规律和大小有较大影响。岩体内部既有应力集中带也有应力卸荷带（即应力释放带），在低应力区岩体结构松弛、松动、岩体呈碎裂状，密度降低。如遇地下水活动，风化更加强烈，结构面内泥质充填物增多，岩体质量进一步恶化，这些是卸荷带的特征。可见卸荷带对工程建设是十分不利的。

1. 十三陵蓄能电站边山卸荷

十三陵蓄能电站，地处燕山构造带东部南侧。工程区地层主要为侏罗系火山岩和陆相沉积砾岩。区内断裂构造十分发育，EW 向和 NS 向展布的断裂构成"井"字形构造背景。沿火成岩与沉积岩界面有不同程度、不同规模的层间剪切破碎带。地下厂房位于地下 300m 深处沉积砾岩体内，岩体比较新鲜，岩体比较完整。应力属于自重应力状态，应力约为 7MPa。围岩内存在一组与洞壁平行的直立构造节理，在开挖的交通洞内可见洞壁围岩内沿构造节理产生了板裂化现象，大大地降低了围岩强度。

十三陵蓄能电站上池及其压力管道，位于蟒山上。蟒山是一个巨大的地应力卸荷带，卸荷带深达 250～300m（图 12.4）。地貌上处于蟒山山顶和斜坡上，岩层为火山喷发的安山岩，断裂构造十分发育，规模深大，断层破碎带出露宽度 30～100m，影响深度达到300m。工程地质条件非常差，施工中上池曾出现多处变形破坏，压力管道施工过程中多次出现塌方和突水事故。

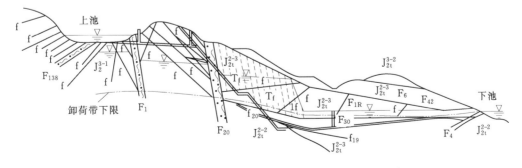

图 12.4　十三陵蓄能电站上池及压力管道地质剖面图（韩志成，1994）

2. 泄洪洞顶拱不良地质体的预测

溪洛渡水电站左岸泄洪洞，处于边山卸荷带，部分顶拱垂直节理以及缓倾角结构面发育，它们组合容易形成潜在的地质不稳定体。根据已完成开挖面上结构面的产状，预测未来开挖可能存在不稳定结构体，开挖过程中及时支护。从后续开挖结果来看，多次预测位置准确，支护及时，防止了坍塌的发生。

3. 电站进水口喇叭口地质问题处理

电站进水口喇叭口，处于卸荷带及强风化带的前缘部位，喇叭口开挖以后，风化破碎现象仍然很严重，特别是 7 号喇叭口开挖后，顶部存在水平向卸荷带和陡倾角结构面，它们组合形成不稳定岩体。由于塌滑面以及切割面的存在，这些危岩体保留的可能性很小，决定将这些危岩体予以清除。另外，尽管 7 号喇叭口开工前边坡已经实施锚杆和锚筋桩的支护，但由于边坡风化仍然严重，加之卸荷作用与地质构造挤压作用，在开挖爆破过程中左侧岩体仍出现厚度 3m，宽度 4m，高约 6m 的不稳定岩体。由于前期锚杆支护作用才使得该岩体没有发生坍塌。设计增加锚杆或随机锚索的支护确保了施工期和运行期的安全。

4. 闸门竖井临江侧先行支护

1～9 号闸门竖井临江侧处于应力卸荷带，在开挖过程中，临江侧井壁由于风化严重，岩体十分破碎，外侧井壁不仅有风化裂隙，还有构造应力释放引起的卸荷松动。由于水平错动带的发育，闸门竖井井壁回弹应力极不均匀，因此开挖后首先对临江侧井壁进行喷护，锁定陡倾角结构面，防止井壁因应力不均而产生坍塌。

5. 闸门竖井与进水口交叉部位超前支护

闸门竖井与进水口立体交叉部位处于应力集中与应力释放界面处，为了确保交叉处井口不至于遭受贯通爆破发生拉裂，破坏开挖体型，交叉井口周围采用 6～9m 预应力锚杆锁固。再者由于交叉部位进水口断面为矩形（宽 10.4m，高 12.4m），跨度较大，受力点在两侧拐角处，因此洞轴线部位的破坏形式将为剪切折断，两侧实施柱式支护，洞顶部采用了"八"字形支撑。

6. 泄洪洞出口边坡治理

由于杨家沟上游边坡和下游边坡走向不同，在泄洪洞出口上方形成一个突出部位，该突出部位在卸荷作用下，由于剪应力影响，发生剪切破坏，形成十三层危岩体。该危岩体主要是由 NE 向和 NW 向两组构造节理切割，与平行于河谷的卸荷节理组成不稳定结构体。在边坡处理过程中，节理裂隙进一步加大造孔困难，危险性很大。

处理措施：①实施退坡处理，根据裂隙的产状提出合理的开挖方式以及开挖范围；②搭排架后自上而下实施支护；③为防止累进性塌方，应采取先喷混凝土，后挂网，再打锚杆的施工顺序；④当打锚杆过程出现塌孔、卡钻现象，不易成孔时，建议先回填水泥砂浆，待凝结后重新开孔以确保支护质量。

案例 7：洞体内应力集中的判别。

溪洛渡水电站左岸地下洞室的开挖支护，在前期制定了 III₁ 类围岩必须紧跟掌子面支护，II 类围岩可适当滞后掌子面 30m 的支护方案。但在实际施工过程中，由于施工单位支护设备缺乏，以及开挖爆破与支护的相互干扰较大，前期制定的支护方案往往不能严格遵循，因此，在实际工作中应结合实际情况，重点关注隧洞走向与最大水平主应力垂直洞段的开挖支护，比如左岸泄洪洞、尾水管以及尾水洞上段的开挖支护。这些部位由于地应力集中，在洞室开挖后洞顶部位时常存在两组倾向相反的层间错动挤压结构面，从而形成"人"字形不稳定结构体。围岩在 1 倍洞径范围内，由于地应力的作用，结构面与母岩之间往往形成空腔。支护过程中造孔卡钻现象十分严重，并且层面之间的空腔容易串浆。因此对这些部位的开挖支护密切关注，建议施工单位对这些部位的锚杆支护必须快速，并且只能采用锚固剂支护，要求对于造孔成孔困难，难以保证施工质量的部位，采用自进式注浆锚杆实施支护。

案例 8：地下厂房应力集中带的应力释放。

由二叠系坚硬玄武岩组成的溪洛渡左岸地下厂房开挖后，上游岩锚梁下部岩体沿层内错动带向临空面方向发生错位，错距 2~10cm，通过厂房岩体错位的分析研究，认为岩体错位是厂房下挖后应力释放的结果。

溪洛渡水电站左岸地下厂房长 400m，宽 31.9m，高 71.5m，轴线走向 N24°W，顶拱高程 406.7m，厂房开挖至高程 383m 后，在上游边墙部位桩号 0+25~0+50 产生了错动，这种硬质岩体中的边墙错位十分罕见且与厂房重要部位岩锚梁的稳定密切相关，故予介绍。

1. 地质背景

（1）地形地貌。工程区属扬子准地台西部大凉山 SN 向断裂褶曲区，本区玄武岩呈舒缓的褶皱形态，区内山高谷深，山势险峻，金沙江总体呈 NE 向流经本区，切割深度 1000~1500m，河道宽 200~600m，河谷高宽比约 2.0，河床坡降约为 1‰。

（2）岩体结构特征。坝址区河床及两岸基岩均由二叠系峨眉山玄武岩（$P_2\beta$）组成。二叠系下统茅口组（P_1m）灰岩、白云质灰岩等位于坝基以下约 70m。

峨眉山玄武岩为间歇性喷溢的陆相基性火山岩流，坝址区最大厚度 520m，共 14 个喷发旋回，因而形成 14 个岩流层。岩流层厚度一般为 25~40m，其中第六层（$P_2\beta_6$）和第十二层（$P_2\beta_{12}$）的厚度较大，平均厚度分别为 72m 和 82m，第十层（$P_2\beta_{10}$）和第十一层（$P_2\beta_{11}$）厚度最小，平均厚度约 13m，厚度相对稳定，起伏差小于 5m。

玄武岩为隐晶质结构，块状构造，岩性主要为浅黑色致密状玄武岩、含斑玄武岩和斑状玄武岩，每层顶部为凝灰岩，上部为角砾集块熔岩，中下部为致密状块状玄武岩。

（3）岩体结构面特征。地下厂房开挖后暴露的贯穿性的结构面主要以 NE 和 NW 向结构面为主，平均约 1 条/10m，倾向 NE 和 SW，倾角 10°~20°，为受周边构造挤压应力作用产生的剪切开裂面。

非贯穿性结构面主要发生在各个岩流层中部，岩性以新鲜的块状岩体为主，其工程类型以新鲜的裂隙岩块型为主，部分为含屑角砾型，发育的主要优势方向参数见表 12.1。

表 12.1　　　　　　　　　　非贯穿性结构面发育优势方向参数表

编号	平均产状	间距/cm	断面特征
1	N30°~50°W/SW（NE）∠5°~10°	25~30	新鲜、粗糙
2	N40°~50°E/SE∠5°~10°	25~30	闭合、无充填
3	N40°~50°W/NE∠60°~80°	30~35	闭合、无充填

续表

编号	平　均　产　状	间距/cm	断　面　特　征
4	N20°～40°E/NW∠50°～70°	25～28	粗糙、充填石英
5	N60°～80°E/SE（NW）∠65°～85°	30	开裂、粗糙充填蚀变物
6	EW/S（N）∠60°～80°	25～35	闭合、无充填

2. 岩体错动现象

地下厂房岩锚梁Ⅲ区，2007 年 7 月 15 日，潜孔钻从高程 392.5m 开挖至高程 383.0m，8 月 4 日通过岩壁上的残孔发现错动带，上盘岩体沿错动带开裂面向临空面位移了 2～10cm，为防止岩体进一步发生位移，立即增加预应力锚杆进行了锁口支护。

3. 岩体错位特征

（1）错动层位。岩体错位发生在岩锚梁下部上游侧直墙高程 388～384m 位置，位于 $P_2\beta_5$ 层中上部，错位沿层内错动剪切开裂面发生，桩号 0＋50 处外移 10cm，桩号 0＋25cm 处位移 2cm，结构面光滑贯通，并且有小桩号位移比大桩号较大的特征。

（2）错动方向。根据现场观察，沿错动带开裂面发生位移的方向与临空面呈小角度斜交，略向大桩号倾斜。岩体错动方向与地应力方向基本一致，受临空面影响，方向略有偏转错位方向不受岩层倾向控制，而略带逆倾向错动，证明是非重力滑动产生位移。

（3）错动速度。2007 年 7 月 15 日岩锚梁直墙开挖的光面形成后，8 月 4 日观察才发现错动，而且此后错距未发生大的变化，说明错位是临空面出现后缓慢形成的。

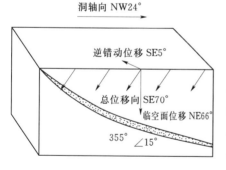

图 12.5　岩体卸荷错动特征

4. 岩体错位原因分析

（1）岩体特性。地下厂房 $P_2\beta_5$ 层中上部岩层为块状坚硬致密状岩体，抗压强度 120～200MPa，弹性模量垂直向为 22～30GPa，水平向为 12～22GPa，这种高强度的岩体具备良好的储能条件，岩体开裂面是周边构造应力作用的结果，而其中应力能并未得到完全释放，显然层间开裂面是构成岩体错位的关键因素。

（2）地应力。本区地震烈度为Ⅷ度，最大地应力为 18～20MPa，方向为 N60°～70°W，而且处于地应力集中带，主厂房开挖轴线方向为 N24°W，因此开挖临空面出现后，地应力释放是发生岩体错位的内在因素（图 12.5）。

（3）开挖卸荷临空面的形成。众所周知，岩体在自然状态下处于应力平衡状态，无论周边构造作用下形成的缓倾角结构残能，还是高强的地应力都无法释放，而地下厂房开挖形成临空面后，岩体自然会发生卸荷，并给缓倾角结构面残余能量和地应力释放创造了条件，因此岩体沿层间错动开裂面方向发生位移是必然的。显然，临空面的形成是岩体位移的必要条件。

5. 岩体错位处理及效果

及时对该部位松动岩体进行清撬，光滑裂隙面进行凿毛处理。对上盘岩体采用 2 排预应力锚杆进行锁口，具体参数如下：预应力锚杆 $\phi32$，$L=9m$，间排距 1m，第一排锁口锚杆距裂隙出露边线 $0.8\sim1m$，两排锚杆按梅花形布置，该锁口锚杆避开系统锚杆、锚索及监测仪器，距离不小于 30cm。工程师根据现场实际情况可调整锁口锚杆的具体位置。自锁口锚杆施工两个月以来，根据监测仪器数据，岩体未发生进一步的变形。

目前，根据厂房岩锚梁下层开挖揭示，错动带迹线已尖灭，错位继续发展可能性不大，但下层开挖爆破的单响药量要严格控制，分层厚度必须控制在 4m 以内，爆破振速控制在 10cm/s 以内。

6. 小结

溪洛渡地下厂房发生岩体错位产生位移的原因——构造缓倾角结构面的存在是结构面上盘岩体位移的关键因素，坚硬岩体中地应力是岩体位移的内在因素，厂房开挖后形成临空面，是地应力释放和卸荷调整使岩体发生位移的必要条件。

12.4　地应力地质标志

12.4.1　高地应力地区标志

一个地区地应力的高低在地质上是有征兆的，孙广中教授作了如下总结（表 12.2）。

表 12.2　　　　　　　　　　　高、低地应力地区地质标志

高地应力区地质标志	低地应力区地质标志
1. 围岩产生岩爆、剥离、顶拱空鼓	1. 围岩松动、塌方掉块
2. 收敛变形大	2. 围岩渗水
3. 岩层错位、软弱岩层挤出（吐舌头）	3. 节理面有夹泥
4. 饼状岩心	4. 岩脉岩块松动、强烈风化
5. 地下水不发育	5. 断层发育，节理面有次生矿物、空洞
6. 开挖过程有瓦斯突出	6. 没有瓦斯突出

12.4.2　最大主应力方向的标志

一个地区最大主应力的方向也是有标志的，孙广中教授总结如下。

（1）一个地区的现存地应力最大主应力方向与该区最强构造应力方向基本一致。

（2）如果一个地区泉水出露方向有规律时，与泉水出露有关的断层方向是最大主应力方向。

（3）岩体内夹泥节理方向大致与最大主应力方向一致。

（4）探洞或隧洞内出水节理多与最大主应力方向一致。

（5）竖井开挖时，井壁或地下洞室岩壁沿着层面或软弱夹层错动，其错动方向平行于最大主应力方向。

（6）高地应力区钻孔，孔壁常出现剥离现象，钻孔内壁剥离连线与最大主应力方向基本一致。

（7）钻孔内采取定向岩心进行岩组分析得到的最大主应力方向，多与该地区的地应力最大主应力方向一致。

当然，这不是全部的地应力最大主应力方向的地质标志，但是这些资料对研究最大主

应力方向是十分有意义的。

地应力最大主应力方向的问题，在现实工程实践中是一个非常重要的问题，地应力测量的方法不同，结果会不同，会引发争议。由于开挖，地应力的方向会发生变化，钻孔内孔壁应力状态与岩体内部地应力原始状态不同，使得钻孔孔壁最大主应力方向与岩体内部最大主应力方向不一致，致使地应力测量给出的最大主应力方向与实际有较大出入，往往根据地应力最大主应力的地质标志分析结果进行对比分析。

大量的地应力测量结果与地质构造比较分析结果表明，一个地区的地应力最大主应力方向与该区最强的一期构造作用力方向一致，因此，地应力方向分析应该结合构造应力场分析来进行。例如压性结构面地应力最大主应力方向垂直于结构面走向，张性结构面平行于最大主应力方向。

一般情况下，张性结构面平行于地应力主应力方向，但注意背斜轴部的张性结构面就不一定平行最大主应力方向，另外，地质构造作用下，先压后张的结构面，对最大主应力方向的分析应把构造应力发生的先后顺序搞清楚，再研究分析该区现在主应力的方向。应该强调的是地应力的大小不是一个固定的值，是新构造运动控制下不断变化的动态值。由于地质结构和岩体强度的差异，有的地方岩体较完整，有的地方岩体较破碎，有的地方岩体弹性模量高，有的地方岩体弹性模量低，有的部位岩体强度高，有的部位岩体强度低。因此地质体内部有的部位地应力高，有的部位地应力低，而不是一个均匀分布的应力场，实际上在地质体内部是呈岛状或云状分布。不能把地应力分布看成是均匀分布的，即使是测出的地应力最大主应力方向，也应该结合构造应力方向综合分析。

12.5 地应力的测试

地应力测试工作应与该区地质构造背景结合起来分析研究，最主要的是要根据地貌上表现出来的最近一期构造压应力的方向与测试结果进行对比分析。目前地应力的测试方法主要有五种类型，下面做一概略介绍。

（1）岩体变形法。将岩体挖掉一部分，利用应力计测出围岩回弹变形量，是直接应力测试的方法。

（2）岩体应变法。将岩体挖掉一部分的同时测试岩体回弹应变，利用岩体弹性模量计算地应力大小，适用于完整岩体的测试，同时一个测点可以测出不同方向的地应力，或称为间接地应力测试法。

（3）光弹分析法。利用光弹材料灌入钻孔内凝固以后，将它和岩体一起钻出来测量光弹条纹，计算应力大小，适用于黏土岩和破碎风化等非弹性岩体的测试，可以大体估计岩体内地应力的大小，得不到精确的地应力数据，亦称包裹体法。

（4）声波测试法。利用岩石对地应力存在有记忆性的原理，通过对岩石试件加压，利用声波发射接收试件破裂发出的声波信号分析地应力。这种方法求得的地应力实际上是岩石在地质构造过程中遭受大的历史应力，是否属于近代地应力，应结合地质构造进行综合分析。

（5）水压致裂法。该方法是近年来常用的地应力测试方法，所得到的地应力数据比较准确。缺点是主应力方向不太准确。原理是钻孔作为厚度无限大的厚壁圆筒，在桶壁上施加径向应力，使之开裂，利用厚壁圆筒公式计算孔壁应力分布，利用破坏判据判断其开裂时孔壁的应力条件来确定相应地应力。

12.6　地应力场时空特征

12.6.1　地应力与构造断裂

地壳岩体内任何一点都是三向受力的，表征一个地区应力场基本特征的要素，主要是最大主应力 σ_1 的方位和大小以及三向应力的状态类型。

前面已经论述，现代应力场中最大主应力场的方向，主要取决于所处地区的地质力学环境，故其分布有明显的区域性特点。绝大多数情况下，现代地应力场，最大主应力方向均与该区最新构造体系的最大主应力方向一致，现代应力场继承了第四纪以来的构造应力场的特征。这样，我们有可能根据区内新构造形迹的研究，判明该区地应力场中最大主应力的方向。对于区域稳定性评价和地下工程稳定性预测有重要的意义。

研究表明：地壳岩体内的三项应力状态主要有如下三种不同的典型情况。

12.6.1.1　潜在走滑型

地应力场中的中间主应力 σ_2 近于垂直。最大主应力近于水平。我国大多数地区，例如邢台、新丰江、丹江口以及 WS—SN 向构造带均属这种情况。在这种应力状态下，如果发生破坏（或再活动）必然是沿走向与最大主应力方向约 $30\sim40°$ 的陡立面发生走滑型断裂。这种处于三向应力状态的地质体，将要发生的断裂为潜在的走滑型断裂。

12.6.1.2　潜在逆断型

地应力场中最小主应力轴 σ_3 近于垂直，最大主应力与中间主应力轴近于水平。

我国喜马拉雅山前缘地区就属这种情况。这种应力状态下发生的破坏，必然是逆断型的，即沿走向与最大主应力垂直的剖面 X 裂面产生逆断活动，称为潜在逆断型。

12.6.1.3　潜在正断型

应力场中的最大主应力轴 σ_1 垂直，其余两主应力水平分布。我国西藏高原上的一些局部地区内存在这种情况。此类型应力状态下发生的破坏（或再活动）必然沿着最小主应力轴垂直的面，发生正断性质的活动，称作潜在正断型。

上面列举的是三种典型情况。实际上多数地区不是很典型，但近似于某一种。也有一些地区属于过渡类型。对于任何地区，只要知道其现代地应力场中最大主应力方向和三向应力状态，就可判明该区可能发生最新断裂活动的方位。

12.6.2　我国现代地应力场空间分布特征

已有资料表明，我国境内现代地应力场的空间分布具有明显的分带现象，总的看来，由 SW 而 NE，大致可分为四个不同的带。

12.6.2.1　喜马拉雅山前缘潜在逆断型应力状态分布区

已有震源资料表明，该区现代应力场的最大主压应力 σ_1 的方向总是呈南北向，即垂直于该区主要山脉走向；该区所发生的地震绝大多数都是平行于山脉走向的逆断层引起的，表明地壳内的三向应力状态主要属于潜在逆断型。

由震源机制所反映出来的该区现代地应力场的上述特点，与该现代地形的发展是相一致的。在该区，始新世早期有海相地层沉积，始新世末期，开始上升为陆地，之后不断强烈隆起，迄今隆起的高度 8844.43m，说明在强烈的水平挤压下，该区地壳内物质运移的方向主要是垂直向上的。

12.6.2.2　西藏高原潜在正断型应力状态分布区

卫星照片及天然地震震源机制资料揭示，在西藏高原最高顶面范围内，广泛地发育着可能是新生代晚期形成的近南北向的正断层和地堑式的断陷盆地。此外，该区天然地震的震源机制也大多数属于正断型，其主拉应力轴近于东西向，这些资料说明，西藏高原最高顶面分布的范围是一个主要受东西向拉伸的正断应力分布区（图 12.6）。潜在正断层性和张剪性走滑应力的状态区主要分布在我国的东部及东北部，包括华北平原、松辽平原及汾渭地堑等地区。此区的主要特点是新生代以来区内正断层和地堑式断陷盆地十分发育，其发育方向主要是 NE—NNE 向。

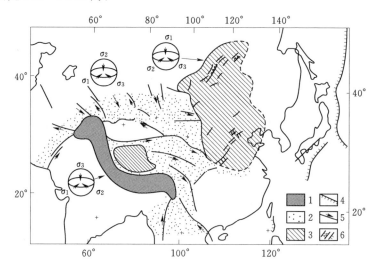

图 12.6　我国现代应力场空间分带情况

（Molnar et al.，1977）

1—强烈挤压区；2—中等挤压区；3—引张区；4—逆断层；5—走滑断层；6—正断层及地堑

12.6.2.3　中部潜在走向滑动型应力状态分布区

此带可以四川西部的南北向构造带为代表。从地形发育特点来看，本区属中等—强烈隆起区。区内现代应力场的最大应力场变化较大，有些地带主压应力方向呈明显分带性，例如沿南北向构造带，由南而北 σ_1 的方向由近 SN 向，经 NNW 向、NW 向，至 NEE 向。区内地震多数都是由断层的走向活动性质的再活动引起的，且左旋型活动断裂较发育，表明三向应力状态属潜在走向滑动型。沿南北构造带，与 σ_1 方向有规律的变化相联系，发震构造也自南而北由近 SN 向（泸定一带），进而转为 NW 向（炉霍）。值得注意的是，在本区少数地点也有由逆断机制或正断机制造成的地震，是局部派生应力场的反映。

12.6.2.4　东北部潜在正断型和张剪型走滑型应力状态分布区

此区分布在东部滨海区，包括华北平原、汾渭地堑等地区，主要特点如下。

（1）新生代以来区内正断层和地堑式断陷盆地十分发育，这些正断层和地堑式断陷盆地的发育方向主要是 NE—NNE 向。这些新生代断陷盆地内的最老沉积物大体上是始新世末的产物，表明断陷活动始于始新世末期。盆地内沉积物厚度巨大，一般数千米，有的地方甚至厚达 8500m，表明总的断陷幅度是相当可观的。

（2）区内新生代沉积物呈明显的双层结构，下部早第三纪沉积物充填了由正断层控制的地堑型盆地的主体部分，而上部晚第三纪和第四纪沉积物则掩埋了早第三纪时期的地垒和地堑，形成了现代的低平的平原地形，但在第三纪形成的地堑和地垒上，上部沉积物的厚度仍有差别，地堑上的沉积物比地垒上的沉积物要厚些，但与早第三纪期相比，这种差别已经减少了很多。

（3）区内近期地震主要是由两个方向的断裂活动引起的，即 NNW 向断裂的右旋兼张性特点（以扭性为主）活动和 NWW 向断裂的左旋间张性活动，说明区内三向应力状态属潜在的走滑动型。

12.6.2.5　其他分布特征

区域性的大断裂相当于地质体中的结构面，按照地质力学的观点和板块学说，区域大断层的特定组合可将地壳划分为不同的构造体系或不同形状的板块，不论是板块还是断裂带，它的活动性都是构造力作用的产物，都是驱动力直接或间接作用的对象。驱动力的力源，来自大洋中脊、裂谷、古裂谷（大洋裂谷、大陆裂谷）和现代大陆裂谷，及来自相邻地质构造单元的传入，传入的方向受界面空间状态与相邻体应力场态有关，力的大小与驱动力源大小成正比，距离成反比。

我国广大地区主压应力以近水平方向者为主，由大量震源机制求得的主压应力仰角 30°者占 80％以上。大致以东经 105°为界，西部与东部的主压应力有显著的差异。西部由青藏高原到新疆均以近 SN 向为主，自南而北由近 SN 向转为近 NNE 向；东部则以近 EW 向为主，华北与华南又有所不同，前者为 NEE 向，后者为 NWW 向。东部与西部分界带恰为银川至昆明一带南北向构造带，它是地应力转换带。其主压应力方向由北段的 NE 向转为中段的近 EW 向再转为南部的 SSE 向。

应力场的形成一般认为是大陆周边的印度板块、菲律宾板块和太平洋板块联合作用的结果。其中菲律宾海和印度洋板块为向大陆边缘岛弧俯冲，前者以 NWW 向，后者为 NNE 向。印度大陆自白垩纪每年以 5cm 速度向 NNE 向推移，始新世与欧亚大陆碰撞，由于两陆壳碰撞，俯冲受阻，两大陆全面接触、正面挤压，除引起青藏高原强烈变形外，还产生了近南北向的水平压应力。由于青藏高原向东的侧向挤压，在华北和华南产生近东西向的压应力。所以虽然是三个板块的联合作用，起主导作用的是印度板块和欧亚大陆的碰撞。

12.6.3　地应力场的形成与板块运动的关系

我国地应力场规律性分布的内在原因，涉及到地壳运动方式和构造力的来源问题。目前对于这方面，主要有两种不同的观点。一是地质力学观点，认为地壳内水平应力场主要是由地球自转及其速度的变化引起的，有关这方面的内容可参见前述内容。二是板块构造观点，认为地幔对流不断使新物质侵入海岭中轴裂谷冷凝成岩，海洋地壳从海岭向外扩张，并在深海沟部分俯冲下沉到地幔中又转化为地幔物质。这样引起的板块之间的相互碰撞、挤压是形成水平地应力场的主要原因。

最近几年，由于遥感技术的迅速发展，目前已能使用卫星照片比较有效地解译和追溯广大地区的活断层，随着板块构造理论的发展，一些著名地质科学家的研究资料表明：我国境内现代地应力场主要是在周围板块的联合作用下形成的。白垩纪末，印度板块从 SW 向 NNE 方向推移，并在始新世和渐新世之间大约 3800 万年前与欧亚板块相碰撞后，印度洋板块仍以 5cm/年的速度向 NNE 方向推进，这样一种巨大而持续的板块间的相互作用是控制我国西南地区地应力场和地质构造的决定因素；在同一时间，东部太平洋板块和菲律宾板块则分别从 NEE 向和 SE 方向向欧亚大陆之下俯冲，从而分别对我国华北和华南地区地应力场产生重大影响；并认为华北地区处于太平洋板块俯冲带的内侧，大洋板块俯冲引起地幔内高温、低密度和低波速的熔融或半熔融物质上涌并挤入地壳，使地壳受拉而变薄，表面发生裂谷型断裂作用，这样形成的 NW—SE 向拉张和太平洋板块于上地幔深处对欧亚板块所造成的 SW 向的挤压相结合，就决定了华北地区现代地应力场和最新构造活动的基本特征。

我国现代构造类型多样，因地而异，但逆冲错断和正错断仅限于局部地段，走滑断裂占主导地位。从已有的地震断层和地表形态来看，水平位移和水平变形是垂直变形和位移的 2～8 倍，沿断层面错动擦痕的倾角小于 30°者占总数的 90%。

东部地区大部分地震断层为高倾角走滑断层，它反映以水平剪切变形为主的特征，其中以华北较为典型。华北地区现代活动断裂为 NNE 向，自西而东有银川地堑、汾渭地堑、河北平原之下隐伏的一系列地堑和庐郊大断裂在 NEE 向主压应力作用下，这些断裂都做右旋走滑错动，前三者兼有正断性质，据研究与 NNW 向最小主应力为拉应力有关，断层由剪张性质下陷成地堑，是始于早第三纪晚期，汾渭地堑新第三系和第四系沉积达 3000～5000m。庐郊断裂与前三者略有不同，其活动为右旋走滑兼具逆冲。所有这些断裂自晚第三纪至今都有较强烈的活动有史以来发生过 8 级地震，但地震频度并不高，1966 年邢台地震和 1976 年唐山地震多次大于 6 级地震震源机制都证明了上述活动的特征。

华南大陆以现代构造活动和地震较微弱为基本特征，主要是两条走向 NE 的活动断裂，一条在闽粤沿海，另一条在由粤东经闽西至浙西，两者均有逆冲分量的右旋走滑错动，前者活动性较强，台湾东部有强烈活动的 NNE 向纵谷左旋走滑断层，西部的 NEE 向断层则作右旋走滑错动。

我国西部构造活动强烈而复杂，有印度洋板块向北推挤形成的近南北向的主压应力，这一地区的总的趋势是南北向挤压缩短，青藏高原向东挤压，近东西向的逆冲断层活动带分别见于碰撞带附近的喜马拉雅山和塔里木、准格尔地块间的天山一带。近南北向的正断层活动见于西藏高原。其余的断块活动边缘断层主要作走滑错动，并以左旋为主，自北而南有具相当大逆冲分量的 NW 向的阿尔泰山断裂带、NEE 向的阿尔金山、NWW 向的昆仑山、NW 向转为近 SN 向的鲜水河-安宁河-小江等断裂带，唯有红河断裂作右旋走滑错动。表明它与鲜水河-安宁河-小江-红河断裂所夹的川滇菱形断块是向 SSE 方向插入，可以认为三角形的川西断块和塔里木断块分别向 SE 和 E 推移的，受阻于四川地块和阿拉善地块，于是有 NE 向的龙门山和 NW 向的祁连山的逆冲断裂活动带接近我国西部边界的北西向断裂，则作右旋走滑错动。

在对区域稳定性评价时，首先应该把区域内的主干构造背景搞清楚，把构造的序次分析清楚，同一期的构造应力场作用下，不同性质的断裂面在空间分布上有一定的组合规律，不同时期构造应力场所产生的断裂又具有一定的历史结合规律。搞清楚各种构造形迹的力学性质和它们之间的关系，分析活动断裂作用力的方向，和发震的可能性，根据与建筑物的距离，评价对建筑物的影响。因为地壳物质与结构极不均一，因为受驱动力作用时，首先是压缩地质体的可压缩的空间，使开放和松软的结合与结构面（带）闭合，之后地质体才能传递能量，在传递能量之前，受力地质体才能传递能量，在传递能量之前，受力地质体必须储存有足以外传的能量，否则就无法传递。在传递过程中，由于界面与主应力方向很难垂直，所以就存在力的分解问题，故界面（断裂带）多出现不同方向的（三度空间）剪切错动，消减了部分或大量能量，结构地质体形变、位变就是消能最有力证据。所以，不论是变质作用和地壳抬升速度，乃至断裂活动强弱，都显示一个规律性；就是与驱动力源距离成反比而递减的特征，且相应壳内地应力随之而降。

第 13 章　水文地质分析与实践

13.1　地下水对工程的不良地质作用概述

地下水赋存于各类岩体中，是影响各类工程（包括地质工程）稳定性的重要条件。它是一个极其活跃的因素，可以以液态的形式存在，也可以固态和气态的形式存在。各类工程必须高度重视地下水的活动。70%～80%的不良地质作用引发的地质灾害都与地下水的作用有关，如崩塌、滑坡、泥石流、地面塌陷、地裂缝等。地下水引发的不良地质作用常见的还有：浸没使土地盐渍化、冻胀使建筑物开裂、膨胀土、黄土湿陷、边坡垮塌、建筑物基础上浮、地下洞室开挖发生涌水和突水等。

工程实践中，我们都要对与建筑物相关的地质体进行稳定性分析和判断，通过综合、归纳和建立数学模型计算分析，以期达到稳妥可靠的目的，而在工程地质分析中往往最困难的就是对地下水动态变化因素的分析判断，因为地下水是极其活跃的因素，它随时都在发生变化，因此，在各类工程设计和不良地质作用防治中都必须慎重考虑地下水的动态因素。

当然，地下水对工程不一定都产生不良影响，但我们主要关注的是对工程的不良地质作用。

地下水对工程的不良地质作用主要有物理作用（降低岩土体强度等）、力学作用（产生不利水压力等）、水化学影响等，以下进行简单介绍。

13.1.1　降低岩土体的强度

水对岩土体的物理作用主要包括润滑作用、软化和泥化作用、结合水的强化作用等。岩土体的强度降低不完全是物理作用，是物理、化学、生物等共同作用的结果，但物理作用是主要的因素。

水对岩石工程性质的影响主要与岩石的孔隙性和水理性质有关，水对岩石力学性质的影响主要体现在连接作用、润滑作用、水楔作用、孔隙压力作用、溶蚀及潜蚀作用等五个方面。

实验证明，岩石遇水后强度降低（发生软化），当岩石受到水的作用时，水就沿着岩石中可见和不可见的孔隙、裂隙侵入，浸湿岩石自由表面上的矿物颗粒，并继续沿着矿物颗粒间的接触面向深部侵入，削弱矿物颗粒间的联结，使岩石的强度受到影响。如灰岩和砂岩被水饱和后，其极限抗压强度一般会降低 25％～45％，花岗岩则降低 3％～18％，而泥页岩则降低 26％～76％，有时甚至泥化。常见岩石软化系数经验值见表 13.1。

表 13.1　　　　　　　　　　　　　　常见岩石软化系数经验值

沉　积　岩		岩　浆　岩		变　质　岩	
岩石名称	软化系数	岩石名称	软化系数	岩石名称	软化系数
砾岩	0.50～0.96	花岗岩	0.72～0.97	片麻岩	0.75～0.97
石英砂岩	0.65～0.97	闪长岩	0.60～0.80	石英片岩	0.44～0.84
粉砂岩、泥质砂岩	0.21～0.75	闪长玢岩	0.78～0.81	角闪片岩	0.44～0.84
泥岩	0.40～0.60	辉绿岩	0.33～0.90	云母片岩	0.53～0.69
页岩	0.24～0.74	流纹岩	0.75～0.95	绿泥石片岩	0.53～0.69
灰岩	0.70～0.94	安山岩	0.81～0.91	千枚岩	0.67～0.96
泥灰岩	0.44～0.54	玄武岩	0.30～0.95	硅质板岩	0.75～0.79
		火山集块岩	0.6～0.8	泥质板岩	0.39～0.52
		火山角砾岩	0.57～0.95	石英岩	0.94～0.96
		安山凝灰集块岩	0.61～0.74		
		凝灰岩	0.52～0.86		

土体中的水以强结合水、弱结合水及自由水形式存在，水对土的塑性状态、抗剪强度及承载能力影响很大，对于特殊性土层影响更大。如在孔隙比相同时（0.9～1.0），含水率 30％ 的粉土较含水率 10％ 的粉土其承载力下降 15～20％ 左右。又如，孔隙比为 1 时，液性指数为 0.75（可塑状态）的黏性土较液性指数为 0（坚硬状态）的黏性土承载力下降 30％ 以上。

当然，水对岩土体的物理作用不完全是降低强度的作用，也有结合水的强化作用。所谓结合水的强化作用是指包气带土体处于非饱和状态，为负压状态，此时土壤中的地下水不是重力水，而是结合水，按照有效应力原理，非饱和土体中的有效应力大于土体的总应力，地下水的作用是强化了土体的力学性能，即增加了土体的强度。当包气带土体中出现重力水时，水的作用就变成了弱化土体（润滑土粒和软化土体）的作用，这就是在工程中我们为什么要寻找土的最佳含水率的原因。

13.1.2　地下水的不良力学作用

地下水是在工程地质分析中必须考虑的力学因素之一。地下水在岩体中常以孔隙水、裂隙水和管道水的形式存在，它既是一种内力，同时也是一种外力方式作用于岩体分离体上。所谓内力是指地下水对位于其中的岩体有浮托作用，使岩体有效容重减少而变为浮容重，岩体内的有效压力减少，而变成有效应力。浮容重 γ_c：

$$\gamma_c = \gamma - \gamma_w$$

式中　γ——岩土干容重；

　　　γ_w——4℃水的比重，一般取值为 1。

岩体中由于地下水的浮托作用，颗粒间的有效接触应力 σ_c：

$$\sigma_c = \sigma - \sigma_w$$

式中　　σ——干燥岩体的内应力；

　　　　σ_w——地下水应力，这个力等于 $\gamma_w h$；

　　　　h——位置深度，这种作用常称作孔隙压力作用，地下水为孔隙水所形成的压力称为孔隙压力，孔隙压力是在有水的情况下岩体中的空隙中存在，在无水的情况下和不透水的岩层中是不存在的。例如隧道开挖和用压裂法做地应力测试中一般不考虑孔隙压力，而在挡土墙设计、隧道衬砌设计、坝基稳定性验算和边坡稳定性分析中，都必须考虑这个因素。

流动的地下水还有一种动水压力，也叫渗透压力。实践表明，流动的地下水渗透系数和水力坡度愈大时，渗透压力愈大。

浮力常使建筑物及边坡阻滑力减少，促进建筑物及边坡失稳，许多在地下水位以下的建筑物要进行抗浮计算，力不够时还要采取抗拔桩等措施。

孔隙水压力也称静水压力，雨季时静水压力增大是边坡失稳的常见原因之一；静水压力还是衬砌破坏、突水突泥等产生的重要原因，地震时产生的超孔隙水压力是地基液化、饱水黏性土边坡破坏的主要原因。

渗透压力是地基破坏、边坡失稳的重要原因。

13.1.3　渗透稳定性问题

13.1.3.1　潜蚀

在坝基、地基、地下洞室施工和运营过程中，岩体被地下水动水压力冲走或被溶蚀的现象叫潜蚀，也称管涌。潜蚀作用使岩体中的空隙逐渐增大，甚至形成洞穴，导致岩体疏松产生松动破坏，造成地面裂缝、塌陷影响工程稳定性。

潜蚀可分为机械潜蚀和化学潜蚀两种类型。机械潜蚀是指岩体中颗粒材料被地下水冲走，形成空洞的现象；化学潜蚀是指岩体中可溶物质在水中酸碱度作用下被溶蚀，使岩体颗粒间联结力削弱和破坏，导致岩体疏松，强度降低对工程产生影响。常见的地面塌陷往往都是下部有岩溶现象引发，1953 年，大连一个化工厂的大烟囱发生倾斜，经过调查发现，是烟囱地基下的钙质千枚岩中的碳酸盐被化工厂排出的废水溶蚀后发生的不均匀沉降。

潜蚀产生的条件有两个，一个是地质结构，另一个是地下水动力条件。

(1) 对土体来说，不均匀系数（$Cu = d_{60}/d_{10}$）愈大愈容易产生潜蚀作用。一般来说，$Cu > 10$ 时，极易发生潜蚀。如桑干河册田水库南副坝坝基砂砾石层的颗粒分析资料表明，不均匀系数大于 20，颗粒级配曲线多为"瀑布型"和"阶梯型"，说明粗颗粒比较集中，缺少中间颗粒，而细颗粒含量小于 25%，因而会发生大的机械潜蚀，变形形式为管涌。1976 年库水位升高到 948.58m 时，库区内冒泡多处发生直径 1m 的陷落漏斗，坝基下游多处出水，发生了危险性管涌。

(2) 两种渗透性差异较大的岩体，其渗透系数之比 $K_1/K_2 > 2$ 时易产生潜蚀。例如，桑干河册田水库南副坝北段玄武岩因受断层影响，岩体渗透系数达 150m/d，坝体渗透系数仅有 0.5m/d，接触面之间发生了强烈的接触性潜蚀。

(3) 当地下水的渗流水力梯度大于临界水力梯度 I_0 时，易产生潜蚀，产生潜蚀的临界水力梯度可按下式计算：

$$I_o = (Gs-1)-(1-n)+0.5n$$

式中　Gs——岩土比重；

n——岩土孔隙度。

化学潜蚀又有两种类型，一种是可溶性盐岩矿物在酸性水作用下溶解，被带走。有的盐类矿物极易被溶解，一般在 pH 值 6～7 时即可溶解；有的环境水 pH 值低至 4～5，这种情况下钙盐也很容易溶解，这种环境水里混凝土可以被腐蚀得像豆腐渣一样。另一种是游离的硅、铁、铝氧化物在地下水中碱度 pH 值 ≈9 情况下亦可游离成溶胶或凝胶从岩体中带走，使岩体的胶结作用削弱。

防止机械潜蚀作用的措施主要有两种，一种是改善渗透水的水力条件，使水力梯度小于临界水力梯度；另一种是改善岩土的材料条件，增强其抗冲能力，如增设反滤层等措施。对化学潜蚀应隔断侵蚀水源，或采用抗腐蚀材料做建筑材料。

13.1.3.2　流土（流沙）

流土是在渗流作用下，动水压力超过土有效重度时，土体的表面隆起、浮动或某一颗粒群的同时起动而流失的现象。在地下水以下松散岩土（特别是粉细砂）内开挖基坑、隧道、边坡时，易产生流土或流沙，它实际上是潜蚀的特殊形式。流沙发展使岩体滑塌或不均匀下沉，使工程遭受破坏或引发地质灾害，在工程建设中的危害很大。

例如，处于册田水库南副坝的古河道坝基中砂层的不均匀系数多小于 5，分选良好属于均匀砂，渗透变形类型为流土。

流沙较易发生的条件是粒径 0.01mm 以下颗粒含量在 30%～35% 以上的粉细粒砂、土中含有较多的片状、针状矿物（如云母绿泥石等）和附有亲水胶体矿物颗粒，从而增加了土体吸水膨胀性，降低了颗粒重量，因此，极易产生悬浮流动。《工程地质手册》给出了临界水力梯度的计算公式。

一般来说，土的渗透系数愈小，排水条件差容易形成流沙，但它必须借助一定的地下水动力条件。一般说来水力梯度大、流速大、动水压力超过了土颗粒的重量时就能产生悬浮流动。避免流沙产生的合理方法是在开挖基坑前对易产生流沙的土层进行疏干排水；对一般建筑物地基来说可以采用桩基础的形式；对坝基来说应增加反滤层。

13.1.4　地下水的腐蚀性问题

地下水的腐蚀性问题属水化学作用范畴，从对工程影响角度考虑有两方面的内容，一是对岩土体的腐蚀，地下水对岩土体的化学作用实质上是一种复杂的岩土体腐蚀过程；二是地下水对人工建筑材料的腐蚀，如混凝土、钢筋及钢结构。

地下水对岩土体的化学作用主要是通过地下水与岩土体之间的离子交换、溶解作用、水化作用、水解作用、溶蚀作用、氧化还原作用、沉淀作用等进行的。我们常见的岩溶、风化、黄土湿陷、膨胀岩的膨胀等现象就与地下水化学作用密切相关。

地下水对人工建筑材料的腐蚀就是材料与环境间的物理化学作用而引起材料本身性质的变化。当地下水中的某些化学成分含量过高时，水对混凝土、可溶性石材、管道及钢铁构件及器材都有腐蚀作用。工程中一般评价水对混凝土、钢筋及钢结构三者的腐蚀。

地下水对混凝土的腐蚀主要有三类：①结晶性腐蚀：地下水中的硫酸盐类与混凝土中的固态游离石灰质或水泥结石起化合作用，产生含水结晶体，由于结晶体的形成使混凝土体积增大，产生膨胀压力，导致混凝土胀裂破坏。②分解性腐蚀：地下水中的氢离子、侵蚀性二氧化碳和游离碳酸超过一定标准时，导致水泥结石水解，引起混凝土强度降低。③结晶分解复合性腐蚀：地下水中的阳离子产生分解性腐蚀；阴离子产生结晶性腐蚀，将此类复合性腐蚀作用归为结晶分解复合性腐蚀。

地下水对钢筋的腐蚀原理主要是：被埋入混凝土的钢筋表面会产生一层钝化保护层，这一保护层在水泥开始水化反应后很快自行生成。然而氯离子、硫酸根离子能够破坏这层氧化膜，钢筋在水和氧的存在下发生锈蚀。钢筋锈蚀有两种后果：①锈蚀物的体积增加几倍，以至于它们的生成导致了混凝土的破裂、剥落和分层，这就使腐蚀剂更容易进入到钢筋表面，必然加速钢筋的锈蚀；②阳极上的锈蚀过程减小了钢筋的横截面积，也就减小了它的荷载能力。氯盐的作用，引起钢筋的锈蚀，是使钢筋混凝土破坏的主要原因。

钢结构的腐蚀原理：任何一种元素，包括金属元素和非金属元素在自然界都有一种最稳定状态，即能量最低状态。钢是由铁制成的。而铁是在高炉中用焦炭中的碳对赤铁矿（Fe_2O_3）还原而得到的。于自然界的铁矿石更为稳定，因此钢有转变为铁的趋势。故钢容易生锈，铁锈是铁氧化物的水合物。钢结构的腐蚀过程就是生锈的过程。当钢结构处在酸、浓碱和盐溶液中时，会发生化学腐蚀。在酸性溶液中会形成 $FeCl_3$、$Fe_2(SO_4)_3$，在浓酸性溶液、浓碱性介质中会形成 Fe_2O_3。对钢结构腐蚀影响较大的因素有氯离子、硫酸根离子及 pH 值。

13.1.5　地下水与滑坡

实践证明，大多数滑坡的发生都与地下水活动有关，三峡库区发生的滑坡已经证实了库水升高顶托地下水壅高对，后对滑坡的影响是十分显著的，几乎倾角大于 20° 的软硬相间的岩层有临空面的都不同程度地发生了滑动。主要原因是地下水对滑动面的软化和润滑作用。

降雨对滑坡的诱发作用是很复杂的。简单地说滑坡与降雨有关是不确切的，主要是岩体结构和地形特征是发生滑动的内在因素，是发生滑坡的根据，而降水是诱发或加快发生滑坡的条件，降雨入渗深入到滑动面，使得软弱层抗剪强度降低到下滑的指标时无疑是滑形成的重要条件之一。

影响滑坡稳定的有降水强度、降水时间、岩体的入渗系数、渗透系数、地下水的水力梯度等，预防滑坡的主要措施之一就是地面排水和地下水疏干措施。

13.1.6　隧道涌水和突水

在含水岩层中进行地下工程施工经常遇到的问题是涌水或突水。涌水是指地下水从掌子面岩体的孔隙和裂隙中大量涌出；突水是指隧洞前方岩体在高水头作用下地下水和岩体一起突出，将已经开挖完成的隧道埋死的现象，也称作地下泥石流或地下碎屑流，这是一种较大型的地质灾害，往往会迫使停工造成较大的损失。例如溪洛渡辅助道路剁水坝隧洞经过古河道段的施工中就发生了突水事故。

要解决涌水和突水问题，首先应对产生涌水和突水的可能性进行预报，预报的基本条件是对水文地质结构的掌握。

预报掌子面前方的涌水量，最好要对前方的地表特征、地下水水位、地层结构和地质构造进行调查，假定地下水位到隧道中心线都属于潜水，就可以用地下水动力学有关公式估算涌水量，有时会发生这样的问题，就是地表浅层含水，而隧道内部并不涌水，或者地下水排泄区有水，而径流区水量却很小，例如溪洛渡左岸洞室群在山体边缘涌水量会突然增大。洞子里边并没有地下水出露，往往这种情况预报涌水量会偏大，另外如果前方遇到汇水断层，隧洞中的岩体并不含水，而断层带含水且透水性很大，当开挖经过断层时，就可能发生突然涌水。要想做出正确的预报必须查清隧道经过地区的水文地质条件。

突水问题的预报更是一个较为复杂的问题，关键还是掌子面前方的地下水头、水量、岩体结构及其力学参数都很难搞清楚，预报也很难准确。即使这样，对大型隧道进行突水预报还是很重要的。最重要的预报依据是产生突水的极限水头与防突层厚度和岩体抗拉强度成正比，与隧道洞径成反比。

13.1.7 地下水与地面沉降、地面塌陷

位于厚层第四纪沉积层的大城市，由于过量采取地下水而引起地面沉降的例子很多，比如我国的上海、天津、西安、北京等地都不同程度的有这种现象。截至 2011 年 12 月，中国有 50 余个城市出现地面沉降，长三角地区、华北平原和汾渭盆地已成重灾区。产生这种现象的原因主要是过量抽取地下水，使地下水位下降，孔隙水排出，土体中的有效应力增大，在增大应力的作用下，土层产生固结从而使地面发生沉降。防止地面沉降的措施两种，一种是回灌，另一种是控制地下水的过量开采，或者可以联合运用。

地面塌陷是指地表岩、土体在自然或人为因素作用下向下陷落，并在地面形成塌陷坑（洞）的一种动力地质现象。其中以岩溶塌陷最为普遍，具体见 9.4.4。产生岩溶塌陷的最主要原因是地下水位下降。

13.1.8 黄土湿陷与黄土岩溶

黄土的特点是大空隙、密度低、湿度低、浸水变形显著，这主要是指新黄土，对于老黄土而言，密度较大，多数大于 $1.4g/cm^3$，故湿水变形不显著。黄土中发生的地基湿陷问题主要发生在新黄土层，因为新黄土密度多低于 $1.3g/cm^3$，结构极为疏松，而且湿度很低，浸水后黄土的胶结物、可溶盐和黏土矿物很容易失去胶结作用，在建筑物重力作用下发生压密和在浸水条件下沉降变形，把这种变形称作湿陷。处理的办法主要是浸水、挤密和强夯等，提高黄土的密度。使黄土的密度提高到 $1.45g/cm^3$ 以上，湿陷就可以得到很大改善，甚至不再发生显著的湿陷变形。

这种湿陷变形不仅发生于建筑物作用下，而且有自重湿陷性黄土。中国科学院地质研究所孙广中通过对西北地区黄土渠道湿陷性研究发现新黄土中修建的黄土渠道，过水时发生大量的自重湿陷，经过测试得出重要的经验，干容重是鉴别黄土湿陷的一项重要指标，当黄土干容重小于 $1.28g/cm^3$ 时，普遍发生自重湿陷，当干容重大于 $1.32g/cm^3$ 时，基本上不产生自重湿陷，其结果来自于山西省、甘肃省、陕西省黄土渠道考察。

黄土在地下水的作用下，在一些地方会形成黄土岩溶，1983 年 8 月，山西运城市万荣县薛店村下了一场大雨，村里发生了一条从南到北的一条大裂缝，遇墙墙倒，遇屋屋塌，损失巨大，经过考察是黄土中存在一套洞穴网络，地表积水以后洞穴上面的黄土塌陷而形成的。这些黄土地下洞穴就是黄土岩溶，是地下水沿黄土节理流动对黄土冲刷、溶蚀作用下形成的，它的分布间距约 $400\sim500m/$条。

13.1.9　冻融对工程的影响

由于温度周期性的发生正负变化，冻土层中的地下冰和地下水不断发生相变和位移，使冻土层发生冻胀、融沉、流变等一系列应力变形，这一过程称为冻融。

冻融是指土层由于温度降到零度以下和升至零度以上而产生冻结和融化的一种物理地质作用和现象。我国多属于季节性冻土类型。即冬季冻结，夏季消融，多年冻土类型少。

冰对岩石裂隙两壁便产生巨大的压力；而当气温回升时，冰便融化，加於两壁的压力骤减，两壁遂向中央推回。在反复的冻结和融化过程中，岩石的裂隙就会扩大、增多，以致石块被分割出来，这种作用叫冻融作用（freeze and thaw action）。岩石经此作用后可产生棱角状的碎石。

土地冻融是地质灾害的种类之一。它可产生一系列灾害作用，从而给生产建设和人民生活造成危害。冻融灾害在我国北方冬季气温低于零度的各省区均有发育。但以青藏高原、天山、阿尔泰山、祁连山等高海拔地区和东北北部高纬度地区最为严重。如东北北部冻土区有 10％的路段存在冻融病害，个别线路病害路段达 60％以上。青藏公路严重的冻融灾害给安全运输、道路养护、施工造成了极大的困难。

冻融的危害是多方面的：常见的有冻融对建筑物基础的破坏、对边坡的破坏、对道路的破坏、对现浇混凝土的破坏、对渠道的破坏等。

影响冻融的主要因素有颗粒组成、地下水埋深、毛细上升高度、温度、荷载等，施工处理时可针对不同的情况采取相应的措施。如基础深埋、换毛细上升高度小的砂砾垫层、采取排水措施等。

13.1.10　地下水与风电场

风电场的建筑物，在场地的选择和分区时，充分考虑地下水对基础的影响是必要的。查明场地的水文地质条件，就可以避开或采取有效的工程措施减少地下水的危害，必须查明的水文地质条件有：地下水位的埋藏深度和季节变化幅度；承压水的埋深、水头高度，以及地下水的化学成分。如果按照水文地质对场地进行分类，一般可以分为三种类型，第一种是干燥的场地，在整个场地或大部分场地内，地下水的埋深大于基础的砌置深度，一般情况下，地下水的埋深大于 5m 就可以满足这一要求，但要考虑季节水位的变化。第二种是过湿场地，在整个场地或大部分场地内，地下水的埋深小于基础的砌置深度，这种场地不利于施工，勘察时就要对地下水对建筑材料的腐蚀性进行评价，设计时就要验算是否考虑地下水的抗浮水位，对具腐蚀性的场地要采取防腐措施。施工时就要采取排水措施并对基坑开挖边坡稳定予以注意。第三种是水文地质较复杂的场地，场地内地下水位有的地段位于基础的砌置深度之上，而有的地段则位于基础的砌置深度之下，有时出现季节性上层滞水，这种场地内应进一步按地下水的埋藏条件分区，以便有针对性地进行设计和施工。在地质测绘中，注意调查泉水出露的高程位置，就可以根据地貌形态和地质构造，分析地下水对建筑物地基是否形成影响。

在水成地貌区，风电场风机建筑物如果遇到冲积扇或洪积扇顶部砂卵砾石层，且厚度和均匀性满足要求，基础就可以采用天然地基；如果遇到犬牙交错的冲、洪积扇中部，基础就应考虑钻孔灌注桩；如果是倾斜平原的前部，就应该计算考虑采用预制桩，而这些地层结构特征在地貌上或多或少都会有所反应。反过来，不同的地质结构能够反映出古地貌特征。

13.2　地下水的工程治理方法

地下水的工程治理方法很多，以下仅介绍常用的降水及灌浆。

13.2.1　降低地下水的方法

在对工程的不良地质作用和地质灾害防治过程中，常常进行降低和疏干地下水的工作，例如防治突水、滑坡、流沙等。常用的方法有：明沟排水、井点排水、导洞降水等。

明沟排水是在地面（或建基面）上设置排水沟和集水井，用抽水设备将地下水从集水井内排走，以达到疏干地下水的目的。这种方法适用于地下水不丰富或要求排除地下水位要求不高的工程点，集水井应低于排水沟 0.4～0.5m。

井点降水是利用井或钻孔积水，用抽水设备抽水，将地下水降至设计地下水位的一种降水方法。常用的井点降水方法有：轻型井点、喷射井点、辐射井点、电渗井点、管井井点和深井井点等（表 13.2）。

表 13.2 　　　　　　　　　　　　**井 点 降 水 适 用 范 围**

井点类型	地层渗透系数/(m/d)	降低水位深度/m
轻型井点	0.1～50	3～6
喷射井点	0.1～50	8～20
辐射井点	0.1～50	>15
电渗井点	≤0.1	5～6
管井井点	20～200	3～5
深井井点	10～250	>15

井点降水方法的确定与选择应根据地层渗透系数、设计降深水位、工程特点等进行技术经济比较后确定。

轻型井点降水对渗透系数 0.1～50m/d 的岩土，尤其是对渗透系数 2～50m/d 的岩土更为有效。一般井管直径为 38～50mm 的钢管，集水井内采取直径为 100～127mm 的钢管，每一集水管与 50～60 个井点用软管连接。井点间距一般取 0.8～1.6m，以 1.2m 者较多。

喷射井点是将喷射器装进井管内，利用高压水或高压气为动力进行抽水的装置。这种井点，不但具有轻型井点所具有的安装迅速简便的优点，而且具有降深大、施工能力强、效果好的特点，有的称谓负压降水。一般泵的工作压力为 7～8 个大气压力，可用于单排井点或双排井点。井点间距一般为 2～3m，井点直径一般取 400～600mm，孔深要比滤水管底端深 1m 左右。井点管下入孔内后，填入砂滤料，其上面 1.5m 左右用黏土捣实封口。当基坑宽度小于 10m 时，水位降深要求不大时，可用单排井点，当基坑宽度大于 10m 时，可采用双排井点。

辐射井井点是在大孔径井内向周边打辐射孔增大排水空间的一项技术。在地下水埋深大，降水深度不大时比较适用。辐射孔深度可以打 10～20m，孔径愈大愈好。宜用大于 10m 井点间距与辐射孔深度搭接，以保证降水效果。

电渗井点是利用黏性土的电渗现象而达到降水目的的方法。适用于渗透系数小于0.1m/d 的黏性土、淤泥、淤泥质黏性土疏干用的一种降水方法。一般以井点管为阴极，金属棒为阳极，阴阳极平行交错排列，间距为 0.8～1m；阳极出露地面 20～30cm，其下端入土深应比井点管深 50cm 左右。阴阳及数目应相等，分别连接在直流电源上。地下水从岩体内流入井点管内，从井点管内连续抽水。为了安全电源电压应低于 60V。

管井井点降水适用于含水层渗透系数大，厚度不大（小于 5m），水量丰富的地层。井点间距一般采用 10～50m，钻孔直径应大于井管，井管直径应在 200mm 以上，井壁与井管之间用 3～15mm 干净砾石作为过滤层，并做好洗井工作。

深井对井点法适用于渗透系数较大的卵砾石层，且厚度较大（大于 10m）的情况下，降深要求也大（大于 15m）的情况下。井点管、滤水管直径大于 300mm。井点管沉放前应清孔、放过滤料、洗井、然后安放深井泵。

井点管点降水适用于工程施工降水，即用于短时期施工排水，不宜与长时间排水，使用什么方法应具体情况具体分析，主要是根据工程规模和特点，从技术、经济和效果方面比较确定。

导水洞排水适宜于疏干滑坡和边坡内地下水，也可以用于大水隧道施工排水。为了提高疏干效果，可以在导洞内打辐射孔，增加排水效果。溪洛渡左岸谷肩堆积体上的滑坡下面，在玄武岩中就是采用了导洞疏干地下水方案。为了增加排水效果洞顶设计了辐射孔。对外交通的大路梁子隧洞全长 436m，有一段处于储水构造上，水量特别大，地下水几乎充满了隧道的一半，进出隧道都需要划船，采取了导洞排水措施，降低了洞内水量。在进行疏干排水中，最重要的是要把水文地质条件搞清楚。

13.2.2 固结灌浆与帷幕灌浆

为了提高地质体稳定性常进行固结灌浆、为防止渗漏和施工方便并与降水疏干相对应的是进行帷幕灌浆，在水利工程中，经常采用这一技术，进行灌浆前必须查清水文地质结构和水文地质参数，采取相对应的灌浆压力和方法才能达到预期的目的。

例如向家坝坝基自左非坝段和泄洪坝段处于构造挤压带和褶曲核部，岩体十分破碎，风化异常强烈，属于典型的不良地质体，不良地质体中的碎屑结构物质由细颗粒的断层泥、全风化岩体组成，天然状态下具有岩体较密实、强度低、渗透系数小、遇水软化、容易塌孔、可灌性差和吃水不吃浆的特点。普通的水泥浆、细水泥灌浆、高压灌浆和高压水冲灌浆都不能达到处理效果。所以采取了"水泥－CW 环氧树脂化学复合灌浆"方法后，经取芯及芯样偏光显微镜检查结果表明，水泥－CW 环氧树脂化学复合灌浆对改善坝基不良地质体强度和抗渗性能有较好效果。CW 环氧树脂化学灌浆材料对微细裂隙结构风化疏松岩体（属 V 类岩体）的充填、浸润和固结效果较好，不良地质体灌后，透水率、疲劳压水试验和破坏性压水结果均达到或优于设计指标，声波值有明显改善。

向家坝坝址有的地段灌浆中，岩石破碎应该属于可灌性良好的地层，吃浆量也符合要求，但灌浆质量检查孔表明，灌浆效果并没有达到要求，经分析认为虽然采取了高压灌浆，大坝下灌浆地段地下水压力水头达到 40m，灌浆结束压力减少后，孔隙水压力将充填于岩体裂隙中的水泥浆冲出来，这就需要增加闭浆的时间或者在灌浆水泥中加入添加剂缩短水泥在裂隙中凝固的时间来改善这种状态。

13.3　水文地质工程实践

13.3.1　建在古河道之上坝体的工程地质问题

古河道是河流改道后废弃的河道，是历史上曾经的河道。其主要特征是存在河流沉积物及河流地貌形态，由于常常被后期沉积物所覆盖及被地质营力改造，其地质特征更加复杂，有时不易被发现。与建在现代河流上的建筑物一样，建在古河道之上的大坝也存在坝基渗漏、渗透稳定、坝基不均匀变形等问题。

案例：册田水库南副坝工程地质问题论证及处理。

册田水库位于桑干河中游，山西省大同市境内，总库容 5.8 亿 m³，是一座担负城市供水、灌溉、防洪等任务的大型水利枢纽工程，水库枢纽包括大坝及泄水建筑物。大坝枢纽工程始建于 1958 年，南副坝大部分处于古河道之上，建库以后曾发生过危险性管涌。1995 年进行了补充地质勘察，查明了南副坝一系列工程地质问题，并有针对性地进行了处理。

南副坝在主坝右岸一级阶地上，系均质碾压土坝，从大坝桩号 0＋750～1＋080，全长 330m，坝轴线方向 S13°E，最大坝高 10.5m，坝顶高程 961.5m，底宽 50m。

1. 古河道地层结构

册田水库南副坝基可分为南、北两段。

北段（桩号 0＋750～0＋910），地基为 Q_1 湖底喷发相玄武岩，厚约 15～20m，下伏湖相亚黏土（厚度不详），上覆湖相亚黏土层，厚 2～4m。

南段（桩号 0＋910～1＋080），地基为 Q_2 亚砂土及河流相砂卵砾石层及砂层，它们单独成层或相互间夹或成透镜体状。此段原为桑干河古河谷，古河谷底部宽约 20m，深 20m，它以 NE70°方向展布，斜穿坝基，在古河谷中上述地层分布不均，故又分为三个带（图 13.1）。

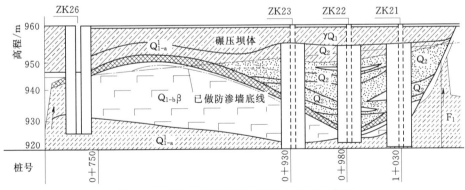

图 13.1　册田水库南副坝工程地质剖面示意图

（1）古河谷左段带（桩号 0＋930），以砂层（包括含砾粗砂及中、细砂）为主，上部和底部各有一层厚度 0.4～2.0m 的轻粉质壤土，中为粉质壤土夹层，上部与坝体土直接接触，砂层底部高程由上游至下游为 940.19～935.36m。

（2）古河谷中段带（桩号 0＋980），以轻粉质壤土为主。底部 930.44～934.67m 高程有一连续分布的含砾粗砂至细砂，中部 936.0～938.0m 高程有一层细砂向下游尖灭；上部分布约有厚约 3m 的中粗砂和砂砾石层，层底高程由上游至下游 945.87～943.14m，这一层中间又有一层厚 1.2m 的轻粉质壤土。

（3）古河谷右段带（桩号 1+030），除底部高程 941.25m 为极细砂和粗砂含砾外，其余均为重砂壤土、中壤土和轻壤土。

南副坝（桩号 1+000）附近有 F_1 断层顺河向发育，走向 N70°E，倾向 NW，倾角 55°，断距 20m，其南又有 F_3、F_4 断层，与 F_1 断层斜交。北有 F_2 断层（大坝桩号 0+700 左右），断距 20m 左右，在南副坝与主坝过渡带，横切坝轴纵贯上下游。这两个断层在坝轴处大致平行展布。均为正断层，南盘上升，北盘下降，断层充填物为未胶结的黏土，断层影响带内岩体破碎，向东北斜穿过坝基。

2. 蓄水后坝体渗透稳定

1960 年库水位为 939m 时。南副坝下游沿 F_2 断层南盘，距坝后坡脚约 450m 范围内发现有断续漏水若干处，出露高程在 920～922m，渗流量均不大，其中较大的五处实测渗流量约 0.90L/s。

二期加坝工程竣工后，从 1975 年冬季开始较高水位蓄水，1976 年春蓄水位至 948.58m 时，南副坝下游出现渗漏现象，并局部发生管涌，渗漏区距坝脚 130m，出露点高程 937～938m，总面积 9500m²，经过增加砂砾铺盖和压重改善了漏水和管涌。

1977 年春蓄水位达 950.5m 时，渗漏管涌区又有发展，1977 年 8 月 5 日库水位 950.53m 时实测渗漏量 30.0L/s。8 月 10 日库水位上升至 951.13m 时，南副坝上游一级阶地天然挡水土堤（围堰）冲开，阶地内蓄满了水（俗称盆）。水面大量冒泡，几天以后坝下游 942～944m 高程出现渗水，8 月 23 日局部管涌，渗水宽度增至 170m，一级阶段地（945～949m 高程）出现纵向裂缝五条，总长 110m，缝宽 1～14cm 不等，深度 2～6m。8 月 28 日库水位 950.91m 时实测渗漏量 60.0L/s，坝基土在 942～944m 高程内，有宽度超过 80m 土壤呈饱和状，严重威胁到副坝安全。

经过上游用围堰堵排，副坝后渗水量逐渐减少，9 月 9 日围堰完成（顶部高程 957.5m），经检查，南副坝上游的天然铺盖多处击穿，出现多处塌坑，坑径约 3～6cm，以后渗漏量又继续减少，至 1978 年 9 月 1 日，库水位 950.24m 时，渗漏量 $Q=17.0$L/s。9 月 3 日库水位 950.85m 时，$Q=17.0$L/s，9 月 4 日库水位 951.02m 时，$Q=22.0$L/s。在相同蓄水位的情况下都小于 1977 年的渗漏量。当蓄高或降低库水位时渗漏量却显著增加或减少，如 9 月 25 日库水位 952.89m 时 $Q=69.0$L/s，11 月 7—9 日库水位 952.64m 时 $Q=46.0$L/s，以后，随着垂直防渗帷幕的逐渐完成，渗水量又逐渐减少，如 1979 年 3 月 18 日库水位 952.64m 时，$Q=46.0$L/s，5 月 3 日库水位 953.0 时，$Q=46.0$L/s，7 月 26 日库水位 951.38m 时，$Q=28.0$L/s，10 月 31 日库水位 951.62m 时，$Q=14.0$L/s，12 月 20 日库水位于 951.98m 时，$Q=12.0$L/s。1980 年以来渗漏量更为减少，渗水量已降到 2.0L/s（库水位约 951.0m）。

3. 渗漏及管涌原因分析

（1）玄武岩渗透数大，尤其是表层，节理裂隙发育，又由于 F_2 断层的存在，南副坝基础玄武岩大部分裸露于库区，南副坝的渗漏主要是坝基渗漏。库水位 951.0m 时实测渗漏量为 30.0L/s（水未进入坝前拦水小坝内）或者说 60.0L/s（水进入拦水小坝），而 951.0m 高程实际尚未到南副坝的填筑坝体，说明南副坝坝基渗漏是严重的，漏水量是很大的。

（2）根据南副坝的实测渗漏量及边界条件反算渗透系数表明，如此大的渗漏量只有渗透体的平均渗透系数 $K=10$m/d 时才有可能，而南副坝各种岩层的渗透情况是：泥河弯组湖相沉积亚黏土（Q_1l-a）$K=0.005\sim0.03$m/d；泥河湾期玄武岩（$Q_1\beta-b$）顶部 K 值一般为 $5\sim10$m/d，大者为 $69\sim208$m/d，中部 $K=0.05\sim1.5$m/d，底部又略大；周口店黄土（Q_2），其粉土部分（占大部）$K=0.11\sim0.59$m/d，砂土部分（占少部）$K=1.24\sim1.64$m/d，周口店期古河床沉积砂卵石层，$K=3.99$m/d，渗透流量和渗透系数 K 成一次方正比关系。根据上述岩层渗透情况，可以初步断定南副坝的渗漏量如此之大，只有在玄武岩及古河床砂卵石层内才能产生，但古河床只有 50m 宽，渗透系数又较玄武岩小，所以南副坝的渗漏主要是在玄武岩层，尤其是玄武岩表层。

（3）历年来的渗漏量资料［不进盆（注：盆系指南副坝前一小截水坝内简称盆）没有垂直防渗帷幕］分析。①1960 年库水位 939.0m，$Q=0.97$L/s；②1977 年 7 月 1 日库水位 949.31m，$Q=10$L/s；③1977 年 8 月 5 日库水位 950.53m，$Q=30$L/s；④1978 年 9 月 25 日库水位 952.89m，$Q=69$L/s；⑤1978 年 11 月 7—9 日水位 952.64m，$Q=64$L/s。

可以看出越接近玄武岩表层，渗水量增大的越多，尤其是 $951\sim953$m，不到 2m 的蓄水位变化，渗水量相差 $35\sim40$L/s（相差一倍多），据 F_2 断层附近岸边的 7 号钻孔资料，玄武岩表层的一段 $K=208$m/d，其高程 $951\sim953$m。

（4）Q_2 黄土的砂粒占 51.8%，粉粒占 34%，黏粒占 14.2%，不均匀系数 η 为 38，根据伊斯托明娜的渗透破坏比降曲线，$\eta>20$ 的非黏性土 J 允许等于 0.1。

当库水位 951.0m 时，计算得渗流平均坡降为，不进盆时 $J=0.04$，进盆时 $J=0.08$，尚小于允许坡降，但由于土层的不均匀性，常常在下游处产生很大的剩余压力，即实际的出逸坡降要比平均坡降大许多。1977 年 8 月库水位 951.0m 进盆时，南副坝前沿水面大量冒泡，出现塌坑，下游严重渗水和管涌，并出现裂缝，说明已呈渗透不稳定状态，如不采取处理措施，以后正常蓄水位到 956.0m，更要发生严重的渗透破坏。

4. 处理过程及效果

南副坝蓄水发生严重渗水和管涌后，于 1978 年在坝下游浸润区及管涌区做了削坡反滤排水，在前坝坡脚开始进行了垂直防渗灌浆处理，整个灌浆帷幕从大坝桩号 0+750 至 1+080，总共灌浆孔 296 个。1978 年及以前灌了 20 多孔，主要是 1979 年灌的，1980 年年底最后完成了南副坝与主坝连接段的 30m。

垂直防渗长 325m，由混凝土防渗墙用明挖、钻孔、槽孔三种方法施工，长度各占 1/3，墙厚 $0.6\sim1.0$m，整个截断 Q_2 地层，并深入玄武岩层 0.5m。玄武岩防渗帷幕为两排，下游排布置在混凝土防渗墙下，排距 3.0m，孔距 2.5m，截断整个玄武岩层，并深入下部湖相沉积不透水层 0.5m。质量检查及验收标准如下：每 25m 灌浆段布一检查孔，做分段压水试验，当岩石及水泥夹石单位吸水率 w/Lu 合格。

桩号 $0+950\sim1+000$ 段，位于古河道，段长 50m，中部近 20m 无基岩，南北两侧玄武岩也很薄，仅 $0.5\sim1.0$m，已用冲击钻打穿，故此段内无灌浆帷幕，全部由混凝土防渗墙直达湖相沉积相对隔水层。

下游反滤排水采用贴坡式。对陡崖处高程 945～937m 进行削坡，坡度为 1：2.5，在 937m 高程呈平坡反滤，全部处理线长 300m，面积为 18000m²，贴坡反滤部分厚度为 65cm，分四层。

关于垂直防渗帷幕的作用，当库水位 951.0m 时，计算得通过帷幕的水头衰减系数 $\delta=0.7$，幕体后渗流平均坡降 $J=0.01$。

从有无主渗措施的渗水量实测资料对比来看，有垂直防渗措施后，渗水量显著减少（表 13.3）。

表 13.3　　　　　　　　　　　　　　截渗前后南副坝渗流量

观测时间	库水位/m	渗流量/(L/s)	有无垂直防渗	备注
1977 年 8 月 5 日	950.93	30	无	不进盆
1977 年 8 月 28 日	950.91	60	无	进盆
1977 年 9 月 9 日	950.91	30	无	不进盆
1977 年 9 月 25 日	952.89	69	无	
1979 年 5 月 3 日	953.00	46	有	
1979 年 12 月 20 日	951.98	12	有	
1980 年 6 月	950.80	2	有	

从表 13.3 可以看出，南副坝前采取垂直防渗措施，用混凝土防渗墙截断 Q_2 地层。用两排灌浆帷幕截断玄武岩，坝下游浸润区采取贴坡皮滤排水，是必要的，效果十分显著。

南副坝所在的一级台地表面有一层 Q_2 松散层，在桩号 0+860 附近，长 70～80m 范围内为细砂层，厚约 0.2～0.5m，南副坝施工时，未将此层清除，便在其上填筑了坝体，这是比较大的一个隐患。因为防渗墙偏上游（在上游坝脚处），实际未将此层切断，蓄高水位时，库水位有可能从防渗墙顶部渗入此砂层引起较大渗漏及渗透变形，为此已采取了如下工程措施：将混凝土防渗墙顶部 10m 范围内的砂层挖除，作了一层混凝土水平联结盖板，然后回填黏土，厚度 2m，形成一塑性防渗体。

南副坝尽管采取了帷幕灌浆、防渗墙处理，收到显著的效果。但是令人担心的是南副坝的帷幕灌浆，是由四个县并队施工的，技术力量薄弱，灌浆质量差，合格率仅占 5.3%，另外防渗墙除桩号 0+756～0+849 段人工开挖浇筑截水墙质量较好外，0+849～0+945 段为孔径 76cm 的圆形孔连续墙，用 14.6cm 孔径灌浆封闭，经开挖发现由于孔斜连接不好，加上封孔口径小，使底部搭配不严密。0+945～1+705 段为槽形孔，施工未做处理，形成不连续墙，同时所有机械造孔段混凝土浇铸质量差，底部有分离现象。

基于上述情况，1985 年对南副坝基进行了补充勘探。

5. 工程地质问题

根据 1985 年补充勘探结果，南副坝仍然存在下列工程地质问题。

（1）玄武岩的渗漏及其引起的接触潜蚀。南副坝北端之玄武岩因受 F_1、F_2 两断层的影响，岩体破碎，原生柱状节理为之加宽，且相互贯通，透水性强，5 号钻孔中最大渗透系数是 57.65m/d，存在沿玄武岩的渗漏问题。而这块岩体与主坝土体相接，南部与古河谷砂卵层及壤土相连，玄武岩与这两种土的渗透性能相差悬殊，必将产生强烈的接触潜蚀。

（2）南副坝南段砂层及砂砾石层的渗透变形。南副坝砂层不均匀系数多数小于 5，分选很好，属均匀砂，渗透变形形式为流土；而砂砾石层，根据四个颗粒分析资料看，不均匀系数多数大于 20，颗粒级配曲线多为"瀑布式""阶梯式"，说明粗粒含量集中，或缺少中间颗粒，而其细粒含量都小于 25%，故其变形形式将为管涌，1976 年库水位在948.58m 时，证明坝基砂砾石层渗透变形形式为管涌。

根据混凝土防渗墙竣工资料（设计报告），现在坝前坡的防渗帷幕质量欠佳，防渗帷幕的顶面高程为 953.0m，如果库水位超过此高程，或因水头加高，水头压力增加，而使防渗帷幕失去或降低其防渗作用使水力坡降超过允许值，那时就会发生 1976 年出现的管涌现象。

（3）南副坝坝基土的湿陷。6 号探井代表南副坝南段坝基土体，三个试样，在 $0.2kPa/cm^2$ 压力下，第一个为 $\delta_s = 0.015$ 有弱湿陷；第二个为 $\delta_s = 0.06$，第三个 $\delta_s = 0.041$，后两个都是中等湿陷，湿陷等级为 Ⅱ 级，但不具自重湿陷特性。

（4）小结。总之，南副坝各段地层分布不同，工程地质问题的侧重各异。

北段：以玄武岩的渗漏及其主坝土体及古河床土体的接触潜蚀为主，且具轻粉质壤土的湿陷性。

南段左带：以渗透变形（管涌流土）为主，坝基土体的湿陷，因土层薄，量小，故无需多虑。

南段中带：地层复杂，以砂砾石层管涌及土层湿陷为主。

南段右带：岩性单一，砂层、砂砾石层大多尖灭，管涌不复存在，根据试验资料，重砂壤土、中壤土等均无湿陷。

6．工程处理

根据南副坝的工程地质问题，认为局部修补只能是顾此失彼，1989 年南副坝轴线上游 2m 处做了一道混凝土防渗墙，大坝桩号 0＋898.6～0＋939.4 为塑性混凝土，桩号 0＋939～1＋080 均为常规混凝土，防渗墙厚 0.8m，深入下部湖相亚黏土 5m。

通过上述处理，彻底解决了南副坝的工程地质问题，经历了近十年高水位 953～956m的考验，经 1995 年补充地质勘察及运行观察资料来看：①南副坝下游坝坡没有发现渗漏现象，说明防渗效果很好；②通过埋设在塑性混凝土防渗墙内的应力应变观测资料分析基本符合设计情况，塑性混凝土防渗墙运行正常。

13.3.2　松散岩类库区坝区渗漏与渗透变形

本节列举的案例是山西省 20 世纪 50—70 年代兴建的水库，案例中叙述的内容主要为水库运行初期，有关水库发生渗漏与渗透变形的问题。21 世纪以来，案例中的这些水库多进行了除险加固，案例中依然存在的工作地质问题得到了进一步的治理。

案例 1：汾河水库。

水库位于山西汾河干流上游，太原市娄烦县下石家庄。控制流域面积 $5286km^2$，坝高61.4m，总库容 7.23 亿 m^3。坝顶长 1002m，左副坝长 260m，为均质土坝。坝址区基岩为太古界变质岩系，局部风化较深。第四纪砂卵石层及黄土层，分布于古河道、河流阶地及现代河床内。

坝址区发育有四级阶地，I级阶地为堆积阶地，Ⅱ～Ⅳ级阶地为基座阶地。阶地分布左右岸完整，范围广。Ⅱ级基座阶地高程为 1085～1087m；Ⅲ级基座阶地高程为 1097～1099m；Ⅳ级基座阶地高程为 1104～1106m。各级阶地基座面上普遍堆积有 1.10～2.9m 砂卵石层（局部有厚 0.5～2m 的砂层），上覆黄土。砂卵石层渗透系数 k＝1.57～4.01m/d。左坝肩坐落在 Ⅱ～Ⅳ级阶地上。

近坝左岸埋藏有古河道，古河道上游宽 2000m，下游宽 850m，砂砾石层渗透系数 k＝4～8.4m/d，河底高程比现代河床基岩面低 30m 左右，是库区渗漏通道。

水库于 1958 年 7 月开工，1960 年 6 月基本竣工。主河床砂卵砾石层已做截水槽防渗处理，截水槽底部风化槽还进行了帷幕灌浆。但对两岸阶地，特别是左岸 Ⅱ～Ⅳ级阶地砂卵砾石层及古河道未作任何处理。水库蓄水运行后，发现左坝肩有渗漏、渗透变形以及古河道的渗漏问题。

1. 左坝肩阶地渗漏情况

汾河水库 1960 年竣工蓄水，当年蓄水位 1103.8m，1961 年 12 月 31 日最高蓄水位达 1105.7m。

1962 年 1 月 15 日库水位到 1116m 时，发现大坝左岸背水坡桩号 0＋150，高程 1116m 附近有一长约 10m，平行坝轴的弧状裂缝。1 月 31 日观测北侧裂缝没有发展，2 月 1 日发现裂缝下方、高程 1105m 处坝脚积有冰块，附近洼地有两处渗水。2 月 3 日在渗水处挖排水沟导出渗水，渗水量为 0.7L/s。2 月 8 日将冰层彻底清除后，测得流量为 1.4L/s。2 月 16 日两处渗水洼地上方（高程 1107～1100m）有浸水现象。

1965 年 3 月 1 日当库水位 1121.1m 时，大坝背坡桩号 0＋130 附近高程 1100～1101m 有阴湿现象。

1967 年 9 月 8 日库水位 1124.57m 时，大坝背坡桩号 0＋130（7 号观测管附近）高程 1100.95m 处有流土。10 月 4 日库水位 1121.73m 时，流土处渗水量为 0.125L/s。

1973 年 7 月 23 日，库水位超过 1110.1m，至 10 月 13 日库水位达 1122.31m 时，左坝桩号 0＋130，高程 1100.95m 处，（7 号观测管附近）排水沟内发现清水溢出。10 月 24 日 22 时，库水位 112.15m，该处开始冒水。10 月 27 日上午 10 时左右，发现约 4.5m 范围内，有大小 50 个孔冒水翻砂，排水沟淤积厚约 0.2m，下午 6 点测得溢出流量为 0.168L/s，29 日流量达到 0.3L/s。

大坝左岸渗水沟的涌砂发生在左岸Ⅲ级阶地边缘，主要排泄Ⅲ级阶地砂卵砾石层渗水。排水沟底高程 1097～1197.65m，1965 年发现排水沟内涌砂。1973 年 12 月 15 日开始定期取样观测，多年平均涌砂量为 120g/d。

2. 左岸渗流处理

1964 年 5 月 21 日至 11 月 28 日在高程 1097～1100.5m 铺设 100m 长的贴坡反滤，同时在下端设一条排水沟。

1965 年在坝坡渗水部位开挖宽 1m、深 2m 的纵横向三条砂沟回填中细砂与 1964 年的反滤相接。

1973 年靠主坝侧，在 1964 年的下部加设反滤，反滤顶部延至 1100m 高程，坡脚向下游延伸 10m。

为解决左岸阶地砂卵砾石层渗水涌砂的问题，1978—1981 年对左岸砂卵砾石进行了帷幕灌浆。对大坝上游无覆盖的砂卵砾石层换填了黏土。

经上述处理后，左坝肩地基的渗流条件有所改善，1965—1985 年实测左岸总渗透量为 777 万 m^3。平均渗透量为 $1384m^3/d$。

1987 年，对左岸坝段排水反滤体进行了处理，增加土工布反滤。目前排沙量已经减少，总体看工程处理不完善。古河道的渗漏问题一直没有得到解决。

案例 2：下茹越水库。

下茹越水库位于滹沱河干流上游，山西繁峙县境内滹沱河盆地中部，设计坝高 19m，坝顶长 1196m，总库容 2869 万 m^3，坝型为碾压式均质土坝。工程于 1973 年动工兴建，当年 10 月竣工。

大坝左端坐落在滹沱河 I 级阶地上，阶面宽 50m，阶面高出河床 3～4m。岩层基本组成为双层结构。表层为黄土状亚砂土，渗透系数 $k=1.0m/d$，厚 2～4m；下层为砂卵砾石层，渗透系数 $k=14.8m/d$，厚 10～12m，底部为滹沱河早期堆积的砂卵层夹黏性土层。右坝段坐落在下寨河洪积扇上，表部为黄土状亚砂土，渗透系数亦为 $1.0m/d$ 左右，下部为洪积砂卵层夹黏性土层，渗透系数 $k=17.6m/d$ 左右，底部也是座在滹沱河早期堆积的冲积砂卵石层夹黏性土层上。河床及砂卵砾石层结构松级配差，透水性强，特别是河床表层 1.5～2.5m 范围内，其渗透系数约 20～50m/d。

1973 年 10 月竣工蓄水后，在 1974 年 3 月库水位为 967.4m，库内水深为 7m，即发现坝基漏水，坝后河床有管涌现象。随着库水位增高，渗流量增大，坝后管涌点增多，范围扩大，在左坝端坝后 I 级阶地低洼处出现沼泽化，影响大坝安全，为查明原因，水库停止蓄水，结合灌溉放空水库水进行检查，结果看不出异常现象，分析认为可能是人工铺盖质量差，未按设计要求进行施工，铺盖透水，加上两坝端前天然铺盖在施工中被取土破坏，局部土层变薄，起不到铺盖作用。据此除人工铺盖外，对天然铺盖进行了回填夯实处理。1975 年汛后又开始蓄水，在同样的水位条件下，坝基渗漏和坝后管涌翻砂并没有减弱。为了进一步观察坝基变形渗漏情况，水位提高到 971.4m 时（库内实际水深为 11m），坝后管涌翻砂更加严重，并且成片出现，1976 年 3 月 16 日下午 2 时，在左岸坝后 I 级阶地阶面上，距坝脚约 20m 处表层土局部被渗透水流击穿，形成突然冒浑水，历时 20min，渗流量为 3232L/s，总水量 40m³，表层土被带走，随后是翻砂管涌，以后水库只能在低水位下运行，未能发挥水库设计效益。

案例 3：米家寨水库。

米家寨水库位于滹沱河云中河支流上，忻州市内。1974 年 10 月开始兴建，1976 年 8 月坝高筑到 20.5m，库容 1025 万 m^3。坝体前部分为碾压式均质土坝防渗体，后部分碾压石渣坝混合坝型。

水库开工前基本上查明了坝区基岩埋深、覆盖层厚度、颗粒组成及渗透性大小等基本地质情况，其中坝基覆盖层厚度达 36m 左右，透水性强，特别是上部，渗透系数达 86.5m/d，且覆盖层中有集中渗流存在，对坝基渗透稳定不利。

水库施工中，对坝基未作任何防渗处理，水库建成后不能正常蓄水，库水位上升则坝基立即漏水，泄洪洞底板亦产生裂缝，防洪标准很低，成为山西省第二座最危险的水库。

米家寨水库左岸牛郎沟两侧及北部沟掌，发育有第三纪滹沱河古河道，出露高程 920～930m。宽度 700～1000m，古河道堆积层厚 91.27m，堆积物成分为卵石和砂，含泥，夹有四层土层，分选差，密实。卵砾石渗透系数 $K=10.01$m/d，当库水位达到正常水位时，渗漏量较大，因此水库只能在低水位下运行。

2002 年水库沿坝轴线进行了塑性混凝土防渗墙处理，切断了砂卵砾石的渗透途径，保证了大坝的安全和水库的正常运行。

案例 4：东榆树林水库。

东榆林水库位于桑干河上游，山阴县境内。主体工程包括主副坝和泄洪闸等。主坝设计坝高 15.5m，正常库水位 1042m，坝顶高程 1043m，主坝长 1135m，副坝设计最大坝高 8.5m，坝长 9366m，坝型为碾压式均质土坝，总库容 6800 万 m³。工程以灌溉为主，可灌溉面积达 36 万亩，属平原型水库。

坝址区位于雷公山前峪沟洪积扇前沿，朔州盆地以北，受桑干河流切割作用，形成现在的桑干河河谷。坝基地层：左岸台地为坡洪积层，下部为冲洪积和层湖积层；右岸为洪积层与湖积层。除河谷表层为晚期河流冲积层外，下部均为早期堆积的洪积层和湖积层。其岩性如下。

主坝桩号 0+795 处，坝基浅层可分为八层土，最上层为黄色砂土，颗粒不均匀稍具黏性，厚度 2.4～3.3m；第二层黄褐色重砂壤土，含较多腐殖质，致密，层理明显，厚度 1.2～1.3；第三层黄色轻亚黏土，含腐殖质，层理明显厚度 1.8～2.5m；第四层砂砾石层，砂以中细砂为主，含少量淤泥质黏土，颗粒均匀，内夹较多粗粒颗粒，砾石多为灰岩碎块，最大粒径约 10cm，最小 1cm，一般 2cm 左右，厚度 1.4m 左右；第五层为黄褐色重粉质壤土，厚度 2m 左右；第六层为黄褐色中粉质壤土厚度 2.5m 左右；第七层黄褐色或灰褐色轻沙壤土，含较多腐殖质，致密，厚度 4.3～5.0m；第八层为黄褐色轻砂壤土。

副坝桩号 1+900 处，坝基浅部可分七层，最上层为黄褐色中壤土，含较多腐殖质，致密，层理明显，厚度 1.9～2.4m；第二层为黄褐色或和褐色粉砂，颗粒不均匀稍具黏性，厚度 4.2～4.4m；第三层黄褐色中粉质壤土，厚度 3.3～4.0m；第四层黄褐色重粉质壤土，厚度 2.9～4.3m；第五层黄褐色粉质壤土，厚度 1.2m；第六层为黄褐色或灰褐色粉质黏土，厚度 3.1～4m；第七层为黄褐色中砂壤土，含腐殖质，致密，层理明显。

根据垮坝决口段冲沟剖面实际观察，上部冲积层大致可以分成六层，岩层与上述相差不大，但岩性上有较大差别。

第一层为黄褐色亚砂土，厚度 1.3～1.5m，最厚处可达 4.0m，渗透系数 $K=0.69$m/d。该土层在设计中作为上坝土料和天然铺盖使用。

第二层为灰褐色粉砂层，厚度 2.5～3.0m，最厚处可达 4m，渗透系数 $K=4.49$m/d。现场观察该层土处于液化状态，沿层面有流动现象。土层不均匀系数为 4.4～5.0，粗细粒比值大于 20，临界水力坡降 0.15～0.2，渗透变形类型为流土或管涌。

第三层为灰褐色砾状亚黏土层，厚度 0.1～0.8m，呈砾状亚黏土层，厚度 0.1～0.8m，呈砾状结核状，最大粒径 34cm，一般粒径 3～10cm，呈带状分布。

第四层为灰褐色硬质砂壤土（或称龟裂土），产状基本水平，土质结构致密坚硬，$K=0.77m/d$，厚度 2.5m。决口冲刷底面基本达此层为止。层面上普遍有龟裂隙。裂隙宽度不等，深浅不一，差异悬殊。裂缝内充填黄色黏土（同砾状亚黏土胶结物）。平均每平方米裂缝长 0.55m，表层裂缝宽 9～27mm，缝深 0.3～1.35m，龟裂缝上宽下窄，走向无规律。

第五层为黄色砂质黏土，厚度 5m 左右，为相对不透水层。

第六层为灰色粉质黏土。

该水库工程主坝 1975 年合龙，1976 年至 1978 年 11 月先后试验蓄水六次，（每次蓄水时间较短）最高蓄水位 1038m，除副坝有少量渗水外，未见其他异常现象。当 1978 年 2 月中旬蓄水位到 1038.77m，副坝下游排水沟渗水增加，沟坡流泥，桩号 0＋800～0＋900 坝段下游平台有五六处湿润，流泥，当时没有引起重视和进行及时处理，4 月 5 日库水位达 1039.25（相应库容达 3600 万 m^3），副坝坝基普遍渗水，排水沟流泥、塌陷、管涌、平台泥泞不能行驶车辆，4 月 9 日，库水位升高到 1039.35m，为了安全，曾一度将库水位降低到 1038.35m，于 5 月 25 日库水位升高到 1039.18m 时，当日晚上 8 时 30 分左右，在副坝桩号 0＋384～0＋635 处坝段大部分冲塌，排水沟亦冲深 5.5m，冲宽 80m，泄水闸尾水渠南八字墙也冲毁了 65m，下游受灾面积达五万多亩，部分房屋倒塌，无人员伤亡。

案例 5：曲亭水库。

该工程位于临汾盆地东侧，太岳丘陵区和盆地交界之洪积扇上，汾河一级支流曲亭河上游。为一座以灌溉为主兼防洪作用的中型水库。控制流域面积 127.5km^2，设计坝高 49m，总库容 3970 万 m^3，主体工程包括主坝和副坝，主坝长 460m，两副坝长 492m，为碾压式均质土坝。

工程于 1959 年动工兴建，坝高筑至 32m，开始受益，后来又进行了四次扩建与续建，最终坝高达到 49m。加坝后原坝反滤棱体被埋在坝下，坝脚下游及漫滩部分埋设的导渗管（直径 10 寸）及左坝下游侧渗流水处，仅做了一个质量不高的反滤体，也被埋在所加坝体之下。

坝址大面积为黄土类土覆盖，仅河床及漫滩堆积有第四系全新统（Q_4）冲洪积砂卵砾石层，厚 1.7～3.5m，其下为中更新统（Q_2）棕红砖红色亚黏土层，两岸均为中更新统黄色亚砂土夹数层古土壤条带，厚 45～50m，其表层为上更新统（Q_3）灰黄色亚砂土（即黄土）厚 5～8m。水库回水末端以上，河床底部出露新第三系上系（N_2）紫红色黏土及中生界三叠系砂岩及泥岩等。

第一次发现坝基渗出洪水是水库运行 15 年，即第三次扩建加坝，库水位为 554.34m（库内水头 41.34m）时发生的。前一天出洪水，第二天上午 10 时 50 分，后坝坡出现第一个塌坑。随后 1975—1984 年，先后从坝基渗出洪水共 7 次，两次导致坝坡塌坑，并在坝体内探得一个塌陷洞，7 次渗水总量 61.91m^3，三次塌坑合计体积约为 74m^3，对坝体安全十分不利，水库效益得不到正常发挥，成为病险水库。

案例 6：郭庄水库。

郭庄水库位于象峪河上游，象峪河是汾河的一级支流，地处太谷县境内。工程始建于

1958 年 12 月 23 日，坝高 32m，总库容 1646 万 m^3，为碾压式均质土坝，是一座以灌溉为主兼防洪的中型水库。

郭庄水库坝址位于中低山边缘，河谷宽约 350m。河床透水层较薄，建坝时已做防渗截水槽，坝基基本不漏水。而右坝肩仍直接坐落在Ⅰ、Ⅱ级阶地上，阶地为二元结构。上部为黏性较大的弱透水层，下部为透水较强的砂砾石层。由于在大坝右侧有一条与大坝近于正交的冲沟——佛峪沟，该沟出口处水流受沟口左侧基岩山包所阻挡，直接淘刷了位于右坝端阶地上的表层土，使右坝端砂砾石层大面积的裸露地表，大坝桩号 0＋500 处，坝体即直接坐在砂砾石层上，砂砾石层厚 3～7m，渗透系数最大达 41m/d，是右坝端坝基渗漏的主要通道。桩号 0＋600 处，地质条件稍好，坝基仍有 2～7.4m 的砂砾石层，该层渗透系数 $K＝32m/d$。从上游至下游扩展，仍为坝基渗透主要通道。

经多年观察发现水库蓄水位 932.0m 时（水头 22m），右坝端坝后即出现渗水，当蓄水位至 938.42m 时（亦是建坝以来最高蓄水位），坝后出现管涌、流土和塌坑。

1978 年水库扩建加坝，坝高加至 42m，正常水位提高到 942.46m，但是，对原来已存在的坝基渗漏和渗透变形没有采取措施处理，这些问题仍然存在。

案例 7：涝河水库。

涝河水库于 1976 年至 1978 年 9 月建设，位于汾河流一级支流涝河中游。临汾市境内。设计坝高为 43.15m，总库容 5530 万 m^3，控制流域面积 450.7km^2，为碾压式土坝。工程效益以灌溉为主，兼防洪。

坝址区河床上部为第四系全新统（Q_4）砂卵砾石层，下部为中更新统（Q_2）亚黏土层。施工时对河床砂卵石层已做防渗截水槽，截水槽底部坐在亚黏土层上。亚黏土的渗透系数 $K＝0.004m/d$，为弱透水层，右坝端是直接坐在涝河高阶地上，阶地上堆积有第四系中更新统（Q_2）与上更新统（Q_3）冲洪积砂性土及黏性土，中夹有两层砂卵砾石层或粉细砂含小砾石层，从下到上可分为：第一层透水层分布在 Q_3 与 Q_2 界限以下，高程为 508.92～552.76m，厚 2.56～12.72m，以粉细砂含砂砾为主，部分为砂卵砾石，稍胶结或半胶结，分选一般，渗透系数 $K＝0.015～0.068m/d$；第二层分布高程 514.81～529.73m，厚 1.45～9.29m，主要是粉砂含砂卵石，透水性好，渗透系数 $K＝0.243m/d$，是坝基渗漏的主要通道（施工未做防渗处理）。

涝河水库 1978 年 9 月 6 日开始蓄水，三个月后当库水位上升到 529m 时（库内水深 12m，上下游水位差 10m），右坝端下游距坝脚约 100m 处，井水位开始上升，蓄水至 1979 年 7 月 9 日，下游低洼处（地面高程 525.1m），出现积水，至 11 月（上下游水头差 9.4m）洼地积水升高 0.5m，水位高程 526.6m。1979 年 12 月底开挖引渠排除坝后积水，1980 年 2 月观测渗流量，与库水位关系密切，1981 年 5 月 8 日，在下游坡脚处建反滤排水工程，并进行观测。10 月 2 日观测渗流量达 1.627L/s，10 月 29 日，右坝头沿高程 540m 马道上，桩号 0＋75～0＋145 段，坝体出现裂缝一条，长 70m，宽 1～5cm。11 月 15 日，水位达到 538.41m（自建库以来最高水位），坝后滞后 5d，坝后滞后 5d，最大渗流量为 1.751L/s，12 月 2 日在排水沟中（桩号 0＋129 处）距排水沟 5.2m 处，发生了两个塌坑，直径 1～1.5m，深 0.2m，随后又继续产生了直径 1～2m 两个塌坑，共 5 个，其中四个塌坑沿走向 S70°E 方向呈串珠状排列。

案例 8：孤峰山水库。

孤峰山水库位于雁北三沙河下游，设计坝高 25.2m，河底高程 1069.0m，坝顶高程 1094.2m，坝长 507m，总库容 2284 万 m^3，主坝为黏土斜墙坝。

工程建于 1958 年，经过 16 年的蓄水运用至 1976 年，坝前淤积高程达 1089.4m，厚 20m，达到溢洪道进口高程。为了减少库内淤积，1977 年在主坝左坝头增加坝前排沙泄洪洞，洞底高程 1075.5m，经十年的运用，库内形成了三条较大的冲沟及六条小冲沟，恢复库容 110 万 m^3。

坝址两岸为太古界花岗片麻岩，**渗透系数 0.01～0.05m/d**。河床砂卵石夹土层，以砂砾为主。渗透系数为 20～30m/d。

增加泄洪冲沙洞以前，水库运用 16 年，坝基渗漏一直稳定在 30～40L/s，而且库水位较高时，亦未发生异常现象。泄洪洞修建后，由于泄洪洞出口处是软基，挑流冲坑消能不稳定，造成下游河道逐年下切，累计深度达 7m，河床高程从原来的 1069.0m 降到 1062.5m，并在此高程以下形成圆形的冲坑，深度达到 12m，底高程 1050.5m。由于冲坑逐年增加回流淘刷右侧坝趾，冲坑距坝趾仅 15m，冲沟切割坝趾处地基强透水层，使之外露，且冲坑回淤面（1062.5m）已低于原地下水位，使坝基渗流坡降加大，渗流集中于右侧排泄。渗流量随库水位增高而增加，当库水深 13.93m 时，渗漏量可达 170L/s，可见渗漏问题严重。

案例 9：七一水库。

七一水库是一座长藤结瓜式旁引水库。位于襄汾县西贾乡万东毛村附近，为 1958 年兴建跃进渠时建成，最初设计坝高 33.5m，坝顶高程 464.3m，库容 1470 万 m^3。1977 年工程扩建，又将坝加高 13.5m，现在坝高为 47m，坝顶高程为 477.8m，库容 4208 万 m^3。

此外，紧靠七一水库左侧的南贾沟又新建一座水库，设计坝高 32m，坝顶高程 456.8m，总库容 1370 万 m^3，最高蓄水位 464m，两水库在最高水位时水头差 11.6m，七一水库水位高于南贾沟水库，两水库间为一单薄分水岭。

单薄分水岭主要由洪积、坡洪积和冲积物组成，在勘察中已经查清单薄分水岭中分布有透水层，自左坝端桩号 0+100～0+800 段分水岭中有连续的透水层，层顶高程 454～436m，位于最高蓄水位以下 21.6～39.6m。岩相变化是粉砂土—细砂—中粗砂含砾。厚度 0～8m。其透水性：粉细砂 $K=0.72m/d$；细砂 $K=1.26～1.515m/d$；纯细砂 $K=2.52m/d$；中细砂含砾石 $K=3.92m/d$。

七一水库建成运用后，即发现向左岸邻谷——南贾沟渗漏，致使南贾沟右岸地下水位升高，440m 高程以下，尤其沿一级阶地边缘普遍有渗流现象，以上升泉的形式呈线状分布并向外排泄。实测渗流量 $Q=15L/s$。最大渗流坡降为 0.137～0.144，存在渗透稳定问题。

其他案例。

除了上述几个工程的实例外，还有一些工程不同程度地出现过坝基渗漏和渗透稳定问题，有的甚至是很严重的。文峪河水库设计最大坝高 55.5m，库容 1.0525 亿 m^3。枢纽工程于 1959 年 11 月动工，1970 年 6 月基本完工，由于坝轴线多次变动，主坝截水槽靠后 17.25m，使坝前浸润线抬高，坝体孔隙水压力消散差，坝坡不稳定，是省内病险库之一。

文峪河水库在 1961 年拦洪蓄水后，发现左岸阶地下游砂砾石层向外渗水（因阶地上 4m 厚的砂卵砾石未作处理），当库水深达 47m 时，下游台地湿润，低洼处发生轻度管涌。当库水位达到 826.6m 时，渗流量达到 $1000\text{m}^3/\text{d}$，当库水位达到 836.3m 时每日排水量为 3190m^3，渗漏更加严重。由于截水槽靠后局部可能与水库有较大的渗漏通道，造成截水槽后剩余水头较高，影响大坝安全。

吴城水库（离石县三川河支流大东川河上游），坝址地层比较简单，河床有 4.6～29m 厚的砂卵砾石层，渗透系数 $K=48～239.67\text{m}/\text{d}$，左岸是黄土台地，右岸出露花岗片麻岩，上覆厚层黄土，施工中未对河床强透水层做防渗处理，造成严重的渗漏。1978 年 2 月 24 日，坝前水深 17.8m 时，实测坝基渗漏量的 88L/s。特别是在桩号 0+222～0+250 段，不仅渗漏严重，而且还出现管涌，冒水含砂达 1/3。后来虽做了反滤，并在坝角处压力石渣，但未经筛选，导水性差，当库内水深 16.5m 时，局部反滤层被击穿，最大渗流量达 19L/s。

小结

20 世纪 50 年代在大量松散岩土类地区修建的水利工程，因为不按照常规的方法设计施工，盲目大干快上，大部分成为病危水库，不仅不能发挥正常的功能和效益，有些对下游人民生命财产造成了严重威胁。在改造和处理中，往往要花费大量的资源，教训是很深刻的。

1. 发生渗漏及渗透变形的水库类型

控制库坝区渗漏与渗透变形的客观因素，主要是地形地貌、地层结构、岩性组成、透水性能、岩体厚度和分布特征等。根据山西省上述水库渗漏及渗透变形的特征，发生渗漏及渗透变形的水库主要是以下两种类型。

（1）古河道。如汾河水库近坝左岸埋藏的古河道，其河床岩面比近代河床低 25m 左右。目前库水仍由此向下游渗漏。米家寨水库左岸牛郎沟内分布的滹沱河古河道（第三纪形成），范围宽、延伸长、松散层堆积厚，其基岩面比近代河床低 20m 左右。在库水位达到一定高度时，就会发生渗漏问题。

（2）单薄透水分水岭。如临汾市七一水库，与左侧南贾沟之间，为一松散岩层组成的单薄分水岭，其间所夹的强透水砂与砂砾石层成为库水向邻谷渗漏的通道。由于渗透水力坡降大，还可能发生渗透变形以致影响单薄分水岭的边坡稳定。

2. 山前或盆地内河段水库渗漏和渗透变形特征

在山前或盆地内河段内的坝址区，一般河谷宽，地层呈多层结构，地质条件相对较复杂，坝址渗漏和渗透变形有很大差异。一般可以分以下几种类型。

（1）坝基地层从上至下岩性由粗变细。这种结构的坝基，一般可简化为上部透水性强，下部透水性弱，其渗流条件比较清楚，即库水多沿坝基上部由强透水层渗漏。这种类型的坝基多见于河床部分，如曲亭水库、郭堡水库、涝河水库都属这种类型。

（2）坝基地层从上到下，组成物质由细变粗，下部仍有弱透水层存在的多层结构类型的坝基。一般可以简化为上部弱透水层，下部强透水层。这种类型与第一种情况正好相反，而且多见于河谷两岸有阶地分布的坝段。阶地一般上部为弱透水层。这种类型与第一种情况相反，多见于河谷两岸有阶地分布的坝段。此时上部弱透水层的透水性和完整程度，对控制坝址区渗漏和渗透变形有着极其重要的作用，有可能在坝前形成大面积的铺盖，当该层弱透水层较薄，或因被河流或冲沟切穿不连续，或在施工中因人工取土破坏等，会造成水库直接入渗，象郭堡水库、涝河水库就属于这种情况。

另外，宽广的河谷内地面平坦，由于河流迂回弯曲或变迁，除需主坝拦截现代河床外，宽阔的岸边台地上尚需修建副坝。当台地上部弱透水层不完整，在坝前遭河流、冲沟或人工取土破坏，下伏强透水层——古河道堆积物就可能成为严重的渗漏通道。如册田水库南副坝和东榆林水库副坝坝基等，都属于此种类型。

（3）粗细粒层，粗粒为主的多层结构坝基。一般坝区无完整的表土层作为天然铺盖，而且覆盖层中又无厚度大、分布广的黏土作为相对隔水层，多以厚层强透水层为主，夹黏土层或透镜体，此类坝基渗漏及渗透变形比较严重，下茹越水库坝基就属于此种类型。

（4）由透水和弱透水的砂土、粉砂和黏性土组成的多层结构式的坝基。例如东榆林水库坝基，在不到 20m 深度的范围内，就有五层土层存在，表层土为亚砂土，$K=0.69m/d$；第二层粉砂土或粉细砂 $K=4.49m/d$，该层为主要透水层；第三层为砾状黏土；第四层为硬砂壤土，有龟裂缝，亦称龟裂土；第五层为砂质黏土，除黏土层为相对不透水层外，其余都为弱透水层或透水层。就是这种底层结构引起了东榆林水库坝基渗透变形，最后导致垮坝的严重后果。

3. 山区河谷水库渗漏和渗透变形特征

在山区河谷单一结构松散坝基一般可分为以下几种类型。

（1）河谷狭窄，谷坡高陡，砂卵石分布于谷底，厚度小于 15m 的坝基。这种类型坝基，砂卵砾石层不厚，而且多由粗碎屑物质组成，其中或有呈透镜体状的砂层分布，且表层没有黏性土的覆盖，因此，岩层透水性甚强，坝区渗漏主要发生于坝基。例如汾河水库主坝坝基即属这种类型。

（2）河谷狭窄，谷坡高陡砂卵石分布于谷底，厚度大于 15m 的坝基。这种类型主要是砂卵砾石比较厚（一般大于 15m），有的甚至几十米，而且多以卵砾石和砂组成，其中或有透镜状的砂层分布。一般透水性很强，而且有集中渗漏通道存在，渗透系数在 50m/d 以上，坝区渗漏主要发生于坝基，渗透变形破坏类型主要是管涌。如米家寨水库，覆盖层厚36m 左右，集中渗流带渗透系数达 86.5m/d。再如吴城水库，砂卵砾石层厚度 4.6～29m，渗透系数 $K=48.36\sim239.67m/d$。

（3）河谷较宽，谷坡上分布有多级基座阶地的坝基。这种类型坝基除河谷覆盖层情况与上述基本类同外，还可能沿阶地基座上的砂卵石渗漏。如汾河水库左岸 Ⅱ、Ⅲ、Ⅳ 级基座阶地与文峪河水库阶地渗漏即属此类。

13.3.3 风电场区的液化及水腐蚀性问题

案例：某近海陆地风电场工程地质问题。

某近海陆地风电场南北方向长约 15km、宽约 0.7km，面积约 10.41km²，有部分坡地，装机 49.5MW。

拟选场址区域构造活动和地震活动性相对较弱，不存在区域泥石流、采空等不良地质作用和压矿问题。

拟选场址及其附近发育有海风混积的砂堤砂地和海漫滩两种地貌单元，地层岩性为粉砂、细砂等砂类土及黏性土，地基主要受力层范围内地基强度较低，且存在地震液化问题，依据《建筑抗震设计规范》（GB 50011—2001），场地的抗震设防烈度为Ⅶ度。设计基本地震加速度值为 0.15g，特征周期值为 0.45s。本场地存在地震液化问题，初判液化等级为中等。不宜采用天然地基方案。根据该区地基土较软弱的地层特点和地区建筑经验，建议采用预应力钢筋混凝土管桩等基础处理形式。

风电场址区处于滨海漫滩地带，浅层地下水水位埋深 3.00～3.90m。考虑到地表虾池、水塘遍布，地表水与地下水水力联系密切，地下水埋深可按 0m 考虑。考虑地下水与海水联系密切，场地环境类型按Ⅱ类考虑，地下水对混凝土结构具中等腐蚀性，对钢筋混凝土结构中钢筋具中等腐蚀性（干湿交替），对钢结构具中等腐蚀性。

第6篇　物理地质现象篇

第14章　岩体风化对工程的影响

风化作用过程能使岩石的结构、构造和整体性遭到破坏，空隙度增大、容重减小，吸水性和透水性显著增高，强度和稳定性大为降低。随着化学过程的加强，则会使岩石中的某些矿物发生次生变化，从根本上改变岩石原有的工程地质性质。

影响风化作用的主要因素有气候、地形地貌、植被、岩性、地质构造等。气候、植被等影响风化的大格局，岩性是风化的基础，地形地貌影响的风化规律相对易于掌握。在工程实践中，构造使风化差异及不均匀性明显，且向深部发展，在勘察阶段往往不易被全面揭示及发现。构造对岩体风化的影响十分显著，由构造形成的不连续结构面，为风化作用创造了良好的条件，风化强度和厚度大幅度提高，并容易形成影响抗滑稳定的软弱夹层。

风化岩体为不同类型的工程带来了不利影响，主要是风化后的岩体强度显著降低，容易使建筑物发生不均匀沉降、地基承载力不能满足要求、变形系数增大、变形模量降低，地基变形增大，不能满足建筑物的要求；如何能够选择风化层较薄的部位，避开或者减少风化带来的不良地质作用是工程地质工作者重点研究的课题。下面以不同地区、不同地质时代、不同规模及不同地层岩性的建筑工程案例，论述岩体风化与岩性、气候、构造及地貌关系的一般规律，了解岩体风化对工程的影响。

14.1　岩浆岩区岩体风化对工程的影响

案例：长江三峡坝址区岩体风化特征及对工程的影响。

三峡工程坝址位于岩浆岩分布区，岩体风化是影响建筑稳定的主要工程地质问题之一，气候、岩性、构造发育程度、地貌单元对岩体的风化程度都有影响，通过调查并对岩体风化类型、风化带的研究，对选定坝址、风化岩体的利用、坝肩边坡开挖深度、地基风化岩体渗漏处理深度都具有很重要的意义。

1. 地质环境

三峡坝址区为亚热带季风气候，多年平均降雨量约为 1147mm，雨量主要集中在 5—9 月，最大日降雨量 386mm，多年平均温度 16.9℃，最低气温 −9℃。

三峡坝址区河谷开阔，两岸为河谷丘陵剥蚀地形，河流侧向侵蚀严重，发育多级不连续阶地，地表径流良好。

基岩主要为前震旦纪闪云斜长花岗岩，闪长包裹体及各类岩脉穿插其中，地层岩性及矿物组成相对简单（表 14.1）。

表 14.1 三峡坝址区岩性及主要矿物含量表

岩石名称	产状	颜色	结构	主要矿物含量/%					
				石英	钾长石	斜长石	黑云母	角闪石	辉石
闪云斜长花岗岩	基岩	灰白、浅灰	中粗粒	25	0~3	55	10~15	10	
细粒闪长岩	包裹体	灰至深灰	细粒	5		>50	5	25~30	
角闪石英片岩		深灰		55~60		3	3	30~35	
细粒花岗岩	岩脉	灰白、浅红	细粒	30	45	20	1~2		
闪斜煌斑岩		灰、绿黑	中粗粒	5	1	40~45		45~50	5
辉绿岩		灰绿或暗绿	细粒	2		65		65	30
角闪辉绿岩			细粒			68		10	20
辉绿玢岩			斑状			70~75		<5	15~20

地质构造处于黄陵背斜南端，断裂比较发育，根据断裂发育走向大致可分为 4 组：①NNW330°~355°/SW 或 NE∠60°~80°；②NNE5°~30°/NW∠60°~80°；③NE—NEE 40°~80°/NW∠65°~85°；④NWW~EW270°~300°/NE∠60°~80°。

上述 4 组断裂中以 NNE 和 NNW 走向组规模较大，两者均具压扭性质，构造岩胶结较好 NEE 和 NWW 组属于张扭性断裂，构造岩胶结较差。此外岩体中还发育有少量缓倾角断裂和中等倾角裂隙。

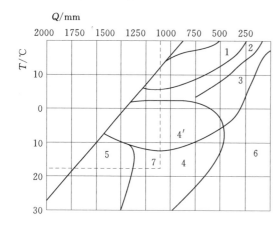

图 14.1 风化作用类型与年平均气温（T）、年平均降雨量（Q）关系图

1—强物理风化；2—中等物理风化；3—微物理风化；4'—有冻融作用的中等化学风化作用；4—中等化学风化作用；5—强化学风化；6—极轻微的风化作用；7—本区所处风化作用位置

由于地壳上升，河谷下切，沿岩体中的缓倾角断裂产生侧向和垂向卸荷作用，卸荷带垂向深度一般在弱风化带底板以下 7~20m。由于地形平缓河谷中侧向卸荷较弱，而垂直卸荷带是风化强烈部位。

2. 岩体风化类型及分带

（1）岩体风化类型。岩体风化主要是物理风化和化学风化两种基本类型，其次是生物风化。根据富克斯（FooKes. P. G）等人的研究成果，一个地区的风化强度和类型，与该地区的年平均气温、年降雨量有密切关系，结合三峡坝址区应属于中等化学风化类型（图 14.1）。

（2）岩石风化带及特征。新鲜岩石经过长期的风化作用，逐渐变为次坚硬、半坚硬、半疏松乃至松散土类，这个过程实际上就是岩石中的长石、角闪石和黑云母等矿物的化学风化过程。这些矿物经过水解作用、脱铝作用、水化脱钾作用、氧化作用蚀变为黏土矿物，致使岩石的结构及物理力学性质也随之改变，各类风化岩石的力学性质将会发生很大变化（表 14.2）。

表 14.2　　　　　　　　　　闪长斜长花岗岩不同风化程度物理力学性质

风化程度	密度 /(g/cm³)	容重 /(kN/m³)	孔隙率 /%	吸水率 /%	单轴抗压强度/MPa		变形模量 /GPa	声波纵波速度 /(km/s)
					风干	饱和		
新	2.75	27	1.05	0.28	113～134		55～75	＞5.5
弱	2.75	27	1.05～1.5	0.3～0.5	90～100	92～103	40～55	5～5.5
强	2.72	25	2.62	0.9～1.1	45～55	60～70	10～20	3.0～4.0
全	2.70	17～20	4.5～5.3	2～5.8	0.4～2	30～40	0.02～0.5	0.5～2.0

在风化过程中花岗岩矿物成分的变异过程为：（斜长石、黑云母、角闪石）→（绢云母、水云母）→（蛭石、绿泥石）→蒙脱石。

三峡坝址工程风化带根据岩体的疏松程度、岩体中矿物的变异程度、裂隙发育程度、钻探岩心采取率、岩体的物理力学性质特征、岩体的水理性质将岩体分为全风化带、强风化带、弱风化带。

（3）岩体风化厚度特征。坝址区风化壳厚度一般为 10～40m，平均厚度为 20m，其中全风化带最厚，弱风化带次之，强风化带相对较薄（图 14.2）。

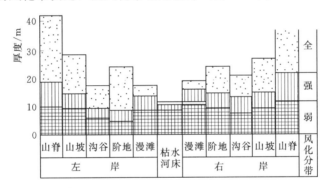

图 14.2　各地貌单元风化厚度示意图

从图 14.2 可以看出，各个地貌单元风化厚度有如下特征。

1）山脊部位风化厚度较大，全风化带发育较全，部分地带全是强风化带。

2）斜坡地段，坡度愈缓，风化厚度较厚。

3）沟谷中风化壳厚度，与沟谷宽度、水流速度、构造发育程度有关。在陡、短、窄的冲沟中风化厚度较薄，在较宽河床，河流较缓地段风化厚度较大。

4）Ⅰ级阶地风化厚度类似于坡地。

5）两岸漫滩风化厚度不均一，弱风化带底板起伏较大，石漫滩部位风化厚度较薄，有粉细砂层覆盖在低洼地段，构造断层与节理发育部位，岩体破碎，风化厚度相对较大。

6）长江枯水河床是水流强烈冲刷的部位，风化壳厚度最薄，全、强风化带难以保存，有些地段微新岩体直接出露。

特别指出的是沿断层裂隙密集带，出现加剧风化现象比较严重，其深度一般发育到微风化带顶板以下 30m，少数可达 50～70m。这种加剧风化主要沿断裂面两侧形成厚 5～

10cm 的疏松、半疏松、半坚硬的岩石，少数厚度可达 10～50cm，沿 NWW、NE—NEE 张扭性断层加剧风化泥化厚度可达 0.5～4m。在断裂交汇处裂隙密集带等岩体破碎、地下水循环较强烈地带，容易形成风化深槽。

3. 岩体风化对工程的影响

岩体风化是三峡工程坝址选址的主要工程地质问题之一，由于岩体风化后，强度显著降低，渗透性能显著提高，工程地质性状显著恶化。对工程主要影响如下。

（1）影响建筑物位置的选择。在大坝比较和选择时，避开了 5 处经勘探证实的风化深槽部位，这些部位容易出现不均匀沉降、强度不够、渗透性强等工程地质问题，选择风化层相对较薄的部位，较少为处理上述工程地质问题而进行的基坑深开挖。在上下围堰及纵向围堰轴线选择时，由构造交汇形成的囊状风化集中分布的部位，对建造防渗墙十分不利，不仅增加造墙难度，也难以达到防渗的要求。

（2）影响建筑物建基面的选择。三峡工程大坝为混凝土重力坝，最大坝高 175m，对坝基岩体强度要求较高。要求岩体为微风化至新鲜岩体，完整性较好，各项物理力学性质指标都必须满足设计要求。

弱风化层下部是以坚硬岩体为主，沿部分断裂带有局部加剧风化现象，弱风化带的上部界限犬牙交错起伏较大，在漫滩及河床部位由于构造的差异，形成一些深风化漏斗或风化槽，主要是沿着 NE—NEE、NWW 等断裂走向发育较多，这些缺陷对大坝稳定造成不利影响。因此，在利用弱风化带岩体时，对局部的风化差异部位也需要采取灌浆或局部深挖回填等工程处理。

（3）影响工程的边坡稳定。三峡工程边坡涉及到不同风化强度的岩体，全风化岩体结构疏松，岩体中各类结构面大多数充填软弱物质。这种软弱物质往往形成蠕滑体，在一定条件下，是泥石流和滑坡的主要物质。因此，这些强风化带岩体在边坡开挖时，一般都是按松散介质处理。即使是弱风化带岩体，边坡上卸荷节理和风化裂隙相互贯穿切割，风化强度增加，容易形成控制边坡稳定的软弱结构面，这种结构面往往是地下水排泄的部位，对边坡的稳定不利。

微风化带或新鲜岩体，由于受构造节理和风化裂隙的控制，不同的结构面组成的界面使得风化厚度非常不均一，这些岩体中存在着强风化甚至是全风化囊体。这些风化囊体与各类结构面组合容易形成滑移块体。如果裂隙中存在裂隙水或具承压性，这些脉状水与不稳定结构体组合是边坡失稳的主要因素。

（4）由于风化作用不仅使岩体解体，完整岩石变成近似于松散土的性质，强度显著降低，而且会使岩体形成分布密集的风化裂隙，使岩体成碎块状，强风化岩体可以形成坝基集中渗漏的通道，强烈的渗透会出现坝基渗透稳定问题。

14.2 变质岩区岩体风化对工程的影响

14.2.1 古老变粒岩区岩体风化与构造关系

古老变粒岩区，岩体风化往往都非常剧烈，其特点是风化深度大，且风化强度和深度差异较大，给工程地质勘察带来难以下手的感觉。岩体风化是这类地区主要的工程地质问题，能否查明变质岩区的风化规律关系到工程的方案及规模。我们通过对变质岩区水利水电工程勘察工作的研究，试图分析变质岩区岩体风化规律及其与构造的关系以及强风化带在地貌上的表现形式。

14.2.1.1　岩性及构造特征

古老变粒岩是粉砂岩、岩屑砂岩、基性—酸性凝灰岩及少量中酸性喷出岩及中高级变质作用所形成的，含长石、石英较多（大于 70%），且长石含量大于 25%，云母或其他暗色矿物含量较少（一般小于 30%），具细粒等粒状变晶结构（粒径一般小于 1mm），暗色矿物一般为黑云母、普通角闪石、透闪石、透辉石、电气石和磁铁矿等。岩性一般为黑云母斜长变粒岩、黑云母变粒岩、角闪变粒岩等。暗色矿物小于 10% 时称为浅变粒岩。变粒岩和片麻岩的主要区别是变粒岩的结构较细，无片麻状或片状构造。

14.2.1.2　古老变粒岩构造一般特征

古老变粒岩地区的地质构造不仅形态和产状极其多样，而且往往是多期变形的产物，它的形成和演化比沉积岩和岩浆岩区复杂得多。有原生或前期构造经变形和变质作用改造仍然残存其原来特征的残余构造，还有在各种构造——各种热事件过程中产生的一系列新生的与变质作用有关的新生构造。不同时代、不同格局和不同性质的构造相互叠加，形成复杂的交叉干扰现象。

14.2.1.3　岩体风化规律

岩体风化受气候、地形、地貌、岩性和构造控制，在山顶处、岩性较软弱的部位风化强度较大，节理裂隙发育的部位风化深度较大，表现在水平方向和垂直方向上风化程度差异较大。

由于变质岩区大都经历了多次的构造运动，每次新的构造运动，都对以前的构造格局进行改造或叠加，塑造出新的构造格局，从而展布出新的构造应力场，山川地貌随之改变，河流随之变迁，产生新的地质、地貌景观。在主构造应力作用下，必然产生规模较大、延伸较长的对风化深度和河流下切深度起控制作用的主干构造带。

由于构造运动多与岩石的矿物内部粒子排列具有一致性，它改变了岩体的内部结构并影响到岩石和矿物的内部，加快了该区的变质作用，使得岩石和矿物组成和组构发生明显的变化而形成变质岩的过渡，故新生构造较残余构造对岩体的风化影响更大。

新生构造变为主干构造裂隙带和非主干构造，非主干构造裂隙带，地下水循环条件较差，氧化作用深度比两侧完整岩体稍大，但其差异很小，因其规模小，故风化作用多在岩体表面，归属于岩体风化壳范围之内，而主干构造裂隙带，不仅规模大，亦是应力集中带，构造裂隙密集，岩体十分破碎，透水性很强，地下水循环条件好，氧化深度比两侧岩体大得多，常形成带状风化，其带状风化深度与两侧完整岩体风化深度差异可达数十米甚至百米以上。主干构造和非主干构造的岩石有着截然不同的风化程度，岩石的力学强度相差甚大。

因此，在变粒岩区，查明构造应力场作用下产生的主干构造的分布和规模，以及在地貌上的反映，是寻求岩体风化规律的重要途径，亦是各类建筑物合理布置的重要依据。

主干构造带和非主干构造带岩体风化程度悬殊，在微地貌上反映比较明显，尤其在沟谷两侧的斜坡地带，在暂时性水流冲蚀作用下，形成小冲沟与山脊相间的地貌特征，主干构造发育部位形成冲沟，冲沟的发育程度受控于主干构造宽窄。非主干构造带形成山脊，岩体较为完整，风化厚度和强度较低，而主干构造所处的冲沟，构造裂隙发育，岩体破碎，风化剧烈，其带状风化为冲沟的形成创造了条件。这种风化特征在河谷两岸的微地貌有着对称的反映，及两岸对应的小冲沟的走向就是主干构造带所形成的强烈风化带的分布方向，正是这种风化差异性使得建筑物地基往往会出现不均匀沉降。

14.2.2 工程案例

案例：山西省柏叶口水库变质岩风化特征及对工程影响。

1. 风化特征

山西省柏叶口水库从地形、地貌上选出了一个最优坝址，岩性为岩浆岩变质形成的下太古界界河口群黑云母角闪斜长变粒岩，具粒状变晶结构，块状构造，各种构造形迹纵横交错，岩体风化剧烈，风化厚度大，且不同部位风化厚度差异极大（全、强风化层厚度3～150m），岩体风化成为该水库的主要工程地质问题，致使坝型、坝高和坝址都难以确定。通过野外调查研究，该区受新华夏构造体系控制，区内共发育四组节理：①走向230°～310°；②走向NE5°～25°以上两组为剪节理，延伸不长，裂隙大部分闭合无充填；③走向NE60°～75°，为张节理延伸长数百米，裂隙宽0.1～1.5cm，最宽为8cm，少量泥质充填；④走向NW330°～345°为张节理。区内①、②、③组较发育，④组发育较少。④组节理均为高倾角（75°～90°）。它们共同组合显示区域构造应力场为

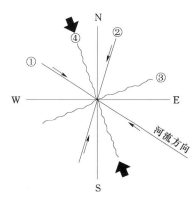

图14.3 构造节理走向示意图
①、②—剪节理；③、④—张节理；
粗箭头主应力方向

NNW—SSE向（图14.3）。与区域压应力方向一致。分析认为③组张节理是由于构造挤压作用形成的，其规模大，连通性好，透水性强，为本区的主干地质构造，它与新华夏系—泰山式断裂走向（NE65°～75°）一致。经过对河谷两岸斜坡微地貌观察，及钻孔和探洞资料证实，贯穿河床及两岸有三个深槽风化带沿③组构造带发育，带内节理裂隙密集，一般为6～9条/m；节理裂隙最小间距为1～2cm，裂隙较宽且连通性较好，切割深度大，岩体破碎风化十分剧烈。河床钻孔揭露，全、强风化带厚度最大约150m，带宽6m左右；而带外节理裂隙相对较少，为0.5～3条/m，岩体较完整，岩石力学强度较高，全强风化带厚度仅为3～15m。这样，构造带走向范围内两岸岩体均显示出了凹洼的地貌特征（图14.4）。

另外，坝址区勘察还反映出左岸风化较浅、右岸风化较深的特点，这与右岸存在F_3

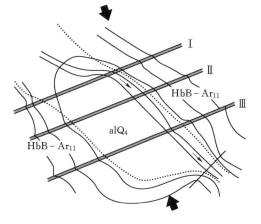

···拟建坝轴线；➡主应力方向
图14.4 风化槽沿构造线发育及微地貌特征示意图
Ⅰ、Ⅱ、Ⅲ—深槽风化带（构造带）

断裂且三个深槽构造风化带右岸较左岸发育有关。

小结：古老变粒岩区岩体风化呈带状分布，风化作用的程度与区内地质构造有着密切的联系，地质构造的张性裂隙是控制区内深风化槽的主要因素，而地貌上反映出来的凹陷特征，往往是主干断裂或裂隙密集带。

2. 对工程影响

设计原拟采用的重力坝型。由于坝址区全强风化带较深，右岸风化程度高，且存在着三个深槽风化带，坝基及右岸开挖量大，右岸开挖多时边坡稳定性问题更加突出，且靠近坝轴线的深槽风化带处理工程量大，而坝基覆盖层厚度较薄，故最终采用了面板堆石坝型。

14.3　沉积岩区断裂构造对风化影响

案例：向家坝电站坝址风化特征。

向家坝电站位于四川省宜宾县和云南省水富县交界处。电站距宜宾市 33km，离水富县城 1.5km。工程开发任务以发电为主，改善航运条件，兼顾防洪、灌溉，并具有拦沙，对溪洛渡水电站进行反调节等作用。向家坝水电站正常蓄水位 380m，死水位 370m，电站装机容量 6400MW，水库总库容 51.63 亿 m^3，调节库容 9.03 亿 m^3，为不完全季节调节水库。

坝址地层为三叠系上统须家河组软硬相间的河湖相沉积岩系，受地质构造影响，在坝址形成了缓倾下游的顺层压扭性断层、层间错动等不良地质构造。由于构造影响，在河床，从高程约 260m 处开挖基坑到高程 100～225m 内仍然有风化囊、风化晕，存在 IV、V 类碎裂状或散体状岩体。如此巨厚的风化带出现在坝基下面，在国内建坝史上尚属罕见，因此 2009 年 5 月 15 日北京专家会议指出："坝基地层 200m 高程以下地基岩体不会改善。"而不会改善的原因是构造破碎引起的风化造成的。

岩体风化是坝址主要工程地质问题之一，岩体风化直接关系到坝基渗透稳定和坝基不均匀沉降。

1. 地质背景

（1）地形地貌。向家坝水电站工程坝址位于峡谷出口，从上游至下游河谷逐渐开阔，呈不对称的 U 形谷，坝轴线高程 260m 处河谷宽约 500m，正常蓄水位高程 380m 处河谷宽度约 822m，宽高比约为 5：1。坝址两岸地形整齐，两岸山势总体上游高于下游。岸坡微地貌形态受地层岩性控制呈阶坎状，除缓坡被第四系崩坡积物覆盖外，大部分基岩裸露。厚层至巨厚层砂岩出露地段多形成阶状陡坎；而岩性相对软弱的岩层形成缓坡，两岸坡顶以相对软弱的侏罗系红层形成较宽阔的平台，高程约 400～575m。坝址河床基岩顶板的总体形态是下游高上游低、中间高两侧低。即河床基岩顶板略微倾向上游，并且在两侧存在较连贯的凹槽。在坝址上下游，天然河道总体走向近东西向。

（2）地层岩性。坝址覆盖层为第四系河床砂卵砾石层平均厚度 20m 左右，下部崩块石、孤石层厚约 5～10m。坝址区分布的基岩地层岩性主要为三叠系上统须家河组长石石英砂岩和砂质泥岩互层，夹有泥质、碳质页岩软弱夹层。

（3）地质构造。坝区在区域水平向主构造应力作用下，形成以 F_1 断层为主干断层、

F_2、F_3 断层为次级断层及叠瓦状断裂发育的压扭性逆冲系列构造。经开挖证实，F_1 断带出露在坝踵，F_2 断带出露在近坝趾，F_3 断带出露在坝下游（图 14.5）。

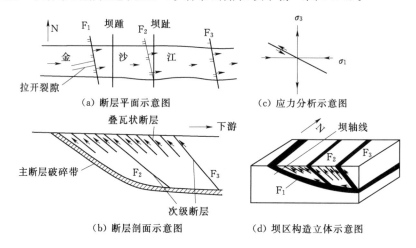

（a）断层平面示意图　　　　（c）应力分析示意图

（b）断层剖面示意图　　　　（d）坝区构造立体示意图

图 14.5　向家坝坝址地质构造示意图

F_1 断层：为主断层，产状 S5°E/NE∠15°～40°，断层厚度变化起伏较大，带内发育有糜棱岩、断层泥。由于断层带岩体破碎，整个断层带岩体风化非常严重，可用挖机直接开挖。为全、强风化带。

F_2、F_3 断层属于 F_1 断层次一级断层，位于 F_1 断层上部，其中 F_2 断层，产状 S6°E/NE∠40°，断层带宽度 5～10m，断层带内为糜棱岩、灰黑色断层泥夹巨厚层状灰白色长石石英砂岩。断层带两侧岩体十分破碎，特别是下盘岩体劈裂状尤为明显。断层面光滑、平直，其上有镜面擦痕。

F_2 断层错动带：以 F_2 断层为中心，包括数个顺层断层组成的叠瓦状断裂、层间错动、层内错动、断层泥厚度大于 0.5m 的软弱夹层及两侧的挤压破碎带所组成，其影响宽度约有 200m。

F_3 断层错动带：产状与 F_2 断层近似，以 F_3 断层为中心，包括断层两侧多条断层所夹的软弱夹层、挤压破碎带、叠瓦状断裂及层间错动带所组成，其影响宽度达 150m，岩层结构面上断层擦痕明显。在这些断层切割下，岩体的风化呈带状分布。在基坑开挖中，出现风化强度在垂直方向上差异很大，在断层之间有中等风化岩体存在。其上部、下部都是全风化岩体中间夹有比较完整的中等风化基岩。

2. 工程地质分析

（1）地表地质现象。

1）在坝址区近 500～600m 厚的软硬相间岩层，软弱夹层经错动发生恶化，形成断层泥和断层角砾岩，风化剧烈，呈全、强风化状，在这个带内Ⅳ类、Ⅴ类岩体约占 1/3，RQD 值一般在 10% 左右；坝下只要有软弱夹层的存在就有风化的Ⅴ类散体岩层分布，岩层产状倾向下游，埋深从上游至下游逐渐增大。左侧到右侧厚度减少埋深增大，其分布形式取决于软弱岩层的起伏变化。

2）地貌上河床基岩面上游低下游高，而且在坝踵或上游河床内有侵蚀深槽，深槽内第四纪砂砾石层厚度 31m，逐渐向下游变薄。

3）糖房湾背斜轴为 N60°E，而下部岩层倾向为 NW330°；右岸西南角，在高程 245m，岩层产状为 N66°W/SE/34°而同一断面在高程 215m 处，产状 S125°E/SW/<35°。

4）立煤湾膝状挠曲轴部走向大致为 330°～350°，以高陡倾角向下游转折。

5）岩层及断层倾向下游且左岸较缓右岸陡立。

6）F_1、F_2 断层出露的强风化软弱带及 V 类岩层与硬质完整基岩界线十分明显，挤压破碎带过渡不甚明显，但风化程度增大。

7）散体状的 IV 类、V 类岩体出现在泥质岩层附近，其间有多条层间错动带，这些错动带形成的挤压破碎岩石为后期风化创造了条件。

8）F_1 断层与距坝址下游 12km 的柏树溪断层和距坝址上游 17km 的楼东断层产状相近。

（2）地质分析。根据 F_1 断层挤压破碎带数个层间错动发生的断层泥和角砾岩的厚度推测，这些软弱带发生了较大距离的层间错动。由于挤压破碎的岩体接受地表水的渗入和活动，加剧了岩体风化，导致地下深处仍有类似全风化 V 类散状岩体。正因为 F_1 断层形成时由于地层在沉积旋回中形成了软硬相间的岩石，地应力在硬质岩层的储能和软弱岩层的消能特性，使得岩层发生错动时软岩层迅速消能，块状岩体得以保存，因而形成明显的软硬界线。

在东西向水平构造应力场作用下，F_1 断层沿底部软弱夹层由东向西上冲，在该岩带范围内岩层遭受强烈挤压，岩层走向近于 SN 向，倾角较缓，后期在 NE—SW 向应力作用下，F_1 断层表现为压扭性，再次上冲，使得右岸破碎带较深，左岸破碎较浅，在 F_1 断层上盘产生一组以 F_2 和 F_3 为代表的 NW 走向叠瓦式断层，并将 N45°E 方向的垂直构造节理发生平行错动，处于左岸的张性节理走向变成 70°～80°，节理面上出现明显擦痕，节理的密度增加，在后期河流潜蚀作用下，形成顺河偏 NW 向的深槽。F_1 断层上冲后在坝踵部位略上游出露，由于断层破碎带岩性较软，因此在出露部位形成横向深槽使得侵蚀岩基面形成上游低下游高的反常特征。也正是 F_1 断层的上冲伴生了立煤湾膝状构造。喜山运动 NW—SE 向应力场作用下，NW 向压扭性结构面部分表现出张性特征，也使得立煤湾轴部破碎的纵向裂隙进一步加宽加深，被改造后的压性断裂，局部具有了张性特征，受地营力作用更强，破碎带更宽，风化深度更大，抗剪能力更差。开挖证明，F_1 断层与立煤湾挤压带重合部位破碎带及影响带宽达 100m 左右。

下游柏树溪断层距坝址 13km，上游楼东断层距坝址 17km，产状相近，可以推断 F_1 断层为这些区域性断层的低序次构造。

在对上述地质现象综合分析后，得出如下判断。

本区构造应力复杂，岩层及断裂面形态极不规则。在最大水平主应力 σ_1、中间应力 σ_2 和最小垂直主应力 σ_3 作用下，坝区内形成缓倾下游的 F_1 主断层时，依次形成上盘的 F_3、F_2 等叠瓦式断层，压扭性断层带上升时受控于糖房湾背斜并伴生立煤湾膝状挠曲构造。

F_1 断层带穿越坝踵线及其下游坝区，坝区开挖后裸露岩体为 F_1 断层带上盘，在 F_2、F_3 断带的切割下，F_1 断层带上盘顶部较完整的岩体也遭受不同程度的破坏，并形成一系列中厚层软弱夹层。

3. 工程地质问题及建议

（1）工程地质问题。

1）由于构造影响，风化层厚度增大，岩体破碎及卸荷程度的差异（右岸大于左岸），导致软硬岩体受应力影响形成的破坏程度不同，因破碎带内岩石风化程度高，承载力低，即使灌浆补强也难以达到理想效果，造成不均匀沉降问题处理难度较大。

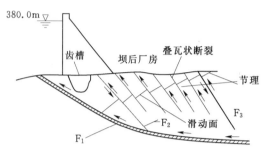

图 14.6　坝基地质构造形成的风化软
弱带与大坝稳定示意图

2）由于坝下存在断层，区域内断层一旦触发地震，坝下的断层带或层间错动带将产生相对位移，即使位移量很小也极易使混凝土大坝的帷幕灌浆段产生裂隙而失效，随之产生的扬压力对坝基稳定将造成不利影响。

3）缓倾下游的 F_1 主断层与近顺河发育的高倾角节理极易形成不利组合，大坝在蓄水后存在向下游推移挤压发生累积位移的深层滑动之虞（图 14.6）。

（2）建议。难以回避的问题是：在中风化带上建筑混凝土高坝，将突破现行规范，如果坝体放在活动断层带上，又是一个严峻的挑战。针对大坝可能出现的稳定问题，提出以下两点建议。

1）在齿槽下挖中，F_1 断层带及其两侧破碎带的全风化层应尽量全部清除，必要时采取诸如打抗滑桩之类措施以切断滑移面和软弱层，或采用塑性深层混凝土防渗墙以保证渗透稳定，并应进一步进行抗滑稳定复核，必要时增加深长地锚以增强抗滑稳定。

2）区域内刹水坝逆断层经有关方面鉴定为活动性断层（曾因此放弃大桥的修建），下游距坝址 12km 的柏树溪断层近 2 万～3 万年有过活动，故有必要对坝区断层进行绝对年龄鉴定和研究，进一步确定是否属于活动性断层，从而采取适当的工程措施。

4. 小结

三叠系上统须家河组，河湖相沉积旋回形成的软硬相间的砂页岩、泥岩地层受水平构造应力的作用下在 F_1 层面上盘沿层面形成叠瓦式断层，同时伴生立煤湾褶曲，这些断层横切坝址，并与挤压褶曲组合，形成了坝下风化带，对坝体稳定不利。

由于断层构造引起风化厚度增大和加深，形成的软弱夹层使工程地质条件恶化，大坝蓄水后存在累积位移的稳定问题；由于坝址风化厚度不均，软弱夹层的存在，坝体应力传递不一致造成的不均匀沉降问题；由于下游柏树溪断裂为活动性断层，该区地震烈度为Ⅶ度区，一旦发生地震，坝下的断层或层间错动将发生调整使灌浆帷幕破坏，产生的扬压力对抗滑稳定不利。开挖已证实前期勘探发现的十几条软弱夹层都有明显断层特征。建议根据开挖揭露的地质边界条件进一步进行抗滑稳定的分析和对坝下断层是否具有活动性做出鉴定，进而有针对地采取综合工程措施，确保大坝安全和稳定。

通过上述案例分析，风化深度和强度在构造发育地段，与构造发育的深度和规模有直接关系，它对工程的稳定性影响是不能低估的，风化带在地质构造影响下和外营力作用下，地貌上往往呈低洼和凹陷特征。

第15章　斜坡地貌与边坡稳定性分析

15.1　基本概念及研究意义

斜坡：指地壳表部一切具有侧向临空面的地质体，具有一定的坡度和高度（图15.1）。

天然斜坡：在一定的地质环境中，各种地质营力作用下形成和演化的自然历史过程中的产物，未经过人为扰动。如山坡、海岸、河岸等。

人工斜坡：指人类为某种工程经济目的而开挖，特点是具有规则的几何形态，如路堑边坡、露天矿边帮、运河或渠道边坡等。

斜坡破坏：斜坡岩土体中已经形成贯通性破坏面时的变动。

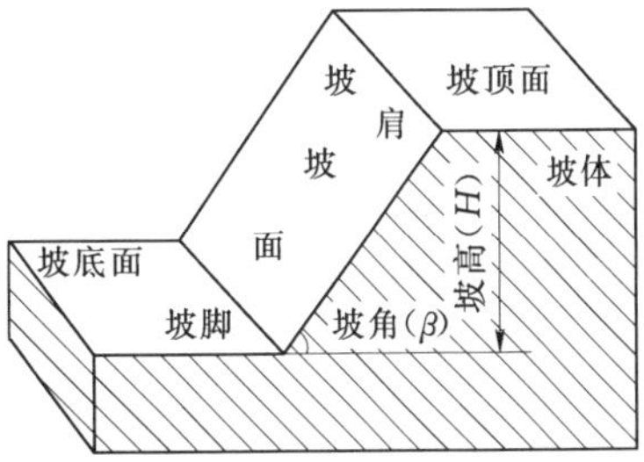

斜坡变形：指斜坡中贯通性破坏面形成之前的变形与局部破坏，这时的斜坡地质体成变形体。

图15.1　斜坡要素图

斜坡变形破坏的演化阶段：变形、破坏、破坏后的后续运动及堆积。

天然斜坡或人工斜坡形成过程中，岩（土）体（以下称岩体）内部原有的应力状态随着过程的进行而发生变化，引起应力重新分布和应力集中等效应。斜坡岩体为适应这种新的应力状态，将发生不同规模的变形和破坏，使斜坡日趋变缓。这种坡地上的风化碎屑或不稳定岩体、在重力作用下，向下运动的过程，叫做重力作用和块体运动。重力作用分为崩塌、错落、滑动、蠕动。由重力作用形成的各种地貌叫做重力地貌，形成的堆积物称为重力堆积物。

在山区，重力地貌是常见的地貌类型。重力作用或块体运动具有发生迅速、危害大的特点，经常造成严重的地质灾害，对交通、厂矿、城镇和大型水利枢纽、及各类建筑物造成严重的威胁。我国是一个滑坡、崩塌灾害较为频发的国家，据不完全统计，自20世纪80年代以来，几乎平均每年都有一次重大崩滑事件发生。斜坡变形过程和它造成的不良地质环境均可对人类工程活动带来十分严重的危害，并且还可能引起生态环境的失调和破坏，造成更大范围和更为深远的影响。2008年5月12日，四川汶川发生了里氏8.0级地震，沿长约200km的龙门山发震断裂带，引发了大量崩塌、泥石流和堰塞湖，是新中国成立以来规模最大和灾害最严重的一次地震引发的崩塌滑坡灾害。

1969年6月，雅砻江上游唐古栋处由于滑坡发生一起堵江事件，6800万m³土石迅速滑入江中，筑成高175～355m的天然堆石坝，堵江九天，库内蓄水6.8亿m³。溃坝后，下游水位陡涨40m以上，距滑坡地段约100km与金沙江交汇处水位上涨16m。

1963 年 10 月 9 日晚，意大利瓦伊昂水库滑坡事件，为沉痛教训。瓦伊昂水库始建于 1956 年，坝高 267m，为当时世界上最高的双曲拱坝，1960 年 9 月建成，1960 年 2 月开始蓄水。勘查和施工过程中，早已发现左坝肩山体有变形迹象，但直到大坝建成以后仍未对其稳定性和发展趋势作出明确评价。大坝蓄水三年后，该山体突然以 25～30m/s 的速度沿层面下滑，近 2 亿 m³ 土石迅速淤满水库，掀起了高出坝高约 100m 的高浪，库水宣泄而下，摧毁了下游 3km 处隆加罗市及其下游数个村镇，造成近 2000 余人死亡，整个水库变为石库。

斜坡岩体稳定性工程地质分析的任务有两个方面：一方面进行斜坡稳定性评价和预测，使建筑物免遭边坡破坏受到的影响，或者避开不稳定边坡不良地质作用对建筑物的损害，比如风电场的风机建筑物，就应该通过地形地貌、地质条件的观察避开崩塌、滑坡、蠕动可能发生的地段；另一方面要为设计合理的人工边坡以及制定有效的整治措施提供依据，减少地质灾害的发生。这两方面任务的实现，必须阐明斜坡是否产生危害性变形与破坏的可能性，论证斜坡变形和破坏的方式和规模。

15.2　边坡破坏机制

15.2.1　岩体的卸荷回弹

由于地质体物质组成的极不均一性，加之产状、结构面空间状态的多变性，构成谷坡的结构、形态也是多种多样的。控制和影响其稳定的因素也是多种多样的，随着谷坡的发展和变化，制约和影响边坡稳定的结构，就越趋于临界极限稳定，加上坡体物质特性和结构面的物理、力学，水理性质不同，便导生出不同形式和不同破坏机制的坡体破坏、滑塌、垮塌及崩塌。故从成生机制上出现蠕滑式蠕滑弯曲溃断式、滑移拉裂式、滑移压裂式、倾倒崩塌式等。

所谓岩体的卸荷回弹是由于坡体内积存的弹性应变能释放而产生的。在高地应力区的岩质边坡中尤为明显。一般发生在坝基开挖后，坡体向临空方向错动滑移。这种现象在山西汾河二库坝基开挖后，岩体发生卸荷错移 8cm，钻孔沿缓倾角结构面错位。溪洛渡电站地下厂房开挖后，岩体向临空面方向错位 10cm；葛洲坝砂岩开挖过程中，边坡岩体沿软弱夹层发生了明显的位移；过程中坡体向临空面回弹膨胀，使岩体原有结构松弛，在集中应力和残余应力作用下，同时会产生新生的表生结构面。如垂直和水平卸荷节理，包括岩体蠕变，这些变化都源于岩体集中的内能作功所造成的。一旦失去约束的那一部分内能释放完毕，这些变形即告结束，大多数在较短的时间能够完成，某些露天煤矿的观察资料表明，边坡的侧向回弹在开挖停止以后 10d 就已基本结束。常观资料证明，卸荷过程中包含着蠕变，位移速度由开初的 2cm/月逐渐递减，延续 4～5 个月基本停止，表现为减速变形。

斜坡的蠕变是在坡体应力长期作用下发生的缓慢而持续的变形，这种变形包含着某种局部破裂，甚至产生新的表生破裂面，坡体随蠕变的发展不断的松弛。瓦伊昂大坝失事三年前就开始观察，1963 年春季以前，大致保持等速蠕变，春夏两季测的位移速率为 0.14cm/d 左右，9 月 18 日连续大雨后，位移迅速增大，到 10 月 9 日位移量达到 80cm/d 直至滑坡发生。

卸荷和蠕变这两种变形过程中，虽然出现局部破裂，但坡体尚未失稳，所以仍属变形阶段，在工程实践中通常把坡体经斜坡变形而松弛，并含有变形有关的表生结构面那部分岩体称为卸荷带。下面以实际工程案例说明边坡卸荷对工程的影响。

15.2.2　岩体卸荷回弹案例分析

溪洛渡水电站是我国目前仅次于三峡电站的特大型水利工程，位于金沙江下游云南省永善县与四川省雷波县相接壤的溪洛渡峡谷段。溪洛渡水电站以发电为主，兼有防洪、拦沙和改善下游条件等综合效应；开发目的是实施"西电东送"，满足华东、华中经济发展的用电需求，并配合三峡工程提高对长江下游的防洪能力，充分发挥三峡工程的综合效益。溪洛渡水电站总装机容量 1260 万 kW，坝高 278m，水库正常蓄水位 600m，相应库容 115.7 亿 m^3，防洪库容 46.5 亿 m^3。

溪洛渡水电站枢纽工程区处于高陡边坡河段，受构造应力和卸荷回弹作用的影响，边坡岩体垂直、水平卸荷张裂面相当发育。通过对坝址区的地质调研，初步论证了卸荷节理裂隙产生的力学机制和一般规律，进而提出坝址齿槽开挖形成临空面后地应力释放产生卸荷回弹，岩体沿结构面产生向河床方向位移的可能性。地下厂房三大洞室高边墙开挖后在地应力作用下沿结构面向临空面方向卸荷回弹引起的围岩稳定问题，同时探讨了该类高边坡的稳定性以及对高边坡进出水口段的开挖支护形式。

15.2.2.1　地质背景

1. 地形地貌

坝址区受盐津、马边活动大断裂构造应力作用影响，形成雷波-永善构造盆地——永盛向斜。坝址区系一总体倾向南东的似层状玄武岩组成的单斜构造，地层产状顺流向上游呈陡缓相间的平缓褶曲。金沙江以 NW→SE 向流经坝区，河道顺直，谷坡陡峻，山体雄厚，枯水期水位 360m，相对江面宽 70～110m；正常蓄水位 600m 时，相对江面宽 500～535m。河谷断面对称呈 U 形展布，岸边 420～560m 高程段为 70°～75°的陡壁；560～600m 高程段为 50°左右的斜坡，600m 段高程以上为 70°～80°的陡壁；两岸谷肩高程 860m 以上主要为第四系冰水堆积物和冲洪积物组成的河流阶地，宽阔平缓，倾向江心（图 15.2）。

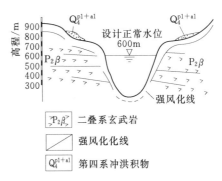

图 15.2　溪洛渡电站坝址地质地貌形态示意图

根据地貌特征分析，金沙江峡谷形成主要经历了新构造运动两个阶段：从 Q_2 末期到 Q_3 中期，此区地壳抬升速率较为缓慢，金沙江从海拔不小于 2000m 下切到 860m 以后地壳趋于下降，形成两岸对称阶地，并堆积了第四系冲洪积物；Q_3 末期地壳抬升速率急剧增大，河谷快速下从而形成 U 形峡谷地貌。

2. 地层岩性

坝址区河床及两岸基岩均由二叠系峨眉山玄武岩（$P_2\beta$）组成。二叠系下统茅口组（P_1m）灰岩、白云质灰岩等埋深于坝基以下约 70m。

峨眉山玄武岩为多期喷溢性火山岩流，坝址区最大厚度 520m，共 14 个喷发旋回，因而形成 14 个岩流层。岩流层厚度一般为 25～40m，其中第六层（$P_2\beta_6$）和第十二层（$P_2\beta_{12}$）的厚度较大，平均厚度分别为 72m 和 82m，第十层（$P_2\beta_{10}$）和第十一层（$P_2\beta_{11}$）厚度最小，平均厚度约 13m，厚度相对稳定，起伏差小于 5m。

3. 结构与构造

玄武岩为隐晶质结构，每层下部为块状构造，岩性坚硬，弹性模量一般垂直向为 22～30GPa，水平向为 12～22GPa，抗压强度为 120～200MPa；中部为杏仁状构造，上部为紧闭的柱状节理发育。

由于中生代以来多期构造运动，岩体中形成了较为复杂的结构面网络体系，根据区域构造配套分析以及现场量测，贯穿性结构面以 NE 向和 NW 向为主，缓倾角结构面分布较频繁，平均约 1 条/10m，倾向 SE，走向 N30°～50°E，倾角 10°～20°，大多为在原生节理基础上经构造作用改造形成的小断距缓倾角错动带。

非贯穿性节理主要发生在各个岩流层中部，工程类型以新鲜的裂隙岩块型为主，部分为含屑角砾型，发育的主要优势方向参数见表 15.1。

表 15.1　　　　　　　　　　非贯穿性节理发育优势方向参数表

编号	平　均　产　状	间距/cm	断面特征
1	N30°～50°W/SW（NE）∠5°～10°	25～30	新鲜、粗糙
2	N40°～50°E/SE∠5°～10°	25～30	闭合、无充填
3	N40°～50°W/NE∠60°～80°	30～35	闭合、无充填
4	N20°～40°E/NW∠50°～70°	25～28	粗糙、充填石英
5	N60°～80°E/SE（NW）∠65°～85°	30	开裂、粗糙充填蚀变物
6	EW/S（N）∠60°～80°	25～35	闭合、无充填

4. 地震烈度与应力场

本区地震烈度为Ⅷ度，最大地应力为 18～20MPa，方向为 N60°～70°W，与坝区金沙江河谷近于平行，与岸坡呈 10°～30°夹角，坡脚谷底下部位存在高应力区，最大主应力 σ_1 可以达到 30MPa。

15.2.2.2　边坡岩体卸荷

1. 按卸荷裂隙的产状分类

按照卸荷裂隙的产状可将边坡卸荷分为水平卸荷裂隙和垂直卸荷裂隙。

（1）水平卸荷裂隙。

水平卸荷裂隙在金沙江两岸分布极其普遍。块状玄武岩中由于水平卸荷裂隙的存在从而表现出类似层积岩的层理特征，但根据两岸边坡开挖观察，这种卸荷裂隙一般短小，呈近水平状，向坡内延伸多为 10m 左右，少数大于 10m。坡面附近裂隙张开 5～10cm，向内紧闭而逐步尖灭，充填有贝壳状或光滑断口状的石英颗粒，溶蚀较弱。

值得注意的是，金沙两岸河床以上的水平卸荷由于地应力释放完成，进一步发展的可能性较小，但根据目前我国高边坡高应力区均发生在谷底即坡脚部位的规律，坝基开挖后坡脚高应力区的这类水平卸荷裂隙随着开挖临空面形成，两岸卸荷引起应力集中即差异回弹，裂隙将进一步扩大和发展，从而对坝基边坡稳定性造成威胁。根据目前在工区所测的多个应力点资料反演，坡底和谷底下部存在高应力区，可以初步确定其产生的最大主应力 $\sigma_1 \geq 30$MPa（图 15.3）。

（2）垂直卸荷裂隙。垂直卸荷裂隙即平行岸坡的陡倾角卸荷裂隙。在金沙江两岸的陡峭边坡上均较发育，但水平方向贯入岸坡深度较浅，一般小于 10m，目前对边坡稳定影响较大的主要为贯入深度 2～6m 的垂直卸荷裂隙。从成因上垂直卸荷裂隙可以分为两种：一种是沿边坡构造结构面张拉形成的，这种裂隙与水平卸荷裂隙组合切割的岩块稳定性主要受水平裂隙和缓倾角构造结构面控制。若裂隙面倾向外侧，且具有较软弱夹层则极易形成崩塌破坏，反之岩块较为稳定。在左岸岸坡 610m 高程主厂房通风平洞进口段顶拱部位发育的一条缓倾角

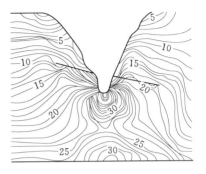

图 15.3　河谷地应力分布规律示意图（单位：MPa）

错动带，上盘完整，下盘破碎带厚度达 2m 左右，由于在边坡位置，经爆破震动力的影响最终发生崩塌破坏。

另一种是垂直卸荷节理面呈弧形，中段光滑，两端粗糙，从裂隙的扩展方式分析，生成机制为上段倾倒拉张，中段碾剪弯，根部未脱母岩，受中、上段倾倒带动开裂，即近于平行岸边倾倒构造裂隙临空卸荷的作用下发生弧形破裂，它们将岩层分割成数十平方米的岩板，一旦贯通到一定程度，极易发生坠落或崩塌。

2. 按卸荷强度分类

根据岩体卸荷强度和坝址区岩体卸荷形式可分为两大类：即强卸荷带和弱卸荷带。

（1）强卸荷带。金沙江两岸强卸荷带宽度为 5～10m，岩体风化较严重，具明显松弛特征，一般沿岸边平行展布。两岸多处可见宽度大于 2cm 的集中卸荷带，局部产生错落，大部分张开宽度 0.5～2cm，裂隙内充填岩屑并夹泥质成分，岩体呈块状、次块状，局部呈镶嵌碎裂状，声波波速差别大，一般纵波波速 $V_P = 3000～5000$m/s。

（2）弱卸荷带。金沙江两岸弱卸荷带宽度分别可达 20～40m，岩体较松弛，卸荷带内节理微张，张开宽度为 1.5～20cm，裂隙内充填岩屑和次生泥膜，局部沿节理裂隙有滴水、渗水现象。

15.2.2.3　缓倾角断裂卸荷回弹错动

受周边构造格局影响，坝址区内出现频次约 1 条/10m 的贯通性层内错动带。这些错动带在两岸出露后均表现出明显的卸荷回弹错动改造，回弹错动具有下述典型特征。

（1）错动带外宽内窄。在金沙江左岸岸坡部位的进风平洞洞口顶拱部位，错动带上盘岩石完整，下盘破碎、软弱物质厚度达 2～3m，向洞内逐渐变薄，延伸到洞内后软弱物质厚度仅 3～5cm，表明靠近坡面回弹错动较为强烈。

（2）错动面上发生变质作用。错动面上有明显的石英颗粒析出，并伴有阳起石化和绿泥石化。在卸荷回弹时，溶蚀程度较高的石英又被碾压破碎，并形成新的擦痕。错动面上局部产生高温重熔物，表现在洞内缓倾角结构面上有串珠状的石英熔体，岩石熔融并分离出石英熔体的现象，是岩体沿结构面发生强烈卸荷回弹时，受结构面上局部凸起体的阻力

强烈摩擦升温而引起的。由于缓倾角断裂带的回弹错动，在洞内开挖临空面形成后，局部地段在结构面下方，由于应力瞬时释放形成轻微岩爆现象并发生局部坍塌；而河谷两岸岸坡构造应力释放已经完成，岩体应力场转为自重应力场为主。

15.2.2.4　板裂化结构

这类改造发生在左岸泄洪洞出口。已经开挖的断面中上部近于平行岸坡的垂直卸荷裂隙将整体块状岩体切割成板状，厚度达 $20\sim30\mathrm{cm}$，裂隙的形成机制是坡面浅表层在卸荷所诱发的残余应力作用下形成的。

15.2.3　斜坡岩体应力分布特征

斜坡发生破坏与斜坡周围岩体应力分布特征关系密切，了解斜坡周围岩体的应力分布特征，对于认识斜坡变形破坏机制是十分必要的，并且有助于评价斜坡的稳定性，更加合理的制定设计和整治方案。

15.2.3.1　斜坡应力的分部基本特征

斜坡形成过程中，首先是临空面周围的岩体发生卸荷回弹，引起应力重分布和应力集中等效应，主要特征如下。

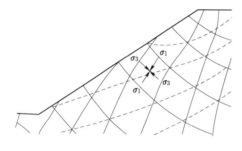

—— 主应力迹线；　···· 最大剪应力迹线

图 15.4　斜坡中最大剪应力与
主应力关系示意图

（1）由于应力重分布，斜坡周围主应力迹线发生明显偏转。越靠近临空面最大主应力越平行于临空面，最小主应力则与之接近于正交。

（2）应力分异，在临空面附近造成应力集中带。坡角部位应力显著增高，最小主应力显著降低，是斜坡中应力差或剪应力最高的部位，也是最易发生变异和破坏的部位。坡缘形成张力带，出现拉张裂隙。

（3）坡面由于径向应力接近于零，实际处于单向应力状态，向内逐渐变为两向或三向应力状态（图 15.4）。

15.2.3.2　斜坡岩体应力分布主要影响因素

（1）原始应力状态的影响。水平剩余应力对坡脚应力集中和坡缘张力带的影响最大。分析表明当斜坡岩体中存在较大的原始侧向水平应力时斜坡更容易变形与破坏。

（2）坡形的影响。坡角大小对应力影响显著，坡角越陡，坡面张力带范围越大且增强。坡脚应力集中带最大剪应力带值也越大。研究表明，坡高不改变应力等值线图像，但坡内各处的应力值，均随坡高增高而线性增大（图 15.5）。

谷底宽（W）对坡底的应力状态也有一定影响。计算表明，当 W 小于 $0.8H$ 时，坡底最大剪应力随底宽缩小而急剧增高（图 15.6），而当 $W>0.8H$ 时，则保持为一常值（称为"残余坡脚应力"）。由此可见，在宽高比较小的高山峡谷地区，特别当存在垂直河谷的较高的水平剩余应力时，坡角和谷底一带可形成极强的应力集中带。

（3）斜坡岩体特性和结构特征的影响。

天然斜坡或人工边坡大多为非均质体，多数不同程度的含有一些软弱面（或带）。

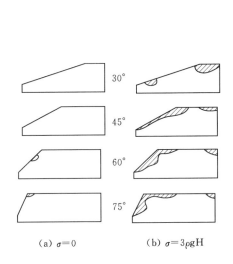

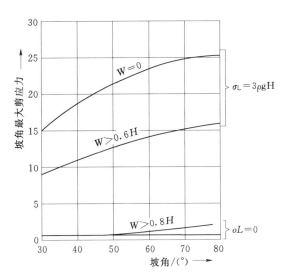

图 15.5　斜坡张力带分布状况

图 15.6　坡脚最大剪应力与坡高河谷底宽（W）、
水平应力（σ_L）及其坡脚（β）关系图解示意图

斜坡形成过程中，这些软弱面（或带）会受到不同程度的改造，产生新的断裂面，必将是应力分布状况更加复杂化，事实上斜坡中平缓或倾向坡外的软弱面，在成层过程中有利于上覆岩体中水平剩余应力的释放和结构松弛，使其应力场由重力场和水平剩余应力叠加型向重力场型转化。坡内软弱层的影响则与它在成坡过程中压缩变形的程度有很大关系。平缓或倾向坡内的易压缩层，可使上覆岩体中可能破坏区有明显的增加或扩大。

在斜坡形成的过程中，坡体应力状态是不断变化的过程，在临空面附近总会形成应力降低带，而应力增高带则分布在一定的深度范围内。在河谷地貌区，由于斜坡不同部位经历变形的历史和表生改造程度不同，应力增高带分布深度有所不同。

15.3　斜坡破坏基本类型

斜坡破坏的分类，国内外已经有许多不同的方案。20 世纪 90 年代，国际工程地质协会建议采用瓦恩斯的滑坡分类。分类综合考虑了斜坡的物质组成和运动方式。按物质组成分为岩质和土质斜坡。按运动方式划分为崩落（塌）、倾倒、滑动（落）、侧向扩离和流动 5 种类型。还可以分为错落、蠕动、崩塌-碎屑流、滑坡-泥石流等。其实，瓦恩斯的分类是将斜坡变形、破坏和破坏后的继续运动三者综合在一起，分类中的"流动"包括了斜坡变形体的蠕变，又包括了碎屑流和泥流等。实际上斜坡发生滑坡崩塌之前，都可能经历过蠕变，又如分类中的倾倒实际上也是一种变形方式，其最终破坏也可能是崩塌或滑坡。

崩落（塌）、倾倒、滑动（落）是斜坡失稳过程的基本方式。就岩体破坏机制而言，崩塌以拉断破坏为主，滑坡以剪切破坏为主，扩离主要由塑性流动破坏所致。

15.3.1　斜坡变形破坏的地质力学模式

《工程地质分析原理》对斜坡破坏过程概括了以下六种力学模式：①蠕滑-拉裂；②滑移-压致拉裂；③滑移-拉裂；④滑移-弯曲；⑤弯曲-拉裂；⑥塑流-拉裂。

在同一斜坡变形体中，也可能包括两种或多种变形模式，它们可以不同方式组合。同样，某一种变形模式也可在演化中转化为另一种模式。

上述斜坡地质力学模式，揭示了斜坡发展变化内在的力学机制，并且在很大程度上确定了斜坡岩体最终破坏可能方式与特征，因而可按与破坏相联系的变形模式，对破坏模式做进一步分类，如蠕滑-拉裂式滑坡、滑移-拉裂式滑坡、弯曲拉裂式崩塌、塑流-拉裂式滑坡和塑流-拉裂式扩离等。也可称其为斜坡变性破坏力学模式。

15.3.1.1 蠕滑-拉裂

这类变形导致斜坡岩体向坡前临空方向发生剪切蠕动，其后缘发育自坡面向深部的拉裂。主要发生在均值或似均值斜坡中（表 15.2），倾内薄层状岩体也可发生。一般发生在中等坡度（$\beta < 40°$）斜坡中。

表 15.2　　　　　　　斜坡岩体结构类型与变形破坏方式对照

类型	主 要 特 征		主要模式	可能破坏方式
	结构及产状	外形		
Ⅰ 均质或似均质体斜坡	均质的土质或半岩质斜坡，包括碎裂状或碎块体斜坡	决定于土、石性质或天然休止角	蠕滑-拉裂	转动型滑坡或滑塌
Ⅱ 层状体斜坡	Ⅱ₁ 平缓层状体坡 $\alpha = 0 \sim \pm \varphi_r$	$\alpha < \beta$	滑移-压致拉裂	平推式滑坡，转动型滑坡
	Ⅱ₂ 缓倾外层状体坡 $\alpha = \varphi_r \sim \varphi_p$	$\alpha \approx \beta$	滑移-拉裂	顺层滑坡，或块状滑坡
	Ⅱ₃ 中倾外层状体坡 $\alpha = \varphi_p \sim 40°$	$\alpha \geqslant \beta$	滑移-弯曲	顺层-切层滑坡
	Ⅱ₄ 陡倾外层状体坡 $\alpha = 40° \sim 60°$	$\alpha \geqslant \beta$	弯曲-拉裂	崩塌或切层转动型滑坡
	Ⅱ₅ 陡立-倾内层状斜体坡 $\alpha > 60° \sim$ 倾内		弯曲-拉裂（浅部）蠕滑-拉裂（深部）	崩塌，深部切层转动型滑坡
	Ⅱ₆ 变角倾外层状体坡 上陡，下缓（$\alpha < \varphi_r$）	$\alpha \leqslant \beta$	滑移-弯曲	顺层转动型滑坡
Ⅲ 块状体斜坡	可根据结构面组合线产状按Ⅱ类方案细分		滑移-拉裂为多见	
Ⅳ 软弱基座体斜坡	Ⅳ₁ 平缓软弱基座体斜坡 Ⅳ₂ 缓倾内软弱基底体斜坡	一般情况上陡下缓（软弱基底）	塑流-拉裂	扩离，块状滑坡
				崩塌，转动型滑坡（深部）

注　φ_r、φ_p 为软弱面的残余（或起动）和基本摩擦角；α 为软弱面倾角，β 为斜坡坡角。

变形发展过程中，坡内有一可能发展为破坏面的潜在滑移面，它受最大剪应力面分布状况控制。实际上为一自上而下递减的蠕变带。

这类变形一般要经历四个阶段：①表层蠕滑，岩层向坡下弯曲，后缘产生拉应力；②后缘拉裂，通常形成反坡台阶；③潜在滑移面的剪切扰动——中部剪切面扰动扩容、下部隆起；④滑坡形成——变形体转动，潜在滑移面贯通。

此类滑坡的启动条件可用圆弧法试算确定，潜在滑移面处的岩土被扰动程度和贯通率决定滑坡是否能形成（图 15.7）。

15.3.1.2 滑移-压致拉裂

这类变形主要是发育在坡度中等至陡岩层平缓坡的岩体中。岩体沿平缓结构面向坡前

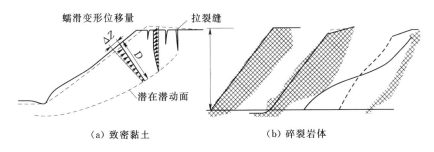

图 15.7　斜坡中蠕滑-拉裂变形示意图

临空面方向产生缓慢的蠕变性滑移。滑移面的锁固点或错列点附近，因应力集中，生成与滑移面近于垂直的张拉裂隙并不断扩展，方向与最大主应力方向趋于一致并伴有局部滑移。滑移和拉裂变形是由斜坡内软弱结构面自下而上发展起来。

这类变形的演变过程可分为四个阶段。

(1) 卸荷回弹阶段。人工开挖边坡及洞室开挖中常常直接可观察到这种滑移，例如山西汾河二库坝基边坡卸荷变形，使坝基内的钻孔错位 10cm 以上；溪洛渡主厂房由于卸荷回弹沿玄武岩结构面向临空面位移 10cm；三峡船闸高边坡开挖中向临空面卸荷位移达 20~30cm。

(2) 压致拉裂自下而上扩展阶段。随着变形的发展，裂面可扩展到地面。斜坡岩体结构随变形发展而松动，并伴随轻微的转动，但仍处于稳定破裂阶段。例如大渡河龚嘴电站边坡花岗岩体中十分发育席状裂隙，一组倾角近于水平，另两组为陡倾角，其中一组与坡面近于平行。平洞内岩体蠕动松动迹象明显，平行坡面陡倾裂隙普遍拉开，并出现多条滑移面与陡倾裂面交替的阶状裂隙。在平洞 60m 深处仍有一条阶状裂面，陡面张开达 2.5cm，由其中涌出大量黄泥浆水，与此同时邻近钻孔水位普遍降落，表明与滑移相伴的压致拉裂已与地面贯通。在陡缓交界处表现出羽状裂面，说明变形体已经有轻微转动。

(3) 累进变形阶段——变形体转动。变形进入累进性破坏阶段。变形体开始明显转动。陡倾的阶状裂面成为剪应力集中带，陡缓转角处的嵌合体逐个被剪断、压碎，并伴有扩容，使坡面微微隆起。

(4) 滑移面贯通阶段。当斜坡上陡倾的裂面与缓倾的裂面构成一个贯通性的滑移面，则导致破坏。例如四川三台县鲁班水库砂页岩斜坡中的变形破裂迹象表明：岩层软弱面发生明显滑移，泥层及泥砾层有明显的泥化现象，泥化膜及钙质沉淀膜上均见有清晰的顺坡擦痕，表明顺坡蠕滑尚在进行中。平洞在深 18~20m 处发育一组向上收敛的弧形裂隙，具张扭性，这些裂隙清楚表明变形体根部因旋转造成压性扩容带，表明变形已进入滑移面贯通阶段。

又如山西好水沟水库左坝肩就是一个比较典型的实例，组成斜坡的缓倾角岩层为侏罗系地层，由多个沉积旋回组成，每一旋回顶部约有 1m 左右的紫红色泥岩，构成了软弱滑动面。两组早期 X 节理裂隙中的一组与坡面近于平行。由探槽和平洞揭示岩体沿软弱面发生明显滑移，泥岩层有明显的泥化现象。有的地方可以看见明显的顺坡擦痕，斜坡表面出现了多个落水洞。表明顺坡蠕滑还在进行中。由此，勘察中就否定了该坝址。

15.3.1.3 滑移-拉裂

这类变形主要发生在缓外倾斜坡及块状岩体中。斜坡岩体沿下伏软弱面向坡前临空方向滑移，并使滑移体拉裂解体（图15.8）。受已有软弱面控制的这类变形，其进程取决于滑移面的产状与软弱层的特性。当滑移面向临空方向的倾角使上覆岩体的下滑力超过软弱岩体的实际抗剪阻力时，则在成坡过程中，一旦该滑移面被剥蚀揭露临空，当后缘拉裂贯通时，随即发生快速滑落，蠕变过程比较短暂。

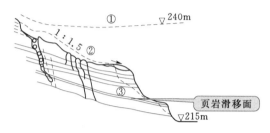

图15.8 滑移拉裂变形破坏图示
①—原地面线；②—变形前的开挖坡面；
③—沿软弱夹层滑移面

15.3.1.4 滑移-弯曲

主要发生在中—陡外倾层状斜坡中，尤以薄层状岩体及坚硬的碳酸盐岩体中多见。这类斜坡滑移控制面倾角只要大于软弱结构面峰值摩擦角，上覆岩体就具备沿滑移面下滑的条件。但由于滑移面并未临空，使下滑受阻，造成坡角附近顺层岩体承受纵向压力而使岩体发生弯曲变形。

滑移-弯曲变形演变的全过程以二滩电站库首段霸王山滑坡为例也可划分为三个阶段。

（1）轻微弯曲阶段。弯曲部位仅出现顺层拉裂面，局部压碎，坡面轻微隆起，岩体松动。实践证明弯曲隆起常发生在坡脚而又高于坡脚的部位［图15.9（a）］。

（2）强烈弯曲、隆起阶段。弯曲显著加强，平面上出现X形错动，其中一组逐渐发展为滑移切出面。由于弯曲部位岩体强烈扩容，地面显著隆起，岩体松动加剧，出现局部的崩落和滑落，这种坡脚附近的崩落或滑落产生的卸载，也更加促进了深部的变形与破坏［图15.9（b）］。

（3）切出面贯通阶段。滑移面贯通发展为滑坡，具有崩滑性质，有的表现为滑塌式滑坡［图15.9（c）］。

滑坡距电站大坝6km，处在雅砻江转弯河段的左岸，地层为震旦系灯影组白云质灰岩，受雅砻江切割成三面临空的顺向谷坡（坡向与岩层倾向大体一致的谷坡）。中厚层状的白云质灰岩发育一对共轭裂隙面。岩层产状；N40°W/SW∠40°~50°。裂隙N10°W/NE∠52°（切层反倾）与N60°E/NW∠90°（顺倾向切层）。三组

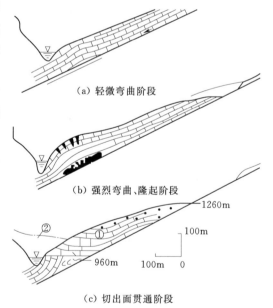

（a）轻微弯曲阶段

（b）强烈弯曲、隆起阶段

（c）切出面贯通阶段

图15.9 霸王山滑移-弯曲形滑坡演变过程图示
①—滑体；②—堵江坝

结构面组合，使岩层成为规则的六面体块状结构。山体具有临空的优势条件，当江水深切到一定深度时，谷坡更为陡峻，降雨通过裂隙渗入，并浸润软化层面，导致风化和夹泥顺

向坡体受重力作用蠕滑。切层反倾裂面被拉裂（加强坡体降雨下渗），更加促进坡体蠕滑和拉裂这一恶性发展，顺层滑体逐渐扩大，上部山坡滑体蠕动推压，使中下部有根层位坡体向上隆曲，在同层位的下段更为陡倾，最终溃断，发展成滑移-弯曲式滑坡。霸王山滑坡体总方量为 3000 万 m^3。直到现在，雅砻江的对岸（右岸）玄武岩层面上尚存崩塌过江的白云质灰岩巨石，证明滑坡发生时曾经堵江，目前滑坡已大部分淹没。

滑移弯曲变形的特征一般是沿滑移面滑动的层状岩体，由于下部受阻，在顺滑移方向的压力下发生纵向弯曲的变形。下部受阻的原因多因滑移面并未临空，或滑移面下端虽已临空，但滑移面呈靠椅状，上部陡倾下部转为近于水平，显著增大了滑移阻力。意大利瓦伊昂水库巨型滑坡就是由滑移-弯曲变形发展为滑坡的典型实例，该滑坡上半段倾角 40°，下半段倾角近于水平，所以它虽然在库岸出露临空，由于下半部分的抗滑力大于上半部分的推力，滑移受阻，使下部近水平的岩层受到挤压而褶皱。

在高山峡谷区，尤其是高地应力区，这类变形的发育深度可以很深（图 15.10）。所示为雅砻江二滩金龙山斜坡中的变形体。经勘探发现斜坡中二叠纪玄武岩和阳新灰岩，与下伏黏土岩的接触带发生滑移（部分玄武岩与阳新灰岩接触面滑移），并在坡角部分造成弯曲，使岩层产状出现异常，产生一系列破裂现象。

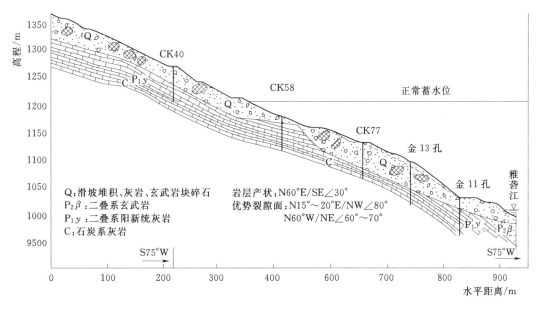

图 15.10　雅砻江金龙山滑坡地质剖面图

该滑坡位于二滩水电站坝前 800m，是一个典型的层状结构蠕变滑动产生的滑移弯曲型滑坡，岩层倾角与谷坡坡角大体一致，表面呈现缓阶状链式滑塌。两侧有冲沟，此滑坡无明显断壁和圈椅地貌标志，只见谷坡岩体（玄武岩夹灰岩块体）破碎紊乱。在江对岸山顶金龙山，可见到自上而下有 4 级（坐滑）梯台构成。在红外航片和卫星图片上出现明显的浅淡灰谐，总体上反映出其谷坡结构松散，与周边谷坡截然不同。

通过地质勘探揭示岩层呈疏缓波状，产状为 N60°E/SE∠20°~35°，并发育 N15°~20°E/NW∠80°~90°构造面，纵向切割山体，另有 N60°W/NE∠60°~70°为反倾切割面。同时在探硐中揭露了黏土岩中顺坡向倾角为 23°的大片擦痕光滑面。

该滑坡体宽 400m，顺坡长 900m，深 50m，总方量约 2000 万 m³。

滑坡成因：此坡向阳，风化较深，地表水沿裂隙下渗，破坏岩体结构强度，并溶蚀灰岩（P₁y）形成管道、洞穴（据探硐揭示），下部的紫红色黏土岩成为隔水底板，顶面是上覆层的潜水和基岩裂隙水（含溶蚀管道水），并受水浸润软化或泥化，成为谷坡蠕变的优势面。其上覆灰岩和玄武岩组成的坡体，在蠕动过程中反倾裂隙面拉张松弛使山体发育冲沟，加剧了坡体蠕变。在江水冲刷坡脚的同时，低位谷坡首先发育成蠕滑式滑坡。因其低位谷坡破坏解体，导至上部坡体逐渐失稳，而产生累进性蠕滑垮塌，故出现四个级次滑坡。

因为此段不稳定坡体距电站主体建筑物太近，故进行了专题研究，蓄水前已做了压坡脚等固坡处理，并对滑坡体做长期监测。

15.3.1.5　弯曲-拉裂（倾倒-拉裂）

这类变形主要发生在由直立或陡倾坡内的层状岩体的陡坡中，且结构面走向与坡面走向的夹角应小于 30°。变形多半发生在斜坡的前缘部分。陡倾的板状岩体，在自重产生的弯矩作用下，由前缘开始向临空面弯曲，并逐步向坡内扩展，变形方式通常称为倾倒。弯曲的岩层之间被拉裂或互相错动，形成平行于走向的槽沟或反坡台阶。前倾的板梁弯曲最强烈的部位往往被折裂。渗入裂隙中的水又产生孔隙水压力作用，高寒地区渗入水反复冻融产生膨胀作用以及震动等，这些都是这类变形发展的主要因素。这类变形也可以归纳为三个阶段。

（1）卸荷回弹陡倾面拉裂阶段。

（2）岩层弯曲，拉裂面向深部扩展并向坡后推移阶段。如果坡度较陡，则伴有坡缘、坡面局部崩落。

（3）板梁根部折裂、压碎阶段。岩块转动、倾倒，导致崩塌。由于随板梁弯曲发展，作用于板梁的力矩也随之增大，所以这类变形一旦发生，通常均显示出累进性破坏特性。薄而软的"板梁"，由于变形的角度较大，在最大弯折带通常能够形成倾向坡外的断断续续的拉裂面，在这种情况下继续的变形将主要受倾向坡外的裂隙面控制，实质已经转化为蠕滑-拉裂，最终发展为滑坡。

15.3.1.6　塑流-拉裂

这类变形是下伏软岩在上覆岩层压力下产生塑性流动并向临空方向挤出，导致上覆较坚硬的岩层拉裂、解体和不均匀沉陷。多见于软弱层（带）为其基座的斜坡中。风化作用以及地下水对软弱基座进行软化或潜蚀作用，是促进这类变形的主要因素。

在软弱基座产状近于水平的岩层中，上覆硬岩的拉裂起始于与软弱层的接触面。坡体前缘可出现局部坠落、并发展为块石状滑坡。当上覆岩层也具有一定塑性时，被下伏呈流塑状的软岩以上的岩层，往往会整体向临空面滑移，并于后缘处发生拉裂造成陷落，进一步发展就成为缓慢滑动的滑坡。

软弱基座缓倾坡内的陡崖，这类变形表现为另一种形式。基座软弱层由于上覆压力而向临空方向缓慢挤出，使上覆岩层产生由坡面至坡内递减的不均匀沉陷，因而使上覆岩层被拉裂。拉裂缝首先出现在陡崖坡缘附近，自上而下的发展。被裂缝分割出来的岩体容易因基座软岩挤出的进一步发展而崩落。随着挤出的发展，拉裂缝出现部位由坡缘向坡的后侧推移。远离边缘的拉裂缝有的发育很深，据一些勘探资料证实可以深达 200m 以上。被裂隙分割的高大岩柱的下部岩石有可能被剪裂压碎，一旦这种现象发生，变形就向滑蠕-拉裂转化，最后发展为崩滑型滑坡或滑塌（图 15.11）。

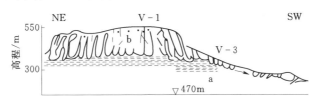

图 15.11　塑流-拉裂变形破裂体
a—软弱层；b—硬岩

15.3.2　变形的组合和复合

岩体变形往往以组合方式为主，有时同时出现两种组合形式，有时在发展过程中由一种形式转换成另一种形式，这就是基本组合形式的复合。

15.3.2.1　变形模式的空间组合

一般说来坡体结构与形态特征表现在坡体内的不同部位，有不同的蠕变组合形式，常见的组合形式如下。

（1）坡体前部、后部不同形式的结合。

案例 1：铁西滑坡。

铁西滑坡位于中国四川西部大凉山区，成昆铁路铁西车站。它是一个古滑坡复活实例。由于修建铁路就地取材，在古滑坡脚开采石场削减了古滑坡的阻抗体，而导致滑坡体的复活。造成铁路被掩埋，堵塞双线隧洞进口，铁路停运 40d。

滑坡成因机制：此地是在大凉山 SN 向构造带区段，牛日河左岸的顺向坡。地层为侏罗系下统砂岩夹碳质叶岩。岩层产状：N10°～15°E/SE∠40°～50°。岩层经地质构造运动发育四组构造裂隙，其优势面为近 EW 向高倾角条带式切割，使本来被多组构造面切割的岩层解体。伴随着牛日河下切和 NWW—EW 向冲沟及陡崖的形成，使山体临空扩大（侧向失限），在裂隙饱水和层面软化的环境下，其后缘借助于近 EW 向陡倾面拉裂，顺层面滑移，其下段受挤压弯曲，逐渐发展成切层溃断滑塌，形成蠕滑弯曲式滑坡。老滑坡体经长期剥蚀冲刷减载已达极限稳。

（2）浅层与深层滑坡组合。坡向与岩层倾向相反的谷坡叫反向坡。

反倾向岩层构成的谷坡段发生坡体破坏成为滑坡，岩层中必然有外倾的结构面，并迁就其他结构面追踪贯通，才能形成滑动面（带）使其上覆坡体塌滑。

案例 2：二滩电站库区大坪子滑坡、盐塘滑坡。

两滑坡隔江相对，距大坝 93km，河流沿背斜轴发育，故左、右两岸都是反向坡（图 15.12），构成谷坡的岩性为（T₃）白果弯群砂岩、夹叶岩和（J₂y）益门组粉砂岩、泥岩。经地质构造作用发育三组裂隙，即切层（顺坡向）裂隙和横张陡倾裂隙及背斜轴部纵张裂隙。裂隙密度与层状厚度成反比。

由于地壳抬升河水下切，该区谷坡陡峻，大气降水沿结构面下渗，软化层面、各组裂

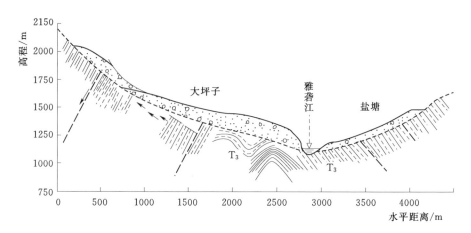

图 15.12　二滩水库大坪子滑坡盐塘滑坡剖面图

隙面和不同规模的断层及破碎带，甚至达到饱和泥化，大气降水渗入风化壳和风化裂隙中，加大了坡体重量，同时在一定深度形成地下水的底板，其上坡体润滑蠕变（受切层顺向裂隙控制）。压裂碾碎底面岩石形成剪切碎裂岩带（厚度为 0.4～0.6m），使山体失稳，发生巨型蠕滑-压致拉裂式滑坡。

　　大坪子后缘有断层及破碎带（地区性断层），是大坪子滑坡主要成因，断层泥接受大气降水后软化，使其坡体蠕变开裂增大渗水强度，加速坡体蠕变，以至初动蠕滑使大坪子边坡自上而下蠕动，在一定深度形成蠕滑-压致剪滑带，即产生巨大的山体滑动（总方量2.0 亿 m³）堆积体厚达 120m，并造成堵江，迫使河水从左岸边冲刷。其后缘又出现二次滑塌叠加。

　　盐塘谷坡斜对应于大坪子滑坡，坡脚受急流冲刷成为坳岸陡崖，坡面先是零星浅层蠕滑垮塌，进而增大坡体含水和软化，以切层顺坡倾向裂隙为基础，形成蠕滑-压致剪切带（江边出露宽度 0.4～0.6m），导致坡体失稳快速滑塌，总方量约 5000 万 m³，滑体前沿又伸入江中，使 170～180m 宽的江面被压挤成为 60m 左右的急滩，江水又反向右岸大坪子坡脚冲刷，早已稳定堆积岸坡又出现新的垮塌。

15.3.2.2　组合形式在发展过程中的转化

　　蠕变发展过程中，由于变形、应力集中和累进性破坏，坡体中原有结构面的特征和产状不断发生变化，某些新的拉裂面、剪切面逐渐生成，使变形的基本条件发生了变化。大部分情况下，缓倾坡外的裂隙在未经表生改造之前连通性较差，而陡倾裂隙连续性较好，所以在早期陡倾坡面的结构面起主导作用，变形主要是弯曲-拉裂。随着拉裂面的不断发展，其下的缓倾裂面的剪应力开始集中，导致压致拉裂使底面逐步贯通。显然弯曲过程中，主拉裂面是由外缘逐步向坡内发展的，下部的压致-拉裂必然也向坡内发展，这样，弯曲拉裂的底部逐渐形成一个比较连续的微具阶状的滑移面。这一过程在空间上表现为上部的弯曲-拉裂和深部的滑移-压致拉裂的结合。而随着连续滑移面的形成并转化为在斜坡变形中起主导作用的因素，弯曲拉裂自然也就发展成为蠕滑-拉裂。

　　案例 1：龙羊峡虎山滑坡（龙羊峡电站）。

　　龙羊峡水电站是黄河梯级开发中的龙头水库。拱坝右坝肩下游，泄洪洞出口高程以上是深切的 V 形谷坡。

由于地质构造作用，使早三叠纪砂岩变质成板岩，呈 N60°～70°E 走向。砂岩的原生沉积环境影响，使成岩时出现层状差异，下段为中厚层状，上段为中薄层状，在构造变动过程中，因其原生结构性状差异，而出现舒缓与紧密不同形态的褶皱，并在上、下段间出现碾压剪切错动带（N5°～20°E/NE∠29°～33°），后发展成 306 号断层。

伴随砂岩构造变动，出现 NNW 向横张断裂（以 F_7 为代表）。因受燕山晚期以来 NNE 向构造应力场的作用，NNW 向陡裂面产生压扭性叠加；NE 向层面及构造面后期改造成断裂构造面，出现张性叠加。谷坡下部的印支期花岗闪长岩（γ）岩体中断裂构造面也出现同性叠加。

第四纪以来受区域地壳抬升，黄河古道归槽，河水受 NE 向构造面控制深切，形成龙羊峡谷。谷口里的虎山段，受 F_7 及同生共性构造切割（解体），在外营力作用下形成冲沟，出现虎山坡。因地壳抬升河水深切，陡峻的谷坡，受 NE 向陡立面控制，砂板岩层面及裂隙面卸荷张开，成为外营力作用通道，导致陡坡发生弯曲-滑移延伸连通 F_{306}，构造贯通滑面形成滑坡（图 15.13）。

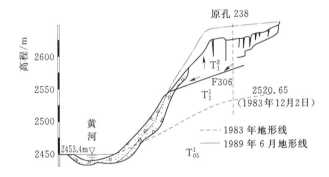

图 15.13　龙羊峡虎山滑坡剖面示意图

龙羊峡水电站的修建，虎山根脚位于坝后，正处于导流洞及泄洪洞出口外，水流冲刷和泄洪水雾弥漫，使坡体地下水位以上干燥谷坡遭受润浸，岩石滑坡体中结构面和底滑面浸水软化摩阻力急剧降低，导致古滑坡复活，地表出现多条纵向（NE 向）开裂缝。

由于此滑坡体处在泄洪洞出口坡段，滑坡床剪出口虽然高出电站水位约 70m，但滑动体较大（70 万 m³），解体垮塌坠入黄河的同时也会堵塞电站尾水和泄洪洞口，造成厂房被淹等重大损失。

实例 2：天生桥二级水电站厂房区滑坡。

天生桥二级水电站位于中国珠江上游南盘江上，是长隧洞引水式巨型水电站。厂房区为三叠系中统江洞沟组（$T_2 j$）砂岩、叶岩夹灰岩互层状结构边坡。由于处在谷坡部位不同及岩层产状变化。各部位边坡组合结构亦不同，其破坏形式和机理自然不同。归纳有以下几种表现形式。

在地质构造作用下，并受下部层位边阳组（$T_2 b$）巨厚层状灰岩（坚实介质体）制约，受南侧红水河断裂（北分支）向北挤压力作用，出现 EW 准线状褶皱，区内分布有拉线沟尖棱向斜、下山包膝状背斜、芭蕉林折转向斜及中山包膝状背斜，两背斜之间在芭蕉林折转形成阶梯状，折转部位破碎错动，T_2j^{5-1} 层被错断，出现压性正断层。褶曲轴部均有纵向裂隙发育，受地表水流冲刷发育成沟，使中山包南侧出现较陡峻的顺向坡（向阳坡）。在风化作用和地下水浸润软化环境下，产生顺坡蠕滑弯曲、溃断滑塌，并推动根部平缓岩层的界面：即 T_2j^{5-2} 与 T_2j^{5-1} 分界面滑动（图 15.14）。

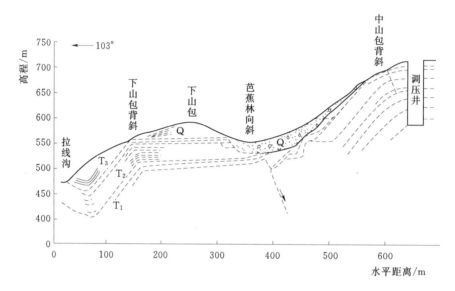

图 15.14　天生桥二级水电站厂房地质结构剖面图

中山包南侧的东段，因受南盘江切割和芭蕉林古冲沟（原拉线沟出口段）掏脚，坡体东、南两个方向临空，使漆状背斜陡倾岩层松弛开裂，风化浸水层面软化，蠕滑弯曲溃断，并受背斜横张陡裂面（产状 N80°W/NE∠90°）分割，向东倾倒，产生巨冲型滑坡。滑体冲击芭蕉林沟底平缓岩层，并受下山包山体阻挡，而转为顺沟向东碾压滑动（碳质叶岩被碾掩破碎，厚度 20～40cm），出现芭蕉林被动式推碾滑坡，滑体前沿伸入南盘江。

上述事例说明，变形形式在发展过程中的转化是多种多样的，我们在工程勘察实践中主要是把看到各种地质现象，通过逻辑思维综合分析，得出判断，工程地质分析难就难在具体问题具体分析，而不能根据书本上所学的理论去对号入座。下面我们再举出工程实践中根据各种地质现象，对边坡变形的判定。

15.3.3　案例分析：地表地质现象与边坡稳定性关系研究——以康家会风电场工程为例

边坡稳定性研究是众多工程地质工作者研究的课题，在研究过程中，不仅要对已经失稳的边坡机理进行研究，更重要的是对潜在的非稳定边坡进行研究，也就是要研究工程地质作用动力过程。这对于地质灾害的早期识别、安全避让和工程防范有很重要的意义。山西静乐县康家会风电场地表出现一系列错台、植物条带状分布，经开挖探槽揭露是边坡岩体风化蠕动及浅层滑坡引起的，对该大型风电场的规划、设计、施工和运行都有一定的指导作用。

山西康家会风电场现场地质调查中，发现规划的 34 号、35 号、36 号机位处西侧不同高程出现台阶状的地质现象和地表植物与碎裂状岩体呈带状分布的特征。

台阶状地质现象是否与内外应力作用有关？是否有影响场地稳定的潜在滑坡体存在？

因为关系到风电场山体整体稳定问题，组织了地质灾害研究方面专家、公路建筑方面滑坡研究专家以及风电场岩土工程勘察方面的专家在对浅表探坑开挖和地表踏勘的基础上进行了讨论和咨询，专家意见分歧较大。经开挖大型探槽揭露，证实了地表错台和植物条带状分布是边坡卸荷蠕动和浅层滑动在地表的反映。

15.3.3.1　地质环境

（1）地形地貌。本区域北为云顶山，西邻大万山、东靠云中山、西南有关帝山，海拔一般 2000m 左右，属于吕梁山脉，为溶蚀-侵蚀地貌，总体上东北高，西南低。成因为地壳上升，河流侵蚀溶蚀综合作用下形成。中部形成盆地，汾河自北而南流经本区中部，谷底海拔 1120~1160m，其较大支流有东碾河、岚河、西河，支流及支沟呈羽状排列，由东西两侧汇入主流汾河。

汾河和岚河河谷呈 U 形谷，汾河谷宽约 1000m 左右，谷底为宽广的漫滩。汾河在其地壳升降运动中形成了六级阶地。

场址区河流下切形态较为明显，表现在逆坡坡面陡峻（坡度 45°~70°），岩性软硬不一，抗风化、抗侵蚀能力有明显差异。表现出陡缓相间的地貌特征。

风电场址区为基岩低中山，因地质构造发育，地貌上 34 号和 36 号风机为两个相对独立的山包，高程分别是 1971m 和 2005m，35 号风机位位于两者之间的低洼部位（鞍部）高程 1965m。3 个机位位于圈椅状地形顶部，山底高程为 1500m，相对高差约 500m 左右。34 号机位与 35 号机位距离 253m，35 号风机位距 36 号风机位 256m。坡度约 30°~40°。蠕滑体位于 36 号风机位与 35 号风机位之间的斜坡上，潜在滑坡体位于 35 号机位以西的坡面上（图 8.1）。

（2）气候特征。静乐县的风向夏季以东南风为主，冬季以西北风为主，年平均风速为 1.6m/s。降水量年际变化很大，多年平均降水量 459.5mm（1957—2003 年），最大年降水量为 745.0mm（1967 年），最少年降水量 242.5mm（1972 年），年最大降水量为年最少降水量的 3.1 倍，且集中在 7 月、8 月两个月，占全年的 68.9%。年平均降水日数为 60d，1967 年最多为 81d，1972 年最少为 36d。月最大降雨量为 331.4mm（1967 年 8 月），日最大降水量 91.8mm，出现于是 1992 年 8 月 31 日。最长连续降雨 12d，出现在 1964 年的 9 月。历年各月、日一小时最大降雨量为 30.0mm（1967 年 8 月 31 日）。境内降水分布总体具有北高南低，东部、西部高，中部低之特点。山区明显高于平原区之特点。降水量年均大于 550mm 的地区分布在杜家村镇、堂尔上乡、婆婆乡风电场址区，由于昼夜温差大，促使岩体表层风化剧烈，加上降雨集中，是引发滑坡的潜在因素。

（3）地层岩性。区域内出露地层有上太古界吕梁群；震旦亚界长城系；古生界寒武系、奥陶系、石炭系、二叠系；中生界三叠系；新生界上第三系和第四系。

与工程关系密切的主要是古生界寒武系（$\in$）地层，分布于场址区，缺失下统地层。与下部地层呈平行不整合接触。

岩性特征分述如下。

1）中统徐庄组（$\in_2^X$）。下部紫红色页岩、薄层粉细砂岩；上部深灰色而状灰岩夹泥质条带状灰岩，白云质灰岩，厚度约 44m。

2）中统张夏组（$\in_2^Z$）。青灰色鲕状灰岩、白云质灰岩、薄层泥质条带状灰岩，厚度 65m。

3）上统崮山组（$\in_3^g$）。青灰色板状灰岩，中—厚层白云质灰岩、泥质灰岩，底部为紫红色页岩。厚度 25m。

4）上统长山组（$\in_3^c$）。中厚层竹叶状灰岩，薄层泥质条带状灰岩，厚度 3.8m。

5）上统凤山组（$\in_3^f$）。浅灰色中厚层白云岩，薄板状泥质白云岩；上部为灰白色厚层结晶白云岩。厚度 60m。

（4）地质构造。区域构造处于山西陆台西部北中段，属于祁吕贺兰山字型构造东翼前弧中段，NE 向褶皱带在区域内较为发育，褶皱带是由一系列走向 N30°～50°E 的褶皱以及平行这些褶皱的断裂组成，风电场场址属于宁静向斜中部略偏于南东翼。

山西陆台主要构造格架是中生代燕山期形成的，曾经历了 SE—NW 向挤压和逆时针剪切力偶作用，先后形成了 NW—SN 和 NE 向复式背、向斜及压扭性断裂构造带，汾河在地貌上表现的六级阶地也表明该区域整体上处于震荡抬升运动状态。

在中生代隆起的构造背景基础上，喜山运动改变了中生代构造运动的方向，以顺时针方向剪切力偶作用为主，使得隆起区轴部产生了一系列由张性断裂控制山间新生代断陷盆地。这些张性断裂继承了燕山期规模较大的压性断裂和仰冲断裂带，同时伴随有新的断裂产生。康家会风电场的构造形迹就是在此区域构造背景下形成的。

15.3.3.2　地表地质现象分析

1. 地表错台现象成因的争论

康家会风电场现场地质调查中，发现 34 号、35 号、36 号机位处西侧高程 1965～1974m 出现台阶状的地质现象，长度延续 300～600m，错台高差一般 0.2～0.5m，和地表植物与碎裂状岩体呈带状分布的特征。分别在高程 1974m、1961m 出现基本连续的错台。错台在土质部位呈阶梯状，在基岩裸露部位呈缓坡状，未见裂缝。

这种延长数百米的小"阶地"是如何形成的？为什么阶梯下裸露的岩体非常破碎，下端植物不生长？而阶梯上部植物呈条带状生长？这种地质现象是否与边坡稳定有关？因为关系到 3 个风机位的稳定问题，根据地表所做的浅层探坑请有关专家进行了咨询。专家讨论结果归纳起来有三种不同的意见。

（1）台阶状地形是常见草甸现象，与下部地质体无关，山体整体稳定，不存在滑坡和蠕动等不良地质作用；至于植物条带状分布可能是风大吹拂的结果。

（2）地表现象是大气降水后水流作用形成的，与下伏基岩没有关系，因为台阶状条带并不连续，如果是下部基岩错动，地表应为贯通裂缝，而地表则表现为土层部位有错台，碎裂状岩石裸露部分则没有错台。这是水流冲刷的证据。

考虑到山顶岩体产状较为平缓（坡度 10°～15°），即使坡体有浅表层蠕动，也不会影响风机基础的稳定性。

（3）地表错台现象反映了下部岩体有蠕动或滑动，是边坡岩体变形或滑动在地表的表现，至于蠕动的厚度、错动的距离、滑动面形式和位置有待于进一步开挖深槽证实，不同高程上水平 500～600m 长的断续小阶地属于水流形成不太可能。植物呈条带状分布应有其他因素。是否有深层滑动的可能，与岩体中是否有软弱夹层以及岩层倾向倾角与地形的组合关系有关。要搞清楚边坡的稳定性，有待于从地质构造背景等基本地质条件进行进一步深入的研究。开挖探槽是揭示地表地质现象与边坡稳定性关系的最优方案。

　　2. 探槽开挖揭露情况

　　鉴于上述分歧，在高程 1974m 和 1961m 高程地表特征明显的两个不同地貌单元位置上，垂直错台开挖长 15m、宽 5m、深 5～6m 的探槽，直观地揭露了地表错台的成因。发现地表错台下既有蠕滑体，又有古滑坡体。

　　(1) 蠕滑体。

　　1) 边坡形态特征。在高程 1974m 上开挖 1 号探槽，地表处于倾向近于南北的斜坡上，斜坡两侧与近北西向沟谷相邻，斜坡宽 256m，纵长 528m，斜坡坡度上部 45°以上，中部 40°左右，下部 30°左右。地貌上表现为上陡，中部较缓，下部陡的特征。斜坡表层曾发生过多次变形破坏，在平面上，出现多条呈环状分布的错台，错台差 20～50cm。错台下部都有一条宽 5～10m 的碎石状基岩裸露，风化较为严重，错台上部有条带状植物生长。岩层倾向与坡向基本一致，坡度大于岩层倾角。属于顺向坡。

　　2) 物质结构特征。蠕滑堆积体主要由块石、含碎石粉土、碎石土组成。其中碎石成分为强风化的灰岩，棱角状，粒径 3～15cm，含量约占 30%～40%；泥质成分为亚砂土，含沙量较高，搓捻砂感较强；块石粒径 20～30cm，与碎石混杂在一起，呈骨架结构骨架间隙被泥质、碎石物质充填。整体上结构非常松散。

　　3) 蠕滑体成因。该区的新构造运动，从前述地貌上形成的六级阶地表明其运动方式既有大规模的抬升运动，又有间歇性的沉降运动（阶地上有沉积物）。在中生代隆起的构造背景基础上，喜山运动改变了中生代构造运动的方向，以顺时针方向剪切力偶作用为主，形成了一系列北西向断裂并伴随有隆起的次生断裂发生，这些断裂控制了该区的地貌格架。多数河流沿着这些断层或者构造节理下切，形成了较大的陡坡，这些陡坡为岩体的蠕动创造了临空条件。。

　　整个蠕滑区域位于宁静向斜的南东翼，布置风机的山包上岩层倾角较为平缓，岩体较为稳定，岩体倾向一般都是北西方向，倾角 10°～15°，在高程 1974m 位置上开挖的深度 5m 的 1 号探槽槽底部不同阶面上量测的岩层产状有：①倾向 310°，倾角 8°；②倾向 300°，倾角 10°；③倾向 N40°W，倾角 20°（有拉动迹象）；④倾向 N70°W，倾角 18°。岩体中发育两组优势构造节理：①节理走向 S80°E；②节理走向 S25°W，两组节理形成共轭 X 节理。地表坡向近于南北，倾角 36°左右。第一组节理走向与山体走向平行，上部岩体剪切变形下滑牵动了构造节理拉开 2cm 左右。

　　显然这种岩层面、节理与坡向的组合，为蠕滑体的形成提供了良好的边界条件。

　　在斜坡应力（以自重应力为主）长期作用下缓慢而持续的变形，这种变形包含某些局部破裂，并产生表生破裂面。坡体随着蠕变的发展而不断松弛，随着蠕动变形的发展，变形体后缘发育由地表向深部发展的拉裂。开始是表层蠕滑，岩层向临空面弯曲，后缘产生拉应力；第二个阶段后缘拉裂，由于薄层状寒武系地层抗风化能力较弱，力学性质较差，抗剪强度较弱，加上该区降雨比较集中，降水沿着裂隙渗入蠕变体中，水在裂面里饱水，被压缩的"瞬间"空隙水压力的急剧增高将促进陡倾角结构面的张性破裂，或是抗剪强度"瞬时"突然降低时，陡面上积存的残余剪应力使裂面产生"瞬时"剪动，其结果造成了地面拉裂现象。

这种现象发生后，造成潜在剪切面上剪应力集中，促进了最大剪应力带的剪切变形。随着剪切变形进一步发展，坡面有些剪应力集中部位岩体变形较大，岩体中空隙增加，坡体沿缓面向临空方向产生缓慢的蠕变滑移，滑移面的锁固点或错列点附近，因拉应力集中形成与地面近于垂直的张开裂隙。这些裂隙中少有或无有粉砂及泥土充填，或充填的碎石也呈无基质的结构状态，结构松散透水性过强，而导致其不能保水，所以表现在地表呈条带状无植被现象，这也是因剪切变形活动直接扰动了岩石层，地下水将细粒物质携带流失，岩体架空所致。同时坡体下半部分逐渐隆起。随着变形的继续，地表裂缝由原来的张开变为闭合，有的较宽裂缝由碎石土充填，形成地表只有台阶，没有裂缝的假象。加上有的部位台阶被水冲成斜坡，更加掩盖了地表曾经由于岩体蠕动而裂开的真相。

这些地表迹象正是预示着坡体经过几万年甚至几十万年的缓慢变形由量变到质变已经进入累进性破坏阶段，一旦潜在剪切面被剪断贯通，在暴雨或地震等诱发条件下，沿着切剪裂面约有 80 万 m^3 的滑坡堆积物向下滑动趋势，并牵动下部岩体沿着构造节理进一步张开。

（2）滑坡体。

1）滑坡形态特征由 2 号探槽开挖揭露的滑坡体是一古滑坡体，地表错台现象表明，该滑坡体已经发生过多次次级变形破坏，在地震、暴雨等一定的工况环境下有进一步滑动的可能。滑坡在平面上呈"圈椅"状。

主滑方向 N89°W，滑坡后缘高程约 1970m，滑坡堆积体纵向长 210m，横向平均宽112m，经 2 号槽揭示，从滑坡底界面到地表平均厚度 6m，现残留堆积体约 14 万 m^3，滑坡地形总体上是：顶部属于两个山包之间的"鞍部"，地形比较平缓，由上而下逐渐变陡，坡度约 40°左右，到达中部有明显隆起迹象，坡度变缓，一般 30°左右，到达下部坡度逐步变陡达 45°以上。

"圈椅"状地形两侧基岩裸露，地形陡峻，坡度大于 56°，与滑坡体界限明显，基岩风化迹象明显，坡面上及顶部地表不同高程，多见曾被拉开又被后期土石充填的裂缝台阶。

2）滑坡体物质结构特征。经开挖证实，与地表台阶对应的下部，有宽 3～5m 的拉开裂缝，裂缝中充填黄色、黑色砾石土，其中土约占 60%，碎石约占 40%，碎石呈菱角状，大小不一。充填厚度为 6m。

2 号探槽后壁出现压致拉裂的岩体，岩体由于进入累进性破坏阶段时，角砾状灰岩由于剪应力集中被剪断、压碎。

拉开裂缝侧下挖 1.5m 可见定向排列趋势的碎石土，其下部为已经滑动，大小不等的岩块。大者 1～2m，一般也有 30～50cm。

2 号探槽开挖到 6m 深时，见到滑坡的底界面，界面下部是黄色泥灰岩，其上是厚约30cm 的滑坡错动带，是由黄色泥灰岩风化构成的软弱滑移面。内含 1～2cm 的角砾，向滑动方向定向排列。岩面上有清晰的顺坡擦痕，其上部由两组节理组成的 X 节理，其中一组节理与坡面小角度相交。其探槽两侧岩土杂乱无章。

3）滑坡与地表错台关系分析。地表错台现象是在 2013 年 4 月本区风电场地质踏勘发现的，并不意味着滑坡变形已经完成，根据地表出现的错台部位下挖的探槽证明，滑坡变形主要以牵引式滑动为主，由于滑动速度的差异，在滑坡表面出现不同高程上的裂缝。

由于坡面上有一组走向近于与坡面平行、平行坡面的陡倾裂隙被拉开，出现了滑移面与陡倾拉裂面交替的阶状裂缝，因为该滑坡体是厚度为 6m 的浅层滑坡，所以后缘的陡坎高差只有 0.5m 左右。

由于滑坡运动过程中，受下部黄色泥质灰岩软弱面的控制，倾角只有 16°，近于软弱面的残余摩擦角，这种蠕动滑移是间歇性的，拉开的裂缝被坡积土充填。

由于裂缝数量和裂缝深度不断增加，滑体上的岩体呈松散架空结构，加速地表水的渗透。地表不能保水，植物不能生长，导致坡体不同部位有不同滑动速率，造成下部岩体破碎程度上的差异，导致地表植被呈条带状分布。

15.3.3.3 结论

（1）这种不同高程延长数百米的错位，是岩体蠕动、滑移和浅层滑坡剪切破坏后形成裂缝，在地表的表现。

（2）植物呈条带状的原因是：蠕动体沿缓面向临空方向产生缓慢的蠕变滑移，滑移面的错列点附近，因拉应力集中形成与地面近于垂直的张开裂隙，这些裂隙中少有或没有粉砂及泥土充填，或充填的碎石也呈无基质的结构状态，结构松散透水性强，而导致其不能保水，后无植被生长，同样浅层滑坡是由于裂缝数量和裂缝深度在滑体上不断增加，岩体呈松散架空结构，加速地表水的渗透。地表不能保水，植物不能生长，导致坡体不同部位不同滑动速率，从而导致地表植被呈条带状分布。

（3）这些地表迹象预示着蠕变的坡体经过几万年甚至几十万年的缓慢变形由量变到质变已经进入累进性破坏阶段，一旦潜在剪切面被剪断贯通，在暴雨或地震等诱发条件下，有沿着切剪裂面向下滑动可能。并牵动下部岩体沿着构造节理进一步张开；已经形成的浅层滑坡体正处于缓慢运动状态，一旦有暴雨或连续降雨或在地震诱发下，滑坡沿滑动面将发生快速的累进性滑动。

（4）无论是蠕变体还是浅层滑坡体，其成因与地形地貌、地质构造、岩体风化、边坡卸荷和大气降水、地下水等地质环境有关。特别是由于这类变形体或滑体有一系列与滑面直接相通的拉裂缝，对降水十分敏感。不仅滑移面的强度因遇水而降低，而且由于裂隙瞬间充水渗透压力增加而促进变形发展。在经过长期累积变形后，能量积累到能够下滑的状态滑移开始时，在地表总有蛛丝马迹，地表植物条带状消失和不同高程出现连续的错台现象就是边坡失稳的表现。这对于风电场的规划、设计、施工运营管理都具有重要的指导作用。对于地质灾害的发现和预防亦有重要意义。

15.4 崩塌及其堆积地貌

15.4.1 崩塌的类型

陡坡上的岩块、松散堆积物在重力作用下，以急剧骤发方式脱离母体，向坡下垮落，并在山下形成倒石堆或岩屑堆，这种现象称为崩塌，崩塌过程按块体所处的地貌部位、规模和崩塌形式又可分为山崩、塌岸和散落。

15.4.1.1 山崩

山崩是山坡上的岩石、土体快速瞬间滑落的现象。泛指组成坡体的物质受到重力作用，产生向下坡移动现象。暴雨、洪水或地震可以引起山崩。人为活动，例如，破坏植被、在陡峭山坡开凿道路、管道漏水等也能够引起山崩。有些山崩不是地震引发的，而是由于山石剥落受重力作用产生的。在雨后山石受润滑的情况下，也能引发山崩；有时山崩会引起大地震动，形成较大规模的地质灾害，常常阻塞河流、毁坏森林和村镇。山崩崩落物既有巨大块体也有碎石土，崩塌体可达数万立方米以上。

15.4.1.2　塌岸

塌岸是指河湖岸坡，在地表水流冲蚀和地下水潜蚀作用下所造成的岸坡变形和破坏现象，塌岸是发生在一定地貌部位的特殊形式的崩塌现象。一般在河岸、湖岸（库岸）或海岸的陡坡，由于河水、湖水或海水的淘蚀，或地下水的潜蚀作用，使岸坡上的岩体失去支撑而发生崩塌。

区域环境地质调查中对河湖塌岸的调查内容主要有：①塌岸发育特征调查，包括每次重大塌岸发生的时间、范围、规模，崩塌的物质成分和崩塌的方式，以及发生与发展过程，当时地表水水位及水流特征，同时应注意调查尚未崩塌，但已开裂变形岸段的分布、规模及变形量，确定塌岸的类型（有缓慢渐进式或强烈突发式，线状塌落或"窝崩"）；②岸坡地形地物调查，包括岸坡的坡形、坡高、坡度及变化，岸边建（构）筑物的类型及对地表水流运动态式和塌岸产生的影响；③岸坡岩体、土体特征调查，包括构成岸坡的岩体、土体工程地质特征和组合类型，划分出不同类型岩体、土体组成的岸坡分布地段；④地表水体特征调查，包括地表水体类型、水位高程、流速、流量及季节变化，河道态势、主泓位置及变迁，水流运动规律、波浪的掏蚀作用，季风、潮汐或冰凌的作用及岸滩的变迁；⑤水文地质调查，包括岸坡及岸坡地带主要含水岩组及特征，地下水的补径排条件，地下水位季节变化规律和地下水潜蚀作用及其特征；塌岸形成与发展的自然因素和人为因素调查，确定造成塌岸的主要因素，并分析其发展趋势；⑥塌岸危害程度调查和已有的工程防护措施及其效果调查。

15.4.1.3　散落

散落是岩屑沿斜坡向下做滚动和跳跃式连续运动。其特点是散落的岩屑连续撞击坡面，并带有微弱的跳动和向下做旋转运动。跳动可以是岩屑从某一高度崩落到下坡继续反跳，也可以是快速滚动的岩屑撞击不平整的坡面而跳起。

15.4.2　崩塌发生的条件

崩塌发生的条件有地形条件、地质条件、气候条件、地震及其他条件。

15.4.2.1　地形条件

地形条件包括坡度和坡地的相对高度。坡度对崩塌的影响最为明显，坡体上的物体，它的切向分力和垂直切向分力是随着山坡坡度大小而变化的。当山坡坡度达到一定角度时，岩屑重力的切向分力能够克服摩擦阻力向下移动。一般大于33°的山坡，不论岩屑大小都可能发生移动。不同岩性的山坡，形成的崩塌坡度不完全相同。一般硬质岩体以卸荷张裂破坏为主，包括小规模的块石散落也包括大规模的山崩或岩崩。崩塌体通常破碎成碎块，堆积在坡脚形成具有一定天然休止角的岩堆（图 15.15 和图 15.16），在无水的情况下岩屑自然休止角是 30°～35°，干沙的休止角是 30°～40°，黏土的休止角可达 40°以上。如果同一种岩性但结构不同，它们的休止角也不同。例如原生黄土的结构较紧密，超过

50°的坡地才会发生崩塌，而次生黄土的结构较疏松，30°左右的坡地就会发生崩塌。坡度的相对高度与崩塌的规模有关，一般坡地相对高度超过 50m 时，就可能出现大规模崩塌。

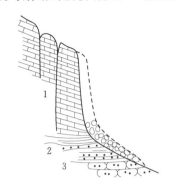 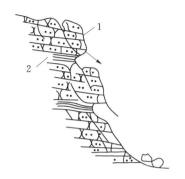

图 15.15　坚硬岩石卸荷裂隙导致崩塌示意图　　图 15.16　软硬相间岩石陡坡局崩塌示意图
　　　1—灰岩；2—砂页岩互层；3—石英岩　　　　　　　　1—砂岩；2—页岩

15.4.2.2　地质条件

山体中的节理、断层、地层产状和岩性等都对崩塌有直接影响。在节理和断层发育的山坡上，岩石破碎，很容易发生崩塌。当地层倾向和山坡一致（顺坡），而地层倾角小于山坡坡脚时，常沿地层层面发生滑塌。软硬相间地层呈互层时，较软岩层易受风化，形成凹坡，坚硬岩层形成陡壁或突出的悬崖，容易发生崩塌。

15.4.2.3　气候条件

在日温差、年温差较大的干旱、半干旱地区，物理风化作用较强，在较短的时间内就会发生风化破碎，容易形成崩塌，另外，降雨、地下水的影响也是崩塌形成的重要因素之一。

15.4.2.4　地震及人为因素

地震能形成数量多而规模很大的崩塌体，是崩塌的触发因素，另外人为因素也是形成崩塌的重要因素，在山区进行各种建设时，如不顾及自然地形条件，任意开挖，常会使山体平衡遭到破坏而发生崩塌。

15.4.3　崩塌的案例

案例 1：刹水坝高边坡大型塌方预测与预报。

溪洛渡水电站辅助道路刹水坝大桥左侧高边坡，由断层角砾岩、泥质胶结的砂卵砾石组成，由于采用了平衡计算法，位移观测法，结合经验对刹水坝大塌方发生的时间做出了较为准确的判断，及时做出了预报，因而避免了一场特重大伤亡事故的发生。

刹水坝大桥的建设是实现 2005 年年底辅助道路通车的关键线路。到 8 月底，桩基工程仅完成了 43%，为加快施工进度，满足通车工期要求，施工人员达一百多人，昼夜进行施工，然而仅有的施工道路位于左侧高陡边坡下，边坡上时有小的碎石坠落，从 6 月进驻工地后 3 个月来发生小型坍塌 11 次。在监理协调会上强调了该处存在重大安全隐患，但受客观条件制约，要彻底根治边坡，耗资巨大，施工难度极大，且工期不允许，经论证最好的办法是用最短的时间修通距边坡下游约 300m 远的刹水坝大桥，避开危险源。为此由监理工程师牵头组成了对刹水坝高边坡稳定性监测的工作小组，通过详细的地质调查、计算、试验、监测和日夜进行跟踪观察，经计算，该边坡处于极限平衡状态。2005 年 9 月 13 日 17 时 30 分工作小组发出了刹水坝高边坡将发生巨型塌方的预报，要求立即停工，加强警戒的指令，2005 年 9 月 14 日的零时 30 分，刹水坝边坡失稳，垮塌近 40 万 m³。从下达指令到大塌方，历时 8h，崩塌边坡下的刹水沟被填平。

边坡失稳往往是多种因素共同作用的结果，通常导致边坡失稳一是由于地震作用或人类建筑活动，破坏了岩土体原有的应力平衡状态；另外是由于水文地质条件改变，边坡岩土体的抗剪强度降低，促使边坡失稳破坏。辅助道路大多修建在原有的天然边坡上，使边坡变陡，从而为边坡失稳创造了条件，22km 长的辅助道路大大小小的塌方近 26 次，70% 都成功地做了预测，并下发了相应指令，避免了安全事故发生。实践证明，边坡破坏产生的崩塌、滑动、沉陷、泥石流，随时都可能带来严重的破坏，甚至是灾难。但只要认真进行动态跟踪研究，其运动规律是可以基本掌握的。在各类工程建设中，类似情况较多，因此有必要将刹水坝大塌方的预测预报过程予以介绍，供同类工程中借鉴。

1. 地质背景

（1）地形地貌。刹水沟沿断层发育切割深度近 200m，左侧边坡形成类似断层三角面边坡。而刹水坝沟方向（崩塌方向）坡度约 55°～70°，垂直刹水沟两支沟方向切割深度约 100m，两侧边坡约 45°。

（2）地层岩性。刹水沟左侧由二迭系中统（P₂）青灰色、黑灰色、质地坚硬的白云质灰岩组成，断层带有宽度大于 50m 的断层角砾岩，钙质胶结，呈碎裂状。刹水沟左侧位于断层上盘。

角砾岩上覆第四纪中更新统（Q₂）巨厚层砂砾土层，由黏土、砂、卵砾石组成，黏土占 35%，砂占约 7%，卵、砾约占 58%。卵、砾分选性差，多呈次棱角状，级配较好，组成物主要为灰岩、紫红色砂岩、青黑色玄武岩、红色黏土、整体呈褐红色，垂直厚度约 57m，为泥质胶结。

地表为第四纪全新统（Q₄）砂卵砾石，磨圆度较差，含泥量较少，厚度约 15m，结构较疏松，与下部冲洪积物呈不整合接触，界面处有泉水出露（图 15.17）。

（3）地质构造。翼子坝断层平行金沙江，呈南北向展布，断距 800m，刹水坝断层与翼子坝大断层呈 N50°W 相交，沟谷基本沿断层发育。

（4）地质成因。从目前沉积环境和地质结构特征结合地貌特征追溯形成过程。

1）二叠纪（P₂）以来，该区经受了强烈的构造地质作用，翼子坝大断层为主要断裂构造，刹水坝断裂为断距大于 200m 的逆断层，系低序次构造。

2）第四纪以来地壳振荡上升，河流下切，使得金沙江在该段沿断层由南向北发育，刹水坝沟沿北西方向切割发育，形成金沙江的支流。

3）在中更新统初期，地壳一度缓慢下降，沉积了大量中更新统洪冲积物（Q₂ᴾᵃˡ），高程达 555m 以上，中更新统晚期，地壳再度抬升，河流下切，形成金沙江Ⅲ级阶地，并垂直阶地方向形成冲沟。

（5）崩塌物的物理力学性质指标。施工单位对崩塌物天然碎石土的主要物理力学性质测试结果：

碎石土的孔隙比为 0.4～0.5；容重为 2.05kN/m³，黏聚力为 20kPa，内摩擦角为

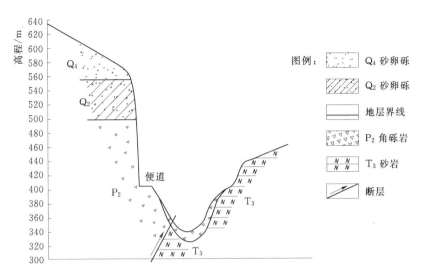

图 15.17　刹水坝左岸塌方体地质结构示意图

42°，变形模量为 48MPa，天然含水量为 14.8%。

根据土的物性指标分析，该段土密实程度是较高的。

2. 刹水坝边坡大塌方预测

（1）位移观测。刹水坝左侧边坡下部基础置于断层角砾岩上，其抗压强度一般仅10～15MPa，且下部角砾岩多发生潜蚀掉块，当地老百姓多用其做建筑材料，因此边坡很可能在重力作用下发生开裂、沉降、位移甚至是失稳破坏。监理要求承包人对边坡的变形情况进行位移观测，以便为边坡的稳定性预测提供依据。

根据刹水坝坡顶地形条件，布置三条观测线，采用十字交叉观测网，在主要观察线上布置 5 个观测点，两边各布置 4 个，共 13 个观测点，间排距均为 10m，此后将置镜点设置在稳定部位，对边坡上部观察桩实施观测，观测从 6 月开始，每月观测 2 次，遇降雨或掉块频繁时加密观察。观察结果 6—8 月基本稳定，变化幅度仅 2～3mm。而只有在 9 月13 日上午观察数据大多数观察点达到 6～8.8mm 发生了异常突变。

（2）稳定性计算。刹水坝高边坡岩体在重力作用下有向临空面从高向低错落的趋势，同时卵砾土和断层角砾岩本身的抗剪强度产生抵抗错动的能力，如果边坡岩土错动面的下错力超过了土体抗滑能力，该边坡将产生错落或崩塌，即失去稳定，如果滑动力小于抵抗力则认为是稳定的。

通过计算认为该边坡段处于极限平衡状态。

目前边坡稳定性评价一般采用条块分析法和有限单元法，但付诸实际往往由于边坡整体边界条件很难搞清楚，计算参数的选择非常困难。因而往往发生计算结果与实际情况发生较大的偏差，根据施工现场实际边坡，选择经验参数进行稳定系数计算，是一种简单、快捷、实用的方法。

（3）崩塌前的特征和征兆。

1）刹水坝左侧边坡，在纵向上存在冲沟，自然的稳定坡度约为 45°，而横向临沟的边坡由于人为破坏，边坡坡度大约 55°～70°。

2）边坡高度 162m，宽 200m，经计算，边坡达到稳定边坡顶部宽度距临空面约 49m。

3）2005 年 6 月以来，刹水坝左侧边坡，累计掉块塌方 11 次，最大 8 月 16 日塌方 1.5 万 m^3，其他小的坍塌都是间隔几天发生一次，2005 年 9 月 13 日上午 9 时 10 分，左侧施工便道（K5＋800）高边坡发生近 1000m^3 塌方，监理立即指示增加边坡顶部的位移观测，发现垂直和水平向都有不同程度的突变位移，水平位移达到平均 6mm，垂直沉降最大点达到 8.8mm。下午 3 时 5 分该部位附近又发生了上百方的坍塌。

4）刹水坝边坡的地下水呈线状流水出露在 Q_4 与 Q_2 冲洪积物的接触面上，出露高程 555m，相对透水层为（Q_4）砂卵砾石层，相对隔水层为（Q_2）含黏土的砂卵砾石层，地下水类型属孔隙潜水，接受大气降水补给，受季节影响较大，流量约 1L/s，9 月 13 日上午，线状流水突然向下位移，出露高程降到约 550m 左右，且呈集中渗水，流量增大到约 3L/s。

刹水坝沟处于断层带上，断层上盘有地下水涌出，水量约 6L/s，由于前期塌方堵塞涌水，对左侧基底断层角砾岩有浸润作用。

5）当地老乡把处于施工便道左侧的断层角砾岩作为房建混凝土骨料，将断层角砾岩底部掏挖成悬空面，深入壁面约 1m，且不连续。

6）前期发生 1.5 万 m^3 塌方时，使当地村民供水渠断裂漏水，上部洪积物浸水。

7）山顶距临空面 10～50m 除有大量的黏土龟裂缝外，发现新拉开的环向裂缝，宽度约 2cm 左右，长度达 54m，且有继续发展趋势。

（4）分析讨论。根据以上塌方前的特征和征兆，作如下分析讨论。

根据砂卵砾石的物理力学性质，结合边坡几何形状，设定边界条件，经计算的稳定系数判定边坡处于临界状态；现场观察该边坡两侧稳定边坡的自然休止角为 45°左右，一般认为较松散岩土的实际边坡大于该岩土体的自然稳定边坡，则属于不稳定边坡，而目前临空面边坡远大于 45°，而为什么实际还维持稳定呢？分析认为：计算采用的物理力学参数和边界条件很难完全符合实际，譬如该边坡砾石土的容重、密实度、含水量、抗剪强度在不同的高程、不同位置、不同的沉积时代有很大不同。下部断层角砾岩的抗剪强度远大于碎石土的抗剪强度。且刹水坝塌方没有明确的滑动面，切断较为均质的砂卵砾石层和角砾岩尚有时空效应存在。因此计算结果和实际情况发生偏差尚属正常，但通过计算起码认为该高边坡的稳定是令人担忧的。

前期小于 1m^3 的多次掉块，而位移观测并未发生明显沉降和水平位移，零星掉块属于边坡风化剥蚀后岩体表面在重力作用下的坠落，诱发大塌方的主要原因是 8 月 16 日边坡顶部坠落 1.5 万 m^3 塌方，使当地居民的供水渠断裂后，约 10L/s 的水不断注入砂卵砾石层。Q_4 的砂砾石层属强透水层，Q_2 的砂卵砾石层含有大量红色黏土层，而我国西南地区的红色黏土中含有伊利石、蒙脱石遇水膨胀的矿物质，且该红色黏土干燥状态下非常坚硬，一旦浸水饱和，抗剪强度显著降低，黏聚力接近于 0；前期的塌方堆积物，对刹水坝沟水及断层渗水起到了阻塞作用，使胶结的断层角砾岩遇水后的抗剪强度亦显著降低，角砾岩底部又有悬空面。在重力作用下造成 9 月 13 日塌滑段顶部发生拉裂缝，位移观察发生沉降突然增大和地下水出露点下降和水量骤然增加，以及一天内连续发生坍塌。种种迹象表明，边坡岩土内的应力状态已发生大的改变，它将在重力作用下发生大的塌方。

3. 预报及处置

刹水坝边坡将发生长约 200m，平均宽约 10～15m，高约 160m 的大规模塌方的迹象非常明显，2005 年 9 月 13 日下午 5 时 30 分，监理发出紧急通知："经综合分析判断，刹水坝里程 K5+600～K5+800 左侧施工便道上方即将发生大规模的山体塌方，要求施工单位立即停止刹水坝 1 号大桥施工，撤离所有施工人员、设置路障、封闭便道，严禁任何人员通行，派出安全警戒人员 24 小时值班。"

施工单位按监理要求，组织人员撤退，取消了刹水坝大桥 3 号墩、4 号墩、5 号墩、6 号墩的夜间施工计划（平时夜间施工超过 50 人，都在塌方范围）设置了路障实施了安全警戒。

9 月 14 日凌晨 1 时 30 分，一声巨响，山崩地裂、飞沙走石、尘土弥漫，近 40 万 m³ 的山体突然坠落，下方施工点附近的 40m 深的沟谷被瞬间填平，由于预报准确，避免了一场特重大的人员伤亡事故。

4. 结语

（1）辅助道路刹水坝山体大塌方成功预报说明，施工过程中对于边坡稳定性的预报，只要建立在对地质背景调查了解清楚的前提下，结合理论计算、位移观测、经验判断和对不稳定边坡塌方前的各种征兆进行由表及里，由浅入深的综合分析，塌方是可以预报的。

（2）对地质结构的了解，主要是了解其沉积环境和时代，它关系到胶结程度，物理力学性质指标，特别是抗剪强度的确定。

（3）水文地质情况的了解主要是了解其补给、径流、排泄、透水层、含水层、隔水层的正常规律，一旦发现排泄点水流增大或减小，位置变化等异常情况，证明土体内部应力状态发生改变。

（4）调查清楚边坡的形状和尺寸，详细测量边坡坡度，边坡高度，特别是了解坍塌体的自然稳定边坡尤其重要。

（5）密切注视边坡的掉块和小的坍塌频次，做好原因分析。

（6）重视位移观测数据的分析，特别关注位移数据发生突变的位置，并派专人对高边坡上部拉开裂缝进行观察，这是塌方前最直接的特征。

（7）在了解地形地貌地质特征后，进行必要的计算，关键是根据岩土的物理力学性质、边坡高度等寻求滑裂面和滑裂面上的平均抗剪强度，边坡稳定是一个比较复杂的问题，影响边坡稳定的因素较多，由于施工现场条件局限，所拟定的边界条件不可能完全符合实际，因此计算的结果只能作为重要的参考。

（8）高边坡塌方预报是一项十分艰苦细心的工作，做出准确预报有赖于有经验的工程地质人员和责任心强的测量和施工人员，同时监理必须果断及时地发出预报和停工警戒指令。

案例 2：山西静乐电场风机边坡塌滑稳定性分析。

山西静乐风机基坑地貌上处于狭窄的山脊上，山脊近南北方向展布，两侧地形坡度约为 35°左右，不能满足风机位基础宽度及设备吊装的要求，施工单位从地面下挖 7m，高程与路面持平。场地西侧为较完整的白云质灰岩，右侧逐步由蠕动的岩体过渡为坡积的碎石土。也就是说，目前所挖基坑一半是基岩（西侧），一半是崩积层和坡积物（东南侧），不能满足地基稳定的要求。要求基坑向西挪动 5m，继续下挖，直至地基是完整基岩。并且应留有 3～5m 的侧限基岩。挖完之后，必须经设计现场认可后，方可进行垫层混凝土浇筑。

斜坡前沿的侧壁上的岩体产状呈近于直立状，岩层走向近于南北方向，岩体十分破碎，陡倾的板状岩体在自重弯矩的作用下，向斜坡方向弯曲，逐渐过渡成坡积物及上部覆盖有黑色腐殖土。由于清基不彻底，所以不能确认建基面以下岩体的完整性。

基坑南东部分是直立的中等风化基岩，岩层厚度 30～50cm，岩层走向为 N35°E，同样陡倾的板状岩体在重力作用下发生弯曲变形，在陡壁前缘发生崩塌，形成重力崩塌体。基坑开挖的岩壁上反映了这一特点。由于建基面上的清基并不彻底，因此也不能确认下部是否是完整基岩。

整个基坑西侧为碎裂状强风化岩体，东部没有侧向岩体限制，直接与坡积层相邻。建基面上坑坑洼洼，没有明显的产状，岩石东倒西歪，因此，要求施工单位必须人工将建基面清理干净，确认是母岩岩体方可进行下一步的施工。

遗憾的是施工单位在未经设计单位同意的情况下，为了赶工期就打了垫层。而且认为没有必要继续下挖，建基面以下地基能够满足变形和荷载的要求。设计得知这一情况后，立即组织设计、地质有关人员到现场进行调查处理。经现场查勘并进行了认真的分析讨论得出如下结论。

（1）根据现场测量的地层产状，得出岩层倾角近于直立，走向略向内倾，其主地应力的方向应该是 NW—SE 方向，而基坑东北向岩层走向近于南北，说明符合该区区域构造在燕山期具有左旋特征。其构造结构面具有压扭性特征。证明直立的压扭性结构面形成于燕山期前。

（2）当时边坡十分陡峻，岩层处于陡立或陡立内倾的状态，在陡坡的前缘陡倾的板状岩体在自重弯矩的作用下，在前缘部位向临空方向作悬臂梁弯曲，并逐渐向坡内发展。

（3）弯曲的板梁之间相互错动并伴有拉裂，弯曲体后缘出现拉裂缝，形成了定向的反坡台阶和槽沟。板梁弯曲剧烈部位产生了横切板梁的折断发生塌方。

（4）坡体上一旦出现崩塌物在重力作用下，会发生蠕动变形。风机向西移位后是否避开崩塌体不能确认。如果基础的一部分仍然放在蠕动变形的崩塌体上，风机基础就存在抗滑稳定问题。

（5）基坑东侧边缘是否避开了坡积层，如果没有避开，就会呈现不均匀地基，亦对基础的稳定不利。

鉴于以上分析，有必要对风机东侧开挖探槽了解建基面以下工程地质条件。

经开挖后证实如下：

（1）滑塌体对稳定无影响。直立的岩层，走向 N35°E，崩塌体向东南方向垮塌，经移位已经不在基坑范围内，照片反映特征，并不能完全反映真实地质特征，也会给分析带来误导，基坑边缘有宽 1cm 左右的拉开裂缝。但未错位，分析对基础稳定性影响不大。

（2）坡积层对稳定有影响。东侧地基为坡积层，处理不当会给工程留下隐患。所幸下挖 1.5m 后下部出露较完整的基岩。

（3）垫层下部有架空。由于建基面上清基工作做得不够，看似密实的基坑表面，经开挖后，垫层下面的块石有架空现象，处于地基边缘，是风机运行过程中受力最大的部位，不清理干净也会给工程留下隐患。

15.5　滑坡

滑坡是指斜坡上的土体或者岩体，受河流冲刷、地下水活动、雨水浸泡、地震及人工切坡等因素影响，在重力作用下，沿着一定的软弱面或者软弱带，整体地或者分散地顺坡向下滑动的自然现象。俗称"走山""垮山""地滑""土溜"等。

15.5.1　滑坡的主要组成要素

（1）滑坡体，指滑坡的整个滑动部分，简称滑体。是从斜坡上滑落的块体，它沿弧面滑动呈旋转运动。滑坡的平面一般呈舌状（图 15.18），它的体积不一，最大可达数千立方米。一些近代滑坡体上的树木，因滑坡体旋转滑动而歪斜，这种歪斜的树木叫做醉汉树。如果滑坡体上形成了相当长的时间，这种醉汉树就会长成所谓马刀树。

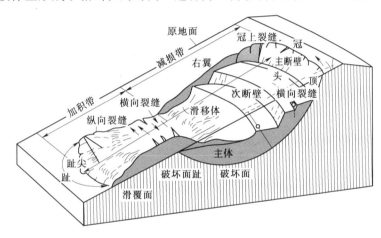

图 15.18　滑坡平面结构形态图示

（2）滑坡壁，指滑坡体后缘与不动的山体脱离开后，暴露在外面的形似壁状的分界面，滑坡壁又称破裂壁，它的相对高度表示垂直下滑的距离。滑坡壁平面上呈弧线形。

（3）滑动面，指滑坡体沿下伏不动的岩体、土体下滑的分界面，简称滑面，滑动面大多是弧形的，滑动面上往往可以看到滑坡滑动时留下的磨光面和擦痕，在紧贴滑动面两侧岩土可见到拖曳构造现象。

（4）滑动带，指平行滑动面受揉皱及剪切的破碎地带，简称滑带。

（5）滑坡床，指滑坡体滑动时所依附的下伏不动的岩体、土体，简称滑床。

（6）滑坡舌，指滑坡前缘形如舌状的凸出部分，简称滑舌。

（7）滑坡台阶，指滑坡体滑动时，由于各种岩体、土体滑动速度差异，在滑坡体表面形成台阶状的错落台阶。

（8）滑坡周界，指滑坡体和周围不动的岩体、土体在平面上的分界线。

（9）滑坡洼地，指滑动时滑坡体与滑坡壁间拉开，形成的沟槽或中间低四周高的封闭洼地。

（10）滑坡鼓丘，指滑坡体前缘因受阻力而隆起的小丘。

（11）滑坡裂缝，指滑坡活动时在滑体及其边缘所产生的一系列裂缝。位于滑坡体上（后）部，多呈弧形展布者称拉张裂缝；位于滑体中部两侧，滑动体与不滑动体分界处者称剪切裂缝；剪切裂缝两侧又常伴有羽毛状排列的裂缝，称羽状裂缝；滑坡体前部因滑动受阻而隆起形成的张裂缝，称鼓张裂缝；位于滑坡体中前部，尤其在滑舌部位呈放射状展布者，称扇状裂缝。

以上滑坡诸要素只有在发育完全的新生滑坡才同时具备，并非任一滑坡都具有以上全部要素（图 15.19）。

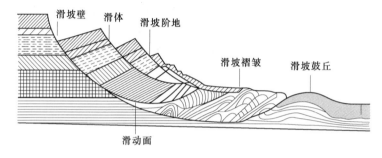

图 15.19　滑坡结构剖面图

15.5.2　滑坡的发生条件

产生滑坡的主要条件是地质条件（地貌、水文地质、大气降水等）、地震和人为作用的影响。

15.5.2.1　地层岩性

岩土体是产生滑坡的物质基础。一般说，各类岩、土都有可能构成滑坡体，其中结构松散，抗剪强度和抗风化能力较低，在水的作用下其性质能发生变化的岩、土，如松散覆盖层、黄土、红黏土、页岩、泥岩、煤系地层、凝灰岩、片岩、板岩、千枚岩等及软硬相间的岩层所构成的斜坡易发生滑坡。坚硬岩石中由于岩石的抗剪强度较大，能够经受较大的剪切力而不变形滑动。但是如果岩体中存在着滑动面，特别是在暴雨之后，由于水在滑动面上的浸泡，使其抗剪强度大幅度下降而易滑动。

15.5.2.2　地形地貌

只有处于一定的地貌部位，具备一定坡度的斜坡，才可能发生滑坡。产生滑坡的基本条件是临空面、切割面和滑动面。例如中国西南地区，特别是西南丘陵山区，最基本的地形地貌特征就是山体众多，山势陡峻，沟谷河流遍布于山体之中，与之相互切割，因而形成众多的具有足够滑动空间的斜坡体和切割面。广泛存在滑坡发生的基本条件，滑坡灾害相当频繁。

一般江、河、湖（水库）、海、沟的斜坡，前缘开阔的山坡、铁路、公路和工程建筑物的边坡等都是易发生滑坡的地貌部位。坡度大于 $10°$、小于 $45°$，下陡中缓上陡、上部成环状的坡形是产生滑坡的有利地形。另外，坡度、高差越大，滑坡位能越大，所形成滑坡的滑速越高。斜坡前方地形的开阔程度，对滑移距离的大小有很大影响。地形越开阔，则滑移距离越大。

15.5.2.3　地质构造

组成斜坡的岩体、土体只有被各种构造面切割分离成不连续状态时，才有可能向下滑动的条件。同时构造应力使岩体发生倾斜、构造面又为降雨等水流进入斜坡提供了通道。故各种节理、裂隙、层面、断层发育的斜坡、特别是当平行和垂直斜坡的陡倾角构造面及顺坡缓倾的构造面发育时，最易发生滑坡。

15.5.2.4　水文地质条件

地下水活动，在滑坡形成中起着主要作用。它的作用主要表现在：软化岩体、土体，降低岩体、土体的强度，产生动水压力和孔隙水压力，潜蚀岩体、土体，增大岩体、土容重，对透水岩层产生浮托力等。尤其是对滑面（带）的软化作用和降低强度的作用最突出。

15.5.2.5　大气降水

降雨对滑坡的影响很大，包括融雪、地表水的冲刷、浸泡、河流等地表水体对斜坡坡脚的不断冲刷，大气降水对滑坡的作用主要表现在，水的大量下渗，导致斜坡上的土石层饱和，从而增加了滑体的重量，降低土石层的抗剪强度，导致滑坡产生。不少滑坡具有"大雨大滑、小雨小滑、无雨不滑"的特点。另外，暴雨后，来不及排走的水，在裂隙中产生的静水压力也是滑坡发生的常见原因之一。

15.5.2.6　地震和人类活动

地震对滑坡的影响很大。究其原因，首先是地震的强烈作用使斜坡土石的内部结构发生破坏和变化，原有的结构面张裂、松弛，加上地下水也有较大变化，特别是地下水位的突然升高或降低对斜坡稳定是很不利的。另外，一次强烈地震的发生往往伴随着许多余震，在地震力的反复振动冲击下，斜坡土石体就更容易发生变形，最后就会发展成滑坡。

人类活动是诱发滑坡的主要因素，违反自然规律、破坏斜坡稳定条件的人类活动都会诱发滑坡。

（1）开挖坡脚。修建铁路、公路、依山建房、建厂等工程，常常因使坡体下部失去支撑而发生下滑。例如我国西南、西北的一些铁路、公路、因修建时大力爆破、强行开挖，事后陆陆续续地在边坡上发生了滑坡，给道路施工、运营带来危害。

（2）蓄水、排水。水渠和水池的漫溢和渗漏，工业生产用水和废水的排放、农业灌溉等，均易使水流渗入坡体，加大孔隙水压力，软化岩体、土体，增大坡体容重，从而促使或诱发滑坡的发生。水库的水位上下急剧变动，加大了坡体的动水压力，也可使斜坡和岸坡诱发滑坡发生。支撑不了过大的重量，失去平衡而沿软弱面下滑。尤其是厂矿废渣的不合理堆弃，常常触发滑坡的发生。

（3）劈山开矿的爆破作用，可使斜坡的岩体、土体受振动而破碎产生滑坡；在山坡上乱砍滥伐，使坡体失去保护，便有利于雨水等水体的入渗从而诱发滑坡。

15.5.3　滑坡发生时段特征

滑坡的活动时间主要与诱发滑坡的各种外界因素有关，如地震、降温、冻融、海啸、风暴潮及人类活动等。大致有如下规律。

15.5.3.1　同时性

有些滑坡受诱发因素的作用后，立即活动。如强烈地震、暴雨、海啸、风暴潮等发生时和不合理的人类活动，如开挖、爆破等活动时，具备滑坡条件的地质体立即活动。

15.5.3.2　滞后性

有些滑坡发生时间稍晚于诱发作用因素的时间。如降雨、融雪、海啸、风暴潮及人类活动之后。这种滞后性规律在降雨诱发型滑坡中表现最为明显，该类滑坡多发生在暴雨、大雨和长时间的连续降雨之后，滞后时间的长短与滑坡体的岩性、结构及降雨量的大小有关。一般讲，滑坡体越松散、裂隙越发育、降雨量越大，则滞后时间越短。此外，人工开挖坡脚之后，堆载及水库蓄、泄水之后发生的滑坡也属于这类。由人为活动因素诱发的滑坡的滞后时间的长短与人类活动的强度大小及滑坡的原先稳定程度有关。人类活动强度越大、滑坡体的稳定程度越低，则滞后时间越短。

15.5.4　滑坡滑动前的征兆

不同类型、不同性质、不同特点的滑坡，在滑动之前，均会表现出不同的异常现象。显示出滑坡的前兆。归纳起来常见的，有如下几种。

（1）大滑动之前，在滑坡前缘坡脚处，有堵塞多年的泉水复活现象，或者出现泉水（井水）突然干枯，井（钻孔）水位突变等类似的异常现象。

（2）在滑坡体中，前部出现横向及纵向放射状裂缝，它反映了滑坡体向前推挤并受到阻碍，已进入临滑状态。

（3）大滑动之前，滑坡体前缘坡脚处，土体出现上隆（凸起）现象，这是滑坡明显的向前推挤现象。

（4）大滑动之前，有岩石开裂或被剪切挤压的音响。这种现象反映了深部变形与破裂。动物对此十分敏感，有异常反映。

（5）临滑之前，滑坡体四周岩（土）体会出现小型崩塌和松弛现象。

（6）如果在滑坡体有长期位移观测资料，那么大滑动之前，无论是水平位移量或垂直位移量，均会出现加速变化的趋势。这是临滑的明显迹象。

（7）滑坡后缘的裂缝急剧扩展，并从裂缝中冒出热气或冷风。

（8）临滑之前，在滑坡体范围内的动物惊恐异常，植物变态。如猪、狗、牛惊恐不宁，不入睡，老鼠乱窜。

15.5.5　滑坡的分类

为了更好地对滑坡的认识和治理，需要对滑坡进行分类。但由于自然界的地质条件和作用因素复杂，各种工程分类的目的和要求又不尽相同，因而可从不同角度进行滑坡分类，根据我国的滑坡类型可有如下的滑坡划分。

15.5.5.1　按滑坡体的体积划分

小型滑坡：滑坡体积小于 10 万 m^3。

中型滑坡：滑坡体积为 10 万（含）～100 万 m^3。

大型滑坡：滑坡体积为 100 万（含）～1000 万 m^3。

特大型滑坡（巨型滑坡）：滑坡体体积大于等于 1000 万 m^3。

15.5.5.2　按滑坡的滑动速度划分

蠕动型滑坡，人们凭肉眼难以看见其运动，只能通过仪器观测才能发现的滑坡。

慢速滑坡：每天滑动数厘米至数十厘米，人们凭肉眼可直接观察到滑坡的活动。

中速滑坡：每小时滑动数十厘米至数米的滑坡。

高速滑坡：每秒滑动数米至数十米的滑坡。

15.5.5.3　按滑坡体的物质组成和滑坡与地质构造关系划分

覆盖层滑坡，本类滑坡有黏性土滑坡、黄土滑坡、碎石滑坡、风化壳滑坡。

基岩滑坡，本类滑坡与地质结构的关系可分为：均质滑坡、顺层滑坡、切层滑坡。顺层滑坡又可分为沿层面滑动或沿基节理滑动的滑坡。

特殊滑坡，本类滑坡有融冻滑坡、陷落滑坡等。

15.5.5.4　按滑坡体的厚度划分

浅层滑坡：厚度小于 6m。

中层滑坡：厚度 6（含）～20m。

深层滑坡：厚度 20（含）～50m。

超深层滑坡：厚度大于等于 50m。

15.5.5.5　按形成的年代划分

新滑坡：现今正在发生滑动的滑坡。

老滑坡：全新世以来发生滑动，现今整体稳定的滑坡。

古滑坡：全新世以前发生滑动，现今整体稳定的滑坡。

15.5.5.6　按力学条件划分

推落式滑坡：这种滑坡主要是由于斜坡上部张开裂缝发育或因堆积重物和在坡上部进行建筑等，引起上部失稳始滑而推动下部滑动。

平移式滑坡：这种滑坡滑动面一般较平缓，始滑部位分布于滑动面的许多点，这些点同时滑移，然后逐渐发展连接起来。

牵引式滑坡：这种滑坡首先是在斜坡下部发生滑动，然而，逐渐向上扩展，引起由下而上的滑动，这主要是由于斜坡底部受河流冲刷或人工开挖而造成的。

混合式滑坡：这种滑坡是始滑部位上、下结合，共同作用。混合式滑坡比较常见。

15.5.5.7　按物质组成划分

土质滑坡：包括黏性土滑坡、黄土滑坡、堆积层滑坡等。

岩质滑坡：包括破碎岩石滑坡、软硬互层岩石滑坡、软弱岩石滑坡、坚硬块状岩石滑坡。

15.5.5.8　按滑动面与岩体结构面之间的关系划分

无层滑坡（同类土滑坡、均质滑坡）：均质、无层理的岩土体中的滑坡。滑动面不受层面的控制，而是决定于斜坡的应力状态和岩土的抗剪强度的相互关系。在黏土岩、黏性土和黄土中较常见。

顺层滑坡：沿原生、次生的软弱夹层或上部松散堆积物与下部基岩接触带滑动的滑坡。是自然界分布较广的滑坡，而且规模较大。

切层滑坡：滑坡面切过岩层面而发生的滑坡。滑坡面常呈圆柱形，或对数螺旋曲线。多发生在岩层近于水平的平迭坡，构造面控制。

15.5.6　滑坡的发展阶段

滑坡的发展阶段大致可以分为四个阶段，即变形阶段、蠕变阶段、滑动阶段和稳定阶段（表 15.3）。

表 15.3 滑坡发育阶段及其主要特征

阶段	滑动带滑动面	滑坡前缘	滑坡后缘	滑坡两侧	滑坡体
变形阶段	滑动带开始变形，滑体尚未沿滑动带位移，有时钻孔发现新鲜滑动面	无明显变化未发现新的泉点	地表或建筑物出现一条或数条与地形等高线大致平行的拉张裂缝，裂缝断续分布，多呈弧形向内侧突出	无明显裂缝，边界不清楚	无明显异常
蠕动阶段	滑动带基本形成，滑体局部沿滑动带位移，探井或探槽发现滑动带的镜面、擦痕及搓揉现象，滑带特征明显	常有隆起，有时有大致垂直等高线的放射状张裂缝。有时有地下水溢出	地表或建筑物拉张裂缝加宽，外侧下错	出现雁行式羽状剪切裂缝	有裂缝及少量沉降现象岩体松动，且有定向排列迹象
滑动阶段	整个滑坡带已全面形成，位移快速，此时滑动带含水量较高，滑动带的镜面、擦痕及搓揉现象应该很普遍	出现明显的剪出口，其附近湿地明显，有时呈泉状流水滑坡舌放射状裂隙发育	张裂隙与滑坡两侧羽状裂缝连通，常出现多个阶状地堑式沉陷带滑坡壁，滑坡壁常较明显	羽状裂缝与滑坡后缘裂缝贯通，滑坡周界比较明显	有差异运动形成的纵向裂缝，地表水渗漏，滑体整体位移
稳定阶段	滑体不再沿滑动面位移，滑动带含水量降低探井及钻孔能发现滑动带的镜面、擦痕及搓揉现象	滑坡舌伸出，或受前方阻挡而抬高，前沿湿地明显	裂缝不再增多，也不扩大，滑坡壁明显	羽状裂缝不再扩大、不再增多，有些甚至闭合	滑坡体不再发展，原始地形总体坡度显著变小

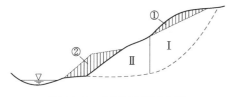

图 15.20　减重反压示意图
Ⅰ—主滑段；Ⅱ—抗滑段；
①—减重区；②—反压区

15.5.7　滑坡防治的主要工程措施

滑坡防治工程措施的设计必须建立在对滑坡的结构特征、变形演化机制、成因、现状及发展趋势充分了解的基础上，才能提出技术上可行、经济上合理的设计方案。滑坡防治工程主要归纳为以下几个方面。

15.5.7.1　改变斜坡几何形态

（1）"砍头压脚"。消减后缘产生滑坡动力的岩土，增加坡角抗力体的压重（反压坡脚）（图 15.20）。注意不能轻易开挖变形破裂体隆起部位，这些应力集中的部位，一旦破坏容易引起失稳，同时要根据变形破裂体演化阶段确定整体整治方案。

（2）降低斜坡总坡度。使用这种方法一定要慎重，一定要对滑坡的类型、成因、力学机制、稳定程度和发展趋势搞清楚。否则盲目刷坡往往会加速开裂变形，结果加速了滑坡滑动进程。

15.5.7.2　排水工程措施

（1）地表排水。一方面调整坡面水流，将水以排水沟的形式引出滑坡体外（集水明渠或管道）；另一方面截断进入坡内的地下水流，这对于防止坡体软化、消除渗透变形作用、降低孔隙水压力和动水压力都是极为有效的。这些措施在开始变形滑动的滑坡区尤为有效。为了不让外围地表水进入滑坡区，可沿滑坡边界修筑天沟，沟壁应不透水，否则会向滑坡体渗水。

（2）排水暗沟、支撑盲沟、钻孔。充填有自由排水土工材料（粗粒料或土工聚合物）的浅或深排水暗沟，在土质斜坡内修筑支撑盲沟，渗透材料选择粗颗粒，往往能收到良好的效果，显然能够截断地下水流，适用于规模较大的深层滑坡。斜坡若有含水层时水平排水廊道设在含水层与隔水层主间效果较好。在裂隙水丰富的岩石斜坡中，也可采用水平钻孔排水。

（3）种植植被。种植植被可起到蒸发排水效果。

15.5.7.3　支挡结构措施

提高滑坡的抗滑能力，最重要的是支挡建筑物必须砌筑在滑坡面以下。主要有重力式挡土墙、铁笼块石墙、被动桩、墩、沉井、原地浇筑混凝土挡土墙。岩质边坡采取预应力锚杆配合钢筋混凝土桩，是一种很有效的措施。它可以加强结构面的抗滑能力，改善结构面上剪应力分布状况，显著降低累进性破坏的可能性。锚杆的方向、设置深度应根据斜坡的结构特征而定。

在大型滑坡坡体或变形破裂中还可以采用网格梁预应力锚索等措施（图15.21），但需注意锚索的锚固端要能提供足够的锚固力。支挡

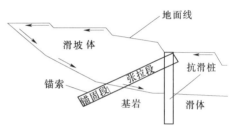

图 15.21　锚索支护示意图

结构还可以作为边坡开挖的预支护措施，尤其是倾外层状的斜坡中，或者滑坡前缘需要开挖时，必须采取坡角支护措施后，再进行开挖否则容易造成严重后果。

15.5.7.4　斜坡内部加强措施

通过改良滑坡体上岩体的结构和强度增强斜坡的抗变形能力。主要有岩石锚固、微型桩、土锚钉（图锚杆、土锚管等）锚索（有或无预应力）、灌浆、块石桩或石灰桩、水泥桩、热处理、冻结、电渗锚固、种植植被（根强的力学效果）。

15.5.7.5　绕避防御工程措施

通常在建设工程中，能够避开的应设法避开，不能避开的用隧洞或明洞穿过滑坡崩塌区甚至泥石流区。

15.5.8　覆盖层滑坡及边坡破坏

15.5.8.1　半成岩区滑坡及崩塌

常见的半成岩地层多为近水平状态，如黄河古道盆地中堆积物，红层和 N_2（上新世）粉砂土层，老第三系的巨厚层状红色砂土层已固化半成岩，伴随地壳的台升，宽平的黄河古道水流汇积集中下切，使红层分布峡谷岸坡高阶地之上形成陡峻的红崖，在重力作用下发生卸荷张裂，向临空面倾倒垮塌或错落滑塌。

例如：龙羊峡水电站库内，N_2 土黄色粉砂质土层，产状水平，是共和构造盆地下降过程中的沉积层，第四纪以来昆仑山强烈上升，黄河水下切，硬结的砂质土层被冲切形成陡崖，在重力作用和地震影响，陡岸上方临坡段出现纵向张裂——岸边卸荷裂隙，使开裂缝外侧土层体重心逐渐倾斜，使张裂缝随之扩展，最终出现陡岸破坏，发生不同规模的崩

塌和局部倾倒，构成大滑坡。1943年农历正月初三，下午4—5时，黄河右岸崖下村庄被突发的大滑坡（约2.5亿 m^3）淹没，全庄只有2人幸免。断壁、滑床至今仍清晰可见。当时堆积体堵塞黄河5d。

15.5.8.2　黄土区滑坡

黄土生成时代为中更新世和上更新世，其成因虽然有多方面（风尘沉积、二次堆积—崩滑坡积，冲刷搬运水下沉积），但是主体母质仍是风成。分布在中国黄土高原上的物质来源是大西北的戈壁滩和沙漠，是因大西北干旱和日照高温，导致北大西洋季风南下的吹扬作用所致，尘土受秦岭、贺兰山、吕梁山、太行山阻挡产生回流，尘土降落堆积而成。所以它没有水平层理及水成特征，且具有层厚、质均的特点。这种风成机理就如同当今的沙尘暴。

当受地表径流冲刷（洪水季）切割，形成陡坎、嶂谷、沟壑、岗丘、梁峁地形。每年雨季、特别是丰水年时，常因倾倒张裂、水浸软化（泥化）、侵蚀作用，而引起蠕变、错落、滑塌、倾倒垮塌，甚至滑坡。如山西吉县2005年5月发生长度250m、高度80m、方量约65万 m^3 的黄土滑坡，造成了大的人员伤亡。

15.5.8.3　坡积体的滑塌机制

坡积体物质组成，既有古阶地物质，也有谷坡岩体破碎坠落堆积，具体情况，因地而异。在古老坚硬基座可保留或残留老阶地沉积物质。而在陡峡谷坡或软质开阔V形谷坡中，多以坡麓堆积为主，其物质组成也就来源于当地山体岩石及其风化成的砂土。这种环境的边坡破坏型式多见两种：当谷坡被冲沟切割较深时，侧限阻力减少，常出现蠕滑坐落滑坡；如有软化夹层控制时，亦可产生滑移-拉裂式滑坡。

常见的是基岩面受河水冲刷倾向河床，基岩面与上覆土层之间自然形成一个非均质接触面，当接触面上方堆积坡体，因底板摩阻力不能维持坡体稳定时，必然产生沿基岩面滑动，滑动面与基岩面大体吻合。滑动机制以蠕滑拉裂为主体。如：李家峡水电站大坝前右岸的1号滑坡，就是古老的变质岩侵蚀面上的坡麓堆积体和强风壳物质，受基岩面形态控制滑落。当基岩面平顺较缓时，也可以出现滑移-压致式或滑移-拉裂机制的分块滑塌。

15.5.9　滑坡案例分析

我国是世界上崩塌、滑坡、泥石流地质灾害较严重的国家之一，由于特殊的地形和地貌环境使自然灾害频发，对人民生命财产安全、建筑物的安全造成很大威胁，特别是人类活动对自然环境改变越来越大，人为诱发的地质灾害也越来越多。这里边有的是勘察设计和施工不当引发的滑坡例如：某大型水利工程建设右岸滑坡体，在勘查阶段没有发现，地貌上反映并不典型，施工开挖后，发现是一巨型古滑坡，而且由于坡角破坏，古滑坡有复活迹象，一旦失稳对坝基造成严重威胁，只好重新补充地质勘察，投资上亿元才达到治理的目的。也有的是未进行地质勘察，或者深度不够，对滑坡成因、性质、现状、发展趋势没搞清楚，就盲目进行所谓治理，假如有的滑坡出现挤压隆起，一旦减载刷坡，滑坡就会立即开裂变形，甚至促进滑坡失稳。一般来说滑坡对工程的危害主要有两种。

（1）直接或间接危害建筑物。我国安徽梅山水库拱坝破裂事故，就是一个非常典型的实例。该坝右坝肩为花岗岩边坡，由于岩体应力差异，岩体缓倾角结构面的影响，使拱坝变形发生裂缝，库水沿裂缝涌出，经及时处理，才保证了大坝的安全。

缓慢下滑的坡体，可以使滑体上的建筑物发生开裂、陷落和倒塌，并将坡底附近的建筑物破坏。崩塌或迅速下滑的滑坡体，尤其是巨型滑坡能掩埋村庄或工程设施。崩滑体一旦堵塞江河，还会造成严重洪灾。我国西南、西北许多大河沿岸，至今还保留着不少堰塞河道的残迹，河道堰塞现象对下游威胁尤为严重，例如 2008 年 5 月 12 日四川汶川大地震边坡失稳造成很多堰塞湖，采取了多种措施，疏通堰塞湖后，才确保了下游的安全。

（2）所造成的不良地质环境威胁建筑物的安全。在斜坡发生显著变形部位开挖洞室，或以变形边坡岩体作为坝肩，都有可能给工程带来岩体失稳等不良后果。一些古滑坡体，尽管没有再活动的可能性，但岩体极为破碎，性能极不均匀，若被作为建筑物的地基就可能造成严重后果。例如前述刹水坝大塌方就造成了将下方正在建筑的大桥摧毁，40 万 m³ 崩塌物改变了周边的地质环境，并形成了泥石流的物质，对重新选定的桥基也有较大威胁，不得不采取有效的防护措施。

事实上自然界大部分滑坡与教科书上的标准滑坡并不完全一样，没有工程经验的年轻技术人员，判定滑坡有时候确实比较困难，但只要多实践、多思考、就会对提高野外滑坡的识别能力，相应的就能提出比较合理的勘察方案，根据地貌特征、勘察资料的综合分析，从而对滑坡的类型、规模、成因、诱发因素、发展阶段、力学特征、稳定程度、发展趋势做出正确的判断。实践证明，只要地质工作做的深入就容易判断正确，只有正确的判断才能对滑坡进行合理的整治。下面列举一些实践中稳定性判断有分歧的案例供同行在工程实践中参考。

案例 1：溪洛渡电站左岸古滑坡堆积体位移与治理。

由二叠系宣威组底部软弱夹层作为古滑体界面的溪洛渡左岸巨型谷肩古滑坡堆积体在处理过程中，由于坡脚破坏，大气降水渗入，滑坡体表层发生大面积蠕动变形，滑移距离达到 180mm，古滑坡体内部沿深层滑动面滑移 60mm，总体积约 5000 万 m³。古滑坡的复活对滑坡体上部居民以及电站进水口造成严重威胁。通过采取深层、浅层排水，压脚贴坡混凝土，框格梁加锚索固脚等工程措施，保证了古滑坡体的稳定。

溪洛渡水电站左岸谷肩堆积体位于坝址上游电站进水口的上方，在治理过程中发现存在浅部蠕动滑移以及深部古滑带位移，有复活迹象，如果失稳，后果将十分严重。通过采取综合措施进行治理，目前达到了稳定的良好效果。这种对古滑坡体进行综合治理的方法在国内十分罕见，尤其是土锚管在边坡加固中的应用在国内实属创新。

1. 地质背景

（1）地形地貌。工程区位于雷波-永善构造盆地中的永斜之西翼，系一总体倾向南东由似层状玄武岩组成的单斜构造，缓倾下游左岸，顺流方向地层产状呈陡—缓—陡的平缓褶曲。坝址区所在金沙江河谷呈 U 形分布，谷底高程约 350m，正常蓄水位 600m 时，河谷宽 535m，600m 高程以上为 70°～80° 的玄武岩陡壁，740m 高程以上为古滑坡堆积体。左岸古滑坡堆积体位于电站进水口及泄洪洞进水口的上方，原始坡面平缓，总体坡度 15°～20°。

（2）地质结构。左岸古滑坡体的滑动面主要发生在玄武岩与宣威组铝土页岩之间，滑动面出口高程 730～858m，滑动面产状 N20°E/SE∠5°～8°。古滑坡堆积体由下至上，从老到新依次为二叠系宣威组沉积（P_2x），冰川、冰水堆积体（Q_2^{fgl+gl}），洪积体（Q_3^{pl}），其中以冰水堆积和洪坡积为主。

二叠系宣威组沉积（P_2x）位于古滑坡底部，为海陆相沉积，岩性为灰黄色砂页岩互层，底部存在较稳定的铝土质页岩，残留厚度一般为 22～30m，顶板高程 730～800m。宣威组地层假整合于玄武岩之上。

冰川、冰水堆积体（$Q_2^{1fgl+gl}$）形成于中更新统早期，为河流相冲积物，厚度一般为10～79m，组成物质主要为玄武岩、砂岩、灰岩，钙质接触式胶结较紧密，具有成层性，局部架空，偶有缺失，分布高程一般为 730～800m。

洪积体（Q_3^{pl}）厚度为 4～30m，主要由紫红色黏土组成，自上而下含石量逐渐增多，厚度逐渐增大，覆盖于冰川、冰水堆积物之上（图 15.22）。

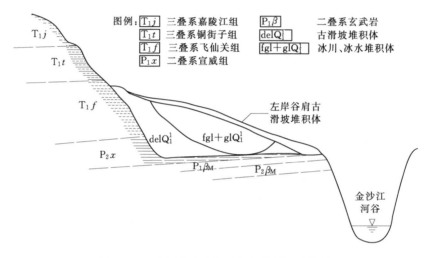

图 15.22　左岸谷肩古滑坡堆积体剖面示意图

（3）水文地质条件。古滑坡体水源主要接受边坡后缘大气降水补给，补给面积约8000m²。就滑坡体组成物质而言，上部洪坡积物主要组成物质为红色黏土，相对隔水，对大气降水起到了屏障作用；中部冰川、冰水堆积体为冲积层，结构架空，是相对透水层；下部宣威组岩层为相对隔水层。地下水赋存于隔水层之上的冰川、冰水堆积物之中，含水量较少，向金沙江排泄。

（4）主要物理力学指标。洪积体（Q_3^{pl}）干密度为 1.75g/cm³，天然含水率为 15.5%，黏土塑性指数为 18.7，干燥时坚硬且地表龟裂，遇水软化。

冰川、冰水堆积体（$Q_2^{1fgl+gl}$）干密度为 1.95g/cm³，天然含水率为 5.95%。

2. 古滑坡成因分析

根据该区滑坡体之上倾覆第四纪洪积物可推断滑坡体发生于 200 万～300 万年的中更新统早期。当时金沙江河床高程约 868m，河水补给两岸的二叠系宣威组地层，使其中的铝土页岩和粉细砂岩等软弱岩层长期处于软化状态。由于边山卸荷作用，使其后缘的宣威组、飞仙观组以及铜街子组地层沿卸荷结构面发生错落，错落地层总厚度达 423m。错落体基本保持了原始地层的顺序，中后部解体较弱，具有明显的错落特征。在错落岩层的重压下，加之宣威组软弱岩层处于软化状态，导致边坡在剪应力条件下产生沿宣威组软弱岩层的塑性变形和剪切滑移。经勘测发现滑坡体后缘集中发育陡倾节理，产状为 N30°～50°

W/SW∠65°～80°，中部弧形滑面是经剪断宣威组中上部以及飞仙观组岩体发育而成，因此古滑坡是由于卸荷错落岩体的重力作用，岩体在蠕动变形过程中，经前缘滑移牵引，后缘拉裂，中部剪切下滑形成的。滑坡主滑方向均指向金沙江，略向下游倾斜。

古滑坡形成后的岩体基本保持了原始的地层顺序，到中更新统末期，该区遭受了冰川河流冲击，将古滑坡体前缘宣威组以上的飞仙观组和铜街子组潜蚀，由河流相冰川、冰水堆积物取而代之。到上更新统时期，该区又经受一次洪水冲刷，使洪积物覆盖于冰积层之上，从而形成如今的地层结构特征。

3. 古滑坡稳定性分析

（1）古滑坡变形过程。古滑坡堆积物厚度 8.51～163m，体积约 5700 万 m³。2005 年 5 月以前，为保证古滑坡下方电站进水口和泄洪洞进水口的安全，对古滑体边坡进行了削坡处理。在处理过程中发现Ⅲ区下游侧的坡脚部位发生蠕滑拉裂变形，并逐渐发展为洪积物发生弧形浅表层滑动。

2005 年 5—9 月，Ⅲ区上游侧中部的表层洪积物在前缘开口线附近出现明显的浅层变形，变形范围约为长 15m（顺江方向），宽 10m（垂直金沙江方向）。变形特征主要表现为：变形体前缘部位发生一定程度的向外鼓出，后缘出现深约 30～50cm 的拉陷槽，后侧最大错位高度达 1.2m。Ⅳ区顶部出现宽 5～10cm 的拉裂缝，后侧发生高 30～50cm 的错台。

2005 年 9 月以后，整个滑坡体变形进一步加剧，各区中部都不同程度地出现贯通性裂隙，不仅表层发生裂隙和鼓出，中部的冰川、冰水堆积物亦发生拉开裂缝。

（2）变形监测。为了实时掌握滑坡体的变形情况，在高程 813.9m 和 797.0m 分别布置测斜管 IN02 - JDL 和 IN03 - JDL，IN02 - JDL 于 2006 年 6 月 25 日取得基准值，观测时段为 2006 年 6 月 25 日至 7 月 25 日；IN03 - JDL 于 2006 年 7 月 13 日取得基准值，观测时段为 2006 年 7 月 13—25 日。它们的监测情况分别如下。

1）IN02 - JDL 测斜孔。

（a）累计位移：在观测时段内 0.5m 深度测点累计位移量约 75mm，3.0m 深度测点累计位移量约 22mm，28.5m 深度测点累计位移量约 10mm。

（b）变形速率：2006 年 7 月 1 日以前，变形速率较小，0.5m 深度测点的平均变形速率为 1.6mm/d；2006 年 7 月 1—11 日期间，0.5m 测点的平均变形速率为 4～5mm/d；2006 年 7 月 11 日以后，0.5m 测点变形速率减小，平均变形速率约 1.0mm/d；3.0m 和 28.5m 深度测点具有相似规律，总体平均变形速率约 1.0mm/d。

2）IN03 - JDL 测斜孔。

（a）累计位移：在观测时段内 0.5m 深度测点累计位移量约 41mm，3.0m 深度测点累计位移量约 19mm，23m 深度测点累计位移量约 7mm。

（b）变形速率：2006 年 7 月 15 日以前，变形速率较小，0.5m 深度测点的平均变形速率为 2.75mm/d；2006 年 7 月 15—18 日期间，变形速率有所减小，0.5m 测点的平均变形速率为 0.5mm/d；2006 年 7 月 18 日以后，变形速率增大，0.5m 测点的平均变形速率约 4.6mm/d；3.0m 和 23m 深度测点具有相似规律，但量值较小。

两测斜孔 2006 年 7 月 25 日向河谷方向不同深度位移分布情况见图 15.23。

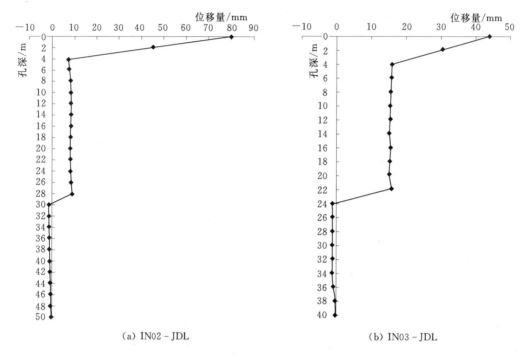

(a) IN02 – JDL　　　　　　　　　　(b) IN03 – JDL

图 15.23　测斜孔位移分布图

从监测资料可以看出，在孔深 5m 左右存在变形差异点，上部各点的累积位移自上而下逐渐减小，孔深 5m 至冰川、冰水堆积物底部之间各点的累积位移趋于一致；冰川、冰水堆积物底部处是另一变形差异点，该处出现位移巨变，上部累积位移 12～15mm 左右，下部只有 2～3mm 左右。该观测结果显示，两点一个是浅层位移界面，位于洪积物与冰积物的分界线上，另一个是深层界面，位于冰积物和下部宣威组的分界面上。

（3）分析讨论。左岸古滑坡体的稳定情况威胁电站进水口的安全，拟对古滑坡上部致滑段进行削坡处理，开挖坡比 1∶1.5～1∶2.5，根据现场地形和土体特征分部位进行。在施工中，由于表层覆盖的相对隔水的黏土层被削减，导致部分透水的冰积层裸露，加之 2005 年雨水较丰富，大量雨水通过冰积层渗透到底部的宣威组，使其中的铝土页岩和粉细砂岩等软弱岩层软化，导致其抗剪强度降低，并且由于施工开挖造成滑坡前沿 14 层玄武岩高程 680～740m 位置的坡脚以上形成临空面，因此使得古滑坡沿宣威组深层界面发生位移。而表层的洪积物黏土在干燥状态下其内摩擦角 Φ 值可以达到 36°～40°，一旦浸水黏土层将达到饱和，Φ 值降低至 10°～15°，其在表层植被破坏后接受大量降水补给达到饱和，因此产生沿冰积层界面的浅层蠕滑。

从以上分析说明，该古滑坡已趋于复活，整个左岸高边坡稳定性较差，为确保下部电站进水口和上部居民安全必须彻底治理。

4. 古滑坡体治理

左岸古滑坡堆积体处理范围长 5303m，高程为 740～840m。针对溪洛渡水电站左岸古滑坡堆积体的复杂地质条件和浅层蠕滑以及深层位移的特征，采用了中空注浆土锚管加拱形骨架混凝土梁对浅层滑移进行加固；采用混凝土固脚贴坡挡墙加上深入完整玄武岩体的预应力锚索对坡脚进行加固。为了解决古滑坡内的积水，采取坡面排水、地表排水以及在玄武岩中打排水洞相结合的方式进行综合排水。

（1）中空注浆土锚管固坡。

1）固坡作用原理。中空注浆土锚管打入坡面后，使坡面增加了钢管骨架，并且其对周围的松软土体存在挤密作用，增加了边坡的抗滑能力，从而增加了边坡的稳定；当中空注浆土锚管注浆时，水泥浆液在压力作用下通过布置在管壁四周的出浆孔向周围土体及碎屑块石渗透，使周围一定的渗透半径范围内的土体或碎屑块石胶结在一起，既提高抗拔能力又提高抗剪强度，使表层 5m 范围内的滑移面趋于稳定。

2）参数的选择。土锚管长 6m，$\phi48mm$，壁厚 3.5mm，入口端加工成锥形导向头，沿轴线方向每 10cm 布置 4 个 $\phi6mm$ 的出浆孔，出浆孔采用三角体角钢倒刺保护，共设置 3m，其余 3m 不设出浆孔。土锚管夯入坡面 5.85m，外露 15cm，间排距 1.5m×1.5m，梅花形布置，锚管下倾 15°。土锚管灌注 M20 的水泥净浆，水灰比 0.8∶1，注浆压力控制在 0.3MPa 以内。

3）中空土锚管施工。在脚手架搭设完成后，按照中空注浆土锚管布置间排距逐一放线标注孔位，采用 QC150 型夯管机夯进中空注浆土锚管；紧接着在土锚管验收合格后进行灌浆，注浆压力控制在 0.3MPa 以内。当孔口返浆，或边坡往外串浆，即可结束灌浆；孔口未返浆，但灌浆压力已达到 0.3MPa，且浆液无明显下降时亦可结束灌浆。整个坡面共布置土锚管 20460 根。

（2）拱形骨架梁护坡。土锚管完成后在坡面上设置常规混凝土拱形骨架，间距 3.6m，主骨架宽 0.6m，拱形支骨架宽 0.5m，每 3 榀主骨架设置一道沉降缝，并用沥青麻丝填塞。混凝土拱形骨架嵌入边坡坡面，拱形支骨架与主骨架相交位置结合土锚管位置布置，保证混凝土骨架钢筋与土锚管焊接牢固。

（3）混凝土贴坡挡墙加预应力锚索加固。根据左岸古滑坡体的地质结构和坡脚破坏的实际情况，为确保古滑体坡脚的抗滑力，保证边坡整体稳定，故采用混凝土贴坡挡墙加预应力锚索对滑坡下部阻滑部分进行加固。

坡脚混凝土贴坡挡墙基础坐落在 14 层玄武岩的顶面，基础块采用 C25 混凝土，厚度为 1.5m，贴坡混凝土坡长一般为 6m。在 14 层玄武岩混凝土基础面上，设置 $\phi32$，L 为 6m 基础锚筋，间排距 1.5m×1.5m 交错布置，外露 50cm，并与混凝土内的钢筋焊接。斜坡段混凝土基础布置 $\phi32$，L 为 6m 的中空自进式锚杆，间排距 1.5m×1.5m 交错布置，外露 50cm，与贴坡混凝土内钢筋焊接。

为加强坡脚混凝土贴坡挡墙对坡脚的加固效果，在 6m 长的贴坡混凝土中部布置一排 1500kN 级预应力锚索，设计孔深 30m。预应力锚索需要穿过冰川冰水堆积层、古滑坡堆积层和宣威组砂岩，最终锚固于稳定的 14 层玄武岩内。整个加固过程共完成预应力锚索 93 束，混凝土 6269m³。

（4）排水。

1）地表排水。左岸滑坡堆积体汇水面积约 8000m²，坡度约 10°～30°，雨后往往汇成较大的地表径流，坡面存在两条冲沟对坡面进行冲刷，造成垮塌破坏；并且坡面以上有梯田，农田灌溉时灌溉用水时常顺坡面上的冲沟下泻，对坡面亦造成较大的冲刷。为了控制地表径流对坡面的冲刷以及入渗对滑体的不利影响，沿堆积体上部开挖边界线外侧和马道分别布置截水沟，径流通过纵向排水沟排入混凝土截水沟后汇入下游河谷。排水沟过水断面为 1.5m×0.5m，设置为跌坎式排水沟。

2）坡面排水。左岸地下水位在宣威组顶部高程处波动，因此在宣威组砂岩范围内布置 6 排 φ100mm 的排水孔，间距 2.0m×2.0m；在洪积物较厚的 IV 区布置 φ50mm 的排水孔，间排距 4.0m×4.0m。排水管采用热镀锌钢管，仰角 5°，钢管管壁间隔 10cm 钻设孔径为 8～10mm 的小孔，采用梅花形布置。排水管外包反滤土工织物，管长 12m。通过采用偏心跟管钻进法造孔，然后送入排水花管并拔出套管。整个坡面共完成 φ100mm 排水管 10820m，φ50mm 排水管 5804m。

3）深层排水。为了最大限度地降低滑坡体的地下水位，在滑坡面下部的玄武岩地层中设置了永久排水平洞，排水平洞分为一条排水主洞和 1 号、2 号两条排水支洞。排水平洞宽 2.7m，高 3.4m，为城门洞型，总长 1129.0m。主洞 K0+000～K0+080 范围及 1 号支洞和 2 号支洞内不设排水孔，其余洞段在顶部设置排水孔，孔径 90mm，孔距 3.0m，梅花形布置，孔轴方向垂直于开挖面；局部破碎岩石的孔轴方向与可能滑动面的倾向相反，其与滑动面的交角应大于 45°，排水孔深入覆盖层 3m，并安装 φ50 透水管，共布置排水孔 465 个，排水管设置总长 8452m。

5. 结语

左岸古滑坡堆积体产生位移的主要原因是在施工过程中，坡脚被破坏，在地表水渗入后使堆积体表层发生蠕动，深层沿古滑面发生位移。说明古滑体在古滑面附近饱水后处于临界状态，一旦失稳将对电站进水口和泄洪洞入口等建筑物以及上部居民造成严重威胁。

通过利用中空土锚管对堆积体浅表层 5m 范围内的挤密和灌浆固结作用，结合坡面拱形骨架，有效地控制了表层洪积松散层的蠕滑。针对古滑体深层位移，采用压脚贴坡混凝土挡墙加预应力锚索相结合的方法进行施工，有效地增强了阻滑段的抗滑能力，控制了古滑坡的复活。采用地表排水、坡面排水以及地下廊道辐射孔穿透隔水层对底部排水，大幅降低了故滑坡体的含水量，有效地增强了边坡的稳定性。

通过综合治理，边坡表层蠕动速度从 4～5mm/d 降低到 1.0mm/d，深层滑移速率从 0.8mm/d 降低到 0.07mm/d，位移得到收敛，效果十分显著。特别是将中空土锚管施工方法用于砾石土边坡支护，既起到了普通土锚杆对土质边坡的挤密作用，又能利用固结灌浆对卵砾石起到固结效果。其不仅提高了抗拔能力，而且增加了浅层边坡的抗剪能力，对于含土量较大的碎石土边坡实施支护起到了事半功倍的作用，是边坡支护中的工艺创新。如此全面系统地针对复杂地质体组成的不稳定边坡进行综合治理，使其达到整体稳定，在国内尚属罕见，并对其他类似工程亦有很好的借鉴作用。

案例 2：溪洛三、四组古滑坡稳定性分析及处理建议。

溪洛三、四组古滑坡位于溪洛渡大坝下游约 500m，古滑坡体上有 370 人居住，这些居民是否需要搬迁取决于古滑坡体是否稳定，由于涉及移民政策以及移民的生命财产安全，故在此予以论述。

通过对溪洛渡水电站下游古滑坡体的地质分析，还原了滑坡体的形成机理，论证了古滑坡体在外力作用下复活失稳的可能性。建议可采用坡脚混凝土压脚，配合锚索加固措施，从而锁定最底部的滑动面。

1. 地质背景

（1）地形地貌。滑坡区域位于拟建的溪洛渡大坝下游约 500m 的金沙江与溪洛渡沟相交的右岸阶地之上，滑坡方向 N20°W，金沙江水流方向 S55°E，溪洛渡沟水流方向 N25°E。滑坡具有明显的滑落地形特征，后缘顶部有圈椅状陡壁，陡壁坡角 60°～80°，从滑坡中部 640m 高程算起，陡壁高度大于 400m。滑坡两侧有天然冲沟，冲沟显示双沟同源趋势（其顶部有相互咬合的形势）。

滑坡后缘存在一个陷落洼地，在滑坡中部自下而上发育三个台地。台地一和公路之间有一斜坡，公路高程 514.83m，台地一前缘高程 578.83m，故斜坡相对高差 64m，坡度约为 23°，其水平距离约为 150m。台地一地形平缓，略向公路倾斜，坡度约 8.3°，台地水平宽度约 105m。台地一后缘高程 594m，台地二前缘高程 625m，故台地一与台地二之间的斜坡相对高差 31m，坡角约 30°，台地二近于水平，宽度约 28m。台地三与台地二的相对高差为 13m，斜坡坡度约 30°，台地三宽度约 72m。

（2）地层岩性。

从钻探揭示的地层情况可看出，古滑坡体自滑动面自下而上主要有四种不同的地层构成，它们分别为：①二叠系峨眉山组（$P_2\beta$）厚层玄武岩，灰黑色块状岩体，隐晶质结构，块状构造，总厚度大于 500m；②二叠系乐平组（P_2l），最大厚度约 65m，岩性为灰色、黄色砂岩、泥页岩互层，底部有铝土岩；③三叠系飞仙关组（T_1f），最大厚度约 71m，岩性为紫红色泥页岩和砂岩互层；④松散错落崩积物，主要由三叠系铜街子组、飞仙关组崩塌物组成，其中夹杂黏性土以及块石，总厚度达 35m（图 15.24）。

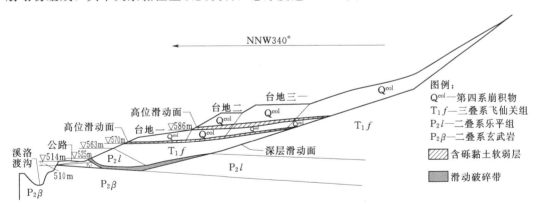

图 15.24　溪洛三、四组古滑坡工程地质剖面示意图

（3）地质构造与地震。滑坡区位于雷波、永善至永盛向斜的两北翼，地层总体呈舒缓波状向东南方向倾斜，倾角 10°～15°。受构造影响主要发育两组高角度共轭节理，Ⅰ组：N20°～60°W/NE∠60°～85°；Ⅱ组：N30°～70°E/NW∠60°～80°。

区域应力场总体方向以 NW～NWW 向为主，坝区曾发生过 6 级以上强烈地震 5 次，马边地震带为 6.5～7.0 级危险区，马边—盐津隐伏活断层潜在震源为 7.0～7.5 级地震区，距本区约 40km，1990 年国家地震局确定该区地震烈度为 8 度。

（4）水文地质条件。本区地下水主要接受大气降水补给，地下水类型有第四纪孔隙水，受季节降水影响较大，常在与基岩接触面上排泄。玄武岩裂隙水呈脉网状分布，受构造控制多分布在层间、层内错动带及长大裂隙中，地下水稳定水位多在高程 380m 以下。滑坡体松散堆积物为强透水性岩体，下部埋藏着多层紫红色泥岩、铝土页岩互层，可作为第四纪堆积物的相对隔水层。由于滑坡的部位以及目前地下水的排泄条件，地下水位目前尚未达到隔水层以上。

2. 古滑坡成因分析

（1）高边坡剪应力及构造影响。由于滑坡位于两河侵蚀形成的突出部位，高陡边坡的岩体在高角度、深切割的构造节理控制下，受重力卸荷和剪应力的共同作用，使陡边坡具备发生大规模的错落和崩塌的条件。

（2）水文地质条件的影响。根据目前溪洛渡沟分布的冲洪积物堆积高程在 570m 以上分析可知，Q_2 早期地壳曾经历过一段缓慢下降的过程，使中更新统的冲积物沉积以及河流高于 P_2l 乐平组软弱岩层，此时受到河水补给，软弱的泥页岩在水的浸泡作用下力学强度显著降低而产生湿缩变形，使飞仙关组泥页岩和乐平组软弱岩层发生蠕变。

中更新统晚期，地壳一度急剧上升，由于河水的潜蚀作用，金沙江河谷包括溪洛渡沟的深切不仅切断了乐平组软弱岩层，也切断了坚硬的玄武岩，形成了今日的峡谷地貌，使得冲积物贴附在峡谷两侧。

（3）滑坡发生。由于河谷深切，临空面加大，使乐平组软弱岩层与玄武岩硬质岩层的接触面和软弱结构面临空，在重力卸荷作用下，传到软弱结构面上的应力反射形成向临空面位移的拉应力。由于应力恒定，随着时间的推移或者受到地震等偶然因素的影响，形成一个较完整的滑动面使滑坡体向临空面方向发生滑移。

从滑动边界可看出乐平组岩层倾覆在河床冲洪积物之上，这种迹象表明古滑坡形成时间在中更新统 Q_2 晚期，距今大概 200 万～300 万年。

3. 滑坡的类型及规模

（1）滑坡类型。根据滑坡目前反应的地貌特征，按力学性质分类该滑坡属于推移和牵引混合式切层滑坡。原因是由于上部母岩由于卸荷作用而发生错落崩塌，从而引起上部压力增加和不稳，使得滑坡后缘切断母岩而下滑，这样滑坡后缘挤推滑坡前部而使前部下滑力增加；而滑坡前部由于软弱结构面的临空引起软弱结构面上部岩体由下而上依次下滑，逐渐向上扩展，因而形成滑坡体上部存在三个明显的错落台阶。

（2）滑坡的规模。根据勘测单位提供的平面和剖面图估算古滑坡平均长度约 720m，平均宽度约 190m，平均厚度约 45m，经估算滑坡体达 615.6 万 m^3。滑坡体的垂直错落高度大于 50m，水平滑移长度大于 100m。

4. 古滑坡的稳定性分析

（1）深层古滑坡的评价。根据地形地貌、地层岩性、地质构造和水文地质条件，我们追溯了古滑坡的变形成因和演变的规律，判断了晚中更新世时期该大型滑坡发生的主要因素，无需计算，目前该古滑坡是稳定的，但由于低位古滑坡滑移面高于公路，潜在滑动面临空，因此判断这种稳定是处于临界状态。

1）由于溪洛渡水电站的建设，沿滑坡前缘部位修建的公路在滑坡舌部位已挖出了 10～20m 的高陡边坡。滑坡舌的破坏必然会引起已滑动岩体内部应力的重新分配，在应力一定的情况下，岩体发生应变必然会使滑坡体产生蠕动变形的趋势，这对滑坡的稳定是很不利的。

2）溪洛渡水电站建成以后，水库的水位将达到600m，溪洛渡沟作为与金沙江近于平行的一级支流，溪洛渡库水必将通过河间地块向溪洛渡沟渗透形成新的渗透排泄点，并且水库渗透半径较大，这必然顶托两岸地下水的壅高。虽然金沙江渗透到溪洛渡沟的水排泄很快，但对于处于高程510m以上的乐平组的软弱泥岩，地下水位仍然会超过这一高程，此时软弱泥岩在地下水浸泡后强度降低是必然的；更何况当下游向家坝水电站建成后，库水水位380m也必然使上游两岸地下水水位顶托升高。地下水径流、排泄条件的改变对滑坡的稳定形成不利影响。

3）目前古滑坡体的天然平均坡度为20°～30°，平均厚度超过40m，钻探结果证明：滑面上形成有类似于断层破碎带的软弱岩层，且伴有泥化夹层，厚度达数厘米到数十厘米。滑坡前沿的临空面依然存在，这些情况反映古滑坡在滑动结束后基本处于临界稳定状态。虽然溪洛渡沟填筑的洞渣部分超过滑坡侧向界面，对阻止滑坡下滑起到一定作用，但阻滑方向的临空面依然存在，当外部环境发生大的变化时仍然具备滑动的条件。

4）环境发生改变，该区降雨可能增加。由于雨水渗入较多，加上地下水水位抬高，致使滑动面上所受的静水压力的垂直作用增加，从而削弱了滑动软弱面上所受的滑体重量产生的法向应力，以至于滑坡抗滑力降低不利于稳定。

5）地震会对古滑坡产生影响。地震的周期性出现是人所共知的，所以边坡的稳定也表现出一定的周期性变化规律。该区地震烈度为Ⅷ度，根据我国地震区、带的划分，该区属于青藏高原中部地震区、川边地震亚区、马边-昭通地震带，该地震带地震强度大、频度高。汶川大地震引起一系列古滑坡复活，山崩滑坡屡见不鲜。地震会使古滑坡下滑力增强，法向应力降低，从而使抗滑力减小。在有水的情况下，地震力还会增强静水压力，从而进一步削减抗滑力。同时地震冲击会使滑动面前沿的反坡段发生松动，结构强度减弱甚至完全丧失。

（2）高位滑坡。该古滑坡体上，在高程570m和586m分别存在两个潜在滑动面。这些潜在滑体具备临空面、切割面以及滑动面三个内在要素，一旦软弱结构面中的黏土浸水，滑动的可能性极大。

5．结语

目前，溪洛渡三、四组古滑坡后缘切割面、滑动面和前缘临空面都存在，追溯古滑坡滑动时所经历的蠕滑、滑动、巨滑以及稳定阶段，目前滑坡尚处在临界稳定状态。由于溪洛渡水电站的建设，气象、水文地质条件发生变化，地下水水位被抬高，使滑动界面上的破碎黏土物质饱和，抗剪强度显著降低，使古滑坡沿坡脚遭受破坏，加上周期性地震发生后在水平震力作用下，滑坡再次失稳的可能性是不言而喻的。

左岸古滑体坡脚破坏后就发生了危险性位移，说明该古滑体当滑坡界面存在地下水时滑坡复活的可能性极大。对于此类古滑坡最根本的治理办法就是坡脚混凝土压脚配合锚索深入完整的玄武岩基岩，将深层滑动面的前沿进行锁定。

案例 3：块状结构岩质边坡破坏。

1. 斧山滑坡

斧山滑坡位于雅砻江下游河段，二滩水电站库尾上游 12km。

此区段位于川滇南北向构造带西部，金河-箐河断裂西侧。$P_2\beta$ 玄武岩产状陡立与河流交角 50° 左右，是一段块状结构的斜向坡。

中厚层状玄武岩的似层面只起条状分割作用，边坡的破坏是受构造面交切结构体所控制。

谷坡陡峻 50°～60°，高倾角裂隙①拉裂、倾倒、渗水、中倾角裂隙②、③和缓倾裂隙④交切、联合构成顺坡不连续潜在滑动面。当高陡谷坡结构岩体受重力和外营力长时间作用，便发生开裂压重，使中、缓结构面受碾压追踪贯穿，形成不规则滑塌面，最终产生塌滑巨崩瞬时堵江。这是弯曲-拉裂比较典型的例子（图 15.25）。

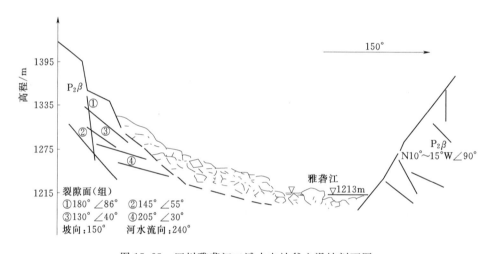

图 15.25　四川雅砻江二滩水电站斧山滑坡剖面图

根据滑坡堆积上覆盖的静水沉积层的分布，认为当初堵江汇高不低于 60m。坚硬的玄武岩块体现今仍堵占河床，形成 8m 高的跌水和急滩。

该滑坡后缘高出河水位 200m，塌滑宽度 400m，塌滑方量约 280 万 m³。

2. 二滩水库区梅子铺滑坡

该滑坡位于二滩水电站库尾段支流平川河内 5km 左右（图 15.26），为一巨型切层滑坡。

此滑坡是较典型的块状结构体的滑坡。震旦系灯影组（$Z_b d$）厚层状白云质灰岩，产状：SN/W∠44°，因受平川河深切，岩层中的产状为 NE80°/SE∠70°～90° 的节理面被拉张（后缘拉裂的控制面），又有产状为 NW35°～60°/NE∠70°～80° 的纵向分割面，又有临空条件，以产状为 N46°E/SE∠20°～35° 的缓倾构造裂隙面为基础滑移，并切层压碎阻抗部位，发展成底滑面，在重力作用下发展成深层滑移压裂式巨冲型滑坡，堵塞河谷，并形成库盆接受近 100m 厚静水沉积。后经平川河冲刷呈现当今面貌。该滑坡体约 1.0 亿 m³。这又近似于是蠕滑-拉裂和压致-拉裂的力学机制。

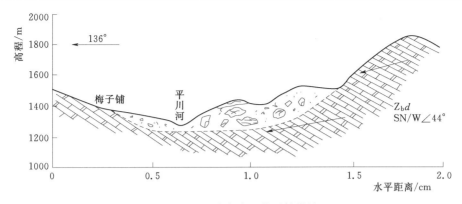

图 15.26 二滩水库区梅子铺滑坡

案例 4：天生桥二级水电站滑坡治理。

1. 调压井滑坡断壁治理

芭蕉林地段有 F122 断层切割，使其向斜转折部位岩层更加破碎，故发育芭蕉林冲沟，冲切中山包的坡脚，致使陡倾的中山包背斜 S 翼临空，外营力作用使其坡体表层风化、浸水、层面软化，导致从高程 800m 产生顺坡蠕滑—弯曲—溃断式滑坡。因自然条件和水能作用，只好选定中山包南坡东段削坡开挖调压井。

调压井口高程为 680m，其上、下都是滑坡断壁，坡度 55°～57°，坡面仅存零星块碎石。滑床下的岩层遭受了推碾和拖压，岩层自外向内产生不同程度的层间蠕滑。出现深25m 的风化壳，其中 0～5m 为强风化层，5～25m 为弱风化层（有地下水浸渗）。由于滑坡的拖拉作用，在滑面下的缓倾岩层中（680m 平台），出现与断壁面大体平行的张拉地裂缝（人可下入深度大于 10m），断壁上的砂岩（受缓倾层面控制）出现抽砖式构造。虽然断壁以内的坡体是基本稳定的，但作为工程运行的永久边坡是不安全的，故需做一系列的治理。

（1）调压井口以上边坡开挖与治理。因调压井口平台（680m）宽度 50m，其上部山体开挖厚度较大，采取自上而下分层开挖，分七级马道（宽 2m 或 4m），梯高 15m，伴随开挖锚喷支护，视情况挂网喷护乃至混凝土墙支护（打排水孔）。

（2）调压井平台下边坡开挖与治理。此段称为厂房西坡陡崖，高程 570～680m，高差110m。

此段边坡风化深度达 25m，由于边坡破坏机制是弯曲-拉裂型，并向东倾倒垮塌，在断壁上尚存溃断张裂残流，并出现四个斜列条形山脊，致使断壁面不规则，风化厚度大，永久稳定性亦受到影响，满足不了工程运行期稳定要求，其治理措施如下。

此段边坡治理，因原始冲蚀，滑塌后地形所限，1 号调压井西侧与东侧，破坏后的边坡形态不同，稳定性控制因素亦不相同，故分别治理。

（3）调压井西侧边坡治理。因古拉线沟切割，此段成规则的顺向坡，位置为下山包滑坡后背坡，坡面岩层蠕滑鼓起，尚有溃断残留体，少有坡残积物，岩石强风化至全风化。下山包减载开挖使其根脚失去阻抗而蠕变。对此段根据具体情况，分别采取混凝土挡墙固脚并插深锚杆，贴坡混凝土挡墙，钢筋混凝土框架护坡，浆砌石护坡，混凝土框架植被护坡，高程 680m 公路浇混凝土（外加挡水坎），坡面浇顺坡排水沟等一系列护坡措施，取得预想的效果（图15.29）。

（4）调压井平台下部断壁治理。此段位芭蕉林北坡，由于南盘江切割形成了一个开敞环境，陡倾的砂叶岩层被斜切，在横张裂隙分割作用下，滑坡发生时出现斜裂倾倒。残留四个条形山脊。因调压井和高压管道上水平段对围岩厚度的要求，调压井外侧平台要保留一定宽度，迫使对其下边坡开挖时要保留一部分强风化岩。

在治理方案上，采取自上而下分层（单层高度10～15m）开挖，锚杆挂网喷混凝土15cm，每层坡脚打15m深锚杆，坡面打15m深排水孔（仰角10°～15°）。马道外沿浇坎（高40m）分层截水排水到两端排水槽，引排到滑坡体外冲沟中。为保证调压井安全运行，每层马道上设2个观测桩，监视坡体动态。陡崖东端因岩石破碎，浇筑贴坡混凝土加锚杆固坡。

治理后的边坡，经过十余年运行考验，一切正常完好。

2. 芭蕉林滑坡堆积体的治理

电站厂房在堆积体部位，原因是勘测阶段未有查明堆积体下有滑动面，故未定为滑坡，后也因堆积体厚度大，厂房基坑首先开挖40m深，堆积体边墙稳定性很难解决，而且还直接影响到调压井边坡的稳定，同时还存在施工干扰与安全的问题。后经专家组论证，将厂房迁至下山包江岸山包下。为保证厂房和中控楼的安全，在该堆积体上挖坑滑桩，才揭示出滑坡的滑动剪切带，灰黑色叶岩底界面碾出20～35cm的鳞状破碎带（鳞面倾向坡内），才证明滑坡存在。

基于厂房与中控楼及升压站的安全，同时考虑调压井边坡的稳定，以及进厂永久公路布置等，综合拟定治理滑坡具体措施如下（图15.27）。

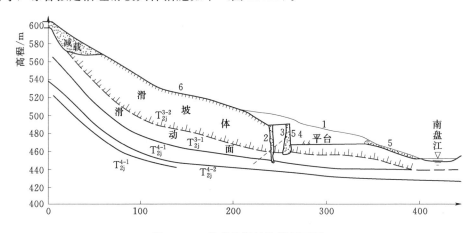

图15.27　芭蕉林滑坡体纵剖面图

1—原始地面线；2—抗滑桩；3—混凝土挡墙；4—120kN锚索；5—浆砌石护坡；6—框架护坡

（1）结合调压井边坡开挖清渣修坡面。

（2）在近中控楼上方打坑滑桩（8个）。

（3）进厂公路（高程460m）内侧清基浇筑混凝土大挡墙（预留锚索孔和排水孔）。

（4）坡面做2m×2m混凝土框架（结点插锚杆），框内压块石或浆砌石护面以防冲刷。

（5）挡墙预留孔中打孔，下 1200kN 级锚索锁定挡墙。

（6）在堆积体外岩石中打排水洞，伸入滑坡体引水排水。

（7）堆积体北部打井排水降压。

经过上述多项措施治理，保证了此堆积体的稳定。也自然起到调压井下边坡的固脚作用，厂房北段及中控楼，升压站的安全运行得以保证。

3. 下山包滑坡治理

下山包滑坡本来是一个古滑坡。由于该滑坡是顺缓倾层面滑动，滑体岩石无明显变形破坏，故早期未能发现，所以厂房搬迁未考虑滑坡存在的问题。后因厂房区的开挖（削掉下山包临江部位的山头），解除了滑体前部的阻抗，同时有降雨和施工用水下渗，补给滑体，软化古滑面，导致滑体又蠕动复活。后来又有洞室爆破，促进了蠕动加速，出现地表开裂，拉线沟北坡高程 570m 公路边沿层面错移，高程 600m 以下浆砌石护坡膨胀起鼓破坏，600m 平台水池开裂等，显示滑坡复活。

经过测定滑体的滑速，方向及滑体垂向变化等，多种地面反映和监测成果显示，此滑坡整体呈现复活特征。观测到的最大滑速为 11cm/d，滑速虽然不大，但滑动体积 100 万 m³，滑向直对厂房，造成极其严重的威胁，所以，必须采取紧急措施认真治理。

对滑坡体的性质曾有不同看法，日本专家说是推移式，我们认为下山包古滑坡后期活动是滑移-拉裂式。前面已述它是在被动推挤而产生沿低缓的层面（倾角∠8°）滑动，但经过长期的地表侵蚀（减载）改造后，原滑体受滑面控制分块滑移，成为滑移拉裂式的运动机制。此活动特征经开挖减载已得证实，减载平台面出现三条 NS 向被充填的拉裂缝，自前往后分别为 12m、8m、5m，说明在滑体滑动时，前部块比后部块体快。该滑坡复活时仍是前部先有挡墙开裂，经过数月后缓坡地表才出现张裂缝，地裂缝亦是前部的在先出现，后部地裂缝滞后的现象，反映出滑体复活是前部先动的特征。这种复活机制，经动态监测得以证实，视准线和三角索点，都明显反映出滑体前快，后慢向东滑移的特征。

但是，如果前部块体锁定，后部块体必将滞后推移到前部，形成推挤作用。经过认真分析，认明复活机制，便采取以下治理措施。

（1）首先停止滑坡前部边坡开挖，同时在后部坡体减载（30 万 m³），降低后部滑移的推挤作用力。

（2）在 600m 平台和 584m 平台打孔，做钢筋桩（7×φ32）穿过滑动面，阻坑和削减滑体前部永久边坡的滑速。

（3）在 600m 和 584m 平台，挖 3m×4m 抗滑桩穿过滑动面，浇填钢筋（或轻轨）混凝土。锁固滑动面阻挡滑体滑动。经过一期施工滑体滑动速度已趋于稳定。第二期施工完毕使滑坡稳定下来。

（4）滑动面下打排水洞，洞内打排水引流孔，引排滑动带及其破碎带中的地下水。

（5）结合排水洞，在地表打孔（间距 3m）与排水洞相连，下花管成截排水幕，汇排滑坡体中地下水，从排水洞排走。

（6）在减载平台修筑纵、横截、引排水沟减少地表水下渗补给滑坡体。

（7）在滑体前部坡面上，做系统锚喷锁固。

（8）在 566m 马道施加 320kN 级预应力锚杆，穿过滑动面锁口。

（9）在滑体结构破碎不能锚喷稳固陡坡段，浇混凝土墙、并打深锚杆锁固。

（10）在滑坡前开挖坡面上，施加 1200kN 级预应力锚索（做抗滑安全储备）。

（11）从 580m 马道打排水洞，伸到滑坡体下方，又开挖横向洞体，洞内打垂向排水孔，引排岩质坡体地下水。

（12）整个下山包开挖边坡（厂房西坡），全面做系统锚喷支护，破碎岩面挂网喷护。有些马道内侧施加深锚杆锁固。

（13）所有马道都浇混凝土，外沿做挡水坎，层层马道截排地表水。

经过 10 年的运行与监测和计算，该滑坡体的安全系数已达 1.25。保证了厂房的安全。

4. 厂房南坡开挖边坡倾倒破坏与治理

此种边坡破坏是人为因素所造成的，为给工程施工引以为戒，特以叙之。

此边坡出在拉线沟向斜北翼。砂岩及页岩构成的反向坡，岩层产状：N80°～90°E/SE∠60°～70°，岩层走向与开挖边坡走向大体平行的反向坡。坡体岩层发育三组裂隙（即N50°～70°W/NE∠35°～45°；近 EW/N∠20°～30°；近 SN/W∠80°～90°）。在厂房南坡及基坑开挖时，出现边坡倾倒破坏。开挖过程中曾出现地应力释放（放炮后岩坡内发出劈啪的破裂声）。迟后便出现边坡岩体扩容，层面和裂隙面松弛张裂（层面张开最大宽度60cm），边坡倾倒垮塌深度 4.0～7.0m。

治理措施：边坡开挖口线外移，自上而下削坡及时锚固喷护，马道上打垂直和反坡缓倾锚杆（ϕ32mm，L＝15m）锁固。然后浇筑贴坡混凝土墙（埋管排水）。治理后有观测桩监测成果证明边坡稳定。边坡高度为 50m，治理措施有效，可保厂房南坡满足运行要求。

第16章 边 坡 支 护

在人类改造自然利用自然的过程中，不论是在平原还是在山区，除填筑工程外，都要进行土、石方的开挖。自古栈道、南北大运河及普通民间工程（含打井），到现代风电场过程、水利工程都存在着边坡开挖与支护问题。随着科学技术的发展，开挖工程的规模越来越大，范围越来越广，形态越来越多。对边坡进行合理的开挖与支护，确保边坡稳定，是工程得以顺利进行和安全运行的重要环节。

16.1 岩（土）体边坡开挖的稳定条件

16.1.1 散体结构边坡开挖及支护

在城市建筑物中，随着高层建筑物的崛起和地下空间的利用，散体结构层体（砂、土、卵砾石层等）支护是当代必不可少的手段。常用的有灌浆、旋喷、摆喷、震冲、桩基、板桩等的基坑支护措施。有地下水时又要考虑地下水的影响作用，又存在排水、止水、防渗问题。

在山区的工程中，同样也存在散体结构的开挖边坡。

世界各地的地理位置不同，气候条件亦就不同，边坡稳定性也不相同。在干旱的地区，降水量小于 200mm，而蒸发量达 1500～2000mm 之多，干燥气候将稀少的降水短时蒸发掉，散体结构的砂、土、砾石层体，自然边坡未被淹没条件下，从来不会饱和含水。在中国西北地区可见到高达 20m，开挖坡角 70°的砂土、卵砾石层的路堑边坡，未经支护而多年不垮。黄土高原常见数十米的黄土陡壁多年挺立；而在多雨地区就是另一情况，一旦坡高达到一定高度，就必须考虑如何防止冲刷与饱水软化塌方问题，所以常用框架、草皮、植被护坡，甚至采用挡墙、拦石网、抗滑桩，乃至拦石坝，拦石网。拦石网的设置，可根据需要和使用的时间，又有固定式和移动式，欧洲多用布鲁克防护工程钢丝绳网，中国在 20 世纪 90 年代已引进使用，既用于永久性工程，也用于临时性工程。

16.1.2 层状岩体不同产状与开挖边坡稳定条件

根据岩层产状与开挖边坡走向之间的关系，边坡有顺向、反向、斜向（反斜、正斜）三大类型。各类边坡都有层面倾角大小问题，所构成的稳定性都不同。还要特别注意层状岩质边坡构造结构面的空间分布及其力学性质及开挖后在应力回弹（卸荷作用）作用下裂隙张开所带来的地质灾害，这种灾害有时构成灾难，故不能轻视。岩层产状与边坡稳定的关系，必须具体问题具体分析。一般说来反向坡稳定，正向坡不稳定，但实践中，反向坡出现失稳的实例并不在少数。前述溪洛渡滑就是反坡滑动，天生桥二级水电站厂房南坡的倾倒破坏机制也是反向滑动。这说明，事物在存在一定规律性的同时也存在着特殊性，在一定环境和条件下，影响边坡稳定的次要因素也会转化为主因素，导致边坡失稳。

16.1.3　均质结构体边坡稳定性

就边坡而言，它的稳定性与坡高成反比，关键要看组成边坡的物质成分及其结构、地貌形态。如均质砂土层、岩浆岩、巨厚层状沉积岩，在正常环境下都可视为均质体，但多数都不同程度的经受过地质构造作用，发育有构造结构面，这种介质体在三维空间封闭条件下是属于均质性状，但是，经过开挖后受力状态改变了，结构面受回弹力和重力作用张裂了，它就不再是均质体了。它只算是物质成分均质，结构并非均质，开挖后的临空部位不属均质结构体，我们对此应以高度重视。

16.2　边坡开挖与支护措施

16.2.1　层状结构边坡开挖

由于岩层性状和产状与开挖边坡空间组合不同，临空状态也就不同，所以支护措施自然也不同，如前章所述的滑坡治理措施。总之，根据现场实际情况，本着物体空间状态，以经济合理为原则，采取相应的措施进行支护，使其不稳定边坡和次稳定（基本稳定）边坡达到运行期安全稳定。

16.2.2　块状结构体边坡支护措施

块状结构体的特点是其三轴长度（长、宽、厚）相差不悬殊，所以这种结构体多为岩浆岩和厚—巨厚层状沉积岩及相应的变质岩。在开挖的边坡上是否稳定，取决于结构面组合和块体临空条件。支护措施就从锁固结构面，尤其滑塌潜在面和张裂面，以达边坡稳固之目的。

案例 1：长江三峡永久船闸的开挖和支护。

永久船闸是三峡水力枢纽的重要组成部分。三峡工程区处在黄陵背斜核部（γ_2）古老花岗岩体上，船闸位于长江左岸潭子岭北侧的有利地形，上游有浅丘谷地开挖上引航道，下有许家冲沟开挖下引航道，船闸航向 S69°E，进口距左坝头 550m，施工和运行自成体系。

船闸结构工程段长 1627m，单线为 6 闸 5 室，南、北两道共 12 道闸门 10 闸室，开挖宽度最大为 350m，上、下引航道长分别为 3125m 和 1696m，总开挖量 4220 万 m^3，占三峡工程总开挖量 40%，分两期开挖。

1. 一期开挖支护

一期开挖主要集中在船闸主体工程及上游、下游近区航段，是闸体结构以上的边坡开挖，开挖岩土，以风化花岗岩为主。

（1）全强风化岩处理。主体工程段全强风化岩原则上削顶，相对矮坡段挖成 1∶1.5 或 1∶1 边坡。采取挂网喷混凝土保护，坡面打排水孔。平台及马道浇素混凝土封闭以防止剥蚀冲刷。

（2）弱风化岩石开挖。弱风化岩因分布和空间状态，与工程利用关系较为密切，根据船闸运行要求，合理取舍。同岩性的弱风化岩，因其风化程度上的差异，它的物理力学性质有较大差别，又划分出上亚带和下亚带。上亚带矿物成分已发生蚀变，结构松软，强度低，因稳定性差，取 1∶0.5 的开挖坡，并进行挂网喷混凝土护坡，坡内打排水洞，坡面打排水孔。弱风化下亚带矿物少有蚀变，裂面强风化，坡体稳定性相对较好，但裂面经爆破松动，坡面出现块体滑塌和松动，导致坡面不平。坡比取 1：0.5 或 1：0.3。为保证边坡永久稳定，满足船闸运行安全采取如下支护和治理措施；坡面喷混凝土（较破碎段挂网）打排水孔，坡内打排水洞，纵向排水洞与坡面打对穿锚索。

马道受风化的结构面控制，多出现棱体滑塌和块状松动，首先进行回填和镶补（浇混凝土），沿口做坎挡水，马道面浇混凝土护面排水。

上、下引航道支护大体相同，支护仍以锚喷为主，同样挂网喷护防破坏渗水。马道保护同上。

2. 二期开挖支护

二期开挖是船闸航道结构开挖，闸槽中心轴线走向为 S69°E。由于船闸是多级阶梯式，有门槽、门龛及开闭启动等配套设施，所以开挖出的形态，也就是多直墙、多棱角，多台阶的"三多"式结构形态。这种"三多"式形态是结构需要。可是古老花岗岩体（11亿年）历经多次地质构造运动，发育有多组构造面（不同级别的断裂面），即断层和节理面（带），且多为硬性构造面。以 NNW、NEE 向中高倾角面为优势，NWW、NNE 向陡倾面次之，尚有 NE/SE 中缓倾角面，5 组结构面交切的岩体，自然呈块状结构。当这种结构块体从埋藏条件下，突然被揭露出来，处在各种不同的临空条件时，储存在岩体中的应力能回弹释放（岩体扩容），但因临空状态不同，临空块体自由扩容后稳定性亦不相同，反应在时空效应上亦不相同。所以，在直立多棱槽体中，岩体的破坏机理及其形式形态亦不相同。主要有：①在重力作用下棱角滑塌；②应用回弹、冲击波震荡、重力倾倒垮塌；③构造破碎带及影响带切割发生的坍塌；④强风化岸带、软弱结构面（带）处于临空条件引起垮塌与滑塌。

二期为闸体形态开挖，直墙体最大高度近 70m。分层开挖锚固（先系统锚杆，后系统锚索），锚杆为高强钢（$\phi25$、$\phi32$，长为 12m、10m、8m 对应闸门区长为 13m、11m、9m）。随机锚杆及锁口锚杆长度变化较大，为 5～14m。锚杆总量 2 万余根。设计系统锚索 2080 束（300t 级），因结构岩体卸荷开裂和扩容，施加随机锚索（300t 级、60t 级）2297 束，其中含对穿锚索（墙体面与排水洞对穿、中隔墩南北线墙面对穿）。总之，支护后的边坡和墙体，必须达到自身稳定，满足运行要求。

三峡永久船闸是人类水利史上空前的宏伟工程，也是巨型雕刻工艺品，开挖的成功是广大建设者集体智慧的结晶，在开挖中，遇到了各种各样的边坡开挖后出现的垮塌形式，上述几种只是其中比较典型的类型。无论何种边坡的稳定性，都离不开地貌地质条件，最主要的还是通过分析临空面、切割面、滑动面，以及与地应力、重力之间相互矛盾、相互制约的关系来判断岩体的稳定状态，从而制定合理的支护措施。

案例 2：长江三峡链子崖危岩体治理。

1. 概述

（1）地理位置。链子崖危岩体位于长江西陵峡兵书宝剑峡出口处的南岸，和牛肝马肺峡之间，与北岸的新滩滑坡遗址遥相对峙，东距三峡大坝 26.6km。西距秭归县城15.5km，交通十分便利。

链子崖危岩高耸，奇峰挺拔，绝壁摩天，怪石嶙峋，抬头仰望，危岩直达云霄，裂缝森然，摇摇欲坠，链子崖曾经是长江三峡中最大的地质灾害隐患，危岩体直接威胁长江中下游群众的生命财产安全，为彻底治理链子崖地质灾害，首次动用了国务院总理基金，治理工程量之大，当时尚属世界罕见（图 16.1）。

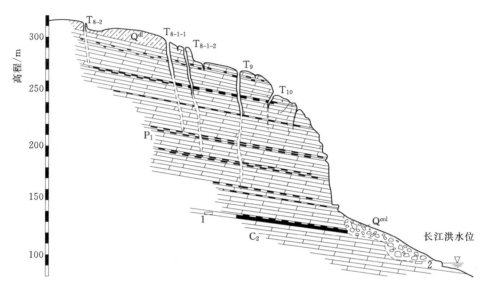

图 16.1　链子崖危岩体地质地貌示意图

（2）研究过程。

1）资料记载。据有关资料记载：①120 年来 T_2 裂缝没有发生位移，目前宽约 5.1m；②1933—1935 年发现 T_{8-2} 裂缝；③1947 年以前发现 T_{8-1}、T_{8-3}；④1848 年出现 T_{8-0}，1987 年出现新的塌陷坑；⑤1947 年以前发现链子崖危岩体 T_1 缝，1947—1967 年 20 年间增加了 33cm。

这些资料说明链子崖危岩体经历了较长时间的发展过程，近期时空变化明显。

2）危岩体变形监测结果。

1968 年以来，T_2 裂缝向外张开 35mm，下降 98mm。

1981—1987 年 5 月，T_2 裂缝两壁相对下沉量 92mm；T_6 裂缝张开 10～14.7mm，外侧相对下沉 19.4～54.4mm。

以后的监测资料表明变形一直在继续。

1964 年地质部三峡工作处在调查三峡水库区库岸稳定性时，对链子崖危岩体进行了踏勘。1965 年进行了 1∶2000 地质测绘，指出链子崖为不稳定边坡。

1966—1970 年在国家科委和交通部主持下进行了进一步研究。国务院根据研究报告，要求湖北省统一组织、继续调查、积极采取措施。

1970—1977 年湖北省政府组织有关部门继续进行研究。

1975 年 10 月国务院批示："同意长江流域办公室承担此项任务……"长办于 1977 年 5 月组织调研工作。

1982 年 7 月以后，此项任务又由湖北省科委主持，1985 年新滩滑坡之后，更引起了对链子崖危岩体的重视，加强了监测、地质测绘、物探等工作，突出提出防治研究。

1988 年中国科学院地质研究所联合地质矿产部、湖北省岩崩处邀请国内有关专家到现场进行了防治方案的初步设想。

1989 年 1 月 20 日，国家科委组织了链子崖危岩体防治问题讨论会，并通过当时的国家计委向国务院提出报告，请求立项开展防治工作。

2. 链子崖危岩体主要控制因素

（1）地层与构造控制。栖霞灰岩顶部有一层疙瘩灰岩，为灰岩、页岩、泥岩互层，层面呈波浪起伏状，泥页岩厚度约为 83～90cm，连续稳定性好，疙瘩状灰岩被页岩、泥页岩包裹，泥页岩强度低，易风化，遇水软化，为重要的工程地质层位。

底部有一层瘤状灰岩，强度很低，为中厚层灰岩、页岩、泥岩、燧石结核及燧石条带交替组合，构成特有的瘤状灰岩岩组，其特征是薄层黑色碳质泥页岩成层分布，连续性好，页理发育，层间错动剧烈并发育层间小褶皱，具有遇水软化的特征，总厚度 12.87m。地形上表现为缓坡及凹腔。本组共发育碳质泥页岩 37 层，包裹瘤子的软弱泥页岩是变形的控制性岩层。

陡崖坡脚一带发育有许多裂隙与此有关。崖边裂隙主要受栖霞灰岩中发育的 NW、NS、NNE 向大节理或小断层的控制。表面上看，裂隙发育如迷宫。实际上是受节理断层所控制。

（2）卸荷作用。链子崖岩体中的裂隙主要是在崖边卸荷作用下形成的，由于受软弱夹层的控制，岩壁发生累进性崩塌，正如县志上所述"崩瓦岗"是由崖壁不断崩塌后退形成的。近代的链子崖危岩体正在由匀速缓慢变形进入加速变形期，卸荷作用与暴雨和地震等不利因素组合会使崩塌加快发生。

（3）采矿影响。链子崖岩体下有一层煤，已被开采过，发现链子崖上面有崩塌的征兆后，政府下令停止开采。地面裂缝与地下采空区相关性较强。

3. 稳定性分析

根据链子崖变形破坏迹象分析，其 4 种失稳类型。

（1）岩壁岩柱式崩塌。这种崩塌主要是坡脚岩体强度不足，在岩柱自重作用下压碎垮塌，产生外倾发生崩塌。

（2）松脱式滑坡。坡顶灰岩沿着接触面发生滑动，有 7000m³ 滑动体。

（3）古滑坡体复活。地貌上表现的两个堆积体，岩体杂乱无章为古滑坡体，坐落在向北西倾斜、倾角 30° 左右的完整基岩上面，具备滑动面、切割面和临空面的滑动条件，它标志着古滑坡体处在不稳定的变形过程中。

（4）滑坡。$T_8 \sim T_{12}$ 裂缝包围的 250 万 m³ 岩体，$T_0 \sim T_6$ 裂缝包围的大型岩体，有专家认为，可能沿着煤系地层顶板产生整体滑动，变形监测结果也显示存在这种可能。

4. 对航道影响分析

链子崖危岩体一旦崩塌将长江航道堵塞，河道变窄构成险滩，或者崩塌下来的岩石堆积体积大，构成暗礁必将对船只航行造成影响。

（1）7000m³ 疙瘩岩灰岩和古崩滑体，由于块度小，最大块度不超过 5m 左右，即使滑塌入江，大部分将被江水冲走，一些大块体留在江底，不致妨碍航道。只会对江中行走的船只有一定威胁，在它的诱发下 $T_8 \sim T_{12}$ 坡段将会有 5 万 m³ 岩体发生崩塌。

（2）$T_{12} \sim T_{13}$ 裂缝包围的 1 万 m^3 这部分体积不大，但随时有崩塌的可能，也不好治理，它已进入崩塌阶段，最大块度不超过 10m，入江后可能保留在水马门的深潭处，即使被急流推至心滩滑坡舌部，水深大于 20m，不会影响航道。

（3）$T_{11} \sim T_{12}$ 裂缝包围的 5 万 m^3 体积不大而块体大，最大块体达 20m，一旦入江能留在水马门深潭处就不影响航道；如果被江水冲到新滩滑坡前缘，水深只有十余米，影响航道的可能性很大，同时这一块体，对其后面 $T_8 \sim T_{12}$ 包围的 200 万～250 万 m^3 岩体是一个阻挡，如果前面的 5 万 m^3 崩塌，后面的 $T_8 \sim T_{12}$ 会发生连锁反应。相继崩塌。所以 $T_{11} \sim T_{12}$ 裂缝包围的 5 万 m^3 不仅危险而且至关重要。

5. 治理必要性分析

据历史记载，公元 100 年到现在已经发生过多次崩塌，其中较大者有：1030 年由暴雨和地震诱发大型崩塌堵江影响航道通航达 20 年之久；1542 年由暴雨引发的大崩塌影响航道通航达 82 年之久。如果 5 万 m^3 块体崩塌，诱发 $T_8 \sim T_{12}$ 块体累进性崩塌，势必产生堵江，造成长时间停航是完全可能的。

上面分析表明，5 万 m^3 对整体稳定性影响较大，最重要的是对其进行有效治理。

经过经济分析停航损失大约 10 亿～30 亿元；治理工程费用 3 亿～5 亿元；加上间接损失则防治投资与影响航道损失之比为 1：50 左右。

6. 治理方案分析讨论

（1）破坏机制。链子崖危岩体可能产生的破坏方式主要有滑动、压碎、倾倒和弯曲崩塌四种破坏机制其诱发因素主要有三种：振动、浸水软化和自重作用下的流变变形，这些是进行防治方案制定的基本依据。

1）滑动：7000m^3 崖顶疙瘩灰岩沿着完整灰岩面滑动，$T_8 \sim T_{12}$ 会沿着煤系地层顶面滑动，这种破坏的影响因素主要与水的浸入和振动密切相关。

2）崩塌：主要是根部压碎，然后发生倾倒和拱折式崩塌，这里的主要影响也是崖底煤系地层地下水浸入软化引起岩体强度不足造成的。

（2）防治原则。1988 年国内有关专家通过现场踏勘分析讨论，提出了三方面的意见。

1）划分三个区域：①危险区，在此区域的居民立即迁出，禁止向此区域内排水，禁止耕种、爆破和一切作业活动；②保护区，禁止在此区域新建房屋、蓄水和爆破作业等活动；③安全区，可以进行耕种和蓄水等活动。

2）防水（上堵下泄）。上述边坡破坏，90% 与水的活动有关，防止边坡破坏的重要措施之一是防止水进入坡体的岩土内。首先要做好防水和排水工作，具体是地面裂缝加沟盖，做好地面排水系统，绝对不能采取灌浆堵缝，防止发生抬动引发崩塌；其次是在底部疏干岩体内的地下水。

3）加固。对可能产生破坏的地方有针对性地采取加固措施，对于滑动类破坏可采取支挡和抗滑措施；对于倾倒类破坏可采取锚索锚固；对于崖脚压碎类破坏可以采取锚索加固措施；例如，对崖脚崩塌采取综合防治措施进行处理，首先对崖脚采取预应力锚索施加侧向压力，提高岩体抗压强度，防止继续压碎；中部用锚索加固防止外倾和弯折等措施。

（3）方案比较。

1）第一方案。对 $T_8 \sim T_{12}$ 缝段危岩体底部煤矿采空区设混凝土阻滑键（也能够起到支撑作用，洞挖 2.62 万 m^3，回填混凝土 1.6 万 m^3）以加固底部基础；对上部危岩体削方减载（约 16 万 m^3）。

该方案抓住了问题的关键，工程量和投资相对较少（3452 万元）。工期五年包括雷劈石滑坡锚固投资 643 万元。主要缺点是：①上部较大规模的危岩体开挖爆破对危岩体整体稳定影响较大；②未考虑水马门崖脚处压裂带的防治。

2）第二方案。对 $T_8 \sim T_{12}$ 危岩体底部煤矿采空区设置换阻滑键（5 个），其上危岩体洞室锚索（21 支）。其中对 $T_{11} \sim T_{12}$ 裂缝包围的 5 万 m^3 设水平悬臂抗滑梁（2 根）和锚索抗滑桩（8 根）、混凝土抗滑桩（4 根）。顶部 7000m^3 滑移体做支撑抗滑桩（7 个）和抗滑桩处理；对雷劈石滑坡做抗滑桩（12 根）和护坡处理。在整个危岩体前方设拦石坝（长 130m）。部分地段设锚杆加固。

该方案也抓住了采空区防治这一主要问题，对其他部位也全面防治，治理工程大而全，投资较大 5740 万元，工期五年，$T_{11} \sim T_{12}$ 裂缝包围的 5 万 m^3 危岩体工程的防治费用 1526 万元。主要缺点是：①大量洞室开挖爆破将影响危岩体稳定，对其必要性、可行性和经济性论证不足；对 5 万 m^3 危岩体工程的水平悬臂抗滑梁可行性论证不足。②未考虑水马门崖脚处压裂带的防治。

3）第三方案。对 $T_8 \sim T_{12}$ 缝段危岩体底部煤矿采空区设混凝土阻滑键（10 个）、嵌固键（7 个）、导洞（8 个）顶板竖向锚索等网络系统加固工程，对其上危岩体采取洞室预应力锚索；顶部 7000m^3 滑移体和雷劈石滑坡采取抗滑桩处理（各 12 根）。

对 T_7 裂缝段危岩体不作处理，对 $T_0 \sim T_6$ 缝段危岩体底部挖煤采空区设嵌固键（6 个）、顶部设地面拉梁（10 根）。对猴子岭斜坡设拦石堤。

该方案和铁二院方案有一定的相似性，抓住了采空区这一重点，对其他各部位均作全面防治，工程大而全投资较大，主要缺点是：①大量洞室开挖爆破会影响危岩体的稳定，对其必要性、可行性和经济性论证不足；对 $T_0 \sim T_6$ 缝段危岩体和对猴子岭斜坡治理工程量过大，地表拉梁的可行性和必要性论证不足。②未考虑水马门崖脚处压裂带的防治。

7. 实施方案

长江三峡链子崖危岩体主要诱发因素是煤矿采空区，因此重点是对诱发因素进行治理，经过反复论证，采取了采空区回填混凝土形成承重抗滑键，顶底板打入锚杆增强抗滑阻力。并将所有抗滑键连接成整体框架，从而达到增强危岩体整体稳定，防止崩塌的目的。经三峡蓄水验证防治措施有效。

在工程实践中都难免在边坡上遇到不同规模的破碎结构岩质边坡段，尤其公路和铁路边坡的开挖，就更难以避免。未开挖前的自然边坡比其相邻坡段缓，但稳定性还是相对较差，在开挖过程中往往都要采取相应措施治理。其中缓坡段，常以挡墙和喷护，打排水孔等治理为多。在相对较陡的破碎岩质的开挖边坡段，首先是固脚，以抗滑桩和岩基挡墙为好，必要时挡墙加锚索锁固。如果坡高较大，可分层开挖分层挡护锚固治理。

16.2.3 不同气候条件下的松散体边坡

对此类边坡，首先要分析物质组成及其内摩擦角和水理性质，再结合开挖高度考虑治理措施。

　　除考虑如前所述边坡在不同气候条件外，尚应考虑其物质结构、水理特征以及上下层位透水性影响。具体的治理措施，首先从自然界中寻求宏观思路，应在相似气候条件地区进行野外考查，对天然同类物质结构组成的自然边坡和历史上开挖的边坡进行借鉴分析。比如湖南连云山风电场上山道路山体自然坡度陡峻，多数坡度 $45°\sim60°$，局部为悬崖峭壁，进场道路修筑过程中，开挖边坡大都在 $1:0.2\sim1:0.5$，局部近于直立还很稳定，分析其原因：该区松散坡积层和风化残积层大都有泥钙质胶结，只有局部地段因构造节理切割形成的不利组合导致边坡失稳。因此，边坡的稳定分析一定要具体问题具体分析，并结合工程需求进行治理，万不可简单地把室内模拟计算做出的结论用在工程中去，因为气候条件在室内是难以模拟的，时间效应更无法模拟，非扰动结构体的结构力在室内和野外都难以通过试验和计算取得非常真实数据，野外尚存的坡体是经过考验的先例，故可做参考借鉴。

16.2.4　隐伏软基对边坡稳定性的影响及治理

　　在工程实践中，时有施工开挖时才发现的隐伏软基（淤泥层、流砂层、膨胀土层），因来不及治理，而导致开挖边坡蠕变或突然滑塌造成灾害。对此治理仍根据工程规模和重要性，视软基分布采取改造和加固，如固化、插桩、置换、截墙等相应的治理措施。若遇到流砂，决不能盲目清挖，清挖必导致上部坡体根脚脱空而滑塌，可以采取特种灌浆固化，沉井回填置换成桩拦截穿过。对于重点工程，还要考虑永久稳定问题，如采用化学灌浆、高强灌浆等措施固结，防止坡体蠕变破坏，构成稳定边坡。

第 17 章 岩溶工程地质分析与实践

17.1 概述

岩溶最早是以其独特的景观受到地貌工作者的重视与研究；其独特的溶洞体系则是洞穴学探测和研究的主要对象；由于岩溶区地表水系多转为隐伏河流，研究和追溯地下水流通道就成为岩溶水文地理学的研究内容；多年来更多的水文工作者重视岩溶水文学的研究，也掌握了一定岩溶地区地下水的运动、水文动态、水均衡方面的规律性。

岩溶区也有其特有的工程地质问题。最突出的是由于其地下溶洞、溶蚀裂缝发育，修建水工建筑物往往会遇到强烈的渗漏问题。库坝址选择不当或未能采取恰当的防渗措施，轻则造成水资源和水能的损失，重者使水库完全不能蓄水而失效，或者处理代价过高而经济上不合理。这些情况在水库建设史上是不乏实例的。比如山西恒山水库就是一座在碳酸盐岩区修筑的没有效益的渗漏水库，还有许多建在石灰岩上的水库，也因为渗漏严重不能发挥设计效益。一般情况下，在碳酸盐岩地区建库渗漏是普遍存在的问题。当然也不是不能在碳酸盐岩地区修筑水库，主要是要查清渗漏条件、水文地质特征，充分利用有利地质、水文地质条件和采取有效的处理措施，在岩溶地区兴建水电水利工程是完全可能的。

我国碳酸盐岩分布广，面积约达 125 万 km^2，特别是西南地区如四川东部、四川南部、云南东部、贵州和广西的大部分，地表广泛分布碳酸盐岩。开发这些地区丰富的水利资源，岩溶渗漏问题就是工程地质主要研究的内容之一。岩溶区修建其他工程也有特有的工程地质问题。例如风电场的风机地基，就经常发生由于岩溶引起的地基稳定问题，厂房、升压站地基有埋藏溶蚀槽和软弱土层以及土层塌陷问题；作为重型结构物基础就有岩石因溶洞化而承载能力不足的问题；开挖矿山坑道、隧洞或地下厂房也有突然涌水使隧道开挖难度增加。所以岩溶的研究在工程地质工作中占有重要的地位。

除碳酸岩溶外，可溶硫酸盐如石膏，以及碳酸盐岩胶结的碎屑岩、黄土溶洞、冰川、冻土中的热熔现象也可视为岩溶。

碳酸盐岩发生岩溶的物理化学原理，是岩溶发育的理论基础，这种溶蚀作用是受到多种因素影响的复杂的物理化学过程。查清水在可溶性岩石中循环和交替的条件，对于岩溶现象的空间分布和发育强度的控制作用。讨论岩溶作为一个缓慢地质作用的发育阶段性，说明地质历史分析在预测强岩溶划带中的意义。以及通过典型事例阐述岩溶现象的工程地质分析，能够在岩溶地区修建各种建筑物时提出恰当的工程处理措施。

17.2 岩溶与工程地质

17.2.1 岩溶的危害

岩溶区的漏斗、溶洞、落水洞、溶蚀裂隙等，常可导致地基塌陷、水库渗漏、洞室涌水等危害，例如，铁路、公路在修建过程中，常见岩溶地质现象，对全国岩溶的发现具有较全面的代表性。在全国铁路建设中发生岩溶塌陷有几百处，受害较重的有几十处。如京广线复线工程双线隧道在穿过石炭系石灰岩时，隧道施工中挖露了几个岩溶洞穴，发生了大量的涌水和泥砂，其中包括承压水，给施工带来了很大困难。施工中地面发生了 30 多处岩溶塌陷，河水几次断流，灌入隧道。大瑶山隧道在穿过泥盆系石灰岩（F 断层）时，出现大量涌水，在断层带掘进中发生塌陷 21 次，大量泥砂、碎石随高压水流涌入隧道，严重影响施工，同时在洞顶南侧的斑古坳附近连续发生岩溶塌陷和多处地面开裂。

宜万铁路的野山关段和利川齐岳山段，由于岩溶十分发育，碰上了半径几十米至几百米大的溶洞和地下河。巨大溶洞、丰富的地下水给施工带来了很大的困难。

在广东的东部、西部地区由于岩溶发生大面积地面塌陷，使很多房屋开裂下陷，造成不小的损失。因此，查明岩溶的发育程度、岩溶特征、岩溶与地基稳定的影响等是岩溶地基的岩土工程勘察工作的重点。岩溶地基评价的准确性是十分重要的。

17.2.2　岩溶地基的工程地质分区

岩溶的形成和发育是一个复杂的、特殊的地质现象。如何查明形成岩溶的地质环境，岩溶的空间分布形态及其发展变化规律，为工程设计提供准确可靠的地质资料，是一个十分复杂的系统工程。对岩溶区河流发育史及地貌形态的研究是查明岩溶洞隙的分布、形态和发育规律的首要工作。

岩溶地基的工程地质分区是以场地的稳定条件作为分区基本原则，分为：①无溶洞区（幼年期），没有复杂的岩溶现象，场地的稳定性好；②溶洞一般发育区（早壮年期），场地的稳定性一般；③溶洞极发育区（晚壮年期），场地很不稳定，建筑物应避让。

17.2.3　岩溶地基的岩土工程勘察

岩溶地质勘察包括工程地质调查与测绘，钻探、坑探、物探等勘探测试工作。由于岩溶在空间上发育不均一性和岩溶水文地质条件的复杂性以及地形的多样性，一些常规地质方法在一定程度上受到限制，如钻探方法由于成本高、勘探周期长，不可能查明复杂的岩溶分布特征。需要结合综合物探方法对岩溶进行立体勘探，如果物探发现异常地段，选择有代表性的部位布置验证性钻孔。控制性钻孔应穿过岩溶发育带。

17.2.3.1　无溶洞区的勘察

重点查明岩面起伏情况和岩面坡度、覆盖层的厚度，石柱、石笋的分布；残积土与岩面间的软弱土层的厚度，残积土中上部是否存在红黏土。确定岩面之上土层的均匀性、稳定性等，正确评价地基的稳定性和适宜性。钻孔按规范要求布置。

17.2.3.2　溶洞一般发育区的勘察

除了无岩溶区的勘察内容外，重点查明溶洞、大的溶沟的分布、规模、埋深、充填性及地下水的埋深等。钻孔按规范要求布置，适当结合物探手段。

17.2.3.3　溶洞极发育区的勘察

溶洞极发育区地基复杂，除了无岩溶区的勘察内容外，重点查明溶洞的分布、规模、充填性、溶洞之间的连通性、地表水与地下水的水力联系、地下水的径流（岩溶水的流向）。钻孔布置应根据拟建工程的特征及地基的复杂程度进行。应满足查明岩溶特征的要求。由于岩溶发育区的地基十分复杂，勘察中应与多种物探方法相结合，详细查明场地不良地质现象的类型、发育程度及分布规律、发展趋势等。

17.3　基础类型选择中的注意事项

17.3.1　天然浅基础

在石灰岩地区选择天然浅基础时，要根据建筑物的特点，对地层特征进行分析论证。对于风机基础，主要分析持力层及其下卧层的承载力及其均匀性，并估算沉降量。基础持力层及其下卧层的厚度必须满足建筑设计的要求。由于这种基础抵抗不均匀沉降的能力较差，在勘察时必须查明地层物理力学性能及其在垂直方向上的变化情况和溶（土）洞的分布，查明下卧软弱夹层的厚度、埋深、力学性能等也是十分必要的。

17.3.2　桩基础

桩基础一般是在天然地基浅基础不能满足建筑物要求的情况下而采用的，多为嵌岩端承桩基础。首先要选择稳定的中微风化基岩作桩端持力层，且持力层的连续厚度一般不小于 5m。因此，当选择嵌岩桩基础时，要重点查明：①基岩的完整性和埋深及岩面的平整度；②溶洞的发育程度，包括分布、埋深、分布、充填状态及充填物的性质等；③溶洞的富水性及其连通性，地下水的流动性、腐蚀性等。

岩面的埋深、平整度是很重要的，基岩埋深决定桩的长度，基岩的完整性决定桩基的承载力和稳定性。而基岩面的平整度决定桩端的嵌岩深度。在山区勘察工作中常遇到溶洞与石芽相伴出现，基岩面形态十分复杂，既有陡倾斜的岩面，又有溶洞。在这种情况下，桩端嵌岩深度必须大于现行规范的要求，才能保证桩基的质量。勘察时应根据拟建工程的特征及地基的复杂程度布设钻孔并提出勘察技术要求。勘察成果应满足查明岩溶（不良地质现象）特征的要求。

17.4　国内外物探在岩土工程勘察中的应用现状

在岩溶地区工程地质勘察中，除了传统的钻探手段外，地球物理勘探法的使用在某种程度上讲也是很有必要的，近年来已经在岩土工程勘察中得到广泛应用，利用物探方法可获得有关岩溶特征的多种信息，通过这些信息可以解决一些与岩溶有关的工程地质问题。从而对岩溶发育场地的稳定性进行科学划分。

近十几年来，国内外利用物探方法进行了岩溶勘察的工程实践和试验研究。在此对物探的主要方法作简单介绍，在工程实践中根据情况可使用一种方法也可多种方法同时使用相互验证。

（1）电阻率（电剖面和电测深）法，这是属于电法中最常用的勘察方法，也是岩溶勘察中运用最早、最主要的物探方法。

（2）高密度电法，常规电法随计算机技术发展起来的新的电测方法，采用 γ 计算机换极技术和电流场的集流和屏蔽技术，对洞穴的探测精度比常规电法有大幅度的提高，已被广泛应用。

（3）地质雷达，属于电磁法中的一种探测技术。在岩溶勘察中取得了令人满意的效果。钻孔地质雷达，可以通过钻孔直接进入地下深部，又具有地质雷达分辨率高的优势。欧美一些国家已将它作为岩溶勘察中的一种必备常规手段。

（4）无线电波透射法，可深入地下探测钻孔壁、隧道壁以及其他的地下岩溶分布。

（5）地面地震反射波法，在岩溶区探测岩溶特征时具有较好的效果。近年来发展起来的表面波（瑞利波）法，为浅层地震勘探的一项新技术，可以发现和圈定浅层溶洞和裂缝带。

（6）跨孔地震法、跨孔地震 CT，该方法可以较容易地分辨出岩溶在钻孔间的分布。

（7）声波透射法，该方法可以通过钻孔间接收的声波声速、波幅、频率的变化测定岩体动弹性参数，评价岩体的完整性和强度，以及给岩溶定位。

（8）微重力法，国外有人将它作为岩溶发育区普查测量和详查测量中最有前途的方法之一。

17.5　岩溶不良地质作用实例

案例 1：岩溶对风电场地基的影响。

由奥陶系灰岩组成的山西神池继阳山风电场场址地质构造形迹，反映了区域构造特征。它沿构造节理形成深切而直立的溶洞，对地基产生不良影响，根据的影响程度，分别提出了刻槽置换混凝土和移位等处理措施。

岩溶主要受地质构造所控制，并随着气候在本区的变迁、溶蚀程度和溶蚀特征而改变。中生代燕山运动，使本区奥陶系碳酸盐岩隆起、地壳左旋使得岩体揉褶而破碎，构造节理、压扭性断裂发育，伴随着溶蚀作用扩大，后经地壳升降运动和高温高压作用使当时在溶隙中充填有结晶方解石。新生代喜山运动地壳右旋，在燕山期断裂和构造节理基础上发生张性断裂，这就是本区的断裂构造既有压扭形态，又有张拉特征的主要原因。受喜山期构造格架控制，塑造了本区的山川河流，并在早更新世以后开始本区的溶蚀期。

（1）岩溶发育基本机理。该区灰岩大面积在地表裸露，大气降水直接补给，在缓慢的地质作用下，水的循环交替使溶蚀作用不断发展，岩溶发育呈现阶段性特点。在岩溶发育早期，岩体的渗透性很低，即使是可溶性岩体也可以视为不透水的，当受构造作用的影响，岩体中产生裂隙，哪怕是很微弱的裂隙，渗透性也会发生质的变化，渗透性显著提高，当形成过水通畅的溶洞时，岩体中的地下水就会呈现管道流的形式，岩溶就会进一步发展。随着地壳上升，河谷往往沿着构造线深切，构造形成的地下水渗透通道会不断地变化，从而地下水的循环带及循环交替条件亦有所变化，岩溶主通道的位置和方向也会发生变化，地下水深切可溶岩石的同时，岩溶作用加强。以后随着地壳下降，新的沉积物生成，地下水在可溶岩石中循环终止，岩溶的一个旋回完成。

（2）本区岩溶溶蚀特点。根据本区溶蚀特征，不同时期发育的岩溶，其特点差别较大，不同溶蚀期有不同的溶蚀特点，对地基影响亦不同，处理方法也不同，该区岩溶发育大致分两个溶蚀期，其中一期岩溶对工程影响较大。

（3）一期岩溶对地基影响。早更新世至中更新世时期，本区地质构造运动特点是间歇性的升降运动，表现在区域内汾河Ⅵ级阶地的形成，第Ⅵ级阶地相当于汾河期。继阳山的溶蚀现象主要是在这一时期形成的（表 17.1）。

表 17.1　　　　　　　　　　　汾河流域上游河流阶地特征表

阶　地　级　别	I	II	III	IV	V	VI
类型	堆积	基座				
堆积物厚度/m	2～5	1～3	2～6	2～3	3～7	3～25
堆积物组成	Q$_4$ 砂砾石亚砂土	Q$_1$ 砂砾石及 Q$_2$ 亚黏土				N$_2$ 砂砾石静乐红土
阶面、基座高出河床高度/m	2～5	8～13	23～28	35～37	43	50～90

（4）圆形溶洞。这种溶洞近于圆形，溶洞一般直径 2～3m，是本期常见的溶蚀现象，该溶洞无充填或充填红黏土，红黏土属于老沉积土，范围较小，一般承载力能够满足要求，但变形差异较大，不能满足设计要求，如果风机位处于这类地基上，由于压缩变形的差异，在风机运行过程中有可能出现倾斜，影响风机正常运行。

处理方法比较简单，将充填于溶洞中的红黏土挖除 2m，周边刻成缓坡，回填毛石混凝土方法处理。对于无充填溶洞直径较小的洞穴，宜采用镶补、嵌塞等方法处理。对洞口较大的洞穴，宜采用低强度混凝土，块石混凝土、浆砌石等堵塞处理。对规模较大的洞穴，应调整基础位置。对于开挖后，建基面上溶洞较多，且洞径小于 1m 的地基，则可以采取置换 1m 左右的褥垫层处理，但一定要分层碾压，达到设计要求的密实度。

（5）沿构造线形成溶洞。本区沿喜山期张性断层带或构造节理溶蚀现象较为普遍发育，且规模较大，不良地质作用较强，主要有两种情况。

1）沿断层发育岩溶。这种岩溶主要特点是，与构造破碎带、风化、构造节理组合，对地基稳定影响较大，4 号风机基坑开挖表明，该地区沿构造线容易形成较大规模的溶洞，溶洞一般沿断层走向发育，溶蚀宽度不一，一般 1～3m，由于溶蚀作用加强，断层带两侧岩体下部往往会出现悬空现象，致使岩壁的岩体沿着构造节理发生再生改造，形成侧向岩体拉裂。这类溶槽两侧岩体破碎，下部悬空，表面上岩体能够满足荷载、变形及抗滑要求，但这种岩体破碎、风化严重、岩溶两侧岩体发生向溶洞方向拉开的卸荷节理，并伴有崩塌现象，加上断层发育很深，溶蚀也沿断层破碎带向下延伸，下部又有悬空，风机动荷载作用下，地基有出现突然垮塌下沉的可能。容易造成风机倾倒或不能运行的事故。在下部岩溶发育深度、宽度、侧向溶蚀发育程度不明的情况下，不适宜盲目采取桥跨式处理方案。

例如 18 号基坑揭露的溶槽，宽度 3～4m，长度贯穿整个基坑，经补充勘察，基坑溶蚀深度大于 20m，分析是平移断层被后期溶蚀的结果。由于卸荷回弹作用，两侧岩壁有拉开的卸荷节理，宽达 10cm 之多，溶槽内充填黄色、红色黏土，夹少量断层角砾岩。局部有河流相砂卵砾石。这类地基，容易出现不均匀沉降，若处理不当，风机地基会发生不均匀变形，影响风机正常运行。所以对于这类在断层基础上发育的岩溶，必须详细补充勘察，搞清楚发育深度、下部宽度、有无横向沿派生构造发育的溶洞，以及分析清楚对风机基础的影响后，针对性的采取处理措施。一般情况下，如果周围没有条件移位时，在两侧岩体较完整的前提下，先用毛石混凝土回填溶槽，沿溶槽两侧岩体取适当宽度，下挖适当深度，配两层钢筋，浇筑混凝土盖板，采取桥跨式通过。

2）沿构造节理发育岩溶。如 22 号基坑是沿着构造节理溶蚀而成的。宽度 0.5～2m。两侧岩体较为完整。溶槽内充填黏土较为密实，对地基稳定影响不大，如果所处位置在基坑中部，如果宽度小于 0.5m，可不做处理，如果宽度大于 0.5m，小于 2m 可以采取置换一定厚度的混凝土方法处理。如果溶槽发育在基坑边缘部位，且走向不利于基础稳定，则在置换混凝土同时，应对溶槽与基岩接触部位适当刻槽呈斜坡状，布置适当钢筋予以补强。

上述溶槽说明，继阳山岩溶主要是构造线发育而成，形状多呈深切而直立。中更新世地壳一度下降，第四纪河流发育，形成了 18 号基坑见到的砂卵砾石，以后沉积了巨厚的黄、褐红色黏土，之后地壳又一次上升，部分沉积物充填于溶槽和溶洞里。

（6）二期岩溶对地基影响。第二期岩溶是指晚更新世至全新世溶蚀期发生的岩溶，本期地壳升降运动减缓，总趋势以缓慢上升为主，在气候上由原来的湿热多雨，变为干旱少雨，伴随着此期岩溶发育程度减弱，溶蚀特征以溶隙为主，并向深处发展，据有关资料，河谷地表 100m 以下仍有充填不良的溶隙存在。在一定条件下，也发育有规模不大的圆形溶洞。随着气候变迁溶蚀减弱，范围缩小。对于这种发育不大的溶蚀现象，尽管发育深度较大，但规模较小，对风机地基稳定影响不大。

（7）小结。本区岩溶受地质构造和古气候条件控制，燕山期发育的古岩溶期的溶蚀裂隙洞穴大部分被充填，岩溶发育的主要时期是在喜山构造运动以后的早更新世至中更新世溶蚀期，发育规律主要是沿构造节理或断裂部位发育，构造节理发育溶隙对地基稳定性较小，可按常规刻槽办法处理，沿断裂构造发育的溶槽，规模较大，是该区的主要不良地质作用，遇到这种情况应尽量规避。如果没有移位条件时，应根据溶洞的位置、大小、埋深、围岩稳定性和水文地质条件综合分析，因地制宜地根据有关规范采取措施。也可以采取桥跨方式处理。第二期晚更新世至全新世溶蚀期总趋势以缓慢上升为主，随着气候变迁溶蚀减弱，范围缩小，深度较大对风电场地基影响不大。

案例 2：江苏盱眙风电场溶槽。

江苏盱眙风电场在施工验槽中出现了贯穿基坑宽约 2m 的溶槽，显然不能满足风机基础变形的要求，同时该风电场没有移动机位的条件。根据上部岩层出现断层擦痕和有断层角砾岩的特征，确认该溶槽是在断裂构造基础上发育的，其深度较大。采取毛石混凝土回填后，上部刻槽以桥跨形式进行了地基处理。

案例 3：云南大莫古 15 号风机基础地基岩溶特征。

15 号风机基坑地基开挖后，发现存在对地基稳定影响的断层，有风化带和岩溶现象，是一比较典型的不良地质地基。由于断层走向与区域活动性断裂有成生联系，推定为活动性断层，两次移动机位，都没有避开断层破碎带，因此，做了第三次移位。由于风电场地表石牙密布，开挖后仍有溶坑溶隙出露，并充填风化红黏土。

（1）地形地貌。该机位处于溶蚀山地的一个面积约 300m² 的圆形岩石山包上，包顶高程 2000m 左右，相对高差 15m，地面坡度 15°～20°，为正坡地形。包顶在风机布置的范围内，微地貌特征略显低洼。

（2）地层岩性。场址出露地层为中生代泥盆系碳酸盐岩地层，断层东西两侧为厚层及巨厚层含碳质、黑灰、青灰色灰岩。

（3）地质构造。根据现场开挖揭露，断层角砾岩在断层壁上清晰可见，构造形迹不仅有 NE 向、NW 向，经纬向构造也很发育。15 号机组基础处于东西向构造应力作用下形成的走向南北向的褶曲轴部，两侧岩体分别向 SE 和 NW 向倾斜，后期受区域构造右旋构造应力场作用下，在此背斜轴部形成近 NS 向展布的高倾角平移断层，根据断面上的擦痕分析，断层西侧向北移动，东侧向南移动，断层泥及破碎带宽达 30m。第一次开挖的基坑中部出露的软弱带宽约 3m，第二次开挖基坑出露的软弱带宽约 6m，上部为风化红色次生残积红土，下部为黄色黏土夹角砾石。断层带边界为黄色断层泥、断层角砾岩和泥岩，中间部位为薄层状鲜红色泥质灰岩、页岩和泥岩，强度在垂向和水平方向上差异较大。

（4）岩溶。第三次移位处由于构造作用，地壳相对隆起，地下水丰富，地表水排泄基准面较低，水动力溶蚀条件较强而使得岩溶较为发育，地表为溶牙与红土相间的地质现象。在 15 号基坑开挖后，沿构造线附近发育十条溶槽或溶沟，其中 NE 向三条，NW 向四条，南北向三条，溶槽沿构造节理发育长 5～10m，宽 20～30cm，充填次生红色黏土。建基面上亦可见直径 1.5m 左右的圆形溶洞。风机地基既有充填于岩溶和构造裂隙的次生红色黏土，也有构造作用下，岩体错动时，高温高压下经热变质作用形成的黄色黏土，这些黏土含有大量伊利石和蒙托石矿物，断层泥成分主要为高岭土，这些矿物的存在使该黏土工程地质性状极差，主要表现在干燥时坚硬易开裂，遇水软化且具膨胀的性质，其承载力随含水量的增加而降低。

对于溶槽溶沟，由于宽度较窄，基础直接盖于两侧完整岩体之上，对整体稳定影响不大，但考虑混凝土水化热扩散不均匀，易形成温差裂隙，应适当刻槽回填毛石混凝土。

第18章 地 震 效 应

18.1 概述

工程稳定性评价时，经常要评价地震效应，所谓地震效应就是破坏性地震发生后所产生的对工程安全造成的地质现象在地貌上的表现，主要有：地表裂缝、地表破碎带、地震陡坎、崩积楔、山崩、滑坡、泥石流、堰塞湖、沙土液化、地面升降、陷坑等。通过对国内外发生大地震时在地形地貌上的表现，可判断测区的地震效应，从而评价建筑场地的地震效应。

1976年唐山大地震后，地震灾害对工程的影响引起了各界广泛关注，并有许多单位开展了地震地质环境的研究，实地调查和研究表明，在同一次地震中，不同地貌地质条件地点震害差别很大。唐山地震Ⅸ度区内，有Ⅵ度的安全岛。场地和地基的地震效应有不同类型。

18.1.1 动幅度差异

由于地质地貌条件不同，振动加重或减轻。地震波在地层内传播过程中的滤波、放大、折射、反射等作用，使不同场地产生不同的震害，促进了地震反应谱方法的广泛应用。

地震反应谱的定义是：在给定的地震输入下，不同固有周期的地层或结构物将有不同的振动位移反应，这种反应的时程曲线是由多种频率组成的振动曲线叫地震反应谱，取对应于不同固有周期的位移时程曲线的最大值作为纵坐标，取所对应的固有的周期为横坐标，由此绘成曲线，供抗震设计中选用。

由于地震的作用，建筑物产生位移、速度和加速度。人们把不同周期下建筑物反应值的大小画成曲线，这些曲线称为反应谱。

一般来说，随周期的延长，位移反应谱为上升的曲线；速度反应谱比较恒定；而加速度的反应谱则大体为下降的曲线。一般说来，设计的直接依据是加速度反应谱。加速度反应谱在周期很短时有一个上升段（高层建筑的基本自振周期一般不在这一区段），当建筑物周期与场地的特征周期接近时出现峰值，随后逐渐下降。出现峰值时的周期与场地的类型有关：Ⅰ类场地约为 $0.1\sim0.2s$；Ⅱ类场地约为 $0.3\sim0.4s$；Ⅲ类场地约为 $0.5\sim0.6s$；Ⅳ类场地约为 $0.7\sim1.0s$。

建筑物受到地震作用的大小并不是固定的，它取决于建筑物的自振周期和场地的特性。一般来说，随建筑物自振周期延长，地震作用减小。

衡量地震作用强烈程度目前常用地面运动的最大加速度 A_{max} 作为标志，它就是建筑物抗震设计时的基础输入最大加速度，大体上，Ⅶ度相当于最大加速度为 $0.1g$，Ⅷ度相当于 $0.2g$，Ⅸ度相当于 $0.4g$。

在地震时，结构因振动而产生惯性力，使建筑物产生内力，振动建筑物会产生位移、速度和加速度。地震力大小与建筑物的质量与刚度有关。在同等的烈度和场地条件下，建筑物的重量越大，受到地震力也越大，因此减小结构自重不仅可以节省材料，而且有利于抗震。同样，结构刚度越大、周期越短，地震作用也大，因此，在满足位移限值的前提下，结构应有适宜的刚度。适当延长建筑物的周期，从而降低地震作用，这会取得很大的经济效益。

18.1.2　地震液化

地震液化对房屋、桥梁、水利等各类工程的危害研究取得了大量成果，并制定了相应的规程规范。

地震液化作用是指由地震使饱和松散沙土或未固结岩层发生液化的作用。它可使地基软化，建筑物因而倒塌；大量饱和沙土还可从地下如泉水涌出，在地面堆积成丘；另一方面则使地下某些部位空虚，地面因而沉陷。这种现象多出现在河边、海滨含水的沙层中，内陆地下水丰富的砂岩层也可以出现。地震液化作用主要包括：液化泄水岩脉、水塑性褶皱、液化卷曲变形、液化角砾岩、粒序断层、地裂缝等。根据历史地震记载、现代地震和模拟试验，造成沙土液化的震级大于里氏 5 级，液化一般发生于地下 20m 深度内。

18.1.3　发震断裂

发震断裂对工程影响的研究，有人做了大量专门研究，为工程选址和处理提供了依据。

18.1.4　地震与地质灾害

崩塌、滑坡、滑移和泥石流等容易形成地质灾害的不良地质作用研究更加深入，为地震区工程建设积累了宝贵经验。

18.2　地震裂缝

大地震发生后，往往在构造作用和振动作用下，在地表都可以形成裂缝，根据成因不同，分为地震构造裂缝和地震振动裂缝。地震构造裂缝是地震断层活动在地表的表现形式，它们的总体走向受地震断层走向控制，不受地形和岩性的影响。由于断层的力学性质不同，裂缝的平面形态不尽相同，有平直型、弧形、锯齿形、雁行斜列形和分叉型等。

拉张构造常形成锯齿状的张裂缝，裂缝中常夹有破碎崩落的岩块，裂缝两侧呈阶梯状。挤压构造形成的裂缝常为弧形，形成逆冲断层或挤压鼓包。剪切作用因断层两盘相对运动，在松散沉积层中常派生一组次生拉张应力和一组挤压应力，形成与主断层走向斜交的呈雁行分布的张裂缝（图 18.1）或挤压裂缝鼓包，它们相间排列或近于直角转弯，剪切断裂带的末端还常见一些分叉裂缝。除上述基本构造裂缝外，还有拉张剪切作用或挤压剪切作用形成的裂缝。

地震振动裂缝是由于地震波作用使地表土壤压缩或使斜坡失去稳定而产生的裂缝。

图 18.1　2008 年 5 月 12 日汶川 8 级地震引发的雁行拉张地裂缝（杨景春，活动构造地貌学）

它们一般发生在平原区的河道两侧、海滨地带和各种岸堤以及山地各种不同坡地。地震振动没有固定的走向，规模大小不一，多为张拉裂缝。裂缝形成时有很强的张拉应力，甚至能把地表的树干撕裂。

18.3　地表破碎带

地震地表破碎带是有多条不同性质的地震构造裂缝组合而成，大地震在地表可形成宽数米至数百米，长可达数千米至数百千米的地表裂缝带。

1973 年 2 月 6 日，在四川省甘孜藏族自治州境内的炉霍县发生了 7.9 级地震，甘孜道孚、色达、新龙、壤塘等县受到不同程度的破坏。

地震区位于青藏高原东南部的鲜水河中游。区内层状地貌发育。耸立于高原上的贡卡拉山，地势陡峻，高出鲜水河谷 1000m 以上。震区内分布有二级夷平面和八级阶地。鲜水河河谷两侧为低山丘陵，左岸缺失高阶地，低阶地的宽度也小于右岸。西南侧上升幅度相对较大，不少洪积扇呈串珠状分布。

这次地震发生在川西印支期的甘孜-阿坝褶皱带内的炉霍-道孚断裂带上。断裂带呈 N50°～60°W 方向展布，沿断裂带有中、基性岩侵入，具有深断裂特征。断裂带上新构造活动十分显著，沿此断裂带历史上曾发生过多次强震。

地震形成的地裂缝带呈 N50°～60°W 方向沿鲜水河谷、以斜列式或锯齿状断续展布。NW 起于甘孜县东谷附近，向东南经朱倭、旦都、老河口，止于炉霍县仁达，全长约 90km。地裂缝带宽 20～150m，一般可见五六条地裂缝平行排列。在破碎带内形成一系列派生 NE 向张裂缝和 NW 向挤压隆起，最宽的张裂缝为 2.2m，可见深度 1.6m。地裂缝带穿过河漫滩、阶地、陡崖、山坡和垭口等不同地貌单元。其展布显然受炉霍-道孚断裂带的严格控制，并继承该断裂带的左旋扭动性质，在极震区内，由于山体岩性软弱破碎，因此，在较陡的公路边坡出现不同规模的崩塌和滑坡对公路交通造成了严重的影响。

1975 年 2 月 4 日，辽宁海城地震（$M=7.3$），地表形成 300 多条次级的 NE 向张裂缝和 NW 向挤压翘起，组成长 5.5km、宽 10～60m 的 NWW 向的地表破裂带，其中单条拉张裂缝最大宽度达 70cm，高度近 1m。

1976 年 7 月 28 日发生在河北唐山地震（$M=7.8$），造成极大损失，在唐山市形成一条长 8km、宽 30m 的地表裂缝带，总体呈 NNE 向，由一系列 NE 向雁行斜列的断层组成，断层右旋水平错 1～1.5m。

2008 年 5 月 12 日发生于四川盆地西部龙门山断裂带的汶川（$M=8.0$）大地震形成了空间上基本连续分布的地表破裂带（地震断层）。地表破裂带总计长约 300km，其几何学特征十分复杂，主要沿先存的 NE 走向活动断裂带呈不连续展布；变形特征以逆冲挤压为主兼具右旋走滑分量。按同震地表破裂带所在断裂带位置，可将其分为两条：①中央地表破裂带，沿映秀-北川断裂和灌县-江油断裂，形成两条近于平行的同震地表破碎带，其中一条从西南开始呈 NE 向延伸至平武县水观乡石坎子北东一带，长约 240km，由一系列右旋走滑断层组成，最大垂直位移量达 6.5m 左右，最大右旋水平位移达 5.8m；②山前地表破裂带，沿灌县-安县断裂带分布，由都江堰市向峨乡一带开始呈 NE 向延伸至安县睢水镇一带，长约 70km，以逆冲挤压为主，最大垂直位移量可达 2.5m（图 18.2）。汶川地震地表破碎带形成多种类型的挤压陡坎。

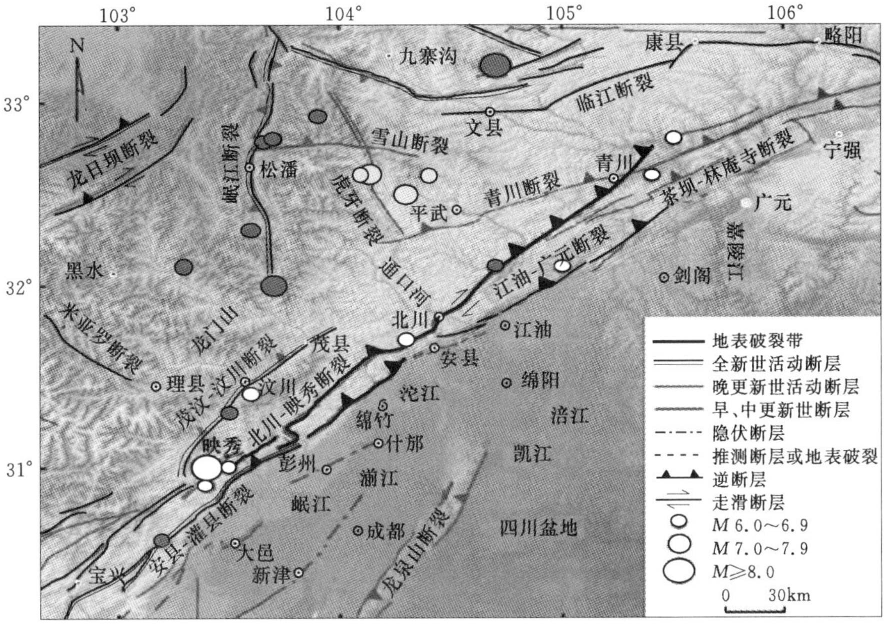

图 18.2 沿龙门山断裂孕育的汶川地震（$M=8.0$）

1980 年 10 月 10 日阿尔及利亚斯南地震（$M=7.5$）的地表破碎带中，在挤压地段沿背斜轴部的纵张裂隙形成一些小地堑，另一些地段因斜向逆冲在地表形成共轭剪切带，发育小型斜向地堑和张拉裂隙（图 18.3）主破裂属于挤压-剪切性质。在断层逆冲盘和尾端，发育大量平行或斜交于主断面的次生张性裂缝。主破裂带长 36km，垂直位错量 1.5～2m，水平位错量 1.5m。地震破裂带上发育许多古地震、古断错，根据各种断错参数的测量和对比分析，发现同级地震原地重复发生的时间间隔约为 596 年。

18.4 地震陡坎与崩积楔

地震断层的垂直错断和水平错断在地表形成的陡坎，称为地震陡坎。地震陡坎形成后，在重力和流失地表营力作用下，陡坎斜坡不断受到崩塌剥蚀，这些碎屑物堆积在地震陡坎坡麓，从剖面上显示楔形状，称为地震崩积楔（图 18.3）。

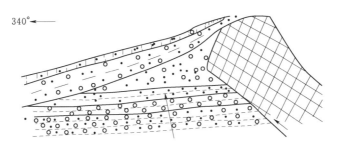

图 18.3 地震崩积楔图示

18.4.1 地震陡坎

地震陡坎的高度从几十厘米到几十米不等，这与地震的规模、性质、活动次数、形成的时间有关。按陡坎形成的断层性质，分为正断层陡坎、逆断层陡坎和平移断层陡坎。

18.4.1.1 正断层陡坎

正断层陡坎的初始高度等于断层活动的垂直幅度，随着时间推移，由于外力剥蚀作用，陡坎高度不断降低。正断层陡坎形成初期，陡坎的坡度与断层倾角相当，由于陡坎坡面不断受到剥蚀，坡度也逐渐变小。如果断层再次活动，出露的陡坎坡度与早期形成的陡坎坡度有明显变化，因而在同一陡坎面上呈现缓陡相间的折状坡形。断层陡坎的坡度转折常作为断层活动多次错位的标志。

18.4.1.2 逆断层陡坎

逆断层在地表常成为褶皱隆起形式，一部分隆起变形替代了断层位移变形，在活动断裂带中，新生逆断层地表所表现的位移量小于深部断层位移量。此外，逆断层陡坎在形成过程中，常伴随崩塌，高度也随之降低。因而逆断层陡坎的高度比正断层活动幅度要小。常见逆断层陡坎有四种类型。

（1）由地震断层面出露地表形成的逆断层陡坎，这种陡坎多是较坚硬的岩石组成，陡坎面向内倾斜［图18.4、图18.5］。

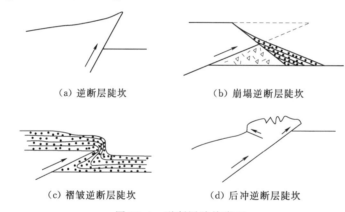

（a）逆断层陡坎 　　　　　　（b）崩塌逆断层陡坎

（c）褶皱逆断层陡坎 　　　　（d）后冲逆断层陡坎

图18.4　逆断层陡坎类型

（2）由于逆断层上盘处于悬空状态很容易发生崩塌，形成逆断层崩塌陡坎。这种断层陡坎多发育于松软地层当中，由于是崩塌后形成的斜坡，它的倾向与逆断层倾向正好相反［图18.5、图18.6］。

（3）当逆断层错距较小，断层上盘推覆时，地表松软地层未破裂而呈连续的弧形弯曲变形，形成褶皱逆断层陡坎［图18.5、图18.6］。

（4）在主逆断层的同一盘，发育有与主断层方向相反的次级逆断层而形成陡坎，称后冲逆断层陡坎，它与主逆断层陡坎组成楔

图18.5　汶川地震逆断层陡坎（张世明摄）

状上冲块体，块体上常发育一些与主逆断层平行的次生张裂隙［图 18.4（d）］。也常见发生在第四纪砂卵砾石层中的逆断层陡坎［图 18.7］。

图 18.6　汶川地震逆断层陡坡（张世明摄）　　　图 18.7　全新世阶地上形成的褶皱逆断层陡坎

在一些地段逆断层活动在地表还形成一些正断层陡坎，如映秀-北川断裂在北川县沙坝镇中坝村和平武县水观乡大沟村广子坪等地形成倾向东北、高度分别为 1.8m 和 1.5m 的正断层陡坎（图 18.8）。

(a)陡坎 1　　　　　　　　　　　　　　(b)陡坎 2

图 18.8　汶川地震形成的正断层陡坎

18.4.1.3　平移断层陡坎

平移断层的陡坎高度和地形的坡度及水平位移量有关，平移断层错断山脊时，当山脊两侧坡度较大，断层水平错距也较大，则位于山脊处的陡坎就愈高。这种陡坎呈镰刀形或眉形，又称眉脊（图 18.9）。

图 18.9　鲜水河断裂左旋活动形成的眉脊（闻学泽摄）

18.4.2 崩积楔

崩积楔是地震断层陡坎在坡麓的堆积体。它的规模取决于断层的断距和陡坎的原始坡度。崩积楔具有埋藏的自由面，表面坡度小于构成碎屑的休止角。当堆积停止或小于成土速度时，楔的表面发育一层土壤层，土壤层发育程度与断层活动间隔时间成正比。崩塌物的岩性和断层面的岩性一致，从崩积楔的沉积结构上看，下部是重力作用堆积的碎屑物，向上逐步过渡为片状流水作用形成的细粒坡积物。

正断层陡坎的崩积物的基底是下降块体的顶面，基坡则是断层陡坎坡面，单个崩积楔的剖面呈三角形，楔尖指向崩积楔的外侧（图 18.10），当下降坡体在下滑过程中伴随旋转运动，下降块体顶面向基坡方向倾斜，在坡麓堆积横向崩积楔，如下降块体向外倾斜时，断层处形成三角形裂口先在裂口内堆积竖向崩积楔；竖向裂口被崩积物填满后，基坡仍不断崩塌，则形成竖向和横向的共生崩积楔。

图 18.10 山西中条山北麓断层活动形成的崩积楔

陡坎坡面达到平衡状态时，坡面变缓，崩塌作用减弱，崩积楔停止发育。再一次断层活动，断层陡坎下段新增长的较陡坡面又开始崩塌，形成新一层崩积楔。因此，在陡坎坡麓剖面中经常见到多层崩积楔，断层陡坎坡面上将出现多次转折，将崩积楔和断层陡坎坡面形态进行对比，能够证明断层活动的次数。

逆断层崩积楔，是由于断层上盘上升，一部分块体处于悬空状态而不稳定，在重力作用下发生崩塌，形成的楔形崩积体［图 18.11（a）］。在楔形体上部堆积一层具有粗略层理、粒度较细的坡积物，一部分覆盖在崩积物之上，一部分覆盖在基坡上。崩积楔基坡自上而下分成两段，下段是逆断层层面，倾向与楔形体表面倾向相反，上段是断层上盘崩塌后形成的剥蚀坡面，倾向与楔形体倾向一致［图 18.11（b）］。

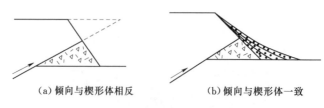

（a）倾向与楔形体相反　　　　（b）倾向与楔形体一致

图 18.11 逆断层崩积楔

18.5　地震崩塌、滑坡、泥石流和堰塞湖

由地震引起的一些坡度较陡、岩石破碎或有大量沉积物的山坡、岸坡和谷坡失去稳定而形成崩塌和滑落，称为地震崩塌和滑坡。地震形成的大量崩滑物质在降雨和余震诱发下，便形成泥石流。崩滑和泥石流阻塞河道或沟谷，形成地震堰塞湖。

地震振动触发的崩塌和滑坡等物理地质现象，具有规模大、范围广、作用力强和突发性等特点。例如 2008 年 5 月 12 日四川汶川地震（$M=8$）形成多处大面积崩塌和滑坡，其中汶川县境内的山崩和滑坡共有 220 处，北川县境内 201 处，青山县境内 192 处（中国地质环境监察院，2009）。许多崩滑体从山顶开始直滑而下，形成连片的崩塌滑坡。根据汶川县草坡乡崩滑坡面统计，崩滑面积占总坡面积的 35%。滑体体积也相当大。北川附近的唐家山滑坡，其长度 803m，最大宽度 611m，阻塞河道形成的唐家坝堰塞湖位于涧河上游距北川县城约 6km 处，是北川灾区面积最大、危险最大的一个堰塞湖，库容为 1.45 亿 m³。

堰塞湖在地貌上位于由于构造作用形成的河流转弯处，特殊的地质环境是发生山崩和滑坡的内在因素，地震是发生滑坡或山崩的诱发因素。

18.6　液化及其地貌

在强烈的地震下，地下一定深度的饱水砂层因振动使砂粒趋于密实，砂粒间水分受到挤压，水压力增大，砂土层呈现的液态现象，称为液化。液化的砂土受挤压，沿上覆层的薄弱部位喷出地表形成喷水冒砂，堆积成沙滩。液化层喷出后，地下空虚地面发生沉陷而形成陷落坑。

砂土液化多分布在河流中下游平原地区或滨海地带。1966 年 3 月 8 日河北邢台地震（$M=6.8$，$M=6.9$），震中区 10～20km 范围内沿滏阳河两岸形成密集的喷水冒砂区。

1975 年 2 月 4 日辽宁海城地震（$M=7.4$），辽河中下游两岸东西约 50km、南北 60km 范围出现大量喷水冒砂，形成许多砂堆和陷坑。

1976 年 7 月 28 日河北唐山大地震（$M=7.8$），在滦河三角洲和滨海平原形成大面积的喷水冒砂，北京通县北运河和潮白河沿岸平原的西集郎府，马头和觅子店一带形成面积约 50～60km² 的喷水冒砂区。

上述这些地震液化喷水冒砂区多发生在地震烈度为Ⅷ度以上区域。根据北京通县的西集、王庄五个钻孔剖面砂样和地表喷砂进行矿物和粒度对比研究，喷砂层的深度在地表以下 9.2～12.3m。

液化的砂土多是灰色细粉砂。同一地貌部位同一深度的饱水砂层灰色砂层液化而黄色砂层不易液化，这是由于灰色砂层中的有机质含量较多，抗剪强度较弱之故。据中国地震局地质所对通县西集郎府一带的灰色砂和黄色砂的抗剪强度和成分分析实验，灰色砂中的有机量含量为 0.56%，抗剪强度是 41.8kPa，而黄色砂中的有机质含量为 0.21%，抗剪强度是 54.2kPa。从灰砂和黄砂同样条件下的振动液化试验看，振动启动后，灰砂在 0.5～1min 开始液化，而黄砂在 2min 开始液化。相同的饱水砂层，由于埋深不同液化程度也不同。这是因为埋深大的砂层，垂直有效压力大，需多次振动才开始液化，故埋藏深

的比埋深浅的发生液化所需时间要更长一些。

液化的砂层从上往下一般可分为三层。最下为液化母质层，砂层压力增大便往上部覆盖层挤压穿插，形成砂管或砂脉，称为喷砂管道层。当液化砂层沿管道喷到地表后变形成砂堆及喷出层。

液化母层多是河漫滩或是牛轭湖的含水较多的细粉砂沉积，因振动挤压而发生扰动变形，形成大小不一、形态各异的褶曲，其轴面的走向与倾向没有一定规律，或者由细砂和黏土搅混在一起形成的包裹体。喷砂管道的砂管多层竖直状，下部与液化层相连，往上直达地表，有时由于压力较小，液化的沙层未能喷出地表而在覆盖层中尖灭。喷出层喷到地面后形成边圆形的砂锥，它的高度从几十厘米到几米不等，直径约一米到数米砂堆的顶部有圆形的喷水冒砂孔，直径大多数为数十厘米，唐山地震喷水冒砂孔的直径达到 1m 以上。地震后的喷水冒砂孔中连续喷水可达数日之久。

喷水冒砂后，地面沉陷而成陷坑。陷坑一般呈圆形或椭圆形，直径近 10 米，深度为数米。唐山地震时，形成一些规模较大的陷坑，有的圆形陷坑直径达 8m。

18.7 地震引发的地面升降

地震引发的地面升降是地震区常见的一种地貌现象，主要是由地震构造所致。另外由于地震液化常引起地面发生大面积相对沉降。地震引起地面升降的范围可达数百平方公里以上，在很短时间内改变原有地貌景观。

1975 年 11 月 1 日葡萄牙大地震里斯本沿岸陆地瞬间沉入水下，使原地形成海湾。美国密苏里州新马德里地震（1811—1812 年）在密西西比河及其支流沿岸洼地和树木丛生的地方，地震后成为沼泽和湖泊。

在同一次地震，有些地方上升有些地方下沉。智利 1960 年大地震（$M=8.5$），在靠河的港口城市瓦尔迪维亚离海只有几千米，地震时河道及两岸下沉，海水淹没大片陆地，一些岛屿也被海水淹没，但在阿老卡半岛西部却上升了 1.2m，露出新海滩，蒙特港地面上升 2.1m 以上，码头地基都露出水面。

一些大的地震地面升降区和地震前的升降区呈反方向变化。日本 1946 年 12 月 21 日南海道大地震（$M=8.4$）前后升降变化比较，震前升降区的分布与震后升降区的分布相反。地震前室户和串本为沉降区，其余大部分为上升区，地震时除室户变为上升区，其余地方几乎都是沉降。我国四川汶川 2008 年 5 月 12 日大地震（$M=8.0$）地应力发生大的变化，引发了地面沉降。

在松散沉积区，地震引发砂土液化加大地面下沉幅度。1605 年 7 月 13 日，我国海南岛北部发生一次强烈地震沿断裂边界呈断块下陷。造成 72 个村庄沉陷海底，死亡 3300 多人。重震区为海口（琼山）、澄迈、临高、文昌四地，地震造成陆地沉陷成海面积达 100km² 以上。在退潮时，从铺前湾至北创港东西长 10km、宽 1km 的浅海地带可见平坦的古耕地阡陌纵横；从东寨港至铺前湾一带海滩上，古村庄废墟遗址隐约可见；透过海水，可见玄武岩的石板棺材、墓碑、石水井和舂米石等有序排列；离东寨港不远的海滩上，有座以石块砌成保存完整的戏台。在铺前湾以北 4km 处。

这次大地震导致陆地沉陷的幅度一般在 3～4m，陆陷成海的最大幅度在 10m 左右，整个沉陷体块垂直下降，这种情况在国内外地震史上罕见。原先是一条陆上的小河沟，瞬间变成今日的东寨港；原先是陆地上的 72 个村庄，永远陷落入大海，成为稀世罕见的"海底村庄"。

18.8　地震陷坑

地震陷坑是由于地震作用使地表陷落而成，地震陷坑分为两种类型：一种是地下溶洞或坑道，由于地震振动，洞（坑）顶塌落使上覆土失去支撑而形成陷落坑；另一种是由于地震时地下砂层液化产生的喷水冒砂，大量砂粒喷出后地表发生陷落坑。

1975 年海城地震（$M=7.3$）时，上述两种陷坑都有发生，在小孤山一带，有两片陷坑区，形成数十个塌陷陷坑。陷坑区在地貌上处于低山丘陵区，基岩为太古界辽河群大理岩，岩体节理发育，在 N20°E 与 N20°W 共轭剪节理交汇处形成一些溶洞，地震时溶洞顶板坍塌，使地面土层陷落而形成陷坑。陷坑直径 3～8m 不等，坑的深度 5～10m。

地震时，在下辽河平原区形成大量喷水冒砂，地基失效下沉形成沉陷坑。陷坑形成初期，地面呈碟形浅凹地，然后逐渐扩大加深，坑的周围出现弧形裂隙并向弧形中心下降错移。陷坑直径可达 7.5m，深 2.1m。

江西发生地震后，人们在瑞昌市赛湖农场二分场棉花地发现有三处奇怪的大陷坑，最深的有 8m，最大的一处是三个陷坑相连，长度大于 50m。稻田里有 5 处陷坑还有十多处出现喷砂冒水现象，大的直径有 11m，水头最高时达 0.7m 以上。更令人称奇的是，这些水坑喷出物竟然有多种颜色。

陷坑的成因是本身下面存在溶洞，地震发生后地下溶蚀洞顶塌陷下沉，在地表就表现为地震陷坑，形状为漏斗状。其后地震陷坑逐渐扩大加深，直到达到重力平衡形成稳定的地震陷坑，其形状才基本保持不变。这些陷坑地震时出现喷砂冒水现象是因为农场附近地层属湖沼相沉积，地下土层中存在粉土或粉砂，在地震作用下容易产生砂土液化现象。

砂土液化，多数是沿原遗留钻孔往外喷砂冒水。松散沉积层中有青灰色粉土层和褐黄色或灰黄色粉砂层存在，这两种土层均能够产生砂土液化现象。其中青灰色粉土层埋藏较浅，褐黄色或灰黄色粉砂层埋藏较深。当砂土液化发生在较浅层位时，其喷出物为青灰色粉土；而砂土液化发生在较深层位时，其喷出物为褐黄色或灰黄色粉砂。这也是为什么喷出物成分和颜色会不同的原因。

第19章　泥石流工程地质研究

19.1　泥石流的形成条件

泥石流的形成，必须同时具备以下三个基本条件。

19.1.1　地形地貌条件

要有利于贮集、运动和停淤的地形地貌条件。

地形条件制约着泥石流形成、运动、规模等特征。主要包括泥石流的沟谷形态、集水面积、沟坡坡度与坡向和沟床纵坡降等。

(1) 沟谷形态。典型泥石流分为形成、流通、堆积等三个区，沟谷也相应具备三种不同形态。上游形成区多三面环山、一面出口的漏斗状或树叶状，地势比较开阔，周围山高坡陡，植被生长不良，有利于水和碎屑固体物质聚集；中游流通区的地形多为狭窄陡深的狭谷，沟床纵坡降大，使泥石流能够迅猛直泻；下游堆积区的地形为开阔平坦的山前平原或较宽阔的河谷，使碎屑固体物质有堆积场地。

(2) 沟床纵坡降。沟床纵坡降是影响泥石流形成、运动特征的主要因素。一般来讲，沟床纵坡降越大，越有利于泥石流的发生，但比降在10%～30%的发生频率最高，5%～10%和30%～40%的次之，其余发生频率较低。

(3) 沟坡坡度。坡面地形是泥石流固体物质的主要源地，作用是为泥石流直接提供固体物质。沟坡坡度是影响泥石流的固体物质的补给方式、数量和泥石流规模的主要因素。一般有利于提供固体物质的沟谷坡度，在我国东部中低山区为10°～30°，固体物质的补给方式主要是滑坡和坡洪堆积土层，在西部高中山区多为30°～70°，固体物质和补给方式主要是滑坡、崩塌和岩屑流。

(4) 集水面积。泥石流多形成在集水面积较小的沟谷，面积为0.5～10km² 者最易产生，面积小于0.5km² 或10～50km² 次之，发生在汇水面积大于50km² 以上者较少。

(5) 斜坡坡向。斜坡坡向对泥石流的形成、分布和活动强度也有一定影响。阳坡和阴坡比较，阳坡上有降水量较多、冰雪消融快、植被生长茂盛、岩石风化速度快、风化强度大等特点，故阳坡泥石流一般比阴坡发育。如我国东西走向的秦岭和喜马拉雅山的南坡上产生的比北坡要多得多。

19.1.2　物质来源

泥石流要有丰富的松散土石碎屑固体物质来源。

某一山区能作为泥石流中固体物质的松散土层的多少，与地区的地质构造、地层岩性、地震活动强度、山坡高陡程度、滑坡、崩塌等地质现象发育程度以及人类工程活动强度等有直接关系。

19.1.2.1　与地质构造和地震活动强度的关系

地区地质构造越复杂，褶皱断层变动越强烈，特别是规模大，现今活动性强的断层带岩体十分破碎，断层破碎带宽度可达数百米，多由数十条断层组成，常成为泥石流丰富的固体物源。如我国西部的安宁河断裂带、小江断裂带、波密断裂带、白龙江断裂带、怒江断裂带、澜沧江断裂带、金沙江断裂带等，成为我国泥石流分布密度最高、规模最大的地带。

在地震力的作用下，不仅使岩体结构疏松，而且直接触发大量滑坡、崩塌发生，特别是在Ⅶ度以上的地震区，对岩体结构和斜坡的稳定性破坏尤为明显，可为泥石流发生提供丰富物源，这也是地震→滑坡、崩塌→泥石流灾害连环形成的根本原因。如1973年四川炉霍地震（7.9级）和1976年四川平武-松潘地震（7.2级）破坏山体，产生大量崩塌、滑坡，促使众多沟谷发生泥石流。

19.1.2.2　与地层岩性的关系

地层岩性与泥石流固体物源的关系，主要反映在岩石的抗风化和抗侵蚀能力的强弱上。一般软弱岩层、胶结成岩作用差的岩层和软硬相间的岩层比岩性均一和坚硬的岩层易遭受破坏，提供的松散物质也多，反之亦然。如长江三峡地区的中三叠系巴东组，为泥岩类和灰炭类互层，是巴东组分布区泥石流相对发育的重要原因。安宁河谷侏罗纪砂岩、泥岩地层是该流域泥石流固体物质的主要来源。

花岗岩类，由于结构构造和矿物成分的特点，物理和化学风化作用强烈，导致岩体崩解，形成块石、碎屑和砂粒，形成大厚度的风化残积层，当其他条件具备时可形成泥石流。

石灰岩分布地区，石灰岩只有经物理风化和经淋溶的残积红土以及经地质构造作用的破碎带，才可能成为泥石流的固体物源。由于石灰岩具可溶性，溶蚀现象发育，塌陷、漏斗等岩溶堆积松散土多见，难以成为泥石流的固体物源，再加上岩溶地区地表水易流入地下，故灰岩地区泥石流现象少见。

除上述地质构造和地层岩性与泥石流固体物源的丰度有直接关系外，当山高坡陡时，斜坡岩体卸荷裂隙发育，坡脚多有崩坡积土层分布；地区滑坡、崩塌、倒石锥、冰川堆积等现象越发育，松散土层也就越多；人类工程活动越强烈，人工堆积的松散层也就越多，如采矿弃渣、基本建设开挖弃土、砍伐森林造成严重水土流失等。这些均可为泥石流发育提供丰富的固体物源。

19.1.3　水源和适当的激发因素

需短时间内提供充足的水源和适当的激发因素。

水既是泥石流的重要组成成分，又是泥石流的激发条件和搬运介质。泥石流水源有降雨、冰雪融水和水库（堰塞湖）溃决溢水等方式。

（1）降雨。降雨是我国大部分泥石流的水源，遍及全国的20多个省（自治区、直辖市），主要有云南、四川、重庆、西藏、陕西、青海、新疆、北京、河北、辽宁等，我国大部分地区降水充沛，并且具有降雨集中，多暴雨和特别大暴雨的特点，这对激发泥石流的形成起了重要作用。特大暴雨是促使泥石流暴发的主要动力条件。处于停歇期的泥石流沟，在特大暴雨激发下，甚至有重新复活的可能性。1963年9月18日，云南东川的老干沟 1h 内降雨 552mm，暴发了 50 年一遇的泥石流。连续降雨后的暴雨，是触发泥石流的又一重要动力条件，因为泥石流发生与前期降水造成松散土含水饱和程度与 1h、10min 的短历时强降雨（雨强）所提供的激发水量有十分密切的关系。据有关资料，在日本，激发泥石流的小时雨强，一般在 30mm 以上，10min 雨强在 7～9mm 以上，甸西部地区激发泥石流的小时雨强 30mm 左右，10min 则在 10mm 以上。

（2）冰雪融水。冰雪融水是青藏高原现代冰川和季节性积雪地区泥石流形成的主要水源。特别是受海洋性气候影响的喜马拉雅山、唐古拉山和横断山等地的冰川，活动性强，年积累量和消融量大，冰川前进速度快、下部海拔低，冰温接近融点，消融后为泥石流提供充足水源。当夏季冰川融水过多，涌入冰湖，造成冰湖溃决溢水而形成泥石流或水石流更为常见。

（3）水库（堰塞湖）溃决溢水。当水库溃决，大量库水倾泻。而且下游又存在丰富松散堆积土时，常形成泥石流或水石流。特别是由泥石流、滑坡在河谷中堆积，形成的堰塞湖溃决时，更易形成泥石流或水石流。

19.2　泥石流的分类及其特征

19.2.1　按泥石流成因分类

人们往往根据起主导作用的泥石流形成条件，来命名泥石流的成因类型。在我国，科学工作者将泥石流划分为冰川型泥石流和降雨型泥石流两大成因类型。另外，还有一类共生型泥石流。

19.2.1.1　冰川型泥石流

冰川型泥石流是指分布在高山冰川积雪盘踞的山区的泥石流，其形成、发展与冰川发育过程密切相关。它们是在冰川的前进与后退、冰雪的积累与消融，以及与此相伴生的冰崩、雪崩、冰碛湖溃决等动力作用下所产生的，又可分为冰雪消融型、冰雪消融及降雨混合型、冰崩-雪崩型及冰湖溃决型等亚类。

19.2.1.2　降雨型泥石流

降雨型泥石流是指在非冰川地区，以降雨为水体来源，以不同的松散堆积物为固体物质补给来源的一类泥石流。根据降雨方式的不同，降雨型泥石流又分为暴雨型、台风雨型和降雨型三个亚类。

19.2.1.3　共生型泥石流

这是一种特殊的成因类型。根据共生作用的方式，它们包括了滑坡型泥石流、山崩型泥石流、湖岸溃决型泥石流、地震型泥石流和火山型泥石流等亚类。由于人类不合理的工程活动而形成的泥石流，称为"人为泥石流"，也是一种特殊的共生型泥石流。

19.2.2　按泥石流体的物质组成分类

19.2.2.1　泥石流

这是由浆体和石块共同组成的特殊流体，固体成分从粒径小于 0.005mm 的黏土粉砂到几米至 10～20m 的大漂石。它的级配范围之大是其他类型的挟沙水流所无法比拟的。这类泥石流在我国山区的分布范围比较广泛，对山区的经济建设和国防建设危害十分严重。

19.2.2.2　泥流

泥流是指发育在我国黄土高原地区，以细粒为主要固体成分的泥质流。泥流中黏粒含量大于石质山区的泥石流，黏粒重量比可达 15％以上。泥流含少量碎石、岩屑，黏度大，呈稠泥状，结构比泥石流更为明显。我国黄河中游地区干流和支流中的泥沙，大多来自这些泥流沟。

19.2.2.3　水石流

水石流是指发育在大理岩、白云岩、石灰岩、砾岩或部分花岗岩山区，由水和粗砂、砾石、大漂石组成的特殊流体，黏粒含量小于泥石流和泥流。水石流的性质和形成类似山洪。

19.2.3　按泥石流流体性质分类

19.2.3.1　黏性泥石流

指呈层流状态，固体和液体物质作整体运动，无垂直交换的高容重（1.6～2.3g/cm³）浓稠浆体。承浮和托悬力大，能使比重大于浆体的巨大石块或漂砾呈悬移状（在特殊情况下，人体也可被托浮悬移），有时滚动，流体阵性明显，有堵塞、断流和浪头现象；流体直进性强，转向性弱、遇弯道爬高明显，沿程渗漏不明显。沉积后呈舌状堆积，剖面中一次沉积物的层次不明显，但各层之间层次分明；沉积物分选性差，渗水性弱，洪水后不易干涸。

19.2.3.2　稀性泥石流

指呈紊流状态，固液两相作不等速运动，有垂直交换，石块在其中作翻滚或跃移前进的泥浆体。浆体混浊，与含沙水流性质近似，有股流及散流现象。水与浆体沿程易渗漏、散失。沉积后呈垄岗状或扇状，洪水后即可干涸通行，沉积物呈松散状，有分选性。

以上是我国常见的三种分类方案。除此之外，还有还有其他一些分类方案。按水源类型划分为：降雨型、冰川型、溃坝型；按地形形态划分为：沟谷型、坡面型；按泥石流沟的发育阶段划分为发展期泥石流、旺盛期泥石流、衰退期泥石流、停歇期泥石流；按泥石流的固体物质来源划分为：滑坡泥石流、崩塌泥石流、沟床侵蚀泥石流、坡面侵蚀泥石流等。

19.3　泥石流的危害

常具有暴发突然、来势凶猛之特点，并兼有崩塌、滑坡和洪水破坏的双重作用，其危害程度比单一的崩塌、滑坡和洪水的危害更为广泛和严重。它对人类的危害具体表现在如下四个方面。

（1）对居民点的危害。泥石流最常见的危害之一，是冲毁乡村、城镇，摧毁房屋、工厂及其他场所设施，淹没人畜、毁坏土地，甚至造成村毁人亡的灾难。

（2）对公路、铁路的危害。泥石流可直接埋没车站，铁路、公路，摧毁路基、桥涵等设施，致使交通中断，还可引起正在运行的火车、汽车颠覆，造成重大的人身伤亡事故。有时泥石流汇入河道，引起河道大幅度变迁，间接毁坏公路、铁路及其他构筑物，甚至迫使道路改线，造成巨大的经济损失。

（3）对水利、水电工程的危害。主要是冲毁水电站、引水渠道及过沟建筑物，淤埋水电站尾水渠，并淤积水库、磨蚀坝面等。

（4）对矿山的危害。主要是摧毁矿山及其设施，淤埋矿山坑道、伤害矿山人员、造成停工停产，甚至使矿山报废。

19.4　泥石流调查案例

案例：水绥（金沙江岸边水富—绥江）公路段泥石流调查。

（1）泥石流发育分布现状。该公路地处青藏高原向四川盆地过渡地带，地貌上属四川盆地。金沙江及各级支流支河切割强烈，岸坡陡峻，地形高差悬殊，岩性复杂，地质构造及各种地质现象较发育。地表岩石大多风化破碎较严重，为泥石流提供了丰富的物质来源。区内降水充沛，雨量集中，多见暴雨或特大暴雨，因而区内泥石流分布较广泛，类型多样，规模一般不大，诱发类型以暴雨为主。

前人地质调查统计资料表明，测区泥石流直接进入金沙江干流河谷共 55 处，涉及流域面积 16227km²，岸边河段泥石流的发育程度和密度涉及的流域面积有较大差异，从水富至石龙河段长度 32km 发育主要有 4 条泥石流沟，密度为 0.129 条/km，流域面积 18.8km²，石龙至南岸镇河段长度 42.5km，主要发育泥石流 16 条。

（2）泥石流的类型。公路沿线，金沙江岸边泥石流的类型按其成因可分为：自然泥石流和人为泥石流两类。自然泥石流由地营力作用下产生的各种地质条件综合而成，与人为活动没有直接关系。地质、地形、降水 3 个条件是泥石流发生的必要条件；人为泥石流主要是人为活动引起，与人类活动有直接关系（表 19.1）。

表 19.1　　　　　　　　　　　测区泥石流按成因分类统计

类　　型	水富至石龙	石龙至绥江	绥江至溪洛渡
自然泥石流/条	4	16	34
人为泥石流/条	0	0	1

从表 19.1 中可以看出，测区绝大部分为自然泥石流，而与人为活动直接相关的仅 1 条（吊杆岩沟泥石流），吊杆岩沟泥石流沟，发生于 1985 年 8 月 10 日，系特大暴雨引起山洪暴发，致使沟内的小型水库坝体溃决而形成的稀性泥石流。当然，库区绝大多数自然泥石流与不合理的人类活动相关，如植被破坏、土地过分垦殖、采矿和筑路弃渣等有不同程度的关系。

金沙江岸边泥石流分为坡面型和沟谷型泥石流两类，坡面型泥石流发育在仅具沟谷雏形的斜坡坡面上，其特点是：沟谷短、平均纵坡降大、流域面积小，泥石流形成区常与堆积区相连，而流通区不明显。沟谷型泥石流，则发生在成型或基本成型的沟谷中，主沟长度和流域面积均较大，平均坡降一般比坡面型泥石流小，形成区、流通区和堆积区较明显。

测区以沟谷型泥石流为主（表 19.2）主要有 43 条，占泥石流总个数 78%，其主沟长度一般在 4～12km，长的可达 20～56km，流域面积一般在 4～20km²，有的可达 54～448.5km²，平均坡降在 10%～50%。一般长度和流域面积较大的泥石流沟纵坡降小于 10%，在寸腰滩即为典型的沟谷型泥石流，沟长 7.5km，平均纵坡降 21.4%，流域面积

17.1km²，其大部分物质进入金沙江，河床中形成甲等滩（寸腰滩）。

表 19.2　　　　　　　　　　　　测区泥石流活动场所分类

类　　型	水富至石龙	石龙至绥江	绥江至溪洛渡
坡面型泥石流/条	1	3	8
沟谷型泥石流/条	3	13	27

坡面型泥石流的长度为 0.5～22km，流域面积为 0.3～1.8km²，平均纵坡降27.8%～47%。典型的坡面泥石流，如：坡老沟泥石流，该沟长 1.5km，切割浅，平均纵坡降63.8%，流域面积 1.6km²。由于沟内崩积物丰富，沟口金沙江边形成长约 200m，宽约300m 的泥石流堆积扇。

按流体性质，测区泥石流则可分为黏性、稀性和过渡性泥石流等 3 类。黏性泥石流中，黏土含量一般大于 3%，重度大于 1.8g/cm³，呈整体层流运动，有阵流现象；流体中常保留原状土块，堆积物分选差。稀性泥石流黏土含量一般小于 3%，重度小于 1.3g/cm³，呈紊流运动，无明显阵流，堆积物有一定分选性。过渡性泥石流等特点介于黏性泥石流和稀性泥石流之间。

测区以稀性泥石流居多（表 19.3），占总数的 53%，黏性泥石流占 36%，其分别以石溪沟泥石流和清水湾泥石流为代表，分别形成石溪滩和苦竹滩。

表 19.3　　　　　　　　　　测区泥石流按流体性质分类统计表

类　　型	水富至石龙	石龙至绥江	绥江至溪洛渡
黏性泥石流/条	0	2	18
稀性泥石流/条	4	9	16
过渡性泥石流/条	0	5	1

（3）泥石流发育与测区环境条件的关系。不同路段的环境条件如地形地质条件、气候条件、降雨强度及人类活动不同，泥石流的发育程度有所不同。

地层岩性是泥石流发育的物质基础，该区地表岩石风化、卸荷强烈，岩体较为破碎。崩塌或滑坡发育的地段，松散固体物质来源相对丰富，易产生泥石流。各类地层中以三叠系须家河组、飞仙关组、铜街子组中泥石流发生频数较高，三叠系嘉陵江组和雷口坡组、侏罗系沙溪庙组和自流井组等次之，其余地层相对较低。

断裂构造发育地段，岩体较破碎，崩塌、滑坡较发育，泥石流相对较发育。如新滩溪断层和楼东断层附近，泥石流都比较发育，沿线沟谷发育地段都具备泥石流发生的物质条件。

泥石流的发育与沟谷的流域面积、主沟长度、主沟纵坡降等地形条件有关。测区泥石流沟的流域面积一般小于 50km²，统计表明流域面积小于 30km² 的沟最有可能发生泥石流。这与其既有较丰富的松散固体物质，又能在只出现局部暴雨的情况下，迅速汇聚足够的洪水有关；而过大流域面积的沟谷，即使有丰富的松散固体物质来源，但在只出现局部暴雨的情况下难以使整个流域内迅速汇聚充足的水源。沟谷纵坡降适中，既有利于松散固体物质的贮集，且有一定的落差，有利于泥石流的启动，而较短小的冲沟往往落差大。因此，测区流域面积小于 30km²，主沟长度在 12km 以内（尤以长度 2～8km），主沟纵坡降小于 100%（即平均坡度小于 45°）的沟谷最有利于泥石流产生。

另外，测区自然植被的破坏，森林覆盖率的降低，也促进了测区泥石流的发育。

（4）泥石流的活动特征。调查资料表明，测区内大多数泥石流沟谷，每年虽然都有冲出物带到沟口，但一次冲出量的规模不大，测区泥石流沟的总残存堆积量约 2280 万 m³，其中石龙镇至南岸镇河段约 $551×10^4 m^3$，占 24%。测区泥石流的活动规模总体由上游向下游急剧减弱。

测区范围内的泥石流多为低频泥石流，即几年、十几年、甚至几十年才暴发一次。高频泥石流较少，泥石流频发的地段沟谷有梁家坝沟、大坪沟、顺河沟、黄龙滩沟、干沟、小波罗沟和大窝沟泥石流，其中，梁家坝沟和大坪沟泥石流每年暴发 2～3 次。上述高频泥石流主要分布在公路线以上河段，只有大窝沟泥石流分布在南岸镇以下河段。

由于金沙江干流沿岸及众多支流内是测区人口相对密集的地区，随着人口的迅速增长，人类活动范围和强度也日益扩大，如森林过度采伐、土地过分垦殖等，致使自然植被遭到强烈破坏，森林覆盖率逐渐降低，增加了泥石流发生的频度。

调查表明，近几十年来测区较大规模的泥石流暴发频率总体上有增多的趋势。据不完全统计，近 30 年余年来较大规模的泥石流暴发次数约 39 次；不同时段暴发的频率有所不同。其中，1960—1963 年 2 次，1964—1973 年 4 次，1974—1979 年 6 次，1980—1984 年 6 次，1985—1988 年 7 次，1989—1991 年 14 次。

（5）测区泥石流对环境和工程的影响分析。据不完全统计，测区泥石流曾使 38 人直接伤亡，其中吊杆岩泥石流造成伤亡人数最多，达 13 人。同时，自然条件下泥石流对金沙江航运也产生了较大影响。

第7篇 风电场勘察篇

第20章 风电场岩土工程勘察及应用

风电场的工程地质评价是根据已获得的地质数据，结合进场公路、输出线路、升压站、风机地基的工程特点进行工程地质条件分析，（工程地质条件是与工程建筑有关的地质因素之综合，包括地形地貌、地质构造、土石类型及其工程地质性质、地质结构、水文地质、物理地质现象和天然建筑材料等多方面的因素）经过定性评估和定量计算对工程区的稳定性和适宜性、对建筑物的有利条件和不利条件做出判断，对不良地质作用提出防治措施。评价的难点是工程地质条件分析，重点是稳定性评价。

工程地质评价的对象是工程地质条件与工程建筑之间的矛盾，这种矛盾表现在建筑物兴建之后必然和地质环境发生关系，相互作用引起工程地质条件的变化，这种变化又反过来影响建筑物的稳定性。工程地质条件与工程建筑之间的矛盾就是工程地质问题。

对于风电场岩土工程的勘察，就是既了解工程地质条件的特点，又要了解建筑物的特点，即建筑物的类型、结构和规模，并且在此基础上预测可能发生哪些相互作用，作用的强烈程度如何，对建筑物造成如何破坏，怎样预防和处理。工程地质条件常处于矛盾的主要方面，好的工程地质条件能使与建筑物的相互作用限制在一定的程度内，并能够保证建筑物的安全、经济和合理性。地基岩土体的压缩性较小，强度较高、透水性较小，没有强烈的不良地质作用，就是好的工程地质条件。反之不良地质作用就会给建筑物带来威胁。所以工程地质分析首先应查明工程地质条件，结合建筑物的特征，具体分析评价工程地质条件在建筑中的实际意义，对工程地质条件每一因素在工程作用力下会起什么样的作用，这些对工程建筑物的安全和正常使用是有利还是不利。应通过场区工程地质条件进行综合分析后得出，进而使风电场的建筑物尽量利用有利的地质条件，回避不利的不良地质作用地段。这对于风电场勘察选址具有非常重要的意义。

20.1 岩土工程分析评价

20.1.1 岩土工程分析评价的内容和要求

20.1.1.1 岩土工程分析评价的内容

岩土工程分析评价应在工程地质调查、勘探、测试和搜集已有资料基础上，结合工程特点和要求进行，可包括下列内容。

（1）场地的稳定性和适宜性。

（2）为设计提供地层结构和地下水的类型和空间分布情况及岩土体工程性状参数。对水、土对建筑物及建材的腐蚀性作出评价。

（3）提出地基的各项岩土性质指标与基础方案设计或治理的建议。

（4）预测拟建工程对环境的影响及环境变化对工程可能的影响。

（5）预测施工过程中可能出现的工程地质问题，并提出相应的防治措施和合理的施工方法。

（6）天然建筑材料和施工用水调查。

20.1.1.2　岩土工程分析评价的要求

岩土工程分析评价应符合下列要求。

（1）充分了解工程结构的类型、特点和荷载组合情况，分析强度和变形的风险和储备。

（2）掌握场地地质背景，考虑岩土的非均质性，各向异性和随时间变化的可能性，评估岩土的不确定性，确定其最佳估值。

（3）参考类似工程的实践经验。

（4）对理论依据不足、实践经验不多的岩土工程，可通过现场模型试验和触探试验成果进行分析评价。需要时可根据施工监测资料，建议调整修改设计、施工方案。

20.1.2　定性分析和定量分析

20.1.2.1　定性分析

定性分析是岩土工程评价的首要步骤和基础。对拟建工程的适宜性作定性评价。

20.1.2.2　定量分析

定量分析应在定性分析的基础上进行，可采用定值法（安全系数或稳定系数），对特殊工程需要时可辅助概率法进行综合评价。

对下列问题宜作定量分析：①岩土的变形性及其极限值；②岩土体的强度、稳定性及其极限值，包括斜坡及地基的稳定性。

20.2　稳定性评价

20.2.1　区域稳定性评价

区域稳定性是由内力作用引起的构造活动，特点是断裂活动、地震活动在地壳的不同部位活动强度不同，对建筑物危害程度也是不同的。断裂活动比较弱，地震小而烈度低，地壳稳定性较好，对建筑物危害较小，从区域稳定性来评价应属于稳定地区。否则属于非稳定地区。

即便是区域稳定性很差，也不能作为否定风电场开发的根据，因为对稳定性影响较大的活动性断裂是全新地质时期（1 万年）有过地震活动或近期正在活动，在今后 100 年内可继续活动的断裂。风电场的使用寿命也就 50 年，只要这期间不活动或发震较小，就没有任何影响，即使是极端地震工况下，它也不会像水利工程那样一旦失事会造成灾难性的后果。风电场的工程地质评价主要是搜集国家 1∶20 万地质图有关区域构造资料，能够表明场区所处区域构造或活动断裂带的位置；依据 1∶400 万《中国地震动参数区划图》（GB 18306—2001）表述工程区 50 年超概率为 10％的地震动峰值加速度值、卓越周期和对应的地震基本烈度；根据区域活动性断裂与建筑物的距离，评价对建筑物的影响。明确区域稳定性好、较好、稳定性较差或者不稳定，就应该满足了风电场区域稳定性评价的深度。区域稳定性评价对于设计者来说，主要关注的数据就是设计基本烈度。

20.2.2　场区稳定性评价

场区稳定性评价是在区域稳定性评价的基础上进行的，地层岩性、地形地貌、地质构造、水文地质条件、物理地质现象是进行场区稳定性评价的基本工程地质条件；建筑物场地的地质构造特征及抗滑稳定、场区的抗震类别和地震效应、不良地质作用及地质灾害是场区稳定性评价的主要内容。

20.2.3　地基稳定性评价

地基稳定性评价，首先要充分了解工程结构的类型、特点和荷载组合情况，分析强度和变形的风险和储备；掌握场地区域稳定性和场区稳定性地质背景的前提下，考虑地基持力层的非均质性、各向异性和随时间变化的可能性；评估地基土的不确定性，参考类似工程的实践经验，确定其最佳估值；对理论依据不足、实践经验不多的地基持力层，可通过现场模型试验和触探试验成果进行分析评价。分析的主要内容有：岩土的变形性及其极限值；持力层的承载力特征值、抗滑稳定性及其极限值。

在充分进行地基稳定性评价的前提下，进行建筑物地基持力层的选择和基础选型。

（1）持力层选择。综合分析地形地貌、地层岩性、地质构造、不良地质作用、水文地质条件和物理力学性质指标以及特殊性岩土，在基本满足变形、抗滑和承载力要求前提下，选择确定最佳持力层的位置（埋深、层位）。并分析评价存在的工程地质问题，提出工程处理措施的建议。

（2）基础选型。按设计地坪标高平基后，风机位基岩直接出露，基岩分布连续、场地稳定，地质条件较好，可采用扩展基础直接以强风化、中等风化岩体作为基础持力层，若覆盖层、全风化层较厚或软土地基时，可采用桩基础，当基础形式为桩基时应根据地质结构进行桩基类型对比选择，提供桩端位置和桩端阻力、侧端阻力等设计所需参数。

20.3　风电场工程地质勘察

20.3.1　概述

无论是电站还是水库、公路还是铁路、民用工程还是人防工程，都需要进行工程地质勘察，不同建筑类型的勘察既有共性，也有个性，风电场需要进行勘察建筑物主要有风机基础、进场公路、升压站和线路塔基础。它们都属于浅基础，基础置深一般小于 5m，影响深度大多仅十几米，多数属于分散的点式建筑物，研究的内容主要是地基承载力、变形稳定和抗滑稳定，作用于地基既有静荷载又有动荷载。所处的地形和地貌一般都在山区。在对风电场工程地质勘察中，应该了解风电场勘察的特点、阶段划分、勘察的程序和方法。

20.3.2　风电场勘察内容及特点

（1）了解区域地质条件，进行区域性评价；查明场区的地形地貌特征，岩土的分层和土石的物理力学性质，地质构造，地下水的埋藏深度、动态特征和化学成分，依据工程布置方案，评价物理地质现象的发育程度和分布规律，对场区稳定性作出评价；建筑物地基承载力、变形特征、抗滑稳定性、不良地质作用等是勘察的主要内容。

（2）主要进行浅孔勘探，进行野外荷载和触探试验，分析土样试验成果。

（3）勘探坑孔一般按勘探线布置，深度一般至完整基岩为限。

20.3.3　风电场勘察阶段的划分

风电场址的地质勘察一般分为两个阶段，即可行性研究阶段的初步勘察和施工准备阶段的详细勘察（包括施工过程中的地质工作）。根据《岩土工程勘察规范》（GB 50021—2001）各类工程勘察基本要求，符合 4.1.2 条：场地较小，且无特殊要求的工程可合并勘察阶段。当平面位置已经确定，且场地或及其附近已有工程资料时，可根据实际情况直接进行详细勘察。

20.3.3.1　可研阶段（初勘）

（1）工程地质评价主要是区域稳定和场区稳定性评价，重点要把工程区对工程可能形成影响或潜在影响的滑坡、泥石流、采空区、岩溶、沉降区等不良地质作用可能发生的位置、规模搞清楚，地震烈度大于Ⅵ度的场地应对地震效应作出分析，对场区进行进场公路、线路塔基、升压站和风机建筑物的适宜性作出评价，对下阶段详勘工作的重点提出建议。

（2）提出建筑区进场公路、风机基础、线路塔基、升压站的工程地质条件，以论证不同功能建筑物的适宜性。

（3）对天然建筑材料进行初步评价；对施工用水和饮用水水源进行初步调查，对地下水和土对建筑材料的腐蚀性作出初步评价。

（4）通过比选初步选定建筑物的位置，论证风电场建筑的可行性。

20.3.3.2　初设阶段（详勘阶段）

（1）在初步选定的建筑物位置进行勘探，根据勘察的地质条件确定建筑物的位置。

（2）评价各高耸建筑物的地震效应，提供个性化抗震设计的地质依据。

（3）根据不同的工程地质条件选定基础的砌筑深度。

（4）确定地基的承载力，预测总沉陷量及不均匀沉陷量，并对抗滑稳定性作出评价。

（5）选定基础结构和地基改良措施。

（6）提出建筑物基础开挖边坡，评价施工条件选定施工方法。

20.3.4　风电场场地选择

要选择合适的风电场的建筑场地，工程地质勘察的主要工作就是先调查清楚场区的工程地质条件，然后进行工程地质评价，最后给出结论性意见。

根据工程地质条件的复杂程度，建筑场地可分为三种类型。

20.3.4.1　简单场地

地形较平坦，地貌单一；地层结构简单，岩土性质均匀且压缩性变化不大；无不良地质现象，地下水对基础无不良影响。

20.3.4.2　中等复杂场地

地形起伏较大，地貌单元较多；地层种类较多且土石性质变化较大，地基压缩层的计算深度内基岩起伏较大；不良地质现象比较发育，地下水埋藏较浅，且可能对地基基础有不良影响。

20.3.4.3　复杂场地

地形起伏大，地貌单元多；地层种类多且岩性变化大，地基持力层内基岩起伏大；场地内有对地震敏感的地层；不良地质现象发育；地下水埋藏浅且对地基基础有不良影响。

20.3.4.4　规范对场地分类的说明

《岩土工程勘察规范》（GB 50021—2001）规定了场地类别的鉴定标准。

（1）符合下列条件之一者为一级场地（复杂场地）：①对建筑抗震危险地段；②不良地质作用强烈发育；③地质环境已经或可能受到强烈破坏；④地形地貌复杂；⑤有影响工程的多层地下水、岩溶裂隙水或其他水文地质条件复杂，需专门研究的场地。

（2）符合下列条件之一者为二级场地（中等复杂场地）：①对地质抗震不利的地段；②不良地质一般发育；③地质环境已经或可能受到一般破坏；④地形地貌较复杂；⑤基础位于地下水以下的场地。

（3）符合下列条件者为三级场地（简单场地）：①抗震设防烈度等于或小于Ⅵ度，或对建筑物抗震有利的地段；②不良地质作用不发育；③地质环境基本未受破坏；④地形地貌简单；⑤地下水对工程无影响。

20.3.5　风电场勘察的步骤

风电场的工程地质勘察主要是两个阶段（初勘和详勘）。

工程地质勘察要为风电场建筑物的正确设计、施工提供可靠的地质数据，就需要分阶段进行不同深度的工程地质勘察。风电场虽然不同于大型水利工程、铁路干线和大型核电站，工程地质勘察往往需要几年甚至几十年，大多数风电项目工期仅半年左右，但还是应该坚持按正常的勘察程序进行，尽量避免边勘察、边设计、边施工，以避免造成不必要的浪费。事实上往往在实施过程中又不可能严格按阶段进行，这就要具体情况具体分析，以加强设计、地质勘察、监理、施工方的沟通，及时回馈施工过程中出现的不良地质问题，便于及时处理。

虽然风电场工程规模相对较小，但工程地质勘察一般也要分两个阶段进行。第一阶段称初步勘察（初勘）配合微观选址，在建筑区域内，选定工程地质条件最有利的建筑场地，主要包括进场道路、升压站、风机位置和线路塔机位置。这些工作应由业主或监理组织设计、地勘、道路等相关人员一起通过现场踏勘，商定供选定的几个建筑场地，地质工作主要是从地质条件方面论证技术的可行性和经济上的合理性，采用工程地质测绘、轻型山地工作和少量试验及实验室研究工作，通过对几个场地对比，选定一个场地。提出可行性地质勘查报告，在地质条件简单的情况下，也可以通过多方现场确定建筑物的位置，直接进入第二阶段的勘察。第二阶段称详细勘察（详勘），其主要任务是提出风机地基、升压站地基、进场公路和线路塔基的准确地质结构、水文地质条件及岩石物理力学性质的定量指标。在施工设计时，有时要进行工程地质补充地质勘察和在施工过程中的基坑的地质编录和基坑验收，对发现的地质问题提出处理建议。

20.3.6　风电场地质勘察大纲的编写

风电场工程地质勘察大纲是否符合实际情况，直接影响着野外地质勘查工作能否具有针对性和满足设计要求。要完成这项工作，要收集场地的已有地质资料，并应在对场地踏勘获得勘察区工程地质条件基本轮廓的基础上进行。以下结合某工程编写的勘察大纲对大纲内容加以说明，编写中需有如下内容，但不限于如下内容。

20.3.6.1　项目概况

（1）勘察阶段。

（2）勘察等级。

（3）勘察依据及执行主要规范。

20.3.6.2　地质背景

对本区地形、地貌、地层岩性、地质构造、水文地质条件、不良地质作用作概略的表述。

20.3.6.3　地勘任务、目的

略。

20.3.6.4　勘察工作布置原则

略。

20.3.6.5　外业勘察质量及技术要求

勘探根据勘察区工程地质条件、勘探目的、勘探施工条件、勘探方法的适用性等因素综合确定勘探工作，选择一种或数种勘探方法。

1. 钻探

（1）钻探严格按《建筑工程地质钻探技术标准》（JGJ 87—92）执行。

（2）该阶段钻孔编号以 ZK 开头。

（3）钻孔孔位不得随意移动。

（4）钻孔开孔孔径一般 130mm，终孔孔径不得小于 110mm。

（5）钻孔深度：钻孔深度以进入基岩 5～10m。

（6）岩芯质量标准见表 20.1，低于表中标准者由技术负责人视情况决定是否返工。

表 20.1　　　　　　　　　　不同岩土层岩芯质量标准表

岩层特性	岩芯采取率/%	岩层特性	岩芯采取率/%
完整新鲜岩体	95	土层	>90
较完整微风化岩层	90	砂砾石层	65
较破碎的弱或强风化岩层	>65		

（7）软弱夹层、强风化层等破碎岩体钻进回次进尺应小于 1m，提高取芯率，保证分层和取样试验的需要。

（8）退芯、退样要求用水力退芯法，严禁猛敲乱打，以免造成人为破碎及混乱，不允许将上一回次岩芯残留在岩芯管内。

（9）滑带以及基岩中软弱夹层，在地质鉴定和取样前应采取保护措施，不致扰动和失水。

（10）岩芯应按左上右下，先上后下，先出管后进箱的顺序装进岩芯箱，不得混乱倒置，基岩岩芯要用油漆编号，方法为：孔号→回次→总块数→第几块。

（11）填好岩芯牌，且不得与班报矛盾。

（12）试样及时蜡封，贴好送样标签。

（13）准确测量钻孔初见水位及终孔水位。

（14）准确及时做好班报记录，及时记录回水颜色、水量、钻进速度的变化情况及深度，尤其要注意记录卡钻、埋钻、掉钻、阻水的位置（孔深），机械运转的变化情况，如平稳、振动大、巨响或负荷吃力等，并分析其原因。

（15）勘探管理及编录人员须勤到钻场，及时了解钻进情况，发现钻孔与设计书不吻合处应及时提出修正，对各种原始资料进行复核，发现问题及时解决。重要地质现象和代表性岩芯要拍摄地质照片。

（16）根据设计书的要求做好单个钻孔设计。

（17）除留做专门用途（物探测试、地下水长观、埋设监测仪器或作施工钻孔等）的钻孔外，其余钻孔均需进行封孔。

（18）报告验收前，各孔全部岩芯均保留。验收后按专家组意见，对代表性钻孔及重要钻孔，全孔保留岩芯，其他钻孔岩芯，可分层缩样存留，对有意义的岩芯，切片留样。

2. 槽探

（1）槽探施工严格按《地质勘查坑探规程》（DZ/T 0141—94）执行。

（2）槽探位置及数量：根据需要槽探的位置及数量由地质员视情况而定。

（3）编制坑槽展示图（1∶50）及拍照。

3. 物探

（1）物探严格按《电力工程物理勘探技术规范》（DL/T 5159—2002）进行。

（2）每个勘察点均通过测量确定测点位置，测点与勘探点重合。遇障碍物采用平行偏移的方法。一次性布极完成之后对电极接地情况进行检查，对于接地电阻较大的电极采取就近移位或浇水的办法来降低，直至两电极之间接地电阻检查小于 100Ω 时才开始测量。测量过程中对异常值点进行多次重复测量，以消除干扰，从而确保采集数据真实可靠。

（3）根据具体工作的要求，设计供电极距 $AB/2$ 及相应测量极距 $MN/2$ 的变化序列。每改变一次供电极距，测量一次 ΔU_{MN} 及 I，计算相应的 K 值及视电阻率值 ρ_s，绘制每个测点的 ρ_s 与 $AB/2$ 的关系曲线（即电测深原始曲线）。

4. 取样与试验

（1）取样技术要求：①土样以原状样为主，辅以扰动样，并应有详尽地质描述。保证有 1/3 的钻孔取样试验，取样孔要求在平面上分布均匀。②各类地质单元取样不少于 6 组；弱、微新岩体各取样 3 组。③在松散堆积体不同部位取一定数量的扰动土样品。④黏土岩、泥质粉砂岩直径不小于 89mm，砂岩样直径不小于 91mm。⑤通过钻孔，采取原状土样及扰动土样。土样的采取必须保证同一类地层至少 6 组样。在竖井、钻孔及泉水点以及河流中采取地表及地下水水样。

（2）样品的封装、保存及运输：①土样、黏土岩样应及时密封，防止温度变化，避免暴晒和风吹。②应及时填写送样单，内容包括：取样地点、钻孔、坑槽编号、取样编号、岩土层时代、岩土名称、取样深度和高程、原状或扰动样、取样数量、试验项目、试验要求、取样人、取样日期等。③岩土样装箱应填塞缓冲材料，运输途中在避免振动。对易振动液化、水分离析或失水致使严重变形的土样宜就近及时进行试验。④土样采取后至试验前存放时间不宜过长，一般不要超过 3d。⑤水样取样应防止人为污染，水样应加大理石粉，并严格按有关规定执行。

（3）原状样试验要求。

1）土样：按土工试验方法标准进行覆盖层、滑坡体及滑带土体的物理力学试验。项目包括：含水率、重度、比重、孔隙比、饱和度、液限、塑限、塑性指数、液性指数、压缩、饱和固结快剪及饱和快剪；典型土样进行简分析。

2）岩样：实验项目包括岩石的天然容重、天然状态单轴抗压强度以及饱和单轴抗压强度、模量、剪切强度、软化系数。

3）水样：进行地表水、地下水简分析。

（4）原位测试要求。

1）标准贯入试验：①标准贯入试验孔，采用回转钻进，并保持孔内水位略高于地下水位。当孔壁不稳定时，可用泥浆护壁试验标高以上 15cm 处，清除孔底残土后再进行试验。②采用自动脱钩和自由落锤法进行锤击，并减小导向杆与锤间的摩阻力，避免锤击时的偏心和侧身晃动，保持贯入器、探杆、导向杆连接后的垂直度，锤击速率应小于 30 击/min。③贯入器打入土中 15cm 后，开始记录每打入 10cm 的锤击数，累计打入 30cm 的锤击数为标准贯入试验锤击数 N。当锤击数已达 50 击，而贯入深度未达 30cm 时，可记录 50 击的实际贯入深度。

2）重力触探试验。①贯入时，穿心锤应自动脱钩，自由下落。②地面上触探杆的高度不宜超过 1.50m，以免倾斜和摆动过大。③贯入过程应尽量连续贯入。锤击速率宜为 15～30 击/min。④每贯入 10cm 记录其相应的锤击数。

20.3.6.6　设备投入

主要投入设备见表 20.2。

表 20.2　投入设备一览表

序号	设备名称	单位	数量	备注
1	钻机钻	台	15	
2	GPS	套	1	
3	RTK	台套	2	
4	全站仪	台	1	
5	电法仪	台	1	
6	汽车	辆	1	
7	计算机	台	3	
8	打印机	台	1	
9	数码照相机	台	3	
10	配备其他相关设备及材料	套	10	标贯、动探等试验器备

20.3.6.7　野外重点研究的内容

在场地工程地质勘察中，应根据地质勘察大纲重点研究地形地貌、地质层岩性、地质构造、水文地质条件不良地质作用、岩土物理力学性质指标和天然建筑材料等几个方面的工程地质条件。

1. 地形地貌

地形特点在风场场址选择和工程地质评价中具重要意义，地形愈平坦、广阔，则愈适合于工程建筑，然而风电场有对风资源的要求，往往需要把场地选在海拔较高的地方，有利于风资源的充分利用。这就需要在高差大的地区选择相对平坦的地方，这样有利于修建进场公路，有利于减少平整场地和有利于吊装施工。

在较宽广的溶蚀地带修建风电场，地形上能够满足建筑的要求但又往往常有岩溶和复杂的基岩埋藏地形，基岩中夹软土，地下水位的动态变化较大，造成地面塌陷。广西、贵州、云南、湖南等地容易出现这种场地，风机场地建在这些地方应该对岩溶进行深入的研究。

2. 地质结构

地质结构泛指土石的成层特性、产状、层厚变化、接触关系和各土石层的岩性。它对建筑物基础的砌筑深度、基础结构、保证建筑物稳定措施以及施工方法都有很大影响，如果在建筑影响深度内有不良地质作用，或软土层，往往需要增加投资对地基进行处理，要想使建筑物修建的安全稳定又经济选择适宜的地质结构非常重要。

根据地质结构对场地划分时，首先可以分出坚硬、半坚硬岩石地基和松散土石地基，前者一般能够满足建筑物对地基的要求，后者则又得根据岩性的均匀程度划分为均一地基、稳定成层土石地基、厚度变化较大且夹有透镜体成层土石地基。

（1）均一土石地基：可以是砂层、砾质土，在静荷载作用下承载力相当高，但是如果地层松散在振动荷载作用下，往往会产生强烈沉陷，所以疏松砂不宜做风机地基，粉细砂层在饱水状态下，烈度大于Ⅷ度时有发生液化的可能，如果在动水作用下，会产生流砂和潜蚀，降低承载力，就需要采取必要的工程措施对地基进行处理。黏性土石在一定的含水量状态下，能够满足风机基础承载力的要求，但随着含水量的增高，承载力就会降低，黏性土的作为风机地基持力层则需要进行一些特殊的处理。防止软土（高孔隙比、高含水量、高压缩性、低承载力的黏性土）发生超过地基允许的沉陷量。地基土为黄土，则应该预防湿陷；地基土为胀缩性黏土，则必须预防建筑物由于胀缩而发生开裂等。

（2）稳定成层土石地基：由岩性上有所差异而层厚稳定的土石组成，如夹有软弱夹层，对地基也是不利的，对于风机不确定的动荷载，其地基上的承载力必须大于风机的极限荷载，否则也会出现不均匀沉降。对于静荷载沉降是均匀的。

（3）厚度变化大且夹有透镜体成层土石地基：这是不理想的地基，建筑物将会产生强烈的不均匀变形，当夹有厚度变化较大的软弱土层时，往往会使建筑物发生不能允许的变形。为了预防这种变形，必须进行地基处理。

显然，在地质结构不同的场地进行工程地质勘察时，坑孔布置和研究的重点也就会有所不同，土层愈是多变，勘探点应当越密。

3. 水文地质

在场地的选择和分区时，充分考虑地下水对基础的影响是必要的，查明场地的水文地质条件，就可以避开或有效地减少地下水的危害，必须查明的水文地质条件为：地下水的高程，埋藏深度和季节变化幅度；承压水的埋深、水头高度，以及地下水的化学成分。如果按照水文地质对场地进行分类，一般可以分为三种类型，一种是干燥的场地，在整个场地或大部分场地内，地下水的埋深大于基础的砌置深度，一般情况下，地下水的埋深大于5m就可以满足这一要求，但要考虑季节水位的变化；另一种是过湿场地，在整个场地或大部分场地内，地下水的埋深小于基础的砌置深度，这种场地不利于施工，勘察时就要对地下水对建筑材料的腐蚀性进行评价，设计时就要验算是否考虑地下水的抗浮水位，和水、土对建筑材料有腐蚀性要采取防腐措施。施工时就要采取排水措施并对基坑开挖边坡稳定予以注意。还有一种情况水文地质较复杂的场地，场地内地下水埋藏深度不一，有的高于、有的低于基础的砌置深度，有时出现季节性上层滞水，这种场地内应进一步按地下水的埋藏条件分区，以便有针对性地进行设计和施工。

4. 地质构造

大家知道，风电场风机基础、高压线塔基属于分散的点状型建筑，工程地质勘察的对象主要有风机地基、进场公路、线路塔基和升压站。稳定性的评价应搜集区域构造纲要图，对区域构造做出分析，对新构造运动引发的附近历史上发生的地震烈度应该收集，通过对场区地质构造的调查了解，论证区域构造与场区的关系，发震活断层与场区的相对位置和距离，对场区稳定影响有多大？通过区域构造纲要图直观地表达，通过分析进行客观的评价。

风机场稳定性评价应根据区域构造背景和地震烈度结合地形地貌和地质结构对建筑场地进行对建筑抗震有利、不利、一般和危险地段的划分以及地震作用下饱和粉土液化的可能性。

在微观选址时宜避开不良地质作用部位、活断层部位就可以了。至于活断层引起的地震问题，由于活断层不一定发（强）震，发震的部位又不一定在场区附近，再加上震源深度、震源与震中的相对位置等不定因素的变化，因而点状型建筑场地即使有活断层存在，发生破坏性地震的几率一般是很小的，不一定有活断层就一定有地震危险。但是如果确认活断层是全新世以来，特别是现在正在活动着的，位移较大并且在场地附近则应引起高度重视。

5. 不良地质作用

这里所说的不良地质作用是指对建筑物有影响的地质作用及现象，包括地震、滑坡、泥石流、岩溶、采空区、风化、崩塌、黄土湿陷、地面沉降等。地壳表层经常处于内动力和外动力作用的影响之下，这对建筑物造成较大的威胁，有时候造成的破坏往往是大规模的，例如一次大的地震造成房倒屋塌，酿成很大的灾难，一次大滑坡，常常会引起大片斜坡移动，房屋道路甚至整个村庄被摧毁或被淹没。其他如泥石流、冲沟、岩溶和卸荷崩塌等都会给建筑带来很大的麻烦。在这些不良地质作用面前，只靠建筑物本身的坚固，其安全仍没有保障。必须充分考虑建筑物区的地质环境，周围有哪些不良地质作用存在、会对建筑物造成威胁其威胁程度如何，怎样才能避开它、改造它、或采取必要的措施防止不良作用发生。要解决这些问题，就必须对不良地质现象本身的发展规律、成因形成的条件和发生的机制进行研究，从而制定相应的防治措施，消除或减轻不良地质作用对建筑物的威胁。例如在岩溶地区选择场地，应研究由于这种作用所造成的基岩表面层厚度变化情况，往往有地下空洞和埋藏软弱黏土等复杂情况；在地震区选场时，则重点研究地震的场地效应，便于能够选择地震影响较小的场地作为建筑物场地。

6. 天然建筑材料

风电场的天然建筑材料主要是混凝土所要的粗细骨料，首先要调查其粗细骨料的储量和质量能否满足要求。其次是要了解开采条件和运输条件。所谓质量要求，如对粗骨料来说就是强度要满足规范要求，软弱岩石不要超过 10%；黏粒、粉粒含量不超过 2%；硫化物含量换算成 SO_3 不许超过 1% 等。如果开采条件不良或者没有现成的通车道路那就要在经济评价中考虑了。各地的地质情况不同，而可供建筑的天然建筑材料也是不同的。但总的原则是就地取材。无论何种建筑天然建筑材料的调查是一项非常重要的工作，对建筑物的经济合理性有重要意义。

7. 土的物理力学性质指标

土的物理力学强度指标主要是利用其不同状态下的物理性状作为工程地质定量评价的重要参数。比如密度、重度、水下浮重度就可以计算土的自重压力、地基的承载力、计算斜坡的稳定性以及挡土墙的压力，并可以计算干密度、孔隙比等其他物性指标。如果对地基承载力和变形进行评价，往往做一些极限状态的计算，这就需要测定土石的物理力学性质指标，例如天然含水量、稠度状态（黏土类）、密实程度（砂性土类）、容重、孔隙度、内摩擦角、内聚力以及压缩系数等。

20.3.6.8　成果

（1）提交成果内容。勘察成果内容根据项目勘探内容、业主计划和审批情况确定，报告符合《岩土工程勘察规范》（GB 50021—2009）规定，初拟提交成果内容见表 20.3。

表 20.3　　　　　　　　　　　提 交 成 果 表

序号	文件、数据名称	份数	格式	备注
一	中间成果	1	电子版	
1	工程地质勘察报告初稿	1	电子版	
2	分段工程地质条件评价	1	电子版	
3	工程地质综合平面图	1	电子版	
4	工程地质剖面图	1	电子版	
5	工点报告初稿	1	电子版	
6	工点工程地质综合平面图	1	电子版	
7	工点工程地质剖面图	1	电子版	
8	岩土参数表	1	电子版	
二	最终成果			
1	经行业主管部门审查合格的工程地质勘察报告	4	纸质版含光盘	包含图件
2	测量说明	1	纸质版	
3	物探测试报告	1	纸质版	
4	室内岩、土、水试验报告	1	纸质版	
5	外业见证报告	1	纸质版	
6	审查合格书	1	纸质版	

（2）提交成果时间。在签订勘察合同 45d 内完成各勘察工作并提交成果。

20.3.6.9　工程地质勘察质量控制措施

工程从外业施工到内业资料汇总、整理工作，将严格遵循质量管理手册中规定的工程质量保证体系，以经理→总工程师→审定→审核→工程技术负责人→钻探、测试、土工试验等专业工程负责人为主线构成，确保工程质量。

20.3.6.10　工程地质勘察安全和文明施工措施

（1）安全保证组织机构及职责：①项目负责人对安全生产工作全面负责，各专业组对其职责范围内的安全生产工作负责；②各项目组设专职或兼职安全员，以确保本项勘察工程按预期目的顺利完工。

（2）安全保证体系：①开工前进行安全生产教育，强调按程序施工，按规范操作，严格执行国家、部门生产条例，进行文明施工；②施工中加强安全生产检查，对事故隐患立即整改，对相关责任人进行岗位培训；③做好安全生产防护，配齐安全生产设施及防护装备；④做好安全生产警戒，根据实际条件，设置警戒线，确定警戒联络方式，派专人进行警戒值班；⑤根据实际情况，制定安全生产措施，所有施工人员及进入现场的一切相关人员，必须严格执行安全生产措施。贯彻执行《中华人民共和国安全生产法》《建设工程安全生产管理条例》，本工程项目部成立安全领导小组，由项目负责人任安全领导小组长，每个作业班组都要有兼职安全员，做到保障有力、措施恰当，确保安全生产，文明施工；⑥雷雨时停止勘察施工，并派专人到现场巡查，保证人身及设备安全；⑦水田上作业，临时搭设平台以保证安全作业，力争减少对农作物的损失。

20.3.7　工程地质勘察方法简述

对于风电场的地质勘察通常采用的勘察手段主要是地质测绘、钻探、物探、试验和布置一些轻型山地工作。

20.3.7.1　工程地质测绘

工程地质测绘是勘察工作中走在前面的勘察方法，施工中基坑素描编录实际是一种特殊形式的测绘工作，地质测绘应针对查明场区的工程地质条件开展工作，主要如下。

（1）查明场区的地层岩性。包括地层岩性、成因类型、岩相变化以及相互接触关系，各自分布范围。特别注意工程地质意义较大的诸如软弱夹层、易溶岩层、应扩大比例尺标出，特殊土应明确分布范围。

（2）查明地质构造（结构）。土体的成层组合关系，岩体结构特征、区域地质构造、构造线方向、褶皱断裂形态、产状和分布；构造形迹和构造体系；活动断层的规模、性质、分布及其活动性，裂隙系统、密度、连续性、裂隙面的粗糙程度，充填蚀变情况，各种结构面的产状、特征。

（3）划分地形形态等级。划分大型、中型和小型地形形态等级。划分地貌单元如基本成因类型，形态成因类型或微地貌单元等。分析各地貌单元的形态特征，物质结构及形成过程及其与地层、构造的关系。特别是对微地貌进行详细观察描述，如切割情况，沟谷形态、深度坡度等。

（4）地下水调查。观察地下水的露头——泉、井、钻孔、岩溶、坑道等，了解地下水位，含水层和隔水层的厚度、岩性、水质、地下水类型、涌水量等，并取样进行分析。

（5）物理地质现象。各种物理地质现象的分布、规模、发育程度、形态和结构特征、活动性、危害性，并分析其形成条件。

（6）对已有建筑物破坏情况调查。对测绘区已有建筑物变形破坏情况的调查研究，也是地质测绘的重要内容之一，建筑物兴建之后，必然与地质环境发生相互作用，产生工程地质现象，引起地质环境的变化，并反过来影响建筑物，发生或不发生建筑物的变形破坏。通过对已经发生变形和破坏的建筑物进行调查，了解其所处的工程地质条件，查阅勘察试验资料和原有的工程地质问题分析评价资料，对照研究施工质量、工程结构特征、建筑物的规模等。这样就可以得出不同建筑物在哪种工程地质条件下容易发生破坏的规律，这种规律性对于拟建建筑物稳定性评价很有参考价值。

（7）天然建筑材料。在测绘中，应注意天然建筑材料的调查，圈定料场的范围，初步评价料场的质量和数量。

20.3.7.2　工程地质物探

物探是以特定的仪器设备研究地球表层物理场，从而划分出岩层、判断地质结构、水文地质条件和自然地质现象或测定岩体的某些特性的一种勘探方法。在工程地质勘探中，常用的方法有电法勘探、地震勘探、声波和雷达探测等。

无论哪种方法，物探的适宜条件是地质体介质具有一定的不均匀性，不同岩性的物理状态（含水率、破碎程度、裂隙性、岩溶化程度等）、物理性质（导电率、致密程度、弹性波传播速度和磁性）方面有较大的差别，都能较成功地应用物探的方法。

显然这是一种间接的定性勘探方法，只能划分出物性有显著差异的地质体，所以判定地质结构是粗略的。而且物探测试结果具多解性，判断结果也有可能出错，故物探之后，还必须用钻探或坑探的方法校核和检查异常点，并进行确认。

物探的显著优点在于它能够经济而迅速地探测某一面积，特别是探测覆盖层下面基岩面的起伏变化、隐伏断裂构造、埋藏或隐伏的自然地质现象等较其他勘探方法更有效。例如地下岩溶的发育情况，钻孔和坑探往往就会发生遗漏，而先用物探的方法有时能收到良好的效果。一般说来，物探能够解决如下问题。

（1）划分覆盖层与基岩的界面，查明覆盖层的厚度变化和基岩面高低起伏，确定古河床的埋藏位置。

（2）查明风化带的深度和划分风化带。

（3）查明埋藏的裂隙强烈发育带和断层破碎带。

（4）研究透水层、隔水层埋藏深度及分布，研究地下水的埋藏条件，研究地下水的运动速度和补给、排泄条件。

（5）研究岩溶化岩石段的埋深及分布，探明岩溶洞穴的位置及其大致充填物，测定岩溶化裂隙的主导方向。

（6）查明滑坡堆积和人工土石的厚度及分布。

（7）确定废弃坑道、地下陵墓及建筑物地下残余部分的分布。

（8）某些天然建筑材料或矿床的初步勘探。

（9）地下大型洞室围岩地质情况的预测和预报。测定围岩松弛厚度。

（10）研究岩石的含水率、致密程度、变形能和地震刚度。

20.3.7.3　工程地质勘探

工程地质勘探是钻探和坑探的总和。经过地面工程地质测绘和一定的物探工作，对地面地质有了较全面的了解，对浅部地质也有了初步的了解。在此基础上往往对地下大概结构作出一定的判断。但是要取得地下结构的确切情况，避免主观判断出现错误，确保对地基取得可靠的资料，就必须进行地质勘探工作。

在工程地质勘探中，从简单的人力浅钻，到机械钻孔，从地表剥土到结构复杂的地下坑道，勘探工作被广泛地应用着。勘探工作是一项耗费人力物力的工作，勘探工作的费用常占勘察总费用的一半以上。因此工程地质人员在地质勘察中如何有效地使用勘探手段和合理的布置勘探工作量，并在勘探工作中尽可能取得详细准确的资料，深入了解地下结构，是一个极其值得研究的课题。尤其负责勘察工作的地质技术人员更要深思熟虑，善于掌握勘探工作的原则和方法，结合场地具体情况，精心地安排勘探工作并指导整个勘探工作的进行，做到以尽可能少的工作量，取得设计和施工所必需的资料。

（1）勘探目的。工程地质勘探是为了查明工程地质条件以解决建筑物地基稳定性问题，选择施工方法和探查天然建筑材料等问题而进行的。具体目的如下。

1）配合工程地质测绘，取得不良露头部位的地质剖面，检验物探异常点。

2）研究场区的地层组合，岩层的种类和厚度，纵向和横向的变化，软弱夹层的分布。覆盖层的厚度和性质，基岩风化深度和风化岩的性质、分带等。

3）研究地质构造，追溯断层破碎带，了解断层宽度变化，构造岩的划分和性质，研究裂隙发育程度、特征及其随深度的变化；了解岩层接触关系等。

4）查明水文地质条件，地下水位、含水层数目、厚度和富水性，隔水层的性质、厚度和连续性；根据需要进行水文地质试验，取得渗透系数等水文地质计算参数；必要时进行水文地质长期观察。

5）研究物理地质现象的发育情况，如滑坡的范围、滑动面（带）的位置、特征及坡体的结构；岩溶发育的深度，洞穴分布的规律充填情况等。

6）进行岩土原位测试，地基处理及其效果的检查；或采取室内试验的样品。

7）查明天然建筑材料的资料、数量和开采条件。

（2）勘探手段。每个勘探点往往有其专门的目的，有时分为勘探的、试验的、构造的、水文地质的等，但每个点都要尽可能做到综合利用，取得所有的地质信息，达到多方面的用途，收到最大的经济效果。

勘探手段分为钻探和坑探两大类型，它们各有其特点和适应条件，要根据具体情况和实际需要选择合适的勘探手段。

1）钻探。钻探是应用最广的一种勘探手段，这是野外在各种勘探中勘探效率最高，进度较快，几乎在任何条件下都能进行，地表水和地下水都对它不能限制，而且可以达到较大的深度。这是比坑探优越的地方。常规钻探的缺点是不能直接观察到天然状态下的岩层，只能依靠岩心了解地质结构情况。事实上，一般钻孔所取得的岩心总是不完全的，例如软弱夹层和破碎带就不易取得岩心，而这恰恰是工程地质研究的重点，所以仅依靠钻孔往往会漏掉断层和软弱夹层这些最关键的地质信息，也不能取得裂隙和层面的产状，砂层的原状样采取也比较困难。在这些方面坑探却具有较大的优越性，所以在工程地质勘察中，坑探和钻探都要取其所长避其所短，根据情况加以选用。

2）坑探。在松软土地区坑探也是常用的手段，坑探的优越性在于直接观察，并有利于原状土样的采取和野外试验，如荷载试验等。

最常见的坑探工程有以下几种：①试坑、浅井：试坑的深度一般不大，主要用于剥除覆土揭露基岩；浅井是一种圆形或方形的垂直掘进的坑探工程，一般深 5～15m，用于研究松软地层的地质结构，风化层的厚度和分带，也用于荷载试验和渗水试验等。②探槽：平均宽 0.8m 的长槽，深一般不超过 3m。多用于垂直岩层或断层走向布置。也常用于揭露坡积物和残积物的厚度。研究其性质。③竖井：用于解决地面以下一定深度的地质构造问题，了解软弱夹层和构造破碎带的厚度、性质风化随深度的变化，滑坡体的结构及滑动面的位置，滑面土质特征和采取试样等，都是根据一定的勘察目的进行布置。

（3）勘探手段选择的因素。勘探手段的选择由一系列因素决定。例如气候因素、地形地貌、经济因素技术和设备等，而起主导作用的则是工程地质条件、建筑特征（类型、结构和规模），以及勘察阶段。

1）工程地质条件。地形地貌条件手段的选择有明显的作用，在地形平坦或缓坡处，则钻探和竖井就比较合适，岩性的意义也很明显，坚硬岩石钻孔为宜，尤其是小口径金刚石钻进，软弱岩石则钻探和坑探都可以使用。砂和黏土地区，深部宜采用钻探，浅表部则可以采用坑探。河漫滩卵石层较厚时，可首先考虑冲击钻进，但夹有黏性土或黏粒含量较多时会糊住钻具。宜采用无水回转钻进，有时为研究软弱夹层的性状或透水性也可以采用探坑但要做好支护；岩层产状对勘探手段的选择有一定影响，勘探方向最好与层面垂直以便穿过较多岩层，获取更多岩性及构造的变化。例如在岩层倾角较大的陡坡，采用平洞显然是合理的，而在岩层较缓的边坡则以探井和斜井为宜。对于断层破碎带的研究，也最好布置与断层面垂直的坑孔，以详细了解断层带的宽度及其糜棱带、角砾带、压碎带和影响带的特征。对于地下水较浅，富水性较强地段进行坑探时，可以观察地下水的毛细高度，由于排水困难而复杂且易发生坍塌，一般浅井达到地下水位就可以停止向下掘进，所以只能了解地下水位以上的情况。

2）建筑物的类型与规模。不同建筑物对勘察的要求不同，勘探手段应与之适应。例如升压站多沿轴线布置钻，工业民用建筑则以钻探浅井为主。坝址应用的勘探手段比较多样，大型水利枢纽工程除各种钻探外，平洞也大量采用。而诸如风电场等工程很少使用复杂的勘探手段。

3）勘察阶段。不同的勘察阶段，需要对工程地质条件了解的深度不同，勘探手段的选择十分必要，在规划阶段，主要是在较大地区范围内对工程地质条件做概略性的了解，勘探工作只在重点地段布置，以解决某些比较关键的疑难问题，常用的勘探手段是比较轻型的，而没有必要采取复杂的勘探手段。相反，在场地选定以后的勘察阶段，为了取得设计需要的详细的、定量的资料，并解决有关的工程地质问题，就需要采用便于直接观察、能够进行原位试验的勘察手段。

（4）勘探工作的布置。勘探工作的成本较高，布置每一个勘探点，都应在查明场地的工程地质条件中发挥预期的作用。并使各勘探点（坑槽探孔）彼此联系，形成整体，使各点所提供的资料能够进行综合、对比和相互联系起来进行分析，以便最有效地阐明场地的工程地质条件，解决各类工程地质问题。只有熟知已有的地质资料，明确勘探的目的和任务才能做到勘探点布置合理，工作量少而效果好。

勘探总体布置的形式有勘探线和勘探网。勘探线是把勘探点布置在一条线上，了解沿线的地质变化，绘制出完整的工程地质剖面图。勘探网是把勘探点布置在相互交叉的勘探线的交点上，组成一定的网格形状。在风电场的工程地质勘察中并不要求把勘探点布置得十分规则，而是根据工程地质条件的可能变化布置坑孔，以取得有关地层岩性、地质结构等变化规律的详细资料。一般一个风机布置 2～3 个钻孔就能够满足要求。升压站勘察根据现场地质结构分布情况布置钻孔。只有在天然建筑材料调查时，处于比较平坦的料场才有意识地按勘探网来布置坑孔，便于较准确的计算储量。

勘察阶段对于勘探点的布置具有决定作用，勘察阶段反应工程地质问题解决的程度和对勘察工作的要求，所以不同阶段勘探点的间距不同，勘探的范围不同。以建筑位置选定的前后划分，在位置选定以前的勘察阶段，勘察工作主要是在一定区域范围内了解工程地质条件，便于选定较好的建筑地点，所以勘探点的布置应按工程地质条件的特点考虑。这时勘察的范围较大，而坑孔较少应当沿工程地质条件变化最大的方向及建筑物可能的位置将坑孔布置在不同地层、不同地貌单元及推测断层等关键部位上，为了取得完整的地质剖面，最好布置为勘探线。建筑物的位置选定以后，勘察的主要任务是深入了解建筑物影响范围内的地质结构和对建筑物有危害的不良地质作用，取得计算指标。这时的勘探布置主要根据建筑物的类型和规模，按照建筑物的轮廓布置勘探点。

勘探点布置的一般原则如下。

1）勘探工作一般应在地质测绘对地表地质条件有所了解和物探工作对地下地质结构初步认识的基础上进行布置。基于上述基础，可以对地下地质变化情况作出一定的判断，同时必须明确勘探要达到的目的和需要解决的问题，然后根据实际情况布置勘探点避免不进行地表地质工作，不研究已有地质资料，盲目布置勘探点，这样做很难达到勘探目的的。

2）无论是勘探的总体布置，还是专项勘探，对勘探点采取的地质信息都尽可能做到综合利用，解决一系列问题取得工程地质条件各种因素的有关资料，避免只收集了部分地质信息，忽略了其他资料收集的倾向，并且全面考虑原位试验和取样的工作。

3）勘探布置应与勘察阶段相适应。在初期勘察阶段一般采用勘探线，勘探点比较稀疏但勘探线的长度比较大，两端点要适当的超出可能的建筑范围。随着勘察阶段的提高，勘探线的数量增加，勘探的间距缩小，勘探点的范围接近建筑物的轮廓，复杂的勘探手段增加。

4）勘探点的布置应随建筑物的类型和规模而异：线型建筑（道路）多采用垂直线路的勘探断面，每隔若干距离布置一断面。风机场地分散建筑物的勘探点则应沿基础轮廓线呈梅花形布置。

5）根据场地工程地质条件的复杂程度和变化规律布置勘探工作。垂直岩层和构造线的走向布置勘探线一般能够取得较理想的效果，并且常作为基准剖面，与其他平面构成完整的勘探系统，通过分析能够对勘察区有一个比较全面正确的了解。即使在同一条勘探线上，坑孔的布置也不应该均匀，复杂而关键的地段应布置的密些。

在勘探总体布置中，应同时考虑勘探点的深度，各勘探点的深度虽然可以不同，但不能脱离整体。总的来说应当是有深有浅深浅配合，深孔起控制作用，浅孔详细查明对工程影响深度范围内的地质结构，这样既照顾了全面也保证了重点，也不造成浪费。

在初期勘察阶段，钻孔较稀疏，但尽量布置在关键部位，必须有较大的深度才能起到控制作用，便于了解工程地质条件的变化规律。在后期勘察阶段，主要按照建筑物地基作用的范围而定。

然而在实际的勘察工作中，无论采取哪种勘察方式，都可能将一些重要的工程地质现象遗漏，往往在施工开挖以后才能发现。这种情况无论在任何工程中都有可能发生，比如某水利枢纽工程，坝基开挖后在积水坑下挖 12m 发现坝基下面存在厚度 5～7m 的层间错动破碎带，而且有泥化现象，这是对坝基抗滑稳定最不利的地质现象，只能修改设计对坝基不良地质问题进行了处理。重新翻出前期勘察钻探的岩心发现在相同高程上岩心很破碎，采取率很低，压水试验透水率值达 40Lu 以上。只是对这些现象没有认真分析而已。例如在金沙江上开发的某水电站的坝基开挖，地层为二叠纪玄武岩地层，开挖后，因构造作用的影响，岩石风化破碎严重，局部比原设计高程降低了二十多米还不满足要求，只好进行固结灌浆补强。再比如云南大漠古风机位开挖后，发现有一个贯穿南北的宽 3m 的黄色黏土条带，地勘单位认为是岩溶充填物，但从传回来的照片来看，泥质条带两边的岩性不同，而且产状不同，怀疑是断层，要求地勘单位进一步确认该地质现象的性质后，提出处理措施，地勘单位仍然坚持是岩溶，并提出了把黄色黏土挖除后回填毛石混凝土的处理方案，经下挖 4m 后，黄色黏土仍然存在，设计单位要求移动机位避开软弱夹层的位置；但机位向东移位 30m 后，又挖出了类似的软弱条带。经到现场考察是一条大的平移断层，并做了工程地质评价。这就说明地质勘察要注意各种地质现象的观察和分析，才能由表及里地了解地质结构体的真实情况，才能对工程地质条件做出正确的评价。

20.3.8　地质勘察报告的编写

20.3.8.1　概述

在全面系统的整理和分析野外勘察所取得数据的基础上，编写地质勘察报告。

工程地质勘察报告，是工程地质勘察数据的综合总结，并能成为设计的地质依据，故应明确表述任务和目的所提出的要求，评价可能出现的工程地质问题。

总的说来，报告要简明扼要，切合主题，内容安排应当合乎逻辑顺序，前后连贯成为一个严密的整体；所提出的论点，应有充分的支持资料作为依据，并附有必要的插图，照片，以及表格和文字说明。

报告书的任务在于阐述工作地区的工程地质条件，分析存在的工程地质问题，从而作出工程地质评价，得出一些结论，适应任务的要求，报告书的内容一般分为概论、工程地质条件、工程地质评价和结论几个部分，这几个部分是紧密联系的整体，但各有其侧重。

概述主要是说明勘察工作的任务和采用的方法及取得的成果。勘察任务以勘察任务书为依据，为了明确勘察的任务和意义，在概述里应说明建筑物的类型和拟定的规模、主要设计指标，勘察阶段需要解决的问题，采用的方法应说明工作量并附以实际材料图，必要时要进行气候、水文及地理位置、交通状态的描述。

工程地质条件主要说明场址区地震效应，地形地貌形态及成因类型，岩土体的岩性、成因类型、产状、风化卸荷程度及分带、物理力学性质，特殊土分布及其性质，场址区断层及节理裂隙性状，场址区不良地质作用的发育程度、成因类型、分布范围和规模，地下水类型、埋藏条件、地下水位、水质及补径排条件，提出场址区岩土体的物理力学性质参数等。

工程地质评价主要对场址区地基承载力及可能存在的均匀沉降、湿陷、抗滑稳定、地震液化、边坡稳定、地下水对基础的影响等主要工程地质问题作出评价。并提出相应的预防治理措施建议。

结论与建议则是把工程地质工作的成果及建议简明扼要地总结出来。

在编写报告前应首先提出工程地质报告提纲，提纲格式和主要内容。可参照下列模式。

根据《风电场场址工程地质勘察技术规定》和《风电场工程可行性研究报告编制办法》第八条工程地质以及参加可研报告评审专家对地质部分的评审意见，初步拟定供参考的可研工程地质报告提纲提纲共分五个部分：

（1）概述。

（2）区域构造稳定性。

（3）场地基本地质条件。

（4）工程地质评价。

（5）结论与建议。

20.3.8.2　工程地质报告示例

下面举例说明风电场可研报告中工程地质部分的一般内容。

1. 概况

××县地处北纬 $32°43'\sim33°13'$、东经 $118°11'\sim118°54'$，总面积 2431.9km²。境内地势西南高，多丘陵低山；东北低，多平原；呈阶梯状倾斜，高差达 220m 以上。淮河流经境内，北部濒临洪泽湖。境内有低山、丘岗、平原、河湖圩区等多种地貌。

本工程位于××县西南 25km 处的西山头山脊区域，场址为平原丘陵地形。331 省道自风场西侧经过，对外交通条件非常便利。根据工程区地形条件，风机沿山脊及较高点分布，该风电场工程拟安装 1500kW 风力发电机组 33 台，总装机容量为 49.5MW。

本章节编写依据：《岩土工程勘察规范》（GB 50021—2001）；《风电场场址工程地质勘察技术规定》；《建筑抗震设计规范》（GB 50011—2001）；《建筑地基基础设计规范》（GB 50007—2002）；《中国地震动参数区划图》（GB 18306—2001）；《风电场工程可行性研究报告编制办法》。

2. 区域构造稳定性

经地面调查及勘察结果，场地无断裂构造，地质构造条件较为简单，该场地不存在不良地质作用。各层土的厚度变化不大，每层土的性质比较均匀，地层基本呈水平分布。场地和地基稳定，适宜进行风电场建设。

根据《中国地震动参数区划图》（1：400 万）（GB 18306—2001）及《建筑抗震设计规范》（GB 50011—2008），工程区地震动反应谱特征周期为 0.40s，地震动峰值加速度为 $0.10g$，相应的地震基本烈度为Ⅶ度。抗震设防烈度为Ⅶ度，设计地震分组为第一组。

3. 场地基本地质条件

（1）地形地貌。本项目位于××县西南 25km 处的西山头山脊区域，场址属于平原丘陵地貌。场地地势呈沟岭相间的丘陵，沟的走向无规律。地面高程为 70～180m，最高点为风场西部的西山头，高程 174m，场区地形坡度 2°～27°。

（2）地层岩性。依据勘察资料，场址地质结构如下。

①层为粉质黏土：厚约 0.2～0.4m，灰褐色，可塑～硬塑状，含植物根系及少量玄武岩颗粒，无摇震反应。

②层为中风化玄武岩：厚度大于 7.0m，褐灰色、灰色，隐晶质结构，气孔状构造，顶少量为强风化，厚度小于 0.5m，岩体较完整，岩芯呈柱状、短柱状及少量碎块状。

根据室内试验成果及《建筑地基基础设计规范》（GB 50007—2002），结合地区经验，提出岩土体物理力学参数值见表 20.4。

表 20.4　　　　　　　　　　　岩、土体设计参数一览表

岩土类别	岩性状态	密度/(g/cm³)		抗剪强度标准值		弹性模量标准值/(万 MPa)	压缩模量标准值/MPa	饱和抗压强度标准值/MPa	承载力特征值/kPa	基底摩擦系数
		天然	饱和	$\varphi/(°)$	C/kPa					
粉质黏土	可塑状	1.79	1.85	14	32		3.5		150	0.28
碎石土	中密	1.78	1.83	17	20		4.0		160	0.30
块状玄武岩	全风化	2.00	2.20	22					180	0.35
	强风化	2.30	2.35	30					350	0.50
	中风化	2.75	2.77	46	400	8200		54.35	2700	0.65
气孔状玄武岩	全风化	1.80	1.90	22					180	0.35
	强风化	1.85	1.95	23					260	0.45
	中风化	2.34	2.40	25	200	2000		10.51	1000	0.60

（3）水文地质。区内的地下水划分为松散岩类空隙水和基岩裂隙水两种类型。松散岩类空隙水主要赋存于第四纪地层中。含水岩组组主由上更新统戚咀组，中更新统泊岗组和全新统地层中，主要为粉砂质黏土，黏质粉土及砂砾石层等组成。基岩裂隙水主要存于上第三系下草湾组及桂五组玄武岩中，含水岩组主要由第四系粉砂岩，砂砾岩，下草湾组钙质砾岩，砂砾岩类，桂五组玄武岩，隐伏与第四纪之下，地下水补给源为大气降水。次为灌溉回渗和少量地表水补给。其排泄方式主要为蒸发和人工开采。勘察时期初见水位埋深为 4.00～4.40m，稳定水位为埋深 3.00～3.40m。该场区不存在地下水污染源及污染可能性。

工程区内各风机位在附近一定区域内属于最高点，地表水、地下水缺乏。根据附近勘察资料取水样进行水质分析分析表明，地下水对混凝土无腐蚀性。

（4）冻土。根据《中国季节性冻土标准冻深浅线图》，工程区标准冻结深度小于 0.60m，不属于季节性冻土区。

（5）不良地质作用。据地表地质测绘及调查、场址范围内未见滑坡、泥石流、崩塌、

地裂缝、洞穴等不良地质现象。

1) 自然边坡未见有崩塌，滑坡发生，洼地中未发现泥石流堆积物。不存在采空和地面塌陷地质灾害。

2) 地表低洼处分布的上更新统戚嘴组黏性土具有若膨胀潜势，自由膨胀率一般为 $30\%\sim65\%$。

4. 风电场场址工程地质条件评价

从区域构造条件和地震活动情况分析，拟建场地处于相对稳定地区，场地、地基的稳定性良好，无不良地质作用的存在，适宜建设。

根据《中国地震动参数区划图》，拟建场址地震动峰值加速度为 $0.10g$，对应的地震基本烈度为Ⅶ度。

拟建场址内主要分布的地层为：①层粉质黏土层；②层玄武岩层，岩体较完整。工程区内绝大部分风机位覆盖层厚度不超过 2m，拟建场址不良地质现象不发育，地基条件良好，风电场的建构筑物可采用天然地基，可以选择强风化、中风化玄武岩作为基础持力层。个别地基为全风化岩体的机位进行工程处理后即可满足建设要求。

工程区内各风机位在附近一定区域内属于最高点，地表水、地下水缺乏。根据附近勘察资料取水样进行水质分析分析表明，地下水对工程建设影响较小，对混凝土无腐蚀性。

根据《中国季节性冻土标准冻深浅线图》，工程区标准冻结深度小于 0.60m，不属于季节性冻土区。

5. 结论与建议

(1) 从区域构造条件和地震活动情况分析，拟建场地处于相对稳定地区。根据《中国地震动参数区划图 (1∶400 万)》 (GB 18306—2001) 及《建筑抗震设计规范》 (GB 50011—2001)，工程区地震动反应谱特征周期为 0.40s，地震动峰值加速度为 $0.10g$，相应的地震基本烈度为Ⅶ度。抗震设防烈度为Ⅵ度，设计地震分组为第一组。

(2) 场址地基的稳定性良好，工程区未见滑坡、泥石流、崩塌、地裂缝、洞穴等不良地质现象。工程区场地稳定，适宜拟建工程建筑物。

(3) 工程区内绝大部分风机位覆盖层厚度不超过 2m，各风机位场地稳定，可以选择强风化、中风化玄武岩作为基础持力层。个别地基为全风化岩体的机位进行工程处理后即可满足建设要求。

(4) 开挖形成的人工边坡应采取合理的坡率，以避免崩塌、坍塌的发生，必要时应采取支护措施。

(5) 下阶段应对场址区天然建筑材料的分布、材料的质量进行调查，为施工阶段工程总体的布置提供有利条件。

参 考 文 献

[1] 张倬元 . 工程地质勘察 [M]. 北京：地质出版社，1981.

[2] 常士骠，张苏民，等 . 工程地质手册 [M]. 4 版 . 北京：中国建筑工业出版社，2007.

[3] GB 50011—2010 建筑抗震设计规范 [S]. 北京：中国建筑工业出版社，2010.

[4] GB 50021—2001 岩土工程勘察规范 [S]. 北京：中国建筑工业出版社，2002.

[5] 兰艇雁 . 溪洛渡水电站岩体卸荷回弹工程地质特征初步分析 [C]// 中国科协论文集 . 北京：科学
出版社，2007.

[6] 张倬元，王士天，等 . 工程地质分析原理 [M]. 北京：地质出版社，2009.

[7] 科学院地质研究所 . 中国岩溶研究 [M]. 北京：科学出版社，1979.

[8] 水电水利规划设计总院 . FD 003—2007 风电机组地基基础设计规定（试行）[S]. 北京：中国水
利水电出版社，2007.

[9] 兰艇雁，佟博 . 地质缺陷是风电场设计变更的主要原因 [J]. 风能，2012，9（31）.

[10] 杨景春，李有利 . 活动构造地貌学 [M]. 北京：北京大学出版社，2011.

[11] 王明辉，兰艇雁 . 古老变粒岩区风化规律研究 [C]// 第 30 届国际地质大会论文专辑 . 郑州：黄
河水利出版社，1999.

[12] 张咸恭 . 工程地质学（下册）[M]. 北京：地质出版社，1983.

[13] GB/T 50279—98 岩土工程基本术语标准 [S]. 北京：中国计划出版社，1998.

[14] 肖长来，梁秀娟，王彪 . 水文地质学 [M]. 北京：清华大学出版社，2010.

[15] 王思敬 . 工程地质学科的世纪演化与前景 [J]. 工程地质学报，2013，21（1）：1 - 5.

[16] 殷跃平 . 斜倾厚层山体滑坡视向滑动机制研究：以重庆武隆鸡尾山为例 [J]. 岩石力学工程学报，
2010，29（2）：217 - 226.

[17] 黄润秋 . 中国西部地区典型岩质滑坡机理研究 [J]. 第四纪研究，2003，23（6）：641 - 646.

[18] 兰艇雁，郝常安 . 继阳山风电场地质构造对地基稳定的影响 [J]. 风能，2013，37（3）：68 - 72.

[19] 梁成华 . 地质与地貌学 [M]. 北京：中国农业出版社，2013.

[20] 兰艇雁 . 溪洛渡水电站左岸地下厂房洞室开挖围岩稳定分析 [C]// 科技进步与对策 . 北京：科学
出版社，2006.

[21] 曹伯勋 . 地貌学及第四纪地质学 [M]. 北京：中国地质大学出版社，2012.

[22] 赵逊，赵汀，冀显江，等 . 中国房山岩溶地貌研究 [M]. 北京：地质出版社，2010.

[23] 兰艇雁，吴勇 . 风电场微观选址应关注的地表现象 [J]. 风能，2012，32（10）：62 - 66.

[24] 兰艇雁 . 对风电场址地质勘察技术问题的探讨 [J]. 风能，2012，28（6）：66 - 78.

[25] 张长存 . 山区风电场勘察要点与难点：以泰国某工程为例 [J]. 风能，2012，34（12）：72.

[26] 兰艇雁，唐艳青 . 溪洛渡水电站左岸地下厂房岩体错位分析 [J]. 中国三峡，2008，128
（1）：73.

[27] 兰艇雁，马臣 . 溪洛渡电站左岸蠕滑体成因分析 [C]// 科技进步与对策 . 北京：科学出版
社，2008.

[28] 兰艇雁，张天华 . 溪洛渡电站辅助道路工程地质问题及处理措施 [C]// 科技进步与对策 . 北京：
科学出版社，2008：33 - 36.

[29] 孙广忠 . 地质工程理论与实践 [M]. 北京：地震出版社，1996.

[30] 兰艇雁 . 桑干河册田水库南副坝工程地质问题及处理措施 [J]. 水利水电工程地质，1993（4）：

60 - 65.

[31] 兰艇雁，任林森，邓小玉．汾河水库泄洪洞施工中塌方原因和对策 [J]．内蒙古水利，2000 (3)：56.

[32] 孙继栋，兰艇雁．风电场勘察深度探讨 [J]．风力发电，2012 (3)：19.

[33] 兰艇雁．继阳山风电场岩溶对地基的影响 [J]．风力发电，2013 (3)：41.

[34] 李红有，吴勇，王震，等．风机地基不良地质作用及处理措施 [C]∥中国岩石力学学会等编．第四纪全国岩土与工程学术大会论文集．北京：中国水利水电出版社，2013.

[35] 李红有，兰艇雁．风电场工程地质勘察实践 [J]．城市建设理论研究，2013 (36)：

[36] 李风明．长江三峡链子崖危岩体产生的机理及工程治理 [J]．煤炭科学技术，2005，33 (10)：13 - 17.

[37] 兰艇雁，孙磊．册田水库清泉洞水的来源问题研究和除险加固建议 [J]．水文地质工程地质，1992 (1)：35 - 26.

[38] 叶起行．花岗岩的球状风化的危害及防治措施建议 [J]．中国西部科技，2013 (8)：51.

[39] 唐大雄，刘佑荣，张文殊，等．工程岩土学 [M]．北京：地质出版社，2005.